示范院校国家级重点建设专业

■ 建筑工程技术专业课程改革系列教材

——学习领域五

建筑力学与结构

主 编 刘 洁

中国水利水电出版社
www.waterpub.com.cn

内 容 提 要

本教材是示范院校国家级重点建设专业——建筑工程技术专业的课程改革系列教材之一。本教材具有以下特色：教材内容来自对建筑设计行业实际工作任务进行分析、归纳，按照行业标准，遵循从简单到复杂、单一到综合、低级到高级的认知规律，进行学习性任务归纳构建的基于工作过程系统化教材；教材以典型工作任务（项目）引领知识，以完成项目任务需要进行知识整合，尽量突出实用性和系统性；与教材配套的习题要求学生协作完成，有助于培养学生综合应用知识的能力和团队合作能力；教材适宜于应用行动导向教学法授课。

本书可作为高职高专建筑工程、道路与桥梁、水利工程等土木工程类专业的教材，也可作为相关专业工程技术人员的参考用书。

图书在版编目（CIP）数据

建筑力学与结构／刘洁主编．—北京：中国水利水电出版社，2009

（示范院校国家级重点建设专业、建筑工程技术专业课程改革系列教材．学习领域五）

ISBN 978-7-5084-6446-6

Ⅰ．建…　Ⅱ．刘…　Ⅲ．①建筑力学-高等学校-教材　②建筑结构-高等学校-教材　Ⅳ．TU3

中国版本图书馆 CIP 数据核字（2009）第 050968 号

书　　名	示范院校国家级重点建设专业 建筑工程技术专业课程改革系列教材——学习领域五 **建筑力学与结构**
作　　者	主编　刘洁
出版发行	中国水利水电出版社 （北京市海淀区玉渊潭南路 1 号 D 座　100038） 网址：www.waterpub.com.cn E-mail：sales@waterpub.com.cn 电话：（010）68367658（发行部）
经　　售	北京科水图书销售中心（零售） 电话：（010）88383994、63202643、68545874 全国各地新华书店和相关出版物销售网点
排　　版	中国水利水电出版社微机排版中心
印　　刷	北京市北中印刷厂
规　　格	184mm×260mm　16 开本　20.75 印张　492 千字
版　　次	2009 年 6 月第 1 版　2012 年 2 月第 3 次印刷
印　　数	3301—5300 册
定　　价	**72.00** 元

前言

本教材是示范院校国家级重点建设专业——建筑工程技术专业课程改革成果之一。人才培养模式和课程体系改革是专业改革的重点，本专业改革借鉴德国以工作过程导向的学习领域开发理论，结合我国高职高专的实际情况和杨凌职业技术学院建筑类专业的教学经验，构建符合实情的具有“工学结合”特色的以工作过程为导向的人才培养方案。本专业课程体系改革与开发原则是以职业能力培养为核心，以工作任务为出发点，以工作过程为导向，以行业规范手册为标准，以行动导向教学模式为实施教学方案。

本教材具有以下特色：

（1）教材内容来自对建筑设计行业实际工作任务进行分析、归纳，按照行业标准，遵循从简单到复杂、单一到综合、低级到高级的认知规律，进行学习性任务归纳构建的基于工作过程的系统化教材。

（2）教材以典型工作任务（项目）引领知识，以完成项目任务需要进行知识整合，尽量突出实用性和系统性。

（3）与教材配套的习题要求学生协作完成，有助于培养学生综合应用知识的能力和团队合作能力，教材适宜于应用行动导向教学法授课。

本教材由杨凌职业技术学院刘洁主编。参加本教材编写工作的有：杨凌职业技术学院袁茉蓉（学习情境 1、学习情境 2）；杨凌职业技术学院刘洁（学习情境 3、学习情境 4、学习情境 5）；杨凌职业技术学院赵毅力（学习情境 6）；西北勘察设计院韩建博（学习情境 7）；陕西建工集团总公司石东浪（学习情境 8）；杨凌职业技术学院万亮婷（学习情境 9）；杨凌职业技术学院杨振华教授主审。

本教材编写过程中，专业建设团队的领导张迪主任和其他同仁给予了极大的帮助，并提出了许多宝贵的意见，杨凌职业技术学院领导及教务处也给予了大力支持，在此表示感谢。

由于编者水平有限，书中难免有欠妥和不足之处，恳请广大读者及同仁提出批评指正，编者不胜感激。

编者

2008 年 10 月于杨凌

课 程 描 述 表

<table>
<tr><td colspan="3">学习领域五：建筑力学与结构　　第一学年　　基本学时：215 学时
其中：理论 170 学时、校内实训 30 学时、企业实训 15 学时</td></tr>
<tr><td colspan="3">学习目标
● 学生能够熟练准确地对结构进行受力分析；
● 能够熟练准确地对平面静定结构进行内力计算；
● 基本能够对平面超静定结构进行内力计算；
● 能够准确地对杆件进行强度计算；
● 基本能够对杆件进行刚度计算；
● 能够对压杆进行稳定性分析；
● 具有进行常规材料力学试验的能力；
● 了解计算机分析结构内力、位移的基本原理（矩阵位移法）；
● 懂得结构设计的基本知识；
● 能设计简单钢筋混凝土结构受拉、受压、受弯构件的截面及配筋；
● 会验算构件变形和裂缝宽度，懂得结构耐久性的相关知识；
● 能进行轴心受拉预应力混凝土构件设计计算；
● 会对砖混结构墙、柱进行高厚比和承载力验算；
● 知道钢筋混凝土单层厂房、高层结构的设计要点及主要结构配筋构造；
● 学生具有一般建筑结构设计的基本能力，能识读一般的结构施工图；
● 能判断结构设计方案是否合理，但不必做太深的研究；
● 会正确使用结构设计规范；
● 能够独立学习和工作，能够进行交流，并有团队合作精神与职业道德</td></tr>
<tr><td colspan="2">内容
◆ 结构材料认识；
◆ 建筑结构设计方法；
◆ 钢筋混凝土受弯构件设计；
◆ 钢筋混凝土受压构件设计；
◆ 梁板结构；
◆ 静定和超静定结构的受力分析；
◆ 基本构件承载力计算；
◆ 构件变形和裂缝计算；
◆ 预应力混凝土构件计算；
◆ 砌体结构构件承载力计算；
◆ 单层工业厂房设计简介；
◆ 钢筋混凝土多层及高层结构房屋设计简介</td><td>方法
◆ 讨论；
◆ 演讲；
◆ 练习；
◆ 小组工作；
◆ 媒体介绍的个性工作；
◆ 实验室实验；
◆ 工程现场教学；
◆ 项目教学法；
◆ 任务驱动法</td></tr>
<tr><td>媒体
■ 力学练习页；
■ 结构练习页；
■ 工程图样；
■ 工作页；
■ 表格页；
■ 幻灯片页；
■ 工程实例</td><td>学生需要的技能
■ 工程数学；
■ 材料的力学性质；
■ 计算机应用；
■ 建筑构造；
■ 建筑材料</td><td>教师需要的技能
■ 具有教师资格的学士/硕士；
■ 工程设计经验；
■ 计算机基础应用；
■ 力学与结构软件应用</td></tr>
</table>

目录

学习情境1 结构材料认识

学习目标：

- 学会使用钢筋、混凝土、砌体的设计指标
- 能运用力学性能指标综合评价钢材
- 会分析混凝土强度和变形关系曲线
- 能分析砂浆、块体强度与砌体强度关系
- 会正确运用钢筋锚固与连接的构造
- 会合理选择结构材料种类及等级

学习单元1.1 建筑结构的组成分析

任务描述：

图1.1给出几种钢筋混凝土结构的结构体系图，请分析它们的结构组成并指出组成结构的基本单元即基本构件的名称。

任务分析：

一幢房屋必须有它的骨架，骨架破坏，房屋就要倒塌，支撑房屋的骨架称为房屋结构，组成房屋结构的基本元件称为基本构件。一般结构实际上都是空间结构，各部分互相联结成为一个空间整体，以便抵御各种方向可能出现的荷载。因此，在适当的条件下，根据受力状态的特点，设法把空间结构分解为平面结构，再将平面结构简化为若干个构件。

任务知识点：

1. 结构的概念

在工程建筑中，由建筑材料制作的若干个构件连接而构成的能承受作用的平面或空间体系称为结构。建筑结构是建筑物的骨架，组成结构的基本单元称为基本构件。结构设计时，需将骨架分解成若干个构件，组成结构的典型构件有：

板：提供活动面，直接承受并传递荷载。

梁：板的支撑构件，承受板传来的荷载并传递。

柱：承受楼面体系（梁、板）传来的荷载并传递。

墙：承受楼面体系（梁、板）传来的荷载并传递。

基础：将柱及墙等传来的上部结构荷载传给地基。

索：悬挂构件或结构体系的主要传力单元。

杆：组成空间构件，如屋架等。

2. 结构的分类

建筑结构按所用材料不同，可分为混凝土结构、钢结构、砌体结构、木结构和混合结构等。

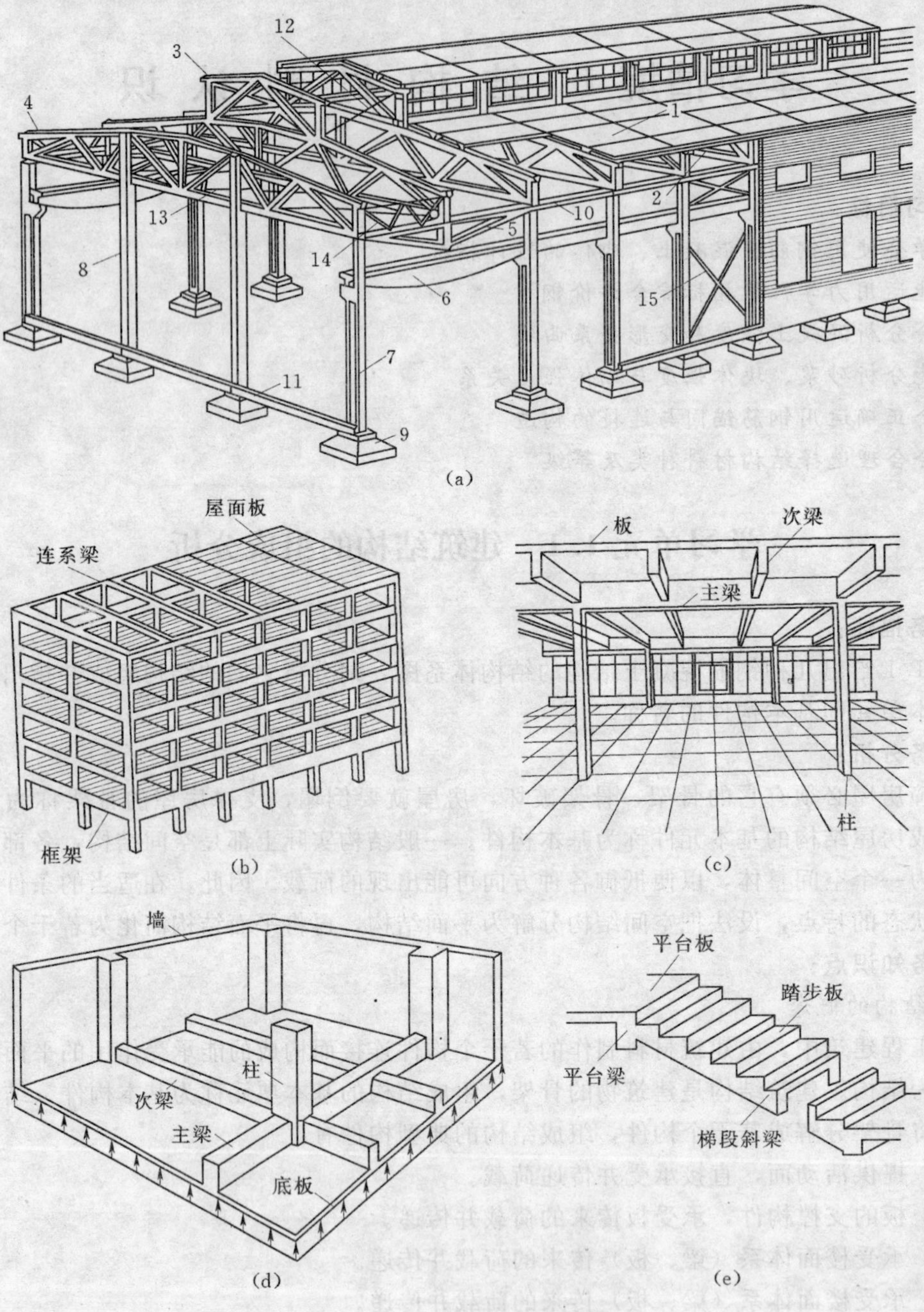

图 1.1　结构体系图

(a) 单层工业厂房；(b) 钢筋混凝土框架；(c) 钢筋混凝土肋梁楼盖；(d) 地下室地板；(e) 楼梯

按受力体系不同，建筑结构可分为：框架结构、剪力墙结构、筒体结构、塔式结构、桅式结构、悬索、悬吊结构、壳体结构、网架结构等。

按照建筑物外形，结构可分为：单层、多层、高层、大跨和高耸结构等。

按照施工方法，结构可分为：现浇结构、装配结构和装配整体式结构。

本书主要介绍钢筋混凝土结构及砌体结构的材料性能、基本设计理论、基本构件设计以及主要的构造知识。

3. 钢筋混凝土结构的概念

钢筋混凝土结构是由钢筋和混凝土两种力学性能截然不同的材料组成的能共同工作的整体结构，由于混凝土的抗拉强度很低，容易开裂，在结构的受拉部位配置钢筋，就能有效地利用钢筋较高的抗拉强度以及混凝土较高的抗压强度。

混凝土是一种人造石材，其抗压强度很高，而抗拉强度则很低（约为抗压强度的1/18～1/8)。当用素混凝土梁承受荷载时如图1.2（a）所示，在梁的正截面（垂直于梁的轴线的截面）上受到弯矩作用，中和轴以上受压，以下受拉。由于混凝土的抗拉强度远远低于抗压强度，使得荷载在梁的受拉区边缘产生的应力首先达到混凝土的抗拉强度，使梁很快裂断如图1.2（b）所示，这种破坏是很突然的。如果要使梁承受更大的荷载，则必须将其截面加大很多，这是不经济的，有时甚至是不可能的。

为了解决上述矛盾，可在混凝土梁的受拉边配置纵向钢筋，这就构成钢筋混凝土梁。试验表明，和混凝土梁有相同截面尺寸的钢筋混凝土梁承受荷载时，其破坏特征首先也表现为梁受拉区出现裂缝。在出现裂缝的截面处，受拉区混凝土脱离工作，配置在受拉区的钢筋将承担几乎全部的拉应力。这时，钢筋混凝土梁不会像混凝土梁那样立即裂断，而能继续承担荷载如图1.2（c）所示，直至受拉钢筋应力达到屈服强度，裂缝向上延伸，受压区混凝土达到其抗压强度而被压碎，梁才达到破坏。因此，钢筋混凝土梁的承载力可较混凝土梁提高很多，其提高的幅度与配置的纵向钢筋数量和强度有关。

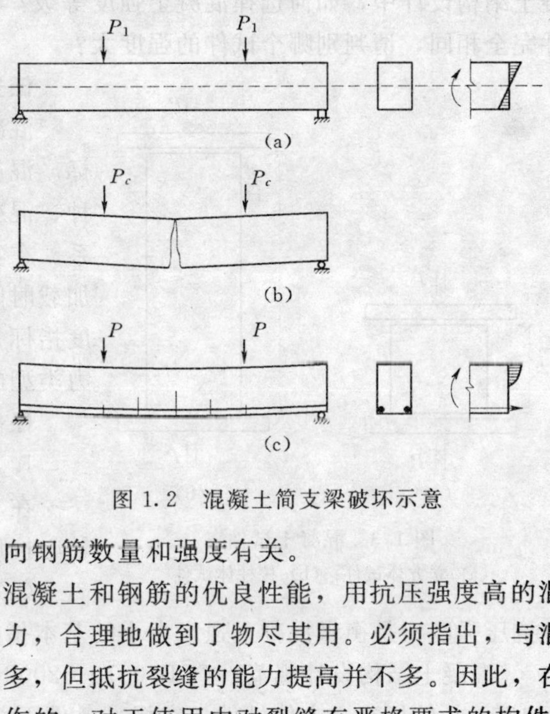

图1.2 混凝土简支梁破坏示意

由上述可知，钢筋混凝土梁充分发挥了混凝土和钢筋的优良性能，用抗压强度高的混凝土承担压力，用抗拉强度高的钢筋承担拉力，合理地做到了物尽其用。必须指出，与混凝土梁相比，钢筋混凝土梁的承载力提高很多，但抵抗裂缝的能力提高并不多。因此，在使用荷载下，钢筋混凝土梁一般是带裂缝工作的。对于使用中对裂缝有严格要求的构件，可采用预应力混凝土结构。

钢筋和混凝土这两种性质不同的材料之所以能有效地结合在一起共同工作，主要是由于混凝土和钢筋之间有着良好的黏结力，使两者能可靠地结合成一个整体，在荷载作用下能共同变形，完成其结构功能。其次，钢筋和混凝土的温度线膨胀系数也较为接近（钢筋为1.2×10^{-5}，混凝土为$1.0\times10^{-5}\sim1.5\times10^{-5}$)，因此，当温度变化时，不致产生较大的温度应力而破坏两者之间的黏结。

任务实施：

图1.1（a）中组成单层工业厂房的主要构件有：屋面板、屋架、吊车梁、排架柱、

抗风柱、基础、连系梁、基础梁、柱间支撑等；图1.1（b）中钢筋混凝土框架是由若干个梁和柱组成的空间刚架，设计时则需简化为平面刚架，然后再简化为若干个梁和柱构件；图1.1（c）中钢筋混凝土肋梁楼盖部分是由板和梁组成的板梁结构，根据施工方式不同有现浇式楼盖、装配式楼盖和现浇装配式楼盖三种，图1.1（c）中楼盖为整体式单向板肋形楼盖，由板、次梁、主梁等基本构件组成；图1.1（d）中组成地下室地板的基本构件有：底板、次梁、主梁、墙和柱；图1.1（e）中组成楼梯的构件有平台板、平台梁、梯段斜梁、踏步板。

学习单元1.2 混凝土强度指标选取

任务描述：

混凝土的强度指标有哪些？它们之间的关系如何？强度等级是如何划分的？在钢筋混凝土结构设计中，如何选择混凝土强度等级？图1.3中的两个试件除高度不同外，其他条件完全相同，请判别哪个试件的强度大？

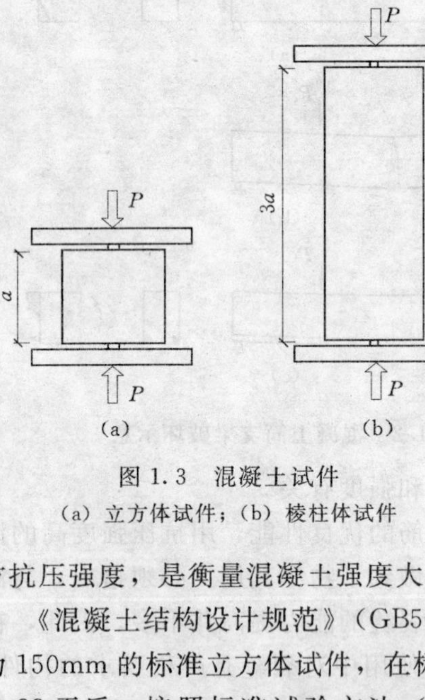

图1.3 混凝土试件

(a) 立方体试件；(b) 棱柱体试件

任务分析：

混凝土强度是混凝土受力性能的一个基本指标。混凝土的强度与水泥标号、水灰比、骨料品种、混凝土配合比、硬化条件和龄期等有很大关系。在实验室还因试件的尺寸及形状、试验方法和加载时间的不同，所测得的强度也不同。混凝土强度指标是混凝土结构设计的依据，通常根据结构受力类型的不同采用不同的强度指标。

任务知识点：

1. 混凝土的强度

在工程中常用的混凝土强度有立方抗压强度、轴心抗压强度、轴心抗拉强度等。

（1）混凝土的立方抗压强度 f_{cu}。混凝土的立方抗压强度，是衡量混凝土强度大小的基本指标，是评价混凝土等级的标准。

《混凝土结构设计规范》（GB50010—2002，以下简称《混凝土规范》）规定，用边长为150mm的标准立方体试件，在标准条件下（温度20±3℃，相对湿度不小于90%）养护28天后，按照标准试验方法（试件的承压面不涂润滑剂，加荷速度约每秒0.15～0.3N/mm^2）测得的具有95%保证率的抗压强度，作为混凝土的立方抗压强度标准值，用符号 $f_{cu,k}$ 表示。

试验方法对混凝土有较大影响，试件在试验机上受压时，纵向要压缩，横向要膨胀，由于混凝土与压力机垫板弹性模量和横向变形的差异，压力机垫板的横向变形明显小于混凝土的横向变形。当试件承压接触面上不涂润滑剂时，混凝土的横向变形受到摩擦力的约束，形成"箍套"的作用。在"箍套"的作用下，试件与垫板的接触面局部混凝土处于三向受压应力状态，试件破坏时形成两个对顶的角锥形破坏面，如图1.4（a）所示。如果

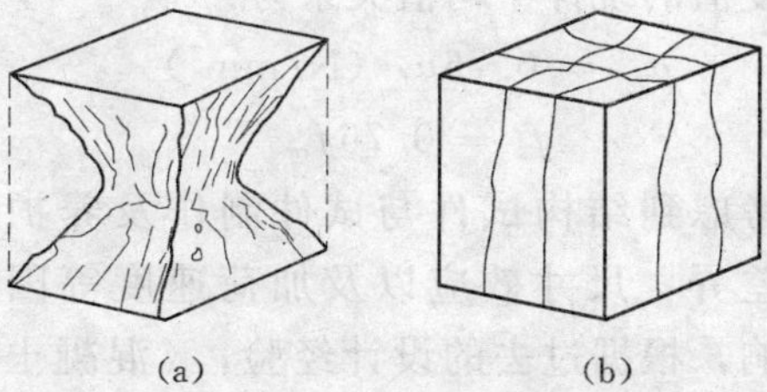

图 1.4　混凝土立方体的破坏情况
(a) 不涂润滑剂；(b) 涂润滑剂

在试件承压面上涂一些润滑剂，这时试件与压力机垫板间的摩擦力大大减小，试件沿着力的作用方向平行地产生几条裂缝而破坏，所测得的抗压极限强度较低，如图 1.4 (b) 所示。《混凝土结构设计规范》规定的标准试验方法是不加润滑剂。

试件尺寸对混凝土也有影响。试验结果证明，立方体尺寸越小，则试验测出的抗压强度愈高，这个现象称为尺寸效应。对此现象有多种不同解释，一种观点认为是材料自身的原因，与试件内部缺陷（裂纹）的分布，粗、细粒径的大小和分布，材料内摩擦角的不同和分布，试件表面与内部硬化程度有差异等因素有关。另一种观点认为是试验方法的原因，与试块受压面和试验机之间摩擦力分布（四周较大，中央较小）、试验机垫板刚度有关。

过去我国曾长期采用 200mm 边长的立方体作为标准试件。在试验研究中也采用 100mm 边长的立方体试件。用这两种尺寸试件测得的强度与用 150mm 边长的立方体标准试件测得的强度有一定差距，这归结于尺寸效应的影响。所以非标准试件强度应乘以一个换算系数后，就可变成标准试件强度。根据大量实测数据，《混凝土规范》规定，如采用 200mm 或 100mm 边长的立方体试块时，其换算系数分别取 1.05 和 0.95。

(2) 强度等级。根据立方体抗压强度标准值 $f_{cu,k}$ 的大小，混凝土强度等级分为 C15、C20、C25、C30、C35、C40、C45、C50、C55、C60、C65、C70、C75、C80，共 14 级。其中，C60～C80 属高强混凝土。

《混凝土规范》规定，钢筋混凝土结构的混凝土强度等级不应低于 C15；当采用 HRB335 级钢筋时，混凝土强度等级不宜低于 C20；当采用 HRB400 和 RRB400 级钢筋以及承受重复荷载的构件，混凝土强度等级不得低于 C20；预应力混凝土结构的混凝土强度等级不应低于 C30；当采用钢丝、钢绞线、热处理钢筋作为预应力钢筋时，混凝土强度等级不宜低于 C40。

调查分析表明，在结构中采用强度较高的混凝土，对柱、墙、基础等以受压为主的构件及预应力构件有显著的经济效益，为此，设计时可按下列范围选用混凝土强度等级：受弯构件 C20～C30，受压构件 C30～C40，预应力构件 C30～C50，高层建筑底层柱 C50 或以上。

(3) 混凝土的轴心抗压强度 f_c。实际工程中，受压构件并非立方体而是棱柱体，工作条件与立方体试块的工作条件也有很大差别，采用棱柱体试件更能反映混凝土的实际抗压能力。所以我国采用 150mm×150mm×300mm 棱柱体试件测得的强度作为混凝土的轴心抗压强度（图 1.5）。

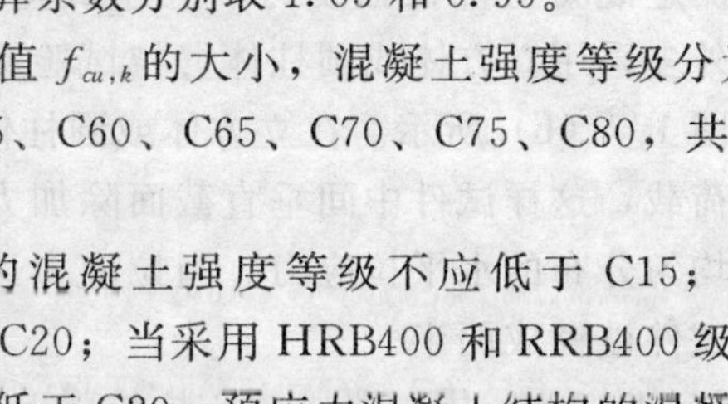

图 1.5　混凝土棱柱体抗压试验

根据我国近年来所做的棱柱体与立方体试件的抗压强度对比试验，可得如图 1.6 所示的结果，试验资料得出棱柱体与立方体抗

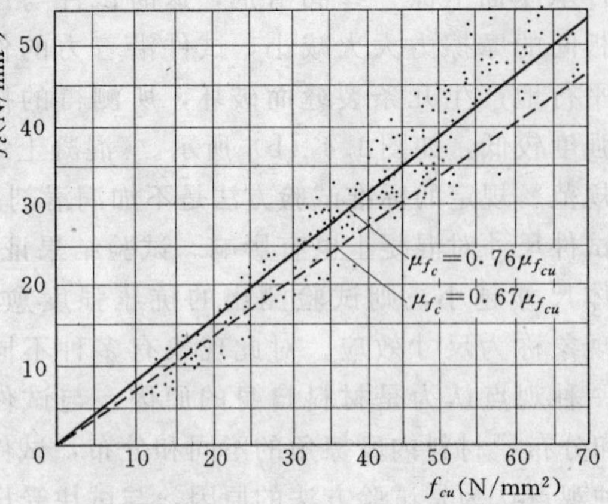

图 1.6 混凝土的轴心抗压强度值与立方体抗压强度值的关系

压强度值的统计平均值关系为：

$$\mu_{f_c}=0.76\mu_{f_{cu}}\ (\text{N/mm}^2)$$

$$f_c=0.76f_{cu}$$

考虑到结构试件与试件制作及养护条件的差异，尺寸效应以及加荷速度等因素的影响，根据过去的设计经验，《混凝土规范》中取 $f_c=0.67f_{cu}$。

轴心抗压强度是构件承载力计算的强度指标。

(4) 混凝土的轴心抗拉强度 f_t。轴心抗拉强度可采用如图 1.7 (a) 所示的试验方法，试件为 100mm×100mm×500mm 的柱体，两端埋有伸出长度为 150mm 的变形钢筋 (d=16mm)，钢筋位于试件轴线上。试验机夹紧两端伸出的钢筋，对试件施加拉力，破坏时裂缝产生在试件的中部，试件的平均破坏应力为轴心抗拉强度 f_t。

在测定混凝土抗拉强度时，上述试验方法是相当困难的。故国内外多采用立方体或圆柱体劈拉试验测定混凝土的抗拉强度，如图 1.7 (b) 所示。在立方体或圆柱体上的垫条施加一对压力线荷载，这样试件中间垂直截面除加力点附近很小的范围外，有均匀分布的水平拉应力。当拉应力达到混凝土的抗拉强度时，试件被劈成两半。

《混凝土规范》中混凝土轴心抗拉强度标准值按下式计算：

$$f_t=0.23f_{cu}^{2/3}$$

混凝土的抗拉强度远小于抗压强度，只有抗压强度的 1/18～1/8。

2. 混凝土的变形

混凝土的变形有两类。一类是受力变形，混凝土在一次短期荷载、多次重复荷载和长期荷载作用下都将产生变形。另一类是体积变形，包括收缩、膨胀和温度变形。

(1) 混凝土一次短期加荷的应力—应变曲线。混凝土在单调短期加荷作用下的应力—应变曲线是其最基本的力学性能，曲线的特征是研究钢筋混凝土构件的强度、变形、延性（承受变形的能力）和受力全过程分析的依据。

一般取棱柱体试件来测试混凝土的应力—应变曲线，测试时在试件的四个侧面安装应变仪读取纵向应变。混凝土试件受压时典型的应力—应变曲线如图 1.8 所示，整个曲线大体上呈上升段与下降段两个部分。

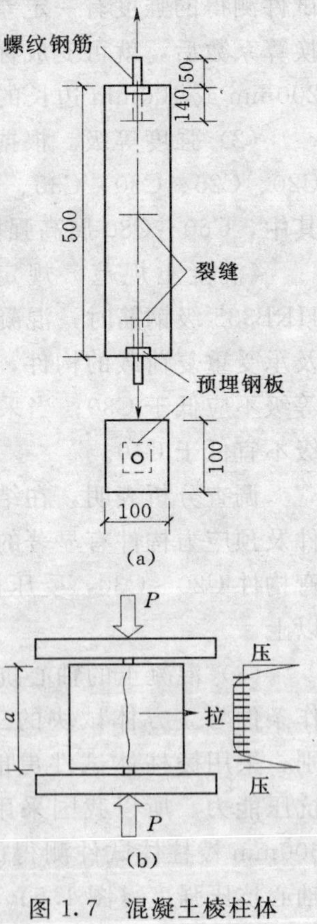

图 1.7 混凝土棱柱体抗拉试验
(a) 混凝土棱柱体抗拉试验；(b) 劈拉试验

在上升 OC 段：起初压应力较小，当应力 $\sigma \leqslant 0.3f_c$ 时（OA 段），变形主要取决于混凝土内部骨料和水泥结晶体的弹性变形，应力—应变关系呈直线变化。当应力 σ 在 $0.3f_c \sim 0.8f_c$ 范围时（AB 段），由于混凝土内部水泥凝胶体的黏性流动，以及各种原因形成的微裂缝亦渐处于稳态的发展中，致使应变的增长较应力快，表现了材料的弹塑性性质。当应力 $\sigma > 0.8f_c$ 之后（BC 段），混凝土内部微裂缝进入非稳态发展阶段，塑性变形急剧增大，曲线斜率显著减小。当应力到达峰值时，混凝土内部黏结力破坏，随着微裂缝的延伸和扩展，试件形成若干贯通的纵裂缝，混凝土应力达到受压时最大承压应力 σ_{max}（C 点），即轴心抗压强度 f_c。

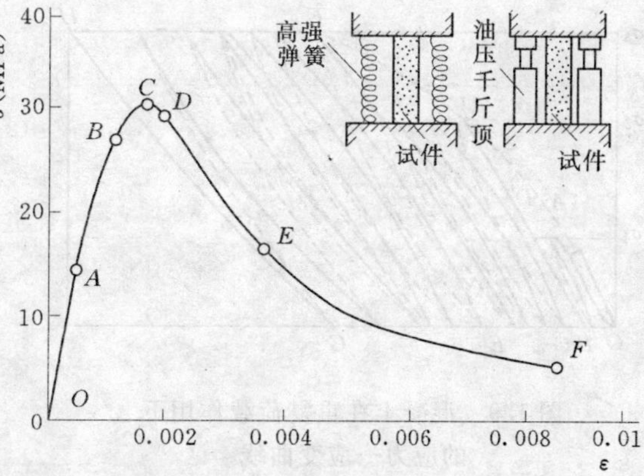

图 1.8　混凝土单轴受压时应力—应变曲线

在下降 CE 段：当试件应力达到 f_c（C 点）后，随着裂缝的贯通，试件的承载能力将开始下降。在峰值应力以后，裂缝迅速发展，内部结构的整体受到愈来愈严重的破坏，赖以传递的传力路线不断减少，试件的平均应力强度下降，所以，应力—应变曲线向下弯曲，直到凹向发生改变，曲线出现“拐点”。超过“拐点”，曲线开始凸向应变轴，这时，只靠骨料间的咬合及摩擦力与残余承压面来承受荷载。从收敛点 E 开始以后的曲线称为收敛段，这时主裂缝已很宽，收敛段 EF 已失去结构意义。

应力—应变曲线中最大应力值 f_c 与其相应的应变值 ε_0（C 点），以及破坏时的极限应变值 ε_{max}（E 点）是曲线的三个特征值。从不同强度等级混凝土的应力—应变曲线可知，不同强度等级混凝土达到轴心抗压强度时的应变 ε_0 相差不多，工程中所用混凝土的 ε_0 约为 $0.0015 \sim 0.002$，极限应变 ε_{cu} 约为 $0.002 \sim 0.006$，设计时，为简化计算，可统一取 $\varepsilon_0 = 0.002$，$\varepsilon_{cu} = 0.0033$。

（2）混凝土在重复荷载下的变形性能。混凝土在重复荷载下的变形性能，也就是混凝土的疲劳性能。

混凝土受压棱柱体试件受多次重复荷载作用下的应力—应变曲线如图 1.9 所示，在图中纵坐标上注有一个关键的强度——疲劳强度 f_c^f。当用小于 f_c^f 的应力 σ_1 和 σ_2 作多次重复荷载试验时，起初其加荷卸荷应力—应变曲线都与图中的情况类似，经多次加、卸荷作用后加荷卸荷应力—应变曲线愈来愈趋于闭合，最终成为一条直线（σ_1 时为 CD'，σ_2 时为 EF'），且与曲线在原点处的切线大体平行。应力—应变曲线呈直线状态后，塑性变形不再增长，混凝土试件遂按弹性工作，即使重复循环加荷数百万次也不致破坏。但是，当用高于疲劳强度 f_c^f 的应力 σ_3 加荷，经过几次重复循环之后，应力—应变曲线很快就变成直线，接着反向弯曲，曲线由凸向 σ 轴变成凸向 ε 轴，变形不断增加，表明混凝土试件很快即将破坏，应力—应变曲线斜率的降低是混凝土发生疲劳破坏的一个主要征兆。

在工程实际中，工业厂房中的吊车梁，在其整个使用期限内吊车荷载作用重复次数可达 200 万～600 万次，因此在疲劳试验机上用脉冲千斤顶对试件快速加、卸荷的重复次

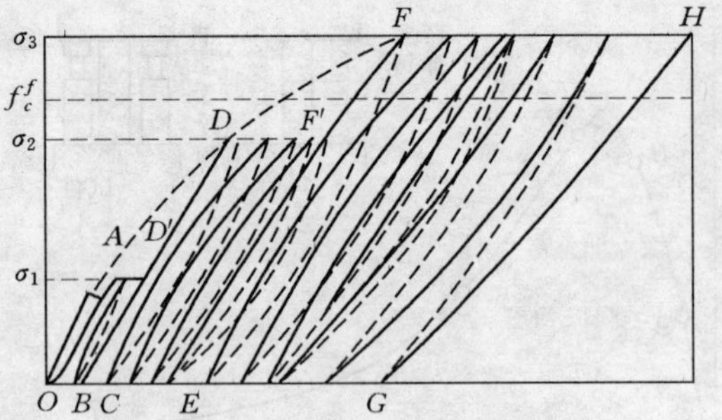

图 1.9 混凝土在重复荷载作用下的应力—应变曲线

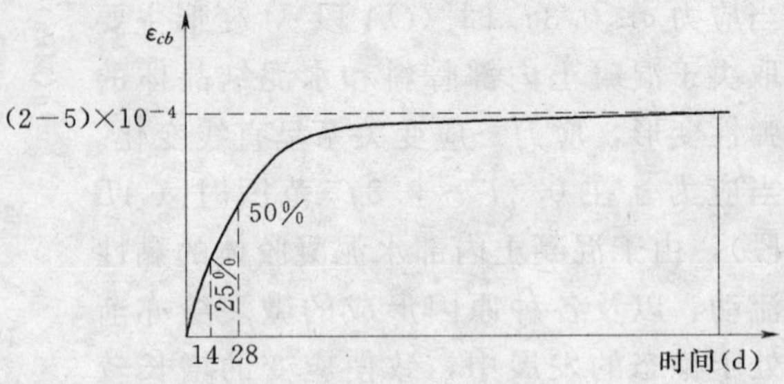

图 1.10 混凝土徐变与时间的关系

数，也不宜低于200万次。通常把试件承受200万次（或更多次数）重复荷载时发生破坏的压应力值，称为混凝土的疲劳强度 f_c^f。

另外，疲劳强度还与对试件所加重复作用应力的变化幅度有关，根据国内大量测试资料的统计分析，所得混凝土疲劳强度的数值较分散，与重复次数有关，并随混凝土的强度等级而变化。疲劳强度要比棱柱体抗压强度低很多，大体上取为 $f_c^f=0.5f_c$。

（3）混凝土在长期荷载作用下的变形。混凝土在长期荷载作用下随时间而增长的变形称为徐变（图1.10）。徐变对于结构的变形和强度，以及预应力混凝土中的钢筋应力都将产生重要的影响。

产生徐变的原因目前研究得尚不够充分。徐变特性主要与时间有关。徐变开始时增长较快，以后逐渐减慢，经过较长时间趋于稳定。

混凝土的徐变对结构构件产生的不利影响主要是：增大混凝土构件的变形；在预应力混凝土构件中引起预应力损失等。

混凝土的徐变除与构件截面的应力大小和时间长短有关外，还与混凝土所处环境条件和混凝土的组成有关。养护条件越好，周围环境的湿度越大，构件加载前混凝土的强度越高，水泥用量越少，混凝土越密实，集料含量越大，集料刚度越大，则徐变越小。

（4）混凝土的收缩。混凝土在空气中结硬过程中体积减小的现象称为收缩。

混凝土的收缩变形可延续2年以上，但主要发生在初期：2周可完成全部收缩量的25%，1个月约完成50%。

由于混凝土的收缩，当构件受到约束时，混凝土的收缩就会使构件中产生收缩应力，收缩应力过大，就会使构件产生裂缝，以致影响结构的正常使用；在预应力混凝土构件中混凝土收缩将引起钢筋预应力值损失。

混凝土的收缩主要与下列因素有关：水泥用量越多，水灰比越大，收缩越大；强度等级越高的水泥制成的混凝土收缩越大；集料的弹性模量大，收缩小；在结硬过程中，周围温度、湿度大，收缩小；混凝土越密实，收缩越小；使用环境温度、湿度大，收缩小。

3. 混凝土的设计指标

（1）强度标准值。同钢筋相比，混凝土强度具有更大的变异性，按同一标准生产的混凝土各批次强度会不同，即便是同一次搅拌的混凝土其强度也有差异。因此，设计中应采取混凝土强度标准值来进行计算。混凝土的强度标准值应具有不小于 95%的保证率。

（2）强度设计值。混凝土强度设计值等于混凝土强度标准值除以混凝土材料分项系数 γ_c，$\gamma_c=1.4$。

各种强度等级的混凝土强度标准值、强度设计值列于表 1.1、表 1.2。

表 1.1　　混凝土强度标准值　　单位：N/mm²

强度	混凝土强度等级													
	C15	C20	C25	C30	C35	C40	C45	C50	C55	C60	C65	C70	C75	C80
f_{ck}	10.0	13.4	16.7	20.1	23.4	26.8	29.6	32.4	35.5	38.5	41.5	44.5	47.4	50.2
f_{tk}	1.27	1.54	1.78	2.01	2.20	2.40	2.51	2.64	2.74	2.85	2.99	3.00	3.05	3.11

表 1.2　　混凝土强度设计值　　单位：N/mm²

强度	混凝土强度等级													
	C15	C20	C25	C30	C35	C40	C45	C50	C55	C60	C65	C70	C75	C80
f_c	7.2	9.6	11.9	14.3	16.7	19.1	21.2	23.1	25.3	27.5	29.7	31.8	33.8	35.9
f_t	0.91	1.1	1.27	1.43	1.57	1.71	1.80	1.89	1.96	2.04	2.09	2.14	2.18	2.22

注　计算现浇钢筋混凝土轴心受压及偏心受压构件时，如截面长边或直径小于 300mm，则表中混凝土的强度设计值应乘以系数 0.8；当构件质量确有保证时，可不受此限。

4. 混凝土的弹性模量

混凝土的弹性模量指混凝土的原点切线模量。但是，混凝土不是弹性材料，其应力和应变不呈线性关系，在不同应力阶段的变形模量（应力与应变之比）不同，原点切线很难准确地作出。实用中，采用应力上限为（0.4-0.5）f_c 循环 5～10 次后的应力—应变曲线，应力为（0.4～0.5）f_c 时的割线模量作为混凝土的弹性模量的近似值。

按照上述方法，《混凝土规范》经统计分析得到混凝土的受拉或受压弹性模量 E_c（N/mm²）的经验计算公式：

$$E_c=\frac{10^5}{2.2+\dfrac{34.7}{f_{cu,k}}} \tag{1.1}$$

式中　$f_{cu,k}$——混凝土的立方体抗压强度标准值，N/mm²。

按式（1.1）计算的不同强度等级混凝土的弹性模量见表 1.3。

表 1.3　　混凝土的弹性模量　　单位：10⁴N/mm²

混凝土强度等级	C15	C20	C25	C30	C35	C40	C45	C50	C55	C60	C65	C70	C75	C80
E_c	2.20	2.55	2.80	3.00	3.15	3.25	3.35	3.45	3.55	3.60	3.65	3.70	3.75	3.80

5. 混凝土结构的耐久性规定

混凝土结构应符合有关耐久性规定，以保证其在化学的、生物的以及其他使结构材料性能恶化的各种侵蚀的作用下，达到预期的耐久年限。

结构的使用环境是影响混凝土结构耐久性的最重要的因素。使用环境类别按表 1.4 划分。影响混凝土结构耐久性的另一重要因素是混凝土的质量。控制水灰比，减小渗透性，提高混凝土的强度等级，增加混凝土的密实性，以及控制混凝土中氯离子和碱的含量等，对于混凝土的耐久性都有非常重要的作用。

表 1.4　混凝土结构的使用环境类别

环境类别		说　明
一		室内正常环境：无侵蚀性介质、无高温、高湿影响、不与土壤直接接触的环境
二	a	室内潮湿环境；非严寒和非寒冷地区的露天环境；与无侵蚀性的水或土壤直接接触的环境
	b	严寒和寒冷地区的露天环境；与无侵蚀性的水或土壤直接接触的环境
三		使用除冰盐的环境；严寒及寒冷地区冬季水位变动的环境；滨海室外环境
四		海水环境
五		受人为或自然的侵蚀性物质影响的环境

注　严寒地区指最冷月平均温度不大于−10℃，日平均温度不高于5℃的天数不少于145天的地区；寒冷地区指最冷月平均温度−10～0℃，日平均温度不高于5℃的天数为90～145天的地区。

耐久性对混凝土质量的主要要求如下：

(1) 设计使用年限为50年的一般结构混凝土。对于设计使用年限为50年的一般结构，混凝土质量应符合表1.5的规定。

表 1.5　结构混凝土耐久性的基本规定

环境类别		最大水灰比	最小水泥用量 (kg/m³)	混凝土强度等级	氯离子含量不大于（%）	碱含量不大于 (kg/m³)
一		0.65	225	≥C20	≤1.0	不限制
二	a	0.60	250	≥C25	≤0.3	>3.0
	b	0.55	275	≥C30	≤0.2	>3.0
三		0.50	300	≥C30	≤0.1	>3.0

注　1. 氯离子含量按水泥总量的百分率计。
2. 预应力混凝土构件中的氯离子含量不得超过0.06%；最小水泥用量为300kg/m³；最低混凝土强度等级应按表中规定提高两个等级。
3. 素混凝土构件的最小水泥用量不应少于表中数值减25kg/m³。
4. 当混凝土中加入活性掺合料或能提高耐久性的外加剂时，可适当降低最小水泥用量。
5. 当有可靠工程经验时，处于一类和二类环境中的最低混凝土强度等级可降低一个等级。
6. 当使用非碱活性骨料时，可不对混凝土中的碱性含量进行控制。

(2) 设计使用年限为100年的结构混凝土。一类环境中，设计使用年限为100年的结构混凝土应符合下列规定：

1) 钢筋混凝土结构的混凝土强度等级不应低于C30；预应力混凝土结构的最低混凝土强度等级为C40。

2) 混凝土中氯离子含量不得超过水泥重量的0.06%。

3) 宜使用非碱活性骨料；当使用碱活性骨料时，混凝土中的碱含量不得超过3.0kg/m³。

4) 混凝土保护层厚度应按相应的规定增加40%；当采取有效的表面防护措施时，混凝土保护层厚度可适当减少。

5）在使用过程中应有定期维护措施。

对于设计寿命为 100 年且处于二类和三类环境中的混凝土结构应采取专门有效的措施。

6. 其他要求

严寒及寒冷地区的潮湿环境中，结构混凝土应满足抗冻要求，混凝土抗冻等级应符合有关标准的要求。

有抗渗要求的混凝土结构，混凝土的抗渗等级应符合有关标准的要求。

三类环境中的结构构件，其受力钢筋宜采用环氧涂层带肋钢筋；对预应力钢筋、锚具及连接器应有专门防护措施。

四类和五类环境中的混凝土结构，其耐久性要求应符合有关标准的规定。

任务实施：

混凝土的强度指标有立方体抗压强度 f_{cu}、棱柱体抗压强度 f_c 和棱柱体抗拉强度 f_t，它们之间的关系为 $f_t=0.23f_{cu}^{2/3}$，$f_c=0.67f_{cu}$，根据立方体抗压强度标准值不同，可将混凝土强度划分为 14 个等级。钢筋混凝土结构的混凝土强度等级不应低于 C15；预应力混凝土结构的最低混凝土强度等级为 C30。图 1.3 中的两个试件，立方体抗压强度大于棱柱体抗压强度。

学习单元 1.3 钢筋强度指标选取

任务描述：

建筑结构中的钢筋有哪些种类？结构设计中如何选择恰当的钢筋种类和等级？图 1.11、图 1.12 中的钢筋外形各不相同，它们怎样应用？

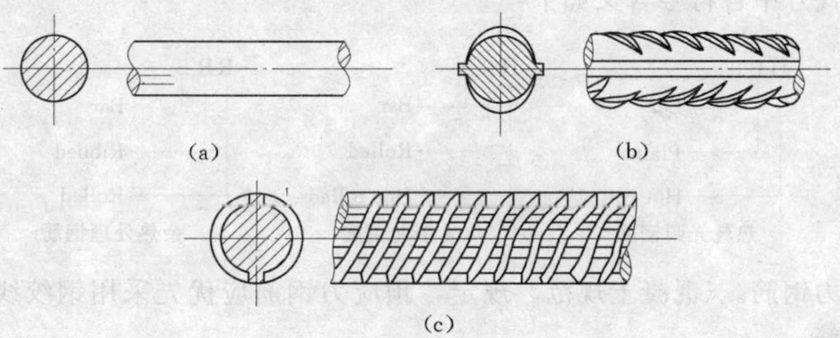

图 1.11 热轧钢筋的外形

(a) 光面钢筋；(b) 月牙肋钢筋；(c) 等高肋钢筋

任务分析：

钢筋按不同的分类方法可分为不同的类型，结构设计中应合理地选取钢筋的种类、等级以及强度指标。

任务知识点：

1. 钢筋的种类及选择

钢筋是指用于混凝土结构或配筋砌体中的直径在 4～50mm 范围内的圆钢。5mm 及以下的细钢筋称为钢丝。12mm 及以下的钢筋或钢丝常以盘圆形式提供。钢筋按外形可分为光面（直径为 6～50mm）钢筋和变形（人字纹、螺旋纹、月牙纹）钢筋；按加工方法不同，钢筋主要有热轧钢筋、冷拉钢筋、热处理钢筋、冷轧钢筋（冷轧带肋钢筋、冷轧扭钢筋）、冷拔低碳钢丝、消除应力钢丝、钢绞线等几类；在结构中按是否施加预应力，可分为普通钢筋和预应力钢筋。

（1）普通钢筋。普通钢筋指用于钢筋混凝土结构中的钢筋和预应力混凝土结构中的非预应力钢筋。《混凝土规范》规定，普通钢筋宜采用 HRB400 级和 HRB335 级钢筋，也可采用 HPB235 级和 RRB400 级钢筋。这些钢筋均属热轧钢筋。

热轧钢筋由低碳钢、低合金钢热轧而成，均为软钢，按屈服强度标准值大小分为：HPB235、HRB335、HRB400 和 RRB400 四个级别。其中 HPB235 为 Q235 钢，光圆形式。HRB335、RRB400 级变形钢筋均为 20MnSi 钢，后者经余热处理。HRB400 钢筋由 20MnSiV 钢、20MnSiNb 钢或 20MnTi 制成，为变形钢筋。

HRB400 级钢筋强度高，延性好，锚固性能好，是混凝土结构的主导钢筋，实际工程中主要用作结构构件中的受力主筋；HRB335 级钢筋虽然强度低于 HRB400 级钢筋，但延性、锚固性能均好，是混凝土结构的辅助钢筋，实际工程中也主要用作结构构件中的受力主筋；HPB235 级钢筋强度太低，且锚固性能差，一般不推荐使用，实际工程中只用作板、基础和荷载不大的梁、柱的受力主筋、箍筋以及其他构造钢筋；RRB400 级钢筋强度虽高，但疲劳性能、冷弯性能以及可焊性均较差，其应用受到一定限制。

钢筋按外形分为光圆钢筋和变形钢筋（人字纹、螺旋纹、月牙纹）两种（图 1.11）。

HPB235 钢筋为光圆钢筋，HRB335 钢筋、HRB400 钢筋和 RRB400 钢筋的外形均为月牙纹，钢筋代号中各符号含义如下：

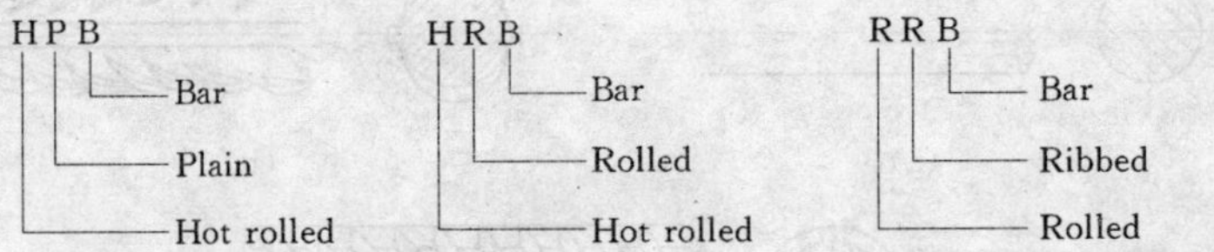

热轧光圆钢筋　　热轧带肋钢筋　　余热处理钢筋

（2）预应力钢筋。《混凝土规范》规定，预应力钢筋应优先采用钢绞线和钢丝，也可采用热处理钢筋。

热处理钢筋：由 $40Si_2Mn$、$48Si_2Mn$、$45Si_2Cr$ 等合金钢热轧而成的钢筋进行加温、淬火和回火等调质处理而得到的钢筋。热处理钢筋强度大幅度提高，塑性降低不多，但为硬钢。热处理钢筋以盘条形式供应，无需焊接、冷拉，施工方便，因此应用广泛。

消除应力钢丝：将高碳镇静钢经冷拔后，中温回火消除应力并稳定化处理的光面钢筋。

刻痕钢丝：在光面钢丝的表面上进行刻痕处理，以增加钢丝和混凝土之间的黏结力。

螺纹肋钢丝：以普通的低碳钢或低合金钢热轧的盘圆条为母材，经冷轧减径后在其表面冷轧两面或三面有月牙肋的钢筋。

钢绞线：由3股或7股高强钢丝绞盘在一起，经过低温回火处理消除应力后制成，多用于后张法大型构件。预应力钢筋的外形如图1.12所示。各种直径钢筋的公称直径、计算截面面积及理论重量见附表1～附表3。

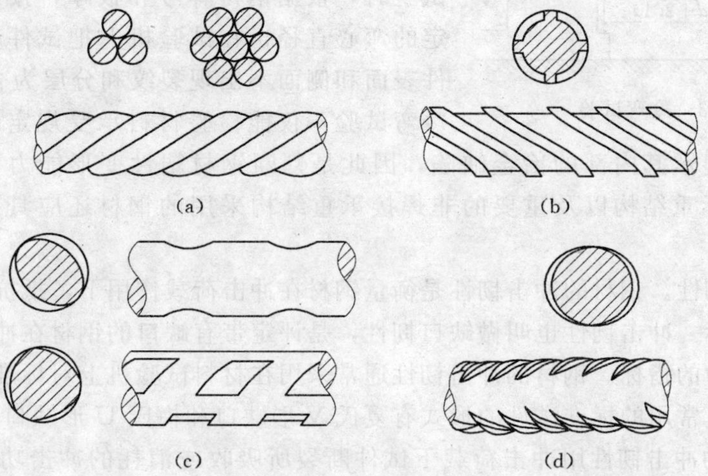

图1.12 预应力钢筋的外形

(a) 钢绞线；(b) 螺旋肋钢丝；(c) 刻痕钢丝；(d) 热处理钢筋

2. 钢材的力学性能指标

钢材的力学性能通常指钢材拉伸时，所提供的强度、伸长率、冷弯性能和冲击韧性等。这些性能指标是钢结构设计的重要依据，它们主要由试验来测定，如拉弯试验、冷弯试验和冲击试验等。

钢材的拉伸试验所得的屈服点 f_y、抗拉极限强度 f_u 和伸长率 δ 是钢结构设计中对钢材力学性能要求的三项重要指标。

(1) 钢材的屈服强度。结构设计中常把软钢的屈服点 f_y 定为构件应力可以达到的极限值，即把钢材达到屈服强度 f_y 作为承载能力极限状态的标志。这是因为当应力超过 f_y 时，钢材产生很大的不适于继续受力或使用的变形。

(2) 抗拉极限强度。钢材的抗拉强度 f_u 是钢材抗破坏能力的极限。抗拉强度 f_u 是钢材塑性变形很大且即将破坏时的强度，此时已无安全储备，只能作为衡量钢材强度的一个指标。

钢材的屈服点与抗拉强度之比，f_y/f_u 称为屈强比，它是表明设计强度储备的一项重要指标，f_y/f_u 越大，强度储备越小，不够安全；反之，f_y/f_u 越小，强度储备越大，结构愈安全，强度利用率低且不经济。因此，设计中要选用合适的屈强比。

(3) 钢材的塑性。钢材的伸长率 δ 是反映钢材塑性的指标，是试件拉断后，标距长度的伸长量与原标距长度的百分比。伸长率越大，则塑性越好；需要指出，试件标距长度与试件截面直径之比，对伸长率有较大的影响，试件标距长度与试件截面直径之

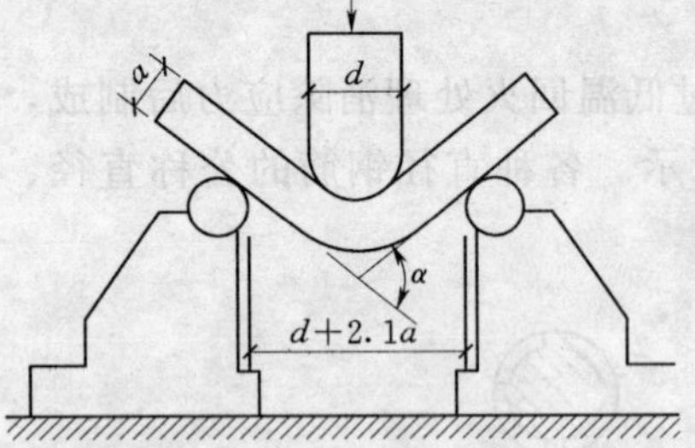

图 1.13　冷弯试验

比越大，则伸长率就越小。标准试件的此比一般为 5。

（4）冷弯性能。钢材的冷弯性能是衡量钢材在常温下弯曲加工发生塑性变形时产生裂纹的抵抗能力的一项指标。钢材的冷弯性能由冷弯试验确定。试验时，根据钢材牌号和板厚，按国家相关标准规定的弯心直径，在试验机上把试件弯曲 180°，以试件表面和侧面不出现裂纹和分层为合格（图 1.13）。冷弯试验不仅能检验材料承受规定的弯曲变形能力的大小，还能显示其内部的冶金缺陷，因此是判断钢材塑性变形能力和冶金质量的综合指标。焊接承重结构以及重要的非焊接承重结构采用的钢材还应具有冷弯试验的合格保证。

（5）冲击韧性。钢材的冲击韧性是衡量钢材在冲击荷载作用下，抵抗脆性断裂的能力的一项力学指标。冲击韧性也叫做缺口韧性，是评定带有缺口的钢材在冲击荷载作用下抵抗脆性破坏能力的指标。钢材的冲击韧性通常采用在材料试验机上对标准试件进行冲击荷载试验来测定。常用的标准试件的形式有夏氏 V 形缺口和梅氏 U 形缺口两种（图 1.14）。U 形缺口试件的冲击韧性用冲击荷载下试件断裂所吸收或消耗的冲击功除以横截面面积的量值表达。V 形缺口试件的冲击韧性用试件断裂时所吸收的功 C_{kv} 或 A_{kv} 来表示，其单位为 J。由于 V 形缺口试件对冲击尤为敏感，更能反映结构类裂纹性缺陷的影响。我国规定钢材的冲击韧性按 V 形缺口试件冲击功 C_{kv} 或 A_{kv} 表示。

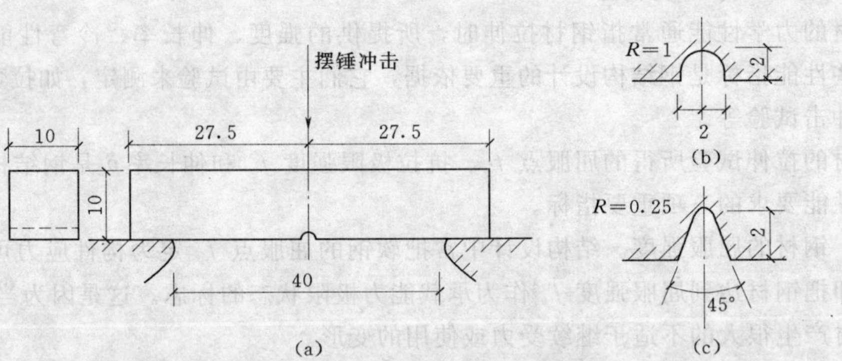

图 1.14　冲击试验（单位：mm）

钢材的冲击韧性与钢材的质量、缺口形状、加载速度、试件厚度、温度有关，其中温度的影响最大。试验表明，钢材的冲击韧性值随温度的降低而降低，但不同牌号和质量等级钢材的降低规律又有很大的不同。因此，在寒冷地区承受动力荷载作用的重要承重结构，应根据工作温度和所用钢材牌号，对钢材提出相应温度下的冲击韧性指标要求，以防脆性破坏的发生。

3. 建筑钢材的设计指标

（1）钢材强度标准值。钢材的强度具有变异性。按同一标准生产的钢材，不同时间生产的各批钢材之间的强度不会完全相同；即使同一炉钢轧制的钢材，其强度也会有差异。因此，在结构设计中采用其强度标准值作为基本代表值。所谓强度标准值，是指正常情况下可能出现的最小材料强度值。

（2）钢材强度设计值。强度标准值除以材料分项系数即为钢材强度设计值。钢筋的材料分项系数 γ_s 为：热轧钢筋，1.10；预应力钢筋，1.20。

《混凝土规范》规定，钢筋的强度标准值应具有不小于95%的保证率。热轧钢筋的强度标准值系根据屈服强度确定；预应力钢绞线、钢丝和热处理钢筋的强度标准值系根据极限抗拉强度确定。普通钢筋的强度标准值、强度设计值按表1.6采用；预应力钢筋的强度标准值、强度设计值分别按表1.7、表1.8采用。

表1.6　　普通钢筋强度标准值、强度设计值　　单位：N/mm²

种类		符号	d（mm）	强度标准值		强度设计值	
				f_{yk}	f'_{yk}	f_y	f'_y
热轧钢筋	HPB235（Q235）	Φ	8～20	235	235	210	210
	HRB335（20MnSi）	Φ	6～50	335	335	300	300
	HRB400（20MnSiV、20MnSiNb、20MnTi）	Φ	6～50	400	400	360	360
	RRB400（K20MnSi）	Φ^{R}	8～40	400	400	360	360

注　1. 热轧钢筋直径 d 系指公称直径。

2. 当采用直径大于40mm的钢筋时，应有可靠的工程经验。

3. 钢筋混凝土结构中，轴心受拉和小偏心受拉钢筋抗拉强度设计值大于300N/mm²，仍应按300N/mm²取。

4. 直径为6mm的光面钢筋可选用牌号为Q235的热轧圆盘条。

表1.7　　预应力钢筋强度标准值　　单位：N/mm²

种类		符号	d（mm）	f_{ptk}（N/mm²）
钢绞线	1×3	Φ^{S}	8.6、10.8	1860、1720、1570
			12.9	1720、1570
	1×7		9.5、11.1、12.7	1860
			15.2	1860、1720
消除应力钢丝	光面螺旋肋	Φ^{P} Φ^{H}	4、5	1770、1670、1570
			6	1670、1570
			7、8、9	1570
	刻痕	Φ^{I}	5、7	1570
热处理钢筋	$40Si_2Mn$	Φ^{HT}	6	1470
	$48Si_2Mn$		8.2	
	$45Si_2Cr$		10	

注　1. 钢绞线直径系指外接圆直径，即现行国家标准GB/T5224《预应力混凝土用钢绞线》中的公称直径Dg。

2. 光面钢丝直径为4～9mm，螺旋肋钢丝直径为4～8mm。

表 1.8 预应力钢筋强度设计值 单位：N/mm²

种类		符号	f_{pt}	f_{py}	f'_{py}
钢绞线	1×3	ϕ^S	1860	1320	390
			1720	1220	
			1570	1110	
	1×7		1860	1320	390
			1720	1220	
消除应力钢丝	光面螺旋肋	ϕ^P ϕ^H	1770	1250	410
			1670	1180	
			1570	1110	
	刻痕	ϕ^I	1570	1110	410
热处理钢筋	$40Si_2Mn$	ϕ^{HT}	1470	1040	400
	$48Si_2Mn$				
	$45Si_2Cr$				

（3）钢筋的弹性模量。钢筋的弹性模量列于表 1.9。

表 1.9 钢筋弹性模量 E_s 单位：10^5 N/mm²

序号	钢筋种类	E_s
1	HPB235 级钢筋	2.1
2	HRB335 级钢筋、HRB400 级钢筋、RRB400 级钢筋、热处理钢筋	2.0
3	消除应力钢丝（光面钢丝、螺旋肋钢丝、刻痕钢丝）	2.05
4	钢绞线	1.95

4. 建筑结构对钢材性能的要求

钢结构在使用过程中常常需要在不同的环境和条件下承受各种荷载，所以对钢材的材料性能提出了要求。我国《钢结构设计规范》（GB50017—2003）中就具体规定：承重结构采用的钢材应具有抗拉强度、伸长率、屈服强度和硫、磷含量的合格保障，对焊接结构尚应具有碳含量的合格保证。焊接承重结构以及重要的非焊接承重结构采用的钢材还应具有冷弯试验的合格保证。具体要求为：

（1）较高的强度。即屈服强度（屈服点）和抗拉强度比较高。屈服点高可以减小截面，从而减轻自重，节约钢材，降低造价。抗拉强度高，可以增加结构的安全保障。

（2）良好的塑性。以试件变形后的残余变形定义塑性，延伸率大于5%为塑性材料；否则为脆性材料。塑性好则结构破坏前变形比较明显，从而可减少脆性破坏的危险性，并且塑性变形还能调整局部高峰应力，使之趋于平缓。

（3）韧性好。韧性好表示在动荷载作用下破坏时要吸收比较多的能量，同样也降低脆性破坏的危险程度。对采用塑性设计的结构和地震区的结构而言，钢材变形能力的大小具有特别重要的意义。韧性是衡量钢材抵抗可能因低温、应力集中、冲击荷载作用等而导致脆性断裂的一项机械性能，是强度与塑性的综合表现。

(4) 良好的加工性能。即适合冷、热加工，同时具有良好的可焊性，不因这些加工而对强度、塑性及韧性带来较大的有害影响。此外，根据结构的具体工作条件，在必要时还应该具有适应低温、有害介质侵蚀（包括大气锈蚀）以及重复荷载作用等的性能。在符合上述性能的条件下，同其他建筑材料一样，钢材也应该容易生产，价格便宜。

(5) 与混凝土的黏结力好。在钢筋混凝土结构中，为保证钢筋和混凝土共同工作，两者之间必须具有足够的黏结力，钢筋表面形状及表面积对黏结力很重要。

任务实施：

按加工方法不同，钢筋主要有热轧钢筋、冷拉钢筋、热处理钢筋、冷轧钢筋（冷轧带肋钢筋、冷轧扭钢筋）、冷拔低碳钢丝、消除应力钢丝、钢绞线等几类；按在结构中是否施加预应力，可分为普通钢筋和预应力钢筋。《混凝土规范》规定，普通钢筋宜采用 HRB400 级和 HRB335 级钢筋，也可采用 HPB235 级和 RRB400 级钢筋。

学习单元 1.4　砌体强度指标选取

任务描述：

砌体结构是由块材和砂浆砌筑而成的整体结构。影响砌体强度的因素有哪些？图 1.15 中的块材属于什么类型？用 MU10 砖和 M5 的砂浆砌筑而成的砌体抗压强度设计值等于多少？

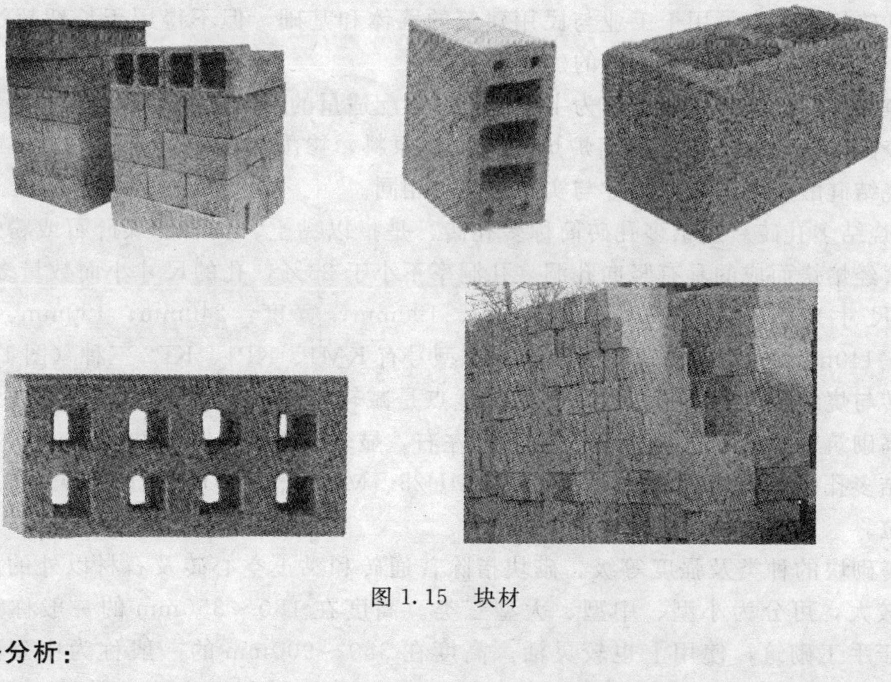

图 1.15　块材

任务分析：

砌体结构是由块材和砂浆组成的共同受力结构，其强度取决于块材和砂浆的强度、块材的形状、砌筑质量等，合理选择砌体强度等级是极其重要的。

任务知识点：

1. 砌体的材料及强度等级

砌体的材料主要包括块材和砂浆。块材是砌体的主要组成部分，约占砌体总体积的78%以上。我国目前的块材主要有以下几类：

(1) 砖的种类及强度等级。

1) 烧结普通砖。烧结普通砖简称普通砖，指以黏土、页岩、煤矸石、粉煤灰为主要原料，经过焙烧而成的实心的或孔洞率不大于规定值且外形尺寸符合规定的砖，分为烧结黏土砖、烧结页岩砖、烧结煤矸石砖、烧结粉煤灰砖等。全国统一规定这种砖的尺寸为240mm×115mm×53mm，习惯上称标准砖。为了保护土地资源，利用工业废料和改善环境，国家禁止使用黏土实心砖，推广和生产采用非黏土原材料制成的砖材，已成为我国墙体材料改革的发展方向。

烧结普通砖的强度等级分为MU30、MU25、MU20、MU15和MU10。

2) 非烧结硅酸盐砖。非烧结硅酸盐砖是指以硅酸盐材料、石灰、砂石、矿渣、粉煤灰等为主要材料压制成型后经蒸汽养护制成的实心砖。常用的有蒸压灰砂砖、蒸压粉煤灰砖、炉渣砖、矿渣砖等。

蒸压灰砂砖简称灰砂砖，是以石灰和砂为主要原料，经坯料置备、压制成型、蒸压养护而成的实心砖。灰砂砖的强度等级分为MU25、MU20、MU15和MU10。MU25、MU20、MU15的灰砂砖可用于建筑基础及其部位，MU10仅用于防潮层以上。

蒸压粉煤灰砖简称粉煤灰砖，又称烟灰砖，是以粉煤灰、石灰为主要原料，掺配适量的石膏和集料，经坯料制备、压制成型、高压蒸汽养护而成的实心砖。粉煤灰砖的强度等级与灰砂砖相同。它可用于工业与民用建筑的墙体和基础，但不得用于长期超过200℃、受急冷、急热或有酸性介质侵蚀的建筑部位。

炉渣砖亦称煤渣砖，以炉渣为主要原料，掺配适量的石灰、石膏或其他集料制成。

矿渣砖以未经水淬处理的高炉炉渣为主要原料，掺配适量的石灰、粉煤灰或炉渣制成。非烧结硅酸盐砖的规格尺寸与实心黏土砖相同。

3) 烧结多孔砖。烧结多孔砖简称多孔砖，是指以黏土、页岩、煤矸石或粉煤灰为主要原料，经焙烧而成的具有竖向孔洞（孔洞率不小于25%，孔的尺寸小而数量多）的砖。其外形尺寸为：长度：290mm、240mm、190mm；宽度：240mm、190mm、180mm、175mm、140mm、115mm；高度：90mm。型号有KM1、KP1、KP2三种（图1.16）。烧结多孔砖与烧结普通黏土砖相比，突出的优点是减轻墙体自重1/4～1/3，节约原料和能源，提高砌筑效率约40%，降低成本20%左右，显著改善保温隔热性能。

烧结多孔砖的强度等级分为MU30、MU25、MU20、MU15和MU10。它主要用于承重部位。

(2) 砌块的种类及强度等级。砌块指除普通砖和黏土空心砖及石材以外的块材。砌块尺寸较大，可分为小型、中型、大型三类。高度在180～350mm的一般称为小型砌块，便于手工砌筑，使用上也较灵活。高度在350～900mm的一般称为中型砌块。高度大于900mm的一般称为大型砌块。由于起重设备限制，中型和大型砌块已很少应用。

砌块一般用混凝土或水泥炉渣浇制而成，也可用粉煤灰蒸养而成，主要有混凝土空心砌块、加气混凝土砌块、水泥炉渣空心砌块、粉煤灰硅酸盐砌块。砌块能节约耕地，且其保温隔热性能及隔音性能较好。用砌块砌筑砌体可以减少劳动量，加快施工进度。混凝土小型空心砌块的主要规格尺寸为390mm×190mm×190mm（图1.17），是墙体材料改革的方向之一。

砌块的强度等级分为MU20、MU15、MU10、MU7.5、MU5五级。

(3) 石材的种类及强度等级。石材抗压强度高，抗冻性、抗水性及耐久性均较好，通常用于建筑物基础、挡土墙等，也可用于建筑物墙体。砌体中的石材应选用无明显风化的天然石材。石材的强度等级共分7级：MU100、MU80、MU60、MU50、MU40、MU30、MU20。

石材按加工后的外形规则程度分为料石和毛石两种。

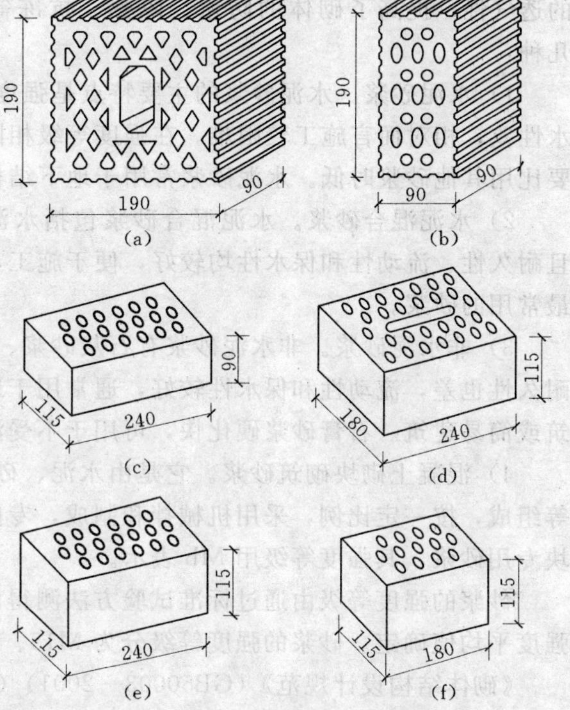

图1.16　几种多孔砖的规格和孔洞形式

(a) KM1型；(b) KP1型配砖；(c) KP1型；(d) KP2型；(e)、(f) KP2型配砖

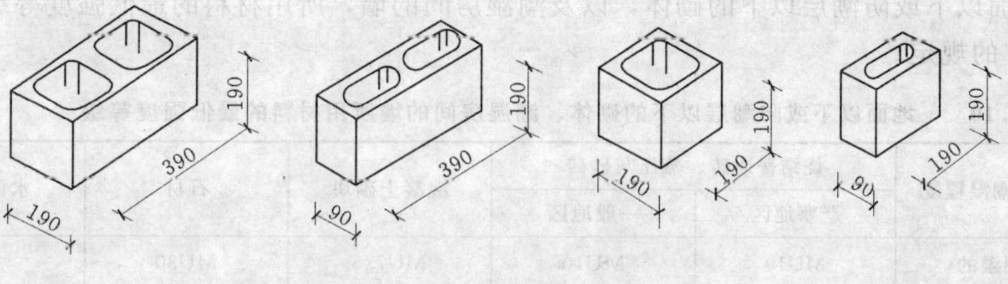

图1.17　常见混凝土小型砌块

1) 料石。包括：

细料石：通过细加工、外形规则，叠砌面凹入深度不应大于10mm，截面的宽度、高度不应小于200mm，且不应小于长度的1/4。

半细料石：规格尺寸同上，但叠砌面凹入深度不应大于15mm。

粗料石：规格尺寸同上，但叠砌面凹入深度不应大于20mm。

毛料石：外形大致方正，一般不加工或稍加修整，高度不应小于200mm，叠砌面凹入深度不应大于25mm。

2) 毛石。形状不规则，中部厚度不应小于200mm的石材。

(4) 砂浆的种类及强度等级。砌体中砂浆的作用是将块材连成整体，从而改善块材在砌体中的受力状态，使其应力均匀分布，同时因砂浆填满了块材间的缝隙，也降低了砌体的透气性，提高了砌体的防水、隔热、抗冻等性能。按配料成分不同，砂浆分为以下几种：

1）水泥砂浆。水泥砂浆的主要特点是强度高、耐久性和耐火性好，但其流动性和保水性差，相对而言施工较困难。在强度等级相同的条件下，采用水泥砂浆砌筑的砌体强度要比用其他砂浆时低。水泥砂浆常用于地下结构或经常受水侵蚀的砌体部位。

2）水泥混合砂浆。水泥混合砂浆包括水泥石灰砂浆、水泥黏土砂浆，其强度较高，且耐久性、流动性和保水性均较好，便于施工，容易保证施工质量，常用于地上砌体，是最常用的砂浆。

3）非水泥砂浆。非水泥砂浆有石灰砂浆、黏土砂浆、石膏砂浆。石灰砂浆强度较低，耐久性也差，流动性和保水性较好，通常用于地上砌体。黏土砂浆强度低，可用于临时建筑或简易建筑。石膏砂浆硬化快，可用于不受潮湿的地上砌体。

4）混凝土砌块砌筑砂浆。它是由水泥、砂、水以及根据需要掺入的掺合料和外加剂等组成，按一定比例，采用机械拌和制成，专门用于砌筑混凝土砌块的砌筑砂浆，简称砌块专用砂浆，其强度等级用 Mb 表示。

砂浆的强度等级由通过标准试验方法测得的边长为 70.7mm 立方体的 28 天龄期抗压强度平均值确定。砂浆的强度等级分为 M15、M10、M7.5、M5、M2.5 五级。

《砌体结构设计规范》（GB50003—2001）（以下简称《砌体规范》）规定，五层及五层以上房屋的墙，以及受振动或层高大于 6m 的墙、柱所用材料的最低强度等级为：砖，MU10；砌块，MU7.5；石材，MU30；砂浆，M5。对安全等级为一级或设计使用年限大于 50 年的房屋，墙、柱所用材料最低强度等级应至少提高一级。

地面以下或防潮层以下的砌体，以及潮湿房间的墙，所用材料的最低强度等级应满足表 1.10 的规定。

表 1.10　地面以下或防潮层以下的砌体、潮湿房间的墙所用材料的最低强度等级

基土的潮湿程度	烧结普通砖、蒸压灰砂砖		混凝土砌块	石材	水泥砂浆
	严寒地区	一般地区			
稍潮湿的	MU10	MU10	MU7.5	MU30	M5
很潮湿的	MU15	MU10	MU7.5	MU30	M7.5
含水饱和的	MU20	MU15	MU10	MU40	M10

注 1. 在冻胀地区，地面以下或防潮层以下的砌体，不宜采用多孔砖，如采用时，其孔洞应用水泥砂浆灌实，当采用混凝土砌块砌体时，其孔洞应采用强度等级不低于 C20 的混凝土灌实。

2. 对安全等级为一级或设计使用年限大于 50 年的房屋，表中材料强度等级应至少提高一级。

2. 砌体的种类及力学性能

砌体分为无筋砌体和配筋砌体两类。

（1）无筋砌体。无筋砌体由块体和砂浆组成，包括砖砌体、砌块砌体和石砌体。无筋砌体房屋抗震性能和抗不均匀沉降能力较差。

1）砖砌体。砖砌体包括实砌砖砌体和空斗墙。

实砌砖砌体可以砌成厚度为120mm（半砖）、240mm（一砖）、370mm（一砖半）、490mm（两砖）及620mm（两砖半）的墙体，也可砌成厚度为180mm、300mm和420mm的墙体，但此时部分砖必须侧砌，不利于抗震。

空斗墙是将全部或部分砖立砌，并留空斗（洞），现已很少采用。

2）砌块砌体。砌块砌体由砌块和砂浆砌筑而成。其自重轻，保温隔热性能好，施工进度快，经济效果好，又具有优良的环保概念，因此砌块砌体，特别是小型砌块砌体有很广阔的发展前景。

3）石砌体。石砌体由石材和砂浆（或混凝土）砌筑而成。按石材加工后的外形规则程度，可分为料石砌体、毛石砌体、毛石混凝土砌体等（图1.18）。它价格低廉，可就地取材，但自重大，隔热性能差，作外墙时厚度一般较大，在产石的山区应用较为广泛。料石砌体可用作房屋墙、柱，毛石砌体一般用作挡土墙、基础。

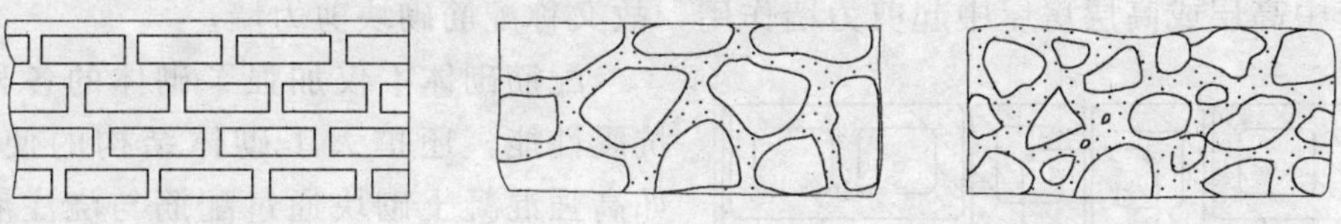

图1.18 石砌体种类

(a) 料石砌体；(b) 毛石砌体；(c) 毛石混凝土砌体

(2) 配筋砌体。配筋砌体是指在灰缝中配置钢筋或钢筋混凝土的砌体，包括网状配筋砌体、组合砖砌体、配筋混凝土砌块砌体。

网状配筋砌体又称横向配筋砌体，是在砖柱或砖墙中每隔几皮砖在其水平灰缝中设置直径为3～4mm的方格网式钢筋网片，或直径6～8mm的连弯式钢筋网片（图1.19），在砌体受压时，网状配筋可约束砌体的横向变形，从而提高砌体的抗压强度。

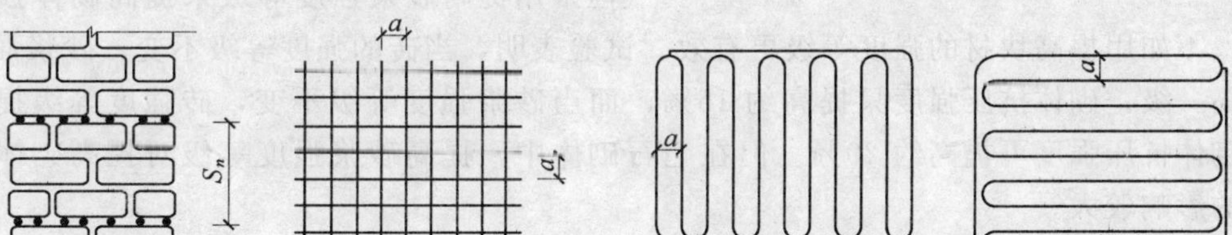

图1.19 网状配筋砌体

(a) 用方格网配筋的砖柱；(b) 连弯钢筋网

组合砖砌体有两种。一种是在砌体外侧预留的竖向凹槽内配置纵向钢筋，在浇筑混凝土面层或钢筋砂浆面层构成的（图1.20），可认为是外包式组合砖砌体。另一种是砖砌体和钢筋混凝土构造柱组合墙，是在砖砌体中每隔一定距离设置钢筋混凝土构造柱，并在各层楼盖处设置钢筋混凝土圈梁（约束梁），使砖砌体墙与钢筋混凝土构造柱和圈梁组成一个构件（弱框架）共同受力，属内嵌式组合砖砌体（图1.21）。

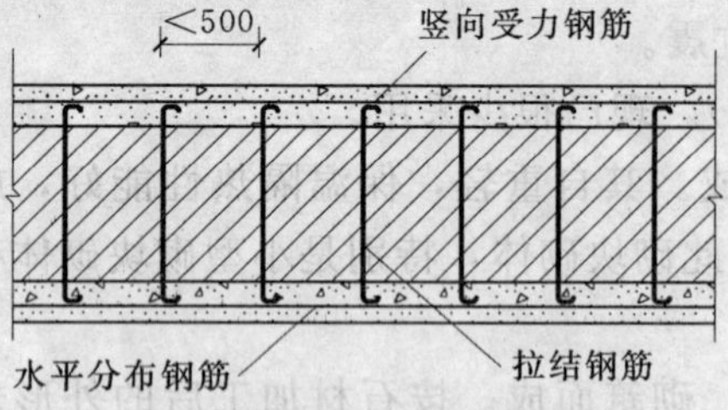

图 1.20 外包式组合砖砌体墙图

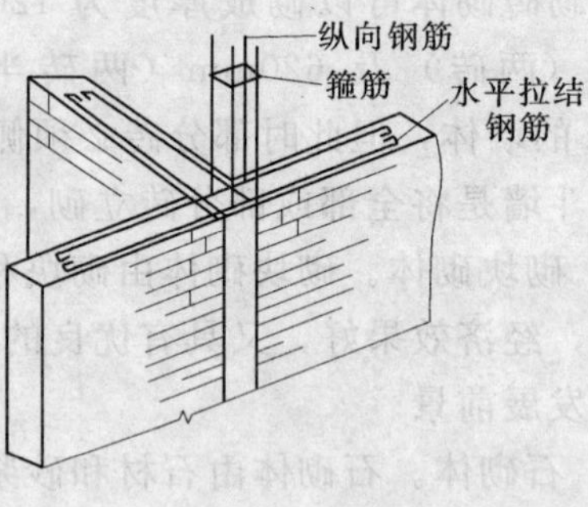

图 1.21 内嵌式组合砖砌体墙图

配筋混凝土砌块砌体是在砌块墙体上下贯通的竖向孔洞中插入竖向钢筋，并用灌孔混凝土灌实，使竖向和水平钢筋与砌体形成一个共同工作的整体（图 1.22）。由于这种墙体主要用于中高层或高层房屋中起剪力墙作用，故又称配筋砌块剪力墙。

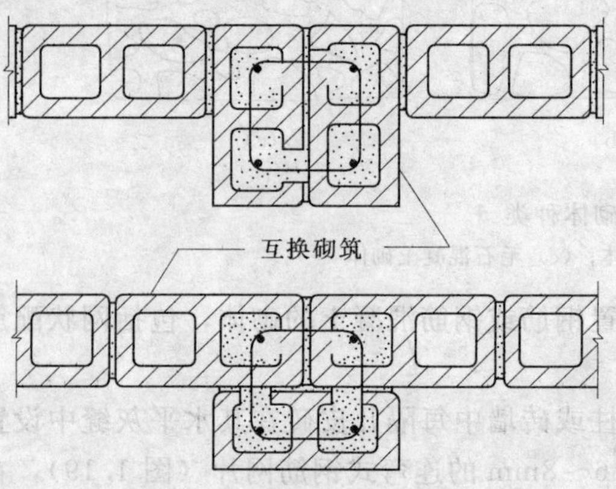

图 1.22 配筋混凝土空心砌块砌体（带壁柱墙）

配筋砌体不仅加强了砌体的各种强度和抗震性能，还扩大了砌体结构的使用范围，如高强混凝土砌块通过配筋与浇注灌孔混凝土，可作为 10～20 层的房屋的承重墙体。

3. 影响砌体抗压强度的因素

（1）块材和砂浆的强度。块材和砂浆的强度是决定砌体抗压强度的首要因素，尤其是块材的强度，又是最主要的因素。块材的抗压强度较高时，其相应的抗拉、抗弯、抗剪等强度也相应提高。一般来说，砌体抗压强度随块体和砂浆的强度等级的提高而提高，但采用提高砂浆强度等级来提高砌体强度的做法，不如用提高块材的强度等级更有效。试验表明，当砖的强度等级不变，砂浆强度等级提高一级，砌体抗压强度只提高约 15%，而当砂浆强度等级不变，砖强度等级提高一级，砌体抗压强度可提高约 20%。但在毛石砌体中，提高砂浆强度等级对提高砌体抗压强度的影响较大。

（2）砂浆的性能。砂浆的流动性、保水性等性能对砌体抗压强度都有重要影响。用具有合适的流动性以及良好的保水性的砂浆铺成的水平灰缝厚度较均匀且密实性较好，可以有效地降低砌体内的局部弯剪应力，提高砌体的抗压强度。与混合砂浆相比，纯水泥砂浆容易失水而导致流动性差，所以同一强度等级的混合砂浆砌筑的砌体强度要比纯水泥砂浆高。但当砂浆的流动性过大时，硬化后的砂浆变形也大，砌体抗压强度反而降低。所以性能较好的砂浆应同时具有合适的流动性和保水性。实际工程中，宜采用掺有石灰或黏土的混合砂浆砌筑砌体。

（3）块材的尺寸、形状及灰缝厚度。高度大的块体，其抗弯、抗剪、抗拉的能力增大，会推迟砌体的开裂；长度较大时，块体在砌体中引起的弯、剪应力也较大，易引起块体开裂破坏。块材表面规则、平整时，砌体中块材的弯剪不利影响减少，砌体强度相对较高。如细料石砌体抗压强度要比毛料石高 50%左右。

灰缝越厚，越容易铺砌均匀，但砂浆的横向变形越大，块体内横向拉应力亦越大，砌体内的复杂应力状态亦随之加剧，砌体抗压强度亦降低。灰缝太薄又难以铺设均匀。因而一般灰缝厚度应控制在 8～12mm；对石砌体中的细料石砌体不宜大于 5mm，毛料石和粗料石砌体不宜大于 20mm。

（4）砌筑质量。砌筑质量的影响因素是多方面的，如块材砌筑的含水率、工人的技术水平、砂浆搅拌方式、现场管理水平、灰缝饱满度等。试验表明，当砂浆饱满度由 80%降低为 65%时，砌体强度降低 20%左右。《砌体工程施工质量验收规范》（GB50203—2002）规定，水平灰缝的砂浆饱满度不得小于 80%，并根据施工现场的质保体系、砂浆和混凝土的强度、砌筑工人技术等级方面的综合水平将施工技术水平划分为 A、B、C 三个等级，即砌体施工质量控制等级（表 1.11）。《砌体规范》规定，当采用 A 级施工质量控制等级时，砌体强度设计值可提高 5%，而采用 C 级施工质量控制等级时，砌体强度设计值应降低。

表 1.11　　砌体施工质量控制等级

项　目	施工质量控制等级		
	A	B	C
现场质量管理	制度健全，并严格执行；非施工方质量监督人员经常到现场，或现场设有常驻代表；施工方有在岗专业技术管理人员，人员齐全，并持证上岗	制度基本健全，并能执行；非施工方质量监督人员间断地到现场进行质量控制；施工方有在岗专业技术管理人员，并持证上岗	有制度，非施工方质量监督人员很少作现场质量控制；施工方有在岗专业技术管理人员
砂浆、混凝土强度	试块按规定制作，强度满足验收规定，离散性小	试块按规定制作，强度满足验收规定，离散性较小	试块强度满足验收规定，离散性大
砂浆拌和方式	机械拌和；配合比计量控制严格	机械拌和；配合比计量控制一般	机械或人工拌和；配合比计量控制较差
砌筑工人	中级工以上，其中高级工不少于 20%	高、中级工不少于 70%	初级工以上

4. *砌体的抗压强度设计值*

龄期为 28 天的以毛截面计算的各类砌体抗压强度设计值，当施工质量控制等级为 B 级时，根据块材和砂浆的强度等级可分别按表 1.12～表 1.17 采用（施工阶段砂浆尚未硬化的新砌砌体的强度和稳定性，可按砂浆强度为 0 进行验算）。

表 1.12　　烧结普通砖和烧结多孔砖砌体的抗压强度设计值 f　　单位：MPa

砖强度等级	砂浆强度等级					砂浆强度
	M15	M10	M7.5	M5	M2.5	0
MU30	3.94	3.27	2.93	2.59	2.26	1.15
MU25	3.60	2.98	2.68	2.37	2.06	1.05
MU20	3.22	2.67	2.39	2.12	1.84	0.94
MU15	2.79	2.31	2.07	1.83	1.60	0.82
MU10	—	1.89	1.69	1.50	1.30	0.67

表 1.13　蒸压灰砂砖和蒸压粉煤灰砖砌体的抗压强度设计值 f　单位：MPa

砖强度等级	砂浆强度等级				砂浆强度
	M15	M10	M7.5	M5	0
MU25	3.60	2.98	2.68	2.37	1.05
MU20	3.22	2.67	2.39	2.12	0.94
MU15	2.79	2.31	2.07	1.83	0.82
MU10	—	1.89	1.69	1.50	0.67

表 1.14　单排孔混凝土和轻骨料混凝土砌块砌体的抗压强度设计值 f　单位：MPa

砌块强度等级	砂浆强度等级				砂浆强度
	Mb15	Mb10	Mb7.5	Mb5	0
MU20	5.68	4.95	4.44	3.94	2.33
MU15	4.61	4.02	3.61	3.20	1.89
MU10	—	2.79	2.50	2.22	1.31
MU7.5	—	—	1.93	1.71	1.01
MU5	—	—	—	1.19	0.70

注　1. 对错孔砌筑砌体，应按表中数值乘以0.8。

2. 对独立柱或厚度为双排组砌的砌块砌体，应按表中数值乘以0.7。

3. 对T形截面砌体，应按表中数值乘以0.85。

4. 表中轻骨料混凝土砌块为煤矸石和水泥煤渣混凝土砌块。

表 1.15　孔洞率不大于35%的双排孔或多排孔轻骨料混凝土砌块砌体的抗压强度设计值 f　单位：MPa

砌块强度等级	砂浆强度等级			砂浆强度
	Mb10	Mb7.5	Mb5	0
MU10	3.08	2.76	2.45	1.44
MU7.5	—	2.13	1.88	1.12
MU5	—	—	1.31	0.78

注　1. 表中的砌块为火山渣、浮石和陶粒轻骨料混凝土砌块。

2. 对厚度方向为双排组砌的轻骨料混凝土砌块砌体的抗压强度设计值，应按表中数值乘以0.8。

表 1.16　毛料石砌体的抗压强度设计值 f　单位：MPa

石材强度等级	砂浆强度等级			砂浆强度
	M7.5	M5	M2.5	0
MU100	5.42	4.80	4.18	2.13
MU80	4.85	4.29	3.73	1.91
MU60	4.20	3.71	3.23	1.65
MU50	3.83	3.39	2.95	1.51
MU40	3.43	3.04	2.64	1.35
MU30	2.97	2.63	2.29	1.17
MU20	2.42	2.15	1.87	0.95

注　对下列各类料石砌体，应按表中数值分别乘以系数：细料石砌体，1.5；半细料石砌体，1.3；粗料石砌体，1.2；干砌勾缝石砌体，0.8。

表 1.17　　**毛石砌体的抗压强度设计值 f**　　单位：MPa

石材强度等级	砂浆强度等级			砂浆强度
	M7.5	M5	M2.5	0
MU100	1.27	1.12	0.98	0.34
MU80	1.13	1.00	0.87	0.30
MU60	0.98	0.87	0.76	0.26
MU50	0.90	0.80	0.69	0.23
MU40	0.80	0.71	0.62	0.21
MU30	0.69	0.61	0.53	0.18
MU20	0.56	0.51	0.44	0.15

5. *砌体的抗拉、抗弯、抗剪强度设计值*

(1) 砌体的抗拉性能及强度。当轴心拉力与水平灰缝平行时，砌体的受拉破坏（图 1.23）主要有：①沿齿缝受拉破坏，此时，砌体抗拉强度主要与黏结力有关，如图 1.23（a）所示；②沿块材和竖向灰缝的破坏，此时，砌体抗拉强度主要与块体强度有关，如图 1.23（b）所示；当轴心拉力与水平灰缝垂直时，砌体发生沿水平通缝截面破坏，此时，砌体抗拉强度主要与法向黏结强度有关。

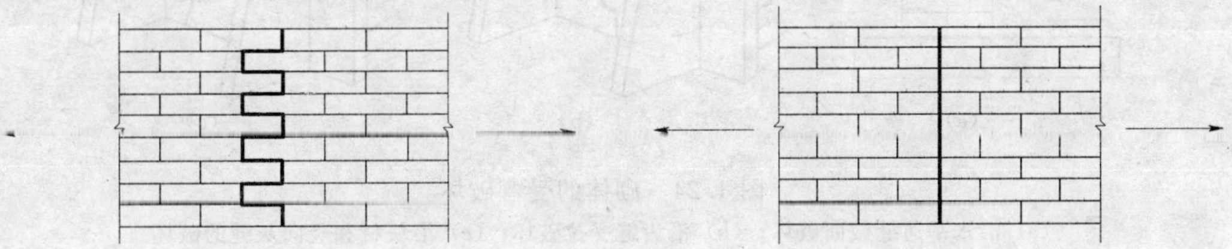

(a)　　(b)

图 1.23　砌体的抗拉破坏

砌体沿灰缝的轴心抗拉强度、弯曲抗拉及抗剪强度设计值见表 1.18。

表 1.18　　**砌体沿灰缝的轴心抗拉强度、弯曲抗拉及抗剪强度设计值**　　单位：MPa

强度类别	破坏特征及砌体种类		砂浆强度等级			
			≥M10	M7.5	M5	M2.5
轴心抗拉	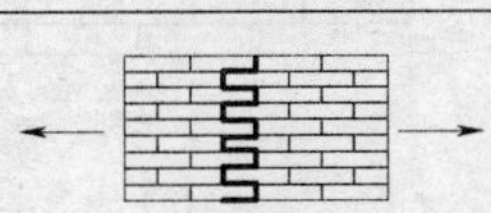 沿齿缝	烧结普通砖、烧结多孔砖； 蒸压灰砂砖、蒸压粉煤灰砖； 混凝土砌块； 毛石	0.19 0.12 0.09 0.08	0.16 0.10 0.08 0.07	0.13 0.08 0.07 0.06	0.09 0.06 — 0.04
弯曲抗拉	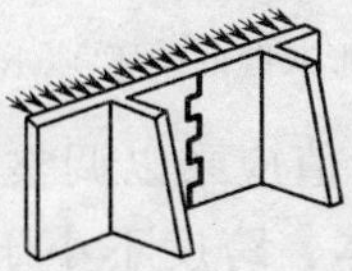 沿齿缝	烧结普通砖、烧结多孔砖； 蒸压灰砂砖、蒸压粉煤灰砖； 混凝土砌块； 毛石	0.33 0.24 0.11 0.13	0.29 0.20 0.09 0.11	0.23 0.16 0.08 0.09	0.17 0.12 — 0.07

续表

强度类别	破坏特征及砌体种类		≥M10	M7.5	M5	M2.5
弯曲抗拉	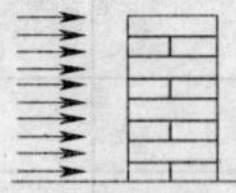 沿通缝	烧结普通砖、烧结多孔砖；	0.17	0.14	0.11	0.08
		蒸压灰砂砖、蒸压粉煤灰砖；	0.12	0.10	0.08	0.06
		混凝土砌块	0.08	0.06	0.05	—
抗剪	烧结普通砖、烧结多孔砖；		0.17	0.14	0.11	0.08
	蒸压灰砂砖、蒸压粉煤灰砖；		0.12	0.10	0.08	0.06
	混凝土和轻骨料混凝土砌块；		0.09	0.08	0.06	—
	毛石		0.21	0.19	0.15	0.10

（2）砌体的抗弯性能及强度。砌体发生受弯破坏时，总是发生弯曲受拉破坏（图1.24），砌体的受弯破坏主要有：①沿水平通缝截面破坏；②沿齿缝受拉破坏；③沿块材和竖向灰缝的破坏。

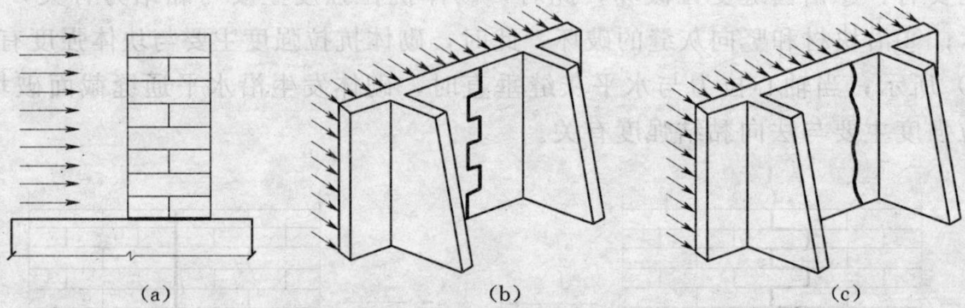

图1.24 砌体的受弯破坏

(a) 沿水平通缝截面破坏；(b) 沿齿缝受拉破坏；(c) 沿块材和竖向灰缝的破坏

（3）砌体的抗剪性能及强度。砌体的受剪破坏（图1.25）主要有：①沿水平通缝截面破坏；②沿齿缝受拉破坏；③沿阶梯形灰缝的破坏。

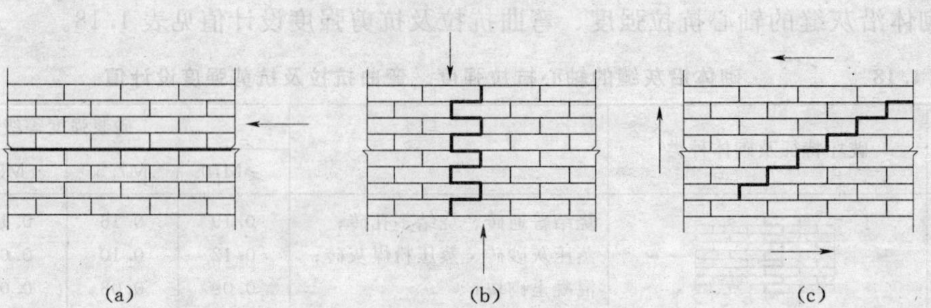

图1.25 砌体的受剪破坏

(a) 沿水平通缝截面破坏；(b) 沿齿缝受拉破坏；(c) 沿阶梯形灰缝的破坏

对于下列情况，表1.12～表1.17所列各种砌体的强度设计值应乘以调整系数：

（1）吊车房屋砌体、跨度不小于9m的梁下烧结普通砖砌体、跨度不小于7.5m的梁下烧结多孔砖、蒸压灰砂砖，蒸压粉煤灰砖砌体、混凝土和轻骨料混凝土砌块砌体，

$\gamma_a=0.9$。

(2) 无筋砌体构件，其截面面积 A 小于 $0.3m^2$ 时，$\gamma_a=0.7+A$，其中 A 以 m^2 为单位。

(3) 当砌体用水泥砂浆砌筑时，$\gamma_a=0.9$。

(4) 当验算施工中房屋的构件时，$\gamma_a=1.1$。

(5) 当施工质量控制等级为C级时，$\gamma_a=0.89$。

学习单元1.5　钢筋的锚固与连接

任务描述：

图1.26中钢筋的连接方式属于什么方式？钢筋与混凝土之间的黏结力是如何形成的？怎样提高黏结强度？钢筋绑扎连接的构造要求有哪些？

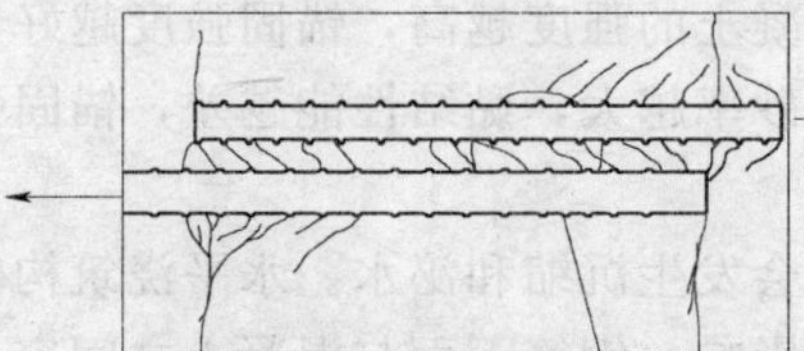

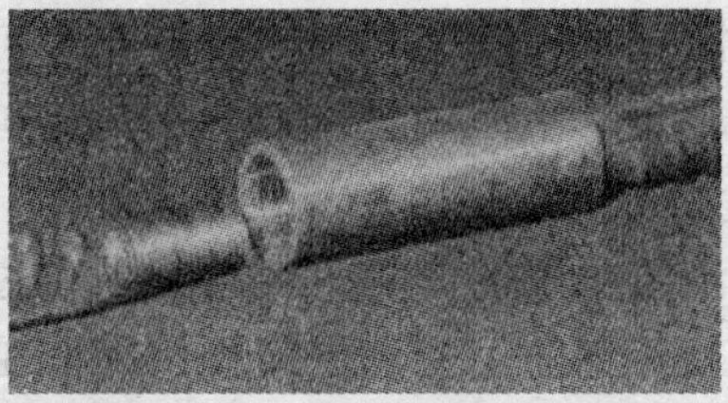

图1.26　钢筋的连接

任务分析：

结构设计与施工中，常常需要将钢筋接长或将不同直径的钢筋连接成一体，钢筋的接头质量直接影响连接牢固程度。钢筋与混凝土黏结是保证钢筋和混凝土组成混凝土结构或构件并能共同工作的前提。如果钢筋和混凝土不能良好地黏结在一起，混凝土构件受力变形后，在小变形的情况下，钢筋和混凝土不能协调变形；在大变形的情况下，钢筋就不能很好地锚固在混凝土结构中。

任务知识点：

1. 黏结力的组成

钢筋与混凝土之间的黏结作用主要由三部分组成：化学胶着力、摩阻力和机械咬合力。化学胶着力是由水泥浆体在硬化前对钢筋氧化层的渗透、硬化过程中晶体的生长等产生的。化学胶着力一般较小，当混凝土和钢筋界面发生相对滑动时，化学胶着力会消失。混凝土硬化会发生收缩，从而对其中的钢筋产生径向的握裹力，在握裹力的作用下，当钢筋和混凝土之间有相对滑动，或有滑动趋势时，钢筋与混凝土之间产生摩阻力。摩阻力的大小与钢筋表面的粗糙程度有关，越粗糙，摩阻力越大。机械咬合力是由钢筋表面凹凸不平与混凝土咬合嵌入产生的。轻微腐蚀的钢筋其表面有凹凸不平的蚀坑，摩阻力和机械咬合力较大。

光圆钢筋的黏结力主要由化学胶着力和摩阻力组成，相对较小。光圆钢筋的直接拔出试验表明，达到抗拔极限状态时，钢筋直接从混凝土中拔出，滑移大。为了增加光圆钢筋与混凝土之间的锚固性能，减少滑移，光圆钢筋的端部要加弯钩或其他机械锚固措施。

2. 影响钢筋和混凝土黏结性能的因素

影响钢筋与混凝土黏结性能的因素很多，主要有钢筋的表面形状、混凝土强度及其组成成分、浇注位置、保护层厚度、钢筋净间距、横向钢筋约束和横向压力作用等。

(1) 钢筋表面形状的影响。一般用单轴拉拔试验得到的锚固强度和黏结滑移曲线表示黏结性能。达到拉拔极限状态时，钢筋与混凝土界面上的平均黏结应力称为锚固强度，用下式表示：

$$\tau = \frac{N}{\pi dl} \tag{1.2}$$

式中 τ——锚固强度；

N——轴向拉力；

d——钢筋直径；

l——黏结长度。

(2) 混凝土强度及其组成成分的影响。混凝土的强度越高，锚固强度越好，相对滑移越小。混凝土的水泥用量越大，水灰比越大，砂率越大，黏结性能越差，锚固强度低，相对滑移量大。

(3) 浇筑位置的影响。混凝土硬化过程中会发生沉缩和泌水。水平浇筑构件（如混凝土梁）的顶部钢筋，受到混凝土沉缩和泌水的影响，钢筋下面与混凝土之间容易形成空隙层，从而削弱钢筋与混凝土之间的黏结性能。浇筑位置对黏结性能的影响，取决于构件的浇筑高度、混凝土的坍落度、水灰比、水泥用量等。浇筑高度越高，坍落度、水灰比和水泥用量越大，影响越大。

(4) 混凝土保护层厚度和钢筋净间距的影响。混凝土保护层越厚，对钢筋的约束越大，使混凝土产生劈裂破坏所需要的径向力越大，锚固强度越高。钢筋的净间距越大，锚固强度越大。当钢筋的净间距太小时，水平劈裂可能使整个混凝土保护层脱落，显著地降低锚固强度。

(5) 横向钢筋与侧向压力的影响。横向钢筋的约束或侧向压力的作用，可以延缓裂缝的发展和限制劈裂裂缝的宽度，从而提高锚固强度。因此，在较大直径钢筋的锚固或搭接长度范围内，以及当一层并列的钢筋根数较多时，均应设置一定数量的附加箍筋，以防止混凝土保护层的劈裂崩落。

3. 钢筋的锚固

(1) 受拉钢筋的基本锚固长度。根据上述对影响钢筋与混凝土之间黏结性能的因素分析，通过大量试验研究并进行可靠度分析，考虑主要因素，即钢筋的强度、混凝土的强度和钢筋的表面特征，得到当计算中充分利用钢筋的抗拉强度时，受拉钢筋的基本锚固长度计算公式为：

普通钢筋
$$l_a = \alpha \frac{f_y}{f_t} d \tag{1.3}$$

预应力钢筋
$$l_a = \alpha \frac{f_{py}}{f_t} d \tag{1.4}$$

式中 l_a——受拉钢筋的锚固长度，应不小于 250mm；

f_y、f_{py}——普通钢筋、预应力钢筋的抗拉强度设计值，取值见表1.6、表1.8；

f_t——混凝土轴心抗拉强度设计值，取值见表1.2。为了保证高强混凝土中钢筋的锚固长度不致太短，当混凝土强度等级大于C40时，按C40取值；

d——钢筋的直径；

α——钢筋的外形系数，取值见表1.19。

《混凝土规范》规定了受拉钢筋的最小锚固长度，见表1.20。

表1.19　　锚固钢筋的外形系数 α

钢筋类型	光面钢筋	带肋钢筋	三面刻痕钢丝	螺旋肋钢丝	三股钢绞线	七股钢绞线
钢筋外形系数 α	0.15	0.14	0.19	0.13	0.16	0.17

注　光面钢筋系指HPB235级钢筋，其末端应做180°弯钩，弯后平直段长度不应小于$3d$，但作受压钢筋时可不做弯钩；带肋钢筋系指HRB335级、HRB400级、RRB400级钢筋。

表1.20　　钢筋的最小锚固长度　　单位：mm

序号	混凝土强度等级		C15		C20		C25		C30		C35		≥C40	
	钢筋直径 d（mm）		≤25	>25	≤25	>25	≤25	>25	≤25	>25	≤25	>25	≤25	>25
1	钢筋种类	HPB235	$\frac{37d}{26d}$		$\frac{31d}{22d}$		$\frac{27d}{19d}$		$\frac{24d}{17d}$		$\frac{22d}{15d}$		$\frac{20d}{14d}$	
2		HRB335	—		$\frac{38d}{27d}$	$\frac{42d}{30d}$	$\frac{33d}{23d}$	$\frac{37d}{26d}$	$\frac{30d}{21d}$	$\frac{32d}{23d}$	$\frac{27d}{19d}$	$\frac{30d}{21d}$	$\frac{25d}{17d}$	$\frac{27d}{19d}$
3		HRB400 RRB400	—		$\frac{46d}{32d}$	$\frac{51d}{36d}$	$\frac{40d}{28d}$	$\frac{44d}{31d}$	$\frac{36d}{25d}$	$\frac{39d}{27d}$	$\frac{32d}{23d}$	$\frac{36d}{25d}$	$\frac{30d}{21d}$	$\frac{33d}{23d}$

注　1. 表中横线以下的数值为当计算中充分利用钢筋的抗压强度时，受压钢筋的锚固长度。
2. 纵向受拉钢筋的锚固长度在任何情况下不应小于250mm。

（2）受拉钢筋锚固长度的修正。

1）粗直径钢筋的修正。当带肋钢筋直径增大时，其横肋的相对高度逐渐减小，所以加密肋距来弥补由此而引起的咬合力不足，钢筋的锚固强度仍随钢筋直径加粗而减小，因此，当带肋钢筋的直径大于25mm时，锚固长度应乘以修正系数1.1。

2）涂层钢筋的修正。钢筋表面涂层会减小其与混凝土之间的黏结性能，试验研究表明，锚固强度将降低20%左右。因此，环氧树脂涂层带肋钢筋的锚固长度应乘以修正系数1.25。

3）保护层厚度的修正。当带肋钢筋在锚固区的混凝土保护层厚度大于钢筋直径的3倍且配有箍筋时，其锚固长度可以适当减小。为简化起见，其锚固长度可乘以修正系数0.8。

4）施工扰动的修正。当钢筋在混凝土施工过程中易受扰动（如滑模施工）时，由于混凝土在凝结前受到扰动而影响与钢筋的黏结作用，锚固长度应乘以修正系数1.1。

5）配筋余量的修正。基本锚固长度计算公式（1.3）和式（1.4）是在充分利用钢筋强度的条件下建立的，而实际结构中锚固钢筋的实际应力很可能明显小于其设计强度，因此如有充分依据和可靠措施，且结构没有抗震设防要求也不直接承受动力荷载，当受力钢筋实际配筋面积大于其设计计算值时，其锚固长度可乘以设计计算面积与实际配筋面积的比值，但修正后的锚固长度不小于 $0.7l_a$，以满足构造要求。

6）机械锚固的修正。当受力钢筋的锚固长度有限，靠自身的锚固性能无法满足其承载力要求时，可在受力钢筋的末端采用机械锚固措施，见图1.27。但机械锚头充分受力时，往往引起很大的滑移和裂缝，因此仍需要一定的钢筋锚固长度与其配合，对于HRB335、HRB400和RRB400级钢筋，其锚固长度应取 $0.7l_a$。同时，为增强锚固区域的局部抗压能力，避免出现混凝土局部受压破坏，锚固长度范围内的箍筋不应少于3个，其直径不应小于锚固钢筋直径的0.25倍；间距不应大于锚固钢筋直径的5倍。当锚固钢筋的保护层厚度大于钢筋直径的5倍时，可不配上述箍筋。

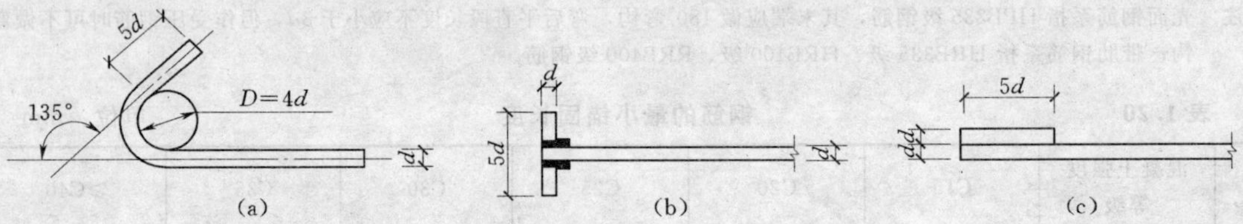

图1.27 钢筋机械锚固的形式及构造要求

(a) 末端带135°弯钩；(b) 末端与钢板穿孔塞焊；(c) 末端与短钢筋双面贴焊

(3) 受压钢筋的锚固长度。受压钢筋的黏结锚固机理与受拉钢筋基本相同，但钢筋受压后的镦粗效应加大了界面的摩擦力及咬合作用，对锚固有利，因此受压钢筋的锚固长度可以减小。当计算中充分利用纵向钢筋受压时，其锚固长度可取为受拉钢筋锚固长度的0.7倍。

4. 钢筋的连接

(1) 钢筋连接的原则。由于结构中实际配置的钢筋长度与供货长度不一致，将产生钢筋的连接问题。钢筋的连接需要满足承载力、刚度、延性等基本要求，以便实现结构对钢筋的整体传力。钢筋的连接形式有绑扎搭接、机械连接和焊接，应遵循如下基本设计原则：

1）接头应尽量设置在受力较小处，以降低接头对钢筋传力的影响程度。

2）在同一钢筋上宜少设连接接头，以避免过多地削弱钢筋的传力性能。

3）同一构件相邻纵向受力钢筋的绑扎搭接接头宜相互错开，限制同一连接区段内接头钢筋面积率，以避免变形、裂缝集中于接头区域而影响传力效果。

4）在钢筋连接区域应采取必要构造措施，如适当增加混凝土保护层厚度或调整钢筋间距，保证连接区域的配箍，以确保对被连接钢筋的约束，避免连接区域的混凝土纵向劈裂。

(2) 绑扎搭接连接。钢筋的绑扎搭接连接利用了钢筋与混凝土之间的黏结锚固作用，因比较可靠且施工简便而得到广泛应用。但是，因直径较粗的受力钢筋绑扎搭接容易产生过宽的裂缝，故受拉钢筋直径大于28mm、受压钢筋直径大于32mm时不宜采用绑扎搭接。轴心受拉及小偏心受拉构件的纵向钢筋，因构件截面较小且钢筋拉应力相对较大，为防止连接失效引起结构破坏等严重后果，故不得采用绑扎搭接。承受疲劳荷载的构件，为避免其纵向受拉钢筋接头区域的混凝土疲劳破坏而引起连接失效，也不得采用绑扎搭接接头。

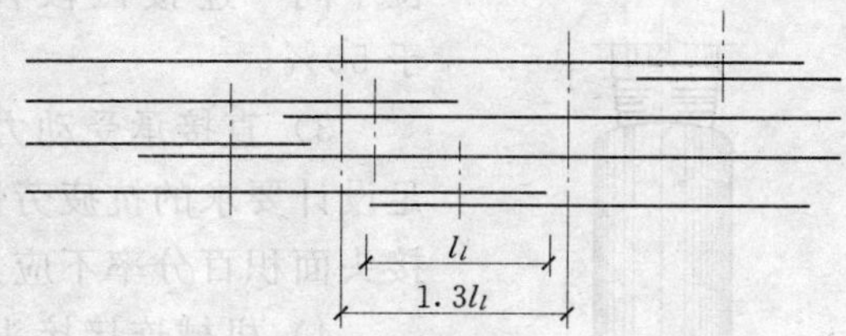

图 1.28　钢筋的搭接接头连接区

钢筋绑扎搭接接头连接区段的长度为 1.3 倍搭接长度。凡搭接接头中点位于该连接区段长度内的搭接接头均属于同一连接区段，见图 1.28。同一连接区段内纵向钢筋搭接接头面积百分率为该区段内搭接接头的纵向受力钢筋截面面积与全部纵向受力钢筋截面面积的比值。

位于同一连接区段内的受拉钢筋搭接接头面积百分率：对于梁、板和墙类构件，不宜大于 25%；对于柱类构件，不宜大于 50%。当工程中确有必要增大受拉钢筋搭接接头面积率时，对于梁类构件，不应大于 50%；对于板类、墙类及柱类构件，可根据实际情况放宽。

纵向受拉钢筋绑扎搭接接头的搭接长度应根据位于同一连接区段内的钢筋搭接接头面积百分率按下列公式计算：

$$l_l = \zeta l_a \tag{1.5}$$

式中　l_l——纵向受拉钢筋的搭接长度；

l_a——纵向受拉钢筋的锚固长度；

ζ——纵向受拉钢筋搭接长度修正系数，取值见表 1.21。

表 1.21　纵向受拉钢筋搭接长度修正系数 ζ

纵向受拉钢筋搭接接头面积百分率（%）	≤25	50	100
ζ	1.2	1.4	1.6

在任何情况下，纵向受拉钢筋绑扎搭接接头的搭接长度均不应小于 300mm。构件中的纵向受压钢筋，当采用搭接连接时，其受压搭接不应小于 $0.7l_l$，且不小于 200mm。

在纵向受力钢筋搭接接头范围内应配置箍筋，其直径不应小于搭接钢筋较大直径的 0.25 倍。当钢筋受拉时，箍筋间距不应大于搭接钢筋较小直径的 5 倍，且不应大于 100mm（图 1.29）；当钢筋受压时，箍筋间距不应大于搭接钢筋较小直径的 10 倍，且不应大于 200mm。当受压钢筋直径大于 25mm 时，还应在搭接接头两个端面外 100mm 范围内各设置两个箍筋。

（3）机械连接。钢筋的机械连接是通过连贯于两根钢筋外的套筒来实现传力，套筒与钢筋之间通过机械咬合力过渡，主要形式有挤压套筒连接、锥螺纹套筒连接、镦粗直螺纹连接、滚轧直螺纹连接等。锥螺纹套筒连接如图 1.30 所示。

机械连接比较简便，是规范鼓励推广应用的钢筋连接形式，但与整体钢筋相比性能总有削弱，因此应用时应遵循如下规定：

1）钢筋机械连接接头连接区段的长度为 35d（d 为纵向受力钢筋的较大直径），凡接头中点位于该连接区段长度内的机械连接接头均属于同一连接区段。

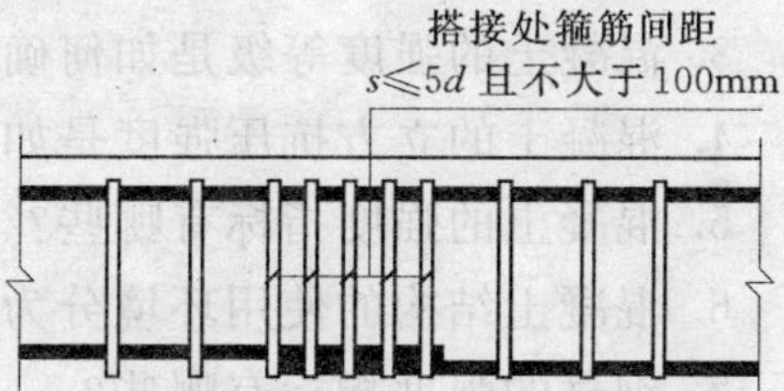

图 1.29　受拉钢筋搭接处箍筋加密

2）在受拉钢筋受力较大处设置机械连接接头时，

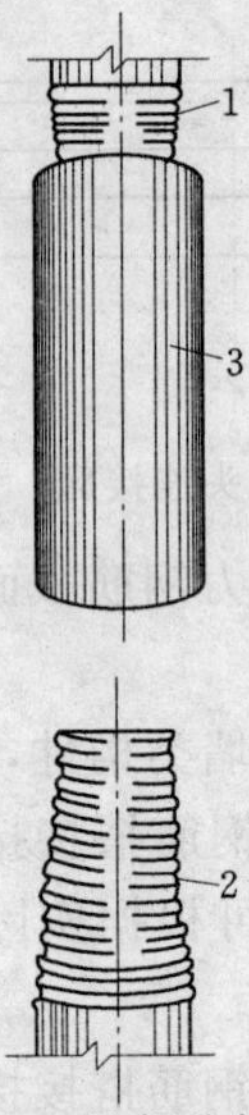

图 1.30 锥螺纹钢筋的连接示意图

1—上钢筋；2—下钢筋；3—套筒（内有凹螺纹）

位于同一连接区段内的纵向受拉钢筋接头面积百分率不宜大于50%。

3）直接承受动力荷载的结构构件中的机械连接接头，除应满足设计要求的抗疲劳性能外，位于同一连接区段内的纵向受力钢筋接头面积百分率不应大于50%。

4）机械连接接头连接件的混凝土保护层厚度宜满足纵向受力钢筋最小保护层厚度的要求。连接件间的横向钢筋净间距不宜小于25mm。

（4）焊接。钢筋焊接是利用电阻、电弧或者燃烧的气体加热钢筋端头使之熔化，并用加压或添加熔融的金属焊接材料，使之连成一体的连接方式，有闪光对焊［图1.31（a）］、电弧焊［图1.31（b）、（c）］、气压焊、点焊等类型。焊接接头最大的优点是节省钢筋材料、接头成本低、接头尺寸小，基本不影响钢筋间距及施工操作，在质量有保证的情况下是很理想的连接形式。但是，需进行疲劳验算的构件，其纵向受拉钢筋不宜采用焊接接头；当直接承受吊车荷载的钢筋混凝土吊车梁、屋面梁及屋架下弦的纵向受拉钢筋必须采用焊接接头时，应符合有关规定。

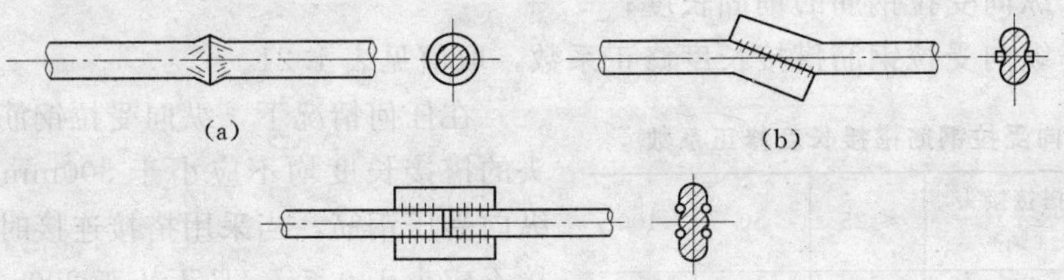

图 1.31 钢筋焊接连接示意图

（a）闪光对焊；（b）、（c）电弧焊

纵向受力钢筋焊接接头连接区端的长度为35d（d为纵向受力钢筋的较大直径）且不小于500mm，凡接头中点位于该连接区段内的焊接接头均属于同一连接区段。位于同一连接区段内纵向受拉钢筋的焊接接头面积百分率不应大于50%。

小组协作思考题：

1. 钢筋混凝土结构有哪些优点、哪些缺点？
2. 钢筋混凝土结构是由两种物理力学性质不同的材料组成的，为什么能共同工作？
3. 混凝土的强度等级是如何确定的？《混凝土规范》规定的混凝土强度等级有哪些？
4. 混凝土的立方抗压强度是如何确定的？
5. 混凝土的强度指标有哪些？它们之间的关系如何？
6. 混凝土结构的使用环境分为几类？对一类环境中结构混凝土的耐久性要求有哪些？
7. 钢材的强度指标有哪些？
8. 何谓疲劳破坏？试述疲劳破坏的特征？

9. 钢材有哪些主要机械指标？各指标可用来衡量钢材哪些方面的性能？

10. 混凝土结构对钢筋性能有何要求？

11. 钢筋冷拉和冷轧的抗拉、抗压强度都能提高吗？为什么？

12. 试述钢筋的选用原则。

13. 什么叫塑性破坏？什么叫脆性破坏？如何防治脆性破坏的发生？

14. 影响钢材性能的因素主要有哪些？

15. 影响砌体抗压强度的因素有哪些？

16. 什么是钢筋和混凝土之间的黏结力？影响钢筋和混凝土黏结强度的主要因素有哪些？

17. 为保证钢筋和混凝土之间有足够的黏结力，应采取哪些措施？

18. 什么是砌体结构？砌体按所采用材料的不同可以分为哪几类？

19. 砌体结构有哪些缺点？

20. 怎样确定块体材料和砂浆的等级？选用材料应注意哪些问题？

21. 什么是配筋砌体？配筋砌体有哪几类？简述其各自的特点。

22. 什么是网状配筋砖砌体？什么是组合砖砌体？

学习情境2　建筑结构设计方法应用

学习目标：

- 能识别结构极限状态的类型
- 能正确使用《荷载规范》，学会简单荷载设计值的计算
- 会分析失效概率及可靠概率关系，理解概率极限状态设计法的设计思想
- 能应用极限状态设计法的实用表达式
- 学会计算荷载效应值

结构设计是根据建筑方案确定结构布置方案，进行荷载汇集、内力计算之后，确定结构构件功能要求所需要的截面尺寸、材料及其强度等级、配筋及构造措施。设计的目的是使设计的结构在现有的技术基础上，用尽可能少的经济消耗，建成后能够满足全部功能要求，且有足够的可靠性。结构设计的原则是既可靠，又经济、适用，且美观。

学习单元2.1　结构极限状态的认识

任务描述：

什么是结构极限状态？极限状态如何分类？

任务知识点：

我国建筑结构设计理论和方法遵照《建筑结构可靠度设计统一标准》（GB50068—2001）（以下简称《统一标准》）所确定的原则进行设计，采用以概率理论为基础的极限状态设计方法。

1. 结构的功能要求

（1）结构的安全等级。结构的设计使用年限是指设计规定的结构或结构构件不需进行大修即可按其预定目的使用的时期，《统一标准》采用的设计使用年限为：临时性结构5年；易于替换的结构构件25年；普通房屋和构筑物50年；纪念性建筑和特别重要的建筑结构100年。

结构的设计基准期是指为确定可变作用及与时间有关的材料性能等取值而选用的时间参数，《统一标准》采用的设计基准期为50年。

安全可靠是结构设计的重要内容，所以在进行建筑结构的设计时，应根据结构破坏可能产生的各种后果（危及人的生命、造成经济损失、产生社会影响等）的严重性，采用不同的安全等级。《统一标准》对建筑结构的安全等级划分为三级，见表2.1。

当然，对于特殊的建筑物，其安全等级可根据具体情况另行确定。对地基基础和按抗震要求设计的建筑结构，其安全等级还应符合地基基础和抗震规范的规定。

建筑结构中各类构件的安全等级宜与整个结构同级，对其中部分结构构件的安全等级可进行调整，但不得低于三级。

表 2.1　　建筑结构的安全等级

安全等级	破坏后果的影响程度	建筑物的类型	结构重要性系数
一级	很严重	重要的建筑物	1.1
二级	严重	一般的建筑物	1.0
三级	不严重	次要的建筑物	0.9

注意，结构的设计使用年限虽与其使用寿命有联系，但并不等同。超过设计使用年限的结构并不是不能使用，而是指它的可靠度降低了。

(2) 建筑结构的功能要求。建筑结构设计的目的是要使所设计的结构完成预定的功能要求、有较好的经济性和便于施工。建筑结构的功能要求具体表现为：

1) 安全性。建筑结构应能承受正常施工和正常使用时可能出现的各种荷载和变形，在偶然事件（如地震、爆炸等）发生时和发生后保持必需的整体稳定性，不致发生倒塌。

2) 适用性。结构在正常使用过程中应具有良好的工作性能。例如，不产生影响使用的过大变形或振幅，不发生足以让使用者不安的过宽的裂缝等。

3) 耐久性。结构在正常维护条件下应有足够的耐久性，完好使用到设计规定的年限，即设计使用年限。例如，混凝土不发生严重风化、腐蚀、脱落，钢筋不发生锈蚀等。

良好的结构设计应能满足上述功能要求，这样设计的结构是安全可靠的。

结构的安全性、适用性和耐久性统称为结构的可靠性，即指结构在规定的时间内，在规定的条件下，完成预定的功能的能力。结构设计所要解决的根本问题，是在结构可靠与经济之间选择一种合理的平衡，力求经济的途径，建造结构的适当可靠度，满足各种规定功能的要求。

2. 结构功能的极限状态

整个结构或结构的一部分超过某一特定状态就不能满足设计规定的某一功能要求，这个特定状态称为该功能的极限状态，例如，构件即将开裂、倾覆、滑移、压屈、失稳等。也就是，能完成预定的各项功能时，结构处于有效状态，反之则处于失效状态。有效状态和失效状态的分界，称为极限状态，是结构开始失效的标志。

极限状态可分为两类：承载能力极限状态和正常使用极限状态。

(1) 承载能力极限状态。结构或构件达到最大承载能力或者达到不适于继续承载的变形状态，称为承载能力极限状态。

当出现下列情况之一时，结构或构件就超过了承载能力极限状态：

1) 整个结构或其中的一部分作为刚体失去平衡（如倾覆、过大的滑移等）。

2) 结构构件或连接因材料强度被超过而破坏（包括疲劳破坏），或因过度的塑性变形而不适于继续承载（如受弯构件中的少筋梁）。

3) 结构转变为机动体系（如超静定结构由于某些截面的屈服，使结构成为几何可变体系）。

4) 结构或构件丧失稳定（如细长柱达到临界荷载发生压屈）。

超过承载能力极限状态后，结构或构件就不能满足安全性的要求。

(2) 正常使用极限状态。结构或构件达到正常使用或耐久性能的某项规定限度的状态称为正常使用极限状态。

当出现下列情况之一时，结构或构件就超过了正常使用极限状态：

1）影响正常使用或外观的变形（如梁的挠度过大）。

2）影响正常使用或耐久性的局部损坏（如不允许出现裂缝结构的开裂，对允许出现裂缝的构件，其裂缝宽度超过了允许限值）。

3）影响正常使用的振动。

4）影响正常使用的其他特定状态（如相对沉降量过大等）。

超过了正常使用极限状态，结构或构件就不能保证适用性和耐久性的功能要求。

工程设计时，一般先按承载能力极限状态进行设计，再按正常使用极限状态进行验算。

学习单元2.2　某办公楼楼面荷载效应值计算

任务描述：

某办公楼楼面采用钢筋混凝土七孔板，安全等级为二级。板长3.3m，计算跨度3.18m，板宽0.9m，七孔板自重2.04kN/m^2，后浇混凝土层厚40mm，板底抹灰层厚20mm，可变荷载取1.5kN/m^2。试计算按承载能力极限状态和正常使用极限状态设计时的截面弯矩设计值。

任务分析：

结构的内力是结构构件强度、刚度和稳定分析的依据。由于荷载在构件不同截面产生的内力一般是不同的，结构设计时首先要选定一个最不利内力，以此内力设计值作为结构设计的依据。

任务知识点：

1. 结构上的作用及分类

（1）结构上的作用。结构上的作用是指施加在结构上的集中荷载或分布荷载（包括永久荷载、可变荷载等），以及引起结构外加变形或约束变形的原因，如基础沉降、温度变化、混凝土收缩、焊接等作用。结构上的作用可分为直接作用和间接作用，施加在结构上的集中荷载或分布荷载称为直接作用。引起结构外加变形或约束变形的其他作用称为间接作用。

（2）结构上作用的分类。按随时间的变异分类，荷载可分为三类：

1）永久荷载。在结构设计基准期内，其值不随时间而变化，或其变化与平均值相比可以忽略不计的荷载。例如，结构的自重、土压力、预加应力等荷载，永久荷载又称恒荷载。

2）可变荷载。在结构设计基准期内其值随时间而变化，其变化与平均值相比不可忽略的荷载。例如，楼面活荷载、屋面活荷载、积灰荷载、吊车荷载、雪荷载、风荷载等，可变荷载又称活荷载。

3）偶然荷载。在结构设计基准期内不一定出现，而一旦出现，其值很大且持续时间很短的荷载。例如地震、爆炸、撞击力等。

2. 荷载的代表值

荷载是随机变量，任何一种荷载的大小都有一定的变异性。因此，结构设计时，对于不同的荷载和不同的设计情况，应赋予荷载不同的量值，该量值即荷载代表值。《荷载规范》规定，对永久荷载应采用标准值作为代表值；对可变荷载应根据设计要求采用标准值、可变荷载组合值、可变荷载频遇值、可变荷载准永久值作为代表值。

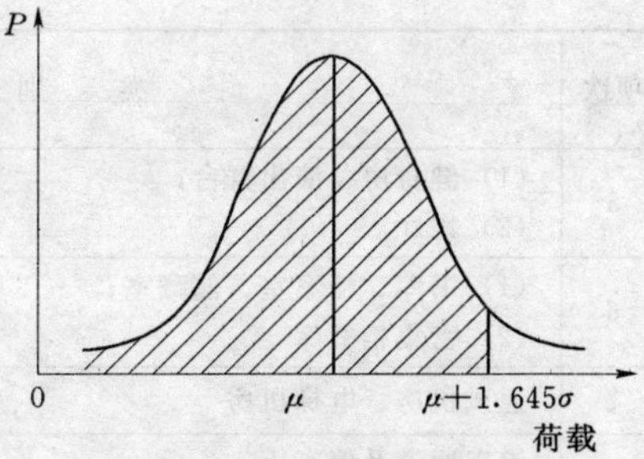

图 2.1　荷载标准值的确定方法

（1）荷载的标准值。荷载标准值是该荷载在结构设计基准期（50 年）内可能出现的最大值，是荷载的基本代表值。由于荷载本身的随机性，因而使用期间的最大荷载也是随机变量，当有足够荷载资料而有可能对其统计分布作合理估计时，应根据设计基准期内最大荷载概率分布的某一分位值作为荷载标准值。如图 2.1 所示，荷载发生在区间（$\mu+1.645\sigma$，$+\infty$）的概率为 5%，而荷载发生在区间（$-\infty$，$\mu+1.645\sigma$）的概率为 95%。设 μ 为某种荷载的统计平均值，σ 为其标准差，则该种荷载的标准值为：

$$荷载的标准值 = \mu + 1.645\sigma \tag{2.1}$$

即结构构件可能承受的荷载低于荷载标准值的概率为 95%，而比荷载标准值大的可能性仅为 5%。

1）永久荷载标准值 G_k。永久荷载主要是结构如屋面、楼面、墙体、梁、柱等构件的自重和找平层、保温层等的自重及粉刷、装修、固定设备的重量。《荷载规范》规定，永久荷载标准值对于结构自身重力可以根据结构的设计尺寸和材料的重力密度确定，设计时可据此求得恒荷载。例如某矩形截面钢筋混凝土梁，计算跨度为 $l_0=4.5\text{m}$，截面尺寸 $b\times h=200\text{mm}\times500\text{mm}$，求该梁自重标准值。

梁的自重是沿梁长方向连续、均匀分布的，则梁的自重标准值为：$g_k=0.2\times0.5\times25=2.5$（kN/m）。

2）可变荷载标准值 Q_k。可变荷载通常与时间有关，是一个随机过程，如果缺乏大量的统计资料，也可近似地按随机变量来考虑。考虑到我国的具体情况和规范的衔接，《荷载规范》采用的基本上是经验值。

民用建筑楼面均布活荷载标准值及其组合值、频遇值和准永久值系数应按表 2.2 采用。考虑到构件的负荷面积越大，楼面每平方米面积上活荷载在同一时刻都达到其标准值的可能性越小，因此，《荷载规范》规定，设计楼面梁、墙、柱及基础时，表 2.2 中的楼面活荷载标准值在下列情况下应乘以规定的折减系数。

表 2.2　民用建筑楼面均布活荷载标准值及其组合值、频遇值和准永久值系数

项次	类　别	标准值（kN/m^2）	组合值系数 ψ_c	频遇值系数 ψ_f	准永久值系数 ψ_q
1	（1）住宅、宿舍、旅馆、办公楼、医院病房、托儿所、幼儿园； （2）教室、实验室、阅览室、会议室、医院门诊室	2.0	0.7	0.5 0.6	0.4 0.5
2	食堂、办公楼中的一般资料档案室	2.5	0.7	0.6	0.5
3	（1）礼堂、剧场、影院、有固定座位的看台； （2）公共洗衣房	3.0 3.0	0.7 0.7	0.5 0.6	0.3 0.5
4	（1）商店、展览厅、车站、港口、机场大厅及其旅客等候室； （2）无固定座位的看台	3.5 3.5	0.7 0.7	0.6 0.5	0.5 0.3

续表

项次	类 别	标准值 (kN/m²)	组合值系数 ψ_c	频遇值系数 ψ_f	准永久值系数 ψ_q
5	(1) 健身房、演出舞台； (2) 舞厅	4.0 4.0	0.7 0.7	0.6 0.6	0.5 0.3
6	(1) 书库、档案室、储藏室； (2) 密集柜书库	5.0 12.0	0.9	0.9	0.8
7	通风机房、电梯机房	7.0	0.9	0.9	0.8
8	汽车通道及停车库： (1) 单向板楼盖（板跨不小于 2m）； ·客车 ·消防车 (2) 双向板楼盖和无梁楼盖（柱网尺寸不小于 6m×6m） ·客车 ·消防车	 4.0 35.0 2.5 20.0	 0.7 0.7 0.7 0.7	 0.7 0.7 0.7 0.7	 0.6 0.6 0.6 0.6
9	厨房：(1) 一般的； (2) 餐厅	2.0 4.0	0.7 0.7	0.6 0.7	0.5 0.7
10	浴室、厕所、盥洗室： (1) 第1项中的民用建筑； (2) 其他民用建筑	 2.0 2.5	 0.7 0.7	 0.5 0.6	 0.4 0.5
11	走廊、门厅、楼梯： (1) 宿舍、旅馆、医院病房、托儿所、幼儿园、住宅； (2) 办公楼、教室、餐厅、医院门诊部； (3) 消防疏散楼梯、其他民用建筑	 2.0 2.5 3.5	 0.7 0.7 0.7	 0.5 0.6 0.5	 0.4 0.5 0.3
12	阳台： (1) 一般情况； (2) 当人群有可能密集时	 2.5 3.5	 0.7	 0.6	 0.5

注 1. 本表所列各项活荷载适用于一般使用条件，当使用荷载大时，应按实际情况采用。
2. 本表各项荷载不包括隔墙自重和二次装修荷载。

设计楼面梁时的折减系数：①第1（1）项，当楼面梁从属面积超过 25m² 时，应取 0.9；②第1（2）～7项，当楼面梁从属面积超过 50m² 时应取 0.9；③第8项，对单向板楼盖的次梁和槽形板的纵肋应取 0.8；对单向板楼盖的主梁应取 0.6；对双向板楼盖的梁应取 0.8；④第9～12项，应采用与所属房屋类别相同的折减系数。

设计墙、柱和基础时的折减系数：①表 2.2 中第1（1）项，应按表 2.3 规定采用；②表 2.2 中第1（2）～7项，采用与其楼面梁相同的折减系数；③表 2.2 中第8项，对单向板楼盖取 0.5；对双向板楼盖取 0.8；④表 2.2 中第9～12项，采用与所属房屋类别相同的折减系数。

表 2.3　活荷载按楼层的折减系数

墙、柱、基础计算截面以上的层数	1	2～3	4～5	6～8	9～20	>20
计算截面以上各楼层活荷载总和的折减系数	1.00 (0.90)	0.85	0.70	0.65	0.60	0.55

注 当楼面梁的从属面积超过 25m² 时，采用括号内的系数。

上面提及的楼面的从属面积，是指向梁两侧各延伸 1/2 梁间距的范围内实际面积。房屋建筑的屋面，其水平投影面上的屋面均布活荷载，应按表 2.4 采用。

表 2.4　　屋面均布活荷载

项次	类　别	标准值（kN/m^2）	组合值系数 ψ_c	频遇值系数 ψ_f	准永久值系数 ψ_q
1	不上人的屋面	0.5	0.7	0.5	0
2	上人的屋面	2.0	0.7	0.5	0.4
3	屋顶花园	3.0	0.7	0.6	0.5

注　1. 不上人的屋面，当施工荷载较大时，应按实际情况采用。
2. 上人的屋面，当兼作其他用途时，应按相应楼面活荷载采用。
3. 对于因屋面排水不畅、堵塞等引起积水荷载，应采取构造措施加以防止；必要时，应按积水的可能深度确定屋面活荷载。
4. 屋顶花园活荷载不包括花圃土石等材料自重。

其余可变荷载，如工业建筑楼面活荷载、风荷载、雪荷载、厂房屋面积灰荷载等详见《荷载规范》。

(2) 可变荷载准永久值。可变荷载在设计基准期内会随时间而发生变化，并且不同可变荷载在结构上的变化情况不一样。在设计基准期内经常作用（可理解为总的持续时间不低于 25 年）的可变荷载，称为可变荷载准永久值。它对结构的影响类似于永久荷载。

可变荷载准永久值是正常使用极限状态按准永久组合设计时采用的可变荷载代表值。实际上它是考虑荷载的长期作用效应而对可变荷载标准值的一种折减，其大小可表示为 $\psi_q Q_k$，其中 Q_k 为可变荷载标准值，ψ_q 为可变荷载准永久值系数。ψ_q 的值见表 2.2、表 2.4。

例如住宅的楼面活荷载标准值为 $2kN/m^2$，准永久值系数 $\psi_q=0.4$，则活荷载准永久值为 $2\times0.4=0.8(kN/m^2)$。

(3) 可变荷载组合值。当两种或两种以上可变荷载同时作用于结构上时，由于各种可变荷载同时达到其最大值（标准值）的概率极小，因此，除主导荷载（产生最大效应的荷载）仍可以其标准值为代表值外，其他伴随荷载均应以小于标准值的荷载值为代表值，即可变荷载组合值。

可变荷载组合值可表示为 $\psi_c Q_k$。其中 ψ_c 为可变荷载组合值系数，其值按表 2.2、表 2.4 查取。

(4) 可变荷载频遇值。可变荷载频遇值是指结构上时而出现的较大荷载。在规定的时期内（设计基准期内）总持续时间较短或发生次数较少，使结构的破坏性有所减缓。可变荷载频遇值总是小于荷载标准值，其大小可表示为 $\psi_f Q_k$。其中 ψ_f 为可变荷载频遇值系数，其值按表 2.2、表 2.4 查取。

(5) 荷载分项系数及荷载的设计值。荷载分项系数是考虑荷载超过标准值的可能性，以及不同变异性的荷载可能造成结构计算时可靠度不一致的调整系数。荷载的标准值与荷载分项系数的积称为荷载的设计值，也称为设计荷载。荷载分项系数的具体取值见表 2.5。

表 2.5　　荷载分项系数的取值

荷载类型	荷　载　特　性		荷载分项系数
永久荷载	永久荷载效应对结构不利	由可变荷载效应控制的组合	1.2
		由永久荷载效应控制的组合	1.35
	永久荷载效应对结构有利		1.0
	倾覆、滑移或飘浮验算		0.9
可变荷载	一般情况		1.4
	对标准值大于 $4kN/m^2$ 的工业房屋楼面结构的活荷载		1.3

3. 荷载效应

（1）内力的概念。材料是由分子、原子等组成，当杆件不受外力作用时，杆件内相邻微粒之间已有相互作用力，将这种作用力称为固体的固有内力。当杆件受到外力作用，发生变形，引起内部相邻各部分相对位置发生变化，势必引起相邻微粒之间固有内力发生改变，将在固有内力基础上产生的改变量称为附加内力，简称内力。因此可将内力定义为：由于外力作用，杆件内部相连部分之间产生的相互作用力。杆件的强度、刚度及稳定性，与内力的大小及其在杆件内的分布情况有关，内力分析是解决强度、刚度及稳定性问题的基础。截面上的内力是连续分布的，但为了方便计算，将截面上的分布内力向截面形心简化，然后用各向分力表示。常见的内力有轴力、剪力、扭矩、弯矩等。

（2）荷载效应。结构上的作用在结构上产生的内力和变形（如轴力、弯矩、剪力、扭矩、挠度、转角和裂缝等）称为作用效应，若作用为直接作用（如集中荷载和均布荷载），则其效应称为荷载效应，用 S 表示。

因为结构上的荷载大小、位置是随机变化的，即为随机变量，所以作用效应一般也是随机变量。

4. 单跨静定梁受弯构件的内力计算

受弯构件横截面上同时存在两种内力分量：平行于截面的内力 V 称之为剪力；作用面垂直于截面的内力偶 M 称之为弯矩。截面法是求内力的基本方法，使用截面法求内力时，可以取截面任一侧的梁段为研究对象。为了保证无论根据哪一侧梁段上的外力求得截面上的剪力和弯矩具有相同的正、负号，这里必须对剪力和弯矩的正负号作如下规定：截面上的剪力 V 企图使梁段顺时针方向转动时，这样的剪力为正如图 2.2（a）所示；逆时针方向转动时剪力为负。截面上的弯矩 M 企图使梁段弯曲呈凹形（梁段下部“纤维”受拉伸长，上部“纤维”受压缩短），这样的弯矩为正如图 2.2（b）所示；使梁段弯曲呈凸形的弯矩为负。

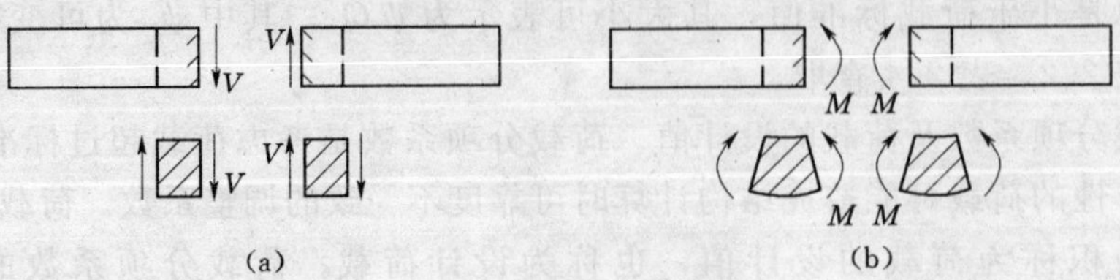

图 2.2　剪力和弯矩

（1）用截面法求指定截面上的剪力和弯矩。以图 2.3（a）为例，用截面法求图 2.3（a）所示简支梁 m—m 截面上的剪力和弯矩。

1）计算支座约束力。作简支梁的受力图如图 2.3（b）所示，则由平衡方程 $\sum M_C(F)=0$ 和 $\sum F_y=0$，求得支座约束力为：

$$F_{Ay}=25\text{kN},F_{By}=35\text{kN}$$

2）截开取代。在截面 m－m 处假想地将梁切开，并选取左段为研究对象。在截面上用正向剪力 F_Q 和正向弯矩 M 代替去掉的右半部分对其的作用。画其受力图如图 2.3（c）所示。

3）由平衡方程求内力。截面左侧梁段上的外力与截面上的剪力和弯矩组成一平衡力系，由力平衡方程可得：

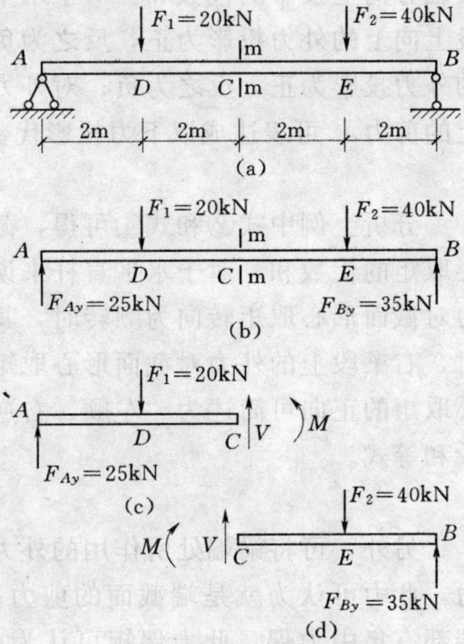

图 2.3　截面上的剪力与弯矩

$$\sum F_y=0,F_{Ay}-F_1-V=0$$

$$V=F_{Ay}-F_1 \quad ①$$

$$V=25-20=5(\text{kN})$$

$$\sum M_C(F)=0 \quad M+F_1\times 2-F_{Ay}\times 4=0$$

$$M=F_{Ay}\times 4-F_1\times 2 \quad ②$$

$$M=25\times 4-20\times 2=60(\text{kN}\cdot\text{m})$$

若选取右段为研究对象，其受力图如图 2.3（d）所示，由平衡条件得：

$$\sum F_y=0 \quad V-F_2+F_B=0$$

$$V=F_2-F_B \quad ③$$

$$V=40-35=5(\text{kN})$$

$$\sum M_C(F)=0 \quad M+F_2\times 2-F_B\times 4=0$$

$$M=F_B\times 4-F_2\times 2 \quad ④$$

$$M=35\times 4-40\times 2=60(\text{kN}\cdot\text{m})$$

由以上的求解可以看出，只要将截面上的内力假设为正向，无论取哪一部分为研究对象，所求得截面上的内力值相同。内力值为正，说明内力为正向内力；内力值为负，说明内力为负向内力。另外，在列梁段的静力平衡方程时，要把剪力、弯矩当作隔离体上的外力来看待，平衡方程中剪力、弯矩值前的加、减号应按静力学计算中力的投影方向和力偶转向的正、负规定而定，不要认为剪力和弯矩都是正向假定，代数式中都用加号。

（2）用直接法求指定截面上的剪力和弯矩。由上例计算中得出的式①、式②、式③、式④可以看出，可以省略截开、取代、平衡等基本步骤，直接应用截面任一侧梁段上的外力与截面上内力之间的等式关系求解内力，这种求解内力的方法称为直接等式法。

分析上例中式①和式③可得，截面上的剪力值等于截面任一侧梁段上的外力在垂直于梁轴方向上投影的代数和。对于水平直杆来说，若利用截面左侧梁段上外力求解时，左梁段上向上的外力投影为正，反之为负；若利用截面右侧梁段上外力求解时，右梁段上向下的外力投影为正，反之为负；对外力的正投影可简述为“左上、右下为正”。因此，截面上的剪力 V 可表达成以下力投影代数等式：

$$V=\sum F_y \tag{2.2}$$

分析上例中式②和式④可得，截面上的弯矩值等于截面任一侧梁段上的外力对截面形心取矩的代数和。对于水平直杆来说，若利用截面左侧梁段上外力求解时，左梁段上的外力对截面形心取矩转向为顺转时，其值为正，反之为负；若利用截面右侧梁段上外力求解时，右梁段上的外力对截面形心取矩转向为逆转时，其值为正，反之为负；外力对截面形心取矩的正向可简述为“左顺、右逆为正”。因此，截面上的弯矩 M 可表达成以下力矩代数和等式。

$$M=\sum M_c(F_i) \tag{2.3}$$

另外，可将梁端处所作用的外力看作端部截面的内力，若梁端部有垂直于梁轴的集中力，此力可认为就是端截面的剪力；若梁端部有集中力偶，此力偶矩可认为就是端截面的弯矩。

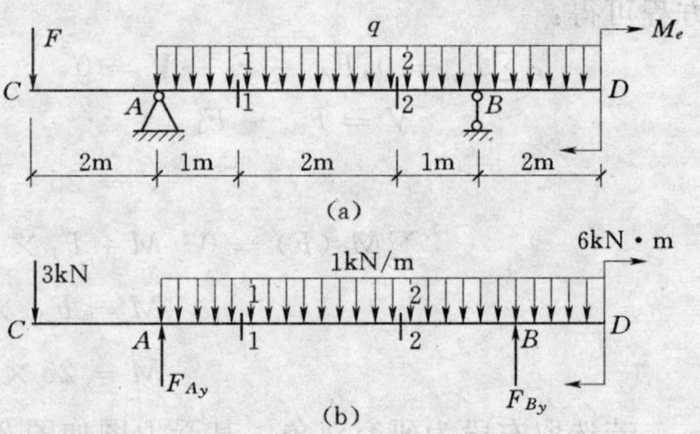

图 2.4　外伸梁截面上的剪力和弯矩

【例 2.1】　求图 2.4（a）所示外伸梁指定截面上的剪力和弯矩，已知 $M_e=6$ kN · m，$q=1$kN/m，$F=3$kN。

解：（1）作梁的受力图并求支座约束力。取整个梁为对象，作受力图，如图 2.4（b）所示。由平衡方程 $\sum M_B(F)=0$ 和 $\sum M_A(F)=0$，求得支座约束力为：

$$F_A=4.5\text{kN}, F_B=4.5(\text{kN})$$

（2）用直接等式法求截面内力。

1—1 截面：$V_1=\sum F_y=-F+F_{Ay}-q\times 1=-3+4.5-1\times 1=0.5(\text{kN})$

$$M_1=\sum M_c(F_1)=-F\times 3+F_{Ay}\times 1-g\times 1\times \frac{1}{2}$$

$$=-3\times 3+4.5\times 1-1\times 1\times \frac{1}{2}=-5(\text{kN}\cdot\text{m})$$

2—2 截面：$V_2=\sum F_y=q\times 3-F_{By}=1\times 3-4.5=-1.5(\text{kN})$

$$M_2=\sum M_c(F_i)=F_{By}\times 1-g\times 3\times \frac{3}{2}-M_e$$

$$=4.5\times 1-1\times 3\times \frac{3}{2}-6=-6(\text{kN}\cdot\text{m})$$

【例 2.2】　简支梁受均布荷载作用，如图 2.5 所示，求此梁跨中截面的弯矩值。

解：（1）求约束反力。由 $\sum F_y=0$ 及对称关系，求得支座约束力为：

$$F_{Ay}=F_{By}=\frac{1}{2}ql$$

(2) 用直接等式法求截面内力。跨中弯矩值最大，它的数值为：

$$M=\frac{1}{2}ql\ \frac{l}{4}=\frac{1}{8}ql^2$$

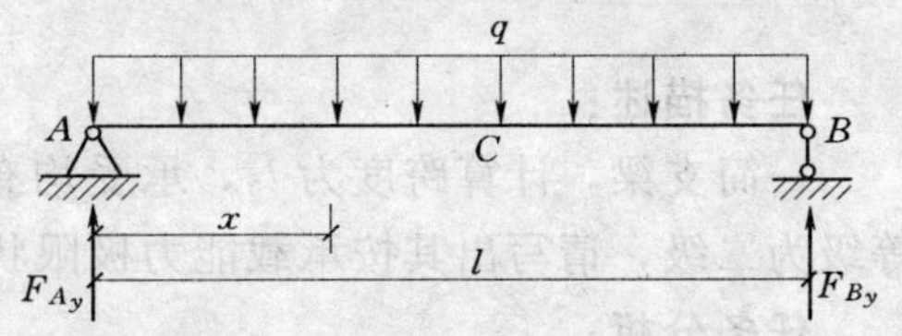

图 2.5　梁跨中截面的弯矩

任务实施：

(1) 基本参数。查《荷载规范》得：$\gamma_0=1.0$，$\gamma_G=1.2$，$\gamma_Q=1.4$，组合值系数为 0.7，准永久值系数为 0.5，频遇值系数为 0.6。

(2) 荷载效应标准值计算。永久荷载标准值的计算如下：

结构层的自重：

$$2.04\text{kN/m}^2$$

40mm 后浇混凝土面层：

$$25\times0.04=1(\text{kN/m}^2)$$

20mm 板底抹灰层：

$$20\times0.02=0.4(\text{kN/m}^2)$$

永久荷载标准值为：

$$2.04+1+0.4=3.44(\text{kN/m}^2)$$

沿板长每米均布永久荷载标准值为：

$$0.9\times3.44=3.1(\text{kN/m})$$

可变荷载每米标准值为：

$$0.9\times1.5=1.35(\text{kN/m})$$

简支板在均布永久荷载作用下的弯矩为：

$$M=\frac{1}{8}gl_0^2=\frac{1}{8}\times3.1\times3.18^2=3.92(\text{kN}\cdot\text{m})$$

简支板在均布可变荷载作用下的弯矩为：

$$M=\frac{1}{8}ql_0^2=\frac{1}{8}\times1.35\times3.18^2=1.71(\text{kN}\cdot\text{m})$$

(3) 按承载能力极限状态设计时的弯矩设计值。由可变荷载效应控制的基本组合：

$$S=\gamma_G S_{GK}+\gamma_{Q1}S_{Q1}=1.2\times3.92+1.4\times1.71=7.10(\text{kN}\cdot\text{m})$$

弯矩组合设计值应取 7.10kN/m。

(4) 按正常使用极限状态验算时的弯矩设计值。

标准组合：

$$S=S_{GK}+S_{Q1k}=3.92+1.71=5.63(\text{kN}\cdot\text{m})$$

准永久组合：

$$S=S_{GK}+\varphi_a S_{Q1k}=3.92+0.5\times1.71=4.78(\text{kN}\cdot\text{m})$$

频遇组合：

$$S=S_{GK}+\varphi_b S_{Q1k}=3.92+0.6\times1.71=4.95(\text{kN}\cdot\text{m})$$

学习单元 2.3 概率极限状态实用设计表达式的应用

任务描述：

一简支梁，计算跨度为 l_0，承受均布荷载标准值为 g_k，可变荷载标准值为 q_k，安全等级为二级，请写出其按承载能力极限状态设计时的跨中截面弯矩设计值计算表达式。

任务分析：

结构设计的基本原则是要做到技术先进、经济合理、安全适用和确保质量。结构的可靠性理论近年来得到了迅速的发展，结构设计已经摆脱传统的定值设计方法，进入以概率理论为基础的极限状态设计方法，简称概率极限状态设计法。

任务知识点：

1. 结构抗力 R

结构或结构构件承受作用效应的能力（如构件的抗弯、抗剪承载能力、刚度等）称为结构抗力，用 R 表示。

结构抗力的确定是结构设计要解决的另一个问题。影响结构抗力大小的因素主要是结构构件的几何尺寸、所用材料的性能（如强度、弹性模量、变形模量等）。此外，所采用的计算模式对结构抗力也有一定的影响。考虑到材料的变异性、构件几何特征的不定性以及计算模式的不定性，由这些因素综合确定的结构抗力也应是一个随机变量。

2. 极限状态方程

结构构件的工作状况可以用作用效应 S 和结构抗力 R 之间的关系来描述，令结构功能函数 $Z=R-S$，方程 $Z=R-S=0$ 称为极限状态方程，显然：

$Z=R-S>0$，结构处于可靠状态；

$Z=R-S=0$，结构处于极限状态；

$Z=R-S<0$，结构处于失效状态。

结构设计要满足功能要求，则结构不应超过极限状态，即结构必须满足：

$$S \leqslant R \tag{2.4}$$

由于作用效应和结构抗力都是随机变量，因此 $Z=R-S$ 也是随机变量，结构的可靠性同样具有一定的随机性。当结构构件完成其预定功能的概率达到一定程度，或不能完成其预定概率（失效概率）小到某一公认的、大家可以接受的程度，就可认为结构构件是安全可靠的。《建设结构可靠度设计统一标准》（GB50068—2001）《统一标准》用可靠度来定量描述结构的可靠性。

3. 结构的可靠度、失效概率及可靠指标

（1）结构的可靠度。结构的可靠度是结构在规定的时间内，在规定的条件下，完成预定功能的概率，用 p_s 表示，即可靠概率。结构可靠度是可靠性的概率度量。上面所提到的规定的时间，即指结构的设计工作寿命；规定的条件，是指设计、施工、使用、维护均属正常的情况。

概率极限状态设计法按结构不同极限状态的要求来进行设计，且在其计算中应用了概率的方法。通常也称为基于概率的极限状态设计法。

(2) 失效概率。失效概率是结构不能完成预定功能的概率，用 p_f 表示。由于有效概率 p_s ($Z\geqslant 0$) 和失效概率 p_f ($Z<0$) 是互补的，故如果求得结构的失效概率即可得结构的可靠概率。

失效概率的计算方法，通常考虑最简单的情况：结构或构件只有荷载产生的效应 S 和承载能力 R 两个变量，这两个变量均为随机变量，通过统计分析可确定其所服从的概率分布，现假定其服从正态分布，且相对独立。令 $Z=R-S$，则 Z 也应服从正态分布，结构的可靠度要研究的是随机变量 Z 取值不小于零的概率。假设 Z 的概率密度分布曲线如图 2.6 所示，$Z<0$ 的事件（结构失效）出现的概率为图中阴影部分的面积，其值为：

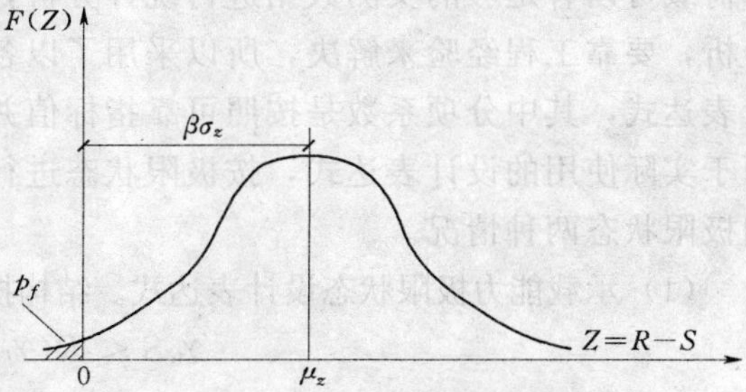

图 2.6　随机变量 Z 的概率密度曲线

$$p_f = P(Z<0) = \int_{-\infty}^{0} f(Z)\mathrm{d}Z \tag{2.5}$$

(3) 可靠指标。失效概率的计算由于要用到积分，比较麻烦，不便于设计，故通常采用一种比较简便的方法，即用可靠指标来衡量结构的可靠度。

由图 2.6 可看出，阴影部分的面积与 μ_z（Z 的平均值）和 σ_z（Z 的标准差）的大小有关，增大 μ_z，曲线右移，阴影部分的面积将减少；减小 σ_z，曲线变高、变窄，阴影部分的面积亦将减少。现令：

$$\mu_z = \beta\sigma_z \tag{2.6}$$

则有

$$\beta = \frac{\mu_z}{\sigma_z} = \frac{\mu_R - \mu_S}{\sqrt{\sigma_R^2 - \sigma_S^2}} \tag{2.7}$$

β 越大，失效概率越小。因此，β 和失效概率一样可作为度量结构可靠度的一个指标，称为可靠指标。理论分析表明，可靠指标 β 和失效概率 p_f 之间具有一一对应的关系。

结构构件的可靠指标应根据基本变量（系指结构上的各种作用和材料性能、几何参数等）的平均值、标准差及其概率分布类型进行计算。

表 2.6　结构构件承载力极限状态设计时采用的目标可靠指标值

破坏类型	安全等级		
	一级	二级	三级
延性破坏	3.7	3.2	2.7
脆性破坏	4.2	3.7	3.2

注　当受偶然作用时，结构构件的可靠标准应符合专门规范的规定。

为了使设计安全可取，经济合理，《统一标准》又根据结构构件的安全等级、破坏类型，确定了结构构件的目标可靠指标 $[\beta]$，结构设计时应满足 $\beta\geqslant[\beta]$。对于承载能力极限状态，结构构件的目标可靠指标值见表 2.6。由结构构件实际的破坏情况可知，破坏状态有延性破坏和脆性破坏之分。结构构件发生延性破坏前有明显的预兆可察，可及时采取补救措施，故目标可靠指标值定得稍低。反之，若构件发生脆性破坏，因破坏是突然发生，故目标可靠指标值定得高些。

对于正常使用极限状态，结构构件的目标可靠指标值应根据结构构件的特点和工程经验确定。

4. 极限状态实用设计表达式

由于极限状态方程式（2.4）中所涉及的随机变量很多，除材料强度、几何尺寸和部分荷载可以有足够的实测数据进行统计分析，其他因素的实测数据往往不足，难于作统计分析，要靠工程经验来解决，所以采用了以各基本变量标准值和分项系数来表达的实用设计表达式，其中分项系数是按照可靠指标值并考虑工程经验确定的。《统一标准》提出了便于实际使用的设计表达式，按极限状态进行设计时，应考虑承载能力极限状态和正常使用极限状态两种情况。

（1）承载能力极限状态设计表达式。结构按承载能力极限状态设计的实用设计表达式为：

$$\gamma_0 S \leqslant R(\gamma_R, f_k, a_k, \cdots) \tag{2.8}$$

式中 γ_0——结构重要性系数，对安全等级为一级或设计工作寿命为100年以上的结构构件，不应小于1.1；对安全等级为二级或设计工作寿命为50年的结构构件，不应小于1.0；对安全等级为三级或设计工作寿命为5年及以下的结构构件，不应小于0.9；在抗震设计中，不考虑结构构件的重要性系数；

S——荷载效应组合的设计值，即内力（轴力、弯矩、剪力、扭矩）组合设计值；

R（…）——结构构件的抗力函数；

γ_R——结构构件抗力分项系数；

f_k——材料性能的标准值；

a_k——几何参数的标准值，当几何参数的变异性对结构的性能有明显影响时，可另增减一个附加值 Δa 以考虑其不利影响。

采用式（2.8）进行计算时，还有以下几方面的问题需加以说明：

1）荷载效应组合设计值 S 的计算。当结构上同时作用两种及两种以上可变荷载时，要考虑荷载效应组合。荷载效应组合是指在所有可能出现的各种荷载组合中，确定对结构或构件产生的总效应，取其最不利值。进行承载能力极限状态设计时，应考虑荷载的基本组合和偶然组合两种情况。所谓基本组合，指永久作用和可变作用的组合。偶然组合则指永久作用、可变作用和一个偶然作用的组合。

对于钢筋混凝土结构，荷载效应组合的设计值 S 可按下述规定采用，从下列组合值中取最不利值：

• 由可变荷载效应控制的组合：

$$S = \gamma_G S_{Gk} + \gamma_{Q1} S_{Q1k} + \sum_{i=2}^{n} \gamma_{Qi} \psi_{ci} S_{Qik} \tag{2.9}$$

式中 γ_G——永久荷载的分项系数，当其效应对结构不利时，取1.2；当其效应对结构有利时，一般情况取1.0；对结构进行倾覆、滑移或漂浮验算时，取0.9；

γ_{Q1}、γ_{Qi}——第一个和第 i 个可变荷载的分项系数，一般情况下取1.4；对标准值大于 4kN/m^2 的房屋楼屋面结构的活荷载取1.3；

S_{Gk}——按永久荷载标准值 G_k 计算的荷载效应值；

S_{Q1k}——第一个可变荷载（在可变荷载中该可变荷载产生的效应即内力最大）标准值 Q_{1k} 在计算截面上的效应值；

S_{Qik}——第 i 个可变荷载标准值 Q_{ik} 产生的荷载效应值，其中 $i=2\sim n$（n 为参与荷载组合的可变荷载数目）；

ψ_{ci}——可变荷载 Q_i 的组合值系数，其值应不大于1，取值见《荷载规范》。

• 由永久荷载效应控制的组合：

$$S=\gamma_G S_{Gk}+\sum_{i=1}^{n}\gamma_{Qi}\psi_{ci}S_{Qik} \tag{2.10}$$

式中　γ_G——一般取1.35，当永久荷载效应对结构有利时，γ_G 取1.0。

• 对于一般排架、框架结构，内力基本组合设计值可采用下列简化公式，并由可变荷载效应控制的组合：

$$S=\gamma_G S_{Gk}+0.9\sum_{i=1}^{n}\gamma_{Qi}S_{Qik} \tag{2.11}$$

由永久荷载效应控制的组合，仍按式（2.10）计算。

对于砌体结构，应根据下列情况确定 S。

当可变荷载多于一个时，应按下列公式中最不利组合计算 S：

$$S=1.2S_{Gk}+1.4S_{Q1k}+\sum_{i=2}^{n}\gamma_{Qi}\psi_{ci}S_{Qik} \tag{2.12}$$

$$S=1.35S_{Gk}+1.4\sum_{i=1}^{n}\psi_{ci}S_{Qik} \tag{2.13}$$

当砌体结构作为一个刚体，需验算整体稳定时，例如倾覆、滑移、漂浮等，应采用下列设计表达式进行验算：

$$\gamma_0\left(1.2S_{G2k}+1.4S_{Q1k}+\sum_{i=0}^{n}S_{Qik}\right)\leqslant 0.8S_{G1k} \tag{2.14}$$

式中　S_{G1k}——起有利作用的永久荷载标准值的效应；

S_{G2k}——起不利作用的永久荷载标准值的效应；

S_{Q1k}、S_{Qik}——起不利作用的第一个和第 i 个可变荷载标准值的效应。

2）结构构件承载力设计值 R 的计算。结构构件承载力设计值与材料强度、材料用量、截面尺寸、形状等有关。根据结构构件类型的不同，承载力设计值 R 的计算方法也不相同，具体计算公式将在以后各情境进行研究。

（2）正常使用极限状态实用设计表达式。对于使用时需要控制裂缝和变形的结构构件，除了进行承载力计算以外，还要进行正常使用极限状态的变形和抗裂度或裂缝宽度验算。由于混凝土的徐变，可变荷载作用时间的长短等对构件的变形和裂缝宽度显然是有影响的。

正常使用极限状态的验算，应根据不同的设计要求，分别按荷载效应的标准组合、频遇组合或准永久组合并考虑长期作用影响，采用下列极限状态设计表达式：

$$S\leqslant C \tag{2.15}$$

式中　S——正常使用极限状态的荷载效应组合值；

C——结构或结构构件达到正常使用要求的规定限值。

对于标准组合，荷载效应组合的设计值 S 按下式采用：

$$S=S_{Gk}+S_{Q1k}+\sum_{i=2}^{n}\psi_{ci}S_{Qik} \tag{2.16}$$

对于准永久组合，荷载效应组合的设计值 S 按下式采用：

$$S = S_{Gk} + \sum_{i=1}^{n} \psi_{qi} S_{Qik} \tag{2.17}$$

式中 ψ_{ci}——可变荷载 Q_i 的组合值系数，其值不应大于 1.0，按《荷载规范》有关规定取用；

ψ_{qi}——可变荷载 Q_i 的准永久值系数，其值不应大于 1.0，按《荷载规范》有关规定取用。

任务实施：

结合式（2.8）、式（2.9）得：

$$\gamma_0 S = \gamma_0 \left(\gamma_G S_{Gk} + \gamma_{Q1} S_{Q1k} + \sum_{i=2}^{n} \gamma_{Qi} \psi_{ci} S_{Qik} \right)$$

则计算该梁跨中截面弯矩设计值的表达式为：

$$M = 1.0 \times \left(1.2 \times \frac{1}{8} l_0^2 g_k + 1.4 \times \frac{1}{8} l_0^2 q_k \right)$$

其与上式对应关系为：

$$\underbrace{M}_{\gamma_0 S} = \underbrace{1.0}_{\gamma_0} \times \left(\underbrace{1.2}_{\gamma_G} \times \underbrace{\frac{1}{8} l_0^2 g_k}_{S_{Gk}} + \underbrace{1.4}_{\gamma_Q} \times \underbrace{\frac{1}{8} l_0^2 q_k}_{S_{Qk}} \right)$$

小组协作思考题：

1. 什么是结构的极限状态？说明两种极限状态的具体内容。

2. 什么是结构的可靠度？它是怎样度量和表达的？

3. 说明结构的失效概率、可靠概率、可靠指标的概念及相互关系。

4. 什么是荷载标准值？什么是荷载分项系数？

5. 荷载取值是如何考虑安全的？

6. “作用”和“荷载”有什么区别？影响结构可靠性的因素有哪些？结构构件的抗力与哪些因素有关？为什么说构件的抗力是一个随机变量？

7. 说明承载能力极限状态实用设计表达式中各项符号的含义。

8. 正常使用极限状态的验算具体包含哪些内容？为什么在正常使用极限状态的验算中取荷载和材料强度的标准值？

综合项目题：

1. 某住宅楼面梁，由恒载标准值引起的弯矩 $M_{gk}=45\text{kN}\cdot\text{m}$，由楼面活荷载标准值引起的弯矩 $M_{qk}=25\text{kN}\cdot\text{m}$，活荷载组合值系数 $\psi_c=0.7$，结构安全等级为二级。试求按承载能力极限状态设计时梁的最大弯矩设计值 M。

2. 某钢筋混凝土矩形截面简支梁，截面尺寸 $b\times h=200\text{mm}\times 500\text{mm}$，计算跨度 $l_0=4\text{m}$，梁上作用恒载标准值（不含自重）14kN/m，活荷载标准值 9kN/m，活荷载组合值系数 $\psi_c=0.7$，梁的安全等级为二级。试计算按承载能力极限状态设计时的跨中弯矩设计值。

学习情境3　钢筋混凝土受弯构件设计

学习目标：

- 会计算受弯构件的内力，能作单跨梁的内力图
- 能推导单筋矩形截面承载力计算公式
- 会对简支梁、板及连续梁、板进行截面设计
- 能对单跨受弯构件进行裂缝和变形验算

受弯构件是指承受弯矩和剪力为主的构件。民用建筑中的楼盖和屋盖梁、板以及楼梯、门窗过梁，工业厂房中屋面大梁、吊车梁、连系梁，公路和铁路中的钢筋混凝土桥梁均为受弯构件。梁和板是建筑工程中典型的受弯构件，两者的区别仅在于，梁的截面高度一般大于截面宽度，而板的截面高度则远小于截面宽度。受弯构件是应用最广泛的结构构件。

学习单元3.1　受弯构件正截面受弯承载力计算

任务描述：

图3.1为某教学楼钢筋混凝土梁截面，截面尺寸及纵向钢筋如图所示，采用C20混凝土和HRB335级钢筋，求该梁截面能承受的极限弯矩。

任务分析：

钢筋混凝土受弯构件所能抵抗的极限弯矩与构件的截面形状、尺寸、纵向钢筋数量、种类、强度以及混凝土强度等级、加载速度等因素有关，具体的极限弯矩的求解应从截面上的应力和变形分析入手。

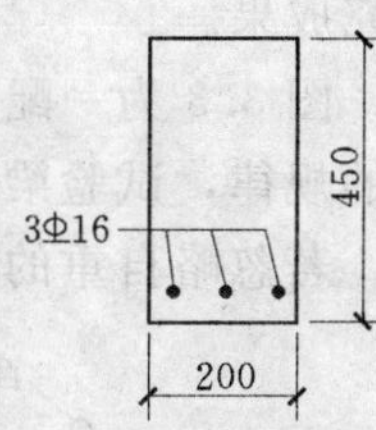

图3.1　某教学楼钢筋混凝土梁截面

任务知识点：

受弯构件在荷载作用下可能发生两种破坏。当受弯构件沿弯矩最大的截面发生破坏，破坏截面与构件的纵轴线垂直，称为沿正截面破坏，如图3.2（a）所示；当受弯构件沿剪力最大或弯矩和剪力都较大的截面发生破坏，破坏截面与构件的纵轴线斜交，称为沿斜截面破坏，如图3.2（b）所示。

按极限状态进行设计的基本要求，对受弯构件需要进行下列计算和验算：

（1）承载能力极限状态计算。受弯构件在荷载作用下，截面一般同时产生弯矩和剪力，设计时既要满足构件的抗弯承载力要求，也要满足构件的抗剪承载力要求。因此，必须分别对构件进行正截面受弯和斜截面抗剪承载力计算。

（2）正常使用极限状态验算。受弯构件一般还需要按正常使用极限状态的要求进行变形和裂缝宽度的验算。除进行上述两类计算和验算外，还必须采取一系列构造措施，方能保证构件具有足够的强度和刚度，并使构件具有必要的耐久性。

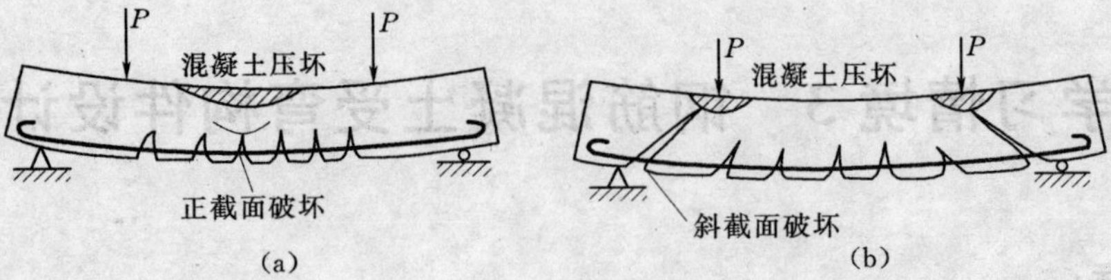

图 3.2　受弯构件的破坏形式
(a) 正截面破坏；(b) 斜截面破坏

1. 正截面受弯承载力的试验研究

以钢筋混凝土梁为例，钢筋混凝土梁按配筋方式分为单筋截面和双筋截面。仅在受拉区配置受力钢筋的受弯构件为单筋截面。同时在受拉区、受压区配置受力钢筋的受弯构件为双筋截面。

钢筋混凝土受弯构件正截面的破坏形式与钢筋和混凝土的强度以及纵向受拉钢筋配筋率ρ有关，根据梁纵向钢筋配筋率的不同，钢筋混凝土梁可分为适筋梁、超筋梁和少筋梁三种类型，配筋率比较适当的梁称为适筋梁。不同类型的梁具有不同的破坏特征。

(1) 适筋梁的破坏特征。匀质弹性材料梁加载时，其变形规律符合平截面假定（平截面在梁弯曲变形后仍保持平面），由于材料性能符合胡克定律（应力与应变成正比），受压区和受拉区的应力分布图形都是三角形。此外，梁的挠度与弯矩也将一直保持线性关系。

钢筋混凝土梁是由钢筋和混凝土两种材料所组成，且混凝土是非弹性、非匀质材料，抗拉强度又远小于其抗压强度，因而其受力性能有很大不同。研究钢筋混凝土构件的受弯性能及承载力计算，首先要进行构件加载试验。以下主要介绍国内外学者已做的大量试验研究成果。

图 3.3 为一配筋适当的钢筋混凝土单筋矩形截面试验梁。为了研究梁正截面受力和变形的规律，试验梁采用两点对称加载。荷载是逐级施加的，由零开始直至梁正截面受弯破坏。若忽略自重的影响，在梁上两集中荷载之间的区段，梁截面仅承受弯矩，该区段称为

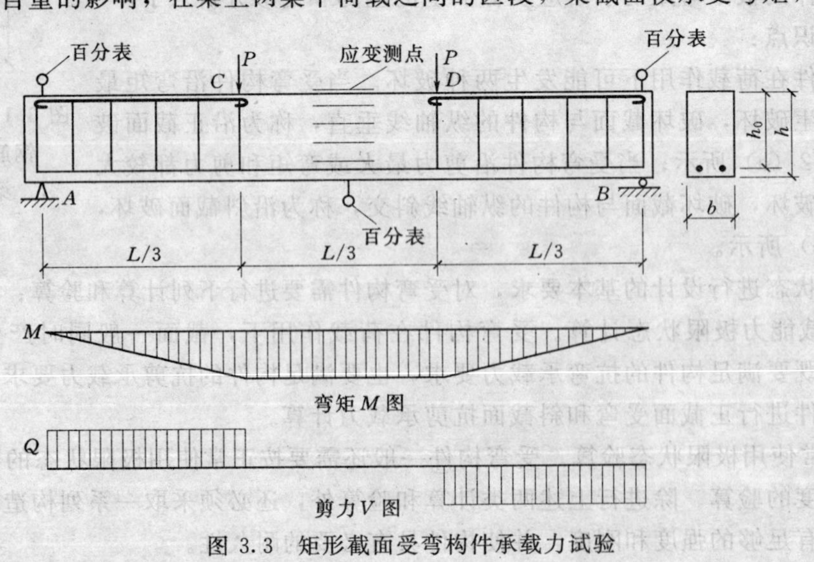

图 3.3　矩形截面受弯构件承载力试验

纯弯段。为了研究分析梁截面的受弯性能，在纯弯段沿截面高度布置了一系列的应变计，量测混凝土的纵向应变分布。同时，在受拉钢筋上也布置了应变计，量测钢筋的受拉应变。此外，在梁的跨中，还布置了位移计，用以量测梁的挠度变形。

试验时，荷载由零分级增加，每增加一级荷载，用仪表测量混凝土纵向纤维和钢筋的应变以及梁的挠度，并观察梁的外形变化，直至梁破坏。

试验研究表明：适筋梁自加载至破坏的过程中，随着荷载的增加及混凝土塑性变形的发展，其应力变化经历了三个阶段，如图 3.4 所示。

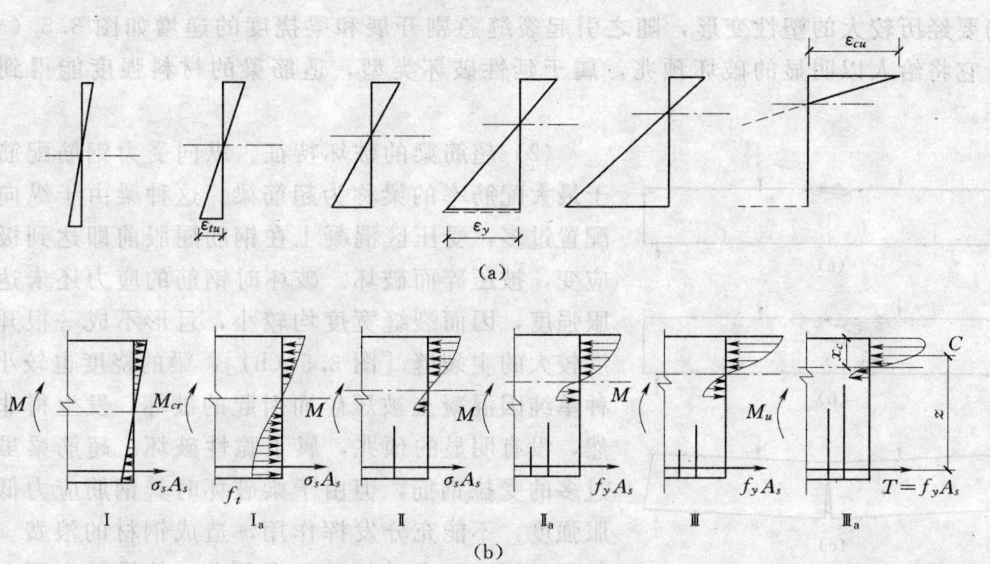

图 3.4　矩形截面适筋梁受弯构件正截面受弯破坏三个阶段的应力应变分布

(a) 应变图；(b) 应力图

第Ⅰ阶段（弹性工作阶段）：荷载很小时，混凝土的压应力及拉应力都很小，应力和应变几乎成直线关系，如图 3.4（b）Ⅰ所示。当弯矩增大时，受拉区混凝土表现出明显的塑性特征，应力和应变不再呈直线关系，应力分布呈曲线。当受拉边缘纤维的应变达到混凝土的极限拉应变 ε_{tu} 时，截面处于将裂未裂的极限状态，即第Ⅰ阶段末，用Ⅰ$_a$ 表示，此时截面所能承担的弯矩称为抗裂弯矩 M_{cr}。Ⅰ$_a$ 阶段的应力状态是抗裂验算的依据。

第Ⅱ阶段（带裂缝工作阶段）：当弯矩继续增加时，受拉区混凝土的拉应变超过其极限拉应变 ε_{tu}，受拉区出现裂缝，截面即进入第Ⅱ阶段。裂缝出现后，在裂缝截面处，受拉区混凝土大部分退出工作，拉力几乎全部由受拉钢筋承担。随着弯矩的不断增加，裂缝逐渐向上扩展，中和轴逐渐上移，受压区混凝土呈现出一定的塑性特征，应力图形呈曲线形，如图 3.4（b）Ⅱ所示。

当弯矩继续增加，钢筋应力达到屈服强度 f_y，这时截面所能承担的弯矩称为屈服弯矩 M_y。它标志截面进入第Ⅱ阶段末，以Ⅱ$_a$ 表示，如图 3.4（b）所示。第Ⅱ$_a$ 阶段的应力状态是裂缝宽度和变形验算的依据。

第Ⅲ阶段（破坏阶段）：弯矩继续增加，受拉钢筋的应力保持屈服强度不变，钢筋的应变迅速增大，促使受拉区混凝土的裂缝迅速向上扩展，受压区混凝土的塑性特征表现得更加充分，压应力呈显著曲线分布。到本阶段末（即III_a阶段），受压边缘混凝土压应变达到极限压应变，受压区混凝土产生近乎水平的裂缝，混凝土被压碎，甚至崩脱，截面宣告破坏，此时截面所承担的弯矩即为破坏弯矩 M_u。III_a 阶段的应力状态作为构件承载力计算的依据。

由上述可知，适筋梁的破坏是始于受拉区钢筋的屈服。在钢筋应力达到屈服强度之初，受压区边缘纤维的应变小于受弯时混凝土极限压应变。在梁完全破坏之前，由于钢筋要经历较大的塑性变形，随之引起裂缝急剧开展和梁挠度的递增如图 3.5（a）所示，它将给人以明显的破坏预兆，属于延性破坏类型，适筋梁的材料强度能得到充分发挥。

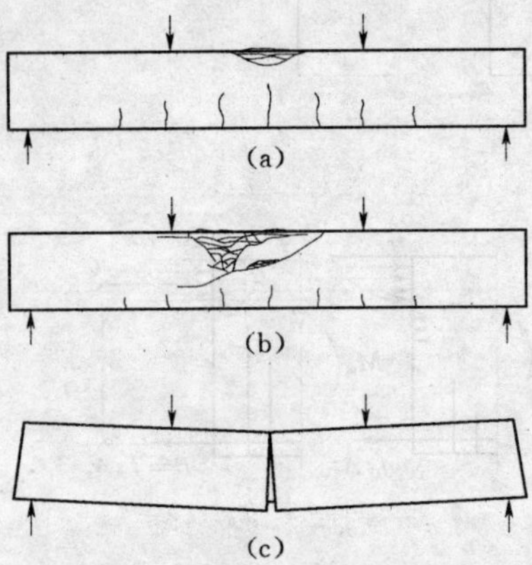

图 3.5　不同配筋率的梁的破坏形态
(a) 适筋梁；(b) 超筋梁；(c) 少筋梁

（2）超筋梁的破坏特征。纵向受力钢筋配筋率大于最大配筋率的梁称为超筋梁。这种梁由于纵向钢筋配置过多，受压区混凝土在钢筋屈服前即达到极限压应变，被压碎而破坏。破坏时钢筋的应力还未达到屈服强度，因而裂缝宽度均较小，且形不成一根开展宽度较大的主裂缝［图 3.5（b）］，梁的挠度也较小。这种单纯因混凝土被压碎而引起的破坏，发生得非常突然，没有明显的预兆，属于脆性破坏。超筋梁虽配置过多的受拉钢筋，但由于梁破坏时其钢筋应力低于屈服强度，不能充分发挥作用，造成钢材的浪费。这不仅不经济，而且破坏前没有预兆，故设计中不允许采用超筋梁。

（3）少筋梁的破坏特征。配筋率小于最小配筋率的梁称为少筋梁。这种梁破坏时，裂缝往往集中出现成一条，不但开展宽度大，而且沿梁高延伸较高。一旦出现裂缝，钢筋的应力就会迅速增大并超过屈服强度而进入强化阶段，甚至被拉断。在此过程中，裂缝迅速开展，构件严重向下挠曲，最后因裂缝过宽，变形过大而丧失承载力，甚至被折断［图 3.5（c）］。这种破坏也是突然的，没有明显预兆，属于脆性破坏。

从单纯满足承载力需要出发，少筋梁的截面尺寸过大，故不经济；同时它的承载力取决于混凝土的抗拉强度，属于脆性破坏类型，故在土木工程中不允许采用。

2. 保护层厚度及截面有效高度

（1）混凝土保护层。纵向受力钢筋的外边缘至混凝土表面的垂直距离，称为混凝土保护层厚度，用 c 表示，如图 3.6 所示。为保证结构的耐久性、防火性以及钢筋与混凝土的黏结，混凝土保护层厚度不应小于钢筋的公称直径。梁、板、柱的混凝土保护层厚度与环境类别和混凝土强度等级有关，见表 3.1。

（2）截面的有效高度。计算梁、板承载力时，因为混凝土开裂后，拉力完全由钢筋承担，则梁、板能发挥作用的截面高度应为从受压混凝土边缘至受拉钢筋截面重心的距离，这一距离称为截面有效高度，用 h_0 表示（图 3.6）。

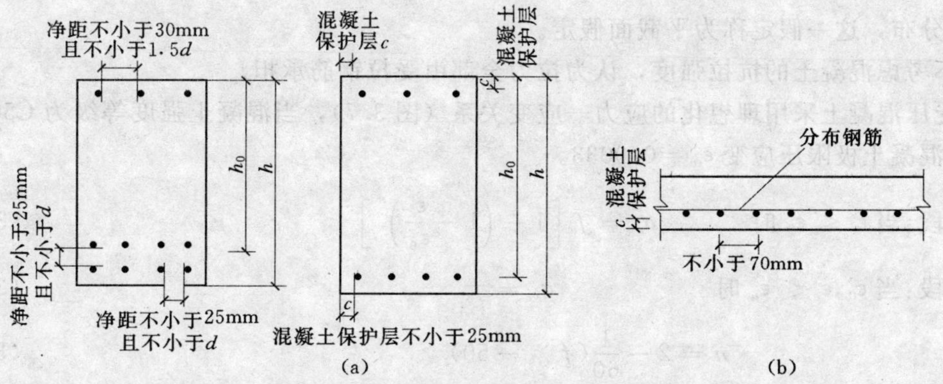

图 3.6 受弯构件的净距、保护层

(a) 梁内钢筋的净距、保护层；(b) 板内钢筋的净距、保护层

表 3.1　　混凝土保护层最小厚度

环境类别		板、墙、壳			梁、柱		
		≤C20	C25～C45	≥C50	≤C20	C25～C45	≥C50
一		20	15	15	30	25	25
二	a	—	20	20	—	30	30
	b	—	25	20	—	35	30
三		—	30	25	—	40	35

注 1. 基础的保护层厚度不小于 40mm；当无垫层时不小于 70mm。

2. 处于一类环境且由工厂生产的预制构件，当混凝土强度不低于 C20 时，其保护层厚度可按表中规定减少 5mm，但预制构件中的预应力钢筋的保护层厚度不应小于 15mm；处于二类环境且由工厂生产的预制构件，当表面另做水泥砂浆抹面层且有质量保证措施时，保护层厚度可按表中一类环境数值取用。

3. 预制钢筋混凝土受弯构件钢筋端头的保护层厚度不应小于 10mm，预制肋形板主肋钢筋的保护层厚度应按梁的数值采用。

4. 板、墙、壳中分布钢筋的保护层厚度不应小于 10mm，梁、柱中箍筋和构造钢筋的保护层厚度不应小于 15mm。

5. 处于二类环境中的悬臂板，其上表面应另做水泥砂浆保护层或采取其他保护措施。

6. 有防火要求的建筑物，其保护层厚度应符合国家现行有关防火规范的规定。

在室内正常环境下，设计计算时 h_0 可按如下近似数值取用：

梁：一排钢筋时 $h_0=h-c-\dfrac{d}{2}$，二排钢筋时 $h_0=h-c-25-\dfrac{d}{2}$

板：$h_0=h-20$

式中 c——保护层厚度，mm；

d——纵筋直径，mm。

截面设计时，一般取 $d=20\text{mm}$、$c=25\text{mm}$。

3. 受弯构件承载力计算原则

(1) 基本假设。如前所述，钢筋混凝土受弯构件正截面承载力计算以适筋梁第Ⅲ$_a$阶段的应力状态为依据。为便于建立基本公式，现作如下假定：

1）构件正截面弯曲变形后仍保持为平面，即在三个阶段中，截面上的应变沿截面高度为线性分布，这一假定称为平截面假定。

2）不考虑混凝土的抗拉强度，认为拉力全部由受拉钢筋承担。

3）受压混凝土采用理想化的应力—应变关系（图3.7），当混凝土强度等级为C50及以下时，混凝土极限压应变 $\varepsilon_{cu}=0.0033$。

曲线段：当 $\varepsilon_c \leqslant \varepsilon_0$ 时 $$\sigma_c = f_c\left[1-\left(1-\frac{\varepsilon_c}{\varepsilon_0}\right)^n\right] \tag{3.1}$$

水平段：当 $\varepsilon_0, \varepsilon_c \leqslant \varepsilon_u$ 时 $$\sigma_c = f_c \tag{3.2}$$

其中
$$n = 2-\frac{1}{60}(f_{cu,k}-50) \tag{3.3}$$

$$\varepsilon_0 = 0.002+0.5(f_{cu,k}-50)\times 10^{-5} \tag{3.4}$$

$$\varepsilon_{cu} = 0.0033-(f_{cu,k}-50)\times 10^{-5} \tag{3.5}$$

式中 σ_c——混凝土压应变为 ε_c 时的压应力；

f_c——混凝土轴心抗压强度设计值；

ε_c——受压区混凝土压应变；

ε_0——混凝土压应力刚达到 f_c 时的混凝土压应变，当计算的 ε_0 小于0.002时，取为0.002；

ε_{cu}——混凝土极限压应变，当处于非均匀受压时，按式（3.5）计算，如计算的 ε_{cu} 值大于0.0033，取为0.0033；当处于轴心受压时取为 ε_0；

$f_{cu,k}$——混凝土立方体抗压强度标准值。

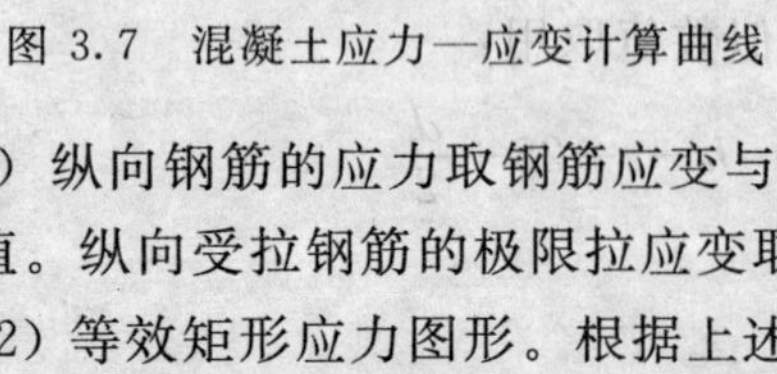

图3.7 混凝土应力—应变计算曲线

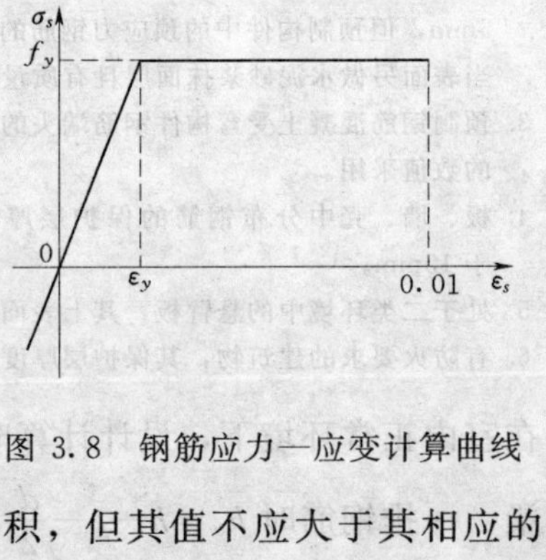

图3.8 钢筋应力—应变计算曲线

4）纵向钢筋的应力取钢筋应变与其弹性模量的乘积，但其值不应大于其相应的强度设计值。纵向受拉钢筋的极限拉应变取为0.01（图3.8）。

（2）等效矩形应力图形。根据上述四条假定，适筋梁第Ⅲ$_a$阶段的应力图形可简化为如图3.9（b）所示的曲线应力图，其中 x_c 为实际混凝土受压区高度。为进一步简化计算，按照受压区混凝土的合力大小不变、受压区混凝土的合力作用点不变的原则，将其简化为如图3.9（c）所示的等效矩形应力图形。等效矩形应力图形的混凝土受压区高度 $x=\beta_1 x_c$，等效矩形应力图形的应力值为 $\alpha_1 f_c$，其中 β_1 为等效矩形应力图受压区高度与中和轴高度的比值，α_1 为受压区混凝土等效矩形应力图的应力值与混凝土轴心抗压强度设计值的比值。根据试验及分析，系数 α_1、β_1 仅与混凝土应力—应变曲线有关。

《混凝土规范》规定：当混凝土强度等级不大于 C50 时，$\alpha_1=1.0$、$\beta_1=0.8$；当混凝土强度等级为 C80 时，$\alpha_1=0.94$、$\beta_1=0.74$；其间按线性内插法确定。

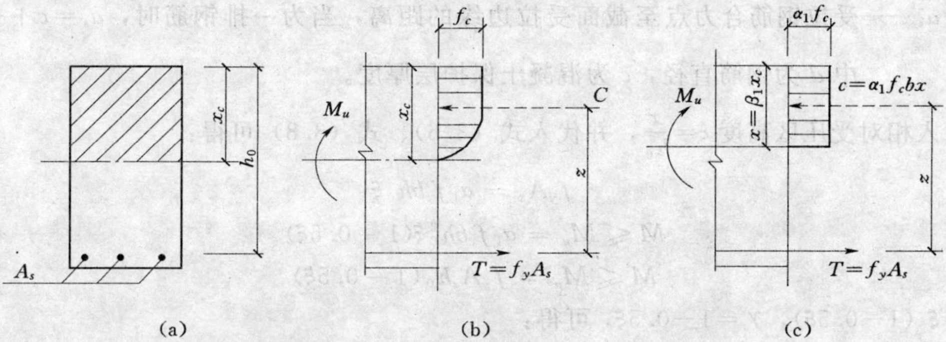

图 3.9 简化应力图形和等效矩形应力图形

(a) 梁的横截面；(b) 简化应力图形；(c) 等效矩形应力图形

4. 承载力计算公式及其适用条件

(1) 基本公式。如图 3.9 所示的等效矩形应力图形，根据静力平衡条件，单筋矩形截面受弯构件正截面承载力计算简图如图 3.10 所示。

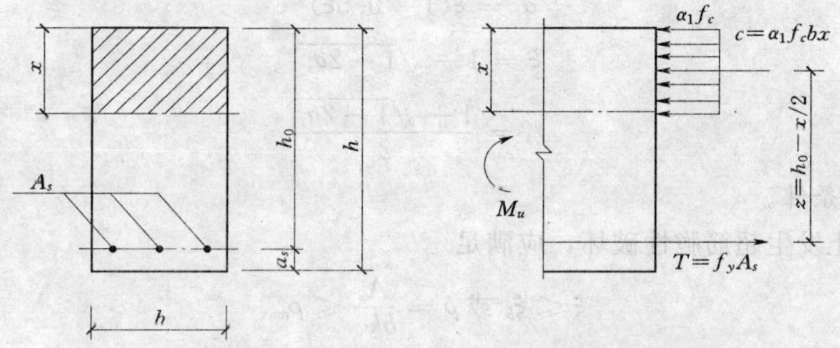

图 3.10 单筋矩形截面受弯构件正截面承载力计算简图

由平衡条件，得：

$$\sum X=0 \quad \alpha_1 f_c bx = f_y A_s \tag{3.6}$$

$$\sum M_C=0 \quad M\leqslant f_y A_s\left(h_0-\frac{x}{2}\right) \tag{3.7}$$

$$\sum M_{As}=0 \quad M\leqslant \alpha_1 f_c bx\left(h_0-\frac{x}{2}\right) \tag{3.8}$$

$$h_0=h-a_s$$

式中 M——弯矩设计值；

f_c——混凝土轴心抗压强度设计值；

f_y——钢筋抗拉强度设计值；

x——混凝土受压区高度；

h_0——截面有效高度；

a_s——受拉钢筋合力点至截面受拉边缘的距离，当为一排钢筋时，$a_s=c+\frac{d}{2}$，其中 d 为钢筋直径，c 为混凝土保护层厚度。

引入相对受压区高度 $\xi=\frac{x}{h_0}$，并代入式（3.6）、式（3.8）可得：

$$f_yA_s=\alpha_1 f_cbh_0\xi \tag{3.9}$$

$$M\leqslant M_u=\alpha_1 f_cbh_0^2\xi(1-0.5\xi) \tag{3.10}$$

或
$$M\leqslant M_u=f_yA_sh_0(1-0.5\xi)$$

令 $\alpha_s=\xi$（$1-0.5\xi$），$\gamma_s=1-0.5\xi$，可得：

$$\xi=1-\sqrt{1-2\alpha_s} \tag{3.11}$$

$$M_u=\alpha_s\alpha_1 f_cbh_0^2 \tag{3.12}$$

或
$$M_u=f_yA_s\left(h_0-\frac{x}{2}\right)=f_yA_sh_0(1-0.5\xi)=\gamma_sf_yA_sh_0 \tag{3.13}$$

系数 α_s、γ_s 仅与受压区相对高度 ξ 有关，可以预先算出，列成表格以便应用。在具体计算中，若查表不便时，亦可直接用下式计算。

$$\alpha_s=\xi(1-0.5\xi) \tag{3.14}$$

$$\xi=1-\sqrt{1-2\alpha_s} \tag{3.15}$$

$$\gamma_s=\frac{1+\sqrt{1-2\alpha_s}}{2} \tag{3.16}$$

（2）适用条件。

1）为防止发生超筋脆性破坏，应满足

$$\xi\leqslant\xi_b \text{ 或 } \rho=\frac{A_s}{bh_0}\leqslant\rho_{\max}$$

式中　ρ——纵向受拉钢筋配筋率；

ξ_b——界限相对受压区高度；

$\rho_{\max}$——界限状态时的配筋率，$\rho_{\max}=\xi_b\frac{\alpha_1 f_c}{f_y}$。

界限相对受压区高度 ξ_b，是指在适筋梁的界限破坏时，等效压区高度与截面有效高度之比。界限破坏的特征是受拉钢筋屈服的同时，受压区混凝土边缘达到极限压应变。

根据平截面假定，正截面破坏时，界限相对受压区高度可用简单的几何关系求出，《混凝土规范》规定，对有屈服点的钢筋：

$$\xi_b=\frac{x_b}{h_0}=\frac{\beta_1}{1+\frac{f_y}{\varepsilon_{cu}E_s}} \tag{3.17}$$

ξ_b 值是用来衡量构件破坏时受拉钢筋强度能否充分利用的一个特征值。若 $\xi>\xi_b$，构件破坏时受拉钢筋不能屈服，表明构件的破坏为超筋破坏；若 $\xi\leqslant\xi_b$，构件破坏时受拉钢筋已经达到屈服强度，表明发生的破坏为适筋破坏或少筋破坏。各种钢筋的 ξ_b 值见表3.2。

表3.2　　各种钢筋的 ξ_b 值

钢筋级别	ξ_b						
	≤C50	C55	C60	C65	C70	C75	C80
HPB235	0.614	—	—	—	—	—	—
HRB335	0.550	0.541	0.531	0.522	0.512	0.503	0.493
HRB400 RRB400	0.518	0.508	0.499	0.490	0.481	0.472	0.463

当 $\xi=\xi_b$ 时，由式（3.15）可得单筋矩形截面的最大受弯承载力 $M_{u,\max}$ 为：

$$M_{u,\max}=\alpha_1 f_c bh_0\xi_b(1-0.5\xi_b)=\alpha_1 f_c bh_0^2\alpha_{sb} \tag{3.18}$$

$$\alpha_{sb}=\xi_b(1-0.5\xi_b) \tag{3.19}$$

所以当 $M\leqslant M_{u,\max}$ 时，可按单筋截面设计。

由 ξ_b 可计算出相应的单筋矩形截面受弯构件的截面抵抗矩系数最大值 α_{sb}，见表3.3。验算适用条件时可选择使用 $\alpha_s\leqslant\alpha_{sb}$。

表3.3　　钢筋混凝土受弯构件的截面抵抗矩系数最大值 α_{sb}

钢筋级别	屈服强度 f_y（N/mm²）	α_{sb}						
		≤C50	C55	C60	C65	C70	C75	C80
HPB235	210	0.426	—	—	—	—	—	—
HRB335	300	0.399	0.395	0.390	0.386	0.381	0.376	0.371
HRB400、RRB400	360	0.385	0.379	0.375	0.370	0.365	0.361	0.356

2）为防止发生少筋脆性破坏，应满足：

$$\rho=\frac{A_s}{bh_0}\geqslant\rho_{\min}$$

式中　$\rho_{\min}$——最小配筋率。

少筋破坏就是一旦出现裂缝，构件就会失效。《混凝土规范》规定：对受弯梁类构件，受拉钢筋百分率不应小于 $\rho_{\min}$；原则上讲，最小配筋率规定了少筋截面和适筋截面的界限，即配有最小配筋率的钢筋混凝土梁在破坏时所能承担的弯矩等于相同截面的素混凝土梁所承担的弯矩。当构件按适筋梁计算所得的配筋率小于 $\rho_{\min}$ 时，理论上讲，梁可以不配受力钢筋，作用在梁上的弯矩仅素混凝土梁就足以承受，但考虑到混凝土强度的离散性，加之少筋破坏属于脆性破坏，以及收缩等因素，《混凝土规范》规定梁的配筋率不得小于 $\rho_{\min}$。实际应用中的 $\rho_{\min}$ 往往是根据经验得出的。

梁的截面最小配筋率按表3.4查取，即对于受弯构件，$\rho_{\min}$ 按下式计算：

$$\rho_{\min}=\max(0.45f_t/f_y,0.2\%) \tag{3.20}$$

表 3.4 钢筋混凝土结构构件中纵向受力钢筋的最小配筋率

受力类型		最小配筋百分率（%）
受压构件	全部纵向钢筋	0.6
	一侧纵向钢筋	0.2
受弯构件、偏心受拉、轴心受拉一侧的受拉钢筋		$45f_t/f_y$，且不小于 0.2

注 1. 受压构件全部纵向钢筋最小配筋百分率，当采用 HRB400 级、RRB400 级钢筋时，应按表中规定减小 0.1；当混凝土强度等级为 C60 及以上时，应按表中规定增大 0.1。
2. 受压构件全部纵向钢筋和一侧纵向钢筋的配筋率应按构件的全截面面积计算。
3. 当钢筋沿构件截面周边布置时，"一侧纵向钢筋"系指沿受力方向两对边中的一边布置的纵向钢筋。

任务实施：

查表 3Φ16，查得 $A_s=603\text{mm}^2$，$\xi_b=0.55$。

（1）截面有效高度计算。钢筋净间距：

$$s_n=\frac{200-2\times25-3\times16}{2}=51(\text{mm})>d$$

且 $s_n>25\text{mm}$，符合要求。混凝土保护层厚度 $c=25\text{mm}$，$h_0=450-25-\frac{16}{2}=417$（mm）。

（2）由式（3.16）得：

$$x=\frac{300\times603}{1.0\times9.6\times200}=94.2(\text{mm})<0.55h_0=0.55\times417=229.4(\text{mm})$$

符合要求。

（3）计算极限弯矩 M_u。

$$M_u=1.0\times9.6\times200\times94.2\times(417-0.5\times94.2)=66.9\times10^6(\text{N}\cdot\text{mm})=66.9\text{kN}\cdot\text{m}$$

创新与提高：

受弯构件在弯矩和剪力共同作用的区段内（图 3.11），常常产生斜裂缝，并可能沿斜截面（斜裂缝）发生破坏。斜截面破坏往往带有脆性破坏的性质，缺乏明显预兆，因此在设计时必须进行斜截面承载力计算。为了防止斜截面破坏，应使梁有足够的截面尺寸，并配置箍筋和弯起钢筋，这些钢筋通常称为腹筋。

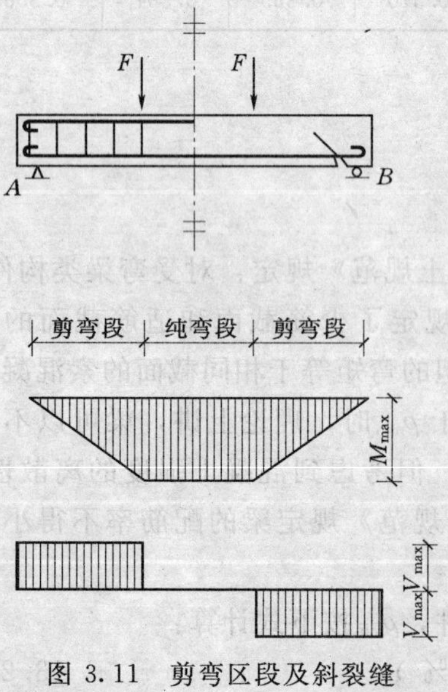

图 3.11 剪弯区段及斜裂缝

1. 有腹筋梁斜截面受剪破坏形态

有腹筋梁斜截面的受剪破坏形态主要与剪跨比和腹筋用量等因素有关。

剪跨比的定义为：

$$\lambda=\frac{M}{Vh_0}$$

式中 M、V——计算截面的弯矩和剪力。

在承受集中荷载的梁中，通常取集中荷载作用点处剪力较大一侧的剪跨比。

$$\lambda=\frac{M}{Vh_0}=\frac{pa}{ph_0}=\frac{a}{h_0} \tag{3.21}$$

式中　a——集中荷载作用点到支座的距离，称为剪跨，剪跨比反映了梁中弯矩和剪力的组合关系。

试验表明，斜截面破坏，主要有斜拉破坏、剪压破坏和斜压破坏三种形态。

（1）斜拉破坏。当梁的剪跨比较大（$\lambda>3$）或腹筋数量配得过少时，一般会发生这种破坏。其破坏特征是，随着荷载的增加，梁一旦出现斜裂缝，很快沿该裂缝向上延伸到梁顶的集中荷载作用点处，直至将整个截面裂通，整个构件被斜拉为两部分而破坏，如图3.12（a）所示。它类似于正截面少筋梁破坏，一裂即坏，破坏突然，设计中必须防止。

（2）剪压破坏。当梁的剪跨比适中（$1>\lambda>3$）且腹筋配置数量适当时，随着荷载的增加，首先在受拉区出现一些垂直裂缝和几根细微的斜裂缝。当荷载增大到一定程度时，在细微斜裂缝中就会出现一条又宽又长的主要斜裂缝，称为临界斜裂缝。荷载进一步增加，与临界斜裂缝相交的腹筋应力不断增加直到屈服。最后，由于临界斜裂缝末端开裂的混凝土在剪应力和正应力共同作用下达到极限强度而破坏，如图3.12（b）所示。剪压破坏的破坏过程比斜拉破坏缓慢些，腹筋又能充分利用，因此在设计中应把构件斜截面破坏控制在剪压破坏形态。

（3）斜压破坏。当梁的剪跨比较小（$\lambda<1$）或腹筋配置过多，一般发生这种破坏。其破坏特征是，斜裂缝出现后，在裂缝中间形成倾斜的混凝土短柱，然后随着荷载增加，这些短柱由于混凝土达到轴心抗压强度而被压碎，如图3.12（c）所示。这种破坏没有预兆，且腹筋达不到屈服，类似于正截面超筋破坏，设计中应当避免。

除了以上三种破坏形态外，在不同的条件下，还可能出现其他的破坏形态，如局部挤压破坏、纵筋的锚固破坏。

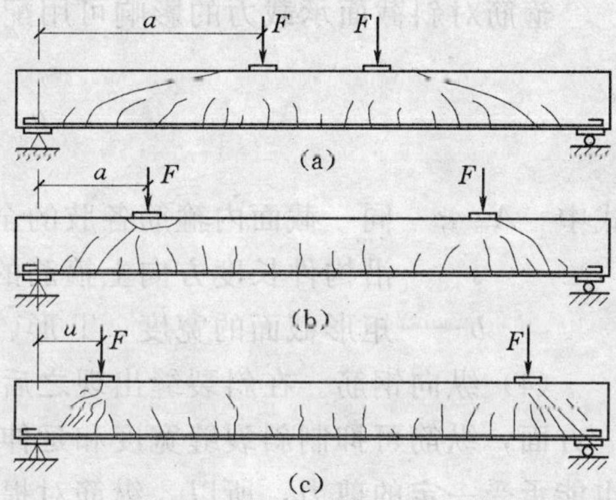

图3.12　斜截面的破坏形态

2. 影响斜截面抗剪承载力的主要因素

上述三种斜截面破坏形态和构件斜截面承载力有密切关系，因此凡影响破坏形态的因素也就影响构件承载力。其主要因素有：

（1）剪跨比。试验研究表明，剪跨比对斜裂缝的发生和发展状况、剪切破坏及破坏强度影响极大。一般的，对梁顶直接施加集中荷载的梁，剪跨比λ是影响受剪承载力的主要因素，当$\lambda>3$时常为斜拉破坏，$\lambda<1$时可能发生斜压破坏，$1<\lambda<3$时，一般发生剪压破坏。

图3.13表示了集中荷载作用下无腹筋梁受剪试验资料V_c/f_tbh_0和$\lambda=a/h_0$的关系。可见，随着剪跨比λ的减小，斜截面受剪承载力有增高的趋势。但对于箍筋配置较多的有腹筋梁，剪跨比对梁的抗剪强度的影响有所减弱。

对于承受均布荷载的梁，剪跨比的影响可通过跨高比l_0/h_0来表示，在此，l_0是梁的计算跨度，h_0为梁的有效高度。

（2）混凝土强度。试验结果表明，混凝土强度等级对梁的抗剪能力有显著的影响。一般情况下，梁的抗剪能力随着混凝土强度等级的提高而提高。但是，斜截面的破坏形态不

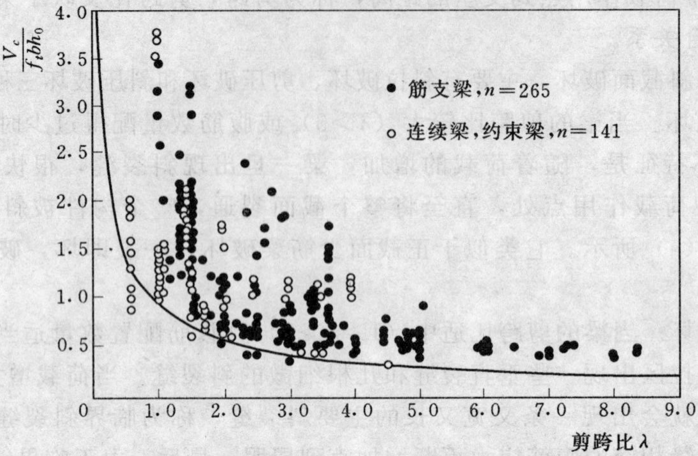

图 3.13　剪跨比对梁受剪承载力的影响

同，其影响程度也不同。

(3) 腹筋。斜裂缝出现之前，钢筋和混凝土一样变形很小，所以腹筋的应力很低，对阻止斜裂缝开裂的作用甚微。斜裂缝出现之后，与斜裂缝相交的腹筋，不仅可以直接承受部分剪力，还能阻止斜裂缝开展过宽，抑制斜裂缝的开展，提高斜截面上骨料的咬合力及混凝土的受剪承载力，另外，箍筋可限制纵筋的竖向位移，能有效阻止混凝土沿纵向的撕裂，从而提高纵筋的销栓作用。

箍筋对斜截面承载力的影响可用配箍率 ρ_{sv} 来表示，具体表达式为：

$$\rho_{sv}=\frac{A_{sv}}{bs}\times 100\% \tag{3.22}$$

式中　A_{sv}——同一截面内箍筋各肢的全部截面面积；

s——沿构件长度方向上箍筋的间距；

b——矩形截面的宽度，T形、I形截面的腹板宽度。

(4) 纵向钢筋。在斜裂缝出现之后，纵筋像销栓一样，起着联系两部分构件的作用。一方面，纵筋可抑制斜裂缝宽度和延伸，增加混凝土的抗剪能力；同时纵筋本身的横截面也能承受一定的剪力，所以，纵筋对提高受弯构件斜截面承载力有一定的作用。

除了上述几个主要影响因素外，影响斜截面承载力的因素还有截面形式、截面尺寸和加载方式等。

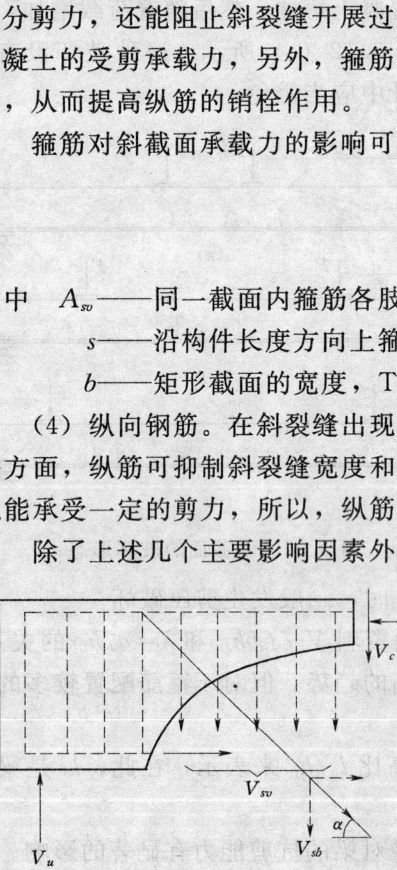

图 3.14　斜截面承载力的计算图形

3. 斜截面受剪承载力计算

(1) 基本公式的建立。斜截面承载力设计，是依据剪压破坏状态确定的。以图 3.14 所示配有适量腹筋的简支梁为例，在主要斜裂缝出现（临界破坏）时，取斜裂缝到支座的一段梁作为脱离体，斜截面的内力如图 3.14 所示，由脱离体竖向力的平衡条件，可得斜截面受剪极限承载

力 V_u 为：

$$V \leqslant V_u = V_c + V_{sv} + V_{sb} \tag{3.23}$$

式中　V——支座边缘截面的剪力设计值；

V_c——混凝土的受剪承载力；

V_{sv}——箍筋的受剪承载力；

V_{sb}——弯起钢筋的受剪承载力。

式（3.23）中 V_c 与 V_{sv} 之和，即 $V_{cs}=V_c+V_{sv}$，称为斜截面上混凝土和箍筋的受剪承载力。当不配置弯起钢筋时 $V_u=V_{cs}$。

（2）斜截面受剪承载力的计算。由于影响斜截面受剪承载力的因素很多，尽管国内外学者已进行了大量的试验和研究（图 3.15、图 3.16），但迄今为止钢筋混凝土梁斜截面计算公式仍为半理论半经验公式。

1）仅配箍筋时梁的受剪承载力计算。

• 矩形、T 形和 I 形截面的一般受弯构件

经过对仅配有箍筋的斜截面梁受剪破坏试验资料的分析研究，并结合工程实践经验，《混凝土规范》给出了 V_{cs} 的计算公式如下：

$$V_{cs} = 0.7\beta_h f_t bh_0 + 1.25 f_{yv} \frac{A_{sv}}{s} h_0 \tag{3.24}$$

$$A_{sv} = nA_{sv1}$$

式中　A_{sv}——配置在同一截面内箍筋各肢的全部截面面积；

n——在同一截面内箍筋的肢数；

A_{sv1}——单肢箍筋的截面面积；

β_h——截面高度影响系数，$\beta_h=\left(\frac{800}{h_0}\right)^{\frac{1}{4}}$，当 $h_0<800$mm 时，取 $h_0=800$mm，当 $h_0>2000$mm 时，取 $h_0=2000$mm（当梁内配置箍筋时，混凝土受剪承载力 V_c 受截面高度的影响减弱，此时可不考虑 β_h 系数）；

f_{yv}——箍筋抗拉强度设计值；

f_t——混凝土轴心抗拉强度设计值；

b、s——意义同前。

• 以集中荷载为主的矩形截面独立梁

集中荷载（包括作用多种荷载，且集中荷载对支座截面或节点边缘所产生的剪力值占总剪力值 75%以上的情况）作用下的矩形截面独立梁，其 V_{cs} 的计算公式为：

$$V_{cs} = \frac{1.75}{\lambda+1} f_t bh_0 + f_{yv} \frac{A_{sv}}{s} h_0 \tag{3.25}$$

$$\lambda = a/h_0$$

式中　λ——计算剪跨比；

a——集中荷载作用点至支座截面或节点边缘的距离，当 $\lambda<1.4$ 时，取 $\lambda=1.4$；当 $\lambda>3$ 时，取 $\lambda=3$。

2）弯起钢筋的受剪承载力 V_{sb}。弯起钢筋抵抗的剪力，应等于弯起钢筋所承受的拉力

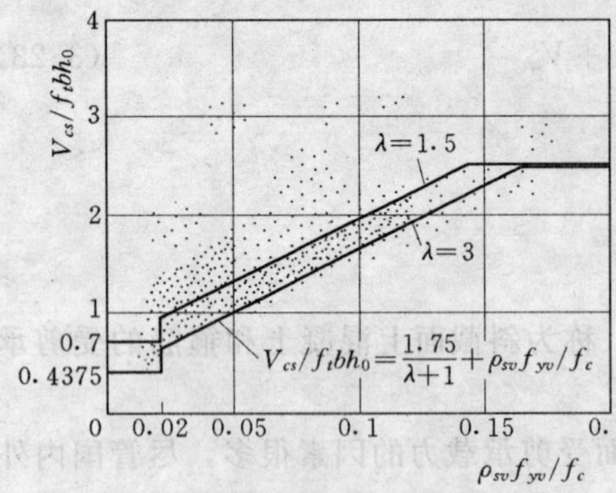

图 3.15 集中荷载作用时配箍筋梁抗剪强度试验值与计算公式的比较

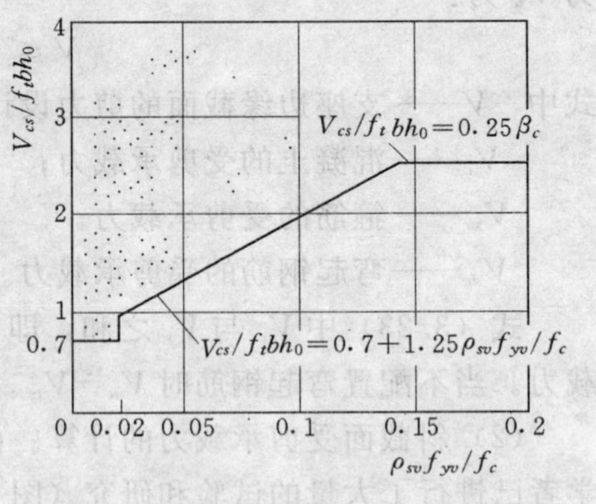

图 3.16 均布荷载作用时配箍筋梁抗剪强度试验值与计算公式的比较

在垂直于梁轴方向的分力（图 3.14），按下式计算：

$$V_{sb}=0.8A_{sb}f_y\sin\alpha_s \tag{3.26}$$

式中 A_{sb}——同一弯起平面内弯起钢筋的截面面积；

α_s——斜截面上弯起钢筋与构件纵向轴线的夹角；

f_y——钢筋的抗拉强度设计值；

0.8——应力不均匀系数，用来考虑弯起钢筋与破坏斜截面相交位置的不定性，其应力可能达不到钢筋的抗拉强度设计值。

在设计中一般总是先配箍筋，必要时再选配适当的弯筋。因此受剪承载力计算公式又可分为两种情况：

仅配箍筋时 $$V\leqslant V_{cs} \tag{3.27}$$

配有箍筋与弯起钢筋时 $$V\leqslant V_{cs}+V_{sb} \tag{3.28}$$

式中 V——剪力设计值，当仅配箍筋时，取支座边缘截面的最大剪力设计值；当配有弯起钢筋时，按本小节（4）中的规定取值。

（3）计算公式的适用条件。梁的斜截面承载力计算公式仅适用于剪压破坏情况，为了防止斜拉破坏和斜压破坏，应规定其上、下限值。

1）上限值——最小截面尺寸。当梁截面尺寸过小，剪力较大时，梁可能发生斜拉破坏，这种破坏形态的构件受剪承载力基本取决于混凝土的抗压强度及构件的截面尺寸，而腹筋的数量影响甚微。设计时为了避免斜压破坏，《混凝土规范》规定受剪截面需符合下列条件：

当 $h_w/b\leqslant4.0$ 时 $$V\leqslant0.25\beta_cf_cbh_0 \tag{3.29}$$

当 $h_w/b\geqslant6.0$ 时 $$V\leqslant0.2\beta_cf_cbh_0 \tag{3.30}$$

当 $4.0<h_w/b<6.0$ 时，按直线内插法取用。

式中 V——支座边缘截面的剪力设计值；

h_w——截面的腹板宽度，矩形截面取有效高度，T形截面取有效高度减去翼缘高度，I形截面取腹板净高；

β_c——混凝土强度影响系数，当混凝土强度等级不超过 C50 时，取 $\beta_c=1.0$；当混凝土强度等级为 C80 时，取 $\beta_c=0.8$；其间按线性内插法确定。

在设计中，如不能满足上限值要求，应加大截面尺寸或提高混凝土强度等级。

2）下限值——最小配箍率。试验表明：若箍筋配置过少，一旦斜裂缝出现，由于箍筋的抗剪作用不足以替代斜裂缝发生前混凝土原有的作用，就会发生突然性的斜拉破坏。为了避免这种破坏，规范规定当 $V>V_c$ 时，箍筋的配置应满足最小配箍率要求：

$$\rho_{sv}=\frac{A_{sv}}{bs}\geqslant\rho_{sv.\min}=0.24\frac{f_t}{f_{yv}}$$

式中　$\rho_{sv.\min}$——箍筋的最小配箍率。

在满足了最小配箍率的要求后，如果箍筋选得较粗而配置较稀，则可能因箍筋间距过大，在两根箍筋之间出现不与箍筋相交的斜裂缝，使箍筋无法发挥作用。为此，《混凝土规范》规定了箍筋的最大间距 S_{max}，箍筋和弯起钢筋的间距均不应超过 S_{max}（图 3.17）。此外，为了使钢筋骨架具有一定的刚性，便于制作安装，箍筋的直径也不能太细。规范对箍筋的最小直径要求具体见表 3.14。

（4）计算截面位置的确定。在计算斜截面的受剪承载力时，其剪力设计值的计算截面应按下列规定采用（图 3.17）：①支座边缘处的截面 1—1；②受拉区弯起钢筋弯起点处的截面 2—2、截面 3—3；③箍筋截面面积或间距改变处的截面 4—4；④腹板宽度改变处截面。

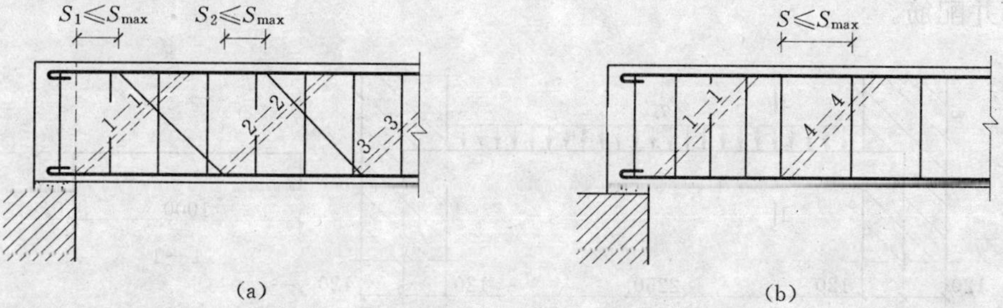

图 3.17　斜截面受剪承载力的计算位置

（a）配箍筋和弯起钢筋的梁；（b）只配箍筋的梁

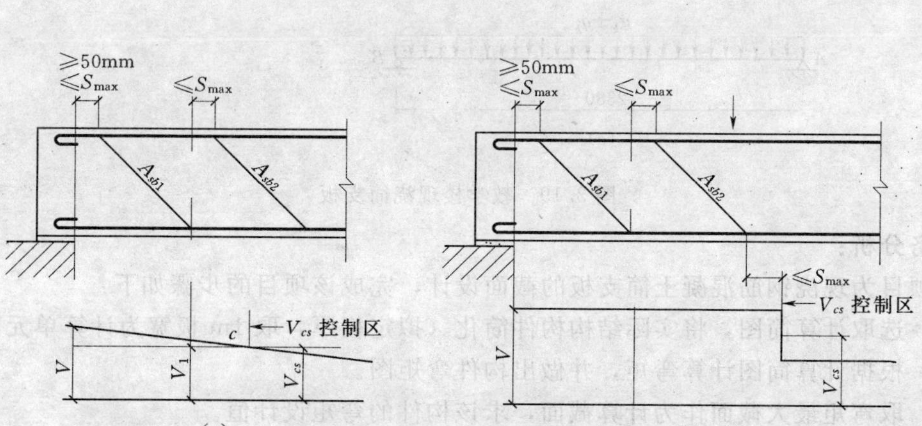

图 3.18　最后一排弯起钢筋的位置

上述截面都是斜截面承载力比较薄弱的地方，所以都应进行计算，并应取这些斜截面范围内的最大剪力，即斜截面靠支座一端处的剪力设计值进行受剪承载力计算。通常当计算弯起钢筋时，剪力设计值V按下列规定采用：当计算第一排（对支座而言）弯起钢筋时，取用支座边缘的剪力设计值；当计算以后的每一排弯起钢筋时，取用前一排（对支座而言）弯起钢筋弯起点处的剪力设计值。弯起钢筋设置的排数，与剪力图形及V_{cs}值的大小有关。对于承受均布荷载作用的梁，最后一排弯起钢筋的弯起点应在V_{cs}与剪力图相交点c之外，即进入V_{cs}所能控制区之内，见图3.18（a）。对于承受集中荷载作用的梁，最后一排弯起点可在V_{cs}与剪力图相交点之内，但其距离不得大于表3.15中$V>0.7f_tbh_0$栏内箍筋的最大间距S_{max}，见图3.18（b）。

学习单元3.2　某教学楼现浇简支板设计

任务描述：

某教学楼走廊为简支在砖墙上的现浇钢筋混凝土板，如图3.19（a）所示，板上作用的均布活荷载标准值$q_k=2kN/m^2$，水磨石地面及细石混凝土垫层共30mm厚（重力密度为$22kN/m^3$），板底粉刷白灰砂浆12mm厚（重力密度为$17kN/m^3$）。已知环境类别为一类，结构的安全等级为二级，混凝土强度等级为C25，纵向受拉钢筋采用HPB235级。试确定板厚并配筋。

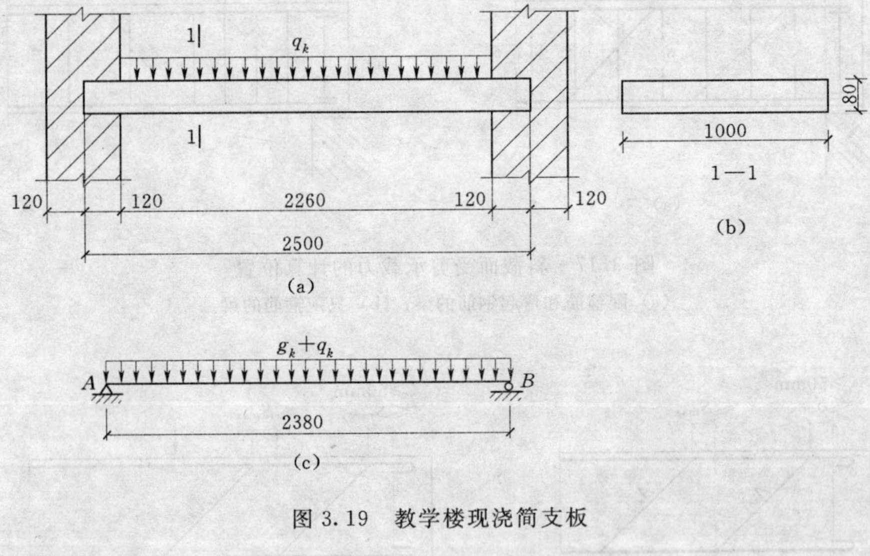

图3.19　教学楼现浇简支板

任务分析：

该项目为现浇钢筋混凝土简支板的截面设计，完成该项目的步骤如下：

（1）选取计算简图，将实际结构构件简化（拟定板厚，取1m板宽为计算单元）。

（2）根据计算简图计算弯矩，并做出构件弯矩图。

（3）取弯矩最大截面作为计算截面，求该构件的弯矩设计值。

（4）按正截面承载力计算公式计算所需纵向受力钢筋面积。

(5) 选配纵向受力钢筋和分布钢筋，并画出配筋图。

任务知识点：

1. 结构计算简图的选取

工程实际中的结构或构件往往是很复杂的，在计算时要用一个简化的计算图形代替实际结构或构件。简化的计算图形称为结构计算简图。同一种结构由于所考虑的各种因素以及采用的计算工具的不同，所选取的计算简图也有所差别。计算简图的选取在结构的力学分析中占有相当重要的地位，它直接影响着计算工作量的大小和分析结构与实际间的差异。

选择计算简图的原则为：①正确反映结构的实际受力情况，使计算结果尽可能与实际相符；②对结构的内力和变形影响较小的次要因素，可以较大地简化甚至忽略，使计算大大简化。这种简化通常包括以下四个方面。

(1) 结构体系简化。一般的工程结构都是空间结构，如房屋建筑是由许多纵向梁柱和横向梁柱组成的。工程中常将其简化成为由若干个纵向梁柱组成的纵向平面结构和由若干个横向梁柱组成的横向平面结构。同时，在平面简化过程中，用梁柱的轴线来代替实体杆件，以各杆轴线所形成的几何轮廓代替原结构。这种从空间到平面，从实体到杆轴线的几何轮廓简化称为结构体系的简化。

如图 3.20 (a) 所示的框架结构是由横向框架和纵向框架组成的空间结构，要精确计算其内力是十分困难的。为了简化计算通常忽略它们之间的空间联系，而将空间结构体系简化为横向和纵向平面框架计算，并取出具有代表性的一榀或几榀框架作为计算单元。

一般可取纵向边框架、纵向中框架、横向边框架和横向中框架共四榀作为计算单元，如图 3.20 (b)、图 3.20 (c) 所示。

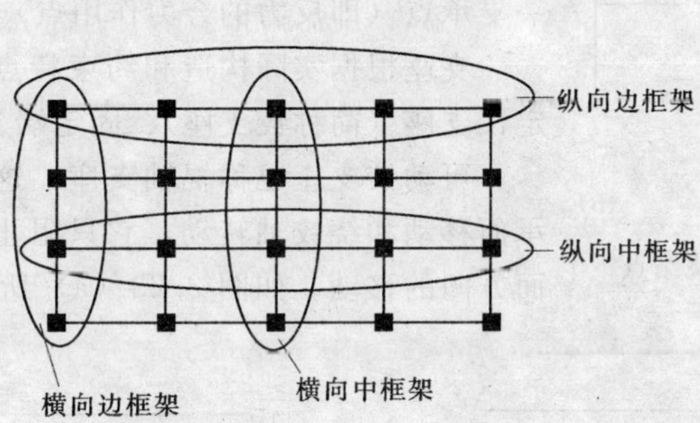

(a)

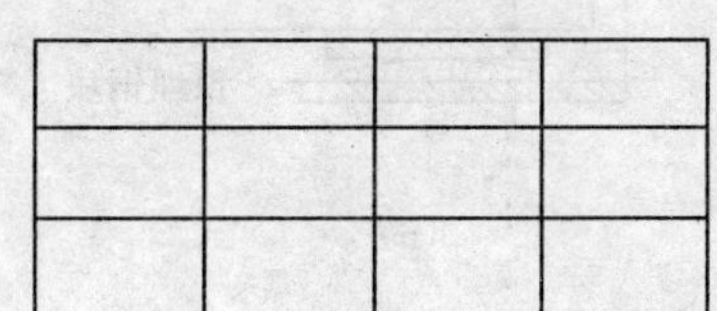

(b)

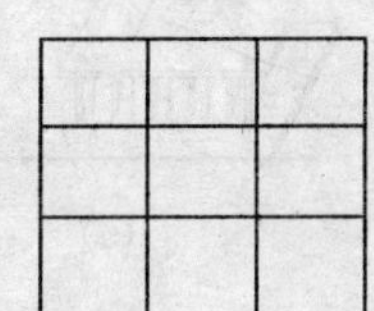

(c)

图 3.20　框架结构体系简化

(2) 结点的计算简图。结构中，把各个杆件连接在一起的区域称为结点，通常根据其实际构造和结构受力特点，分为铰结点、刚结点和组合结点三种。

铰结点的特点是与铰相连的各杆件可以分别绕该铰做自由转动，不存在结点对杆的约束，即由于转动在杆端不会产生力矩，也不会传递力矩，只能传递轴力和剪力，一般用小圆圈表示，如图 3.21（a）所示；刚结点的特征是结点对与之相连的各杆件的转动有约束作用，转动时各杆间的夹角保持不变，杆端除产生轴力和剪力外，还产生弯矩，同时某杆件上的弯矩也可以通过结点全部传递给其他杆件，如图 3.21（b）所示；组合结点是由两种不同的结点组合而成的一种结点，这种结点的一部分具有铰结点的特征，而另一部分具有刚结点的性质，如图 3.21（c）所示。

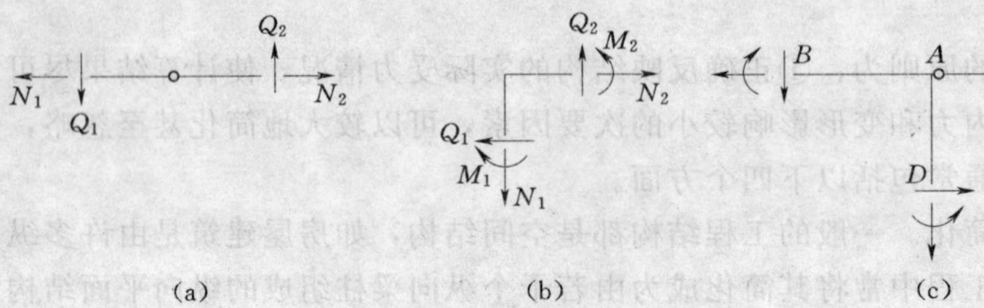

图 3.21　结点的简化形式

（a）铰结点；（b）刚结点；（c）组合结点

如图 3.22（a）所示的钢筋混凝土结构中梁柱的现浇结点，可以简化为如图 3.22（b）所示的计算简图。

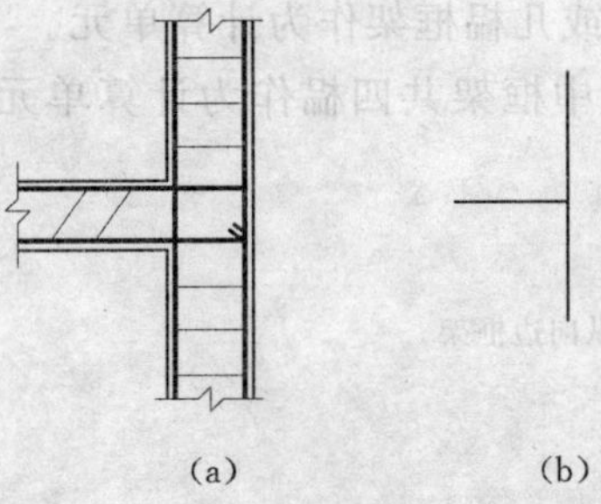

图 3.22　梁柱的现浇结点

（3）支座的计算简图。结构构件与其支承物间的连接装置就是支座。在对支座简化时，一般忽略支座与构件接触面间摩擦以及接触面大小的影响，认为支座与杆件是以一支承点（即反力的合力作用点）连接起来的。

支座根据实际构造和约束特点可分为可动铰支座、固定铰支座（简称铰支座）、固定端支座三种。

可动铰支座也称辊轴支座，这种支座允许结构沿着支承面移动和绕铰轴转动，它只阻止结构在铰处垂直于支承面方向的移动。如图 3.23（a）所示为大型桥梁上经常用

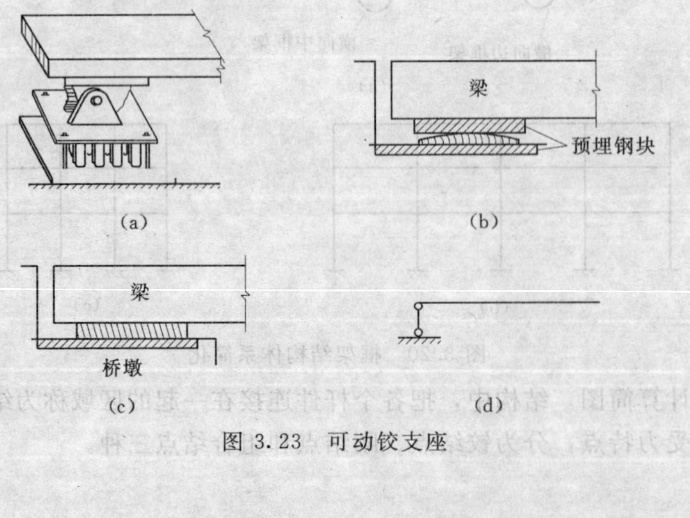

图 3.23　可动铰支座

到的一种辊轴支座，它是用几个辊轴承托一个铰装置，并用预埋件在四个角点与基础联系而成。工程结构上有一些支座并不像上述辊轴支座那样典型，如图3.23（b）和图3.23（c）所示桥梁与桥墩是通过分别固定在梁上和墩上的两块铁板相互压紧接触，虽然看起来和典型的辊轴支座不同，但从约束所能阻止相对运动的作用来看，两者具有相同的性质。对于图3.23（a）～图3.23（c）所示的支座都可简化为图3.23（d）所示的可动铰支座。

固定铰支座是将结构与基础用铰连接起来的装置，它只阻止结构在支座处任意方向的移动，但允许绕铰发生转动。如图3.24（a）所示，钢筋混凝土柱插入杯形基础中后，若用沥青麻刀填缝时，则柱相对基础可以发生微小的转动，但不能有水平方向和竖直方向移动。另外如图3.24（b）所示柱子与基础之间的连接，因为它们在连接处所布钢筋很少，不足以抵抗转动。对于图3.24（a）和图3.24（b）所示的支座都可简化成如图3.24（c）所示的固定铰支座。

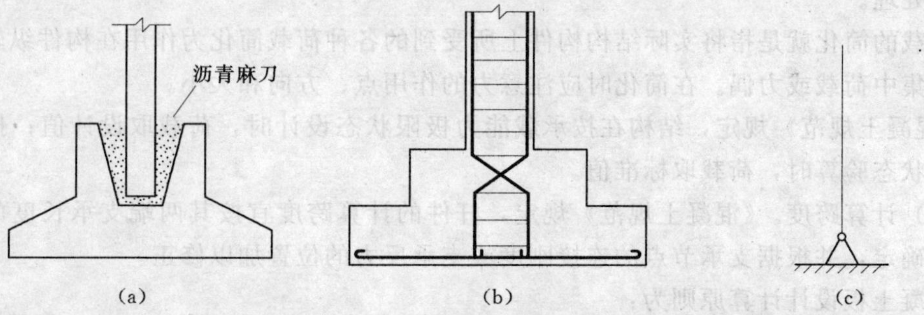

图3.24　固定铰支座

固定端支座是构件深埋或牢固地嵌入基础内部的支座约束，构件在支座处的任意方向移动和转动都受到限制。如图3.25（a）所示的钢筋混凝土柱与基础现浇在一起；如图3.25（b）所示的钢筋混凝土柱虽然与基础没有现浇，但柱子与杯形基础之间用细石混凝

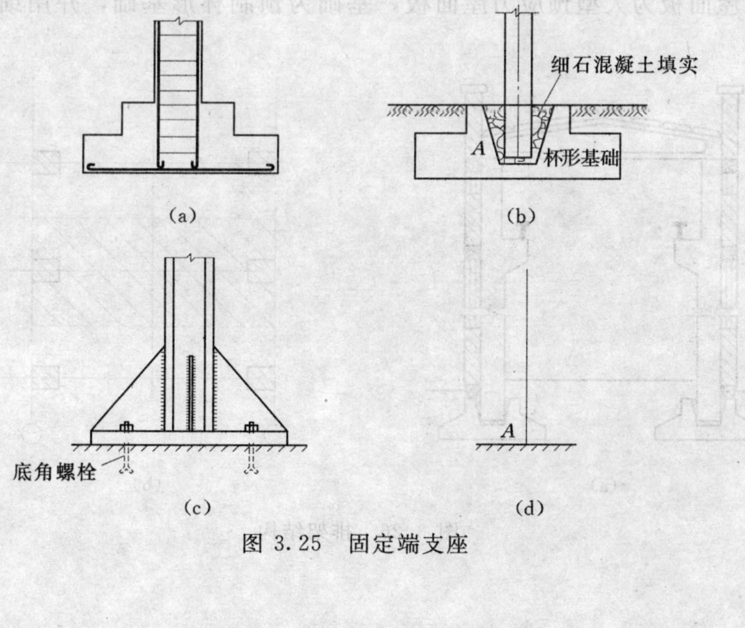

图3.25　固定端支座

土紧密填实，则柱的下端是不能转动的；另外如图 3.25（c）所示的钢柱与基础用底脚螺栓连接，足以抵抗转动。对于图 3.25（a）～图 3.25（c）所示的支座都可简化成图 3.25（d）所示的固定端支座。

通常，对于现浇结构和装配整体式结构的梁柱节点、柱与基础连接处等可作为刚接；梁、板与其支承构件非整体浇筑时，可作为铰接。

（4）荷载的简化与计算。结构所承受的荷载可分为体力和面力两类。结构的自重或惯性力都是体力。面力是通过物体表面接触而传递的作用力，如土压力、水压力及车辆的轮压力等均属于面力。在杆系结构的计算中，因杆件是用其轴线来代表的，所以不论体积力和表面力都简化成作用在杆轴线上。根据其作用的具体情况，外力可简化为集中荷载和分布荷载。其真正的集中荷载是不存在的，因为任何荷载都必须分布在一定的面积上或一定的体积内。但是，如果荷载分布的面积或体积很小，为简化计算起见，可以把它作为集中荷载来处理。

荷载的简化就是指将实际结构构件上所受到的各种荷载简化为作用在构件纵轴上的线荷载、集中荷载或力偶。在简化时应注意力的作用点、方向和大小。

《混凝土规范》规定，结构在按承载能力极限状态设计时，荷载取设计值；按正常使用极限状态验算时，荷载取标准值。

（5）计算跨度。《混凝土规范》规定，杆件的计算跨度宜按其两端支承长度的中心距或净距确定，并根据支承节点的连接刚度或支承反力的位置加以修正。

混凝土板设计计算原则为：

1）两边支承的板应按单向板计算。

2）四边支承的板，应按下列规定计算：①当长边与短边长度之比不大于 2.0 时，应按双向板计算；②当长边与短边长度之比不小于 2.0 时，可按沿短边方向受力的单向板计算。

【例 3.1】 如图 3.26（a）所示为某排架结构单层厂房的剖面图，图 3.26（b）为其平面布置图，屋面板为大型预应力屋面板，基础为预制杯形基础，并用细石混凝土灌缝，

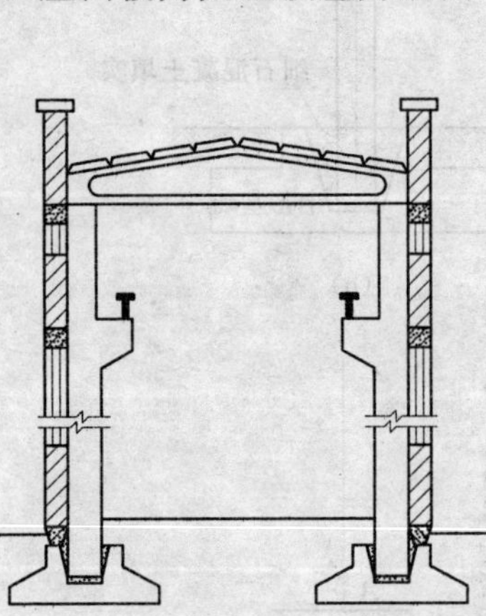

(a)

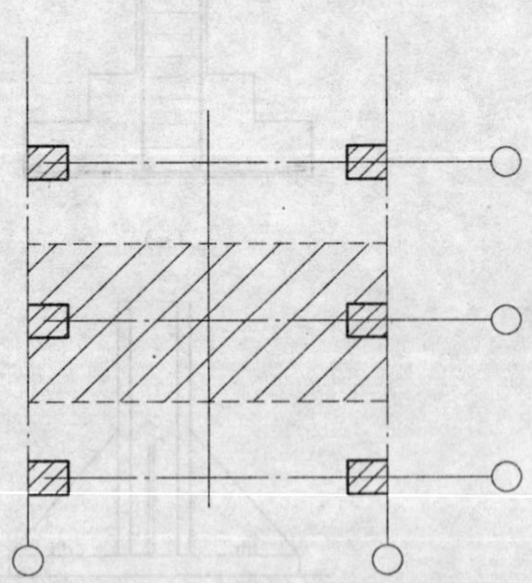

(b)

图 3.26 排架结构

试确定该排架结构的计算简图。

解：(1) 结构的简化。

1) 结构体系的简化。将该空间结构简化为一平面体系的结构，即取一平面排架作为研究对象，而不考虑相邻排架对它的影响。

2) 结构构件的简化。柱用其轴线表示，屋架因其平面内刚度很大，故也可用一直杆表示。

(2) 结点的简化。在该平面排架内的结点只有屋架与柱的连接结点，一般该结点均为螺栓连接或焊接，结点对屋架转动的约束较弱，故可简化为铰结点。

(3) 支座的简化。由于柱插入基础后，用细石混凝土灌缝嵌固，限制了柱在竖直方向和水平方向的移动及转动，因此柱下按固定支座考虑。

(4) 荷载的简化。该平面排架结构的计算简图如图3.27所示。

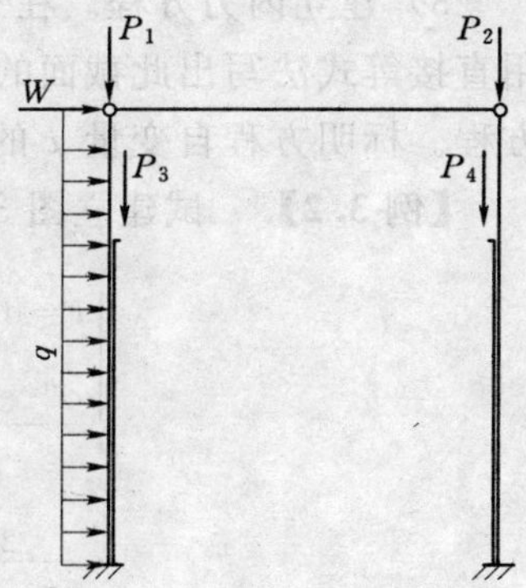

图3.27　计算简图

2. *单跨静定梁的内力方程及内力设计值*

结构构件截面上的内力是结构设计的依据，通常恒荷载在不同截面所产生的内力是不同的，对于等截面板、梁，内力最大截面就是最不利截面，也即计算截面，可通过内力图确定；当作用于结构上的荷载为活荷载，如风荷载，其在构件某一截面产生的内力大小和方向均变化，应以其设计值产生的最不利内力作为设计计算的依据；当作用于结构上的荷载为移动荷载时，其支座约束力及各截面的内力都将随荷载位置的不同而变化，其计算截面位置要通过作影响线来确定。

(1) 单跨静定梁的类型。单跨静定梁按其支承情况可分为以下三种类型。

1) 简支梁。一端为固定铰支，另一端为可动铰支的梁如图3.28 (a) 所示。

2) 外伸梁。具有一个或两个外伸部分的简支梁如图3.28 (b) 和图3.28 (c) 所示。

3) 悬臂梁。一端固定，另一端自由的梁如图3.28 (d) 所示。

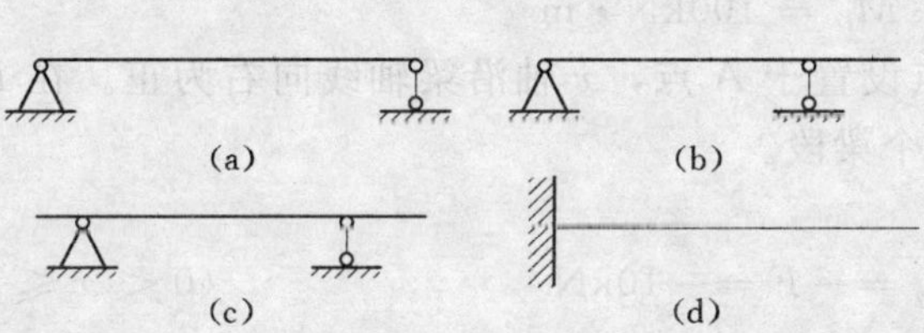

图3.28　单跨静定梁

(2) 内力方程的概念。在对梁进行强度和刚度计算时，除了要计算指定截面的内力外，还必须知道内力沿梁轴线的变化规律。为了描写剪力与弯矩沿梁轴的变化情况，沿梁轴取坐标 x 表示横截面的位置，并建立剪力、弯矩与坐标 x 间的解析关系式，即

$$V = V(x) \tag{3.31}$$

$$M = M(x) \tag{3.32}$$

将剪力、弯矩沿梁轴变化的解析表达式，分别称为剪力方程与弯矩方程。

一般情况下，梁的某种内力沿梁轴的变化规律不可能由一个方程表达整个梁，而是要在集中力作用点处、分布力起末点处、集中力偶作用处将梁划分成若干段，每一梁段有一个与之对应的内力方程。在集中力作用处截面，剪力没有确定值，因此剪力方程的自变量 x 在此处为开

区间；集中力偶作用处截面，弯矩没有确定值，因此弯矩方程的自变量 x 在此处为开区间。

建立梁的剪力方程和弯矩方程的方法和步骤为：

1）设置坐标系。一般将坐标原点设置在梁的左端点处，x 轴沿梁轴线向右为正向。

2）对梁分段。在集中力作用处、分布力起末端处、集中力偶作用处对梁划分，将梁划分成若干段。

3）建立内力方程。在划分的某一梁段内，取定一个截面，截面位置用坐标 x 表示。用直接等式法写出此截面的剪力或弯矩表达式，此解析表达式即为这一梁段的剪力或弯矩方程。标明方程自变量 x 的变化区间。

【例 3.2】 试建立图 3.29（a）所示悬臂梁的剪力方程和弯矩方程。

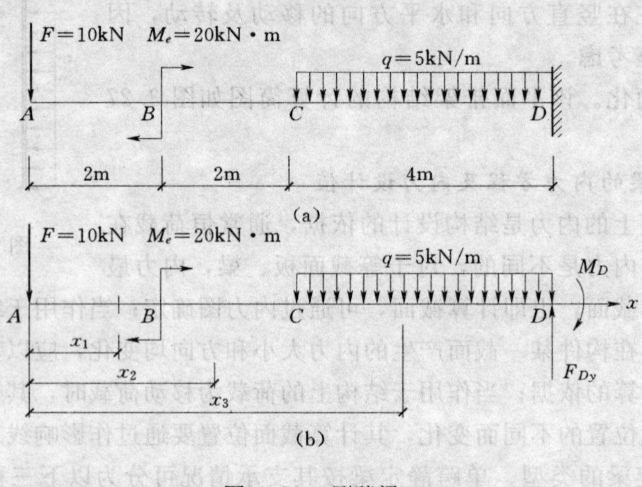

图 3.29 悬臂梁

解：(1) 作梁的受力图并求支座约束力。取整个梁为研究对象，作受力图如图 3.29（b）所示。由平衡方程 $\sum F_y=0$、$\sum M_D(F)=0$ 求得支座约束力为：

$$F_{Dy}=30\text{kN},\quad M_D=100\text{kN}\cdot\text{m}$$

(2) 设置坐标系、对梁分段。坐标原点设置于 A 点，x 轴沿梁轴线向右为正。在 B、C 处对梁划分，将梁分为 AB、BC、CD 三个梁段。

(3) 分段建立剪力方程。

AB 梁段： $V=\sum F_y=-F=-10\text{kN}$ $(0<x\leqslant 2)$

BC 梁段： $V=\sum F_y=-F=-10\text{kN}$ $(2\leqslant x\leqslant 4)$

CD 梁段：$V=\sum F_y=-F-q(x-4)=-10-5\times(x-4)=10-5x$ $(4\leqslant x<8)$

(4) 建立弯矩方程。

AB 梁段： $M=\sum M_C(F)=-Fx=-10x$ $(0\leqslant x<2)$

BC 梁段： $M=\sum M_C(F)=-Fx+M_e=-10x+20$ $(2<x\leqslant 4)$

CD 梁段： $M=\sum M_C(F)=-Fx+M_e+q\dfrac{(x-4)^2}{2}$

$=-2.5x^2+10x-20$ $(4\leqslant x<8)$

3. 剪力图

将剪力沿轴线变化的规律用图线表示，即以平行于梁轴线的坐标 x 表示梁横截面的位置，以垂直于 x 轴的纵坐标表示对应横截面上的剪力，由此作出的内力方程图线称之为剪力图。作剪力图的方法和步骤如下：

(1) 对梁剪力分段。画一基线与梁轴平行、等长、对齐。此基线作为剪力图的 x 坐标轴。在基线上对应梁上集中力作用处画垂直于基线的虚线划分符号 ¦（间断点划分符号 ¦，此符号表示此处是梁段的分界；表示此处是内力方程自变量 x 的开区间点；表示内力在此处要取左截面、右截面；表示内力图在此处不连续有台阶出现）。在基线上对应梁上分布力起末端处、集中力偶作用处画垂直基线的实短线划分符号 **|**（连续点划分符号 **|**，此符号表示此处是梁段的分界；表示此处是内力方程自变量 x 的闭区间点；表示内力在此处只取一个截面；表示内力图在此处是连续的，有时有折角出现）。

(2) 建立剪力方程，从左向右，依次对每一梁段建立剪力方程。

(3) 求控制面剪力。对梁内力图能起控制作用的截面称为内力控制面。根据梁段的内力方程类型，确定控制面个数。对于常数型方程，任一截面内力是已知的；对于一次型方程，取梁段两端截面；对于二次型方程，取梁段两端截面和梁段中间截面。由内力方程求控制面剪力。

(4) 作梁的剪力图。从左向右，根据控制面剪力依次作各梁段的剪力图。在土建工程中，对于水平梁而言，剪力图一般是 x 轴上方为正剪力纵标，x 轴下方为负剪力纵标；对于非水平梁而言，正、负剪力纵标分别画在梁轴线的两侧即可。

(5) 剪力图的标注。在控制截面处要标注剪力的大小及单位；在剪力图正、负纵标分布区分别标注正、负号；最后还要标注图名。

4. 弯矩图

将弯矩沿轴线变化的规律用图线表示，即以平行于梁轴线的坐标 x 表示梁横截面的位置，以垂直于 x 轴的纵坐标表示对应横截面上的弯矩，由此作出的弯矩方程图线称为弯矩图。作弯矩图的方法和步骤如下：

(1) 对梁弯矩分段。画一基线与梁轴平行、等长、对齐。此基线作为弯矩图的 x 坐标轴。在基线上对应梁上集中力偶作用处画间断点划分符号 ¦；在基线上对应梁上集中力作用处、分布力起末端处画连续点划分符号 **|**。这些划分将梁段分为若干段。

(2) 建立弯矩方程。从左向右，依次对每一梁段建立弯矩方程。

(3) 求控制面弯矩。根据梁段弯矩方程类型确定控制面个数，由方程求控制面弯矩。

(4) 作梁的弯矩图。从左向右，根据控制面弯矩依次作各梁段的弯矩图。在土建工程中，弯矩纵标始终画在梁受拉的一侧。对于水平梁而言，x 轴上方为负弯矩纵标，x 轴下方为正弯矩纵标。

(5) 弯矩图的标注。弯矩图的标注与剪力图标注基本相同。因为弯矩图纵标始终画在梁的受拉侧，所以，在弯矩图上不必标注正、负号。

【例 3.3】 图 3.30 (a) 所示简支梁，在横截面 C 处承受集中力 $\boldsymbol{F}$ 作用。试建立梁的剪力与弯矩方程，并画剪力图与弯矩图。

解： (1) 作梁的受力图，计算支座约束力。取整个梁为对象，作其受力图，如图 3.30 (b) 所示，由平衡方程 $\sum M_B(F)=0, \sum M_A(F)=0$，得 A 与 B 端的支座约束力分别为：

$$F_{Ay}=\frac{bF}{l},\quad F_{By}=\frac{aF}{l}$$

(2) 建立剪力方程，并画剪力图。由梁的受力图可看出，在梁上 C 处作用有集中力，因而在剪力图基线上对应的 C 处为间断点划分，将梁分为 AC、CB 两段，分别建立剪力方程。

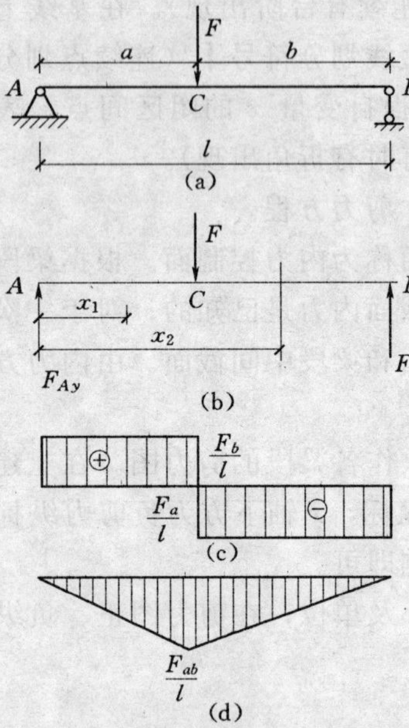

图 3.30　简支梁

AC 梁段：选 A 为坐标原点，在 AC 梁段内任取一 x 截面［图 3.30（b）］，则该段的剪力方程为：

$$V=\sum F_y=F_{Ay}=\frac{bF}{l}\qquad(0<x<a)\quad ①$$

CB 梁段：在 CB 梁段内任取一 x 截面［图 3.30（b）］，则该段的剪力方程为：

$$V=\sum F_y=F_{Ay}-F=\frac{bF}{l}-F=-\frac{aF}{l}\qquad(a<x<1)\quad ②$$

根据式①和式②画剪力图［图 3.30（c）］。

(3) 建立弯矩方程并画弯矩图。因梁上 C 处作用有集中力，所以在弯矩图基线上对应 C 处为连续点划分。将梁分为 AC、CB 两段，分别建立弯矩方程。

AC 梁段：$$M=\sum M_C(F)=F_Ax=\frac{bF}{l}x\qquad(0\leqslant x\leqslant a)\quad ③$$

控制截面弯矩：

$$M_A=M(0)=0$$

$$M_C=M(a)=\frac{abF}{l}$$

CB 梁段：$$M=\sum M_C(F)=F_Ax-F(x-a)=\frac{aF}{l}(l-x)\qquad(a\leqslant x\leqslant l)\quad ④$$

控制截面弯矩：

$$M_B=M(l)=0$$

由 M_A、M_C、M_B 画梁的弯矩图［图 3.30（d）］。

由弯矩图可以看出，横截面 C 的弯矩最大，其值为：

$$M_{\max}=\frac{abF}{l}$$

如果 $b>a$，则 AC 段的剪力最大，其值为：

$$V_{\max}=\frac{bF}{l}$$

【例 3.4】　图 3.31 为一受均布荷载作用的简支梁，试作此梁的剪力图和弯矩图。

解：(1) 求约束反力。由对称关系，可得：

$$F_{Ay}=F_{By}=\frac{1}{2}ql$$

(2) 列剪力方程和弯矩方程。

$$F_Q(x)=F_{Ay}-qx=\frac{1}{2}ql-qx$$

$$M(x)=F_{Ay}x-\frac{1}{2}qx^2=\frac{1}{2}qlx-\frac{1}{2}qx^2$$

(3) 作剪力图和弯矩图。最大剪力发生在梁端，其值为 $V_{\max}=\frac{1}{2}ql$

最大弯矩发生在跨中，它的数值为 $M_{\max}=\frac{1}{8}ql^2$

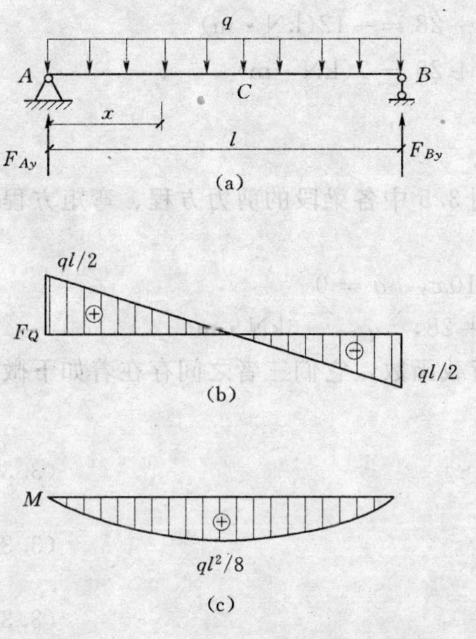

图 3.31　受均布荷载作用的简支梁

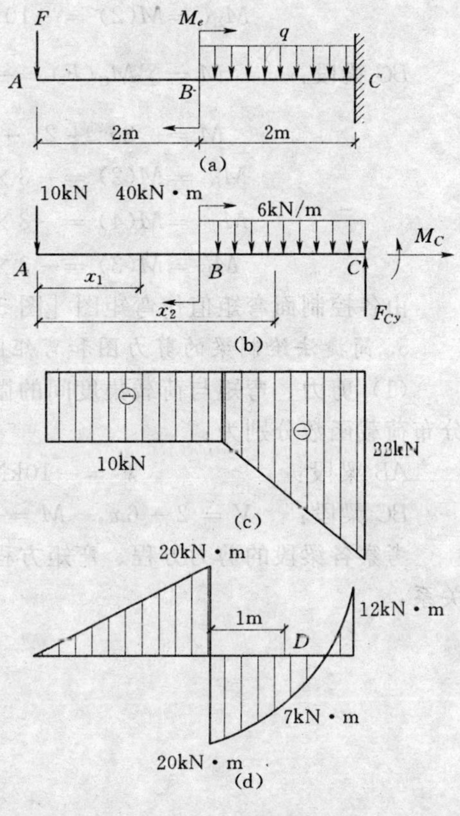

图 3.32　悬臂梁

【例 3.5】　图 3.32 所示悬臂梁，试建立梁的剪力与弯矩方程，并画剪力与弯矩图。

解：(1) 作梁的受力图，计算支座约束力。取整个梁为研究对象，作受力图［图 3.32 (b)］。由平衡方程 $\sum M_C(F)=0$ 和 $\sum F_y=0$，求得支座约束力为：

$$M_C=-12\text{kN}\cdot\text{m}\quad F_{Cy}=22\text{kN}$$

(2) 建立剪力方程，画剪力图。将梁分为 AB、BC 两个梁段，分段建立剪力方程。

AB 梁段：　$V=\sum F_y=-F$

$$V=-10(\text{kN})\qquad(0<x\leqslant 2)$$

BC 梁段：　　$V = \sum F_y = -F - q(x-2)$

$$V = -10 - 6x + 6\times 2 = 2 - 6x \quad (2 \leqslant x < 4)$$

$$V_{BC} = F(2) = 2 - 6\times 2 = -10(\text{kN})$$

$$V_{CB} = F(4) = 2 - 6\times 4 = -22(\text{kN})$$

由控制面剪力作剪力图［图 3.32 (c)］。

(3) 建立弯矩方程，作弯矩图。由梁的受力图可看出，在 B 处为间断点划分。梁划分为 AB、BC 两段，分段建立弯矩方程。

AB 梁段：　　$M = \sum M_C(F) = -Fx$

$$M = -10x \quad (0 \leqslant x < 2)$$

$$M_A = M(0) = 0$$

$$M_{BA} = M(2) = -10\times 2 = -20(\text{kN}\cdot\text{m})$$

BC 梁段：　　$M = \sum M_C(F) = -Fx + M_e - \dfrac{q(x-2)^2}{2}$

$$M = -3x^2 + 2x + 28 \quad (2 < x < 4)$$

$$M_{BC} = M(2) = -3\times 2^2 + 2\times 2 + 28 = 20(\text{kN}\cdot\text{m})$$

$$M_{CB} = M(4) = -3\times 4^2 + 2\times 4 + 28 = -12(\text{kN}\cdot\text{m})$$

$$M_D = M(3) = -3\times 3^2 + 2\times 3 + 28 = 7(\text{kN}\cdot\text{m})$$

由各控制面弯矩值作弯矩图［图 3.32 (d)］。

5. 简捷法绘制梁的剪力图和弯矩图

(1) 剪力、弯矩与荷载集度间的微分关系。例 3.5 中各梁段的剪力方程、弯矩方程和分布荷载函数分别为：

AB 梁段：　　$V = -10\text{kN}$，　$M = -10x$，　$q = 0$

BC 梁段：　$V = 2 - 6x$，　$M = -3x^2 + 2x + 28$，　$q = -6\text{kN}\cdot\text{m}$

考察各梁段的剪力方程、弯矩方程以及分布荷载函数，它们三者之间存在着如下微分关系：

$$\frac{\mathrm{d}V}{\mathrm{d}x} = q \tag{3.33}$$

$$\frac{\mathrm{d}M}{\mathrm{d}x} = V \tag{3.34}$$

$$\frac{\mathrm{d}^2 M}{\mathrm{d}x^2} = q \tag{3.35}$$

通过数学证明，这种微分关系是普遍的，不是偶然的。

式 (3.33) 表明：梁的剪力方程对 x 的一阶导函数等于对应梁段上的分布荷载集度 q 函数。即剪力图在某点处的切线斜率，等于相应截面处的荷载集度。

式 (3.34) 表明：梁的弯矩方程对 x 的一阶导函数等于对应梁段上的剪力方程。即弯矩图在某点处的切线斜率，等于相应截面处的剪力。

式 (3.35) 表明：梁的弯矩方程对 x 的二阶导函数，等于对应梁段上的荷载集度函数。即弯矩图在某点的曲率等于该点对应截面处的分布荷载集度。

(2) 利用微分关系判定梁内力图的形状。

1）无分布荷载作用梁段，由于 $q(x)=0$，所以 $\dfrac{\mathrm{d}V}{\mathrm{d}x}=q(x)=0$，因此，梁段的剪力 V 为常数，即剪力图为平行于基线的直线；由于$\dfrac{\mathrm{d}M}{\mathrm{d}x}=V(x)$ 为常数，所以 $M_Z(x)$ 是 x 的一次函数，相应的弯矩图为斜交于基线的直线。梁段上的分布荷载图、剪力图、弯矩图三个图形依次变化规律可简述为“零、平、斜”。变化规律如图 3.33（a）所示，至于斜线的倾斜方向及倾角大小则取决于梁段端截面内力值大小。

2）均布荷载作用梁段，由于 $q(x)$ 为常数，分布荷载图为一平行于梁轴的直线，因为 $\dfrac{\mathrm{d}V}{\mathrm{d}x}=q(x)$ 为常数，所以，$V(x)$ 是 x 的一次函数，相应的剪力图为斜交于基线的直线；由于 $\dfrac{\mathrm{d}M}{\mathrm{d}x}=V(x)$ 为 x 的一次函数，所以 $M(x)$ 必定是 x 的二次函数，相应的弯矩图为二次抛物弯曲线。梁段上的分布荷载图、剪力图、弯矩图三个图形依次变化规律也可简述为“平、斜、弯”。变化规律如图 3.33（b）所示，按本书规定，弯矩图弯曲的凸向始终与均布荷载指向一致。

将以上常见的两种梁段的分布荷载图、剪力图、弯矩图三个图形依次变化规律简述为“零、平、斜、弯”。至于线性分布荷载（$q=ax+b$）作用的梁段以及其他分布荷载作用的梁段，三个图形的变化规律，读者可自己进行讨论。

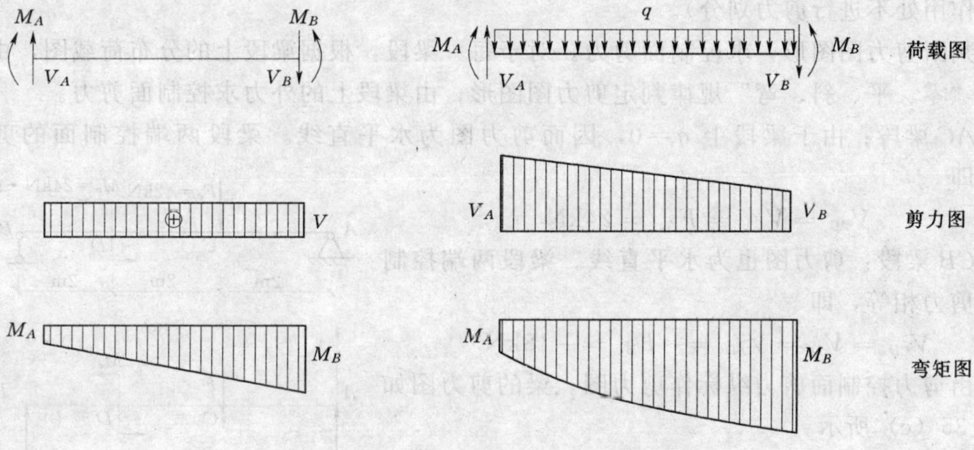

图 3.33　分布荷载图、剪力图和弯矩图

3）弯矩的极值点。弯矩 $M(x)$ 在梁段上 x_0 处取极值的充分条件是：在 x_0 处，$\dfrac{\mathrm{d}M(x)}{\mathrm{d}x}=V(x)=0$，$\dfrac{\mathrm{d}^2M(x)}{\mathrm{d}x^2}=q(x)\neq 0$。因此，可以说，当梁段上有分布荷载 $q(x)\neq 0$ 时，若存在剪力 $V(x)=0$ 的截面，则弯矩 $M(x)$ 在剪力为零的截面 x_0 处可取得极值。当剪力从左向右由正变负时，弯矩有极大值，如图 3.34（a）所示；当剪力从左向右由负变正时，弯矩有极小值，如图 3.34（b）所示。

利用梁的剪力、弯矩与荷载集度间的微分关系绘制梁的内力图，因为这种方法简便、快捷，所以称之为简捷法。同时，还可以用这些规律来校核用其他方法作出的内力图的正

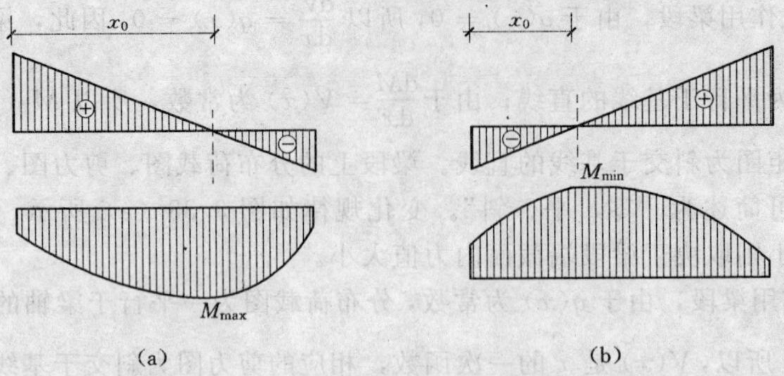

图 3.34　剪力图和弯矩图

确性。下面用以下例题说明简捷法作梁内力图的步骤和方法。

【例 3.6】　用简捷法作图 3.35 所示梁的内力图。

解：作梁的受力图，求支座约束力。取整个梁为对象，作其受力图［图 3.35（b)］。由平衡方程 $\sum M_B(F)=0$，$\sum F_y=0$，得 A 与 B 端支座约束力分别为：

$$F_{Ay}=24\text{kN},\quad F_{By}=18\text{kN}$$

作梁的剪力图。对梁进行剪力分段，分段方法与用方程作剪力图时相同。因梁上 C 处作用有集中力，所以将梁划分为 AC、CB 两段（力偶作用对剪力分布无影响，因此在力偶作用处不进行剪力划分)。

判断剪力图图形，求控制面剪力。对于每一梁段，根据梁段上的分布荷载图，由微分关系“零、平、斜、弯”规律判定剪力图图形；由梁段上的外力求控制面剪力。

AC 梁段：由于梁段上 $q=0$，因而剪力图为水平直线。梁段两端控制面的剪力相等，即

$$V_{AC}=V_{CA}=F_{Ay}=24\text{kN}$$

CB 梁段：剪力图也为水平直线。梁段两端控制面的剪力相等，即

$$V_{CD}=V_D=V_{BD}=-F_{By}=-18\text{kN}$$

由剪力控制面剪力纵标作剪力图。梁的剪力图如图 3.35（c）所示。

作梁的弯矩图。对梁进行弯矩分段，分段方法与用方程作弯矩图相同。因梁上 C 处作用有集中力，在 D 处作用有集中力偶。所以将梁划分为 AC、CD、DB 三段。逐段判断弯矩图图形；求控制面弯矩并作图。

AC 梁段：因剪力图为水平直线，所以弯矩图为斜直线。梁段两端控制面弯矩为：

$$M_A=0$$

$$M_C=24\times2=48(\text{kN}\cdot\text{m})$$

CD 梁段：因剪力图为水平直线，弯矩图为斜直

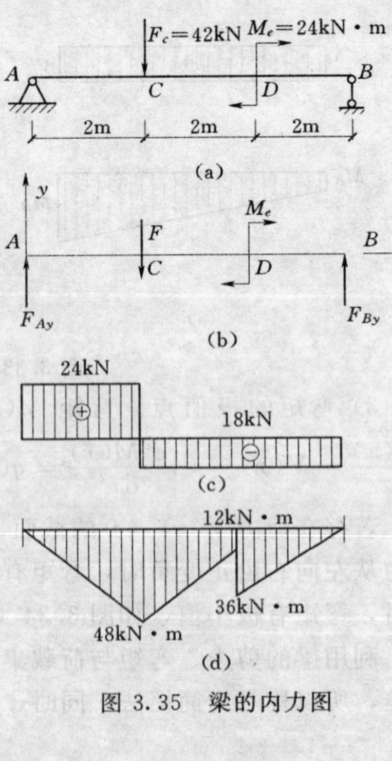

图 3.35　梁的内力图

线。梁段两端控制面弯矩为：

$$M_C = 24 \times 2 = 48(\text{kN} \cdot \text{m})$$

$$M_{DC} = 24 \times 4 - 42 \times 2 = 12(\text{kN} \cdot \text{m})$$

DB 梁段：弯矩图为斜直线。

$$M_{DB} = 18 \times 2 = 36(\text{kN} \cdot \text{m})$$

$$M_B = 0$$

由控制面弯矩纵标作弯矩图。梁的弯矩图如图 3.35（d）所示。

（3）板的配筋构造及纵向受力钢筋的计算。

1）截面形式与尺寸。钢筋混凝土板常用的截面有矩形、槽形、空心板等，如图 3.36 所示。

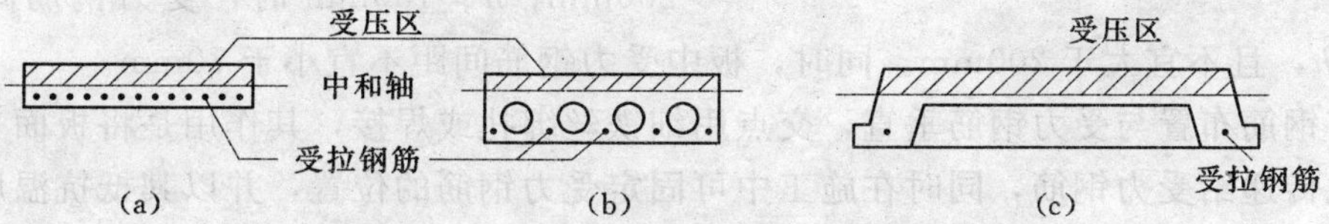

图 3.36　常用板截面形式

(a) 矩形板；(b) 空心板；(c) 槽形板

板的截面尺寸主要与跨度及荷载大小有关，设计时必须满足承载力、刚度和裂缝控制要求，同时还应满足模数，以利于模板定型化。

按刚度要求，根据设计经验，工业与民用建筑结构中板的截面高度可参照表 3.5 选用。表中 l_0 为板的计算跨度。

按构造要求，现浇板的厚度不应小于表 3.6 的数值。现浇板的厚度一般取为 10mm 的倍数，工程中现浇板的常用厚度为 60mm、70mm、80mm、100mm、120mm。

表 3.5　板截面高跨比 h/l_0 参考值

构件种类		h_0/l_0
单向板		1/35～1/40
双向板		1/40～1/50
悬臂板		1/10～1/12
无梁楼板	有柱帽	1/32～1/40
	无柱帽	1/30～1/35

表 3.6　现浇钢筋混凝土板的最小厚度　单位：mm

板的类别		厚　度	板的类别		厚　度
单向板	屋面板	60	密肋板	肋间距小于或等于 700mm	40
	民用建筑楼板	60		肋间距大于 700mm	50
	工业建筑楼板	70	悬臂板	板的悬臂长度小于或等于 500mm	60
	行车道下的楼板	80		板的悬臂长度大于 500mm	80
双向板		80	无梁楼板		150

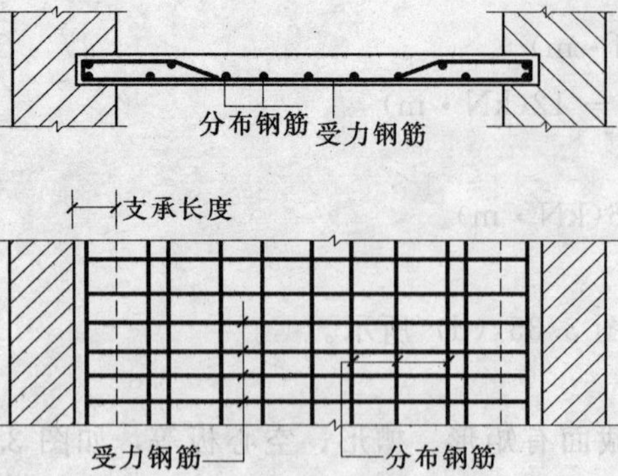

图 3.37 板的配筋构造要求

2）板的钢筋。板内钢筋一般有纵向受力钢筋和分布钢筋，如图 3.37 所示。

板的纵向受力钢筋常用 HPB235（Ⅰ级）、HRB335（Ⅱ级）和 HRB400（Ⅲ级）钢筋，纵向受力钢筋直径通常采用 6mm、8mm、10mm。为了便于施工，选用钢筋直径的种类愈少愈好。为了使板内钢筋能够正常地分担内力和便于浇筑混凝土，钢筋间距不宜太大，也不宜太小。当采用绑扎施工方法，板厚 $h \leqslant 150$mm 时，受力钢筋间距不宜大于 200mm；$h > 150$mm 时，受力钢筋间距不宜大于 $1.5h$，且不宜大于 200mm。同时，板中受力钢筋间距不宜小于 70mm。

分布钢筋布置与受力钢筋垂直，交点用细铁丝绑扎或焊接，其作用是将板面上的荷载更均匀地传递给受力钢筋，同时在施工中可固定受力钢筋的位置，并以其抵抗温度、收缩应力。分布钢筋的截面面积不应小于受力钢筋面积的 15%，且不宜小于该方向板截面面积的 0.15%；分布钢筋间距不宜大于 250mm，直径不宜小于 6mm；对集中荷载较大的情况，分布钢筋的截面面积应适当增加，其间距不宜大于 200mm。

工程设计中，现浇板分布钢筋的直径及间距可按表 3.7 选用。

表 3.7　现浇板分布钢筋的直径及间距选用表

受力钢筋直径（mm）	受力钢筋间距（mm）										
	70	75	80	90	100	110	125	140	150	160	200
6～8	φ6@250～300										
10	φ6@200 φ8@250～300			φ6@250～300							
12	φ8@250			φ8@300		φ8@250～300		φ6@250		φ8@300	
14	φ8@200		φ8@250		φ8@300			φ6@250			
16	φ8@150 φ10@250		φ8@200								

3）板中受力钢筋的锚固。现浇板搁置在砖墙上的支承长度一般不小于板厚，并不小于 120mm。

在板的简支端，弯矩 M 等于零。按正截面抗弯要求，受力钢筋适当伸入支座即可。但当在支座边缘发生斜裂缝时，支座边缘处的纵筋受力会突增，如无足够的锚固，纵筋将从支座拔出而导致破坏。为此要求：当多跨单向板、多跨双向板采用分离式配筋时，跨中正弯矩钢筋宜全部伸入支座，支座负弯矩钢筋向板内的延伸长度应覆盖弯矩图，并满足钢筋锚固的要求。简支板或连续板下部受力纵向钢筋伸入支座的锚固长度 l_{as} 不应小于 $5d$（d 为下部纵向受力钢筋直径），如图 3.38 所示。当连续板内温度收缩应力较大时，伸入支座的锚固长度，宜适当增加。

（4）截面的有效高度。计算板承载力时，因为混凝土开裂后，拉力完全由钢筋承担，

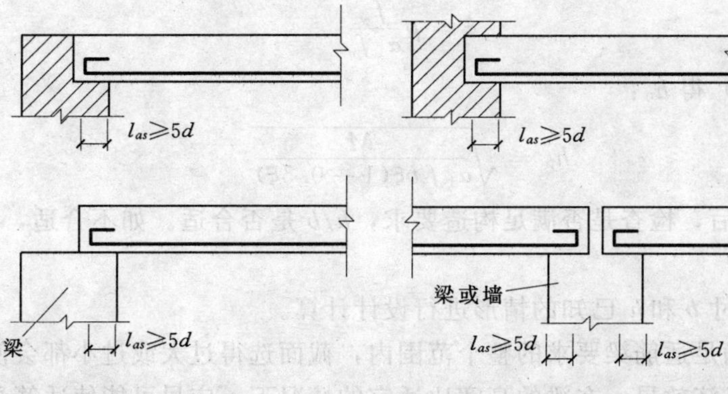

图 3.38　简支板支座处下部纵向受力钢筋的锚固长度

则梁、板能发挥作用的截面高度应为从受压混凝土边缘至受拉钢筋截面重心的距离，这一距离称为截面有效高度，用 h_0 表示。

在室内正常环境下，设计计算时 h_0 可按如下近似数值取用。

板：

$$h_0 = h - 20\text{mm}$$

（5）纵向钢筋计算。

● 情形 1：已知截面设计弯矩 M、截面尺寸 $b \times h$、混凝土强度等级及钢筋级别，求受拉钢筋截面面积 A_s。

设计步骤：

1）根据环境类别和混凝土强度等级，由表 3.1 查得混凝土保护层最小厚度 c，从而假定 a_s，得截面有效高度 h_0。

2）由式（3.10）、式（3.11）分别计算系数 α_s、ξ：

$$\alpha_s = \frac{M}{\alpha_1 f_c b h_0^2}$$

$$\xi = 1 - \sqrt{1 - 2\alpha_s}$$

3）验算适用条件，要求满足 $\xi \leqslant \xi_b$。若 $\xi > \xi_b$，则要加大截面尺寸，或提高混凝土强度等级，或改用双筋矩形截面重新计算。

4）由式（3.6）解得：

$$A_s = \xi \frac{\alpha_1 f_c}{f_y} b h_0$$

5）验算配筋率适用条件，要求满足 $A_s \geqslant \rho_{\min} bh$。若不满足，按 $A_s = \rho_{\min} bh$ 配置。

6）选配纵向受力钢筋及分布钢筋。

● 情形 2：已知截面设计弯矩 M、混凝土强度等级和钢筋级别，求构件截面尺寸和受拉钢筋截面面积 A_s。

设计步骤：

1）假定配筋率 ρ 和梁宽 b。在经济配筋率范围内选取配筋率 ρ，梁宽 b 按照构造要求确定。

2）由式（3.9）确定 ξ：

$$\xi = \rho \frac{f_y}{\alpha_1 f_c}$$

3）由式（3.10）得 h_0：

$$h_0 = \sqrt{\frac{M}{\alpha_1 f_c b \xi (1 - 0.5\xi)}}$$

$h = h_0 + \alpha_s$ 取整后，检查是否满足构造要求，h/b 是否合适。如不合适，需进行调整，直至符合要求为止。

4）按照截面尺寸 b 和 h 已知的情形进行设计计算。

根据经验，在满足适筋梁要求的整个范围内，截面选得过大或过小都会使造价相对提高。为达到较好的经济效果，在梁的高宽比适宜的情况下，应尽可能使适筋受弯构件的配筋率处在经济配筋率的范围内，钢筋混凝土板经济配筋率为0.4%～0.8%。

任务实施：

1. 设计参数及步骤

该板为现浇简支板，设板厚 $h=80\text{mm}$，取板宽 $b=1000\text{mm}$ 的板带作为计算单元，如图3.19（b）所示。C25混凝土，查表得：$f_c=11.9\text{N/mm}^2$、$f_t=1.27\text{N/mm}^2$、$\alpha_1=1.0$，$\gamma_0=1.0$，环境类别为一类，查表得 $c=15\text{mm}$，$a=20\text{mm}$，$h_0=h-20=80-20=60$（mm），HPB235级钢筋，查表得 $f_y=210\text{N/mm}^2$，$\xi_b=0.614$。

2. 荷载计算及计算简图

水磨石地面及细石混凝土垫层30mm厚：0.03×22＝0.66（kN/m²）

80mm厚钢筋混凝土板自重：0.08×25＝2（kN/m²）

板底粉刷白灰砂浆12mm厚：0.012×17＝0.204（kN/m²）

恒荷载标准值：$g_k=$（0.66＋2＋0.204）×1＝2.864（kN/m）

活荷载标准值：$q_k=2\times1=2$（kN/m）

计算简图如图3.19（c）所示。

3. 计算弯矩设计值 M

在均布荷载作用下，跨中弯矩最大，取其为计算截面，弯矩设计值为：

$$g + q = 1.2g_k + 1.4q_k = 1.2 \times 2.864 + 1.4 \times 2 = 6.237(\text{kN/m})$$

$$M = \frac{1}{8}(g+q)l_0^2 = \frac{1}{8} \times 6.237 \times 2.38^2 = 4.416(\text{kN} \cdot \text{m})$$

4. 计算纵向受力配筋 A_s 并绘制配筋图

$$\alpha_s = \frac{M}{\alpha_1 f_c b h_0^2} = \frac{4.416 \times 10^6}{1.0 \times 11.9 \times 1000 \times 60^2} = 0.103$$

$$\xi = 1 - \sqrt{1 - 2\alpha_s} = 1 - \sqrt{1 - 2 \times 0.103} = 0.109 < \xi_b = 0.614$$

满足适筋要求。

$$A_s = \frac{\alpha_1 f_c b h_0 \xi}{f_y} = \frac{1.0 \times 11.9 \times 1000 \times 60 \times 0.109}{210} = 371(\text{mm}^2)$$

5. 验算最小配筋率

$$\rho_1=\frac{A_s}{bh}=\frac{387}{1000\times80}=0.48\%>\rho_{\min}=0.45\frac{f_t}{f_y}=0.45\frac{1.27}{210}=0.272\%$$

满足要求。

选用ф 8@130 钢筋，$A_s=387\text{mm}^2$，截面配筋如图 3.39 所示。

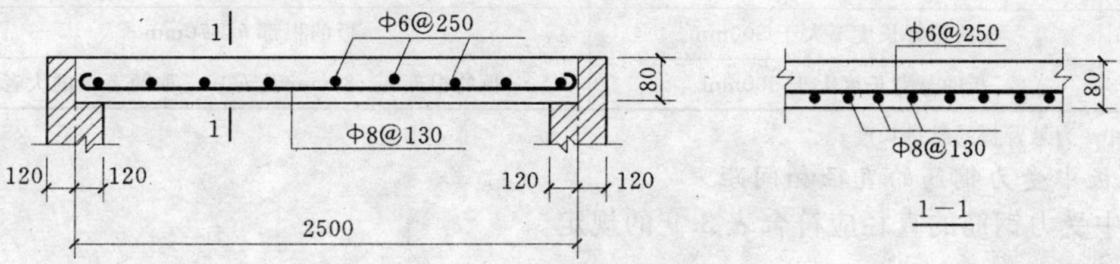

图 3.39　截面配筋图

学习单元 3.3　某钢筋混凝土雨篷板的设计计算

任务描述：

某钢筋混凝土雨篷如图 3.40 所示。雨篷板上承受均布荷载（已包括板的自身重力）$q=3.6\text{kN/m}^2$（设计值），在雨篷自由端沿板宽方向每米承受活荷载 $p=1\text{kN/m}$（设计值），雨篷板宽为 3m。雨篷梁截面尺寸 240mm×240mm，计算跨度 2.5m。采用混凝土强度等级 C25，纵筋采用 HRB235 级钢筋，环境类别为二类，试给出该雨篷板的配筋。

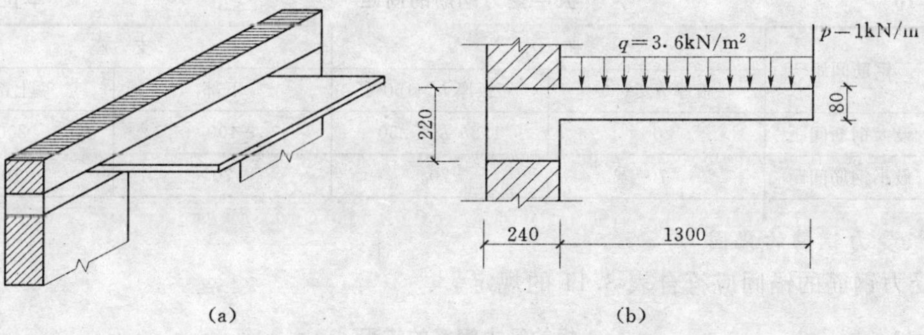

图 3.40　钢筋混凝土雨篷

任务分析：

该任务为钢筋混凝土悬臂板的截面设计，完成任务的步骤如下：

(1) 将实际构件进行受力分析，作出计算简图。

(2) 计算弯矩，作弯矩图，确定计算截面及相应的弯矩设计值。

(3) 按正截面承载力计算公式计算所需纵向受力钢筋面积。

(4) 选配纵向受力钢筋和分布钢筋，并画出配筋图（由于该雨篷板截面弯矩为负弯矩，弯矩使上部受拉，因此纵向钢筋应配置在板的上部）。

任务知识点：

1. 板的厚度

现浇钢筋混凝土悬臂板的最小厚度见表 3.8。

表 3.8　现浇悬臂板的最小厚度

序号	板的类型	最小厚度 h
1	板的悬臂长度不大于 500mm	板的根部 $h \geqslant 70$mm
2	板的悬臂长度大于 500mm	板的根部 $h \geqslant 80$mm 及 $l/10$，取两者中的大者

注　表中 l 为悬臂板的悬挑长度。

2. 板中受力钢筋的直径和间距

板中受力钢筋的直径应符合表 3.9 的规定。

表 3.9　板中受力钢筋的直径　　单位：mm

序号	钢筋直径	支承板			悬臂板		预制板
		板　厚			悬出长度		板厚
		$h<100$	$100 \leqslant h \leqslant 150$	$h>150$	$l \leqslant 150$	$l>150$	$h \leqslant 50$
1	最小钢筋直径	6	8	12	6	8	4
2	常用钢筋直径	6，8，10	8，10，12	12，14，16	6，8	8，10，12	4，5，6

注　板中受力钢筋一般只配一种直径的钢筋。

板中采用绑扎钢筋作配筋时，其受力钢筋的间距应根据计算确定，但还应符合表 3.10 的规定。板中支座处下部受力钢筋截面面积不应小于跨中受力钢筋截面面积的 1/3，板中受力钢筋一般距墙边或梁边 50mm 处开始配置。

表 3.10　板中受力钢筋的间距　　单位：mm

序号	钢筋间距	跨　中		支　座	
		板厚 $h \leqslant 150$	板厚 $h>150$	下部	上部
1	最大钢筋间距	200	$1.5h$ 及 $\leqslant 250$	400	200
2	最小钢筋间距	70	70	70	70

3. 板受力钢筋的锚固

板受力钢筋的锚固应符合表 3.11 的规定。

表 3.11　板的受力钢筋的锚固

序　号	项　目	内　容
1	上部钢筋	采用绑扎钢筋的板，上部钢筋深入支座内的长度 l 按下列规定确定（图 3.41）： (1) 嵌固在砖石砌体内的简支板或与边梁整浇但按简支设计的板，板上部钢筋深入支座的长度 $l=a-10$，a 为板在砌体上的支承长度或梁宽。 (2) 与边梁整浇的嵌固板，$l=l_a$，l_a 为钢筋的锚固长度
2	下部钢筋	当采用绑扎钢筋配筋时，简支板的下部纵向受力钢筋（图 3.42）伸入支座内的锚固长度 l_{as} 不应小于 $5d$（d 为下部纵向受力钢筋直径）；板与梁整体连接或连续板下部纵向伸入支座内的锚固长度 l_{as} 应伸至墙或梁中心线且不应小于 $5d$

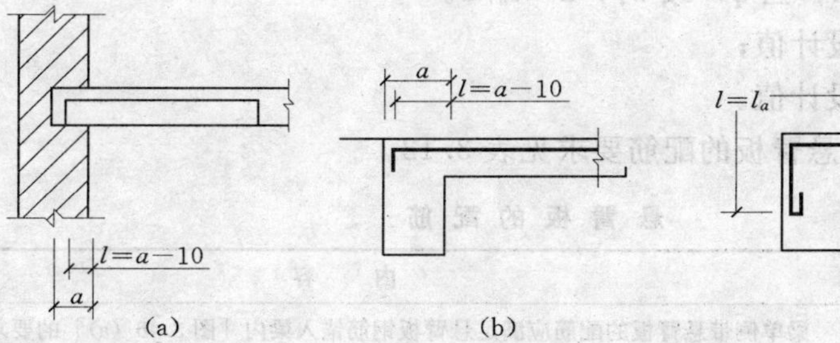

图 3.41 上部受力钢筋的锚固长度

(a) 简支板；(b) 与梁整浇但按简支设计；(c) 嵌固板

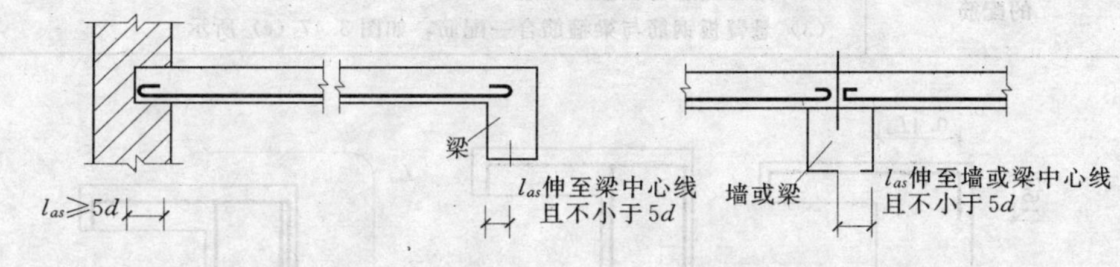

图 3.42 板与梁整体连接或连续板下部纵向受力钢筋的锚固长度

4. 悬臂板配筋构造

(1) 悬臂板嵌固在砌体内的深度如图 3.43 所示，在一般情况下，受力钢筋在砌体内的长度应满足最小锚固长度的要求。

当距地面 30m 的悬臂板挑出长度大于 1.2m，或有抗震设防要求悬挑长度大于 1.5m，宜在板的下部配置不少于φ8@200 构造钢筋，锚入支座长度 $3d$。

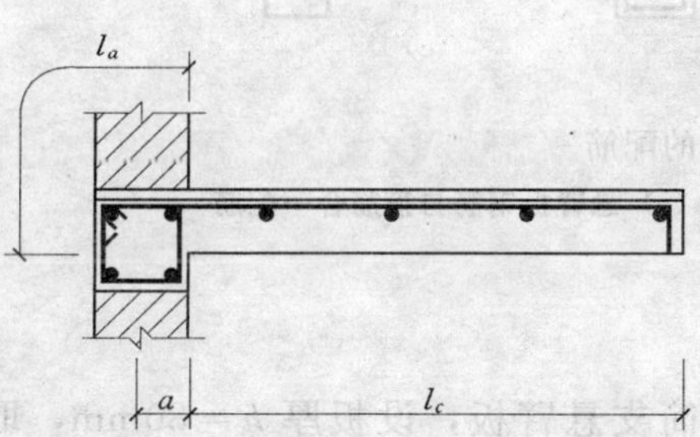

图 3.43 悬臂板的嵌固长度

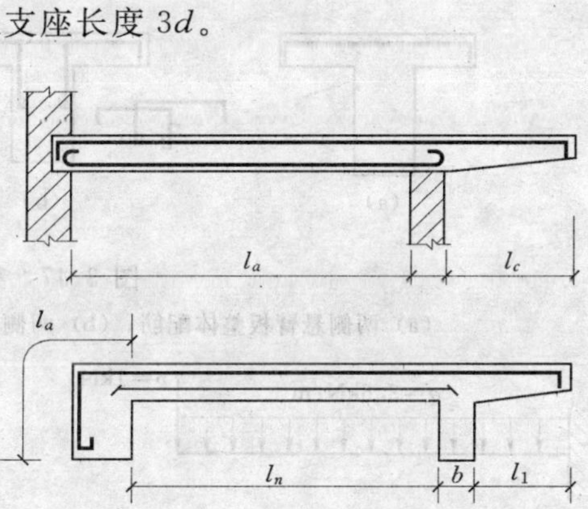

图 3.44 带悬臂板的配筋图（一）

(2) 带有悬臂的板，必须考虑悬臂支座处的负弯矩对板跨中的影响。如果在板跨中可能出现负弯矩时，应将支座处的上部钢筋（悬臂板受力钢筋）伸到全跨，如图 3.44 所示；如果在板跨中出现负弯矩时，应按图 3.44 所示配置钢筋；如果在板跨中不出现负弯矩时，应按图 3.45 所示配筋。

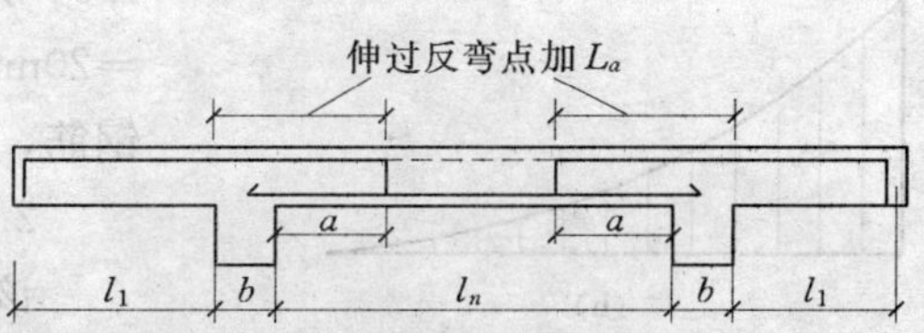

图 3.45 带悬臂板的配筋图（二）

当 $q \leqslant 3g$ 时，$a = l_n/4$；当 $q > 3g$ 时，$a = l_n/3$。

式中 q——均布活荷载设计值；

g——均布恒荷载设计值。

(3) 梁单侧和双侧带悬臂板的配筋要求见表 3.12。

表 3.12 悬臂板的配筋

序号	项目	内容
1	梁单侧带悬臂板的配筋	梁单侧带悬臂板的配筋应满足悬臂板钢筋锚入梁内［图 3.46 (a)］的要求。当悬臂板钢筋与梁箍筋合一时，应按梁的保护层计算板的配筋［图 3.46 (b) 和图 3.46 (c)］
2	梁双侧带悬臂板的配筋	(1) 悬双侧悬臂板分别配筋，并满足锚固长度要求，如图 3.47 (a) 所示。 (2) 梁双侧悬臂板整体配筋，如图 3.47 (b) 所示。 (3) 悬臂板钢筋与梁箍筋合一配筋，如图 3.47 (c) 所示

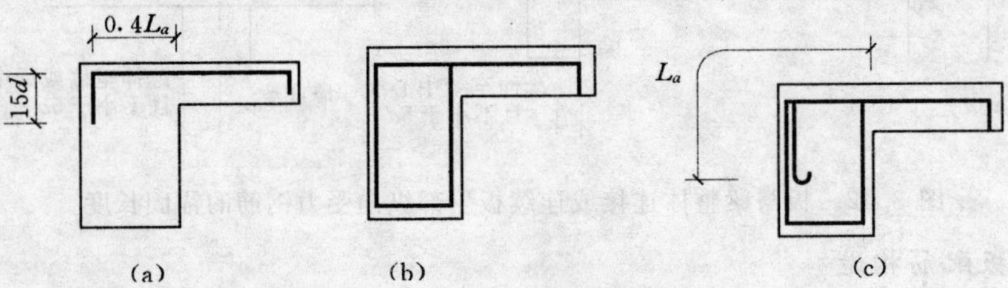

图 3.46 梁上单侧悬臂板的配筋

(a) 悬臂板钢筋锚入梁内长度；(b) 悬臂板钢筋与箍筋合一配筋（一）；(c) 悬臂板钢筋与箍筋合一配筋（二）

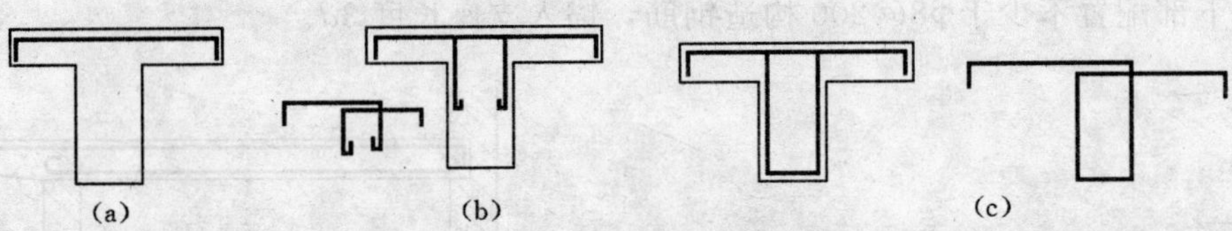

图 3.47 梁上双侧悬臂板的配筋

(a) 两侧悬臂板整体配筋；(b) 两侧悬臂板分别配筋；(c) 悬臂板钢筋与箍筋合一配筋

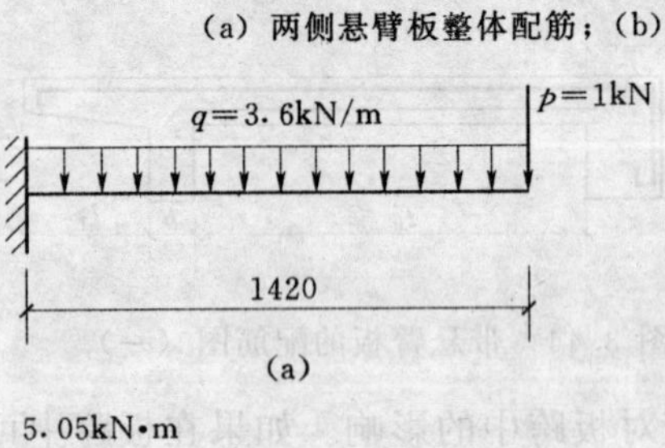

图 3.48 计算简图及弯矩图

任务实施：

1. 设计参数

该板为现浇简支悬臂板，设板厚 $h=80$mm，取板宽 $b=1000$mm 的板带作为计算单元，C25 混凝土，查表得：$f_c=11.9\text{N/mm}^2$、$f_t=1.27\text{N/mm}^2$、$\alpha_1=1.0$，$\gamma_0=1.0$，环境类别为二类，查表得 $c=15$mm，$a=20$mm，$h_0=h-20=80-20=60$ (mm)，HPB235 级钢筋，查表得 $f_y=210\text{N/mm}^2$，$\xi_b=0.614$。

2. 内力计算及内力图

该雨篷板一端与梁整浇，一端自由，其计算简图见图 3.48 (a)，雨篷板上作用有均布荷载和集中荷载，荷载在板截面产生的弯矩使上部受拉，弯矩图如图 3.48（b）所示，在支座截面弯矩数值最大，以此截面为计算截面，弯矩设计值为：

$$M = Pl_0 + \frac{1}{2}ql_0^2 = 1 \times 1.42 + \frac{1}{2} \times 3.6 \times 1.42^2 = 5.05(\text{kN} \cdot \text{m})$$

3. 计算纵向受力配筋 A_s

$$\alpha_s = \frac{M}{\alpha_1 f_c b h_0^2} = \frac{5.05 \times 10^6}{1.0 \times 11.9 \times 1000 \times 60^2} = 0.118 < \xi_b = 0.614$$

$$\xi = 1 - \sqrt{1 - 2\alpha_s} = 1 - \sqrt{1 - 2 \times 0.118} = 0.126$$

满足适筋要求。

$$A_s = \xi \frac{\alpha_1 f_c}{f_y} b h_0 = 0.126 \times \frac{1.0 \times 11.9}{210} \times 1000 \times 60 = 428.4(\text{mm}^2)$$

4. 验算最小配筋率

$$\rho_{\min} = 0.45 \frac{f_t}{f_y} = 0.45 \frac{1.27}{210} = 0.272\%$$

$$\rho_1 = \frac{A_s}{bh_0} = \frac{428.4}{1000 \times 60} = 0.71\% > \rho_{\min}$$

满足要求。

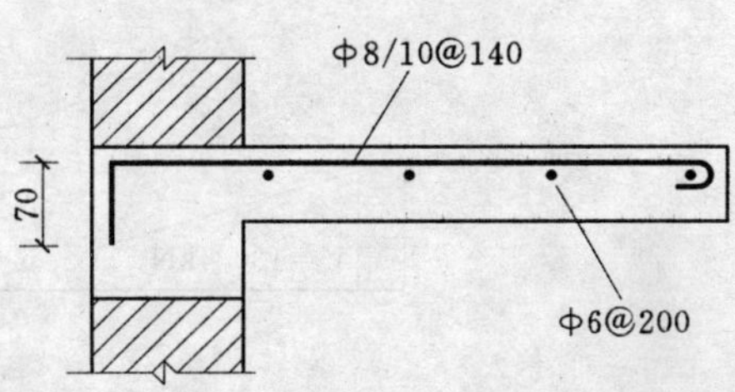

图 3.49　雨篷板的配筋

5. 选配钢筋并作配筋图

受力钢筋选用ϕ8/10@140 钢筋，$A_S = 460\text{mm}^2$，分布钢筋ϕ6@200，截面配筋如图 3.49 所示。

学习单元 3.4　某办公楼矩形截面简支楼面梁设计

任务描述：

某办公楼矩形截面简支楼面梁（图 3.50），两端支撑在 240mm 厚的砖墙上，梁净距 $L_n = 5.96\text{m}$，计算跨度 $l_0 = 6.2\text{m}$，截面尺寸 $b \times h = 250\text{mm} \times 500\text{mm}$，承受板传来永久荷载及梁的自重标准值 $g_k = 10\text{kN/m}$（不计梁的自重），板传来的楼面活荷载标准值 $q_k = 20\text{kN/m}$。选用 C30 混凝土，箍筋为 HPB235 级钢筋（$f_{yv} = 210\text{N/mm}^2$），纵筋采用 HRB335 级钢筋。若仅配箍筋，试给该梁配筋（取 $a_s = 35\text{mm}$）。

任务分析：

该任务为钢筋混凝土简支梁的截面设计，完成该任务步骤如下：

(1) 将实际构件简化，作出计算简图。

(2) 由计算简图，求弯矩、剪力，并作出弯矩图和剪力图。

(3) 选内力最大截面作为计算截面，计算内力设计值。

(4) 按正截面计算公式计算所需纵向受力钢筋数量，按斜截面承载力计算公式计算所需腹筋数量。

(5) 选配受力钢筋及构造钢筋。

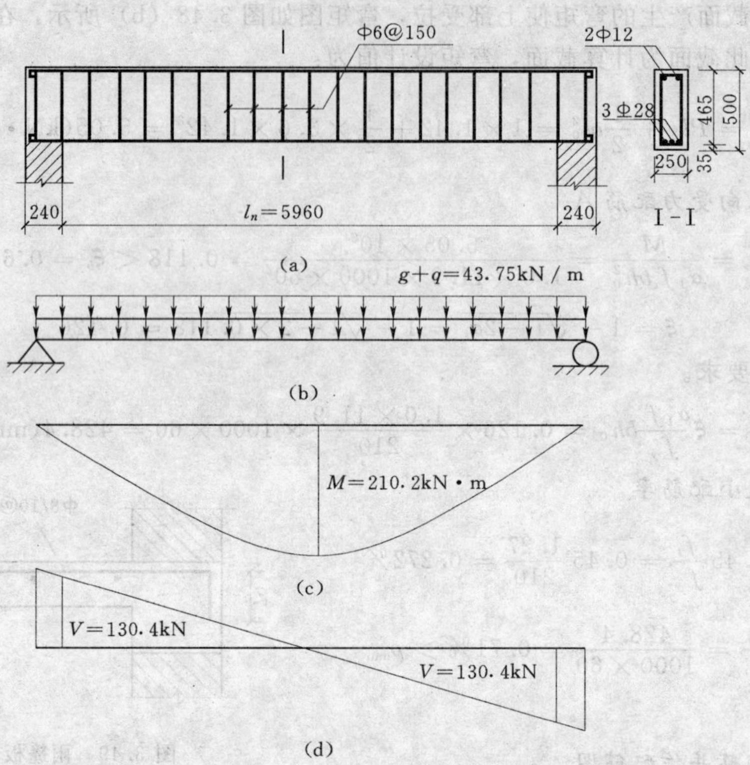

图 3.50　梁计算简图、弯矩图、剪力图及配筋图

任务知识点：

完成该任务所需的知识，如计算简图的绘制、内力计算，钢筋数量的计算已在前几个单元中讲述过，这里主要补充一些配筋的构造。

1. 截面形式与尺寸

钢筋混凝土梁常用的截面有矩形、T 形、I 字形、花篮形、倒 L 形梁，如图 3.51 所示。

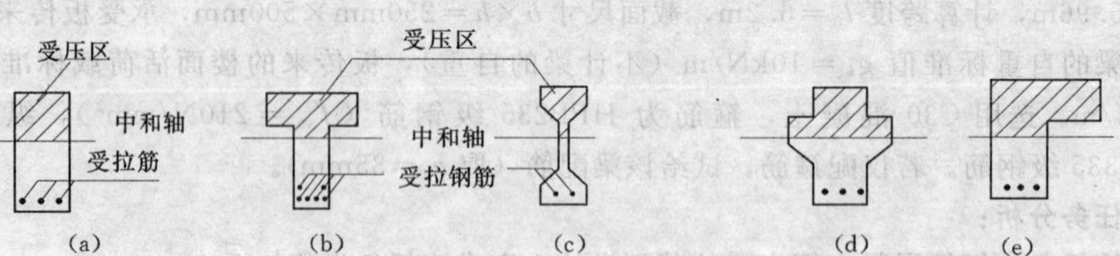

图 3.51　梁常用截面形式

(a) 单筋矩形梁；(b) T 形梁；(c) 工形梁；(d) 花篮形；(e) 倒 L 形梁

梁的截面尺寸主要与跨度及荷载大小有关，设计时必须满足承载力、刚度和裂缝控制要求，同时还应满足模数，以利于模板定型化。

按刚度要求，根据设计经验，工业与民用建筑结构中梁的截面高度可参照表 3.13 选用。表中 l_0 为梁的计算跨度，当 $l_0>9\text{m}$ 时表中数值应乘以系数 1.2。梁的截面宽度 b，一般根据

梁的截面高度 h 确定，对于高宽比 h/b，矩形截面不宜超过 3.5，T 形截面不宜超过 4.0。

按模数要求，梁的截面高度 h 一般可取 250mm、300mm、350mm、…、800mm、900mm、1000mm 等，$h \leqslant 800$mm 时以 50mm 为模数，$h > 800$mm 时以 100mm 为模数；矩形梁的截面宽度和 T 形截面的肋宽 b 宜采用 100mm、120mm、150mm、180mm、200mm、220mm、250mm，大于 250mm 时以 50mm 为模数。

表 3.13　梁截面高跨比 h/l_0 参考值

构件种类			h/l_0
整体肋形梁	主梁	简支梁	1/12
		连续梁	1/15
		悬臂梁	1/6
	次梁	简支梁	1/20
		连续梁	1/25
		悬臂梁	1/8
矩形截面独立梁	简支梁		1/12
	连续梁		1/15
	悬臂梁		1/6

2. 材料等级

钢筋混凝土现浇梁常用的混凝土强度等级为 C20～C35，预制梁板为了减轻自重可采用较高的强度等级。混凝土强度等级的选用须与钢筋强度相匹配，当采用 HRB335、HRB400 钢筋时，为了保证必要的黏结力，混凝土强度等级不应低于 C25；当采用新 HRB400 钢筋时，混凝土强度等级不应低于 C30。

3. 梁的配筋

梁中通常配置纵向受力钢筋、弯起钢筋、箍筋、架立钢筋等，构成钢筋骨架（图 3.52），有时还配置纵向构造钢筋及相应的拉筋等。

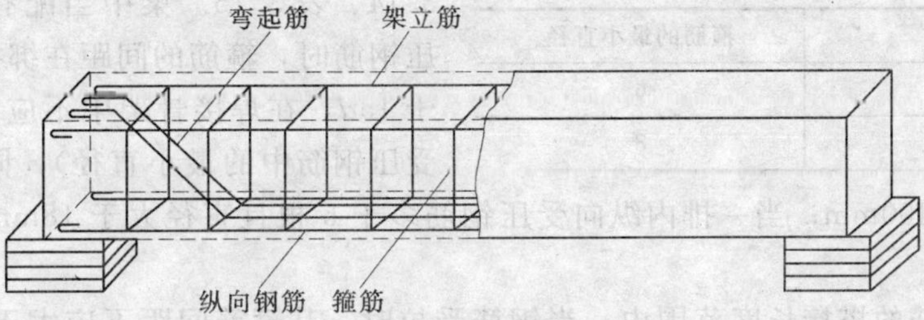

图 3.52　梁的配筋

（1）纵向受力钢筋。梁中纵向受力钢筋宜采用 HRB400（Ⅲ级）或 RRB400（Ⅲ级）和 HRB335（Ⅱ级），常用钢筋直径为 10～28mm，根数不得少于 2 根。梁内受力钢筋的直径宜尽可能相同。设计中若采用两种不同直径的钢筋，钢筋直径相差至少 2mm，以便于在施工中能用肉眼识别，但相差也不宜超过 6mm。钢筋混凝土梁纵向受力钢筋的直径，当梁高 $h \geqslant 300$mm 时，不应小于 10mm；当梁高 $h < 300$mm 时，不应小于 8mm。

为保证钢筋与混凝土之间具有足够的黏结力和便于浇筑混凝土，纵筋的净间距应满足：梁的上部纵向钢筋，其净距不应小于 30mm 和 $1.5d$（d 为纵向钢筋的最大直径），下部纵向钢筋的净距不应小于 25mm 和 d，梁的下部纵向钢筋配置多于两层时，钢筋水平方向的中距应比下面两层的中距增大 1 倍。若钢筋必须排成两排时，上、下两排钢筋应对齐。

（2）箍筋。箍筋的作用主要是用来承受由剪力和弯矩在梁内引起的主拉应力，同时还可固定纵向受力钢筋并和其他钢筋一起形成立体的钢筋骨架。

箍筋一般采用HPB235级钢筋，考虑到高强度钢筋延性较差，施工时成型困难，所以不宜采用高强度钢筋作箍筋。箍筋的形状有封闭式和开口式两种（图 3.53），矩形截面常采用封闭式箍筋，T形截面当翼缘顶面另有横向钢筋时，可采用开口箍筋。配有受压钢筋的梁，则必须用封闭式箍筋。箍筋可按需要采用双肢或四肢。在绑扎骨架中，双肢箍筋最多能扎结4根排在一排的纵向受压钢筋，否则应采用四肢箍筋；当梁宽大于400mm，一排纵向受压钢筋多于3根时，也应采用四肢箍筋。

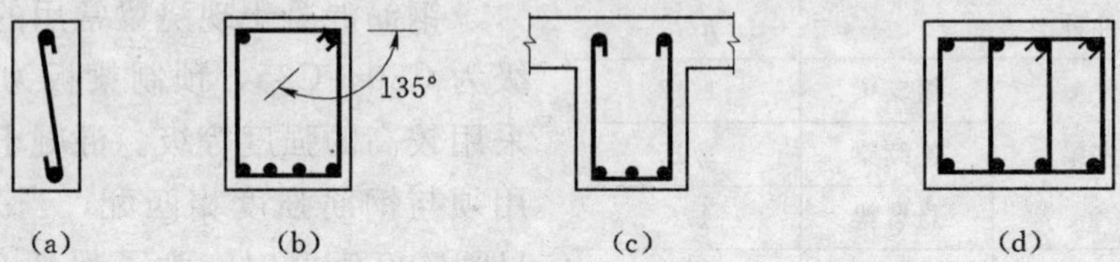

图 3.53 箍筋的形状及肢数

(a) 单肢箍筋；(b) 闭口箍筋（双肢）；(c) 开口箍筋（双肢）；(d) 封闭箍筋（四肢）

如按计算需要设置箍筋时，一般可在梁的全长均匀布置箍筋，也可以在梁两端剪力较大的部位布置得密一些。如按计算不需设置箍筋时，对梁高 h 为 150～300mm 的梁可仅在构件端部各1/4跨度范围内设置箍筋，但当在构件中部1/2跨度范围内有集中荷载作用时，箍筋仍应沿梁全长布置；对梁高为150mm以下的梁，可不布置箍筋。

箍筋的最小直径、最大间距分别见表3.14、表3.15。梁中当配有计算需要的受压钢筋时，箍筋的间距在绑扎骨架中不应大于 $15d$，在焊接骨架中不应大于 $20d$（d 为受压钢筋中的最小直径），同时在任何情况下均不应大于400mm；当一排内纵向受压钢筋多于5根且直径大于18mm时，箍筋间距不应大于 $10d$。

表 3.14　　箍筋的最小直径　　单位：mm

梁高 h	箍筋的最小直径
$h\leqslant 800$	6
$h>800$	8

在绑扎纵筋的搭接长度范围内，当钢筋受拉时，其箍筋间距不应大于 $5d$，且不大于100mm；当钢筋受压时箍筋间距不应大于 $10d$。在此 d 为搭接钢筋中的最小直径。

表 3.15　　梁中箍筋的最大间距 S_{max}　　单位：mm

项次	梁高 h	$V>0.7f_tbh_0$	$V\leqslant 0.7f_tbh_0$
1	$150<h\leqslant 300$	150	200
2	$300<h\leqslant 500$	200	300
3	$500<h\leqslant 800$	250	350
4	$h>800$	300	400

注　薄腹梁的箍筋间距宜适当缩小。

(3) 弯起钢筋。梁中纵向受力钢筋在靠近支座的地方承受的拉应力较小，为了增加斜截面的受剪承载力，可将部分纵向受力钢筋弯起伸至梁顶，形成弯起钢筋。有时当纵向受力钢筋较少，不足以弯起时，也可设置单独的弯起钢筋。

当设置弯起钢筋时，弯起钢筋的弯起角一般为45°，当梁高 $h\geqslant 800$mm时也可用60°。

当梁宽较大时，为使弯起钢筋在整个宽度范围内受力均匀，宜在同一截面内同时弯起两根钢筋。

弯起钢筋的弯折终点应留有足够长的直线锚固长度（图3.54），其长度在受拉区不应小于$20d$，在受压区不应小于$10d$。对光面钢筋，其末端应设置弯钩。位于梁底两侧的纵向钢筋不应弯起。

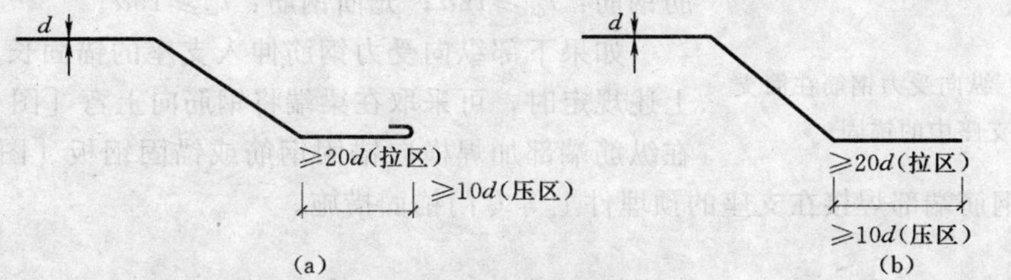

图3.54 弯起钢筋的直线锚固段

(a) 光面钢筋；(b) 带肋钢筋

(4) 纵向构造钢筋。为了固定箍筋和形成钢筋骨架，并承担因混凝土收缩和温度变化产生的拉应力，在梁的受压区平行于纵向受拉钢筋应设置架立钢筋。如果受压区配有纵向受压钢筋时，则可不再配置架立钢筋。架立钢筋应伸至梁端。架立钢筋的直径可参考表3.16选用。

当梁高超过700mm时，为防止由于温度变形及混凝土收缩等原因在梁中部产生竖向裂缝，在梁的两侧沿高度每隔300～400mm应设置一根直径不小于10mm的纵向构造钢筋（图3.55）。两侧纵向构造钢筋之间用拉筋连系起来，拉筋的直径可取与箍筋相同，拉筋的间距常取为箍筋间距的倍数，一般在500～700mm之间。

表3.16 架立钢筋直径

梁跨度 (m)	最小直径 (mm)
$l_0<4$	≥8
$4\leq l_0\leq 6$	≥10
$l_0>6$	≥12

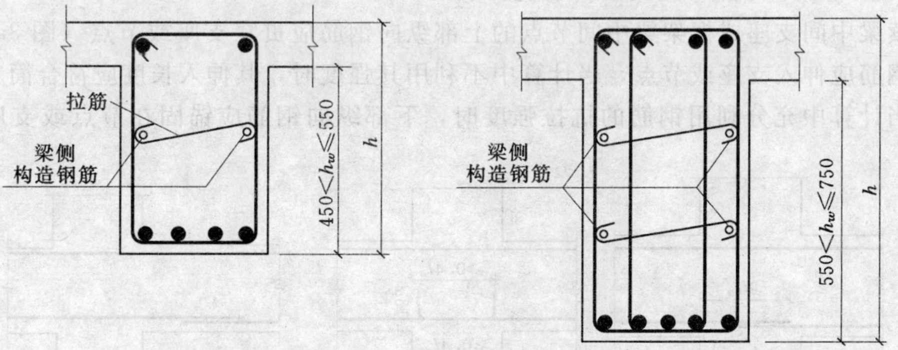

图3.55 梁侧构造钢筋及拉筋

4. 纵向受力钢筋在支座中的锚固

(1) 基本要求。伸入梁的支座范围内的纵向受力钢筋数量，当梁宽为150mm及以上时，不应小于2根；当梁宽小于150mm时，可为1根。

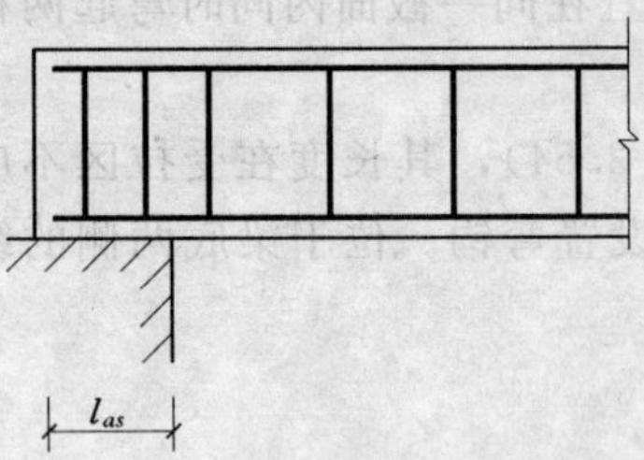

图 3.56　纵向受力钢筋在简支支座中的锚固

（2）简支支座。钢筋混凝土简支梁和连续梁简支端的下部纵向受力钢筋，其伸入梁支座范围内的锚固长度 l_{as}（图 3.56）应符合下列规定：

1）当 $V \leqslant 0.7 f_t b h_0$ 时，$l_{as} \geqslant 5d$。

2）当 $V > 0.7 f_t b h_0$ 时，等高肋钢筋：$l_{as} \geqslant 10d$；月牙肋钢筋：$l_{as} \geqslant 12d$；光面钢筋：$l_{as} \geqslant 15d$。

如果下部纵向受力钢筋伸入支座的锚固长度不能符合上述规定时，可采取在梁端将钢筋向上弯［图 3.57（a）］，在纵筋端部加焊横向锚固钢筋或锚固钢板［图 3.57（b）、（c）］，将钢筋端部焊接在支座的预埋件上等专门锚固措施。

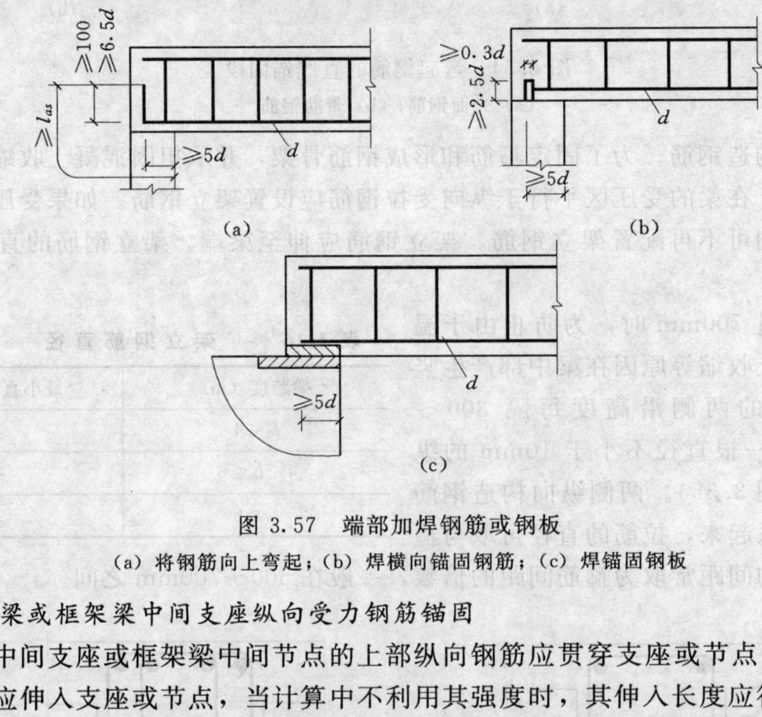

图 3.57　端部加焊钢筋或钢板

（a）将钢筋向上弯起；（b）焊横向锚固钢筋；（c）焊锚固钢板

5. 连续梁或框架梁中间支座纵向受力钢筋锚固

连续梁中间支座或框架梁中间节点的上部纵向钢筋应贯穿支座或节点（图 3.58）。下部纵向钢筋应伸入支座或节点，当计算中不利用其强度时，其伸入长度应符合简支支座的规定；当计算中充分利用钢筋的抗拉强度时，下部纵向钢筋应锚固在节点或支座内。此

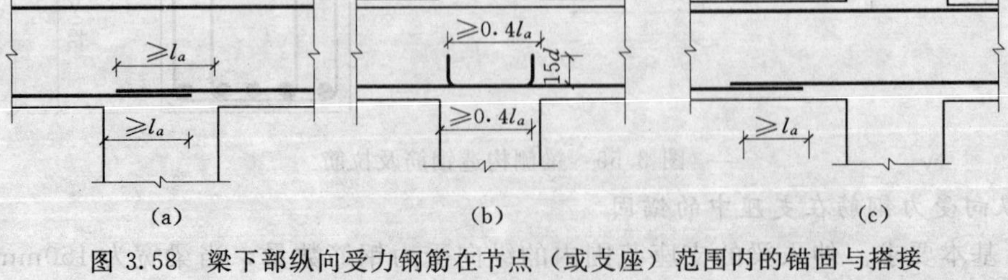

图 3.58　梁下部纵向受力钢筋在节点（或支座）范围内的锚固与搭接

（a）节点中的直线锚固；（b）节点中的弯折锚固；（c）节点或支座范围外的搭接

时，可采用直线锚固形式［图3.58（a）］，钢筋的锚固长度不应小于受拉钢筋锚固长度l_a；下部纵向钢筋也可采用带90°弯折的锚固形式［图3.58（b）］。其中，竖直段应向上弯折，锚固端的水平投影长度及竖直投影长度不应小于规范规定的弯折锚固的要求；下部纵向钢筋也可伸过节点或支座范围，并在梁中弯矩较小处设置搭接接头［图3.58（c）］。

当计算中充分利用下部钢筋抗压时，下部纵向钢筋应按受压钢筋锚固在中间节点或中间支座内，此时，其直线锚固长度不应小于$0.7l_a$；下部纵向钢筋也可伸过节点或支座范围，并在梁中弯矩较小处设置搭接接头。

6. 梁纵向钢筋在框架中间层端节点的锚固

框架梁上部纵向钢筋伸入中间层端节点的锚固长度，当采用直线锚固形式时，不应小于l_a，且伸过柱中心线不宜小于$5d$，d为梁上部纵向钢筋的直径。当柱截面尺寸不足时，梁上部纵向钢筋应伸至节点对边并向下弯折，其包含弯弧段在内的水平投影长度不应小于$0.4l_a$，包含弯弧段在内的竖直投影长度应取为$15d$（图3.59），l_a为受拉钢筋锚固长度。

框架梁下部纵向钢筋在端节点处的锚固要求与中间节点处梁下部纵向钢筋的锚固要求相同。

7. 斜截面受剪腹筋计算步骤

斜截面受剪腹筋计算是在正截面承载力计算完成之后，即在截面尺寸、材料强度、纵向受力钢筋已知的条件下，计算梁内所需腹筋数量。

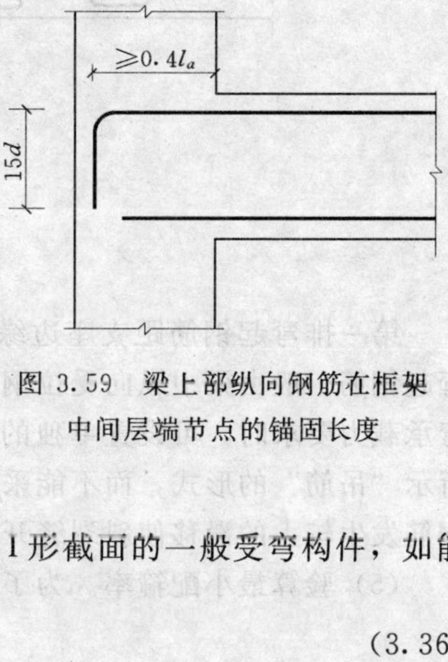

图3.59　梁上部纵向钢筋在框架中间层端节点的锚固长度

当按计算公式对斜截面设计时，其主要步骤如下：

（1）作梁的剪力图，确定计算截面位置及相应的剪力设计值。

（2）验算截面尺寸是否满足要求。在进行受剪承载力计算时，首先应按式（3.29）和式（3.30）复核梁截面尺寸，当不能满足要求时，则应加大截面尺寸或提高混凝土强度等级。

（3）判别是否需要按计算配置箍筋。对矩形、T形及I形截面的一般受弯构件，如能满足：

$$V \leqslant V_c = 0.7f_t bh_0 \tag{3.36}$$

或对集中荷载为主的矩形截面独立梁，如能满足：

$$V \leqslant V_c = \frac{1.75}{\lambda+1}f_t bh_0 \tag{3.37}$$

则不需进行斜截面抗剪配筋计算，而按构造规定选配箍筋。否则，应按计算配置腹筋。

（4）腹筋的计算。梁内腹筋通常有两类配置方法：仅配置箍筋；既配置箍筋，又配置弯起钢筋。至于采用哪一种方法，视构件具体情况、V的大小及纵向钢筋的配置而定。

1）计算箍筋。当剪力完全由混凝土和箍筋承担时，箍筋按下列公式计算：

对矩形、T形或I形截面的一般受弯构件，由式（3.24）可得：

$$\frac{nA_{sv1}}{s} \geqslant \frac{V-0.7f_t bh_0}{1.25f_{yv}h_0} \tag{3.38}$$

对集中荷载作用下的独立梁，由式（3.25）可得：

$$\frac{nA_{sv1}}{s} \geqslant \frac{V - \frac{1.75}{\lambda + 1} f_t b h_0}{f_{yv} h_0} \tag{3.39}$$

计算出$\frac{nA_{sv1}}{s}$后，可先确定箍筋的肢数（一般常用双肢箍，即 $n=2$）和单肢箍筋的截面面积 A_{sv1}，然后求出箍筋间距 s。也可先确定箍筋的间距 s 和肢数，然后求出箍筋的截面面积 A_{sv1} 和箍筋直径。注意选取的箍筋直径和间距还应满足构造规定。

2）计算弯起钢筋。当需要配置弯起钢筋与混凝土和箍筋共同承受剪力时，一般先选定箍筋的直径、间距和肢数，并按式（3.24）或式（3.25）计算出 V_{cs}，如果 $V_{cs}<V$，则需按下式计算弯起钢筋的截面面积，即

$$A_{sb} \geqslant \frac{V - V_{cs}}{0.8 f_y \sin\alpha_s} \tag{3.40}$$

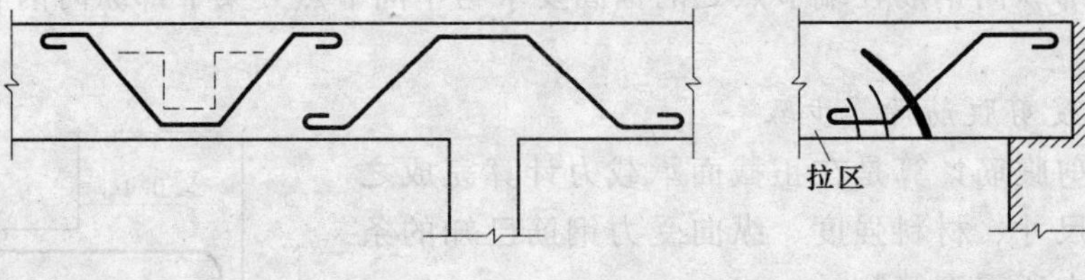

(a)　(b)

图 3.60　吊筋与浮筋

(a) 吊筋；(b) 浮筋

第一排弯起钢筋距支座边缘的距离应满足 $50\text{mm} \leqslant s \leqslant s_{max}$，习惯上一般取 $s=50\text{mm}$。弯起钢筋一般由梁中纵向受拉钢筋弯起而成。当纵向钢筋弯起不能满足正截面和斜截面受弯承载力要求时，可设置单独的仅作为受剪的弯起钢筋。这时，弯起钢筋应采用图 3.60 所示“吊筋”的形式，而不能采用仅在受拉区有较少水平段的“浮筋”，以防止由于弯起钢筋发生较大的滑移使斜裂缝开展过大，甚至导致斜截面受剪承载力的降低。

（5）验算最小配箍率。为了防止斜拉破坏，箍筋还应满足最小配箍率的要求，即

$$\rho_{sv} = \frac{A_{sv}}{bs} \geqslant \rho_{sv.\min}$$

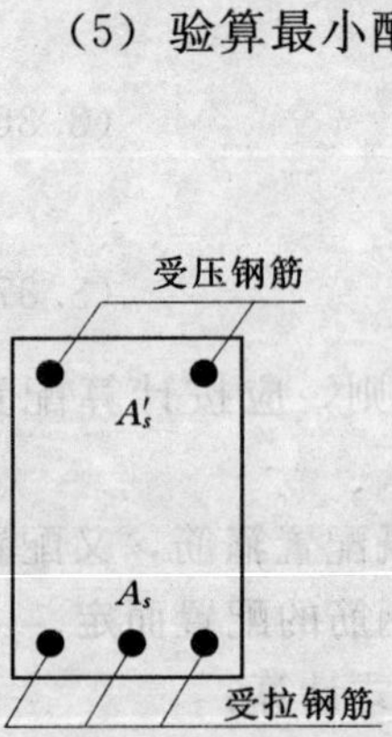

图 3.61　双筋矩形截面

8. 双筋矩形截面正截面承载力计算

双筋矩形截面受弯构件是指在截面的受拉区和受压区都配有纵向受力钢筋的矩形截面梁（图 3.61）。一般来说，利用受压钢筋来帮助混凝土承受压力是不经济的，所以应尽量少用，只在以下情况下采用：

（1）弯矩很大，按单筋矩形截面计算所得的 $\xi>\xi_b$，而梁的截面尺寸和混凝土强度等级受到限制时。

（2）梁在不同荷载组合下（如地震）承受变号弯矩作用时。

当然双筋矩形截面受弯构件中的受压钢筋对截面的延性、抗裂

和变形等是有利的。

试验表明，双筋矩形截面破坏时的受力特点与单筋矩形截面类似。双筋矩形截面梁与单筋矩形截面梁的区别在于受压区配有纵向受压钢筋，因此只要掌握梁破坏时纵向受压钢筋的受力情况，就可按与单筋矩形截面类似的方法建立计算公式。

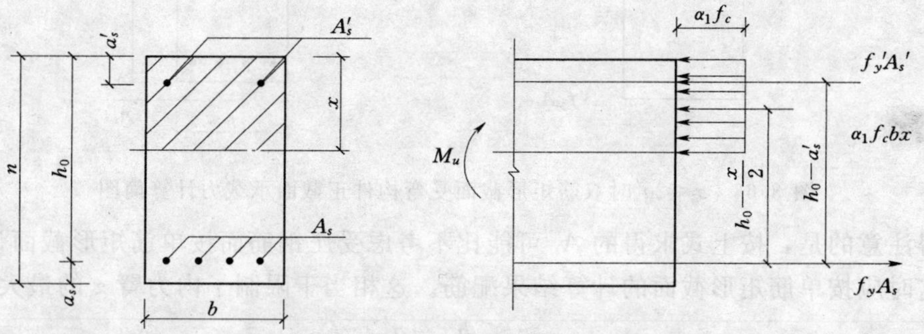

图 3.62　双筋矩形截面受弯构件正截面承载力计算简图

(1) 基本公式。双筋矩形截面受弯构件的截面应力如图 3.62 所示，同样取轴向力以及弯矩平衡，可写出双筋矩形截面受弯构件正截面受弯承载力计算的基本公式为：

$$\alpha_1 f_c bx + f'_y A'_s = f_y A_s \tag{3.41}$$

$$M \leqslant M_u = \alpha_1 f_c bx\left(h_0 - \frac{x}{2}\right) + f'_y A'_s(h_0 - a'_s)$$

$$= \alpha_1 f_c b h_0^2 \alpha_s + f'_y A'_s(h_0 - a'_s) \tag{3.42}$$

式中　f'_y——钢筋的抗压强度设计值；

A'_s——受压钢筋的截面面积；

a'_s——受压钢筋的合力作用点到截面受压边缘的距离；

其他符号同单筋矩形截面。

(2) 适用条件。

1) 为了防止出现超筋破坏，应满足：

$$\xi \leqslant \xi_b \tag{3.43}$$

或

$$x \leqslant x_b = \xi_b h_0 \tag{3.44}$$

2) 为保证受压钢筋达到抗压设计强度，应满足：

$$x \geqslant 2a'_s \tag{3.45}$$

在实际设计中若求得 $x<2a'_s$，受压钢筋合力作用点将位于受压区混凝土合力作用点的内侧，即受压钢筋的位置离中和轴太近，则表明受压钢筋不能达到其抗压设计强度，与计算中所取的应力状态不符。因此，为使截面破坏时受压钢筋应力达到其抗压强度 f'_y，对混凝土受压高度 x 的最小值应予以限制，即应满足下列条件：

$$x \geqslant 2a'_s \tag{3.46}$$

当条件 2) 不满足时，受压钢筋应力还未达到 f'_y，因应力值未知，可近似地取 $x=2a'_s$，并对受压钢筋的合力作用点取矩（图 3.63），则正截面承载力可直接根据下式确定：

$$M \leqslant f_y A_x (h_0 - a'_s) \tag{3.47}$$

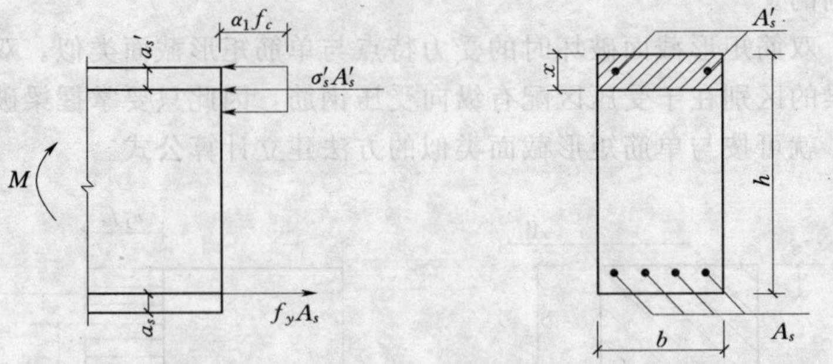

图 3.63 $x<2a'_s$时双筋矩形截面受弯构件正截面承载力计算简图

值得注意的是，按上式求得的 A_s 可能比不考虑受压钢筋而按单筋矩形截面计算的 A_s 还大，这时应按单筋矩形截面的计算结果配筋。这相当于限制了内力臂 z 的最大值，即

$$z \leqslant h_0 - a'_s \tag{3.48}$$

双筋截面中的受拉钢筋常常配置较多，一般均能满足最小配筋率的要求，故不必进行验算。

(3) 基本公式的应用。

1) 截面设计。在双筋截面配筋计算中，可能遇到下列两种情况。

情况Ⅰ：已知材料强度等级、截面尺寸及弯矩设计值 M，求受拉及受压钢筋的截面面积。

在基本计算公式中，有 A_s、A'_s及 x 三个未知数，尚需增加一个条件才能求解。在实际计算中，应使截面的总的钢筋截面面积为最少，应考虑充分利用混凝土的强度。

此时，可直接将 $x=\xi_b h_0$ 代入式（3.42），解得：

$$A'_s = \frac{M - \alpha_1 f_c b x \left(h_0 - \dfrac{x}{2}\right)}{f'_y (h_0 - a'_s)}$$

由式（3.41）可得：

$$A_s = \frac{\alpha_1 f_c b x + f'_y A'_s}{f_y}$$

若 $A'_s<0.002bh$，取 $A'_s=0.002bh$，按情况Ⅱ计算 A_s、A'_s。

情况Ⅱ：已知材料强度等级、截面尺寸、弯矩设计值 M 及受压钢筋面积 A'_s，求受拉钢筋的面积 A_s。

这种情况下通常受压钢筋面积是由变号弯矩或构造上的需要而设置的，此时应考虑充分利用受压钢筋的强度，以使总用钢量为最小。设受压钢筋应力达到 f'_y，基本公式只剩下 A_s 及 x 两个未知数，可解方程求得，步骤如下：

用式（3.42）求得：

$$\alpha_s = \frac{M - f'_y A'_s (h_0 - a'_s)}{\alpha_1 f_c b h_0^2}$$

$$\xi = 1 - \sqrt{1 - 2\alpha_s}$$

若求得 $2a'_s \leqslant x = \xi h_0 \leqslant \xi_b h_0$，则

$$A_s=\frac{\alpha_1 f_c bx+f'_y A'_s}{f_y}$$

若出现 $x<2a'_s$ 的情况，则 A_s 可用 $A_s=\dfrac{M}{f_y(h_0-a'_s)}$ 式直接求得。

若求得的 $\xi>\xi_b$，说明给定的 A'_s 太少，不符合公式的要求，这时应按 A'_s 为未知值，按情况Ⅰ中的步骤重新计算 A_s 及 A'_s。

2）截面复核。已知截面尺寸、材料强度等级和钢筋用量 A_s 及 A'_s，要求复核截面的受弯承载力。

由式（3.41）求得：

$$x=\frac{f_y A_s-f'_y A'_s}{\alpha_1 f_c b}$$

若 $2a'_s\leqslant x\leqslant\xi_b h_0$ 则可代入式（3.42），求得 M_u。

若 $x<2a'_s$，则利用 $M_u=f_y A_s\ (h_0-a'_s)$ 式求得 M_u。

若 $x>\xi_b h_0$，说明截面已属超筋，破坏始于受压区。计算时可取 $x=\xi_b h_0$，代入式(3.42)，求得 M_u。

任务实施：

1. 设计参数

查表可知，C30混凝土，$f_c=14.3\text{N/mm}^2$，$f_t=1.43\text{N/mm}^2$；HRB335级纵筋 $f_y=300\text{N/mm}^2$，$\alpha_1=1.0$，$\alpha_{sb}=0.399$，$\xi_b=0.550$，箍筋采用HPB235级钢筋，$f_{yv}=210\text{N/mm}^2$，$a_s=35\text{mm}$，$h_0=h-a_s=500-35=465$（mm）。

查表3.1，一类环境，$c=25\text{mm}$，假定钢筋单排布置，则 $a_s=35\text{mm}$，$h_0=h-35=465\text{mm}$。

查表3.4，$\rho_{\min}=0.2\%<0.45\dfrac{f_t}{f_y}=0.45\times\dfrac{1.43}{300}=0.215\%$。

2. 计算简图

计算跨度 $l_0=6.2\text{m}$，由于该梁直接搁置在砖墙上，支座可简化为铰接，如图3.52所示。

3. 内力计算

梁跨中为其弯矩最大截面，求其弯矩设计值 M。

梁自重产生的均布荷载标准值：

$$g_1=0.25\times0.5\times25=3.125(\text{kN/m})$$

荷载分项系数：$\gamma_G=1.2$，$\gamma_Q=1.4$，则梁上总的荷载设计值为：

$$g=\gamma_G(g_k+g_1)=1.2\times(10+3.125)=15.75(\text{kN/m})$$

$$q=\gamma_Q q_k=1.4\times20=28(\text{kN/m})$$

跨中最大弯矩设计值：

$$M=\gamma_0\frac{1}{8}(g+q)l_0^2=1.0\times\frac{1}{8}\times43.75\times6.2^2=210.2(\text{kN}\cdot\text{m})$$

斜截面最危险的截面在支座边缘处，该处的剪力即为剪力设计值。

$$V=\gamma_0\frac{1}{2}(g+q)l_n=1.0\times\frac{1}{2}\times43.75\times5.96=130.4(\text{kN})$$

4. 计算纵向受力钢筋截面面积

$$\alpha_s=\frac{M}{\alpha_1 f_c b h_0^2}=\frac{210.2\times10^6}{1.0\times14.3\times250\times465^2}=0.272<\alpha_{sb}=0.399$$

$$\zeta=1-\sqrt{1-2\alpha_s}=1-\sqrt{1-2\times0.272}=0.325$$

$$A_s=\frac{f_c\xi b h_0}{f_y}=\frac{14.3\times0.325\times250\times465}{300}=1800.9(\text{mm}^2)$$

$$>\rho_{\min}bh=0.215\%\times250\times500=268(\text{mm}^2)$$

符合适用条件。

5. 计算所需箍筋数量

(1) 截面尺寸验算。

$$h_w=h_0=465\text{mm}$$

$$h_w/b=465/250=1.86<4.0$$

$$0.25f_c b h_0=0.25\times14.3\times250\times465=415.6(\text{kN})$$

$$V=130.4\text{kN}<0.25f_c b h_0=415.6\text{kN}$$

故截面尺寸满足抗剪条件。

(2) 验算是否需按计算配置腹筋。

$$V_c=0.7f_t b h_0=0.7\times1.43\times250\times465=116.37(\text{kN})<V=130.4\text{kN}$$

需按计算配置腹筋。

(3) 仅配箍筋时箍筋数量的确定。

$$\frac{A_{sv}}{s}\geqslant\frac{V-0.7f_t b h_0}{1.25f_{yv}h_0}=\frac{130.4\times10^3-0.7\times1.43\times250\times465}{1.25\times210\times465}=0.115(\text{mm}^2/\text{mm})$$

选用双肢φ6箍筋，$A_{sv1}=28.3\text{mm}^2$，$n=2$ 代入上式得 $s\leqslant492\text{mm}$，取 $s=150\text{mm}<S_{\max}=250\text{mm}$，箍筋沿梁全长布置。

(4) 验算最小配箍率。

$$\rho_{sv}=\frac{A_{sv}}{bs}=\frac{56.6}{250\times150}=0.15\%>\rho_{sv\min}=0.24\frac{f_t}{f_{yv}}=0.24\times\frac{1.27}{210}=0.145\%$$

6. 选配钢筋及绘配筋图

查表，选用3Φ28 ($A_s=1847\text{mm}^2$)，φ6@150双肢箍筋，架立钢筋2φ12，配筋简图如图3.50所示。

学习单元3.5 某厂房肋形结构次梁设计计算

任务描述：

某厂房肋梁楼盖的次梁，跨度为6m，间距为2.4m，截面尺寸如图3.64所示。环境类别为一类，结构的安全等级为二级。跨中最大弯矩设计值 $M=95\text{kN}\cdot\text{m}$，混凝土强度等级为C20，钢筋采用HRB335级，试计算该次梁所需纵向受拉钢筋面积A_s。

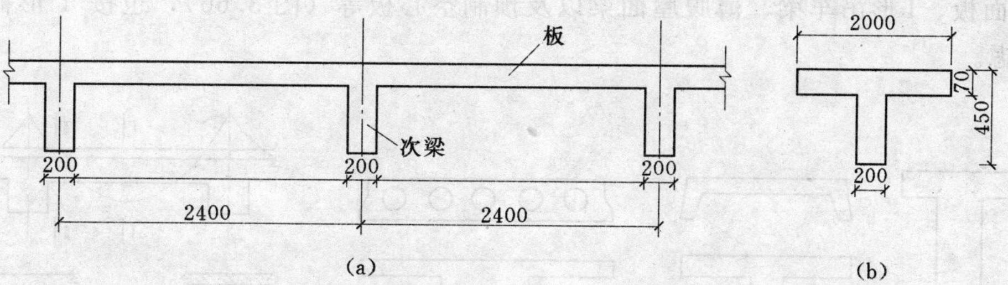

图 3.64　某厂房肋形结构次梁

任务分析：

该任务为钢筋混凝土简支梁的截面设计，完成该任务的步骤如下：

(1) 将实际构件简化，作出计算简图。

(2) 由计算简图，利用力学知识求弯矩、剪力，并作出弯矩图和剪力图。

(3) 选内力最大截面作为计算截面，计算内力设计值。

(4) 按正截面计算公式计算所需纵向受力钢筋数量。

(5) 选配受力钢筋及构造钢筋。

任务知识点：

1. T 形截面特点

受弯构件在破坏时，大部分受拉区混凝土早已退出工作，故可挖去部分受拉区混凝土，并将钢筋集中放置，如图 3.65 (a) 所示，形成 T 形截面。它与原来的矩形截面相比，承载力相同，这样既可节省混凝土，也可减轻结构自重。若受拉钢筋较多，为便于布置钢筋，可将截面底部适当增大，形成工形截面，如图 3.65 (b) 所示。

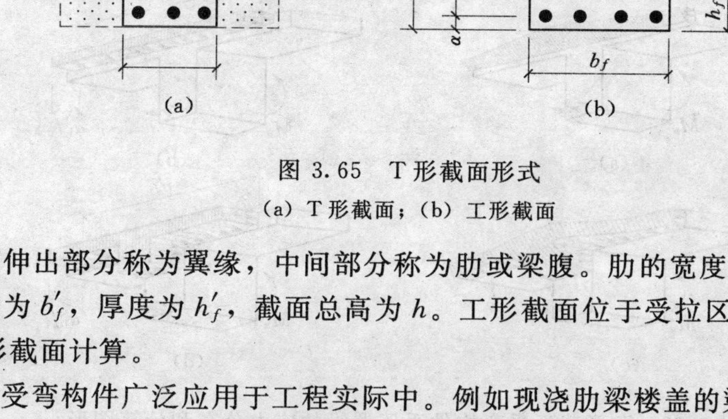

图 3.65　T 形截面形式

(a) T 形截面；(b) 工形截面

T 形截面伸出部分称为翼缘，中间部分称为肋或梁腹。肋的宽度为 b，位于截面受压区的翼缘宽度为 b'_f，厚度为 h'_f，截面总高为 h。工形截面位于受拉区的翼缘不参与受力，因此也按 T 形截面计算。

T 形截面受弯构件广泛应用于工程实际中。例如现浇肋梁楼盖的梁与楼板浇筑在一起形成 T 形梁；预制构件中的独立 T 形梁等。一些其他截面形式的预制构件，如槽形板、双 T 屋面板、I 形吊车梁、薄腹屋面梁以及预制空心板等（图 3.66），也按 T 形截面受弯构件考虑。

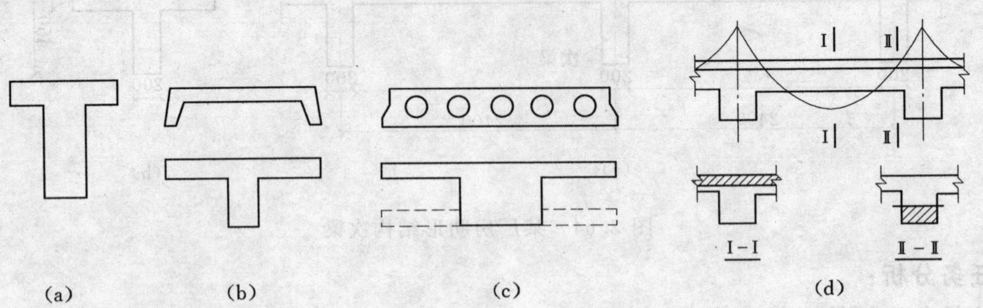

图 3.66　工程结构中的 T 形和矩形截面

但是，若翼缘在梁的受拉区，例如图 3.67（b）所示的倒 T 形截面梁，当受拉区的混凝土开裂后，翼缘对承载力就不再起作用了。对于这种梁应按肋宽为 b 的矩形截面计算承载力。

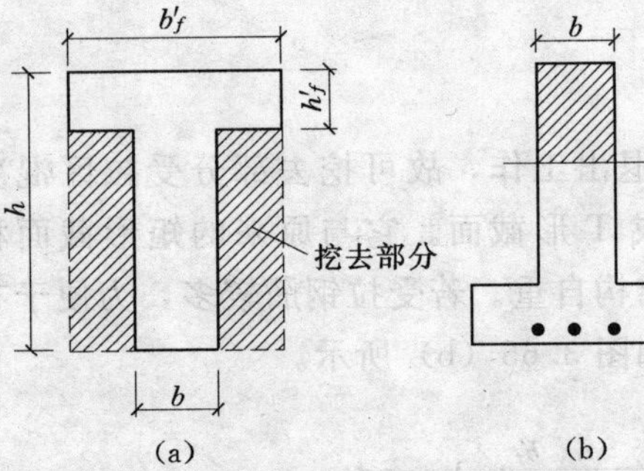

图 3.67　T 形截面与倒 T 形截面

（a）T 形截面；（b）倒 T 形截面

2. 翼缘的计算宽度 b'_f

由实验和理论分析可知，T 形截面梁受力后，翼缘上的纵向压应力是不均匀分布的，离梁肋越远，压应力越小，实际压应力分布如图 3.68（a）、图 3.68（c）所示。故在设计中把翼缘限制在一定范围内，称为翼缘的计算宽度 b'_f，并假定在 b'_f 范围内压应力是均匀分布的，如图 3.68（b）、图 3.68（d）所示。

《混凝土规范》规定了 T 形及倒 L 形截面受弯构件翼缘计算宽度 b'_f 的取值，考虑到 b'_f 与翼缘厚度、梁跨度和受力状况等因素有关，故按表 3.17 中规定各项的最小值采用。

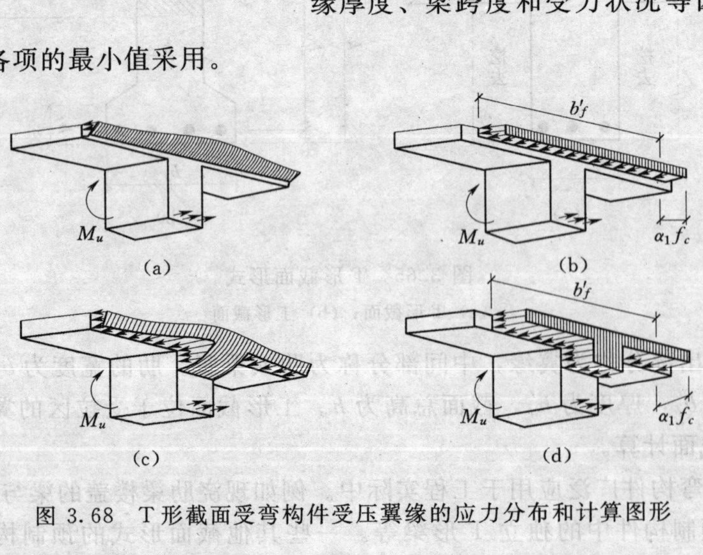

图 3.68　T 形截面受弯构件受压翼缘的应力分布和计算图形

表 3.17　　**T 形及倒 L 形截面受弯构件翼缘的计算宽度 b'_f**

项次	考虑情况		T形截面		倒L形截面
			肋形梁（板）	独立梁	肋形梁（板）
1	按计算跨度 l_0 考虑		$l_0/3$	$l_0/3$	$l_0/6$
2	按梁（肋）净距 s_n 考虑		$b+s_n$	—	$b+s_n/2$
3	按翼缘高度 h'_f 考虑	当 $h'_f \geqslant h_0 \geqslant 0.1$	—	$b+12h'_f$	—
		当 $0.1>h'_f/h_0 \geqslant 0.05$	$b+12h'_f$	$b+6h'_f$	$b+5h'_f$
		当 $h'_f/h_0<0.05$	$b+12h'_f$	b	$b+5h'_f$

注　1. 表中 b 为梁的腹板宽度（图 3.69）。
2. 如果肋形梁在梁跨内设有间距小于纵肋间距的横肋时，则可不遵守表中第三种情况的规定。
3. 对有加腋的 T 形和倒 L 形截面，当受压区加腋的高度 $h_h \geqslant h'_f$ 且加腋的宽度 $b_h \leqslant 3h'_f$ 时，则其翼缘计算宽度可按表中第三种情况规定分别增加 $2b_h$（T 形截面）和 b_h（倒 L 形截面）。
4. 独立梁受压区的翼缘板在荷载作用下经验算沿纵肋方向可能产生裂缝时，其计算宽度应取腹板宽度 b。

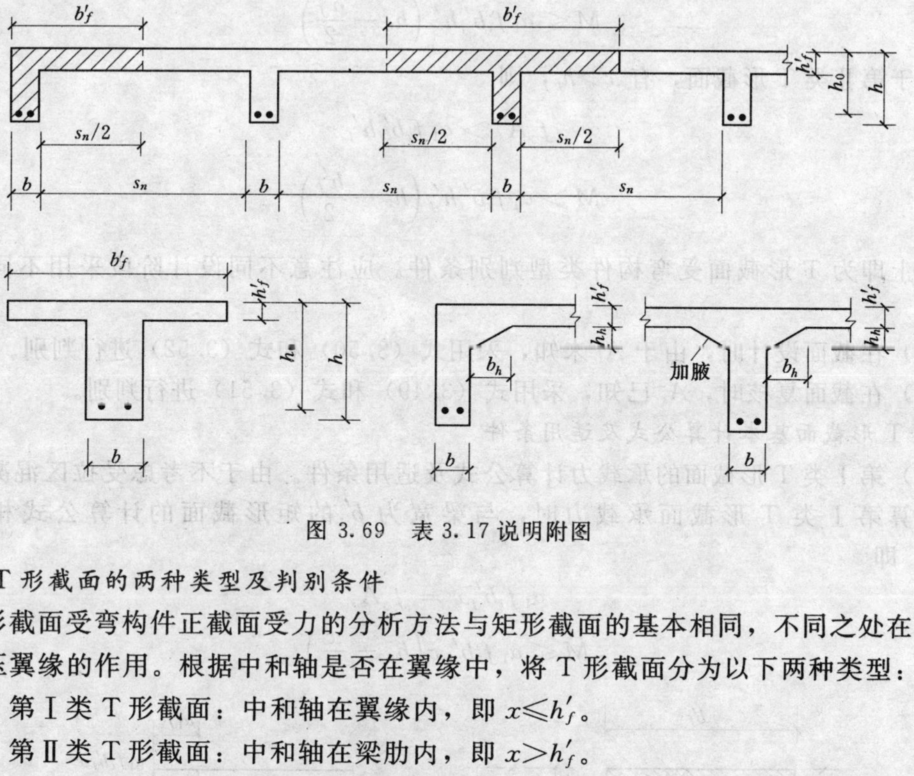

图 3.69　表 3.17 说明附图

3. T 形截面的两种类型及判别条件

T 形截面受弯构件正截面受力的分析方法与矩形截面的基本相同，不同之处在于需要考虑受压翼缘的作用。根据中和轴是否在翼缘中，将 T 形截面分为以下两种类型：

（1）第Ⅰ类 T 形截面：中和轴在翼缘内，即 $x \leqslant h'_f$。

（2）第Ⅱ类 T 形截面：中和轴在梁肋内，即 $x>h'_f$。

要判断中和轴是否在翼缘中，首先应对界限位置进行分析，界限位置为中和轴在翼缘与梁肋交界处，即 $x=h'_f$ 处（图 3.70）。

根据力的平衡条件，有：

$$\sum x=0 \quad \alpha_1 f_c b'_f h'_f = f_y A_s$$

$$\sum M_{A_s}=0 \quad M_u=\alpha_1 f_c b'_f h'_f\left(h_0-\frac{h'_f}{2}\right)$$

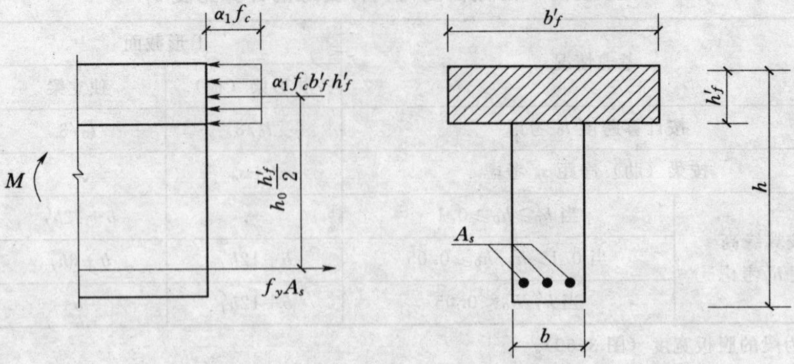

图 3.70 $x=h'_f$时的T形截面

对于第Ⅰ类T形截面，有$x\leqslant h'_f$，则

$$f_y A_s \leqslant \alpha_1 f_c b'_f h'_f \tag{3.49}$$

$$M\leqslant \alpha_1 f_c b'_f h'_f\left(h_0-\frac{h'_f}{2}\right) \tag{3.50}$$

对于第Ⅱ类T形截面，有$x>h'_f$，则

$$f_y A_s > \alpha_1 f_c b'_f h'_f \tag{3.51}$$

$$M > \alpha_1 f_c b'_f h'_f\left(h_0-\frac{h'_f}{2}\right) \tag{3.52}$$

以上即为T形截面受弯构件类型判别条件。应注意不同设计阶段采用不同的判别条件：

(1) 在截面设计时，由于A_s未知，采用式（3.50）和式（3.52）进行判别。

(2) 在截面复核时，A_s已知，采用式（3.49）和式（3.51）进行判别。

4. T形截面基本计算公式及适用条件

(1) 第Ⅰ类T形截面的承载力计算公式及适用条件。由于不考虑受拉区混凝土的作用，计算第Ⅰ类T形截面承载力时，与梁宽为b'_f的矩形截面的计算公式相同（图3.71），即

$$\alpha_1 f_c b'_f x = f_y A_s \tag{3.53}$$

$$M\leqslant \alpha_1 f_c b'_f x\left(h_0-\frac{x}{2}\right) \tag{3.54}$$

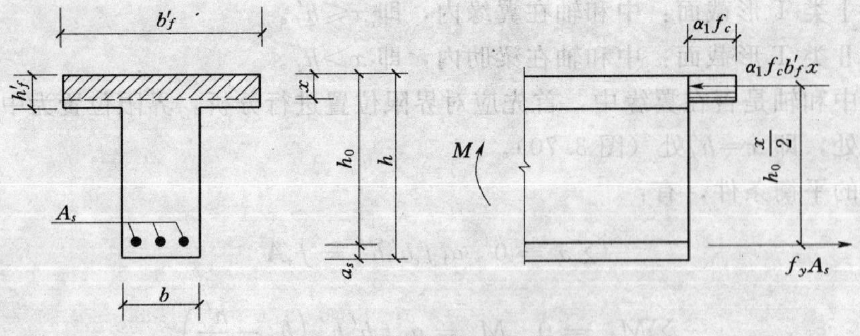

图 3.71 第Ⅰ类T形截面

适用条件：

1）$x \leqslant \xi_b h_0$。由于T形截面的h'_f较小，而第Ⅰ类T形截面中和轴在翼缘中，故x值较小，该条件一般都可满足，不必验算。

2）$A_s \geqslant \rho_{min} bh$。应该注意的是，尽管第Ⅰ类T形截面承载力按$b'_f \times h$的矩形截面计算，但最小配筋面积按$\rho_{min} bh$而不是$\rho_{min} b'_f h$计算。

（2）第Ⅱ类T形截面的承载力计算公式及适用条件。第Ⅱ类T形截面的中和轴在梁肋中，可将该截面分为伸出翼缘和矩形梁肋两部分，如图3.72所示，则计算公式根据平衡条件得：

$$\alpha_1 f_c (b'_f - b) h'_f + \alpha_1 f_c bx = f_y A_s \tag{3.55}$$

$$M \leqslant \alpha_1 f_c (b'_f - b) h'_f \left(h_0 - \frac{h'_f}{2}\right) + \alpha_1 f_c bx \left(h_0 - \frac{x}{2}\right) \tag{3.56}$$

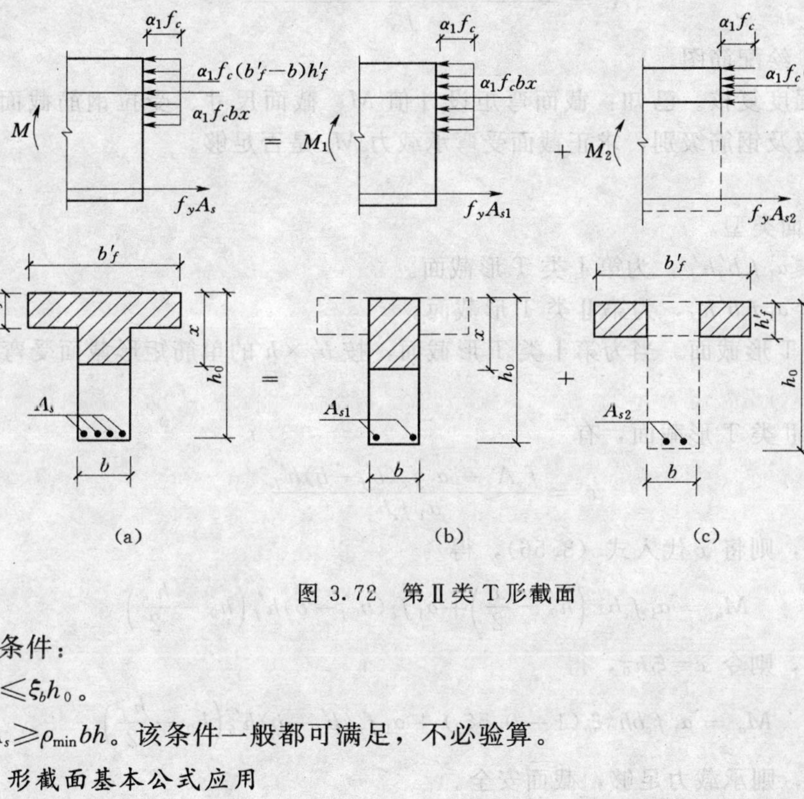

图 3.72 第Ⅱ类T形截面

适用条件：

1）$x \leqslant \xi_b h_0$。

2）$A_s \geqslant \rho_{min} bh$。该条件一般都可满足，不必验算。

5. T形截面基本公式应用

（1）截面设计。已知：截面弯矩设计值M、截面尺寸、混凝土强度等级和钢筋级别，求受拉钢筋截面面积A_s。

设计步骤：

1）判别T形截面类型。

- 当满足$M \leqslant \alpha_1 f_c b'_f h'_f \left(h_0 - \frac{h'_f}{2}\right)$时，为第Ⅰ类T形截面。
- 当满足$M > \alpha_1 f_c b'_f h'_f \left(h_0 - \frac{h'_f}{2}\right)$时，为第Ⅱ类T形截面。

2）第Ⅰ类T形截面。当为第Ⅰ类T形截面，按梁宽为b'_f的单筋矩形截面受弯构件计算，并验算$A_s \geqslant \rho_{\min}bh$。

3）第Ⅱ类T形截面。当为第Ⅱ类T形截面，令$x=\xi h_0$，并代入下式：

$$M \leqslant \alpha_1 f_c (b'_f - b) h'_f \left(h_0 - \frac{h'_f}{2}\right) + \alpha_1 f_c b x \left(h_0 - \frac{x}{2}\right)$$

可求得：

$$\alpha_s = \frac{M - \alpha_1 f_c (b'_f - b) h'_f \left(h_0 - \frac{h'_f}{2}\right)}{\alpha_1 f_c b h_0^2}$$

若$\alpha_s > \alpha_{sb}$，则需改变截面尺寸和混凝土等级，重新设计。

若$\alpha_s \leqslant \alpha_{sb}$，求得$\xi = 1 - \sqrt{1 - 2\alpha_s}$，则

$$A_s = \frac{\alpha_1 f_c b \xi h_0 + \alpha_1 f_c (b'_f - b) h'_f}{f_y}$$

选配钢筋，绘配筋图。

（2）截面强度复核。已知：截面弯矩设计值M、截面尺寸、受拉钢筋截面面积A_s、混凝土强度等级及钢筋级别，求正截面受弯承载力M_u是否足够。

复核步骤：

1）判别截面类型。

- 若$f_y A_s \leqslant \alpha_1 f_c b'_f h'_f$，为第Ⅰ类T形截面。
- 若$f_y A_s > \alpha_1 f_c b'_f h'_f$，为第Ⅱ类T形截面。

2）第Ⅰ类T形截面。当为第Ⅰ类T形截面，按$b'_f \times h$的单筋矩形截面受弯构件复核方法进行。

3）当为第Ⅱ类T形截面，有

$$x = \frac{f_y A_s - \alpha_1 f_c (b'_f - b) h'_f}{\alpha_1 f_c b}$$

若$x \leqslant \xi_b h_0$，则将x代入式（3.56），得

$$M_u = \alpha_1 f_c b x \left(h_0 - \frac{x}{2}\right) + \alpha_1 f_c (b'_f - b) h'_f \left(h_0 - \frac{h'_f}{2}\right)$$

若$x > \xi_b h_0$，则令$x = \xi_b h_0$，得

$$M_u = \alpha_1 f_c b h_0^2 \xi_b (1 - 0.5\xi_b) + \alpha_1 f_c (b'_f - b) h'_f \left(h_0 - \frac{h'_f}{2}\right)$$

若$M_u \geqslant M$，则承载力足够，截面安全。

任务实施：

1. 设计参数

查表可知，C20混凝土$f_c = 9.60\text{N/mm}^2$；HRB335级钢筋$f_y = 300\text{N/mm}^2$，$\alpha_1 = 1.0$，$\xi_b = 0.550$，$a_s = 40\text{mm}$，$h_0 = h - a_s = 410\text{mm}$。

2. 确定受压翼缘宽度

按计算跨度考虑：

$$b'_f = \frac{l_0}{3} = \frac{6000}{3} = 2000(\text{mm})$$

按梁净距 s_n 考虑：

$$b'_f = S_n + b = 2200 + 200 = 2400(\text{mm})$$

按翼缘厚度 h'_f 考虑：

$$\frac{h'_f}{h_0} = \frac{70}{410} = 0.17 > 0.1$$

受压翼缘宽度不受此项限制。

翼缘计算宽度 b'_f 取三者中的较小值，所以 $b'_f = 2000\text{mm}$，次梁截面如图 3.64（b）所示。

3. 判别 T 形截面类型

$$\alpha_1 f_c b'_f h'_f \left(h_0 - \frac{h'_f}{2}\right) = 1.0 \times 9.6 \times 2000 \times 70\left(410 - \frac{70}{2}\right) \times 10^{-6}$$

$$= 504(\text{kN} \cdot \text{m}) > M = 95\text{kN} \cdot \text{m}$$

属于第一类 T 形截面。

4. 计算系数 α_s、ξ

$$\alpha_s = \frac{M}{\alpha_1 f_c b'_f h_0^2} = \frac{95 \times 10^6}{1.0 \times 9.6 \times 2000 \times 410^2} = 0.029$$

$$\xi = 1 - \sqrt{1 - 2\alpha_s} = 1 - \sqrt{1 - 2 \times 0.029} = 0.0299 < \xi_b = 0.55$$

5. 计算受拉钢筋面积 A_s

$$A_s = \frac{\alpha_1 f_c b'_f x}{f_y} = \frac{\alpha_1 f_c b'_f h_0 \xi}{f_y}$$

$$= \frac{1.0 \times 9.6 \times 2000 \times 410 \times 0.0299}{300}$$

$$= 784(\text{mm}^2)$$

选用 3 Φ 20，$A_s = 941\text{mm}^2$。

6. 验算最小配筋率 ρ

$$\rho_1 = \frac{A_s}{bh} = \frac{941}{200 \times 450}$$

$$= 1.04\% > \rho_{\min}$$

$$= 0.45 \frac{f_t}{f_y} = 0.45 \frac{1.1}{300} = 0.165\%$$

同时 $\rho > 0.2\%$，满足要求，其截面配筋如图 3.73 所示。

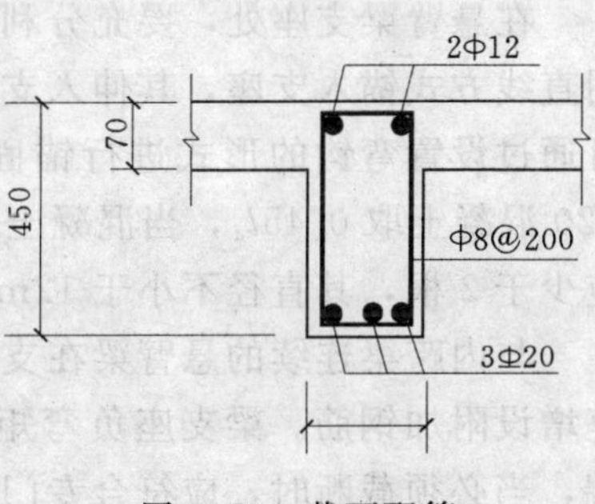

图 3.73　截面配筋

学习单元 3.6　某厂房钢筋混凝土外伸梁的设计

任务描述：

设计某水电站生产副厂房楼盖外伸梁，该梁处于室内正常环境。其跨长、截面尺寸如图 3.74 所示。结构安全级别为Ⅱ级。该梁在正常使用时承受均布荷载设计值 $g_1 = g_2 = 32\text{kN/m}$，均布活荷载设计值 $q_1 = 38\text{kN/m}$，$q_2 = 108\text{kN/m}$，采用 C25 混凝土，纵向受力

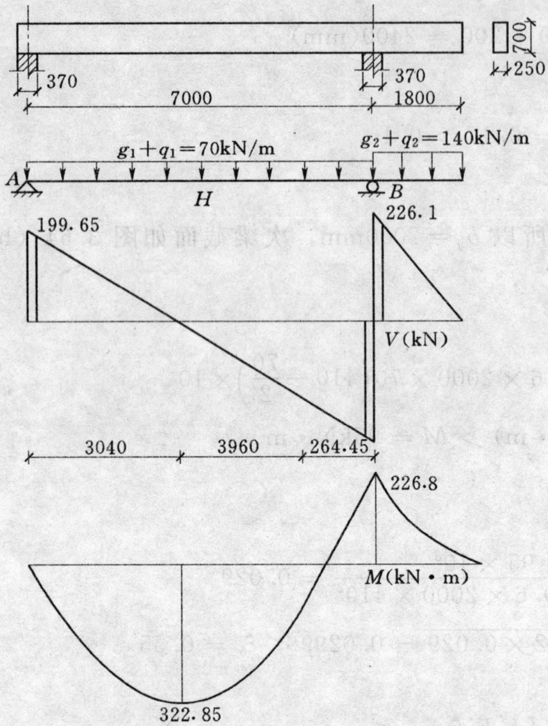

图 3.74　梁的计算简图及内力图

钢筋为Ⅱ级。

任务分析：

该任务为钢筋混凝土外伸梁设计，已知梁的跨度、截面尺寸、材料等级，设计该梁的步骤为：

(1) 进行内力计算，绘出弯矩图、剪力图。

(2) 验算截面尺寸。

(3) 按正截面承载力要求确定纵向钢筋用量。

(4) 按斜截面承载力要求确定箍筋、弯起钢筋用量。

(5) 绘制抵抗弯矩图。

(6) 绘制结构施工图。

任务知识点：

1. 悬臂梁的配筋构造

钢筋混凝土悬臂梁受力钢筋应按计算确定，梁顶面受力纵向直通钢筋不应少于2根，并沿梁角布置，因梁全长受负弯矩作用，因此，上部纵向受拉钢筋不宜在悬臂梁长度内截断负弯矩钢筋，但可按弯矩图分批向下弯折，应有不少于两根上部钢筋伸至悬臂梁外端，并向下弯折不少于$12d$，其余钢筋不应在梁的上部截断。

在悬臂梁支座处，要充分利用钢筋的强度，当支座高度足够时，悬臂梁的上部纵筋可用直线方式锚入支座，其伸入支座的长度应满足锚固长度 l_a 的要求。当支座高度不足时，可通过设置弯钩的形式进行锚固。当采用 90°弯折时，其弯折前的水平投影长度，对于C20 混凝土取 $0.45l_a$，当混凝土等级大于 C20 时，取 $0.4l_a$。悬臂梁中，底部架立钢筋不应少于 2 根，其直径不小于 12mm（图 3.75）。

与内跨梁连续的悬臂梁在支座处有较大的负弯矩，在梁顶部除设通常直钢筋外，在支座增设附加钢筋。梁支座负弯矩纵向受力钢筋不宜在受拉区截断，宜全部伸至悬臂梁外端，当必须截断时，应符合专门规定。

2. 钢筋混凝土梁斜截面受弯承载力的构造措施

钢筋混凝土梁除了可能沿斜截面发生受剪破坏外，还可能沿斜截面发生受弯破坏。

图 3.76 为一均布荷载简支梁，当出现斜裂缝 st 时，则斜截面的弯矩 $M_{st}=M_t<M_{max}$，显然，在满足正截面 M_{max} 强度要求所需的纵向钢筋 A_s，在梁的全跨

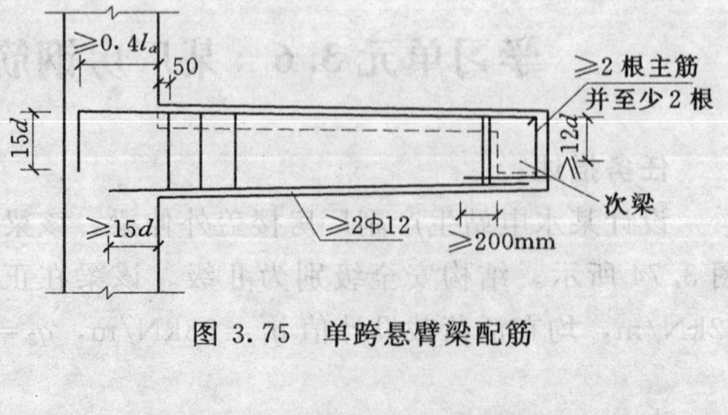

图 3.75　单跨悬臂梁配筋

内既不弯起，也不切断，就必然可以满足任何斜截面的抗弯刚度。但是在工程实际中，为了节约钢筋可将一部分纵筋在受弯承载力不需要处予以弯起，用作受剪弯起钢筋，或将钢筋切断。但是，如果一部分纵筋在截面 s 之前被弯起或切断，则余下的纵筋即使能抵抗截面 s 上的正截面弯矩 M_s，但抵抗斜截面 st 上的弯矩 M_{st} 就有可能不足，因为 $M_{st}=M_t>M_s$。因此，在纵筋被弯起或切断时，斜截面的抗弯就有可能成为问题。为了解决斜截面的抗弯问题，一般要通过绘制正截面的抵抗弯矩图的方法予以解决。

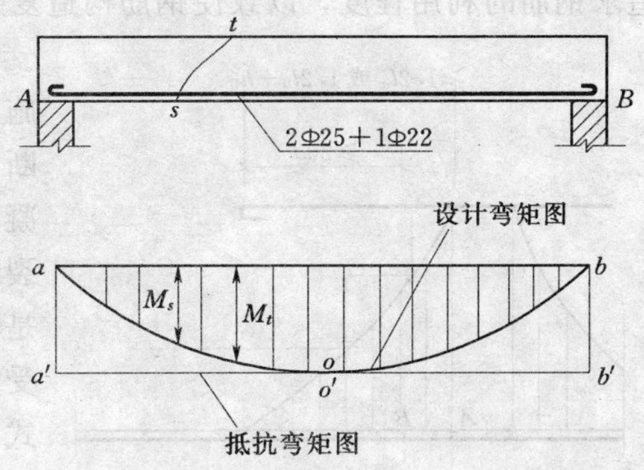

图 3.76　斜截面上的弯矩及抵抗弯矩图

(1) 抵抗弯矩图。所谓抵抗弯矩图或 M_u 图，是按照梁内实配的纵筋的数量计算并画出的各截面所能抵抗的弯矩图。各截面实际所能抵抗的弯矩与构件的截面尺寸、纵向钢筋的数量及其布置有关。

绘制抵抗弯矩图的方法是：首先按一定比例绘出梁的设计弯矩图 M，再求出跨中截面纵筋所能承担的抵抗弯矩 M_u，将 M_u 按钢筋截面面积比例划分。如果钢筋既不切断也不弯起，抵抗弯矩图就呈平行线，如图 3.76 所示。当钢筋切断时，抵抗弯矩图在钢筋的理论断点呈台阶状，当钢筋弯起时，抵抗弯矩图呈斜线（如图 3.77 中的①、②、③号钢筋）。

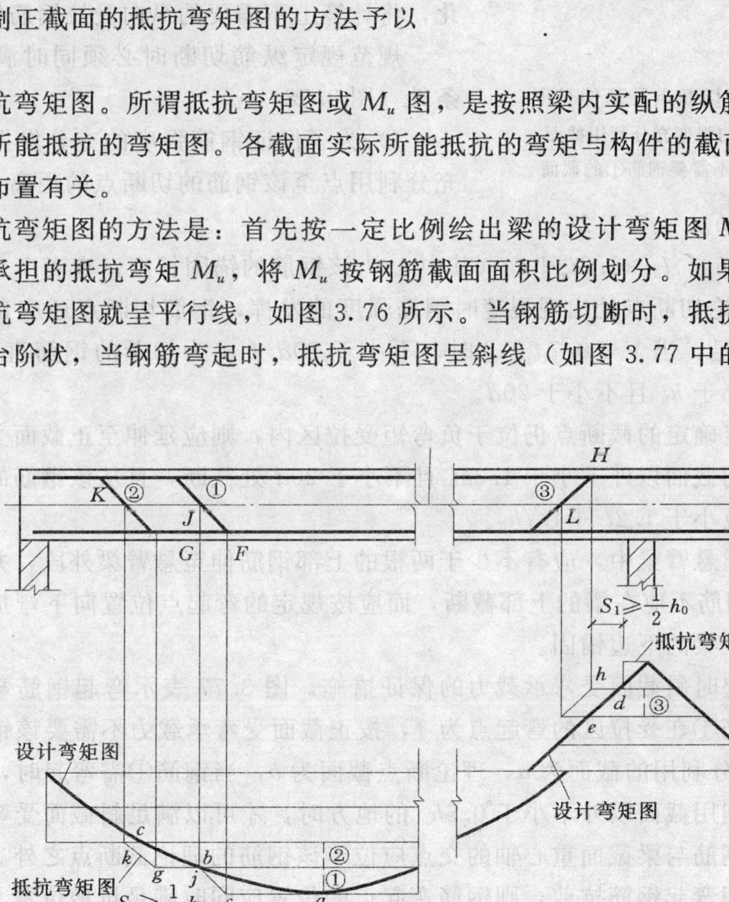

图 3.77　纵筋弯起的构造要求

M_u 图代表梁的正截面抗弯能力，因此在各个截面上都要求 M_u 不小于 M，所以与 M 图是同一比例尺的 M_u 图必须将 M 图包括在内。M_u 图与 M 图越贴近，表明钢筋强度的利用越充分，这是设计中应力求作到的一点。与此同时，也要照顾到施工的便利，不要片面追求钢筋的利用程度，以致使钢筋构造复杂化。

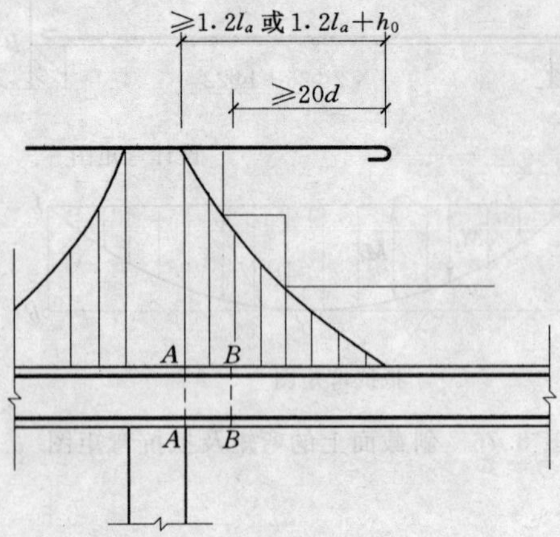

图 3.78　纵筋切断点及延伸长度

A-A—钢筋①的强度充分利用截面；
B-B—按计算不需要钢筋①的截面

(2) 切断钢筋时保证斜截面受弯承载力的措施。一般情况下，纵向受力钢筋不宜在受拉区切断，因为截断处受力钢筋面积骤减，容易引起混凝土拉应力突增，导致在纵筋截断处过早出现斜裂缝。因此，对于梁底承受正弯矩的钢筋，通常是将计算上不需要的钢筋弯起作为抗剪钢筋或承受支座负弯矩的钢筋，而不采取将钢筋切断的方式。但对于连续梁（板）中间支座承受负弯矩的钢筋，为了节约钢筋，必要时可以按弯矩图的变化，将计算上不需要的纵向受拉钢筋切断。

规范规定纵筋切断时必须同时满足以下两个条件（图 3.78）：

1）为了保证钢筋强度的充分发挥，自钢筋的充分利用点至该钢筋的切断点的距离 l_d 应满足：

当 $V\leqslant 0.7f_tbh_0$，$l_d\geqslant 1.2l_a$；

当 $V>0.7f_tbh_0$，$l_d\geqslant 1.2l_a+h_0$（其中 l_a 为该钢筋的锚固长度，查表 1.20 可得）。

2）为保证理论切断点处出现裂缝时钢筋强度的发挥，钢筋切断点还应自理论切断点延伸长度 l_w 应满足：当 $V\leqslant 0.7f_tbh_0$ 时，不小于 $20d$（d 为切断的钢筋直径）；当 $V>0.7f_tbh_0$ 时，不小于 h_0 且不小于 $20d$。

如按上述规定确定的截断点仍位于负弯矩受拉区内，则应延伸至正截面受弯承载力计算不需要该钢筋的截面以外不小于 $1.3h_0$ 且不小于 $20d$ 处截断，且从该钢筋的充分利用截面延伸的长度不应小于 $1.2l_a+1.7h_0$。

在钢筋混凝土悬臂梁中，应有不少于两根的上部钢筋伸至悬臂梁外段，并向下弯折不小于 $12d$；其余钢筋不应在梁的上部截断，而应按规定的弯起点位置向下弯折，并按弯起钢筋的锚固构造在梁的下边锚固。

(3) 纵筋弯起时斜截面受弯承载力的保证措施。图 3.77 表示弯起钢筋弯起点与弯矩图形的关系。钢筋①在受拉区的弯起点为 f，按正截面受弯承载力不需要该钢筋的截面为 j，该钢筋强度充分利用的截面为 a，理论断点截面为 b，当钢筋①需弯起时，弯起点应设在该钢筋的充分利用截面以外不小于 $0.5h_0$ 的地方时，才可以满足斜截面受弯承载力的要求。同时，弯起钢筋与梁截面重心轴的交点应位于该钢筋的理论截断点之外。

总之，若利用弯起钢筋抗剪，则钢筋弯起点的位置应同时满足抗剪位置（由抗剪计算确定）、正截面抗弯（材料图覆盖弯矩图）及斜截面抗弯（$s\geqslant h_0/2$）三项要求。

3. 钢筋混凝土构件施工图

为了满足施工要求，钢筋混凝土构件施工图一般包括下列内容：

(1) 配筋图。配筋图表示钢筋骨架的形状以及在模板中的位置，主要为绑扎骨架用。为避免混乱，凡规格、长度或形状不同的钢筋必须编以不同的编号，写在小圆圈内，并在编号引线旁注上这种钢筋的根数及直径。最好在每根钢筋的两端及中间都注上编号，以便于查清各根钢筋的来龙去脉。

(2) 钢筋表。钢筋表表示构件中所有钢筋的品种、规格、形状、长度、根数，主要为断料及加工成型用，同时可用来计算钢筋用量。

现以简支梁为例，介绍钢筋表中钢筋长度计算的一般方法。

1) 直钢筋。图 3.79 中的①号钢筋为一直钢筋，其直段上所注尺寸是指钢筋两端弯钩外缘之间的距离，即为全长 6000mm 减去两端弯钩外保护层各 30mm。此长度再加上两端弯钩长即可得出钢筋全长。弯钩长度各工地并不完全统一，以人工弯钩为例，一般每个弯钩长度为 $5d$～$6.25d$ 之间。本例按 $5d$ 计，则①号钢筋的全长为 5940＋2×5×20＝6140 (mm)。同样架立钢筋③全长为 5940＋2×5×12＝6060 (mm)。

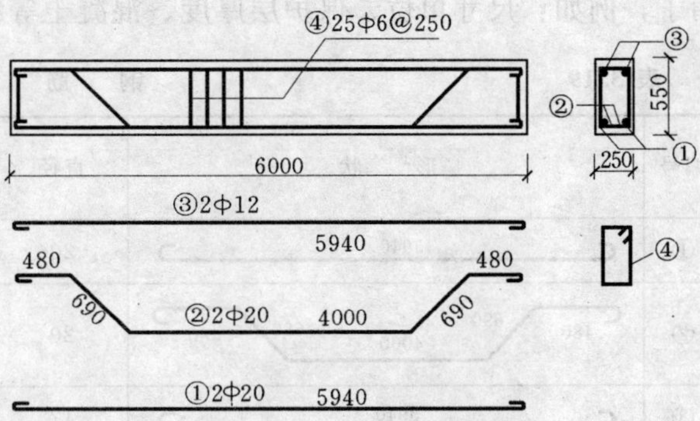

图 3.79　钢筋长度的计算

2) 弯起钢筋。图中钢筋②形如弓，俗称弓铁，也叫元宝筋。所注尺寸中弯起部分的高度以弓铁外皮计算，即从梁高 550mm 中减去上下混凝土保护层，550－60＝490 (mm)。由于弯起角度等于 45°，故弯起部分的底宽及斜边各为 490mm 及 690mm。钢筋②的中间水平直段长可由图量出为 400mm，而弯起后的水平直段长度可由计算求出：即为 (6000－2×30－4000－2×490) /2＝480 (mm)。最后可得弓铁的全长为 4000＋2×690＋2×480＋2×5×20＝6540 (mm)。

3) 箍筋。箍筋尺寸注法各工地不完全统一，大致分为注箍筋外边缘尺寸及注箍筋内口尺寸两种。前者的好处在于与其他钢筋一致，即所注尺寸均代表钢筋的外皮到外皮的距离；注内口尺寸的好处在于便于校核，箍筋内口尺寸即构件截面外形尺寸减去主筋混凝土保护层，箍筋内口高度也即是弓铁的外皮高度。在注箍筋尺寸时，最好注明所注尺寸是内口还是外缘。箍筋的弯钩大小与主筋的粗细有关，根据箍筋与主筋直径的不同，箍筋两个弯钩的增加长度见表 3.18。

表 3.18　　**箍筋两个弯钩的增加长度**　　单位：mm

主筋直径	箍筋直径				
	5	6	8	10	12
10～25	80	100	120	140	180
28～32		120	140	160	210

图 3.79 中的箍筋长度为 2× (490＋190) ＋100＝1460 (mm) (内口)。

此简支梁的钢筋表见表 3.19。

钢筋长度的计算和钢筋表的制作是一项细致而重要的工作，必须仔细运算及认真复核方可无误。

必须注意，钢筋表内的钢筋长度还不是钢筋加工时的断料长度。由于钢筋在弯折及弯钩时，要伸长一些，因此断料长度等于计算长度扣除钢筋伸长值，伸长值和弯折角度大小等有关，具体可参阅有关施工手册。箍筋长度如果注内口，则计算长度即为断料长度。

（3）说明或附注。一般用图难以表达的内容，可用文字加以说明，文字说明要求简捷明了，例如：尺寸单位、保护层厚度、混凝土等级以及其他施工注意事项。

表 3.19　　钢　筋　表

编号	形　状	直径	长度	根数	总长 (m)	每米质量 (kg/m)	质量 (kg)
①		20	6140	2	12.28	2.470	30.33
②		20	6540	2	13.08	2.470	32.31
③		12	6060	2	12.12	0.888	10.76
④	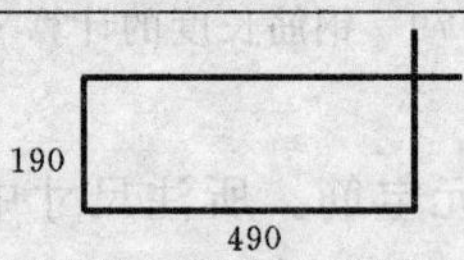	6	1460	25	36.50	0.222	8.10
总质量（kg）							81.50

任务实施：

1. 作此梁在荷载作用下的弯矩图及剪力图（图 3.76）

（1）计算跨度。简支段：$l_{01}=7\text{mm}$；悬臂段：$l_{02}=1.8\text{mm}$。

（2）支座反力 R_A、R_B。

$$R_B=\frac{\frac{1}{2}(g_1+q_1)l_{01}^2+(g_2+q_2)l_{02}\left(l_{01}+\frac{l_{02}}{2}\right)}{l_{01}}$$

$$=\frac{70\times7\times\frac{7}{2}+140\times1.8\times\left(7+\frac{1.8}{2}\right)}{7}$$

$$=529.4(\text{kN})$$

$$R_A=(g_1+q_1)l_{01}+(g_2+q_2)l_{02}-R_B=70\times7+140\times1.8-R_B=212.6(\text{kN})$$

（3）内力计算。

A 支座边缘截面

$$V_A=R_A-70\times\frac{0.37}{2}=199.65(\text{kN})$$

$$V_B^r=140\times\left(1.8-\frac{0.37}{2}\right)=226.1(\text{kN})$$

$$V_B^l=R_A-70\times\left(7-\frac{0.37}{2}\right)=264.45(\text{kN})$$

设剪力为零的截面与 A 支座距离为 x，则有

$$R_A - 70x = 0$$

$$x = 3.04\text{m}$$

AB 跨的最大弯矩

$$M_{\max} = R_A x - 70x\frac{x}{2}$$

$$= 212.6 \times 3.04 - 70 \times 3.04 \times \frac{3.04}{2}$$

$$= 322.85(\text{kN} \cdot \text{m})$$

B 支座截面弯矩

$$M_B = 140 \times 1.8 \times \frac{1.8}{2} = 226.8(\text{kN} \cdot \text{m})$$

2. 内力设计值

(1) 系数查表得 $\gamma_0 = 1.0$。

(2) 材料强度及截面尺寸。

混凝土：$f_c = 12.5\text{N/mm}^2$

钢筋：$f_y = 310\text{N/mm}^2$，$f_{yv} = 210\ \text{N/mm}^2$

截面尺寸：$b = 250\text{mm}$，$h = 700\text{mm}$

(3) 支座边缘截面剪力设计值。

$$V_A = 1.0 \times 199.65 = 199.65(\text{kN})$$

$$V_B^l = 1.0 \times 264.45 = 264.45(\text{kN})$$

$$V_B^r = 1.0 \times 226.1 = 226.1(\text{kN})$$

(4) 跨中截面最大弯矩设计值。

$$M_H = 1.0 \times 322.85 = 322.85(\text{kN} \cdot \text{m})$$

(5) 支座截面最大负荷弯矩设计值。

$$M_B = 1.0 \times 226.8 = 226.8(\text{kN} \cdot \text{m})$$

3. 配筋计算

(1) 验算截面尺寸。由于弯矩较大，估计纵筋需排两排，取 $a = 60\text{mm}$，则 $h_0 = h - a = 700 - 60 = 640$ (mm)，$h_w = h_0 = 640\text{mm}$。

$$\frac{h_w}{b} = \frac{640}{250} = 2.56 < 4.0$$

$$0.25 f_c b h_0 = 0.25 \times 11.9 \times 250 \times 590 = 438.81(\text{kN}) > V_{\max} = 264.45\text{kN}$$

截面尺寸满足抗剪要求。

(2) 计算纵向钢筋，见表 3.20。

表 3.20　　纵向受拉钢筋计算表

计算截面 / 计算内容	跨中 H 截面	支座 B 截面	计算截面 / 计算内容	跨中 H 截面	支座 B 截面
M (kN·m)	322.85	226.8	$A_s=\frac{f_c b h_0 \xi}{f_y}$	2264	1463
$\alpha_s=\frac{M}{f_c b h_0^2}$	0.312	0.219	选配钢筋	2Φ25＋4Φ20	5Φ20
$\xi=1-\sqrt{1-2\alpha_s}$	0.387	0.250	实配 A_s (mm²)	2238	1571

(3) 计算抗剪钢筋。

1) 验算是否按计算配置钢筋。

$$0.7f_t bh_0=0.7\times1.27\times250\times590=131.13(\text{kN})<M_{max}$$

必须由计算确定抗剪箍筋。

2) 受剪箍筋计算。按构造要求采用φ8@250，$A_{sv}=100.6\text{mm}^2$，$S\leqslant S_{max}=250$。

$$\rho_{sv}=\frac{A_{sv}}{bs}=\frac{100.6}{250\times250}=0.16\%>\rho_{min}=0.24\frac{f_t}{f_{yv}}=0.15\%$$

满足最小配筋率要求。

$$V_{cs}=0.7f_t bh_0+1.25f_{yv}\frac{A_{sv}}{s}h_0$$

$$=0.7\times1.27\times250\times590+1.25\times210\times\frac{100.6}{250}\times590$$

$$=193.45(\text{kN})$$

3) 弯起钢筋的设置。

● 在支座 B 左侧：

$$V_B^l=264.45\text{kN}>V_{cs}=193.45\text{kN}$$

需加配弯起钢筋。

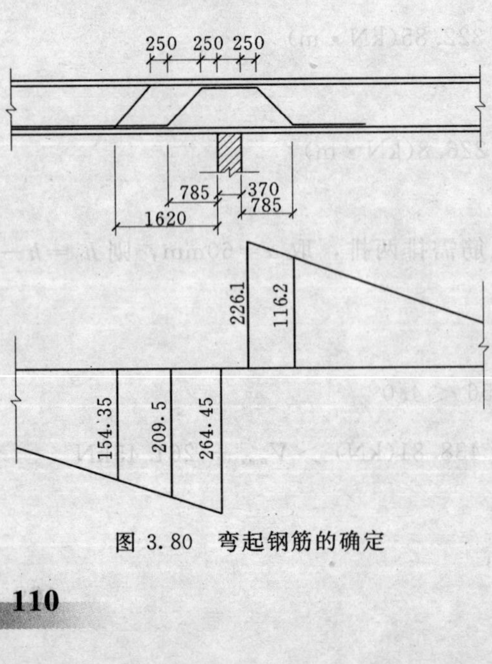

图 3.80　弯起钢筋的确定

$$A_{sb1}=\frac{V_B^l-V_{cs}}{0.8f_y\sin45°}$$

$$=\frac{(264.45-193.45)\times10^3}{0.8\times300\times0.707}$$

$$=418.43(\text{mm}^2)$$

由跨中弯起 2Φ20 ($A_{sb1}=628\text{mm}^2$) 的纵向钢筋，第一排弯起钢筋的上弯点安排在离支座边缘 250mm，使 $s_1=s_{max}=250\text{mm}$。

由图 3.80 可见，第一排弯起钢筋的下弯点离支座边缘的距离为：250＋(700－2×30－25－20－2×30)＝785 (mm)，该处的剪力设计值 V_2 为：

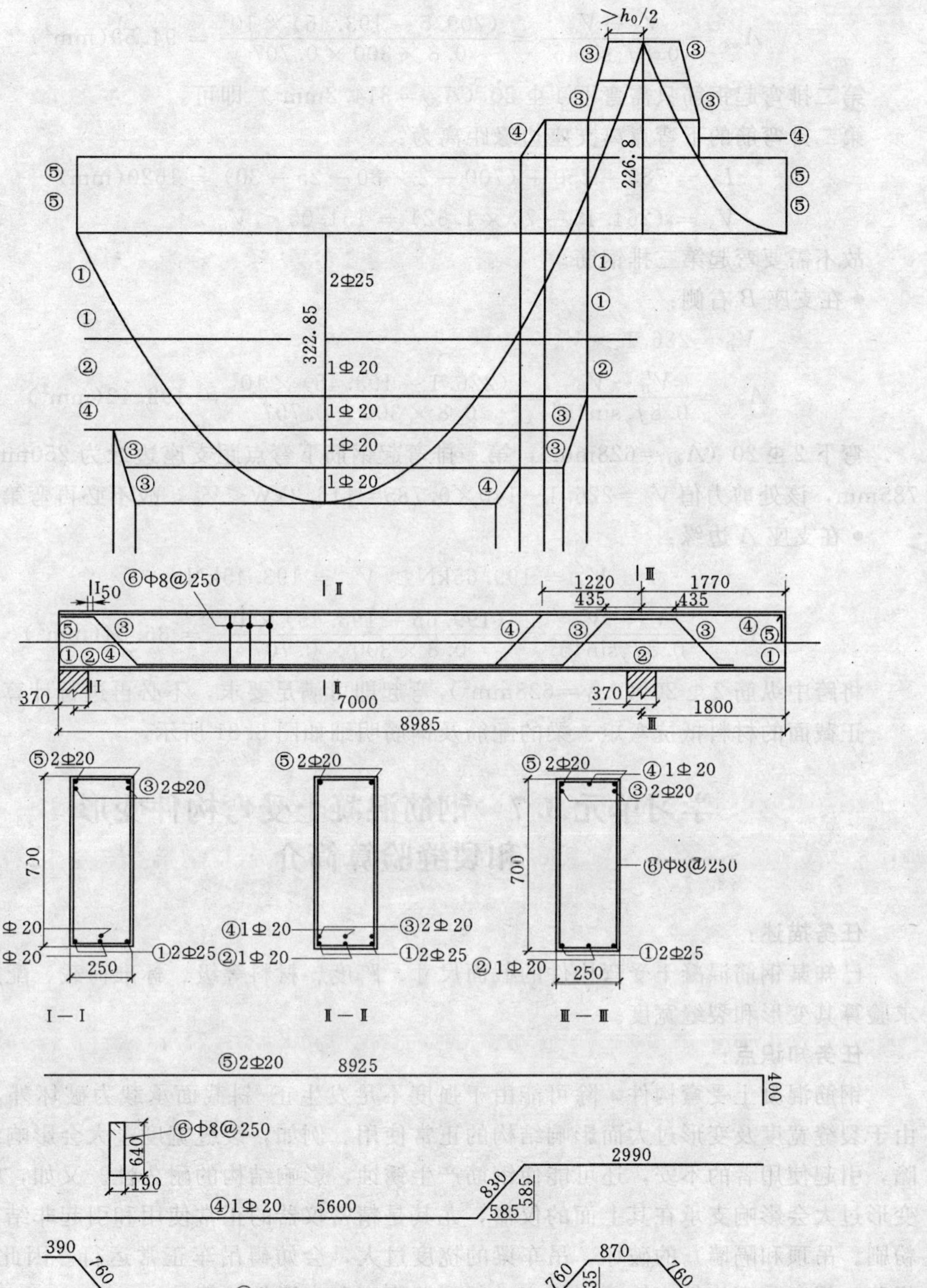

图 3.81　抵抗弯矩、配筋及钢筋明细

$$V_2 = 264.45 - 70 \times 0.785 = 209.5(\text{kN}) > V_{cs}$$

$$A_{sb2} = \frac{V_2 - V_{cs}}{0.8 f_y \sin 45°} = \frac{(209.5 - 193.45) \times 10^3}{0.8 \times 300 \times 0.707} = 94.59(\text{mm}^2)$$

第二排弯起钢筋只需弯下 1 ⌀ 20（A_{sb2}=314.2mm^2）即可。

第二排弯筋的下弯点离支座边缘距离为：

$$L_2 = 785 + 250 + (700 - 2 \times 30 - 25 - 30) = 1620(\text{mm})$$

$$V_3 = (264.45 - 70 \times 1.62) = 151.05 < V_{cs}$$

故不需要弯起第三排钢筋。

• 在支座 B 右侧：

$$V_B^r = 226.1 > V_{cs}$$

$$A_{sb1} = \frac{V_B^l - V_{cs}}{0.8 f_y \sin 45°} = \frac{(226.1 - 193.45) \times 10^3}{0.8 \times 300 \times 0.707} = 192.42(\text{mm}^2)$$

弯下 2 ⌀ 20（A_{sb1}=628mm），第一排弯起钢筋下弯点距支座边缘为 250mm，则 L_1=785mm，该处剪力值 V_2=226.1−140×0.785=116.2kW<V_{cs}，故不必再弯第二排弯筋。

• 在支座 A 边缘：

$$V_A = 199.65\text{kN} > V_{cs} = 193.45\text{kN}$$

$$A_{sb1} = \frac{V_A - V_{cs}}{0.8 f_y \sin 45°} = \frac{(199.65 - 193.45) \times 10^3}{0.8 \times 300 \times 0.707} = 36.54(\text{mm}^2)$$

将跨中纵筋 2 ⌀ 20（A_{sb1}=628mm^2）弯起即可满足要求，不必再进行计算。

正截面的材料抵抗弯矩、梁的配筋及钢筋明细如图 3.81 所示。

学习单元 3.7　钢筋混凝土受弯构件变形和裂缝验算简介

任务描述：

已知某钢筋混凝土受弯构件的截面尺寸、跨度、材料等级、标准荷载、配筋数量，要求验算其变形和裂缝宽度。

任务知识点：

钢筋混凝土受弯构件，除可能由于强度不足发生正/斜截面承载力破坏外，还有可能由于裂缝宽度及变形过大而影响结构的正常使用。例如，裂缝宽度过大会影响结构物的观瞻，引起使用者的不安，还可能使钢筋产生锈蚀，影响结构的耐久性。又如，楼盖梁、板变形过大会影响支承在其上面的仪器，尤其是精密仪器的正常使用和引起非结构构件（如粉刷、吊顶和隔墙）的破坏，吊车梁的挠度过大，会妨碍吊车正常运行。因此，《混凝土规范》规定受弯构件应按下列规定进行裂缝宽度和变形的验算：

（1）裂缝宽度验算：对于钢筋混凝土构件，按荷载效应标准组合，并考虑长期作用影响计算的最大裂缝宽度 w_{max} 不应超过规定的裂缝宽度限值 $[w]$，即

$$w_{max} \leqslant [w] \tag{3.57}$$

（2）变形验算：对于钢筋混凝土受弯构件，按荷载效应标准组合，并考虑长期作用影

响计算的挠度 f 不应超过规定的挠度限值 $[f]$，即

$$f \leqslant [f] \tag{3.58}$$

计算结构构件的裂缝宽度和变形时，应按荷载的标准值并按各类工程结构（房屋建筑、桥梁、港口工程等）设计规范的规定求出的荷载效应值进行，并应控制它们的计算值于限值之内。

《混凝土结构规范》规定的最大裂缝宽度值和受弯构件挠度限值见表 3.21。

表 3.21　受弯构件的挠度限值 $[f]$

构件类型		挠度限值
吊车梁	手动吊车	$l_0/500$
	电动吊车	$l_0/600$
屋盖、楼盖及楼梯构件	$l_0<7\text{m}$	$l_0/200$ ($l_0/250$)
	$7\text{m}\leqslant l_0\leqslant 9\text{m}$	$l_0/250$ ($l_0/300$)
	$l_0>9\text{m}$	$l_0/300$ ($l_0/400$)

注　1. 表中 l_0 为构件的计算跨度。计算悬臂构件的挠度限值时，l_0 按实际悬臂长度的 2 倍取用。
2. 如果构件制作时预先起拱，且使用上也允许，则在验算挠度时，可将计算所得的挠度值减去起拱值。
3. 表中括号内的数值适用于使用对挠度有较高要求的构件。

1. 钢筋混凝土受弯构件变形验算

（1）钢筋混凝土受弯构件的截面刚度。

1）钢筋混凝土受弯构件截面刚度的特点。钢筋混凝土受弯构件变形计算的实质是刚度验算。在材料力学中，我们学习了受弯构件挠度（变形）计算的方法。例如，均布荷载作用下简支梁的跨中最大挠度为 $f=\dfrac{5ql_0^4}{384EI}=\dfrac{5Ml_0^2}{48EI}$，其中 EI 为截面弯曲刚度，它是一常量。材料力学公式不能直接用来计算钢筋混凝土受弯构件的挠度。原因是，材料力学公式是假想梁为理想的匀质弹性体建立起来的，而钢筋混凝土既非匀质材料，又非弹性材料（仅在混凝土开裂前呈弹性性质），并且由于钢筋混凝土受弯构件在使用阶段一般已开裂，这些裂缝把构件的受拉区混凝土沿梁纵轴线分成许多短段，使受拉区混凝土成为非连续体。可见，钢筋混凝土受弯构件不符合材料力学的假定，因此挠度计算公式不能直接应用。

研究表明，钢筋混凝土构件的截面刚度为一变量，其特点可归纳为：①随弯矩的增大而减小，这意味着，某一根梁的某一截面，当荷载变化而导致弯矩不同时，其弯曲刚度会随之变化，并且，即使在同一荷载作用下的等截面梁中，由于各个截面的弯矩不同，其弯曲刚度也会不同；②随纵向受拉钢筋配筋率的减小而减小；③荷载长期作用下，由于混凝土徐变的影响，梁的某个截面的刚度将随时间增长而降低。

影响受弯构件刚度的因素有弯矩、纵筋配筋率与弹性模量、截面形状和尺寸、混凝土强度等级等，在长期荷载作用下刚度还随时间而降低。在上述因素中，梁的截面高度 h 影响最大。

2）刚度计算公式。

• 短期刚度 B_s

钢筋混凝土受弯构件出现裂缝后，在荷载效应的标准组合作用下的截面弯曲刚度称为

短期刚度，用 B_s 表示。根据理论分析和试验研究的结果，矩形、T形、倒T形、I形截面钢筋混凝土受弯构件的短期刚度表达式为：

$$B_s=\frac{E_sA_sh_0^2}{1.15\psi+0.2+\dfrac{6\alpha_E\rho}{1+3.5\gamma'_f}} \tag{3.59}$$

$$\psi=1.1-\frac{0.65f_{tk}}{\rho_{te}\sigma_{sk}} \tag{3.60}$$

$$\sigma_{sk}=\frac{M_k}{0.87h_0A_s} \tag{3.61}$$

式中　E_s——受拉纵筋的弹性模量；

A_s——受拉纵筋的截面面积；

h_0——受弯构件截面有效高度；

ψ——裂缝间纵向受拉钢筋应变不均匀系数，即当计算出的 $\psi<0.2$ 时，取 $\psi=0.2$，当 $\psi>1.0$ 时，取 $\psi=1.0$；

f_{tk}——混凝土轴心抗拉强度标准值；

ρ_{te}——按截面的有效受拉混凝土截面面积 A_{te} 计算的纵向受拉钢筋配筋率：$\rho_{te}=A_s/A_{te}$，对受弯构件，A_{te} 按下式计算（图3.82）：$A_{te}=0.5bh+(b_f-b)h_f$，当计算出的 $\rho_{te}<0.01$ 时，取 $\rho_{te}=0.01$；

σ_{sk}——按荷载效应的标准组合计算的钢筋混凝土构件纵向受拉钢筋的应力；

M_k——按荷载效应标准组合计算的弯矩；

α_E——钢筋弹性模量 E_s 与混凝土弹性模量 E_c 的比值，即 $\alpha_E=E_s/E_c$；

ρ——纵向受拉钢筋配筋率；

γ'_f——受压翼缘截面面积与腹板有效截面面积的比值，即

$$\gamma'_f=\frac{(b'_f-b)h'_f}{bh_0} \tag{3.62}$$

当 $h'_f>0.2h_0$ 时，取 $h'_f=0.2h_0$，当截面受压区为矩形时，$\gamma'_f=0$。

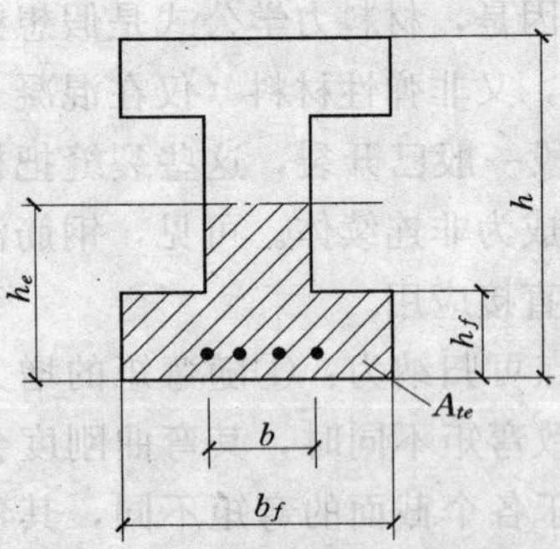

图3.82　有效受拉混凝土截面面积

● 长期刚度 B

前面已述及，在荷载长期作用下，构件截面弯曲刚度将随时间增长而降低。而实际工程中，总是有部分荷载长期作用在构件上，因此计算挠度时必须采用按荷载效应的标准组合并考虑荷载效应的长期作用影响的刚度，即长期刚度，以 B 表示。

$$B=\frac{M_k}{M_q(\theta-1)+M_k}B_s \tag{3.63}$$

式中　M_q——按荷载效应准永久组合计算的弯矩；

θ——考虑荷载长期作用对挠度增大的影响系数，对钢筋混凝土受弯构件，当 $\rho'=0$ 时，取 $\theta=2.0-0.4\rho'/\rho$。此处 ρ 为纵向受拉钢筋的配筋率；ρ' 为纵向受压钢筋的配筋率。

长期刚度实质上是考虑荷载长期作用部分使刚度降低的因素后，对短期刚度 B_s 进行的修正。

（2）钢筋混凝土受弯构件的挠度计算。研究表明，钢筋混凝土受弯构件截面的抗弯刚度随弯矩的增大而减小。即使对于承受均布荷载作用的等截面梁，由于梁各截面的弯矩不同，故各截面的抗弯刚度都不相等。按照变刚度来计算梁的挠度显然是十分繁琐的，也是不可能的。考虑到支座附近弯矩较小区段虽然刚度较大，但它对全梁变形的影响不大，故《混凝土结构规范》规定了钢筋混凝土受弯构件的挠度计算的“最小刚度原则”，即对于等截面构件，可假定各同号弯矩区段内的刚度相等，并取用该区段内最大弯矩处的刚度。由最小刚度原则可得梁的抗弯刚度分布，如图 3.83（b）中的虚线所示。可见，最小刚度原则使得钢筋混凝土受弯构件的挠度计算变得简便可行。

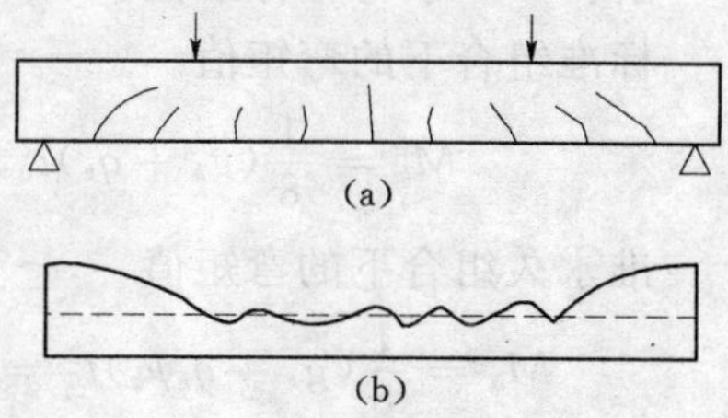

图 3.83　沿梁长的刚度分布

有了刚度的计算公式及最小刚度原则后，即可用力学的方法来计算钢筋混凝土受弯构件的最大挠度，但需注意，公式中的弯曲刚度 EI 应以长期刚度 B 代替，公式中的荷载应按荷载效应标准组合取值，即

$$f=\beta_f\frac{M_k l_0^2}{B} \tag{3.64}$$

式中　f——按最小刚度原则并采用长期刚度计算的挠度；

β_f——与荷载形式和支承条件有关的系数。例如，简支梁承受均布荷载作用时 $\beta_f=5/48$，简支梁承受跨中集中荷载作用时 $\beta_f=1/12$，悬臂梁受杆端集中荷截作用时 $\beta_f=1/3$。

（3）变形验算的步骤。挠度验算是在承载力计算完成后进行的。此时，构件的截面尺寸、跨度、荷载、材料强度以及钢筋配置情况都是已知的，故挠度验算可按下述步骤进行：

1）计算荷载效应标准组合及准永久组合下的弯矩 M_k、M_q。

2）计算短期刚度 B_s。

3）计算长期刚度 B。

4）计算最大挠度 f，并判断挠度是否符合要求。

钢筋混凝土受弯构件的挠度应满足：

$$f\leqslant[f] \tag{3.65}$$

式中　$[f]$——钢筋混凝土受弯构件的挠度限值，按表 3.21 采用。

当不能满足式（3.65）时，说明受弯构件的弯曲刚度不足，应采取措施后重新验算。理论上讲，提高混凝土强度等级，增加纵向钢筋的数量，选用合理的截面形状（如 T 形、I 形等）都能提高梁的弯曲刚度，但其效果并不明显，最有效的措施是增加梁的截面高度。

【例 3.7】　钢筋混凝土矩形截面梁，$b\times h=200\text{mm}\times400\text{mm}$，计算跨度 $l_0=5.4\text{m}$，采用 C20 混凝土，配有 3 Φ 18（$A_s=763\text{mm}^2$）HRB335 级纵向受力钢筋。承受均布永久

荷载标准值为 $g_k=5.0\text{kN/m}$，均布活荷载标准值 $q_k=10\text{kN/m}$，活荷载准永久系数 $\psi_q=0.5$。如果该构件的挠度限值为 $l_0/250$，试验算该梁的跨中最大变形是否满足要求。

解：(1) 求弯矩标准值。

标准组合下的弯矩值

$$M_k=\frac{1}{8}(g_k+q_k)l_0^2=\frac{1}{8}\times(5+10)\times5.4^2=54.68(\text{kN}\cdot\text{m})$$

准永久组合下的弯矩值

$$M_q=\frac{1}{8}(g_k+q_k\psi_q)l_0^2=\frac{1}{8}\times(5+10\times0.5)\times5.4^2=36.45(\text{kN}\cdot\text{m})$$

(2) 有关参数计算。查表得 C20 混凝土 $f_{tk}=1.54\text{N/mm}^2$，$E_c=2.55\times10^5\text{N/mm}^2$；查表得 HRB335 级钢筋 $E_s=2.0\times10^5\text{N/mm}^2$，$h_0=h-35=365\text{mm}$。

$$\rho_{te}=\frac{A_s}{0.5bh}=\frac{763}{0.5\times200\times400}=0.0191>0.010$$

$$\sigma_{sk}=\frac{M_k}{0.87h_0A_s}=\frac{54.68\times10^6}{0.87\times365\times763}=225.68(\text{N/mm}^2)$$

$$\psi=1.1-0.65\frac{f_{tk}}{\rho_{te}\sigma_{sk}}=1.1-0.65\times\frac{1.54}{0.0191\times225.68}=0.868>0.2\text{ 且 }\psi<1.0$$

$$\alpha_E=\frac{E_s}{E_c}=\frac{2.0\times10^5}{2.55\times10^4}=7.84$$

$$\rho=\frac{A_s}{bh_0}=\frac{763}{200\times365}=0.0105$$

(3) 计算短期刚度 B_s。

$$B_s=\frac{E_sA_sh_0^2}{1.15\psi+0.2+6\alpha_E\rho}=\frac{2.0\times10^5\times763\times365^2}{1.15\times0.868+0.2+6\times7.84\times0.0105}$$

$$=1.20\times10^{13}(\text{N}\cdot\text{mm}^2)$$

(4) 计算长期刚度 B。

$\rho'=0$，$\theta=2.0$，则

$$B=\frac{M_k}{M_k+(\theta-1)M_q}B_s=\frac{54.68}{54.68+(2.0-1)\times36.45}\times1.20\times10^{13}$$

$$=7.2\times10^{12}(\text{N}\cdot\text{mm}^2)$$

(5) 挠度计算。

$$f_{\max}=\frac{5}{48}\frac{M_kl_0^2}{B}=\frac{5}{48}\times\frac{54.68\times10^6\times5.4^2\times10^6}{7.20\times10^{12}}=23.07(\text{mm})>\frac{l_0}{250}=21.6\text{mm}$$

显然该梁跨中挠度不满足要求。

(6) 将截面高度变为 450mm，其他条件不变，验算该梁的跨中最大变形是否满足要求。

$$\rho_{te}=\frac{A_s}{0.5bh}=\frac{763}{0.5\times200\times450}=0.0170>0.010$$

$$\rho=\frac{A_s}{bh_0}=\frac{763}{200\times415}=0.0092$$

$$\sigma_{sk}=\frac{M_k}{0.87h_0A_s}=\frac{54.68\times10^6}{0.87\times415\times763}=198.49(\text{N/mm}^2)$$

则

$$\psi = 1.1 - 0.65\frac{f_{tk}}{\rho_{te}\sigma_{sk}} = 1.1 - 0.65 \times \frac{1.54}{0.0170 \times 198.49} = 0.803 > 0.2 \text{ 且 } \psi < 1.0$$

计算短期刚度 B_s。

$$B_s = \frac{E_s A_s h_0^2}{1.15\psi + 0.2 + 6\alpha_E\rho} = \frac{2.0 \times 10^5 \times 763 \times 415^2}{1.15 \times 0.803 + 0.2 + 6 \times 7.84 \times 0.0092}$$
$$= 1.69 \times 10^{13}(\text{N} \cdot \text{mm}^2)$$

计算长期刚度 B。

$$B = \frac{M_k}{M_k + (\theta - 1)M_q}B_s = \frac{54.68}{54.68 + (2.0 - 1) \times 36.45} \times 1.69 \times 10^{13}$$
$$= 1.01 \times 10^{12}(\text{N} \cdot \text{mm}^2)$$

挠度计算和变形验算。

$$f_{\max} = \frac{5}{48}\frac{M_k l_0^2}{B} = \frac{5}{48} \times \frac{54.68 \times 10^6 \times 5.4^2 \times 10^6}{1.01 \times 10^{13}} = 16.44(\text{mm}) < \frac{l_0}{250} = 21.6\text{mm}$$

该梁跨中挠度满足要求。

2. 受弯构件的裂缝宽度验算

(1) 裂缝的产生和开展。钢筋混凝土受弯构件的裂缝有两种：一种是由于混凝土的收缩或温度变形引起的；另一种则是由荷载引起的。对于前一种裂缝，主要是采取控制混凝土浇筑质量，改善水泥性能，选择集料成分，改进结构形式，设置伸缩缝等措施解决，不需进行裂缝宽度计算。以下所指的裂缝均指由荷载引起的裂缝。

混凝土的抗拉强度很低。当构件受拉区外边缘混凝土的拉应力达到其抗拉强度时，由于混凝土的塑性变形，尚不会马上开裂，但当受拉区外边缘混凝土在构件抗弯最薄弱的截面达到其极限拉应变时，就会在垂直于拉应力方向形成第一批（一条或若干条）裂缝。有时也可能在几个截面上同时出现一批裂缝。在裂缝截面上混凝土不再承受拉力而转由钢筋来承担，钢筋应力将突然增大、应变也突增。加上原来受拉伸长的混凝土应力释放后又瞬间产生回缩，所以裂缝一出现就会有一定的宽度。

由于混凝土向裂缝两侧回缩受到钢筋的黏结约束，混凝土将随着远离裂缝截面而重新建立起拉应力。当荷载再有增加时，在离裂缝截面某一长度处混凝土拉应力增大到混凝土实际抗拉强度，其附近某一薄弱截面又将出现第二条裂缝。如果两条裂缝的间距小于最小间距 $l_{\min}$ 的2倍，则由于黏结应力传递长度不够，混凝土拉应力不可能达到混凝土的抗拉强度，将不会出现新的裂缝。因此裂缝的平均间距 l_{cr} 最终将稳定在 $l_{\min} \sim 2l_{\min}$ 之间。

在裂缝陆续出现后，沿构件长度方向，钢筋与混凝土的应力是随着裂缝的位置而变化的（图3.84）。同时，中和轴也随着裂缝的位置呈波浪形起伏。试验表明，对正常配筋率或配筋率较高的梁来说，大概在荷载超过开裂荷载的50%以上时，裂缝间距已基本趋于稳定。也就是说，此后再增加荷载，构件也不产生新的裂缝，而只是

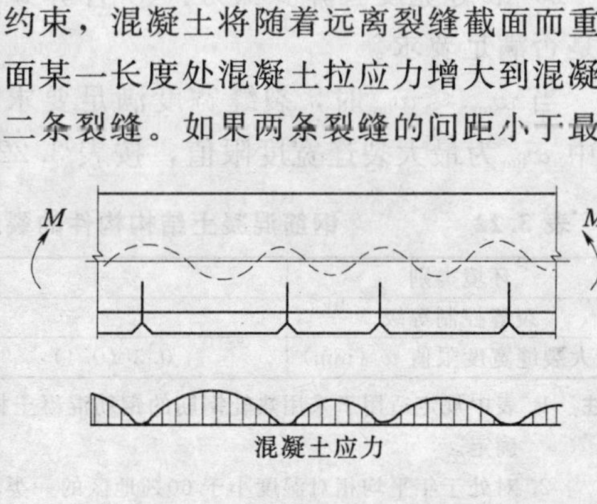

图3.84　中和轴、混凝土及钢筋应力随着裂缝位置变化情况

使原来的裂缝继续扩展与延伸，荷载越大，裂缝越宽。随着荷载的逐步增加，裂缝间的混凝土逐渐脱离受拉工作，钢筋应力逐渐趋于均匀。

（2）裂缝宽度计算的实用方法。

1）影响裂缝宽度的主要因素。试验表明，影响裂缝宽度的主要因素有：①纵向钢筋的应力，裂缝宽度与钢筋应力近似成线性关系；②纵筋的直径，当构件内受拉纵筋截面相同时，采用细而密的钢筋，则会增大钢筋表面积，因而使黏结力增大，裂缝宽度变小；③纵筋表面形状，带肋钢筋的黏结强度较光面钢筋大得多，可减小裂缝宽度；④纵筋配筋率，构件受拉区混凝土截面的纵筋配筋率越大，裂缝宽度越小；⑤保护层厚度，保护层越厚，裂缝宽度越大。

2）裂缝宽度计算公式。钢筋混凝土受弯构件在荷载长期效应组合作用下的最大裂缝宽度计算公式为：

$$w_{\max} = 2.1\psi \frac{\sigma_{sk}}{E_s}\left(1.9c + 0.08\frac{d_{eq}}{\rho_{te}}\right) \tag{3.66}$$

$$d_{eq} = \frac{\sum n_i d_i^2}{\sum n_i \upsilon_i d_i} \tag{3.67}$$

式中　c——最外层纵向受拉钢筋的混凝土保护层厚度，当 $c<20$mm 时，取 $c=20$mm；当 $c>65$mm 时，取 $c=65$mm；

d_{eq}——纵向受拉钢筋的等效直径，mm；

d_i——第 i 种纵向受拉钢筋的直径，mm；

n_i——第 i 种纵向受拉钢筋的根数；

υ_i——第 i 种纵向受拉钢筋的相对黏结特性系数，对带肋钢筋，取 1.0；对光面钢筋，取 0.7；

其余符号意义同前。

对于直接承受吊车荷载但不需做疲劳验算的吊车梁，因吊车满载的可能性很小，计算出的最大裂缝宽度可乘以系数 0.85。

3）裂缝宽度验算步骤为：① 计算 d_{eq}；② 计算 ρ_{te}、σ_{sk}、ψ；③ 计算 $w_{\max}$，并判断裂缝是否满足要求。

当 $w_{\max} \leqslant w_{\lim}$时，裂缝宽度满足要求。否则，不满足要求，应采取措施后重新验算。其中 $w_{\lim}$为最大裂逢宽度限值，按表 3.22 采用。

表 3.22　钢筋混凝土结构构件的裂缝控制等级及最大裂缝宽度限值 w

环境类别	一	二	三
裂缝控制等级	三	三	三
最大裂缝宽度限值 w（mm）	0.3（0.4）	0.2	0.2

注　1. 表中规定适用于采用热轧钢筋的钢筋混凝土构件，当采用其他类别的钢筋时，其裂缝控制要求可按专门标准确定。

2. 对处于年平均相对湿度小于 60%地区的一类环境下的受弯构件，其最大裂缝宽度限值可采用括号内的数值。

3. 在一类环境下，对钢筋混凝土屋架、托架及需做疲劳验算的吊车梁，其最大裂缝宽度限值应取为 0.2mm；对钢筋混凝土屋面梁和托架，其最大裂缝宽度限值应取为 0.3mm。

4. 对于烟囱、筒仓和处于液体压力下的结构构件，其裂缝控制要求应符合专门标准的有关规定。

5. 对处于四、五类环境下的结构构件，其裂缝控制要求应符合专门标准的有关规定。

6. 表中的最大裂缝宽度限值用于验算荷载作用引起的最大裂缝宽度。

减小裂缝宽度的措施包括：①增大钢筋截面面积；②在钢筋截面面积不变的情况下，采用较小直径的钢筋；③采用变形钢筋；④提高混凝土强度等级；⑤增大构件截面尺寸；⑥减小混凝土保护层厚度。其中，采用较小直径的变形钢筋是减小裂缝宽度最有效的措施。需要注意的是，混凝土保护层厚度应同时考虑耐久性和减小裂缝宽度的要求。除结构对耐久性没有要求，而对表面裂缝造成的观瞻有严格要求外，不得为满足裂缝控制要求而减小混凝土保护层厚度。

【例 3.8】　一矩形截面梁，处于二 a 类环境，$b\times h=250\text{mm}\times 600\text{mm}$，采用 C50 混凝土，配置 HRB335 级纵向受拉钢筋 4 Φ 22（$A_s=1521\text{mm}^2$）。按荷载标准组合计算的弯矩 $M_k=130\text{kN}\cdot\text{m}$。试验算其裂缝宽度是否满足控制要求。

解：查表得 C50 混凝土 $f_{tk}=2.65\text{N/mm}^2$；查表得 HRB335 级钢筋 $E_s=2.0\times 10^5\text{N/mm}^2$；查表得：二 a 类环境，最小保护层 $c=30\text{mm}$，$w=0.2\text{mm}$，取 $c=35\text{mm}$。

$d_{eq}=22\text{mm}$，$a_s=c+d/2=35+22/2=46(\text{mm})$，$h_0=h-a_s=600-46=554(\text{mm})$

$$\rho_{te}=\frac{A_s}{A_{te}}=\frac{A_s}{0.5bh}=\frac{1521}{0.5\times 250\times 600}=0.0203>0.01$$

$$\sigma_{sk}=\frac{M_k}{0.87h_0A_s}=\frac{130\times 10^6}{0.87\times 554\times 1521}=177.3(\text{N/mm}^2)$$

$$\psi=1.1-0.65\frac{f_{tk}}{\rho_{te}\sigma_{sk}}=1.1-0.65\times\frac{2.65}{0.0203\times 177.3}=0.621>0.2\text{ 且 }\psi<1.0$$

轴心受拉构件 $\alpha_{cr}=2.1$，则

$$w_{\max}=\alpha_{cr}\psi\frac{\sigma_{sk}}{E_s}\left(1.9c+0.08\frac{d_{eq}}{\rho_{te}}\right)=2.1\times 0.621\times\frac{177.3}{2.0\times 10^5}\left(1.9\times 25+0.08\times\frac{22}{0.0203}\right)$$

$$=0.177(\text{mm})<w=0.20\text{mm}$$

因此满足裂缝宽度控制要求。

小组协作思考题：

1. 适筋梁从开始加载到正截面承载力破坏经历了哪几个阶段？各阶段截面上应变—应力分布、裂缝开展、中和轴位置、梁的跨中挠度的变化规律如何？各阶段的主要特征是什么？每个阶段是哪种极限状态设计的基础？适筋梁、超筋梁和少筋梁的破坏特征有何不同？

2. 画出单筋矩形截面梁正截面承载力计算时的实际图式、理论图式及计算图式，并说明确定等效矩形应力图形的原则。根据等效矩形应力图，推导受弯构件正截面承载力计算的基本公式，并写出基本公式的适用条件。

3. 钢筋混凝土梁若配筋率不同，即 $\rho<\rho_{\min}$，$\rho_{\min}<\rho<\rho_{\max}$，$\rho=\rho_{\max}$，$\rho>\rho_{\max}$，试回答下列问题：

(1) 它们属于何种破坏？破坏现象有何区别？

(2) 哪些截面能写出极限承载力受压区高度 x 的计算式？哪些截面则不能？

(3) 破坏时钢筋应力各等于多少？

(4) 破坏时截面承载力 M_u 各等于多少？

4. 根据矩形截面承载力计算公式，分析提高混凝土强度等级、提高钢筋级别、加大截面宽度和高度对提高承载力的作用？哪种最有效、最经济？

5. 为何一般情况下采用双筋截面受弯构件不经济？在什么条件下可采用双筋截面梁？

在矩形截面弯矩设计值、截面尺寸、混凝土强度等级和钢筋级别已知的条件下，如何判别应设计成单筋还是双筋？为什么在双筋矩形截面承载力计算中必须满足 $x \geqslant 2a'_s$ 的条件？当双筋矩形截面出现 $x < 2a'_s$ 时应当如何计算？

6. T形截面翼缘计算宽度为什么是有限的？取值与什么有关？截面设计和承载复核时应如何鉴别T形截面类型？

7. 图3.85中的5种截面，当材料强度相同（忽略自重，截面下侧受拉）、A_s 相同，其正截面受弯承载力是否相同，为什么？

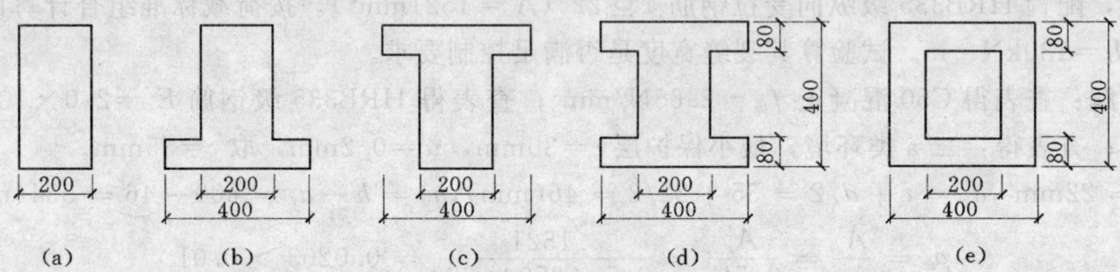

图3.85　5种不同截面

8. 如图3.86所示的4种截面，当材料强度、截面宽度 b 和高度、承受的设计弯矩（忽略自重影响）均相同时，试确定：

（1）各截面开裂弯矩的大小次序。

（2）各截面最小配筋面积的大小次序。

（3）各截面的配筋大小次序。

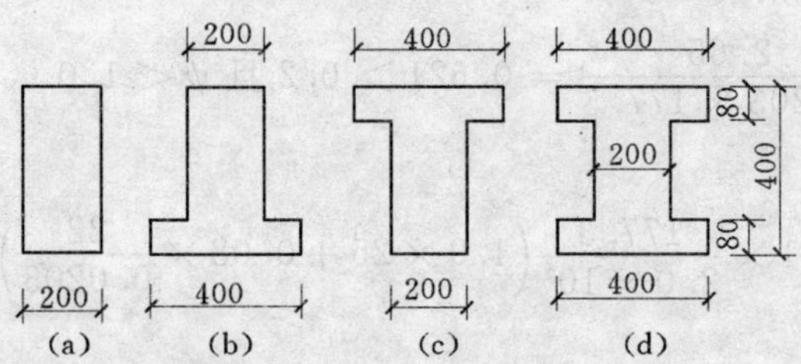

图3.86　4种不同截面

综合项目题：

1. 某楼面大梁计算跨度为6.6m，承受均布荷载设计值30kN/m（包括自重），弯矩设计值 $M=163\text{kN}\cdot\text{m}$，试计算下面5种情况的 A_s（表3.23），并进行讨论。

表3.23　　5种不同情况

项目	梁宽 b (mm)	梁高 h (mm)	混凝土强度等级	钢筋级别	钢筋面积 A_s (mm²)
1	200	550	C25	HRB335	
2	200	550	C30	HRB335	
3	200	550	C25	HRB400	
4	200	650	C25	HRB335	
5	250	550	C25	HRB335	

（1）提高混凝土的强度等级对配筋量的影响。

（2）提高钢筋级别对配筋量的影响。

（3）加大截面高度对配筋量的影响。

（4）加大截面宽度对配筋量的影响。

2. 某教学楼中间走廊单跨简支板如图3.87所示，计算跨度 $l_0=2.12$m，承受均布荷载设计值 $g+q=6$kN/m（包括自重），已知环境类别为一类，结构的安全等级为二级，混凝土强度等级为C25，纵向受拉钢筋采用HPB235级。试确定现浇板的厚度 h 和所需的受拉钢筋截面面积 A_s，选配钢筋并画截面配筋图。

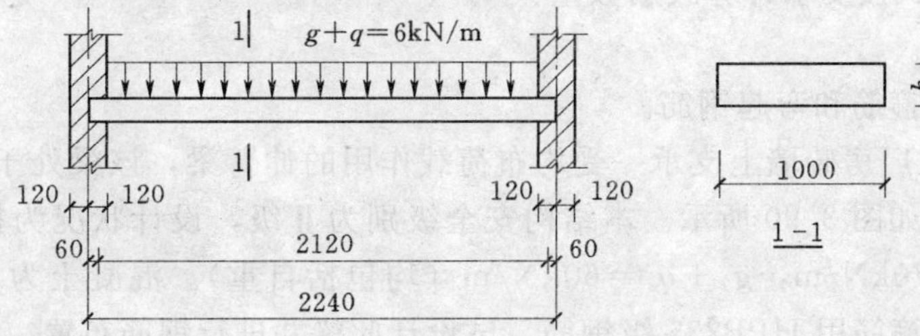

图3.87 单跨简支板

3. 已知矩形截面梁尺寸（图3.88）$b\times h=250\text{mm}\times500\text{mm}$，纵向受拉钢筋为4Φ25的HRB335级钢筋，取 $a=35$mm，混凝土强度等级为C30，试确定该梁所能承受的弯矩设计值 M。

4. 已知某矩形梁，处于一类环境，截面尺寸 $b\times h=250\text{mm}\times550\text{mm}$，采用C30混凝土和HRB400级钢筋，截面弯距设计值 $M=340\text{kN}\cdot\text{m}$。

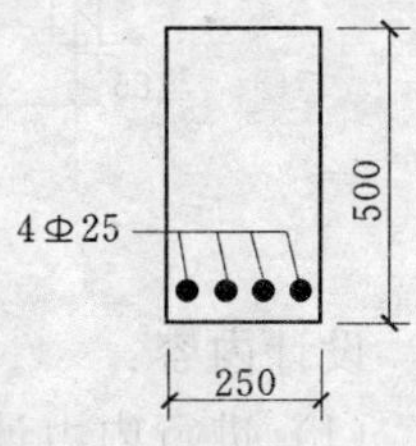

图3.88 矩形截面梁

(1) 试配置截面钢筋。

(2) 若在受压区已配有3Φ20的HRB335钢筋，试计算受拉钢筋的截面面积 A_s。

5. 图3.89所示为某厂房肋形结构的次梁，结构安全级别为二级，跨长 $l_0=5500$mm，截面承受弯距设计值 $M=80\text{kN}\cdot\text{m}$，采用C20混凝土，HRB335级钢筋，环境类别为一类，结构的安全等级为二级，试计算并选配该梁的配筋（取 $a_s=60$mm）。

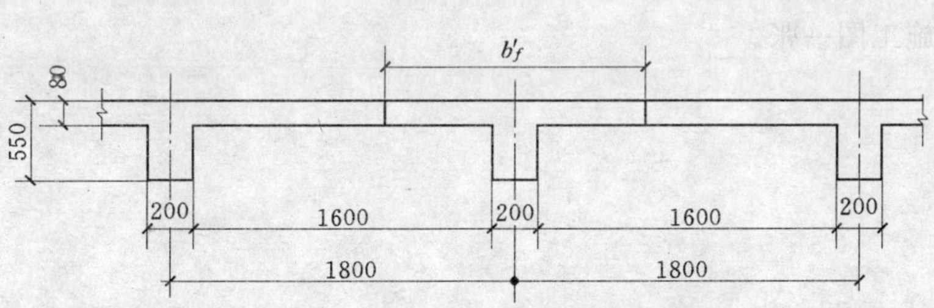

图3.89 某厂房肋形结构的次梁

6. 某T形截面梁，$b'_f=400$mm，$h'_f=100$mm，$b=200$mm，$h=600$mm，采用C20混凝土，HRB400级钢筋，环境类别为一类，结构的安全等级为二级，试计算以下情况该梁的配筋（取 $a_s=60$mm）。

(1) 承受弯矩设计值 $M=150\text{kN}\cdot\text{m}$。

(2) 承受弯矩设计值 $M=280\text{kN}\cdot\text{m}$。

(3) 承受弯矩设计值 $M=360\text{kN}\cdot\text{m}$。

7. 某办公楼楼面梁采用矩形截面简支梁，截面尺寸 $b\times h=200\text{mm}\times 550\text{mm}$，净跨度 5.76m，承受均布恒载标准值 16kN/m（含自重），均布活载标准值 8.4kN/m。混凝土强度等级为 C25。经正截面承载力计算，已配置纵向受力钢筋 6 Φ 18（排两排），箍筋采用 HPB235 级钢筋。试按要求计算腹筋数量：

(1) 只配箍筋。

(2) 同时配置箍筋和弯起钢筋。

8. 某水电站副厂房砖墙上支承一受均布荷载作用的伸臂梁，该梁处于一类环境条件。其跨长、截面尺寸如图 3.90 所示。本结构安全级别为Ⅱ级，设计状况为持久状况。荷载设计值：$g_1+q_1=70\text{kN/m}$，$g_2+q_2=60\text{kN/m}$（均包括自重）。混凝土为 C20，纵筋采用 HRB335 级钢筋，箍筋用 HPB235 级钢筋。试设计此梁并进行钢筋布置。

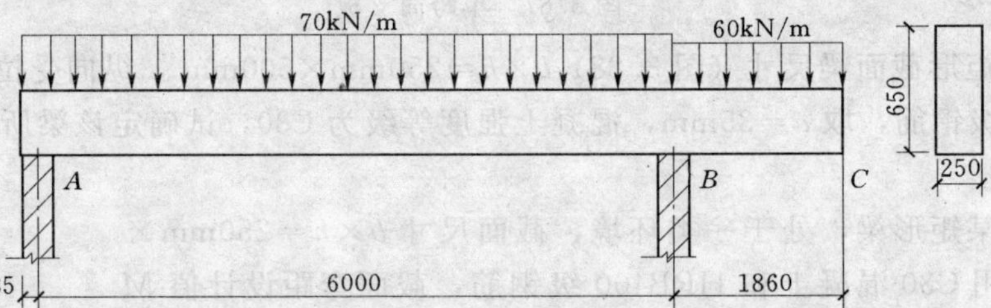

图 3.90　伸臂梁

设计内容：

(1) 进行内力计算，绘出弯矩图和剪力图。

(2) 验算截面尺寸。

(3) 按正截面承载力要求确定纵向钢筋用量。

(4) 按斜截面承载力要求确定箍筋、弯起钢筋用量。

(5) 绘制抵抗弯矩图。

(6) 绘制施工图一张。

学习情境4　钢筋混凝土受压构件设计

学习目标：

- 能设计钢筋混凝土轴心受压柱截面
- 能设计钢筋混凝土矩形截面偏心受压柱截面
- 会校核受压构件承载力

受压构件是钢筋混凝土结构中最常见的构件之一，如框架柱、墙、拱、桩、桥墩、烟囱、桁架压杆、水塔筒壁等。与受弯构件一样，受压构件除需满足承载力计算要求外，还应满足相应的构造要求。受压构件在其截面上一般作用有轴力、弯矩和剪力。当只作用有轴力且轴向力作用线与构件截面形心轴重合时，称为轴心受压构件，如图4.1（a）所示；当同时作用有轴力和弯矩或轴向力作用线与构件截面形心轴不重合时，称为偏心受压构件如图4.1（b）和图4.1（c）所示。在计算受压构件时，常将作用在截面上的轴力和弯矩简化为等效的、偏离截面形心的轴向力来考虑。

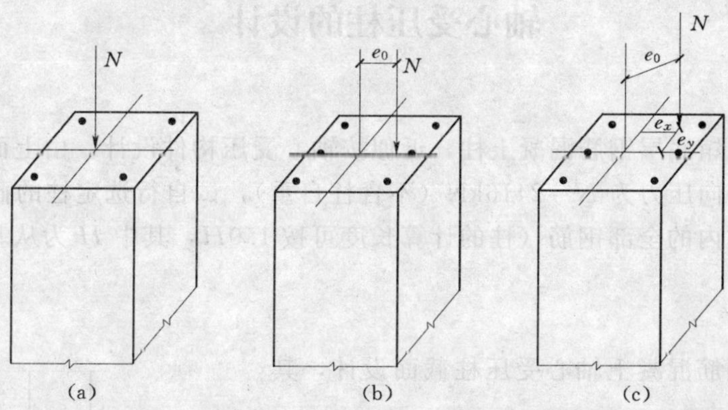

图4.1　轴心受压与偏心受压

（a）轴心受压；（b）单向偏心受压；（c）双向偏心受压

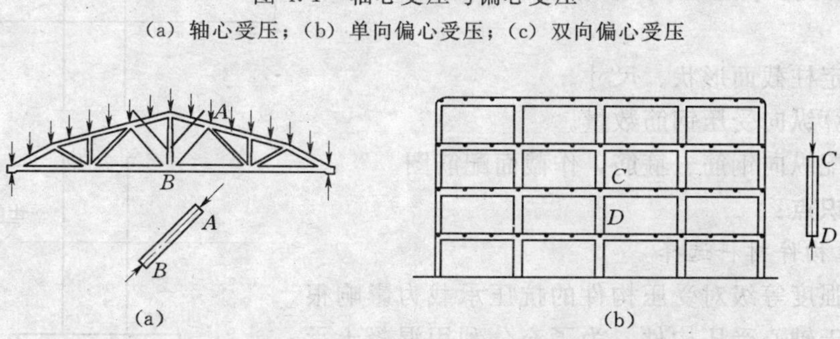

图4.2　轴心受压构件实例

（a）屋架受压腹杆；（b）等跨框架中柱

在实际工程结构中，由于荷载作用位置偏差、配筋不对称以及施工误差等原因，总是或多或少存在初始偏心距，因此理想的轴心受压构件几乎不存在。通常，但当这种偏心距很小时，如只承受节点荷载屋架的受压弦杆和腹杆、以恒荷载为主的等跨多层框架房屋的内柱等，为计算方便，可近似按轴心受压构件计算，如图 4.2 所示。单层厂房柱、一般框架柱、剪力墙结构中的剪力墙、桥梁结构中的桥墩、屋架上弦杆、拱等都属于偏心受压构件，如图 4.3 所示。

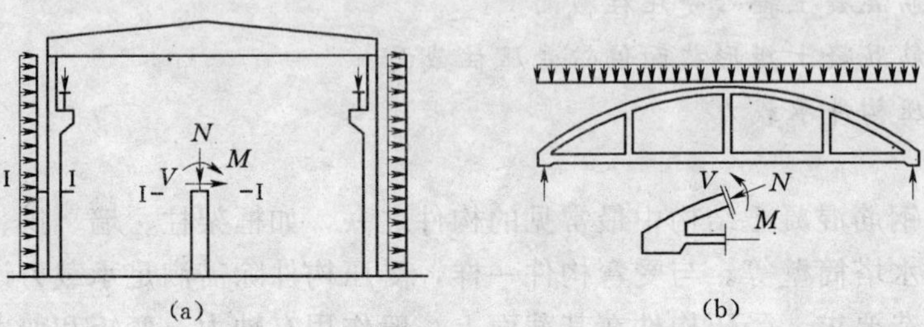

图 4.3　偏心受压构件实例

(a) 单层厂房柱；(b) 拱肋

学习单元 4.1　某宾馆底层钢筋混凝土轴心受压柱的设计

任务描述：

图 4.4 为某宾馆底层钢筋混凝土柱，近似按轴心受压构件设计。由上面一层柱及一层楼盖传下来的总轴向压力为 $N=2416$kN（不含柱自重），试自行选定柱的截面尺寸、材料等级，然后确定柱内的全部钢筋（柱的计算长度可按 $1.0H$，其中 H 为从基础顶面到一层楼盖顶面的距离）。

任务分析：

该项目为一钢筋混凝土轴心受压柱截面设计，其设计步骤为：

（1）按照设计经验初选钢筋、混凝土的材料等级。

（2）拟定柱截面形状、尺寸。

（3）计算纵向受压钢筋数量。

（4）选配纵向钢筋、箍筋，作截面配筋图。

任务知识点：

1. 受压构件材料选择

混凝土强度等级对受压构件的抗压承载力影响很大，特别对于轴心受压构件。为了充分利用混凝土承压，节约钢材，减小构件截面尺寸，受压构件宜采用较高强度等级的混凝土，一般设计中常用的混凝土强

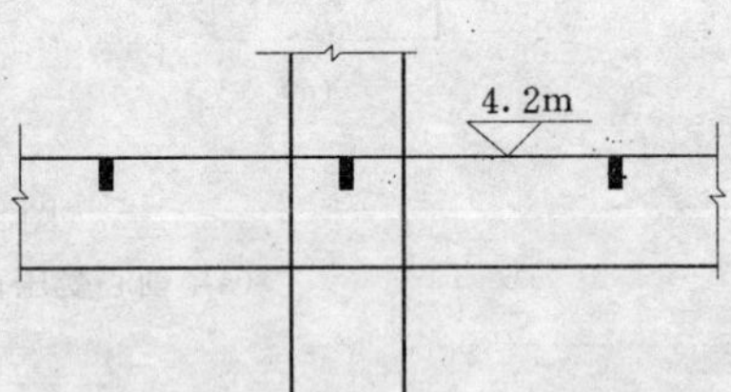

图 4.4　某宾馆底层钢筋混凝土柱

度等级为 C25～C50。

在受压构件中，钢筋与混凝土共同承压，两者变形保持一致，受混凝土峰值应变的控制，钢筋的压应力最高只能达到 $400N/mm^2$，采用高强度钢材不能充分发挥其作用。因此，一般设计中常采用 HRB335、HRB400 或 RRB400 级钢筋作为纵向受力钢筋，采用 HPB235 级钢筋作为箍筋，也可采用 HRB335 级和 HRB400 级钢筋作为箍筋。

2. 截面形式及尺寸

钢筋混凝土受压构件通常采用方形或矩形截面，以便制作模板。一般轴心受压柱以方形为主，偏心受压柱以矩形为主。当有特殊要求时，也可采用其他形式的截面，如轴心受压柱可采用圆形、多边形等，偏心受压柱还可采用 I 形、T 形等。

为了充分利用材料强度，避免构件长细比太大而过多降低构件承载力，柱截面尺寸不宜过小。一般应符合 $l_0/h \leqslant 25$ 及 $l_0/b \leqslant 30$（其中 l_0 为柱的计算长度，h 和 b 分别为截面的高度和宽度）。对于方形和矩形截面，其尺寸不宜小于 250mm×250mm。为了便于模板尺寸模数化，柱截面边长在 800mm 以下者，宜取 50mm 的模数递增；在 800mm 以上者，取为 100mm 的模数递增。

3. 配筋构造

钢筋混凝土受压构件最常见的配筋形式是沿周边配置纵向受力钢筋及横向箍筋，如图 4.5 所示。在普通柱中，纵筋的作用是提高柱的承载力，减小构件的截面尺寸，防止因偶然偏心引起的破坏，改善破坏时构件的延性和减小混凝土的徐变变形。箍筋能与纵筋形成骨架，并防止纵筋受力后外凸。

(1) 纵向钢筋构造。为了增强钢筋骨架的刚度，减小钢筋在施工时的纵向弯曲及减少箍筋用量，受压构件中宜采用较粗直径的纵筋，以便形成刚性较好的骨架。纵向受力钢筋的直径不宜小于 12mm，一般在 16～32mm 范围内选用。

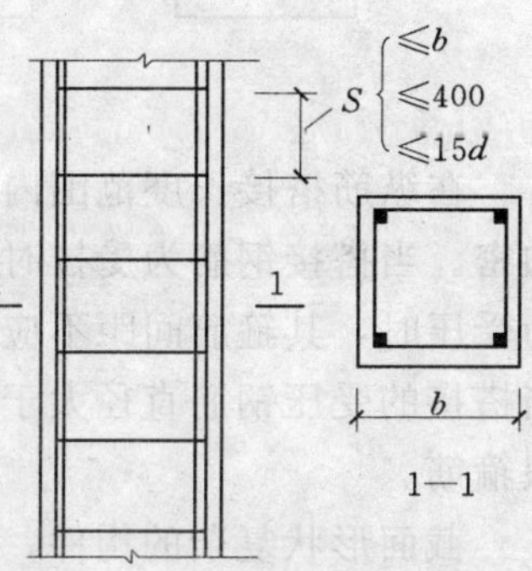

图 4.5 受压构件的钢筋骨架

纵向钢筋的根数至少应保证在每个阳角处设置一根，矩形截面受压构件中，纵向受力钢筋根数不得少于 4 根，以便与箍筋形成钢筋骨架。轴心受压构件中，纵向钢筋应沿构件截面周边均匀布置，偏心受压构件中的纵向受力钢筋应布置在垂直于弯矩作用方向的两个对边。纵向受力钢筋的配置需满足最小配筋率的要求，同时为了施工方便和经济考虑，全部纵向钢筋的配筋率不宜超过 5%，此处所指的配筋率应按全截面面积计算。

当矩形截面偏心受压构件的截面高度 $h \geqslant 600$mm 时，为防止构件因混凝土收缩和温度变化产生裂缝，应沿长边设置直径为 10～16mm 的纵向构造钢筋，且间距不应超过 500mm，并相应地配置复合箍筋或拉筋。

为便于浇筑混凝土，纵向钢筋的净间距不应小于 50mm，对水平放置浇筑的预制受压构件，其纵向钢筋的间距要求与梁相同。

偏心受压构件中，垂直于弯矩作用平面的侧面上的纵向受力钢筋以及轴心受压构件中各边的纵向受力钢筋中距不宜大于 350mm。

(2) 箍筋构造。柱中箍筋应符合下列规定：为防止纵筋压屈，柱中箍筋须做成封闭式；其间距在绑扎骨架中不应大于 15d，在焊接骨架中则不应大于 20d（d 为纵筋最小直径），且不应大于 400mm，也不大于构件横截面的短边尺寸。箍筋直径不应小于 $d/4$（d 为纵筋最大直径），且不应小于 6mm。当纵筋配筋率超过 3%时，箍筋直径不应小于 8mm，其间距不应大于 10d（d 为纵筋最小直径），且不应大于 200mm。当截面短边不大于 400mm，且纵筋不多于 4 根时，可不设置复合箍筋；当构件截面各边纵筋多于 3 根时，应设置复合箍筋，如图 4.6 所示。

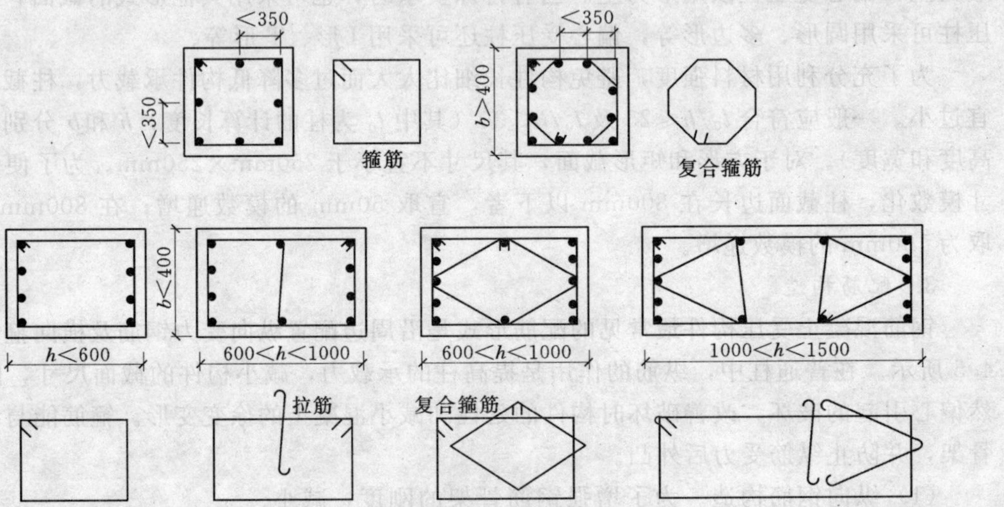

图 4.6 方形及矩形截面柱的箍筋形式

在纵筋搭接长度范围内，箍筋的直径不宜小于搭接钢筋直径的 0.25 倍；箍筋间距应加密。当搭接钢筋为受拉时，其箍筋间距不应大于 5d，且不应大于 100mm；当搭接钢筋为受压时，其箍筋间距不应大于 10d，且不应大于 200mm，d 为受力钢筋中的最小直径。当搭接的受压钢筋直径大于 25mm 时，应在搭接接头两个端面外 50mm 范围内各设置两根箍筋。

截面形状复杂的构件，不可采用具有内折角的箍筋，避免产生向外的拉力，致使折角处的混凝土破损，如图 4.7 所示。

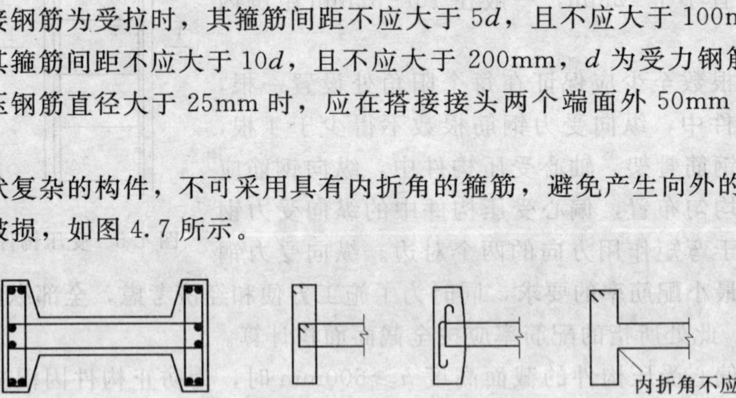

图 4.7 I形及 L 形截面柱的箍筋形式

4. 轴心受压构件承载力计算

按照箍筋配置方式不同，钢筋混凝土轴心受压柱可分为两种：一种是配置纵向钢筋和普通箍筋的柱［图4.8（a）］，称为普通箍筋柱；一种是配置纵向钢筋和螺旋筋［图4.8（b）］或焊接环筋［图4.8（c）］的柱，称为螺旋箍筋柱或间接箍筋柱。不同箍筋的轴心受压柱，其受力性能及计算方法不同。以下主要介绍配有普通箍筋的普通箍筋柱承载力计算。

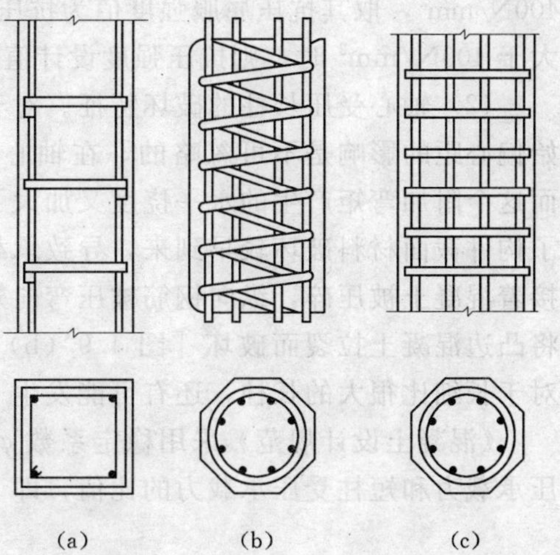

图4.8 普通箍筋柱和螺旋箍筋柱

（a）配有普通箍筋的柱；（b）、（c）配有螺旋箍筋的柱

根据构件的长细比，轴心受压构件可分为短柱和长柱。对矩形截面柱当 $l_0/b\leqslant 8$，或圆形截面柱 $l_0/d\leqslant 7$，或任意截面柱 $l_0/i\leqslant 28$，一般称为短柱。其中 l_0 为柱的计算长度（见表4.1），b 为矩形截面短边尺寸，d 为圆截面直径，i 为截面的最小回转半径。

表4.1 框架结构各层柱的计算长度 l_0

项次	楼盖类型	柱的类型	计算长度 l_0
1	现浇楼盖	底层柱	1.0H
		其余各层柱	1.25H
2	装配式楼盖	底层柱	1.25H
		其余各层柱	1.5H

注 表中 H 对底层柱为从基础顶面到一层楼盖顶面的高度；其余各层柱为上、下两层楼盖顶面之间的高度。

（1）轴心受压短柱的破坏特征。配有普通箍筋的矩形截面短柱，在轴向压力 N 作用下整个截面的应变基本上是均匀分布的。N 较小时，构件的压缩变形主要为弹性变形。随着荷载的增大，构件变形迅速增大。对配置HPB235、HRB335、HRB400、RRB400级热轧钢筋的构件，钢筋将先达到其屈服强度，此后增加的荷载全部由混凝土来承受。在临近破坏时，柱子表面出现纵向裂缝，混凝土保护层开始剥落，最后，箍筋之间的纵向钢筋压屈而向外凸出，混凝土被压碎崩裂而破坏［图4.9（a）］。破坏时混凝土的应力达到棱柱体抗压强度 f_c。工程设计时，取混凝土的压应变值 $\varepsilon_0=0.002$ 作为轴心受压构件破坏时的控制条件，认为此时混凝土应力达到轴心抗压强度设计值 f_c，相应的纵向钢筋应力取为400N/mm²，对于HRB335级、HPB235级和HRB400级热轧钢筋的抗拉强度设计值均小于

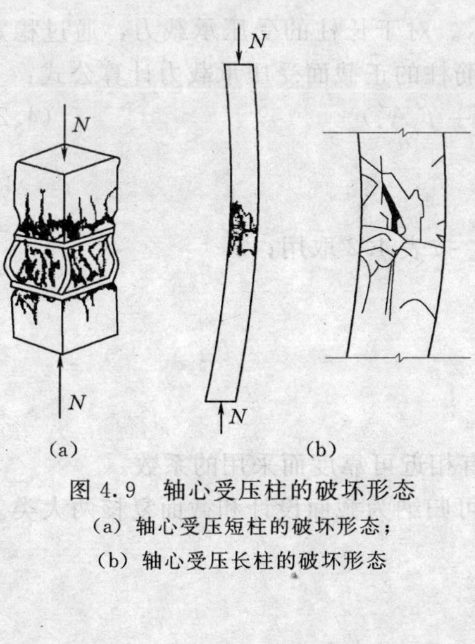

图4.9 轴心受压柱的破坏形态

（a）轴心受压短柱的破坏形态；

（b）轴心受压长柱的破坏形态

400N/mm²，取其抗压屈服强度值为抗压强度设计值。当钢筋的抗拉强度设计值等于或者大于400N/mm²时，则抗压强度设计值亦只能取为400N/mm²。

(2) 轴心受压长柱的破坏特征。对于长细比较大的长柱，由于各种偶然因素造成的初始偏心距的影响是不可忽略的，在轴心压力 N 作用下，由初始偏心距将产生附加弯矩，而这个附加弯矩产生的水平挠度又加大了原来的初始偏心距，这样相互影响的结果，促使了构件截面材料破坏较早到来，导致承载能力的降低。破坏时首先在凹边出现纵向裂缝，接着混凝土被压碎，纵向钢筋被压弯向外凸出，侧向挠度急速发展，最终柱子失去平衡并将凸边混凝土拉裂而破坏［图4.9 (b)］。试验表明，柱的长细比愈大，其承载力愈低，对于长细比很大的长柱，还有可能发生“失稳破坏”。

《混凝土设计规范》采用稳定系数 φ 来表示长柱受压承载力降低的程度，φ 为长柱受压承载力和短柱受压承载力的比值，即

$$\varphi=\frac{N_u^l}{N_u^s} \tag{4.1}$$

稳定系数 φ 主要与构件的长细比 l_0/b 有关，《混凝土规范》对于稳定系数 φ 的取值见表4.2。

表4.2 钢筋混凝土轴心受压构件的稳定系数 φ

l_0/b	≤8	10	12	14	16	18	20	22	24	26	28
l_0/d	≤7	8.5	10.5	12	14	15.5	17	19	21	22	24
l_0/i	≤28	35	42	48	55	62	69	76	83	90	97
φ	1.0	0.98	0.95	0.92	0.87	0.81	0.75	0.70	0.65	0.60	0.56
l_0/b	30	32	34	36	38	40	42	44	46	48	50
l_0/d	26	28	29.5	31	33	34.5	36.5	38	40	41.5	43
l_0/i	104	111	118	125	132	139	146	153	160	167	174
φ	0.52	0.48	0.44	0.40	0.36	0.32	0.29	0.26	0.23	0.21	0.19

注 表中 l_0 为构件长度；b 为矩形截面短边尺寸；d 为圆形截面的直径；i 为截面最小回转半径。

(3) 普通箍筋柱承载力计算。根据上述受力性能分析，轴心受压柱正截面承载力由混凝土和钢筋两部分组成，其截面应力如图4.10所示。对于长柱的受压承载力，通过稳定系数 φ 对短柱的受压承载力予以折减，可得普通箍筋柱的正截面受压承载力计算公式：

$$N \leqslant N_u = 0.9\varphi(f_cA + f'_yA'_s) \tag{4.2}$$

式中 N——轴向压力设计值；

N_u——正截面轴向受压承载力设计值；

φ——钢筋混凝土轴心受压构件的稳定系数，按表4.2取用；

f_c——混凝土轴心抗压强度设计值；

A——构件截面的面积；

f'_y——纵向钢筋的抗压强度设计值；

A'_s——全部纵向钢筋的截面面积；

0.9——保持与偏心受压构件正截面承载力具有相近可靠度而采用的系数。

实际工程中，轴心受压构件的承载力计算问题可归纳为截面设计和截面复核两大类。

(4) 轴压承载力计算公式应用。

1）截面设计。已知：轴向压力设计值 N、构件计算长度 l_0 及材料强度等级。求：柱截面尺寸及配筋。

解法一：经验法，根据构造要求或参考同类结构确定柱的截面形状及尺寸，再由式（4.2）求配筋数量。

解法二：先假定合理的配筋率和稳定系数，然后由式（4.2）估算截面面积后确定截面尺寸。材料和截面确定后，利用表 4.2 确定稳定系数 φ，再由式（4.2）求出所需的纵筋数量，并验算其配筋率。截面纵筋按计算用量选配，箍筋按构造要求配置。

2）截面复核。已知的截面尺寸、材料强度、配筋量及构件计算长度等相关参数代入式（4.2）便可。若该式成立，说明截面安全；否则，为不安全。

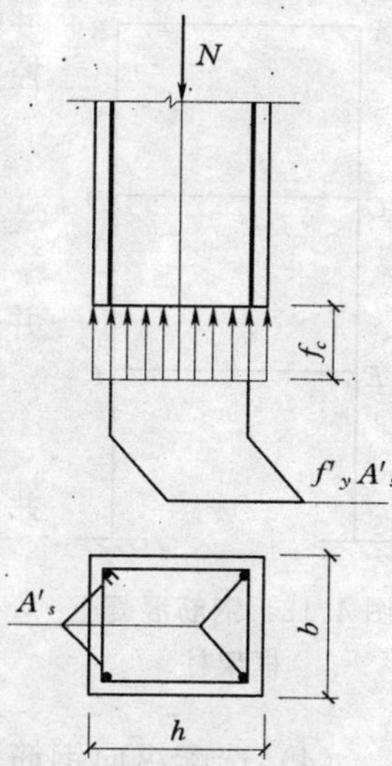

图 4.10　轴向受压柱正截面计算简图

任务实施：

（1）初步确定材料、截面形式和尺寸。混凝土采用 C25，钢筋为 HRB335 级，$f_c=11.9\text{N/mm}^2$，$f'_y=300\ \text{N/mm}^2$。

由于是轴心受压构件，截面形式选用正方形。

假定 $\rho'=2\%$，$\varphi=0.9$，代入式（4.2）估算截面面积：

$$A \geqslant \frac{N}{0.9\varphi(f_c+f'_y\rho')}=\frac{2400\times10^3}{0.9\times0.9\times(11.9+0.02\times300)}=165528.7(\text{mm}^2)$$

$$b=h=\sqrt{A}=406.8\text{mm}$$

选取截面尺寸为 400mm×400mm。

（2）计算受压纵筋面积。$H=4.7\text{m}$，查表 4.1，$l_0=1.0H$，$l_0/b=4.7/0.4=11.75$。查表 4.2，$\varphi=0.954$。

$$N'=N+N_{自重}=2400+1.2\times0.4\times0.4\times4.7\times25=2422.6(\text{kN})$$

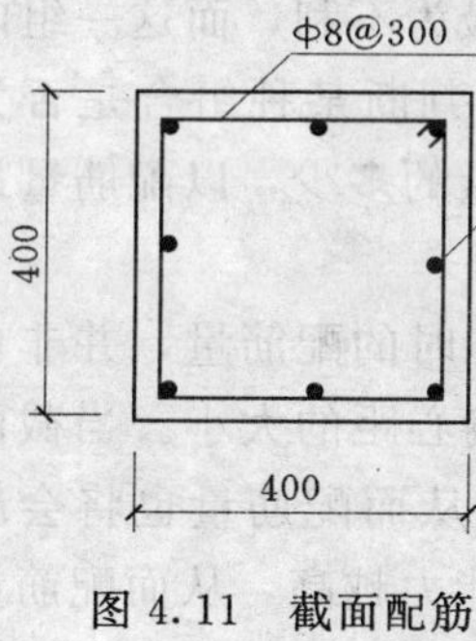

图 4.11　截面配筋图

由式（4.2）得

$$A'_s=\frac{\dfrac{N}{0.9\varphi}-f_cA}{f_y}=\frac{\dfrac{2422.6\times10^3}{0.9\times0.954}-11.9\times400\times400}{300}$$

$$=3058(\text{mm}^2)$$

（3）选配钢筋。选配纵筋 8 Φ 22，实配纵筋面积 $A'_s=3041\text{mm}^2$。

$$\rho'=A'_s/A=3041/160000=1.9\%>\rho'_{\min}=0.6\%$$

满足配筋率要求。

按构造要求，选配箍筋Φ8@300，截面配筋图如图 4.11 所示。

学习单元 4.2　某钢筋混凝土框架柱设计

任务描述：

已知图 4.12 中偏心受压柱 FD，截面尺寸为 400mm×500mm，柱的计算长度为 5m，

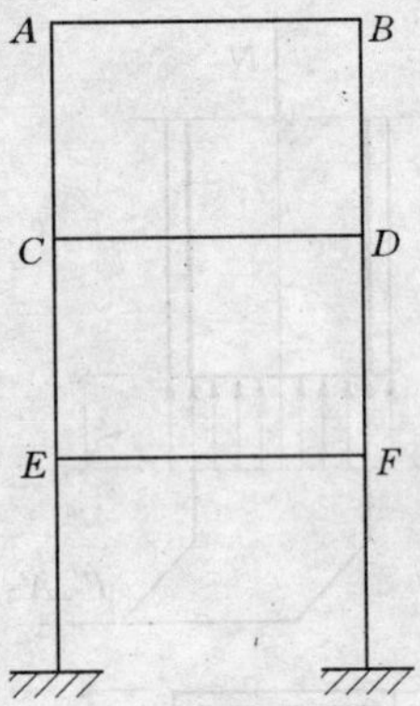

图 4.12　钢筋混凝土框架柱

混凝土选用C25，受力钢筋为HRB335级，采用对称配筋，该段柱控制截面作用有以下两组设计内力：

第一组：$N=500\text{kN}$，$M=250\text{kN}\cdot\text{m}$；

第二组：$N=1200\text{kN}$，$M=142\text{kN}\cdot\text{m}$。

试计算两组内力分别作用下各自所需的受力钢筋面积 A_s 和 A_s'，并选配钢筋。

任务分析：

该项目属于钢筋混凝土偏心受压构件的截面设计，完成项目的步骤如下：

(1) 作计算简图，确定计算截面及设计内力。

(2) 拟定截面尺寸，选择材料等级。

(3) 判别大小偏心受压，计算所需纵向钢筋面积。

(4) 选配纵向钢筋及箍筋。

任务知识点：

偏心受压构件的材料选择、截面形状及尺寸构造、配筋构造已在前面讲述过，下面将重点讲述偏心受压构件的承载力计算。

钢筋混凝土框架柱的截面一般采用矩形、方形、圆形或多边形。框架柱的截面尺寸应由设计计算确定，也可按下列方法进行估算：框架柱的截面高度与宽度不宜小于（1/15～1/20）H（H 为框架柱层高），且不小于300mm，对高层建筑的框架柱其截面高度不宜小于400mm，截面宽度不宜小于350mm。

1. 最不利内力组合及其判定原则

作用在结构上的荷载往往有多种，但它们不一定都会同时出现或同时达到最大值，在结构设计时要进行荷载组合。因此在受压构件同一截面上可能会产生多组 N、M 内力，它们当中存在某一组内力对该截面起控制作用，即它对截面承载力最为不利，而这一组内力不容易凭直观从多组 N、M 中挑选出来。通常以配筋量为指标来判断某种组合是否为最不利内力组合，即在若干极限状态下的内力组合中，考察其配筋量的多少，以配筋量最多的那种组合，作为截面的最不利内力组合。

当一个截面承受一定的组合内力 (M,N) 作用时，达到极限状态时的配筋量，并非单独取决于 M 或 N 的大小，而是从根本上取决于截面的破坏状态及偏心距的大小。当截面处于大偏心受压状态时，偏心距越大，则其所需的抗弯能力越高，从而配筋量也将会越多；当截面处于小偏心受压状态时，偏心距越小，则其所需的抗压能力越高，从而配筋量也将会越多。

因此，对于已知的若干组内力 (M,N) 而言，欲从中判断出哪些可能是使截面达到极限状态的内力组合，理论上讲就需要首先逐个分析它们会使截面处于什么偏心受压的状态，然后再根据偏心距的大小作抉择；而要确定其中的最不利内力组合，就需要进一步进行配筋计算，由最终的配筋量来定夺。

理论分析和工程设计实践表明，对称配筋时的最不利内力组合有可能是下列组合之一：

(1) $|M|_{max}$及其相应的 N；

(2) N_{max}及其相应的 M；

(3) N_{min}及其相应的 M；

(4) 当 $|M|$ 虽然不是最大，但其相应的 N 很小时的 $|M|$ 及其相应的 N。

2. 偏心受压构件的受力特点及破坏特征

根据钢筋混凝土偏心受压构件正截面的受力特点与破坏特征，偏心受压构件破坏可分为大偏心受压破坏和小偏心受压破坏两种类型。

(1) 受拉破坏。受拉破坏一般发生在轴向力的偏心距较大，且受拉钢筋配置不多的情况。由于通常在偏心距较大时多发生这类破坏，因此也称大偏心受压破坏。大偏心受压构件破坏时的截面应力分布与构件上的裂缝分布情况如图 4.13 (a) 所示。在偏心轴向力的作用下，远离轴向力一侧的截面受拉，近轴向力一侧的截面受压。随着轴向力的增加，受拉区首先出现横向裂缝。偏心距越大，受拉钢筋越少，横向裂缝出现得越早，裂缝的开展与延伸越快。继续增加轴向力，主裂缝逐渐明显，受拉钢筋首先达到屈服，受拉变形的发展大于受压变形的发展，中和轴上升，混凝土压区的高度减少，压区边缘混凝土的应变达到其极限值，受压钢筋受压屈服，在压区出现纵向裂缝，最后混凝土压碎崩脱。大偏心受压破坏时受拉钢筋先屈服，其破坏特征与钢筋混凝土双筋截面适筋梁的破坏相似，属于延性破坏。

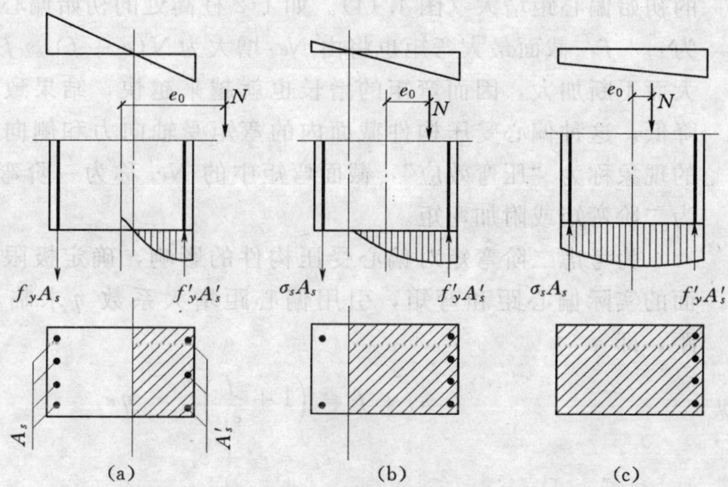

图 4.13　偏心受压构件破坏时截面中的应变及应力分布图

(a) 大偏心受压；(b)、(c) 小偏心受压

(2) 受压破坏。也称小偏心受压破坏，其截面应力分布较为复杂，可能大部分截面受压，也可能全截面受压。取决于偏心距的大小、截面的纵向钢筋配筋率等。

1) 大部分截面受压，远离轴向力一侧钢筋受拉但不屈服。当偏心距较小，或偏心距较大而远离轴向力一侧的钢筋配置较多时，截面的受压区较大，随着荷载的增加，受压区边缘的混凝土首先达到极限压应变值，受压钢筋应力达到屈服强度，但受拉钢筋的应力没有达到屈服强度，其截面上的应力状态如图 4.13 (b) 所示。

2）全截面受压，远离轴向力一侧钢筋受压。当偏心距很小，截面可能全部受压，由于全截面受压，近轴向力一侧的应变大，远离轴向力一侧的应变小，截面应变呈梯形分布，远离轴向力一侧的钢筋也处于受压状态，构件不会出现横向裂缝。破坏时一般近轴向力一侧的混凝土应变首先达到极限值，混凝土压碎，钢筋受压屈服；远离轴向力一侧的钢筋一般不屈服，见图 4.13（c）。

对于小偏心受压，无论何种情况，其破坏特征都是构件截面一侧混凝土的应变达到极限压应变，混凝土被压碎，另一侧的钢筋受拉但不屈服或处于受压状态。这种破坏特征与超筋的双筋受弯构件或轴心受压构件相似，无明显的破坏预兆，属脆性破坏。由于构件破坏起因于混凝土压碎，所以也称受压破坏。

（3）大、小偏心受压的分界。从大、小偏心受压的破坏特征可见，两类构件破坏的相同之处是受压区边缘的混凝土都被压碎，都是“材料破坏”；不同之处是大偏心受压构件破坏时受拉钢筋能屈服，而小偏心受压构件的受拉钢筋不屈服或处于受压状态。因此，大小偏心受压破坏的界限是受拉钢筋应力达到屈服强度，同时受压区混凝土的应变达到极限压应变而被压碎。这与适筋梁与超筋梁的界限是一致的，故受拉破坏与受压破坏也用相对受压区高度 ξ_b 作为界限，即：$\xi \leqslant \xi_b$ 属大偏心受压破坏；$\xi > \xi_b$ 为小偏心受压破坏。

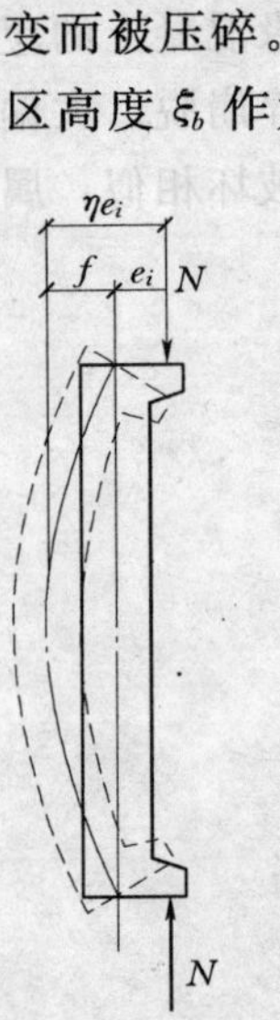

图 4.14　长柱的纵向弯曲

（4）纵向弯曲对其承载能力的影响。在偏心力作用下，钢筋混凝土受压构件将产生纵向弯曲变形，即会产生侧向挠度，从而导致截面的初始偏心距增大（图 4.14）。如 1/2 柱高处的初始偏心距将由 e_i 增大为 e_i+f，截面最大弯矩也将由 Ne_i 增大为 $N(e_i+f)$。f 随着荷载的增大而不断加大，因而弯矩的增长也就越来越快，结果致使柱的承载力降低。这种偏心受压构件截面内的弯矩受轴向力和侧向挠度变化影响的现象称为“压弯效应”，截面弯矩中的 Ne_i 称为一阶弯矩，将 Nf 称为二阶弯矩或附加弯矩。

为考虑二阶弯矩对偏心受压构件的影响，确定极限状态下临界截面的实际偏心距和弯矩，引用偏心距增大系数 η 求临界截面的偏心距，即

$$e_i + f = \left(1 + \frac{f}{e_i}\right)e_i = \eta e_i \tag{4.3}$$

$$e_i = e_0 + e_a \tag{4.4}$$

式中　f——偏心受压长柱纵向弯曲后产生的最大侧向挠度值；

η——考虑二阶弯矩影响的偏心距增大系数；

e_i——初始偏心距；

e_0——轴向力对截面中心的偏心距；

e_a——附加偏心距，综合考虑荷载作用位置的不定性、混凝土质量的不均匀性和施工误差等因素的影响，其值取偏心方向截面尺寸的 1/30 和 20mm 中的较大者。

《混凝土规范》给出的偏心距增大系数的计算公式为：

$$\eta = 1 + \frac{1}{1400\dfrac{e_i}{h_0}}\left(\frac{l_0}{h}\right)^2 \zeta_1 \zeta_2 \tag{4.5}$$

$$\zeta_1 = \frac{0.5 f_c A}{N} \tag{4.6}$$

$$\zeta_2 = 1.15 - 0.01\frac{l_0}{h} \tag{4.7}$$

式中 l_0——构件的计算长度，按表4.1中有关规定取值；

h——截面高度；

h_0——截面有效高度；

ζ_1——小偏心受压构件的截面曲率修正系数，当 $\zeta_1>1.0$ 时，取1.0；

ζ_2——偏心受压构件长细比对截面曲率的修正系数，当 $l_0/h<15$ 时，ζ_2 等于1.0。

3. 矩形截面偏心受压构件的正截面承载力计算

(1) 基本计算公式。偏心受压构件正截面承载力计算采用与受弯构件正截面承载力计算相同的基本假定，用等效矩形应力图形代替混凝土压区的实际应力图形。

1) 大偏心受压构件。承载能力极限状态时，大偏心受压构件中的受拉和受压钢筋应力都能达到屈服强度，根据截面力和力矩的平衡条件（图4.15），大偏心受压构件正截面承载能力计算的基本公式为：

$$N \leqslant \alpha_1 f_c bx + f'_y A'_s - f_y A_s \tag{4.8}$$

$$Ne \leqslant \alpha_1 f_c bx\left(h_0 - \frac{x}{2}\right) + f'_y A'_s (h_0 - a'_s) \tag{4.9}$$

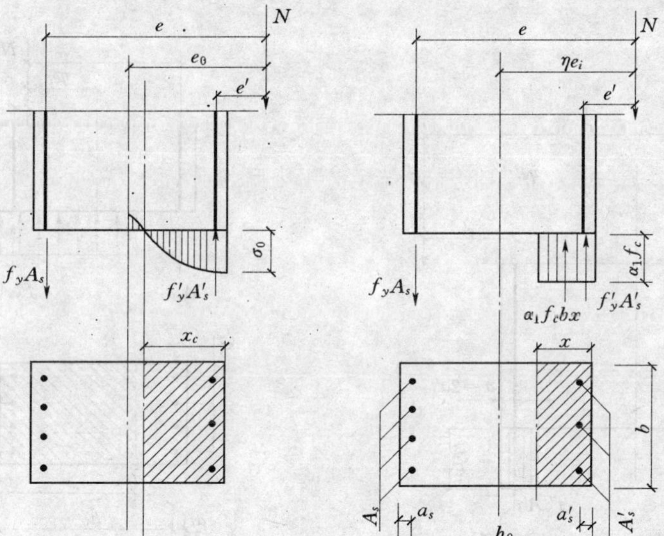

图4.15 大偏心受压应变和应力图

(a) 截面应力分布情况；(b) 等效应力图

式 (4.9) 为向远离轴向力一侧钢筋（受拉钢筋）取矩的平衡条件，e 为轴向力至受拉钢筋合力点的距离。

$$e = \eta e_i + \frac{h}{2} - a_s \tag{4.10}$$

为了保证受压钢筋 A'_s 应力到达 f'_y 及受拉钢筋 A_s 应力达到 f_y，构件截面的相对受压区高度应符合下列条件：

$$2a'_s \leqslant x \leqslant \xi_b h_0 \tag{4.11}$$

当 $x<2a'_s$ 时，表示受压钢筋的应力可能达不到 f'_y，此时，近似取 $x=2a'_s$，构件正截面承载力按下式计算（图 4.16）：

$$Ne' \leqslant f_y A_s (h_0 - a'_s) \tag{4.12}$$

$$e' = \frac{h}{2} - a_s - \eta e_i \tag{4.13}$$

式中　e'——轴向压力作用点至纵向受压钢筋合力点之间的距离。

2）小偏心受压构件。对于矩形截面小偏心受压构件而言，由于离轴力较远一侧纵筋受拉不屈服或处于受压状态，其应力大小与受压区高度有关，而在构件截面配筋计算中受压区高度也是未知的，所以计算相对较为复杂，计算时可先假设钢筋离轴力较远一侧纵筋受拉，其应力 σ_s 可按下式近似计算。

$$\sigma_s = f_y \frac{\xi - \beta_1}{\xi_b - \beta_1}$$

按上式算得的钢筋应力应符合条件 $-f'_y \leqslant \sigma_s \leqslant f_y$，其中 β_1 对低于 C50 级混凝土为 0.8。

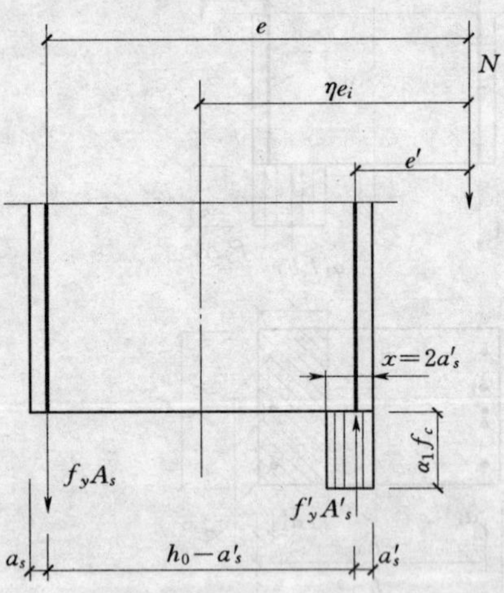

图 4.16　大偏心受压构件的截面计算

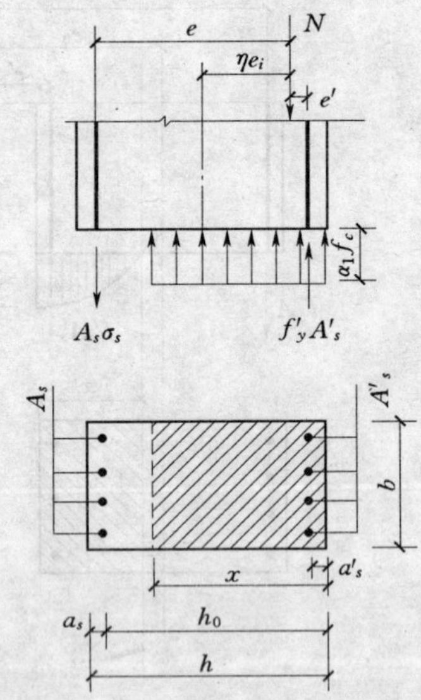

图 4.17　矩形截面小偏小受压构件正截面承载能力计算图式

根据截面力和力矩的平衡条件（图 4.17），可得矩形截面小偏心受压构件正截面承载能力计算的基本公式为：

$$N \leqslant \alpha_1 f_c bx + f'_y A'_s - \sigma_s A_s \tag{4.14}$$

$$Ne \leqslant \alpha_1 f_c bx\left(h_0 - \frac{x}{2}\right) + f'_y A'_s(h_0 - a'_s) \tag{4.15}$$

当相对偏心距很小且A'_s比A_s大得很多时，也可能在离轴向力较远的一侧的混凝土先被压坏，称为反向破坏。为了避免发生反向压坏，对于小偏心受压构件除按式（4.14）和式（4.15）计算外，还应满足下述条件。

$$N\left[\frac{h}{2} - a'_s - (e_0 - e_a)\right] \leqslant \alpha_1 f_c bh\left(h'_0 - \frac{h}{2}\right) + f'_y A'_s(h'_0 - a_s) \tag{4.16}$$

（2）非对称配筋时承载力计算公式应用。与受弯构件正截面受弯承载力计算一样，偏心受压构件正截面受压承载力的计算公式应用也分为截面设计与截面复核两类问题。

1）截面设计。已知构件截面上的内力设计值N、M、柱计算长度、材料及构件截面尺寸，求A_s和A'_s。

计算步骤为：

● 偏心受压类别的初步判别

如前所述，判别两种偏心受压类别的基本条件是：$\xi \leqslant \xi_b$为大偏心受压；$\xi > \xi_b$为小偏心受压。但在截面配筋计算时，A'_s和A_s为未知，受压区高度ξ也未知，因此也就不能利用ξ来判别。此时可近似按下面的方法进行初步判别：

当$\eta e_i \leqslant 0.3h_0$时，可先按小偏心受压计算；

当$\eta e_i > 0.3h_0$时，可先按大偏心受压计算。

● 大偏心受压构件的配筋计算

情况1：受压钢筋A'_s及受拉钢筋A_s均未知。

两个基本式（4.8）及式（4.9）中有三个未知数：A'_s、A_s及x，故不能得出唯一解。为了使总的截面配筋面积（$A'_s + A_s$）最小，和双筋受弯构件一样，可取$x = \xi_b h_0$，则由式（4.9）可得：

$$A'_s = \frac{Ne - \alpha_1 f_c bh_0^2 \xi_b (1 - 0.5\xi_b)}{f'_y (h_0 - a'_s)} \tag{4.17}$$

按式（4.17）算得A'_s应不小于$\rho'_{\min} bh$，如果小于，则取$A'_s = \rho'_{\min} bh = 0.002bh$，按$A'_s$为已知的情况计算。

将由式（4.17）算得的A'_s代入式（4.8）可得：

$$A_s = \frac{\alpha_1 f_c b \xi_b h_0 + f'_y A'_s - N}{f_y} \tag{4.18}$$

按式（4.18）计算得A_s应不小于$\rho_{\min} bh$。

情况2：受压钢筋A'_s为已知，求A_s。

当A'_s为已知时，式（4.8）及式（4.9）中有两个未知数A_s及x，可求得唯一解，与单筋矩形受弯截面构件相似。

$$\alpha_s = \frac{Ne - f'_y (h_0 - a'_s)}{\alpha_1 f_c bh_0^2} \tag{4.19}$$

$$\xi = \sqrt{1 - 2\alpha_s} \tag{4.20}$$

$$x = \xi h_0 \tag{4.21}$$

若$2a'_s \leqslant x \leqslant \xi_b h_0$，则得：

$$A_s=\frac{\alpha_1 f_c bx+f'_y A'_s-N}{f_y} \tag{4.22}$$

若 $x>\xi_b h_0$，说明原 A'_s 过小，应按 A_s 和 A'_s 均未知的第一种情况重算。

若 $x<2a'_s$，则根据式（4.12）有：

$$A_s=\frac{Ne'}{f_y(h_0-a'_s)} \tag{4.23}$$

式中

$$e'=\eta e_i-\frac{h}{2}+a'_s \tag{4.24}$$

• 小偏心受压构件的配筋计算

由小偏心受压承载能力计算的基本公式可知，有两个基本方程，但要求三个未知数：A'_s、A_s 和 x，因此，仅根据平衡条件也不能求出唯一解，需要补充一个使钢筋的总用量最小的条件。考虑到 A_s 不屈服，为了使用钢量最小，可按最小配筋率配置 A_s，即取 $A_s=0.002bh$，并将 A_s 值代入基本公式中求 ξ 和 σ_s，解得 ξ。

若 $\xi>\xi_b$ 时，初判合适，将 ξ 代入式（4.14）得 A_s。

若 $\xi\leqslant\xi_b$ 时，重新按大偏压构件考虑。

2）承载力复核。进行承载力复核时，一般已知 b、h、A_s 和 A'_s，混凝土强度等级及钢材品种，构件长细比 l_0/h，轴向力设计值 N 和偏心距 e_0，验算截面是否能承受该 N 值。

• 弯矩作用平面的承载力复核

假定构件为大偏心受压，$\sigma_s=f_y$，从而联立式（4.8）、式（4.9）消去 N，解得 ξ，若 $\xi\leqslant\xi_b$，确为大偏心受压，代入式（4.8）计算 N 值。若 $\xi>\xi_b$，则应为小偏心受压，取 $\sigma_s=f_y\dfrac{\xi-\beta_1}{\xi_b-\beta_1}$，按小偏心受压重新计算 ξ，再代入式（4.14）计算 N 值。

• 垂直于弯矩作用平面的承载力复核

无论是截面设计或截面复核，是大偏心受压还是小偏心受压，除了在弯矩作用平面内依照偏心受压进行计算外，都要验算垂直于弯矩作用平面的轴心受压承载力。此时，应考虑 φ 值，并取 b（截面短边）作为截面高度。

【例 4.1】　已知矩形截面偏心受压柱，截面尺寸为 300mm×400mm，承受轴力设计值为 $N=380$kN，弯矩设计值为 $M=230$kN·m，柱的计算长度为 3.6m，选用 C25 混凝土和 HRB335 级钢筋，求该柱所需的纵向钢筋 A_s 和 A'_s。

解： 本例题属于截面设计类。

（1）基本参数。查表可知，C25 混凝土 $f_c=11.9\text{N/mm}^2$，HRB335 级钢筋 $f_y=f'_y=300\text{N/mm}^2$，$\alpha_1=1.0$，$\xi_b=0.55$。

查表可知，一类环境，$c=30$mm，取 $a_s=a'_s=40$mm，$h_0=h-a_s=400-40=360(\text{mm})$。

（2）计算 ηe_i，判断截面类型。

$$e_0=\frac{M}{N}=\frac{230\times10^3}{380}=605(\text{mm}),\ \frac{l_0}{h}=\frac{3.6}{0.4}=9$$

$$e_a=\max\left\{\frac{h}{30},20\right\}=20(\text{mm}),\ e_0=e_0+e_a=605+20=625(\text{mm})$$

$$\zeta_1=\frac{0.5f_cbh}{N}=\frac{0.5\times 11.9\times 300\times 400}{380\times 10^3}=1.88>1.0，取\ \zeta_1=1.0$$

$$\zeta_2=1.15-0.01\frac{l_0}{h}=1.15-0.01\times 9=1.06>1.0，取\ \zeta_2=1.0$$

$$\eta=1+\frac{1}{1400\dfrac{e_i}{h_0}}\left(\frac{l_0}{h}\right)\zeta_1\zeta_2=1+\frac{1}{1400\times\dfrac{625}{360}}\times 9^2\times 1.0\times 1.0=1.03$$

$$\eta e_i=1.03\times 625=644(\text{mm})>0.3h_0=0.3\times 360=108(\text{mm})$$

因此，可先按大偏心受压构件进行计算。

(3) 计算 A_s 和 A'_s。为了配筋最经济，即使（$A_s+A'_s$）最小，令 $\xi=\xi_b$。

$$e=\eta e_i+\frac{h}{2}-a_s=644+200-40=804(\text{mm})$$

将上述参数代入式（4.8）和式（4.9）得

$$A'_s=\frac{Ne-\alpha_1 f_cbh_0^2\xi_b(1-0.5\xi_b)}{f'_y(h_0-a'_s)}$$

$$=\frac{380\times 10^3\times 804-1.0\times 11.9\times 300\times 360^2\times 0.55\times(1-0.5\times 0.55)}{300\times(360-40)}$$

$$=1260(\text{mm}^2)>\rho'_{\min}bh=0.2\%\times 300\times 400=240(\text{mm}^2)$$

$$A_s=\frac{\alpha_1 f_c\xi_b bh_0+f'_yA'_s-N}{f_y}$$

$$=\frac{1.0\times 11.9\times 0.55\times 300\times 360+300\times 1260-380\times 10^3}{300}=2349(\text{mm}^2)$$

(4) 验算垂直于弯矩作用平面的轴心受压承载能力（略，下同）。

(5) 选配钢筋。受拉钢筋选用 5 Φ 25（$A_s=2450\text{mm}^2$），受压钢筋选用 4 Φ 20（$A'_s=1256\text{mm}^2$），如图 4.18 所示。满足最小配筋率和钢筋间距要求。

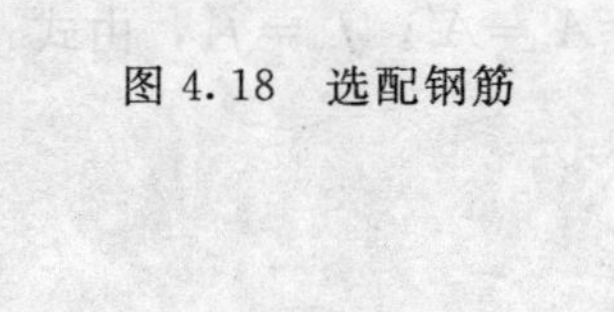

图 4.18　选配钢筋

【例 4.2】　已知一矩形偏心受压构件的轴力设计值为 $N=380\text{kN}$，弯矩设计值为 $M=176\text{kN}\cdot\text{m}$，在近轴向力一侧配钢筋 $A'_s=942\text{mm}^2$，其他条件同例题 4.1，求受拉钢筋 A_s。

解：本例题属于截面设计类。

(1) 基本参数。由例题 4.1 计算可知截面的偏心距增大系数 $\eta=1.03$。

(2) 判断截面类型。

$$e_0=\frac{M}{N}=\frac{176}{380}=0.463(\text{m})$$

$$e_i=e_0+e_a=483\text{mm}，\eta e_i>0.3h_0$$

可先按大偏心受压构件进行计算。

(3) 计算 A_s。

$$e=\eta e_i+\frac{h}{2}-a_s=1.03\times 483+200-40=657.5(\text{mm})$$

$$\alpha_s=\frac{Ne-f'_yA'_s(h_0-a'_s)}{\alpha_1f_cbh_0^2}=\frac{380\times10^3\times657.5-300\times942\times(360-40)}{1.0\times11.9\times300\times360^2}=0.34$$

$$\xi=1-\sqrt{1-2\alpha_s}=1-\sqrt{1-2\times0.34}=0.44<\xi_b$$

满足大偏心受压的适用条件。

$$A_s=\frac{\alpha_1f_c\xi bh_0+f'_yA'_s-N}{f_y}$$

$$=\frac{1.0\times11.9\times300\times360\times0.44+942\times300-380\times10^3}{300}=1560(\text{mm}^2)$$

4．对称配筋矩形截面的承载能力计算与复核

在工程设计中，考虑各种荷载的组合，偏心受压构件常常要承受变号弯矩的作用，或为了构造简单便于施工，避免施工错误，一般采用对称配筋截面，即 $A_s=A'_s$，$f_y=f'_y$，且 $a_s=a'_s$。

（1）截面设计。

1）大小偏心受压的判别方法。对称配筋就是在截面两侧配置截面面积和钢筋级别都相同的纵向受力钢筋，即 $A_s=A'_s$、$f_y=f'_y$、$a_s=a'_s$。对称配筋构件进行截面设计时，一般先判别大、小偏心受压，然后按照大、小偏心受压各自的设计公式进行设计计算。根据界限破坏时截面内、外力相等，可求出界限破坏时的轴向压力 N_b。

$$N_b=\alpha_1f_cbh_0\xi_b+f'_yA'_s-f_yA_s=\alpha_1f_cbh_0\xi_b$$

当 $N\leqslant N_b$ 时，属于大偏心受压；当 $N>N_b$ 时，属于小偏心受压。

2）大偏心受压构件。由式（4.8）可求出受压区高度。

$$x=\frac{N}{\alpha_1f_cb} \tag{4.25}$$

将式（4.25）求出的 x 代入式（4.9）可得

$$A'_s=A_s=\frac{Ne-\alpha_1f_cbx(h_0-x/2)}{f'_y(h_0-a'_s)} \tag{4.26}$$

如 $x<2a'_s$，对受压钢筋合力点取矩，按下式求 A_s 和 A'_s。

$$A'_s=A_s=\frac{Ne'}{f'_y(h_0-a'_s)} \tag{4.27}$$

3）小偏心受压构件截面设计。在小偏心的情况下，远离纵向力一侧的钢筋不屈服，且 $A_s=A'_s$，$f_y=f'_y$，由式（4.14）可得：

$$N=\alpha_1f_c\xi bh_0+f'_yA'_s\frac{\xi_b-\xi}{\xi_b-\beta_1} \tag{4.28}$$

或

$$f'_yA'_s=(N-\alpha_1f_cbh_0)\frac{\xi_b-\beta_1}{\xi_b-\xi} \tag{4.29}$$

将上式代入式（4.15）可得：

$$Ne\frac{\xi_b-\xi}{\xi_b-\beta_1}=\alpha_1f_cbh_0^2\xi(1-0.5\xi)\frac{\xi_b-\xi}{\xi_b-\beta_1}+(N-\alpha_1f_c\xi bh_0)(h_0-a'_s) \tag{4.30}$$

这是一个 ξ 的三次方程，用于设计是非常不便的。为了化简计算，ξ 可按下列公式计算。

$$\xi=\frac{N-\xi_b\alpha_1f_cbh_0}{\dfrac{Ne-0.43\alpha_1f_cbh_0^2}{(\beta_1-\xi_b)(h_0-a'_s)}+\alpha_1f_cbh_0}+\xi_b \tag{4.31}$$

将算得的ξ代入式（4.15），则计算矩形截面对称配筋小偏心受压构件钢筋截面积的公式为：

$$A'_s = A_s = \frac{Ne - \xi(1-0.5\xi)\alpha_1 f_c b h_0^2}{f'_y(h_0 - a'_s)} \tag{4.32}$$

（2）截面承载能力的复核。对称配筋矩形截面承载力的复核与非对称矩形截面相同，只是引入对称配筋条件$A_s=A'_s$，$f_y=f'_y$。小偏心受压破坏时，只须考虑近轴向力一侧的混凝土先破坏的情况。

任务实施：

1. 基本参数

查表可知，C25 混凝土 $f_c=11.9\text{N/mm}^2$；HRB335 级钢筋 $f_y=f'_y=300\text{N/mm}^2$；$\alpha_1=1.0$，$\xi_b=0.544$，一类环境，$c=30\text{mm}$，$a_s=a'_s=40\text{mm}$，$h_0=h-a_s=500-40=460(\text{mm})$。

2. 第一组内力作用下的配筋计算

$N=500\text{kN}$，$M=250\text{kN}\cdot\text{m}$。

（1）判断截面类型。

$N_b=\alpha_1 f_c \xi_b b h_0 = 1.0\times11.9\times0.544\times400\times460=1191(\text{kN})>N=500\text{kN}$

截面为大偏心受压。

（2）计算ηe_i。

$$e_0=\frac{M}{N}=\frac{250\times10^3}{500}=500(\text{mm}),\ \frac{l_0}{h}=\frac{5}{0.5}=10$$

$$e_a=\max\left\{\frac{h}{30},20\right\}=20\text{mm},\ e_i=e_0+e_a=500+20=520(\text{mm})$$

$$\zeta_1=\frac{0.5f_cA}{N}=\frac{0.5\times11.9\times400\times500}{500\times10^3}=2.38>1.0，取\ \zeta_1=1.0,\zeta_2=1.0$$

$$\eta=1+\frac{1}{1400\frac{e_i}{h_0}}\left(\frac{l_0}{h}\right)\zeta_1\zeta_2=1+\frac{1}{1400\times\frac{520}{460}}\times10^2\times1.0\times1.0=1.063$$

$\eta e_i-1.063\times520-552.8(\text{mm})$

（3）计算A_s和A'_s。

$$\xi=\frac{N}{\alpha_1 f_c b h_0}=\frac{500\times10^3}{1.0\times11.9\times400\times460}=0.228>2a'_s/h_0=0.173$$

$$e=\eta e_i+\frac{h}{2}-a_s=552.8+250-40=762.8(\text{mm})$$

将上述参数代入式（4.17）得

$$A_s=A'_s=\frac{Ne-\xi(1-0.5\xi)\alpha_1 f_c b h_0^2}{f'_y(h_0-a'_s)}$$

$$=\frac{500\times10^3\times762.8-0.228\times(1-0.5\times0.228)\times1.0\times11.9\times400\times460^2}{300\times(460-40)}$$

$$=1412(\text{mm}^2)>\rho'_{\min}bh=0.2\%\times400\times500=400(\text{mm}^2)$$

受拉和受压钢筋选用 3 Φ 25（$A_s=A'_s=1473\text{mm}^2$），箍筋φ 8@200。截面配筋如图

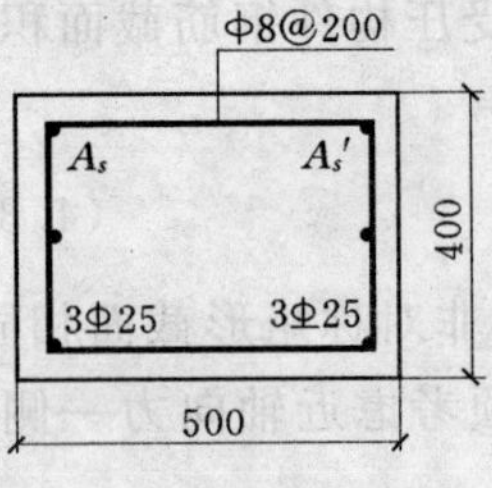

图 4.19　截面配筋

4.19 所示。

3. 第二组内力作用下的配筋计算

$$N=1200\text{kN},\ M=142\text{kN}\cdot\text{m}。$$

(1) 判断截面类型。

$$N_b=\alpha_1 f_c\xi_b bh_0=1.0\times11.9\times0.544\times400\times460$$
$$=1191(\text{kN})<N=1200\text{kN}$$

截面为小偏心受压。

(2) 计算 ηe_i。

$$e_0=\frac{M}{N}=\frac{142\times10^3}{1200}=118.3(\text{mm}),\ \frac{l_0}{h}=\frac{5}{0.5}=10$$

$$e_a=\max\left\{\frac{h}{30},20\right\}=20\text{mm},\ e_i=e_0+e_a=118.3+20=138.3(\text{mm})$$

$$\zeta_1=\frac{0.5f_cA}{N}=\frac{0.5\times11.9\times400\times500}{1200\times10^3}=0.992,\ \zeta_2=1.0$$

$$\eta=1+\frac{1}{1400\dfrac{e_i}{h_0}}\left(\frac{l_0}{h}\right)^2\zeta_1\zeta_2=1+\frac{1}{1400\times\dfrac{138.3}{460}}\times10^2\times0.992\times1.0=1.235$$

$$\eta e_i=1.235\times138.3=170.8(\text{mm})$$

(3) 计算 A_s 和 A_s'。

$$e=\eta e_i+\frac{h}{2}-a_s=170.8+250-40=380.8(\text{mm})$$

由式 (4.31) 得：

$$\xi=\frac{N-\xi_b\alpha_1 f_cbh}{\alpha_1 f_cbh_0+\dfrac{Ne-0.43\alpha_1 f_cbh_0^2}{(0.8-\xi_b)(h_0-a_s')}}+\xi_b=0.548$$

$$x=\xi h_0=0.548\times460=252.1(\text{mm})$$

由式 (4.32) 得：

$$A_s=A_s'=\frac{Ne-\alpha_1 f_cbx\left(h_0-\dfrac{1}{2}x\right)}{f_y'(h_0-a_s')}$$

$$=\frac{1200\times10^3\times380.8-1.0\times11.9\times400\times252.1\times(460-0.5\times252.1)}{300\times(460-40)}$$

$$=446.2(\text{mm}^2)$$

$$>\rho_{\min}'bh=0.2\%\times400\times500=400(\text{mm}^2)$$

实配 3 Φ 14 (461mm²)，满足构造要求。箍筋ф 6@200，截面配筋如图 4.20 所示。

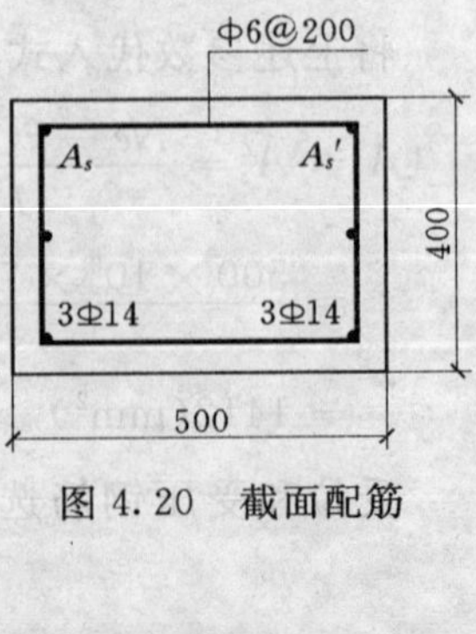

图 4.20　截面配筋

小组协作思考题：

1. 在受压构件中配置箍筋的作用是什么？什么情况下需设置复合箍筋？

2. 轴心受压短柱、长柱的破坏特征各是什么？为什么轴心受压长柱的受压承载力低于短柱？承载力计算时如何考虑纵向弯曲的影响？

3. 偏心受压构件如何分类？怎样区分大、小偏心受压破坏的界限？

4. 矩形截面大偏心受压构件正截面的受压承载力如何计算？矩形截面小偏心受压构件正截面受压承载力如何计算？怎样进行不对称配筋矩形截面偏心受压构件正截面受压承载力的设计与计算？

5. 对称配筋矩形截面偏心受压构件大、小偏心受压破坏的界限如何区分？怎样进行对称配筋矩形截面偏心受压构件正截面承载力的设计与计算？

6. 分析混凝土强度、钢筋强度、配筋率、截面尺寸对偏心受压构件承载力的影响。

7. 已知两组内力（N_1，M_1）和（N_2，M_2），采用对称配筋，试判别以下情况哪组内力的配筋大：

（1）$N_1=N_1$，$M_2>M_1$；

（2）$N_1<N_2<N_b$，$M_2=M_1$；

（3）$N_b<N_1<N_2$，$M_2=M_1$。

综合项目题：

1. 已知某多层四跨现浇框架结构的第二层内柱，轴心压力设计值 $N=1100\text{kN}$，楼层高 $H=6\text{m}$，混凝土强度等级为 C20，采用 HRB335 级钢筋。截面边长 350mm，计算长度 6m，求所需纵筋面积。

2. 已知圆形截面现浇钢筋混凝土柱，直径不超过 350mm，承受轴心压力设计值 $N=1900\text{kN}$，计算长度 $l_0=4\text{m}$，混凝土强度等级为 C25，柱中纵筋采用 HRB335 级钢筋，箍筋用 HPB235 级钢筋。试设计该柱截面。

3. 某框架钢筋混凝土正方形截面轴心受压构件，计算长度 9m，承受轴向力设计值 $N-1700\text{kN}$，采用 C25 级混凝上，HRB400 级钢筋。试确定构件截面尺寸和纵向钢筋截面面积，并绘出配筋图。

4. 某混合结构多层房屋，门厅为现浇内框架结构（按无侧移考虑），其底层柱截面为矩形，按轴心受压构件计算。截面尺寸为 450mm×600mm，计算长度 8m，混凝土强度等级 C25，已配纵向受力钢筋 8Φ22（HRB335 级），试计算截面承载力。

5. 已知某单层工业厂房柱的轴向力设计值 $N=800\text{kN}$，弯矩 $M=160\text{kN}\cdot\text{m}$；截面尺寸 $b=300\text{mm}$，$h=500\text{mm}$，$a_s=a_s'=45\text{mm}$；混凝土强度等级为 C20，采用 HRB335 级钢筋，计算长度 $l_0=3.5\text{m}$。求钢筋截面面积 A_s 及 A_s'。

6. 已知柱的轴向力设计值 $N=550\text{kN}$，弯矩 $M=450\text{kN}\cdot\text{m}$；截面尺寸 $b=300\text{mm}$，$h=600\text{mm}$，$a_s=a_s'=45\text{mm}$；混凝土强度等级为 C35，采用Ⅲ级钢筋；计算长度 $l_0=7.2\text{m}$。求钢筋截面面积 A_s 及 A_s'。

7. 已知轴向力设计值 $N=7500\text{kN}$，弯矩 $M=1800\text{kN}\cdot\text{m}$；截面尺寸 $b=800\text{mm}$，$h=1000\text{mm}$，$a_s=a_s'=45\text{mm}$；混凝土强度等级为 C30，采用 HRB335 级钢筋；计算长度 $l_0=6\text{m}$，采用对称配筋，求钢筋截面面积 A_s 及 A_s'。

学习情境5 梁板结构设计

学习目标：

- 学会识别梁板结构类型
- 能设计现浇钢筋混凝土单向板肋形结构
- 能说出双向板的配筋设计要点
- 能分析钢筋混凝土楼梯的受力特点，识别配筋图

学习单元5.1 梁板结构的认识

任务描述：

认识梁板结构类型，分析现浇混凝土楼盖的结构形式，会判别整体式肋梁楼盖类型。

任务知识点：

梁板结构是土木工程中应用最为广泛的一种结构，例如房屋中的楼（屋）盖、楼梯、阳台、雨篷、地下室底板、挡土墙（图5.1），桥梁的桥面结构，特种结构中水池的顶盖、池壁和底板等。钢筋混凝土楼盖是建筑结构中的重要组成部分，本学习情境着重讲述建筑结构中的楼（屋）盖设计。

1. 楼盖类型

混凝土楼盖按施工方法可分为现浇式、装配式和装配整体式三种形式。

现浇式楼盖整体性好、刚度大、防水性好和抗震性强，并能适应于房间的平面形状、设备管道、荷载或施工条件比较特殊的情况。其缺点是费工、费模板、工期长、施工受季节的限制，故现浇式楼盖通常用于建筑平面布置不规则的局部楼面或在运输吊装设备不足的情况。

现浇混凝土楼盖按结构形式可分为单向板肋梁楼盖、双向板肋梁楼盖、井式楼盖、密肋楼盖和无梁楼盖（又称板柱楼盖），如图5.2所示，肋梁楼盖，如图5.2（a）和图5.2（b）所示，一般由板、次梁和主梁组成，其主要传力途径为板→次梁→主梁→柱或墙→基础→地基。肋梁楼盖的特点是用钢量较低，楼板上留洞方便，但支模较复杂。肋形楼盖多用于公共建筑、高层建筑以及多层工业厂房。无梁楼盖适用于柱网尺寸不超过6m的公共建筑以及矩形水池的顶板和底板等结构，井式楼盖适用于方形或接近方形的中小礼堂、餐厅以及公共建筑的门厅，其用钢量和造价较高。在具体的实际工程中究竟采用何种楼盖形式，应根据房屋的性质、用途、平面尺寸、荷载大小、采光、技术、经济等因素进行综合考虑。

装配式钢筋混凝土楼盖的楼板为预制，梁或预制或现浇，便于工业化生产，广泛用于多层民用建筑和多层工业厂房。但这种楼面因其整体性、抗震性、防水性都较差，不便于

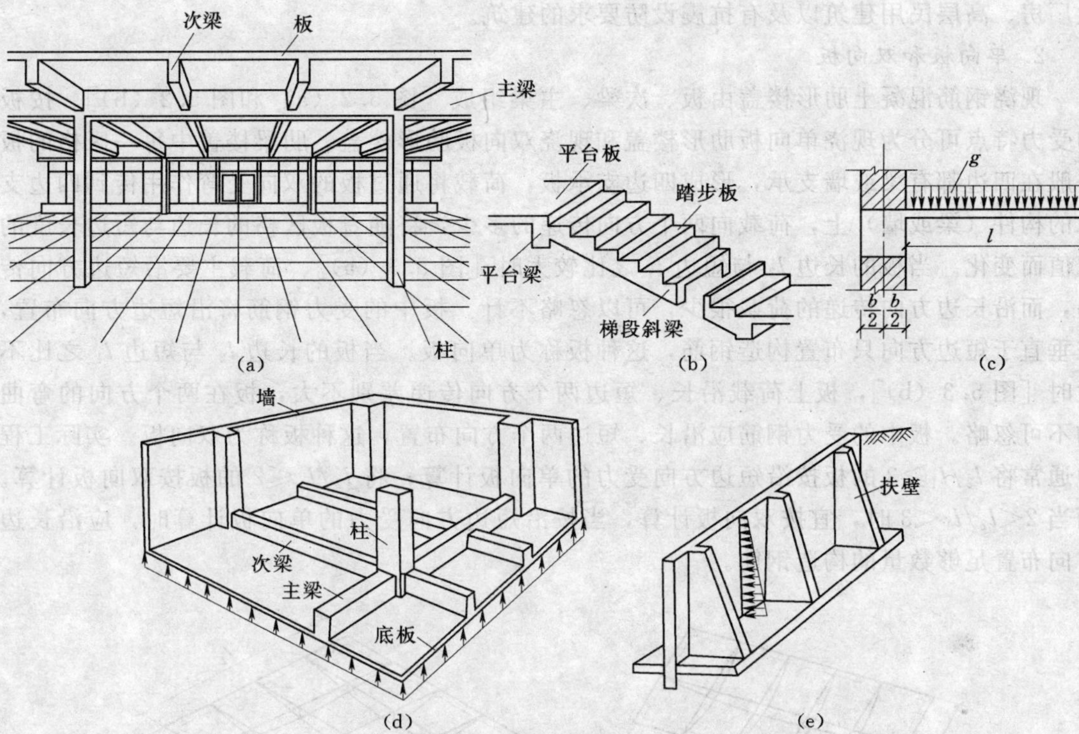

图5.1 梁板结构

(a) 肋梁楼盖；(b) 梁式楼梯；(c) 雨篷；(d) 地下室底板；(e) 带扶壁挡土墙

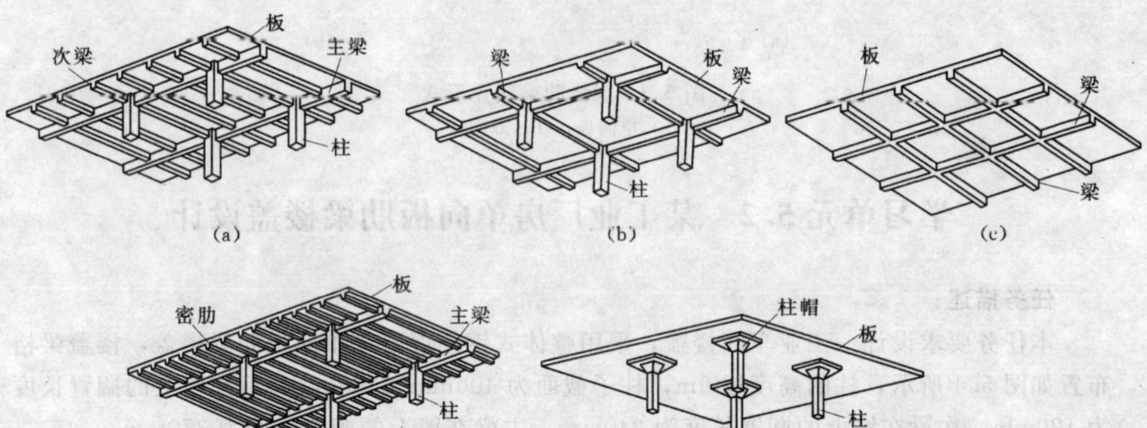

图5.2 楼盖的结构形式

(a) 单向板肋梁楼盖；(b) 双向板肋梁楼盖；(c) 井式楼盖；(d) 密肋楼盖；(e) 无梁楼盖

开设孔洞，故对于高层建筑及有抗震设防要求的建筑以及使用要求防水和开设孔洞的楼面，均不宜采用。装配整体式楼盖是在预制板上现浇一混凝土叠合层而成为一个整体。这种楼盖兼有现浇整体式楼盖整体性好以及装配式楼盖节省模板和支撑的优点，但需要进行混凝土二次浇灌，有时还需增加焊接工作量。装配整体式楼盖仅适用于荷载较大的多层工业厂房、高层民用建筑以及有抗震设防要求的建筑。

2. 单向板和双向板

现浇钢筋混凝土肋形楼盖由板、次梁、主梁组成［图 5.2（a）和图 5.2（b）］。按板的受力特点可分为现浇单向板肋形楼盖和现浇双向板肋形楼盖。肋梁楼盖中每一区格的板一般在四边都有梁或墙支承，形成四边支承板，荷载将通过板的双向受弯作用传到四边支承的构件（梁或墙）上，荷载向两个方向传递的多少，将随着板区格的长边与短边长度的比值而变化。当板的长边 l_2 与短边 l_1 之比较大时［图 5.3（a)］，荷载主要沿短边方向传递，而沿长边方向传递的荷载很少，可以忽略不计。板中的受力钢筋将沿短边方向布置，在垂直于短边方向只布置构造钢筋，这种板称为单向板。当板的长边 l_2 与短边 l_1 之比不大时［图 5.3（b)］，板上荷载沿长、短边两个方向传递差别不大，板在两个方向的弯曲均不可忽略。板中的受力钢筋应沿长、短边两个方向布置，这种板称为双向板。实际工程中通常将 $l_2/l_1 \geqslant 3$ 的板按沿短边方向受力的单向板计算；将 $l_2/l_1 \leqslant 2$ 的板按双向板计算。而当 $2 < l_2/l_1 < 3$ 时，宜按双向板计算，当按沿短边方向受力的单向板计算时，应沿长边方向布置足够数量的构造钢筋。

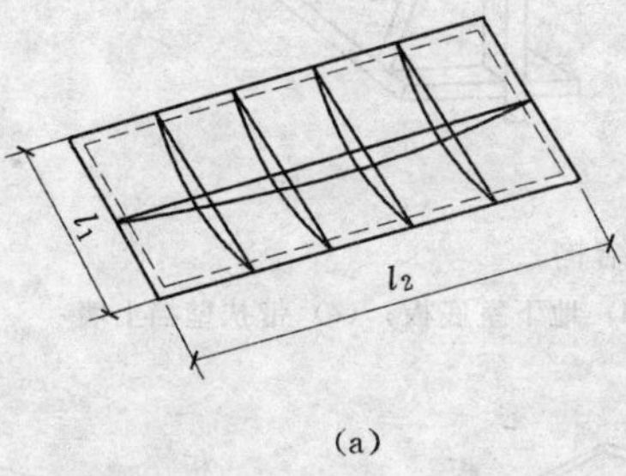

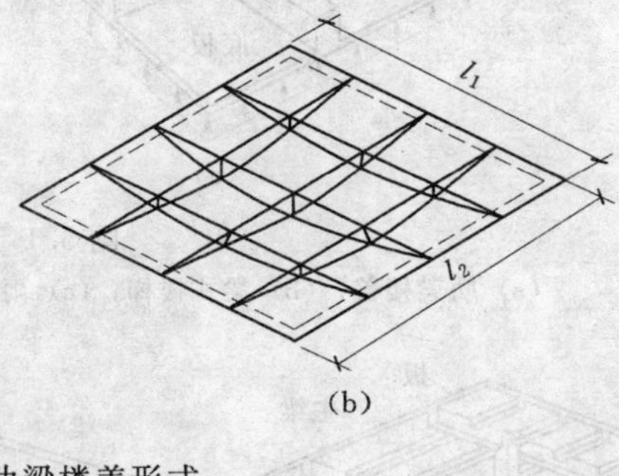

图 5.3　现浇肋梁楼盖形式

(a) 单向板；(b) 双向板

学习单元 5.2　某工业厂房单向板肋梁楼盖设计

任务描述：

本任务要求设计一工业车间楼盖，采用整体式钢筋混凝土单向板肋梁楼盖，楼盖梁格布置如图 5.4 所示，柱的高度取 9m，柱子截面为 400mm×400mm，板在墙上的搁置长度为 120mm，次梁在墙上的搁置长度为 240mm，主梁在墙上的搁置长度为 370mm。

(1) 楼面构造层做法：20mm 厚水泥砂浆面层（容重 $20kN/m^3$），20mm 厚混合砂浆顶棚抹灰（容重 $16kN/m^3$）。

(2) 楼面活荷载：标准值为 $7kN/m^2$。

(3) 恒载分项系数为 $\gamma_G = 1.2$；活荷载分项系数为 $\gamma_Q = 1.3$（因为楼面活荷载标准值大于 $4kN/m^2$）。

任务分析：

该任务为一钢筋混凝土单向板肋梁楼盖的设计，其设计步骤为：

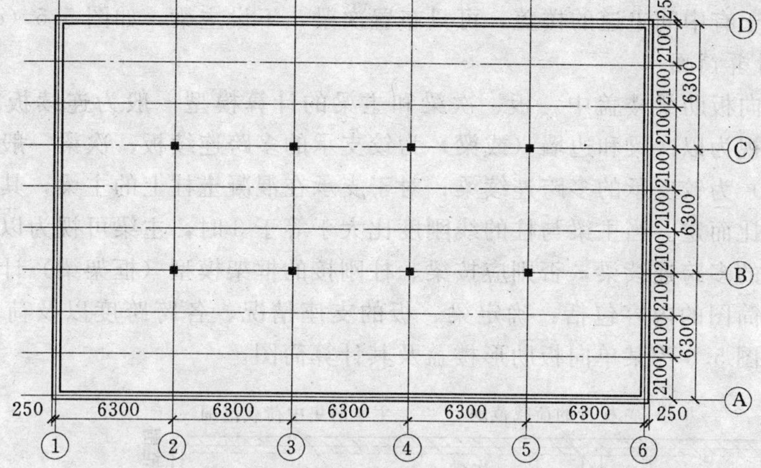

图 5.4　单向板肋梁楼盖结构平面布置图

(1) 选择结构平面布置方案，并初步确定板厚和主、次梁的截面尺寸。

(2) 确定板和主、次梁的计算简图。

(3) 梁、板的内力计算。

(4) 板、次梁、主梁的截面配筋计算。

(5) 按计算和构造要求绘制结构施工图。

任务知识点：

1. 结构平面布置

在肋梁楼盖中，结构布置包括柱网、承重墙、梁格和板的布置。楼盖结构布置应满足建筑的正常使用要求、受力合理、方便施工、经济合理的原则。单向板肋梁楼盖中，次梁的间距决定了板的跨度，主梁的间距决定了次梁的跨度，柱距则决定了主梁的跨度。根据设计经验，主梁的经济跨度为 6～9m，次梁的经济跨度为 5～7m（当荷载较小时，宜用较大值，当荷载较大时，宜用较小值），板的经济跨度即次梁的间距一般为 1.5～2.7m，常用跨度为 2m 左右。

单向板肋梁楼盖主梁布置方案有两种：主梁横向布置，如图 5.5 (a) 所示，主梁纵向布置，如图 5.5 (b) 所示。当主梁横向布置时，其优点是主梁和柱可形成横向框架，房屋的横向刚度大，而各榀横向框架之间由纵向次梁相连，故房屋的纵向刚度亦大，整体性较好。此外，由于主梁与外纵墙垂直，在外纵墙上可开较大的窗口，对室内采光有利。

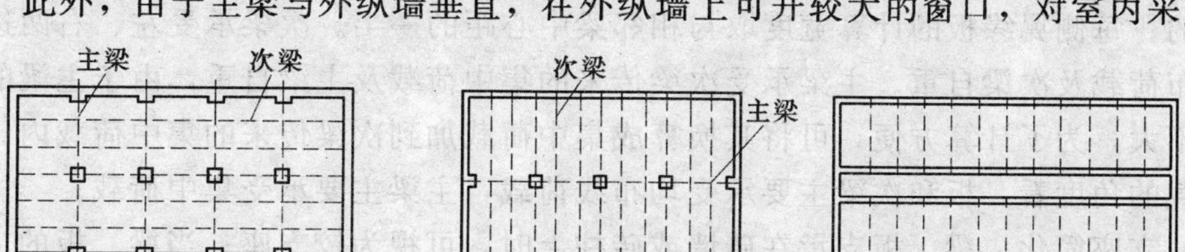

图 5.5　主梁的布置方案

(a) 主梁沿横向布置；(b) 主梁沿纵向布置；(c) 有中间走道

当主梁纵向布置时，这种布置的优点是减小了主梁的截面高度，增大了室内净高。

此外，对于有中间走道的楼盖，可只布置次梁，不设主梁，如图 5.5（c）所示。

2. 梁板计算简图

在现浇单向板肋梁楼盖中，板、次梁和主梁的计算模型一般为连续板或连续梁。其中，板一般可视为以次梁和边墙（或梁）为铰支承的多跨连续板；次梁一般可视为以主梁和边墙（或梁）为铰支承的多跨连续梁；对于支承在混凝土柱上的主梁，其计算模型应根据梁柱线刚度比而定。当主梁与柱的线刚度比大于等于 3 时，主梁可视为以柱和边墙（或梁）为铰支承的多跨连续梁，否则应按梁、柱刚接的框架模型（框架梁）计算主梁。

确定计算简图的内容包括：确定梁、板的支座情况、各跨跨度以及荷载的形式、位置、大小等。图 5.6 为某单向板肋形楼盖及其计算简图。

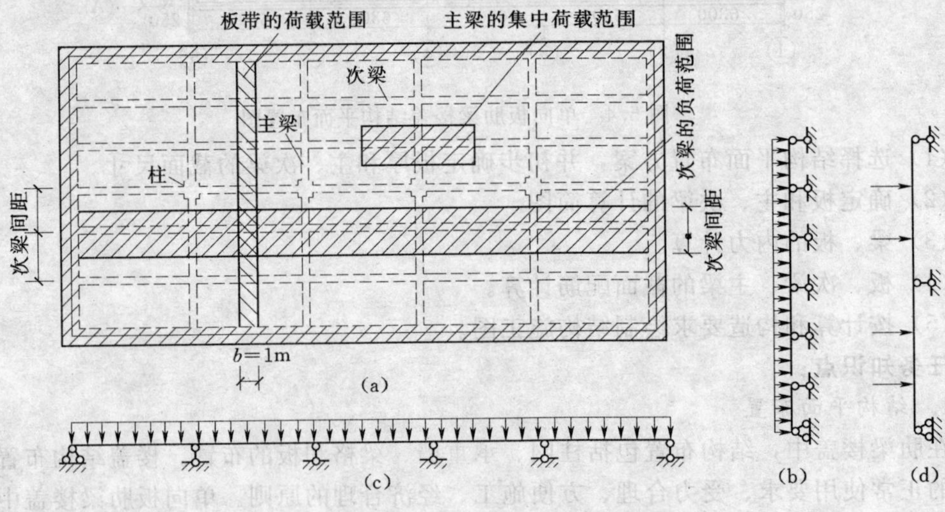

图 5.6　单向板肋梁楼盖及其计算简图

（1）荷载计算。结构内力分析时，为减少计算工作量，一般不是对整个结构进行分析，而是从实际结构中选取有代表性的一部分作为计算的对象，称为计算单元。

作用在楼盖上的荷载有恒载和活载两种。恒载包括结构自重、各构造层重、永久性设备重等。活载为使用时的人群、堆料及一般设备重，而屋盖还有雪荷载。上述荷载通常按均布荷载考虑作用于楼板上。计算时，通常取 1m 宽的板带作为板的计算单元。楼盖中部主、次梁截面形状都是两侧带翼缘（板）的 T 形截面，楼盖周边处的主、次梁则是一侧带翼缘的。每侧翼缘板的计算宽度取与相邻梁中心距的一半。次梁承受左、右两边板上传来的均布荷载及次梁自重。主梁承受次梁传来的集中荷载及主梁自重，由于主梁的自重所占比例不大，为了计算方便，可将其换算成集中荷载加到次梁传来的集中荷载内。所以从承受荷载的角度看，板和次梁主要承受均布线荷载，主梁主要承受集中荷载。

（2）支座简化。梁、板支承在砖墙或砖柱上时，可视为铰支座；当梁、板的支座与其支承梁、柱整体连接时，为简化计算，仍近似视为铰支座，并忽略支座宽度的影响。这样，板即简化为支承在次梁上的多跨连续板；主梁则简化为以柱或墙为支座的多跨连续梁。

(3) 计算跨度与跨数。连续板、梁各跨的计算跨度，与支座的形式、构件的截面尺寸以及内力计算方法有关，当按弹性理论计算时，计算跨度一般取两支座反力之间的距离，即中间各跨取支承中心线之间的距离；边跨由于端支座情况有差别，与中间跨的取值方法不同。梁、板计算跨度的取值方法见表 5.1。

表 5.1　　梁、板的计算跨度

计算方法	跨数	支座情形	计算跨度
按弹性理论计算	单跨	两端搁置	$l_0=l_n+a\leqslant l_n+h$（板） $l_0=l_n+a\leqslant 1.05l_n$（梁）
		一端搁置、一端与支承构件整浇	$l_0=l_n+a/2\leqslant l_n+h/2$（板） $l_0=l_n+a/2+b/2\leqslant 1.025l_n+b/2$（梁）
		两端与支承构件整浇	$l_0=l_n$（板） $l_0=l_c$（梁）
	多跨	两端搁置	$l_0=l_n+a\leqslant l_n+h$（板） $l_0=l_n+a\leqslant 1.05l_n$（梁）
		一端搁置、一端与支承构件整浇	$l_0=l_n+b/2+a/2\leqslant l_n+b/2+h/2$（板） $l_0=l_n+b/2+a/2\leqslant 1.025l_n+b/2$（梁）
		两端与支承构件整浇	$l_0=l_c$（板和梁）
按塑性理论计算	多跨	两端搁置	$l_0=l_n+a\leqslant l_n+h$（板） $l_0=l_n+a\leqslant 1.05l_n$（梁）
		一端搁置、一端与支承构件整浇	$l_0=l_n+a/2\leqslant l_n+h/2$（板） $l_0=l_n+a/2\leqslant 1.025l_n$（梁）
		两端与支承构件整浇	$l_0=l_n$（板和梁）

注　l_0—板、梁的计算跨度；l_c—支座中心线间距离；l_n—板、梁的净跨；h—板厚；a—板、梁端搁置的支承长度；b—中间支座或第一内支座的宽度。

跨数超过五跨的连续梁、板，当各跨荷载相同，且跨度相差不超过 10%时，可按五跨的等跨连续梁、板计算，如图 5.7 所示；当连续梁、板跨数小于等于五跨时，应按实际跨数计算。

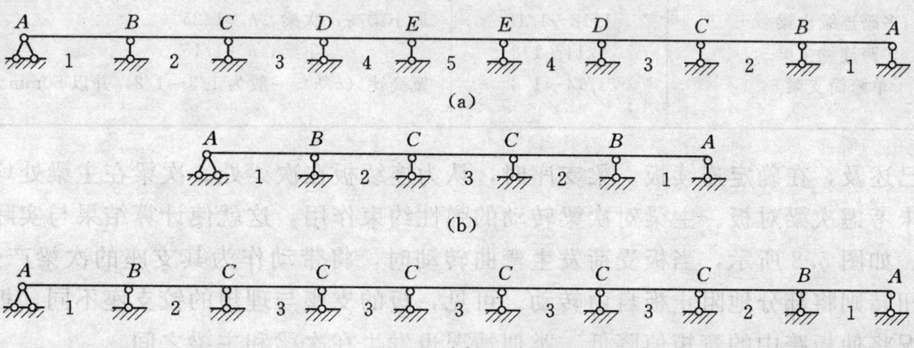

图 5.7　连续梁、板的计算简图

(a) 实际简图；(b) 计算简图；(c) 配筋简图

当连续梁、板各跨跨度不等时，如各跨计算跨度相差不超过10%，仍可按等跨连续梁、板来计算各截面的内力。但在计算各跨跨中截面内力时，应取本跨计算跨度；在计算支座截面内力时，取左、右两跨计算跨度的平均值。

注意，在确定计算跨度之后，应事先假定构件截面尺寸。一般地，次梁的截面高度 h 可初定为 $(1/18\sim1/12)l_0$（l_0 为次梁的计算跨度）；主梁的截面高度 h 可初定为 $(1/14\sim1/8)l_0$（l_0 为主梁的计算跨度）；板厚见表5.2 。同时，为了保证板、梁具有足够的刚度，在初步假定板、梁的截面尺寸时，尚应符合表3.6的要求。初步假定的截面尺寸在截面承载力计算时如发现与实际需要尺寸相差甚大时，则应重新假定再计算，直到满足要求为止。

表5.2　　混凝土梁、板截面的常规尺寸

构件种类		高跨比（h/l）	备　注
单向板	简支 两端连续	$\geqslant1/35$ $\geqslant1/40$	最小板厚： 屋面板：当 $l<1.5$m，$h\geqslant50$mm 当 $l<1.5$m，$h\geqslant60$mm 屋面建筑楼板：$h\geqslant60$mm 工业建筑楼板：$h\geqslant70$mm 行车道下的楼板：$h\geqslant80$mm
双向板	单跨简支 多跨连续	$\geqslant1/45$ $\geqslant1/50$ （按短向跨度）	板厚一般取 $80\text{mm}\leqslant h\leqslant160\text{mm}$
密肋板	单跨简支 多跨连续	$\geqslant1/20$ $\geqslant1/25$ （h 为肋高）	板厚：当肋间距不大于700mm，$h\geqslant40$mm 当肋间距大于700mm，$h\geqslant50$mm
悬　臂　板		$\geqslant1/12$	板的悬臂长度不大于500mm，$h\geqslant60$mm 板的悬臂长度大于500mm，$h\geqslant80$mm
无梁楼板	无柱帽 有柱帽	$\geqslant1/30$ $\geqslant1/35$	$h\geqslant150$mm 柱帽宽度 $c=(0.2\sim0.3)l$
多跨连续次梁 多跨连续主梁 单跨简支梁		$1/18\sim1/12$ $1/14\sim1/8$ $1/14\sim1/8$	最小梁高：次梁，$h\geqslant1/25$ 主梁，$h\geqslant1/15$ 宽高比（b/h）一般为 $1/3\sim1/2$，并以50mm为模数

前已述及，在确定连续板、梁支座时，认为连续板在次梁处、次梁在主梁处均为铰支承，并未考虑次梁对板、主梁对次梁转动的弹性约束作用，这就使计算结果与实际情况存在差别。如图5.8所示，当板受荷发生弯曲转动时，将带动作为其支座的次梁产生扭转，次梁的扭转则将部分地阻止板自由转动。可见，板的支座与理想的铰支座不同，板的实际支承情况将使板跨中的弯矩值降低。类似情况也发生在次梁和主梁之间。

为了使板、次梁的内力计算值更接近于实际，可以进行适当的调整。考虑到板、次梁在支承处的转动主要是由活荷载的不利布置产生的，因此比较简便的修正方法是在保持总

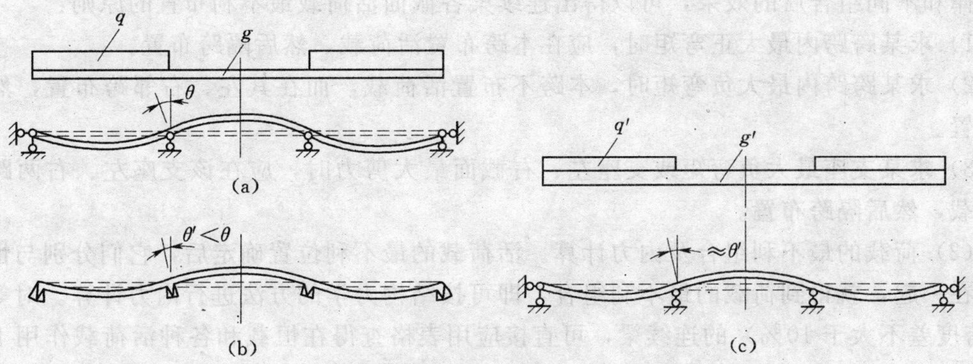

图 5.8　梁抗扭刚度的影响

(a) 理想铰支座的变形；(b) 支座弹性约束时的变形；(c) 采用折算荷载时的变形

荷载不变的条件下，增大恒荷载，减小活荷载，即在计算板和次梁的内力时，采用折算荷载，其取值分别如下：

连续板　$$g' = g + \frac{q}{2}, q' = \frac{q}{2} \tag{5.1}$$

连续次梁　$$g' = g + \frac{q}{4}, q' = \frac{3q}{4} \tag{5.2}$$

式中　g、q——单位长度上恒荷载、活荷载设计值；

g'、q'——单位长度上折算恒荷载、折算活荷载设计值。

当板或梁搁置在砌体或钢结构上时，则荷载不作调整。

主梁不进行荷载的折算，这是因为如果支承主梁的柱刚度较大，就应按框架结构计算主梁内力；如果柱刚度较小，则柱对主梁的约束作用很小，故不进行荷载折算。

3. 连续梁、板按弹性理论方法的内力计算

(1) 活荷载的最不利布置。楼盖所受荷载包括恒荷载和活荷载两部分，其中活荷载的位置是变化的。

由于活荷载作用位置的可变性，为使构件在各种可能的荷载情况下都能达到设计要求，需要确定各截面的最大内力。因此，存在一个将活荷载与恒荷载组合起来，使某一指定截面的内力为最不利的问题，即荷载的最不利组合问题。对于多跨连续梁，除恒荷载按实际情况满布于结构上外，活荷载并不是满布于梁上时出现最大内力，因此需要研究可变荷载作用的位置对连续梁内力的影响。

如图 5.9 所示为五跨连续梁在不同跨间布置荷载时梁的弯矩图和剪力图，经分析其变

图 5.9　荷载不同布置时连续梁的内力图

化规律和不同组合后的效果，可以得出连续梁各截面活荷载最不利布置的原则：

1）求某跨跨内最大正弯矩时，应在本跨布置活荷载，然后隔跨布置。

2）求某跨跨内最大负弯矩时，本跨不布置活荷载，而在其左、右邻跨布置，然后隔跨布置。

3）求某支座最大负弯矩或支座左、右截面最大剪力时，应在该支座左、右两跨布置活荷载，然后隔跨布置。

（2）荷载的最不利组合及内力计算。活荷载的最不利位置确定后，它们分别与恒荷载组合在一起，就得到荷载的最不利组合，即可按结构力学的方法进行内力计算。对等跨度（或跨度差不大于10%）的连续梁，可直接应用表格查得在恒载和各种活荷载作用下梁的内力系数，利用下列公式计算跨内或支座截面的最大内力。

1）在均布及三角形荷载作用下：

$$M = k_1 gl^2 + k_2 ql^2 \tag{5.3}$$

$$V = k_3 gl + k_4 ql \tag{5.4}$$

2）在集中荷载作用下：

$$M = k_5 Gl + k_6 Ql \tag{5.5}$$

$$V = k_7 G + k_8 Q \tag{5.6}$$

式中 g、q——单位长度上的均布恒荷载设计值、均布活荷载设计值；

G、Q——集中恒荷载设计值、集中活荷载设计值；

l——计算跨度；

k_1、k_2、k_5、k_6——附表5中相应栏中的弯矩系数；

k_3、k_4、k_7、k_8——附表5中相应栏中的剪力系数。

（3）内力包络图。将同一结构在各种荷载的最不利组合作用下的内力图（弯矩图或剪力图）叠画在同一张图上，其外包线所形成的图形称为内力包络图，它反映出各截面可能产生的最大内力值。利用内力包络图，可以合理地确定梁中纵向受力钢筋弯起与切断的位置，还可检验构件截面强度是否可靠、材料用量是否节省。

弯矩包络图的绘制方法：

1）确定活荷载作用位置，即确定使各控制截面产生最不利内力的活荷载布置位置。

2）根据上述荷载作用情况，分别求出各支座的弯矩值。

3）将求得的各支座弯矩，按相同比例绘于支座上，并将同一荷载作用情况下各跨两端的支座弯矩连成直线，再以此为基线，在其上根据荷载情况分别按简支梁作出弯矩图形。

4）连接弯矩图形的最外轮廓线，即得所求的弯矩包络图，可用加粗的线型区分出来。

剪力包络图的绘制方法：

1）确定荷载作用位置。绘制连续梁各跨剪力包络图时，恒载应满布各跨，活荷载的布置位置应考虑分别使该跨两端支座剪力为最大两种情况。

2）分别求出各个支座的剪力值。

3）将求得的各支座剪力，按相同比例分别绘于各支座上，再根据各跨荷载情况分别按简支梁绘制剪力图。

4）连接剪力图形的最外轮廓线，即得所求的剪力包络图，并用加粗的线型区分出来。

图5.10所示为承受均布荷载的五跨连续梁的弯矩包络图和剪力包络图。

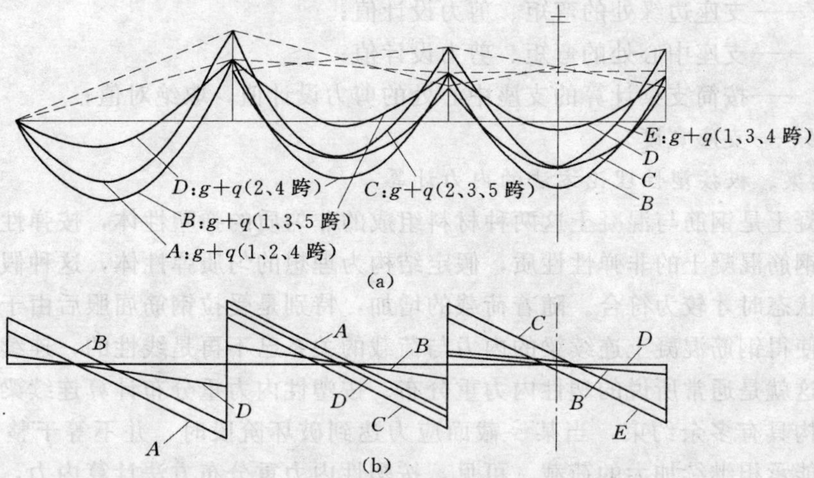

图 5.10　均布荷载下五跨连续梁的内力包络图

(a) 弯矩包络图；(b) 剪力包络图

(4) 支座弯矩和剪力设计值——支座宽度的影响。按弹性理论计算连续梁、板内力时，中间跨的计算跨度取支座中心线间的距离，这样求出的支座弯矩和支座剪力都是指支座中心处的。当梁、板与支座整浇时，支座边缘处的截面高度比支座中心处的小得多，因此控制截面应在支座边缘处。为了使梁、板结构的设计更加合理，可取支座边缘的内力作为设计依据，并按以下公式计算，如图 5.11 所示。

弯矩设计值：
$$M = M_c - V_c \frac{b}{2} \approx M_c - V_0 \frac{b}{2} \tag{5.7}$$

剪力设计值：

均布荷载
$$V = V_c - (g+q)\frac{b}{2}$$

集中荷载
$$V = V_c$$

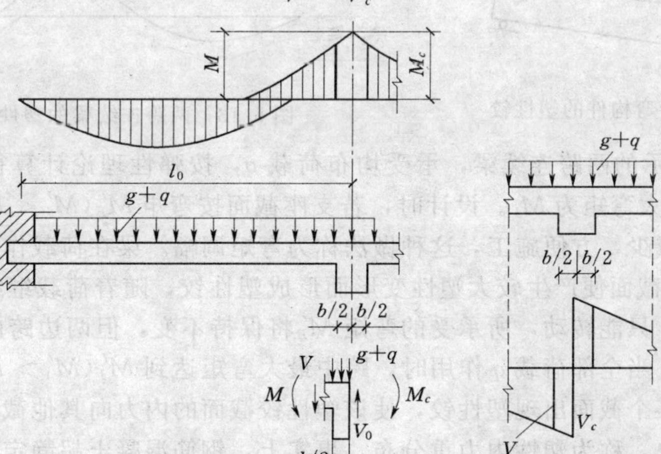

图 5.11　内力设计值的修正

(a) 弯矩设计值；(b) 剪力设计值

式中 M、V——支座边缘处的弯矩、剪力设计值；

M_c、V_c——支座中心处的弯矩、剪力设计值；

V_0——按简支梁计算的支座中心处的剪力设计值，取绝对值；

b——支座宽度。

4. 连续梁、板按塑性理论方法的内力计算

钢筋混凝土是钢筋与混凝土这两种材料组成的非匀质的弹塑性体，按弹性理论的计算方法忽视了钢筋混凝土的非弹性性质，假定结构为理想的匀质弹性体，这种假定只在构件处在低应力状态时才较为符合。随着荷载的增加，特别是受拉钢筋屈服后由于产生较大的塑性变形，使得钢筋混凝土连续梁的内力与荷载的关系已不再是线性的，连续梁的内力发生重分布，这就是通常所说的塑性内力重分布。按塑性内力重分布计算连续梁的内力，由于超静定结构具有多余约束，当某一截面应力达到破坏阶段时，并不等于整个结构的破坏。结构还能承担继续加大的荷载。可见，按塑性内力重分布方法计算内力，整个结构各截面的材料都能充分利用，且构造简单、施工方便。

(1) 塑性铰与塑性内力重分布。图 5.12 所示的钢筋混凝土简支梁，当梁的工作进入破坏阶段时跨中受拉钢筋首先屈服，随着荷载增加，变形急剧增大，裂缝扩展，截面绕中和轴转动，但此时截面所承受的弯矩维持不变。从钢筋屈服到受压区混凝土被压坏，裂缝处截面绕中和轴转动，就像梁中出现了一个铰，这个铰实际是梁中塑性变形集中出现的区域，称为塑性铰。

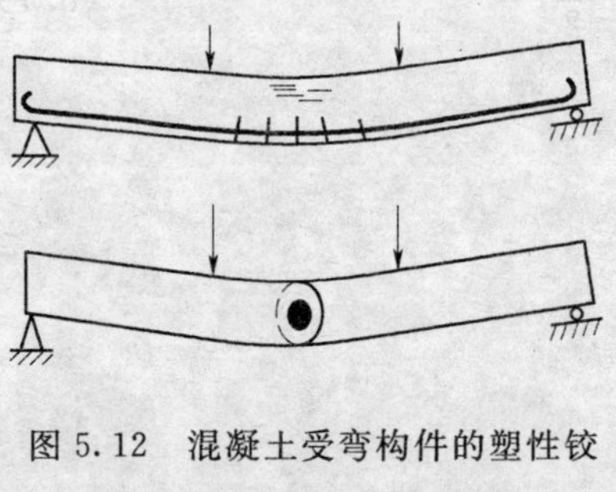

图 5.12 混凝土受弯构件的塑性铰

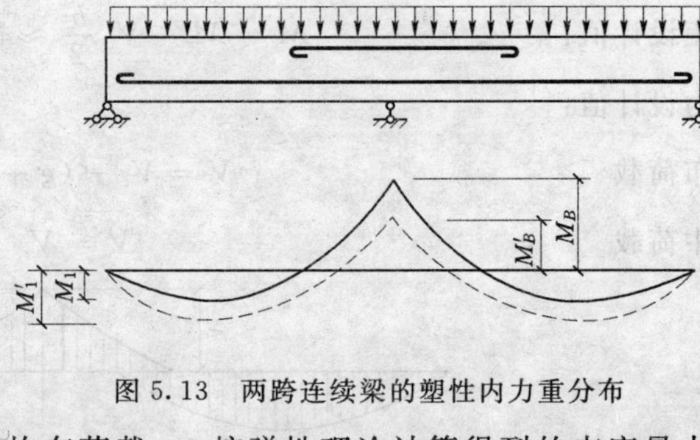

图 5.13 两跨连续梁的塑性内力重分布

如图 5.13 所示的两跨连续梁，承受均布荷载 q，按弹性理论计算得到的支座最大弯矩为 M_B，跨中最大弯矩为 M_1。设计时，若支座截面按弯矩 M'_B($M'_B < M_B$) 配筋，这样可使支座截面配筋减少，方便施工，这种做法称为弯矩调幅。梁在荷载作用下，当支座弯矩达到 M'_B时，支座截面便产生较大塑性变形而形成塑性铰，随着荷载继续增加，因中间支座已形成塑性铰，只能转动，所承受的弯矩 M'_B将保持不变，但两边跨的跨内弯矩将随荷载的增加而增大，当全部荷载 q 作用时，跨中最大弯矩达到 M'_1($M'_1 > M_1$)，这种在多跨连续梁中，由于某个截面出现塑性铰，使该塑性铰截面的内力向其他截面（如本例的跨内截面）转移的现象，称为塑性内力重分布。事实上，钢筋混凝土超静定结构，都具有塑性内力重分布的性质。

应当指出的是，如按弯矩包络图配筋，支座的最大负弯矩与跨中的最大正弯矩并不是在同一荷载作用下产生的，所以当下调支座负弯矩时，在这一组荷载作用下增大后的跨中

正弯矩，实际上并不大于包络图上外包线的弯矩，跨中截面并不会因此而增加配筋。可见，利用塑性内力重分布，可调整连续梁的支座弯矩和跨中弯矩，既方便了施工，又能取得经济的配筋，也更符合构件的实际工作情况。

综上所述，钢筋混凝土连续梁塑性内力重分布的基本规律如下：

1）钢筋混凝土连续梁达到承载能力极限状态的标志，不是某一截面到达了极限弯矩，而是必须出现足够的塑性铰，使整个结构形成几何可变体系。

2）塑性铰出现以前，连续梁的弯矩服从于弹性的内力分布规律；塑性铰出现以后，结构计算简图发生改变，各截面的弯矩的增长率发生变化。

3）按弹性理论计算，连续梁的内力与外力既符合平衡条件，同时也满足变形协调关系。按塑性内力重分布法计算，内力与外力符合平衡条件，但转角相等的变形协调关系不再成立。

4）通过控制支座截面和跨中截面的配筋比，可以人为控制连续梁中塑性铰出现的早晚和位置，即控制调幅的大小和方向。

（2）塑性铰与理想铰的区别如下：

1）理想铰不能承受任何弯矩，而塑性铰则能承受一定的弯距（$M_y \leqslant M \leqslant M_u$）。

2）理想铰集中于一点，塑性铰则有一定的长度。

3）理想铰在两个方向都可产生无限的转动，而塑性铰则是有限转动的单向铰，只能在弯矩作用方向作有限的转动。

（3）弯矩调幅法的基本原则。根据理论和试验研究结果及工程实践，采用弯矩调幅法应遵循以下原则：

1）受力钢筋宜采用HRB400级、HRB335级热轧钢筋，混凝土强度等级宜在C20～C45范围；截面的相对受压区高度ξ应满足$0.1 \leqslant \xi \leqslant 0.35$。

2）为了避免塑性铰出现过早、转动幅度过大，使梁的裂缝宽度及变形过大，应控制支座截面的弯矩调整幅度，调幅系数β不宜超过0.2。

3）连续梁、板各跨中截面的弯矩不宜调整，其弯矩设计值M可取考虑荷载最不利布置并按弹性方法计算的结构的弯矩设计值和按下列公式计算的弯矩设计值的较大者。

$$M = 1.02M_0 - \left|\frac{M_l + M_r}{2}\right|$$

式中　M_0——按简支梁计算的跨中弯矩设计值；

M_l、M_r——连续梁或连续单向板的左、右支座截面弯矩调幅后的设计值。

4）各控制截面的剪力设计值按荷载最不利布置和调幅后的支座弯矩由静力平衡条件计算确定。

5）弯矩调幅后引起结构内力图形和正常使用状态的变化，应进行验算，并有构造措施加以保证。

（4）等跨连续梁、板按塑性方法内力计算。根据以上原则，经过内力调整，同时考虑计算方便，对于承受均布荷载的等跨连续梁、板按塑性计算的内力设计值简化如下：

1）等跨连续梁。

承受均布荷载时：

$$M = \alpha_M (g + q) l_0^2 \tag{5.8}$$

$$V = \alpha_V (g + q) l_n \tag{5.9}$$

承受间距相同、大小相等的集中荷载时：

$$M = \eta \alpha_M (G + Q) l_0 \tag{5.10}$$

$$V = n\alpha_V (G + Q) \tag{5.11}$$

2）等跨连续板。

$$M = \alpha_M (g + q) l_0^2 \tag{5.12}$$

式中 α_M——连续梁、板的弯矩计算系数，按表5.3取值；

α_V——连续梁的剪力计算系数，按表5.4取值；

g、q——分别为作用在梁、板上的均布恒荷载和活荷载设计值；

G、Q——分别为作用在梁上的一个集中恒荷载和活荷载设计值；

l_0——计算跨度，按塑性理论方法计算时的计算跨度见表5.1；

l_n——净跨度；

η——集中荷载修正系数，按表5.5采用；

n——跨内集中荷载的个数。

对于两端搁置在砖墙上的板和次梁考虑内力重分布时的弯矩、剪力系数也可按图5.14所示采用。

表5.3　连续梁和连续单向板的弯矩计算系数 α_M

支撑情况		截面位置				
		端支座	边跨跨中	离端第二支座	中间支座	中间跨跨中
梁、板搁支在墙上		0	1/11	两跨连续：−1/10 三跨以上连续：−1/11	−1/14	1/16
板	与梁整浇连接	−1/16	1/14			
梁	与梁整浇连接	−1/24	1/14			
梁与柱整浇连接		−1/16	1/14			

注　1. 表中系数适用于荷载比 $q/g>0.3$ 的等跨连续梁和连续单向板。

2. 连续梁或连续单向板的各跨长度不等，但相邻两跨的长跨与短跨比值小于1.10时，仍可采用表中弯矩系数值；计算支座弯矩时，应取相邻两跨中的较大值，计算跨中弯矩时，应取本跨长度。

表5.4　连续梁的剪力计算系数 α_V

支撑情况	截面位置				
	端支座内侧	离端第二支座		中间支座	
		外侧	内侧	外侧	内侧
搁支在墙上	0.45	0.60	0.55	0.55	0.55
与梁或柱整体连接	0.50	0.55	0.55	0.55	0.55

表5.5　集中荷载修正系数 η

荷载情况	截面					
	A	Ⅰ	B	Ⅱ	B	Ⅲ
当在跨中中点处作用一个集中荷载时	1.5	2.2	1.5	2.7	1.6	2.7
当在跨中三分点处作用两个集中荷载时	2.7	3.0	2.7	3.0	2.9	3.0
当在跨中四分点处作用三个集中荷载时	3.8	4.1	3.8	4.5	4.0	4.8

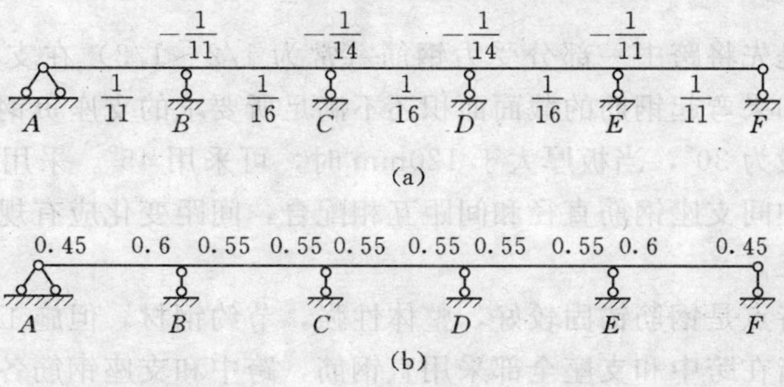

图 5.14　两端搁置在砖墙上的板和次梁考虑内力重分布时的弯矩、剪力系数

(a) 连续板、次梁的 α_M；(b) 次梁的 α_V

5. 单向板肋梁楼盖的截面设计与构造要求

(1) 单向板的截面设计要点与构造要求。单向板的设计要点为：

1) 连续板的设计主要是板的正截面承载力计算，计算方法同受弯构件，只不过要对跨中和支座截面分别计算。板的计算单元通常取为 1m，按单筋矩形截面设计。

2) 板一般能满足斜截面受剪承载力要求，设计时可不进行受剪承载力验算。

3) 板的内拱作用。当板的周边与梁整体连接时，板支座截面受负弯矩，顶面开裂，而跨中截面由于受正弯矩作用，底面开裂，使板形成拱。在竖向荷载作用下，周边梁将对它产生水平推力（图 5.15），该推力可减少板中各计算截面的弯矩。因此，对四周与梁整体连接的单向板，其中间跨的跨中截面及中间支座截面的计算弯矩可减少 20%，其他截面不予减少。

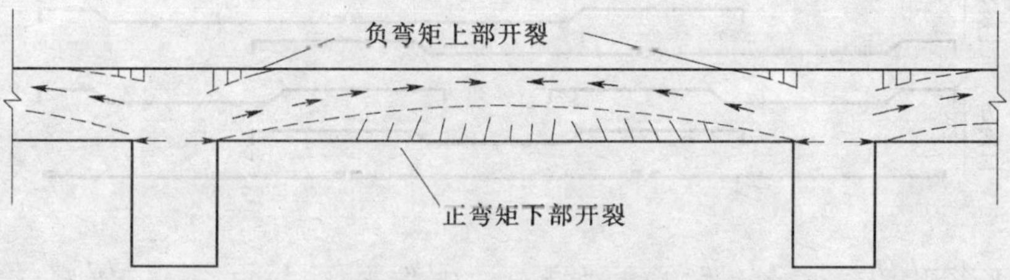

图 5.15　连续板的内拱作用

单向板的构造要求为：

1) 板的厚度及支承长度。应满足表 5.2 的规定，板的配筋率一般为 0.4%～0.8%；板的支承长度应满足其受力钢筋在支座内锚固的要求，且一般不小于板厚，现浇板在砌体墙上的支承长度不宜小于 120mm；简支板或连续板下部纵向受力钢筋伸入支座的锚固长度不应小于 $5d$，d 为下部纵向受力钢筋的直径。当连续板内温度、收缩应力较大时，伸入支座的锚固长度宜适当增加。

2) 板中受力钢筋。板内的受力钢筋经计算确定后，配置时应考虑构造简单、施工方便。由于板在跨中一般承受正弯矩而在支座处承受负弯矩，因此在板跨中须配底部钢筋，而在支座处往往配板面钢筋，各跨和各支座截面配筋可能不同，配筋时往往各截面的钢筋间距相同，而用调整直径的方法处理，从而连续板受力钢筋有弯起式和分离式两种配筋方式。

弯起式配筋就是先将跨中一部分受力钢筋（常为1/2～1/3）在支座处弯起，作承担支座负弯矩之用。如果弯起钢筋的截面面积还不满足所要求的支座负钢筋的需要，可另加直钢筋。弯起角一般为30°，当板厚大于120mm时，可采用45°。采用弯起式配筋，应注意相邻两跨跨中及中间支座钢筋直径和间距互相配合，间距变化应有规律，钢筋直径种类不宜过多，以利施工。

弯起式配筋的特点是钢筋锚固较好，整体性强，节约钢材，但施工较为复杂。

分离式配筋是指在跨中和支座全部采用直钢筋，跨中和支座钢筋各自单独选配。分离式配筋板顶钢筋末端应加直角弯钩直抵模板；板底钢筋末端应加半圆弯钩，但伸入中间支座者可不加弯钩。分离式配筋的特点是配筋构造简单，但其锚固能力较差，整体性不如弯起式配筋，耗钢量也较多。

为了保证锚固可靠，板内伸入支座的下部正钢筋采用半圆弯钩。对于上部负钢筋，为了保证施工时钢筋的设计位置，宜做成直抵模板的直钩。因此，直钩部分的钢筋长度为板厚减净保护层厚。

对承受均布荷载的等跨连续单向板或双向板，受力钢筋的弯起和截断的位置一般可按图5.16直接确定。

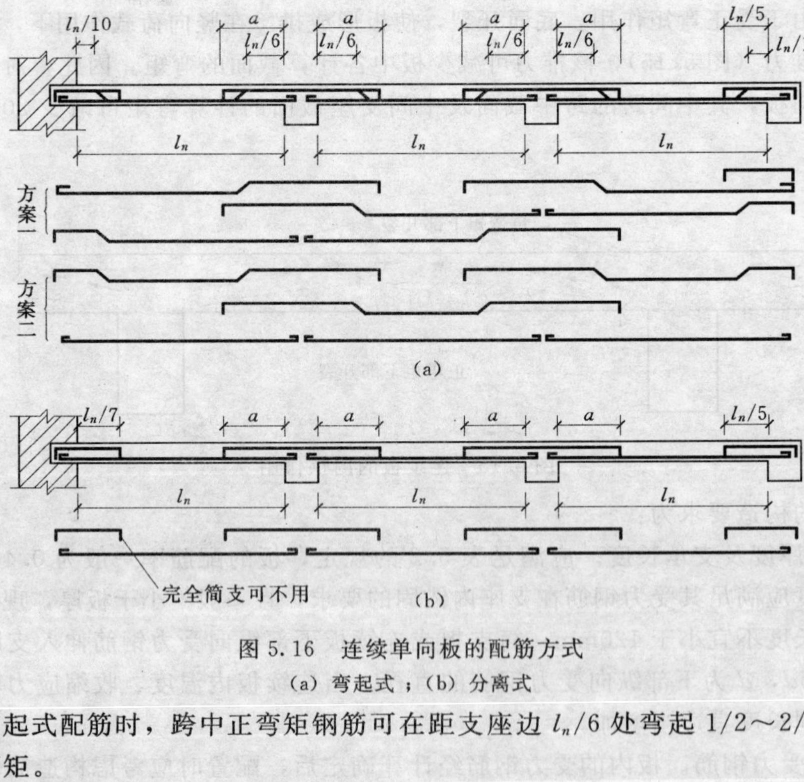

图5.16 连续单向板的配筋方式

(a) 弯起式；(b) 分离式

采用弯起式配筋时，跨中正弯矩钢筋可在距支座边 $l_n/6$ 处弯起1/2～2/3，以承受支座上的负弯矩。

支座处的负弯矩钢筋，可在距支座边不小于 a 的距离处截断，其取值如下：

当 $g/q \leqslant 3$ 时，$a = l_n/4$；

当 $g/q > 3$ 时，$a = l_n/3$。

式中　g，q——恒荷载及活荷载设计值；

l_n——板的净跨度。

图 5.16 所示的配筋要求，适用于承受均布荷载的等跨或相邻跨度相差不大于 20%的多跨连续板，可不必绘制弯矩包络图进行钢筋布置。如果板相邻跨度差超过 20%，或各跨荷载相差较大时，受力钢筋的弯起和截断的位置则应按弯矩包络图确定。

3）板中构造钢筋。当按单向板设计时，除沿受力方向布置受力钢筋外，尚应在垂直受力方向布置分布钢筋，分布钢筋应布置在受力钢筋的内侧，如图 5.17 所示。它的作用是：与受力钢筋组成钢筋网，便于施工中固定受力钢筋的位置；承受由于温度变化和混凝土收缩所产生的内力；承受并分布板上局部荷载产生的内力；对四边支承板，可承受在计算中未计算但实际存在的长跨方向的弯矩。

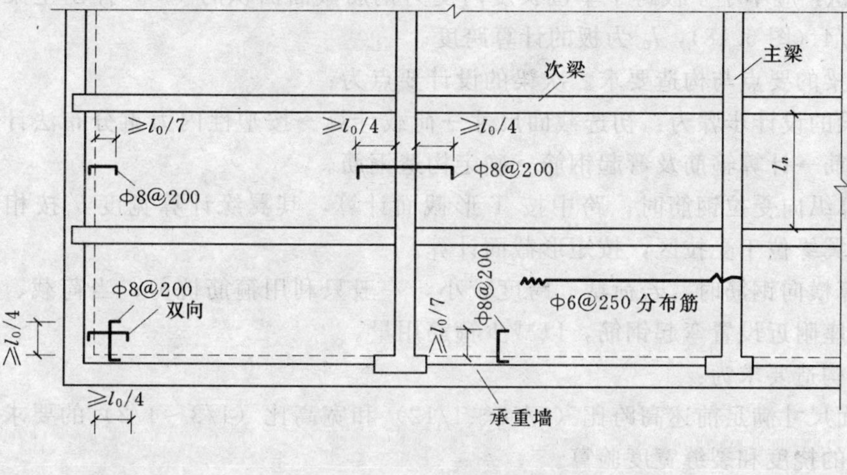

图 5.17　板的构造钢筋

分布钢筋宜采用 HPB235（Ⅰ级）和 HRB335（Ⅱ级）的钢筋，常用直径是 6mm 和 8mm。《混凝土规范》规定：单位长度上分布钢筋的截面面积不宜小于单位宽度上受力钢筋截面面积的 15%，且不宜小于该方向板截面面积的 0.15%，分布钢筋的间距不宜大于 250mm，直径不宜小于 6mm；对集中荷载较大或温度变化较大的情况，分布钢筋的截面面积应适当增加，其间距不宜大于 200mm。

嵌入墙内板的板面附加钢筋（图 5.17）：对于一边嵌固在承重砖墙内的现浇板，为了避免沿墙边板面产生裂缝，在板的上部应配置间距不大于 200mm，直径不小于 8mm 的构造钢筋（包括弯起钢筋在内），其伸出墙边的长度不应小于 $l_1/7$（l_1 为单向板的短边跨度）。对于两边均嵌固在墙内的板角部分，为防止出现垂直于板的对角线的板面裂缝，在板上部离板角区 $l_1/4$ 范围内也应双向配置上述构造钢筋，其伸出墙边的长度不应小于 $l_1/4$。

周边与梁或墙整体浇筑板的上部构造钢筋：现浇楼盖周边与混凝土墙整体浇筑的板（包括双向板），应在板边上部设置垂直于板边的构造钢筋：其直径不小于 8mm，间距不大于 200mm，且截面面积不宜小于板跨中相应方向纵向钢筋截面面积的 1/3；该钢筋自梁边或墙边伸入板内的长度，在单向板中不宜小于受力方向板计算跨度的 1/5，在双向板中不宜小于板短跨方向计算跨度的1/4；在板角处该钢筋应沿两个垂直方向布置或按放射状布置。

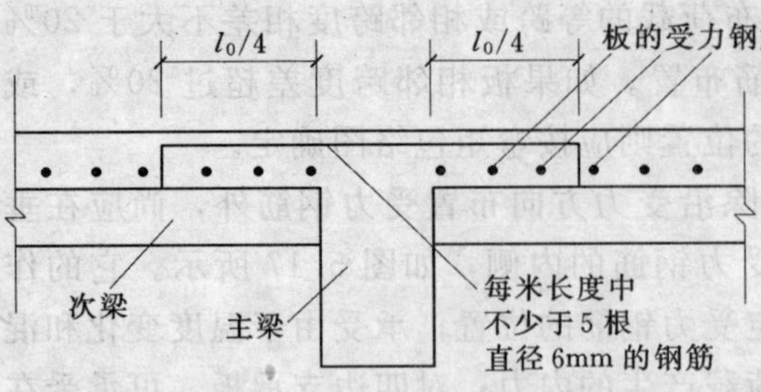

图5.18　与主梁垂直的构造钢筋

垂直于主梁的板面构造钢筋：现浇单向板肋形楼盖中的主梁，将对板起支承作用，靠近主梁的板面荷载将直接传递给主梁，因而产生一定的负弯矩，并使板与主梁相接处产生板面裂缝，有时甚至开展较宽。因此，《混凝土规范》规定，应在板面沿主梁方向每米长度内配置不少于5ϕ8的构造钢筋，其单位长度内的总截面面积，应不小于板跨中单位长度内受力钢筋截面面积的1/3，伸出主梁梁边的长度不小于$l_0/4$（图5.18），l_0为板的计算跨度。

（2）次梁的要点与构造要求。次梁的设计要点为：

1）次梁的设计步骤为：初选截面尺寸→荷载计算→按塑性内力重分布法计算内力→计算纵向钢筋→计算箍筋及弯起钢筋→确定构造钢筋。

2）计算纵向受拉钢筋时，跨中按T形截面计算，其翼缘计算宽度b'_f按相关规定采用；支座因翼缘位于受拉区，按矩形截面计算。

3）计算横向钢筋时，若荷载、跨度较小，一般只利用箍筋抗剪；当荷载、跨度较大时，宜在支座附近设置弯起钢筋，以减少箍筋用量。

次梁的构造要求为：

1）截面尺寸满足前述高跨比（1/18～1/12）和宽高比（1/3～1/2）的要求时，不必作使用阶段的挠度和裂缝宽度验算。

2）次梁的一般构造要求，如受力钢筋的直径、间距、根数等与学习情境3所述受弯构件的构造要求相同。

3）次梁伸入墙内的长度一般应不小于240mm。

当次梁相邻跨度相差不超过20%，且均布恒荷载与均布活荷载设计值之比$g/q\leqslant 3$时，其纵向受力钢筋的弯起和截断可按图5.19进行。否则应按弯矩包络图确定。

4）次梁的纵向受力钢筋伸入支座的锚固长度应符合下列要求。

连续梁的上部纵向钢筋应贯穿其中间支座或中间节点范围。

连续梁下部纵向受力钢筋伸入中间支座的锚固长度：当计算中不利用其强度时，其伸入长度与简支梁中$V>0.7f_tbh_0$时的规定相同；当计算中充分利用钢筋的抗拉强度时，其伸入支座的锚固长度不应小于受拉钢筋的最小锚固长度l_a；当计算中充分利用钢筋的抗压强度时，其锚固长度不应小于$0.7l_a$。

连续梁下部纵向受力钢筋伸入边支座内的锚固长度l_{as}：当$V\leqslant 0.7f_tbh_0$时，$l_{as}\geqslant 5d$；当$V>0.7f_tbh_0$时，带肋钢筋$l_{as}\geqslant 12d$，光面钢筋$l_{as}\geqslant 15d$（d为纵向受力钢筋的直径）。纵向受拉钢筋不宜在受拉区截断，通常均应伸到梁端，如伸到梁端尚不满足上述锚固长度的要求，应采取专门的锚固措施，例如，在钢筋上加焊横向锚固钢筋、锚固钢板，或将钢筋端部焊接在梁端的预埋件上等。

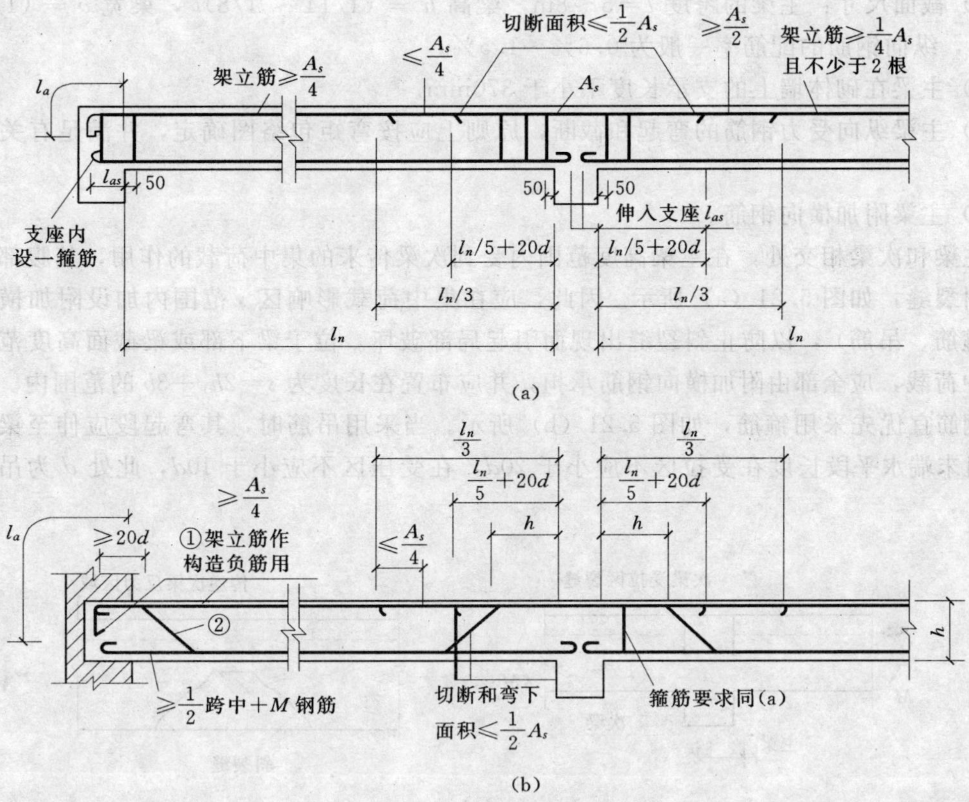

图 5.19 次梁配筋示意图

(a) 无弯起钢筋；(b) 设弯起钢筋

(3) 主梁的截面设计与构造要求。主梁的设计要点为：

1) 主梁的计算步骤：初选截面尺寸→荷载计算→按弹性理论计算内力（绘制内力包络图）→计算纵向钢筋、箍筋及弯起钢筋→确定构造钢筋。

2) 主梁主要承受由次梁传来的集中荷载以及主梁自重。为简化计算，主梁自重可折算为集中荷载，并假定与次梁的荷载共同作用在次梁支承处。

3) 按正截面受弯承载力确定纵向受拉钢筋时，通常跨中按 T 形截面计算；支座因翼缘位于受拉区，按矩形截面计算。

4) 主梁支座截面的有效高度 h_0。在主梁支座处，由于板、次梁和主梁截面的上部纵向钢筋相互交叉重叠（图 5.20），且主梁负筋位于板和次梁的负筋之下，因此主梁支座截面的有效高度减小。在计算主梁支座截面纵筋时，截面有效高度 h_0 可取为：

单排钢筋时，$h_0 = h-(50\sim60)\text{mm}$；

双排钢筋时，$h_0 = h-(70\sim80)\text{mm}$。

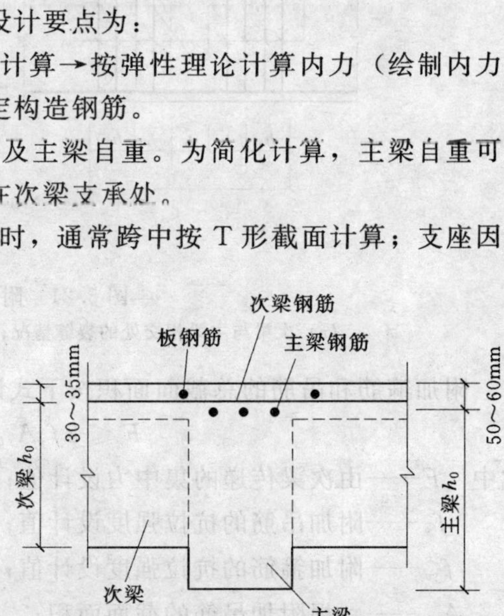

图 5.20 主梁支座处截面的有效高度

主梁的构造要求为：

1）截面尺寸：主梁的跨度 $l=5\sim8\text{m}$，梁高 $h=(1/14\sim1/8)l$，梁宽 $b=(1/3\sim1/2)h$，纵向钢筋的配筋率一般为 0.6%～1.5%。

2）主梁在砌体墙上的支承长度不小于 370mm。

3）主梁纵向受力钢筋的弯起和截断，原则上应按弯矩包络图确定，并满足有关构造要求。

4）主梁附加横向钢筋。

主梁和次梁相交处，在主梁高度范围内受到次梁传来的集中荷载的作用，其腹部可能出现斜裂缝，如图 5.21（a）所示。因此，应在集中荷载影响区 s 范围内加设附加横向钢筋（箍筋、吊筋），以防止斜裂缝出现而引起局部破坏。位于梁下部或梁截面高度范围内的集中荷载，应全部由附加横向钢筋承担，并应布置在长度为 $s=2h_1+3b$ 的范围内。附加横向钢筋宜优先采用箍筋，如图 5.21（b）所示。当采用吊筋时，其弯起段应伸至梁上边缘，且末端水平段长度在受拉区不应小于 $20d$，在受压区不应小于 $10d$，此处 d 为吊筋的直径。

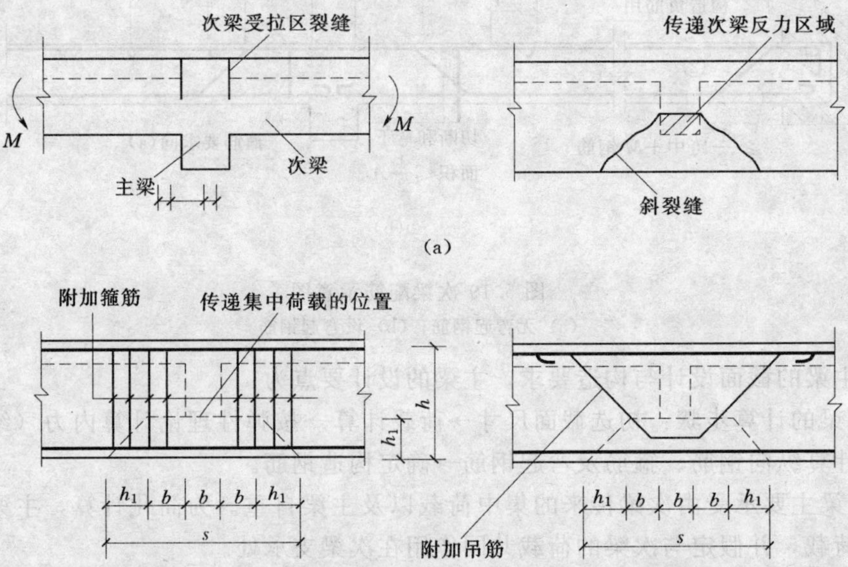

图 5.21　附加横向钢筋的布置

（a）次梁与主梁相交处的裂缝情况；（b）承受集中荷载处附加横向钢筋的布置

附加箍筋和吊筋的总截面面积按下式计算：

$$F\leqslant 2f_yA_{sb}\sin\alpha+mnf_{yv}A_{sv1} \tag{5.13}$$

式中　F——由次梁传递的集中力设计值；

f_y——附加吊筋的抗拉强度设计值；

f_{yv}——附加箍筋的抗拉强度设计值；

A_{sb}——一根附加吊筋的截面面积；

A_{sv1}——附加单肢箍筋的截面面积；

n——在同一截面内附加箍筋的肢数；

m——附加箍筋的排数；

α——附加吊筋与梁轴线间的夹角，一般为 45°，当梁高 $h>800$mm 时，采用 60°。

在设计中，不允许用布置在集中荷载影响区内的受剪箍筋代替附加横向钢筋。此外，当传入集中力的次梁宽度 b 过大时，宜适当减小由 $s=2h_1+3b$ 所确定的附加横向钢筋布置宽度。当次梁与主梁高度差 h_1 过小时，宜适当增大附加横向钢筋的布置宽度。当主、次梁均承担有由上部墙、柱传来的竖向荷载时，附加横向钢筋宜在本规定的基础上适当增大。

任务实施：

1. 材料选用及截面尺寸拟定

混凝土：采用 C20（$f_c=9.6\text{N/mm}^2$，$f_t=1.1\text{N/mm}^2$）。

钢筋：梁中架立钢筋、箍筋、板中全部钢筋采用 HPB235（$f_y=210\text{N/mm}^2$）。其余采用 HRB335（$f_y=300\text{N/mm}^2$）。

按构造要求板的厚度取 $h=80\text{mm}>\dfrac{l}{40}=\dfrac{2100}{40}=52.5\text{mm}$，且满足工业建筑楼面 $h=80\text{mm}>70\text{mm}$。次梁截面高度取 $h=500$mm，在$\left(\dfrac{l}{18}\sim\dfrac{l}{12}\right)$范围内；截面宽度 $b=250$mm，在$\left(\dfrac{h}{2}\sim\dfrac{h}{3}\right)$范围内。取主梁的梁高 $h=700$mm，在$\left(\dfrac{l}{14}\sim\dfrac{l}{8}\right)$范围内；主梁宽 $b=300$mm，在$\left(\dfrac{h}{2}\sim\dfrac{h}{3}\right)$范围内。

2. 板的设计

板按考虑塑性内力重分布方法计算，其尺寸及支承情况如图 5.22 所示。

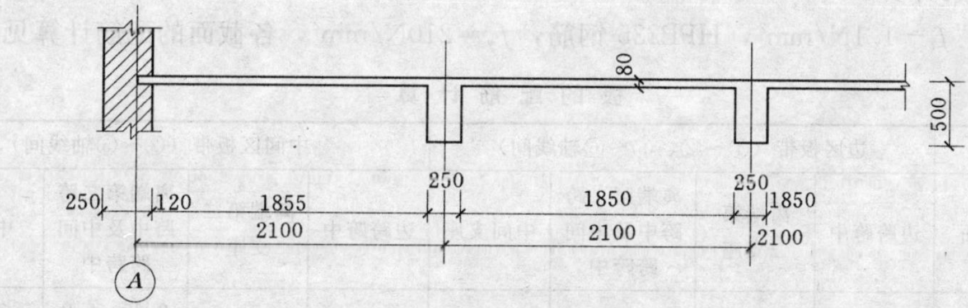

图 5.22 板的跨度

(1) 荷载计算。取 1m 板宽为计算单元，板厚 $h=80$mm。

恒载标准值：

20mm 水泥砂浆面层	$0.02\times20\times1.0=0.4$(kN/mm)
80mm 钢筋混凝土板	$0.08\times25\times1.0=2.0$(kN/mm)
20mm 混合砂浆顶棚抹灰	$0.02\times17\times1.0=0.34$(kN/mm)
恒载标准值：	$g_k=2.74$(kN/m)
恒载设计值：	$g=1.2\times2.74=3.29$(kN/m)
活荷载设计值：	$q=1.3\times7.0=9.1$(kN/m)

总荷载设计值： $g+q=12.39(kN/m)$

(2) 计算简图。计算跨度：

边跨 $l_0=2.1-0.12-0.25/2+0.08/2=1.895(m)$

中间跨 $l_0=2.1-0.25=1.85(m)$。

跨度差 (1.895−1.85) /1.85=2.4%<10%，说明可以按等跨连续板计算内力。取1m宽板带作为计算单元，其计算简图如图5.23所示。

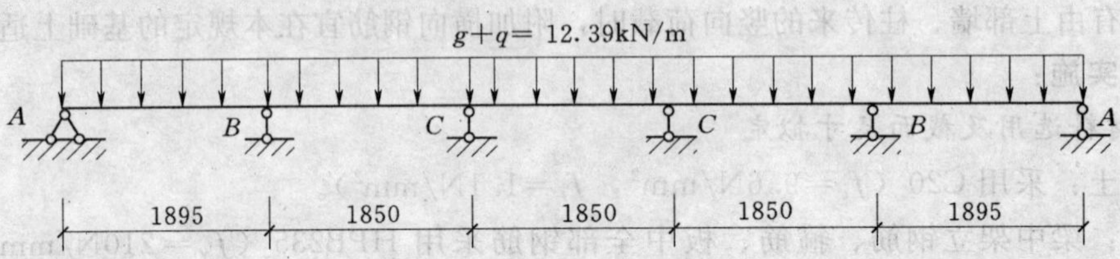

图5.23 板的计算简图

(3) 弯矩设计值计算。查表5.3，可知板的弯矩系数 α_M，板的弯矩设计值见表5.6。

表5.6 连续板各截面的弯矩设计值计算

截面位置	边跨跨中	离端第二支座	离端第二跨跨中及中间跨跨中	中间支座
弯矩计算系数 α_M	1/11	−1/11	1/16	−1/14
$M=\alpha_M(g+q)l_0^2$(kN·m)	$\frac{1}{11}\times12.39\times1.895^2$ =4.04	$-\frac{1}{11}\times12.39\times1.895^2$ =−4.04	$\frac{1}{16}\times12.39\times1.850^2$ =2.65	$-\frac{1}{14}\times12.39\times1.850^2$ =−3.03

(4) 配筋计算。$b=1000mm$，$h=80mm$，$h_0=80-20=60$ (mm)，C20混凝土，$f_c=9.6N/mm^2$，$f_t=1.1N/mm^2$，HPB235钢筋，$f_y=210N/mm^2$，各截面的配筋计算见表5.7。

表5.7 板的配筋计算

板带部位	边区板带（①～②、⑤～⑥轴线间）				中间区板带（②～⑤轴线间）			
板带部位截面	边跨跨中	离端第二支座	离端第二跨跨中及中间跨跨中	中间支座	边跨跨中	离端第二支座	离端第二跨跨中及中间跨跨中	中间支座
M (kN·m)	4.04	−4.04	2.65	−3.03	4.04	−4.04	2.65×0.8 =2.12	−3.03×0.8 =−2.42
$\alpha_s=\frac{M}{\alpha_1 f_c b h_0^2}$	0.117	0.117	0.077	0.088	0.117	0.117	0.061	0.070
ξ	0.125	0.125	0.080	0.092	0.125	0.125	0.063	0.073
$A_s=\xi\frac{\alpha_1 f_c}{f_y}bh_0$	342	342	220	253	342	342	173	199
选配钢筋	φ6/8@110	φ6/8@110	φ6@110	φ6@110	φ6/8@110	φ6/8@110	φ6@110	φ6@110
实配钢筋面积 (mm^2)	357	357	257	257	357	357	257	257

注 中间板带②～⑤轴线间，其各区格板的四周与梁整体连接，故各跨跨中和中间支座考虑板的内拱作用，其弯矩降低20%。

3. 次梁的计算

次梁按考虑塑性内力重分布方法计算。

(1) 荷载计算。

• 恒载设计值

由板传来恒载设计值：3.29×2.10=6.909(kN/m)

次梁自重设计值：1.2×25×0.25×(0.50−0.08)=3.15(kN/m)

次梁肋部梁侧抹灰设计值：1.2×17×0.02×(0.50−0.08)×2=0.34(kN/m)

恒载设计值：　$g=10.399\text{kN/m}$

• 活荷载设计值

由板传来：　$q=9.10\times2.10=19.11(\text{kN/m})$

荷载总设计值：　$g+q=29.50(\text{kN/m})$

(2) 计算简图。次梁在砖墙上支承长度为 240mm，主梁截面为 300mm×700mm。次梁的跨长如图 5.24 所示，其计算跨度为：

边跨：　$l_n=6.30-0.12-0.30/2=6.03(\text{m})$

$$l_0=l_n+\frac{a}{2}=6.03+0.24/2=6.15(\text{m})$$

中间跨：　$l_0=l_n=6.30-0.30=6.00(\text{m})$

跨度差：(6.15−6.00)/6.00=2.5%<10%，说明可以按等跨连续梁计算内力。次梁的计算简图如图 5.25 所示。

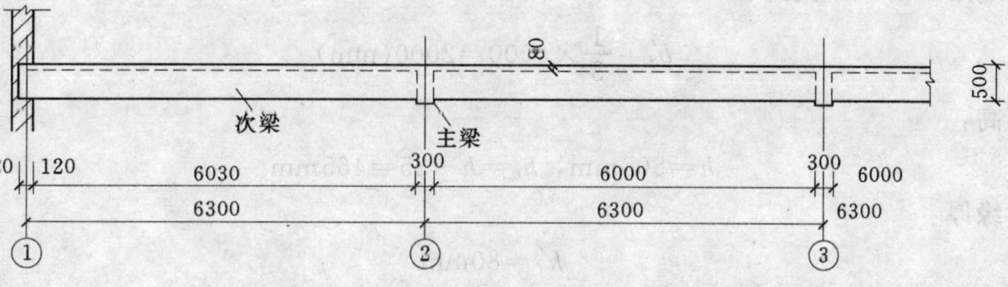

图 5.24　次梁的跨度

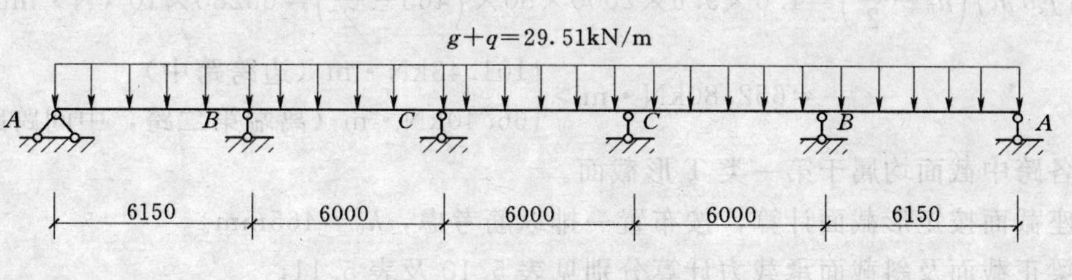

图 5.25　次梁的计算简图

(3) 内力计算。次梁弯矩和剪力计算见表 5.8 及表 5.9。

(4) 配筋计算。

表 5.8 次梁弯矩设计值计算

截　面	边跨跨中	离端第二支座	离端第二跨跨中及中间跨	中间支座
弯矩计算系数 α_M	1/11	−1/11	1/16	−1/14
$M=\alpha_M(g+q)l_0^2$(kN·m)	$\frac{1}{11}\times29.51\times6.15^2$ =101.48	−101.48	$\frac{1}{16}\times29.50\times6.0^2$ =66.40	$-\frac{1}{14}\times29.50\times6.0^2$ =−75.88

表 5.9 次梁剪力计算

截　面	端支座右侧	离端第二支座左侧	离端第二支座右侧	中间支座左侧、右侧
剪力计算系数 α_V	0.45	0.6	0.55	0.55
$M=\alpha_V(g+q)l_n$(kN)	0.45×29.51×6.03 =80.08	0.6×29.51×6.03 =106.77	0.55×29.51×6.00 =97.38	0.55×29.51×6.00 =97.38

1）正截面承载力计算。次梁跨中截面按T形截面计算，其翼缘计算宽度为：

边跨：

$$b'_f=\frac{1}{3}\times6150=2050(\text{mm})$$

离端第二跨、中间跨：

$$b'_f=\frac{1}{3}\times6000=2000(\text{mm})$$

梁高：

$$h=500\text{mm},\ h_0=h-35=465\text{mm}$$

翼缘厚：

$$h'_f=80\text{mm}$$

判别T形截面类型：

$$\alpha_1 f_c b'_f h'_f\left(h_0-\frac{h'_f}{2}\right)=1.0\times9.6\times2000\times80\times\left(465-\frac{80}{2}\right)=65280\times10^4(\text{N}\cdot\text{mm})$$

$$=652.80\text{kN}\cdot\text{m}>\begin{cases}101.43\text{kN}\cdot\text{m}\ (\text{边跨跨中})\\66.40\text{kN}\cdot\text{m}\ (\text{离端第二跨，中间跨跨中})\end{cases}$$

故各跨中截面均属于第一类T形截面。

支座截面按矩形截面计算，按布置一排纵筋考虑，$h_0=465$mm。

次梁正截面及斜截面承载力计算分别见表5.10及表5.11。

2）斜截面承载力计算。$b=250$mm，$h_0=500-35=465$(mm)，$f_t=1.1\text{N/mm}^2$，$f_{yv}=210\text{N/mm}^2$。斜截面采用无弯起钢筋的抗剪方案，其配筋计算见表5.11。其中

$$\rho_{sv}=\frac{A_{sv}}{bs}=\frac{56.6}{250\times180}=0.126\%>\rho_{sv\min}=0.24\times\frac{f_t}{f_{yv}}=0.125\%$$，所以满足最小配筋率。

表 5.10　　次梁正截面承载力计算

截面	边跨跨中	离端第二支座	离端第二跨跨中及中间跨跨中	中间支座
M (kN·m)	101.48	−101.48	66.40	−75.88
b (b'_f)	2050	250	2000	250
$\alpha_s=\dfrac{M}{\alpha_1 f_c bh_0^2}$	0.024	0.195	0.016	0.146
ξ	0.024	0.219	0.016	0.159
$A_s=\dfrac{\alpha_1 f_c}{f_y}\xi bh_0$ (mm²)	732	815	476	591
选配钢筋	2Φ20+1Φ16	2Φ20+1Φ16	3Φ16	3Φ16
实际钢筋面积 (mm²)	828	828	603	603

表 5.11　　次梁斜截面承载力计算

截面	边跨跨中	离端第二支座左侧	离端第二支座右侧	中间支座
V (kN)	80.08	106.77	97.38	97.38
$0.25\beta_c f_c bh_0$ (N)	$279000>V$	$279000>V$	$279000>V$	$279000>V$
$0.7f_t bh_0$ (N)	$89513>V$	$89513>V$	$89513>V$	$89513>V$
选用箍筋	2φ6	2φ6	2φ6	2φ6
$A_{sv}-nA_{sv1}$ (mm²)	56.6	56.6	56.6	56.6
$s=\dfrac{1.25f_{yv}A_{sv}h_0}{V-0.7f_t bh_0}$		401	878	878
实际钢筋间距 s (mm)	180	180	180	180

4. 主梁的计算

主梁按弹性理论计算。

(1) 荷载计算。

● 恒载设计值

由次梁传来的恒载设计值：$10.399\times6.30=65.51$(kN)

主梁自重（折算为集中荷载）：$1.2\times25\times0.30\times(0.70-0.08)\times2.10=11.72$(kN)

梁侧抹灰（折算为集中荷载）：$1.2\times17\times0.02\times(0.70-0.08)\times2\times2.10=1.06$(kN)

恒载设计值：　　　　　$G=78.29$kN

● 活荷载设计值

由次梁传来：　　　　$Q=19.11\times6.30=120.393$(kN)

合计：　　　　　　　$G+Q=198.683$kN

(2) 计算简图。柱高 $H=9$m，设柱截面尺寸为 400mm×400mm。主梁的有关尺寸及支承情况如图 5.26 所示。计算跨度：

边跨：
$$l_n=6.30-\frac{0.37}{2}-\frac{0.4}{2}=5.915(\mathrm{m})$$

$$l_0=1.025l_n+\frac{b}{2}=1.025\times5.915+\frac{0.4}{2}=6.26(\mathrm{m})<l_n+\frac{a}{2}+\frac{b}{2}$$
$$=5.915+\frac{0.37}{2}+\frac{0.4}{2}=6.30(\mathrm{m})$$

故取较小值，$l_0=6.26\mathrm{m}$

中间跨：
$$l_n=6.30-0.4=5.90(\mathrm{m})$$
$$l_0=l_n+b=5.90+0.4=6.30(\mathrm{m})$$

跨度差（6.3－6.26）/6.3＝0.635％＜10％，可按等跨连续梁计算。由于主梁线刚度较柱的线刚度大得多，故主梁可视为铰支柱顶上的连续梁，其计算简图如图5.27所示。

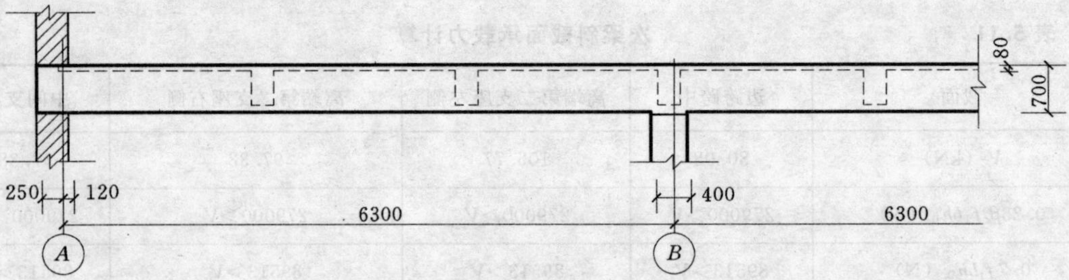

图5.26 主梁的跨度

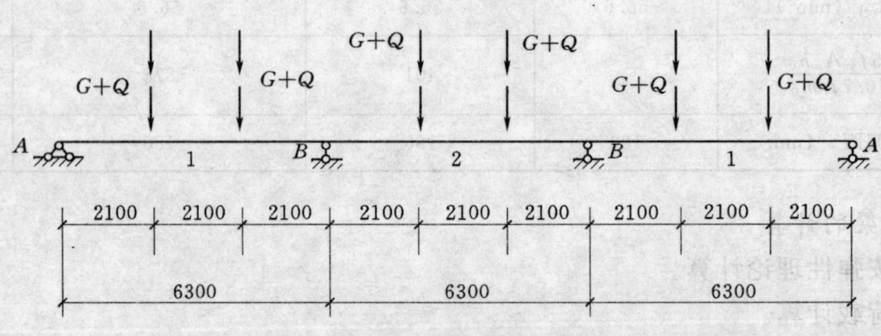

图5.27 主梁的计算简图

（3）内力计算。在各种不同分布的荷载作用下的内力计算可采用等跨连续梁的内力系数表进行，跨中和支座截面最大弯矩及剪力按下列公式计算，则：
$$M=K_1Gl+K_2Ql$$
$$V=K_3G+K_4Q$$

式中系数K_1、K_2、K_3、K_4值由附表5相应栏中查得，具体计算结果以及最不利内力组合见表5.12和表5.13。
$$Gl_0=78.29\times6.30=493.23(\mathrm{kN\cdot m})$$
$$Ql_0=120.393\times6.30=758.48(\mathrm{kN\cdot m})$$

表 5.12　　主梁弯矩计算

序号	荷载简图及弯矩图	边跨跨中	中间支座	中间跨跨中
		$\frac{K}{M_1}$	$\frac{K}{M_B\ (M_c)}$	$\frac{K}{M_2}$
①	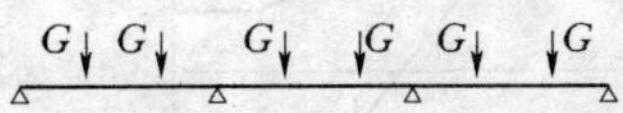	$\frac{0.244}{120.35}$	$\frac{-0.267}{131.69}$	$\frac{0.067}{33.05}$
②	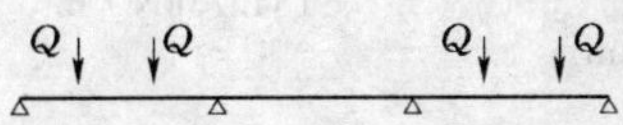	$\frac{0.289}{219.20}$	$\frac{-0.133}{100.88}$	$\frac{-0.133}{-100.88}$
③	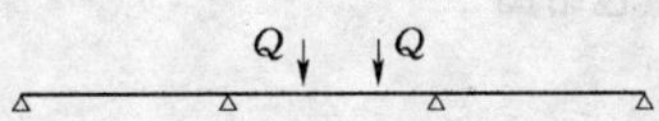	$\frac{-0.044}{-33.37}$	$\frac{-0.133}{100.88}$	$\frac{0.200}{151.70}$
④	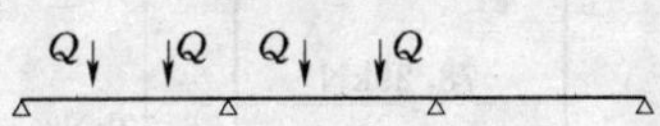	$\frac{0.229}{173.70}$	$\frac{-0.311\ (-0.089)}{-253.89\ (67.50)}$	$\frac{0.170}{128.94}$
最不利内力组合	①+②	339.55	−232.57	−67.83
	①+③	86.98	−232.57	184.75
	①+④	294.05	−385.58 (−199.19)	161.99

表 5.13　　主梁剪力计算

序号	荷载简图及弯矩图	端支座	中间支座	
		$\frac{K}{V_A^r}$	$\frac{K}{V_B^l\ (V_B^r)}$	$\frac{V}{V_C^l\ (V_C^r)}$
①	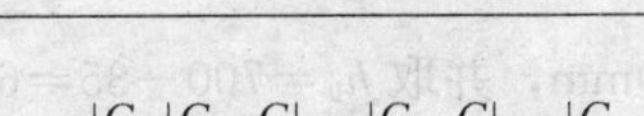	$\frac{0.733}{57.39}$	$\frac{-1.267\ (-1.000)}{-99.19\ (-78.29)}$	$\frac{1.000\ (1.267)}{78.29\ (99.19)}$
②		$\frac{0.866}{104.26}$	$\frac{-1.134}{-136.53}$	0
④		$\frac{0.689}{82.95}$	$\frac{-1.311\ (0.778)}{-157.84\ (93.67)}$	$\frac{1.222\ (0.089)}{147.12\ (10.71)}$
	①+②	161.65	−235.72	78.29
	①+④	140.34	−257.03	225.41

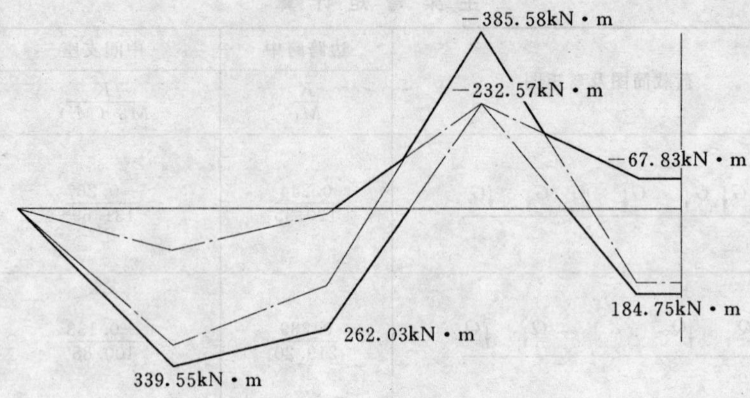

图 5.28 主梁的弯矩包络图

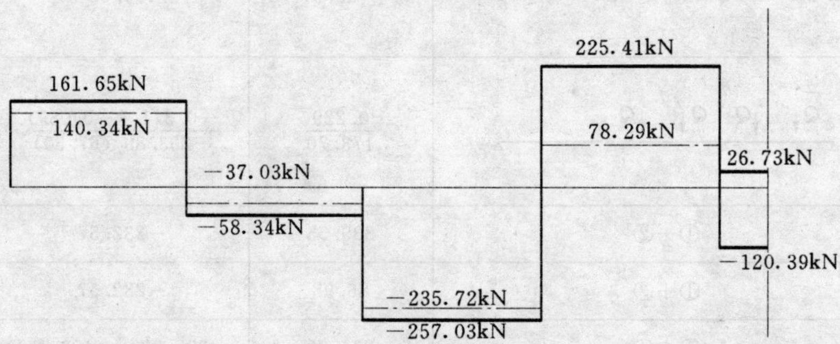

图 5.29 主梁的剪力包络图

将以上最不利内力组合下的弯矩图及剪力图分别叠画在同一坐标图上，即可得主梁的弯矩包络图及剪力包络图，参见图 5.28 和图 5.29。

(4) 截面承载力计算。主梁跨中截面按 T 形截面计算，其翼缘计算宽度为：

$b'_f=\frac{1}{3}l_0=\frac{1}{3}\times6300=2100(\text{mm})<b+s_n=6300\text{mm}$，并取 $h_0=700-35=665(\text{mm})$。

判别 T 形截面类型：

$$\begin{aligned}\alpha_1 f_c b'_f h'_f\left(h_0-\frac{h'_f}{2}\right)&=1.0\times9.6\times2100\times80\times\left(665-\frac{80}{2}\right)\\&=100800\times10^4(\text{N}\cdot\text{mm})\\&=1008.0\text{kN}\cdot\text{m}>M_1=339.55\text{kN}\cdot\text{m}\end{aligned}$$

故属于第一类 T 形截面。

支座截面按矩形截面计算，取 $h_0=700-80=620$（mm）（因支座弯矩较大，考虑布置两排纵筋，并布置在次梁主筋下面）。

$$h_w/b=\frac{620-80}{300}=1.8<4.0$$

主梁正截面及斜截面承载力计算分别见表 5.14 及表 5.15。

表 5.14　　　　**主梁正截面承载计算**

截　面	边跨跨中	中间支座	中间跨跨中	
M（kN·m）	339.55	−385.58	184.75	−67.83
h_0	665	620	665	665
b（b'_f）	2100	300	2100	300
$V_0\dfrac{b}{2}$（kN·m）		45.09		
$M-V_0\dfrac{b}{2}$（kN·m）		339.49		
$\alpha_s=\dfrac{M}{\alpha_1 f_c b\ (b'_f)\ h_0^2}$	0.038	0.307	0.021	0.053
ξ	0.039	0.379	0.024	0.054
$A_s=\dfrac{\alpha_1 f_c}{f_y}\xi bh_0$（mm²）	1743	2256	1073	345
选配钢筋	3Φ22+2Φ20	2Φ25+3Φ20+1Φ22	2Φ22+1Φ20	2Φ16
实际钢筋面积（mm²）	1768	2303	1074.2	402

表 5.15　　　　**主梁斜截面承载力计算**

截　面	支座 A^r	支座 B^l	支座 B^r
V（kN）	161.65	257.03	225.41
$0.25\beta_c f_c bh_0$（N）	478800>V	446400>V	446400>V
$0.7f_t bh_0$（N）	153615<V	143220<V	143220<V
选用箍筋	2φ8	2φ8	2φ8
$A_{sv}=nA_{sv1}$（mm²）	101	101	101
实际箍筋间距 s（mm）	250	250	250
$V_{cs}=0.7f_t bh_0+1.25f_{yv}\dfrac{A_{sv}}{s}h_0$（N）	224138.25>V	208971<V	208971<V
$A_{sb}\geqslant\dfrac{V-V_{cs}}{0.8f_y\sin\alpha_s}$（mm）		283	97
选配弯筋		1Φ20	1Φ20
实际弯筋面积（mm²）		314.2	314.2

（5）主梁吊筋计算。由次梁传至主梁的全部集中力为：

$$G+Q=65.51+120.393=185.903(\text{kN})$$

则

$$A_s=\frac{Q+G}{2f_y\sin\alpha}=\frac{185.903\times10^3}{2\times300\times0.707}=438.24(\text{mm}^2)$$

选2Φ18（$A_s=509\text{mm}^2$）。

5. 施工图

板、次梁配筋图及主梁的抵抗弯矩图和配筋图如图 5.30～图 5.32 所示。

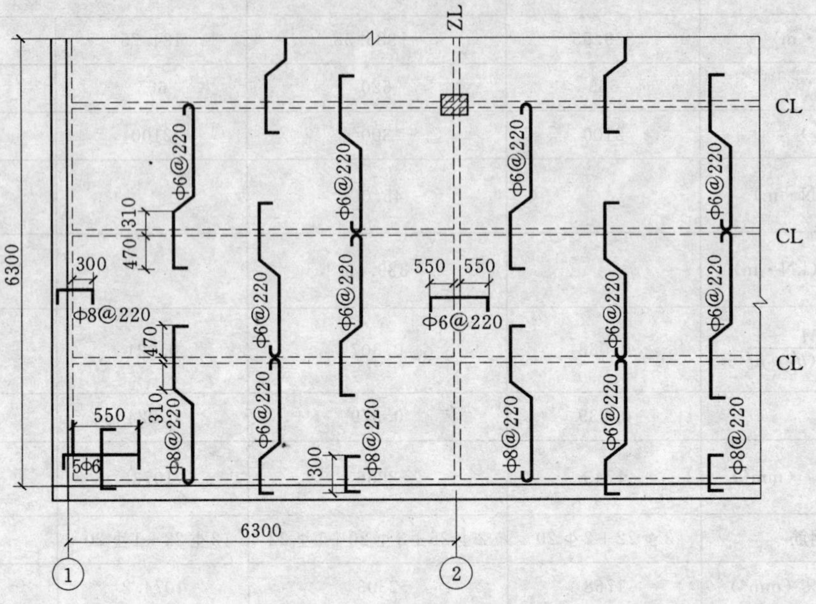

图 5.30　板的配筋图

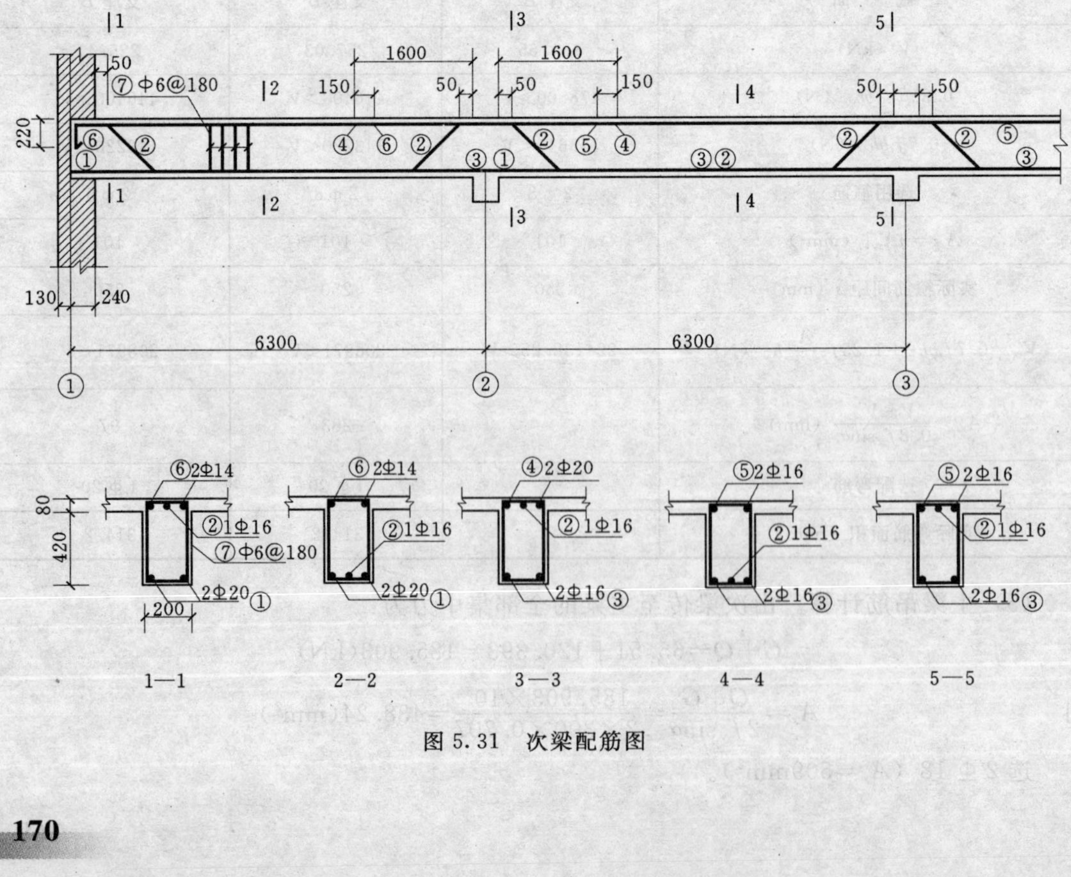

图 5.31　次梁配筋图

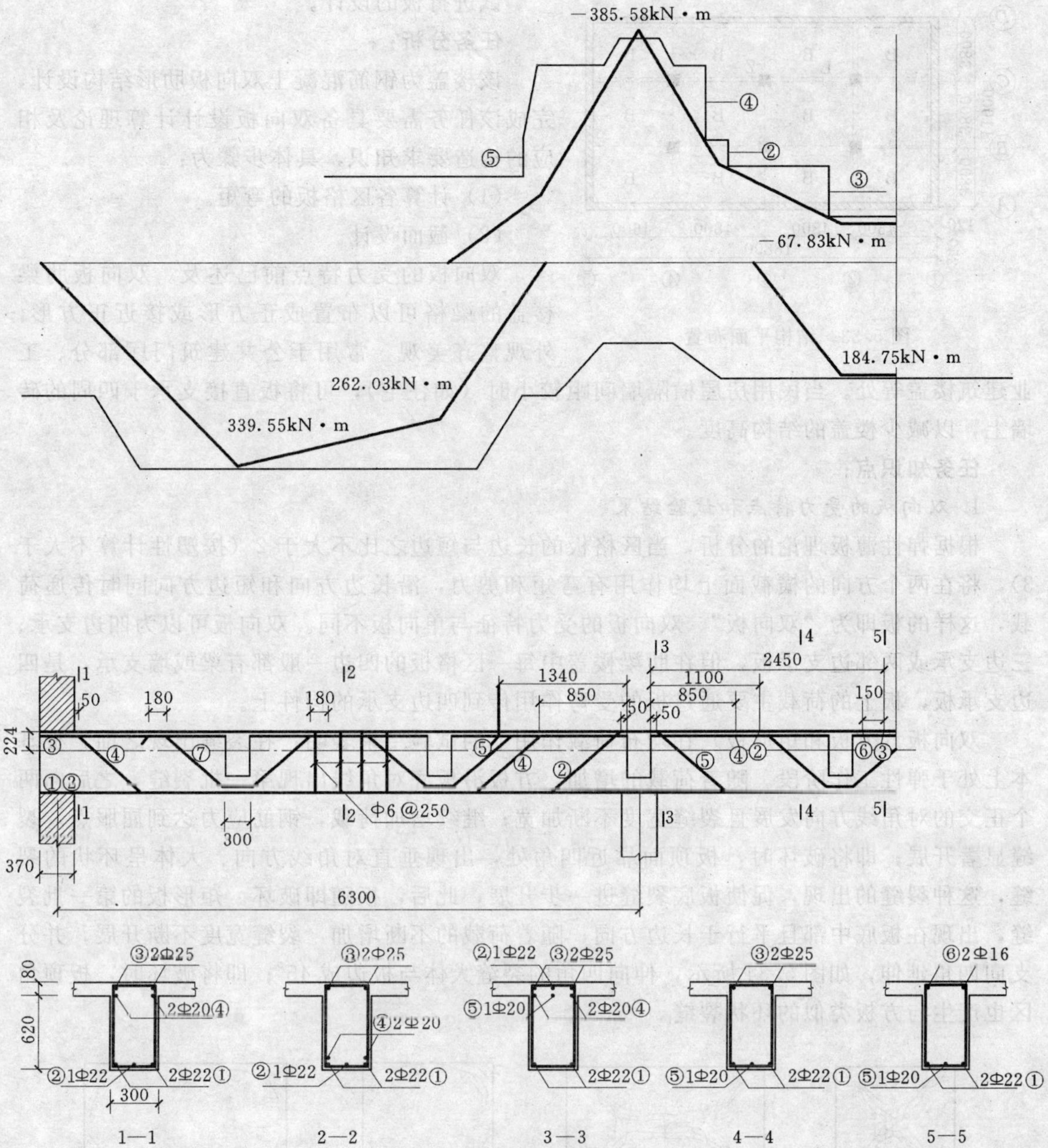

图 5.32　主梁配筋图

学习单元 5.3　双向板肋梁楼盖设计要点

任务描述：

某厂房楼盖采用双向板肋梁楼盖，结构平面布置如图 5.33 所示，支承梁截面取为 200mm×500mm，板厚取为 100mm。已知楼面活荷载 $q_k=6\text{kN/m}^2$，板自重加上面层、粉刷层等，恒荷载 $g_k=3.06\text{kN/m}^2$；采用 C20 混凝土，板中钢筋采用 HPB235 钢。

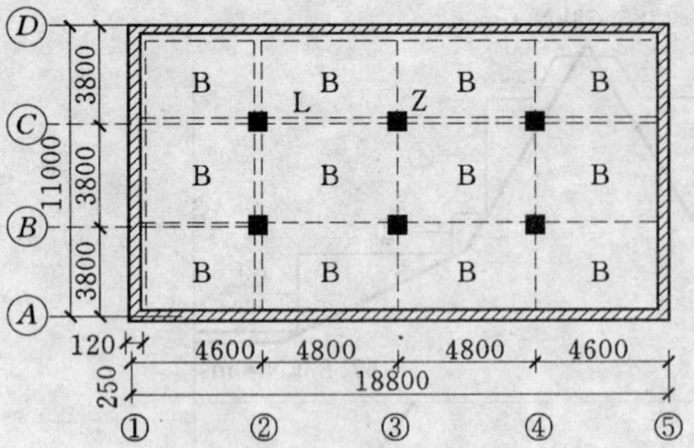

图 5.33　结构平面布置

试进行板的设计。

任务分析：

该楼盖为钢筋混凝土双向板肋形结构设计，完成该任务需要具备双向板设计计算理论及相应的构造要求知识，具体步骤为：

(1) 计算各区格板的弯矩。

(2) 截面设计。

双向板的受力特点前已述及。双向板肋梁楼盖的梁格可以布置成正方形或接近正方形，外观整齐美观，常用于公共建筑门厅部分、工业建筑楼盖等处。当民用房屋横隔墙间距较小时（如住宅），可将板直接支承于四周的砖墙上，以减少楼盖的结构高度。

任务知识点：

1. 双向板的受力特点和试验结果

根据弹性薄板理论的分析，当区格板的长边与短边之比不大于 2（按塑性计算不大于 3），将在两个方向的横截面上均作用有弯矩和剪力，沿长边方向和短边方向同时传递荷载，这样的板即为"双向板"。双向板的受力特征与单向板不同。双向板可以为四边支承、三边支承或两邻边支承板，但在肋梁楼盖中每一区格板的四边一般都有梁或墙支承，是四边支承板，板上的荷载主要通过板的受弯作用传到四边支承的构件上。

双向板（方板和矩形板）在均布荷载作用下的试验结果表明：在裂缝出现之前，板基本上处于弹性工作阶段。随着荷载的增加，方板沿板底对角线出现第一批裂缝，之后向两个正交的对角线方向发展且裂缝宽度不断加宽；继续增加荷载，钢筋应力达到屈服点，裂缝显著开展；即将破坏时，板顶面靠近四角处，出现垂直对角线方向、大体呈环状的裂缝，这种裂缝的出现，促使板底裂缝进一步开展；此后，板随即破坏。矩形板的第一批裂缝，出现在板底中部且平行于长边方向；随着荷载的不断增加，裂缝宽度不断开展，并分支向四角延伸，如图 5.34 所示，伸向四角的裂缝大体与板边成 45°；即将破坏时，板顶角区也产生与方板类似的环状裂缝。

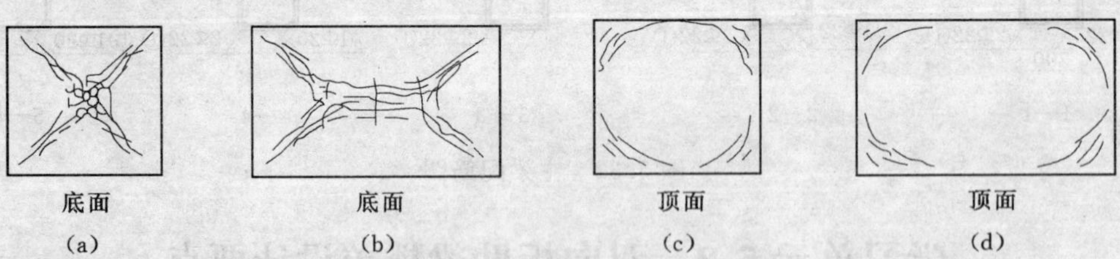

图 5.34　双向板破坏时裂缝分布

(a)、(c) 方形板；(b)、(d) 矩形板

双向板破坏时板底、板顶裂缝如图 5.34 所示。

2. 双向板内力计算

双向板内力计算有两种方法：一种是按弹性理论计算；另一种是按塑性理论计算。按弹性理论计算双向板内力的实用方法简单，一般采用计算表格进行计算；按塑性理论计算双向板内力并根据计算结果配筋，可节省钢筋、便于施工。

(1) 按弹性理论计算方法计算双向板的内力。精确计算双向板的内力是比较复杂的。对于单块双向板，目前一般采用根据弹性薄板理论计算公式编制的实用计算表格进行计算。

单跨双向板按其四边支承情况的不同，在楼盖中常会遇到如下6种情况：

1) 四边简支［图5.35 (a)］。

2) 一边固定，三边简支［图5.35 (b)］。

3) 两对边固定，两对边简支［图5.35 (c)］。

4) 两临边固定，两邻边简支［图5.35 (d)］。

5) 三边固定，一边简支［图5.35 (e)］。

6) 四边固定［图5.35 (f)］。

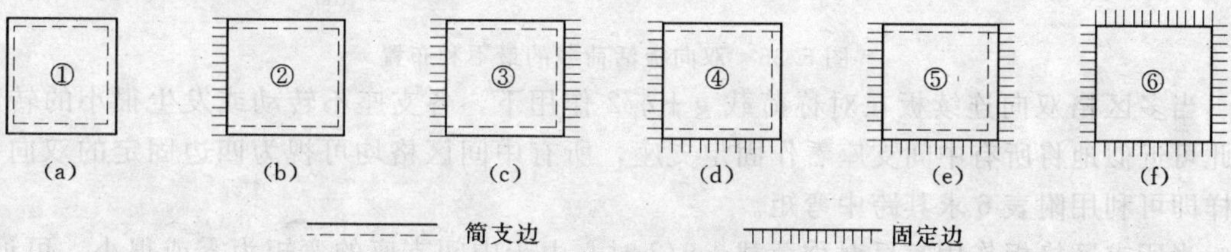

图5.35 双向板的6种四边支承情况

附表6中列出了6种不同边界条件的矩形板在均布荷载作用下的挠度及弯矩系数。计算时，取单位板宽 $b=1000$mm，根据不同支承情况，可从附表6中查出弯矩系数，即可求得弯矩：

$$m = \alpha p l_0^2 \tag{5.14}$$

式中 m——跨中或支座单位板宽内的弯矩设计值，kN·m；

p——板上作用的均布荷载设计值，kN/m^2，$p=g+q$；

g——作用在板上的均布恒载设计值，kN/m^2；

q——作用在板上的均布活载设计值，kN/m^2；

l_0——短跨方向的计算跨度，m，计算方法与单向板的计算相同；

α——查附表6所得弯矩系数。

(2) 连续双向板的内力计算。精确计算连续双向板内力通常相当的复杂，因此工程中采用实用计算法，该法通过对双向板上可变荷载的最不利布置以及支承情况等的合理简化，将多区格连续板转化为单区格板，然后通过查内力系数表来进行计算，方法简单实用。

简化计算时可将梁视为双向板的不动铰支座。

在确定活荷载的最不利作用位置时，采用了既接近实际情况又便于利用单区格板计算表的布置方案：当求支座负弯矩时，楼盖各区格板均满布活荷载；当求跨中正弯矩时，在该区格及其前后左右每隔一区格布置活荷载，一般称此为棋盘式布置。

1）跨中最大弯矩的计算。当求某区格板跨中最大弯矩时，可变荷载的最不利布置如图5.34所示，即所谓的棋盘形荷载布置。为了利用单区格双向板的内力计算系数表，将按棋盘形布置的可变荷载分解成各跨满布对称荷载$q/2$和各跨向上、向下相间作用的反对称荷载$\pm q/2$［图5.36（b）、图5.36（c）］，按以下四步进行内力计算：

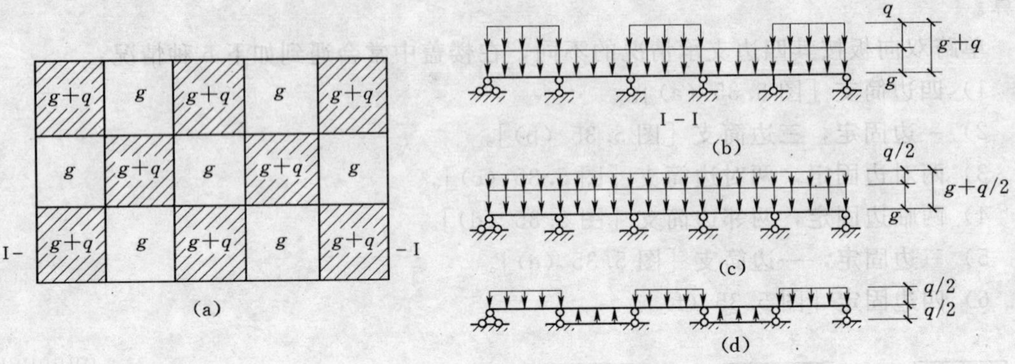

图5.36　双向板活荷载的最不利布置

当多区格双向连续板在对称荷载$g+q/2$作用下，各支座不转动或发生很小的转动，因此可近似地将所有中间支座看作固定支座，所有中间区格均可视为四边固定的双向板。这样即可利用附表6求其跨中弯矩。

当所求区格板作用有反对称荷载$\pm q/2$时，由于中间支座的弯矩为零或很小，可近似地将中间支座视为简支支座，从而中间各区格板均可视为四边简支板的双向板。利用单格双向板的内力系数表可以求出各区格板的跨中弯矩。

将各区格板在两种荷载作用下的跨中弯矩相叠加，即得到各区格板的跨中最大弯矩。

对边、角区格板，跨中最大弯矩仍采用上述方法计算，但外边界条件按实际情况确定。

2）支座最大弯矩的计算。求支座最大弯矩时，为了简化计算，假定永久荷载和可变荷载都满布连续双向板所有区格，中间支座均视为固定支座，内区格板均可按四边固定的双向板计算其支座弯矩。对于边、角区格，外边界条件应按实际情况考虑。

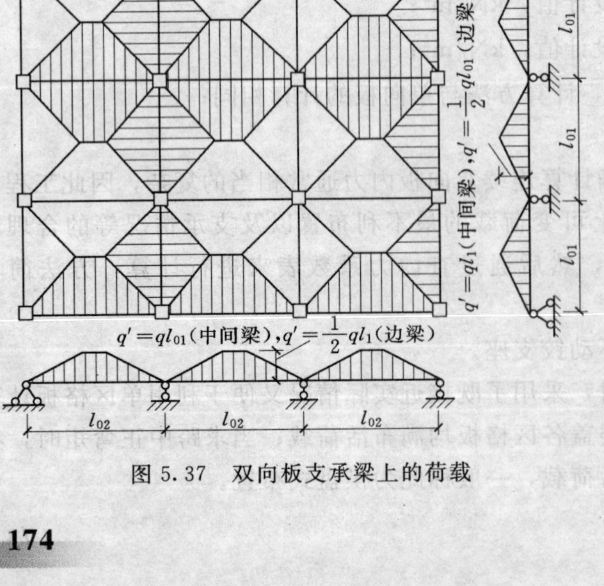

图5.37　双向板支承梁上的荷载

对中间支座，由相邻两个区格求出的支座弯矩值常常会不相等，在进行配筋计算时可近似地取其平均值。

3. 双向板支承梁的计算

多跨连续双向板传给周边支承梁的荷载如图5.37所示。支承梁承受三角形或梯形荷载，其内力可采用等效均布荷载的方法计算。其方法是：首先按支座弯矩相等的条件把它们换算成等效均布荷载，在求得连续梁的支座弯矩后，再按实际的荷载分布（三角形或梯形），以支座弯矩作为梁端弯矩，按单跨简支梁求出各跨跨中弯矩和支座剪力。

4. 双向板的构造要求

（1）双向板的板厚一般为80～160mm。为满足板的刚度要求，简支板厚应不小于$l_0/45$，连续板厚不小于$l_0/50$，l_0为短边的计算跨度。

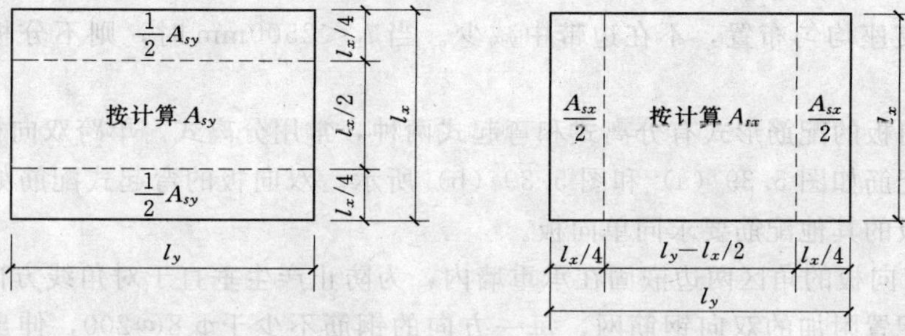

图5.38　双向板配筋的分区和配筋量规定

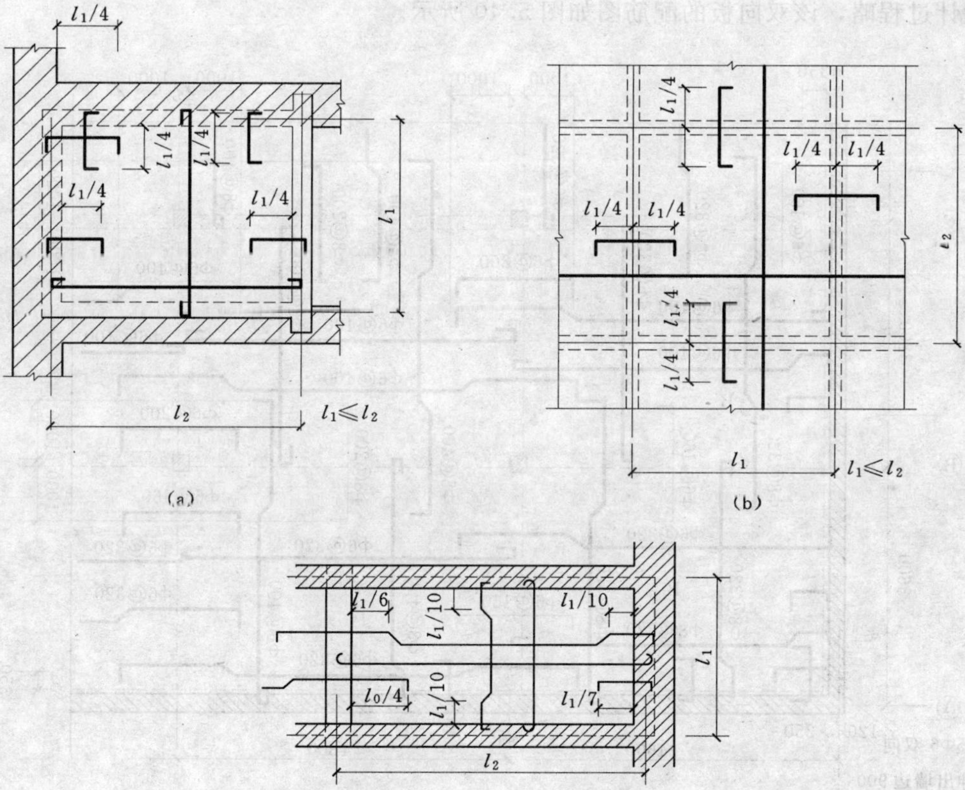

图5.39　双向板的配筋形式

(a) 单跨双向板分离式配筋；(b) 连续双向板分离式配筋；(c) 弯起式配筋

(2) 双向板跨中两个方向的受力钢筋应根据相应方向跨中最大弯矩计算，沿短跨方向的跨中钢筋放在外侧，沿长跨方向的跨中钢筋放在内侧。当采用弹性理论方法计算时，按跨中弯矩所求得的钢筋数量为板宽中部所需的量，而靠近板的两边，其弯矩已减少，所以配筋也应减少。为施工方便，可将整块板按纵、横两个方向划分成两个宽为 $l_1/4$（l_1 为短跨）的边缘板带和一个中间板带。边缘板带的配筋量为相应中间板带的数量的一半（图 5.38），但每米不得少于 3 根。连续板支座上的配筋则按支座最大负弯矩求得，沿整个支座均匀布置，不在边带中减少。当 $l_1<2500$mm 时，则不分板带，全部按计算配筋。

(3) 双向板的配筋形式有分离式和弯起式两种，常用分离式。单跨双向板、连续双向板的分离式配筋如图 5.39（a）和图 5.39（b）所示。双向板的弯起式配筋如图 5.39（c）所示，双向板的其他配筋要求同单向板。

(4) 如双向板的角区两边嵌固在承重墙内，为防止产生垂直于对角线方向的裂缝，应在板角上部配置附加的双向钢筋网，每一方向的钢筋不少于φ 8@200，伸出长度不小于 $l_1/4$（l_1 为板的短跨），如图 5.39（a）所示。

任务实施：

设计过程略，该双向板的配筋图如图 5.40 所示。

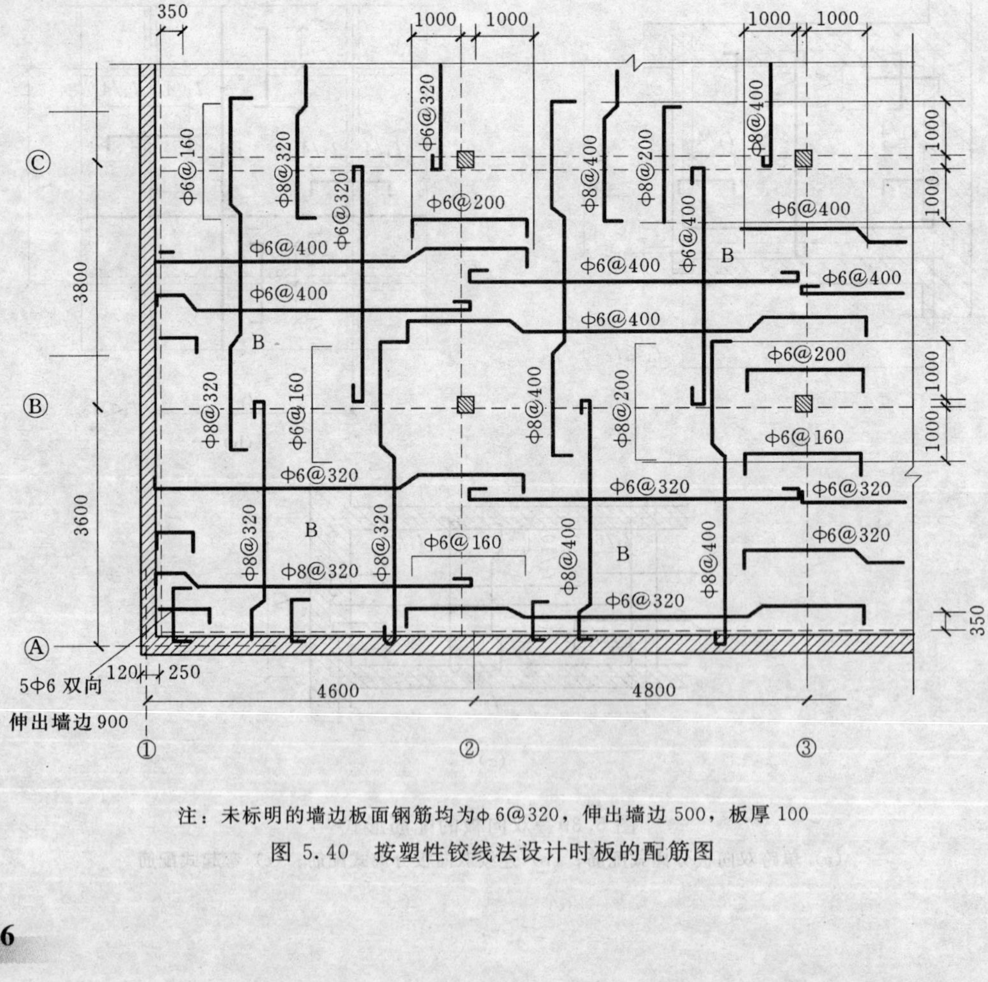

注：未标明的墙边板面钢筋均为φ 6@320，伸出墙边 500，板厚 100

图 5.40 按塑性铰线法设计时板的配筋图

学习单元 5.4　装配式混凝土楼盖构件形式及连接构造

任务描述：

对照标准图集列举预制板、预制梁的截面形状、跨度等。识读板与板、板与墙、板与梁、梁与墙的连接构造。

任务知识点：

装配式混凝土楼盖主要由搁置在承重墙或梁上的预制混凝土铺板组成，故又称为装配式铺板楼盖。

装配式楼盖主要有铺板式、密肋式和无梁式等，其中铺板式应用最广。铺板式楼盖的主要构件是预制板和预制梁。各地大量采用的是本地区的通用定型构件，由各地预制构件厂供应，当有特殊要求或施工条件受到限制时，才进行专用的构件设计。因此，本学习单元着重介绍铺板的形式、优缺点及其适用范围。

1. 铺板楼盖的构件形式

装配式楼盖中板的主要类型有实心板、空心板、槽形板。此外，还有单肋板、双 T 板、V 形折叠板等形式，这些类型板多用于工业建筑的楼（屋）面。按是否施加预应力，又可分为预应力板和非预应力板。我国大部分省、自治区、直辖市均编有预制板定型通用图集，可直接根据需要选用。

1）实心板。实心板［图 5.41（a）］表面平整、构造简单、施工方便，但自重大，刚度小，常用于房屋中的走道板、管沟盖板、楼梯平台板。板长一般为 1.5～3.0m，板宽一般为 400～1200mm，板厚 $h \geqslant l/30$，一般为 50～100mm。

2）空心板。空心板截面的孔型有圆形、方形、矩形或长圆形［图 5.41（b）］。空心板刚度大、自重轻、受力性能好、隔音、隔热效果好、施工简便，但板面不能任意开洞，在一般民用建筑的楼（屋）盖中最为常用。扩大和增加孔洞对节约混凝土、减轻自重和隔音有利，但若孔洞过大，其板面需按计算配筋，反而不经济，此外，大孔洞板在抽芯时，易造成尚未结硬的混凝土坍落。为避免空心板端部压坏，在板端应塞混凝土堵头。

空心板截面高度可取为跨度的 1/30，通常有 120mm、180mm、240mm 几种。空心板的宽度主要根据当地制作、运输和吊装设备的具体条件而定，常用 500mm、600mm、900mm、1200mm。板的长度视房间或进深的大小而定，一般有 3.0m、3.3m、3.6m、…、6m，多数按 0.3m 进级。目前，非预应力空心板的最大长度为 4.8m，预应力的可达 7.5m。

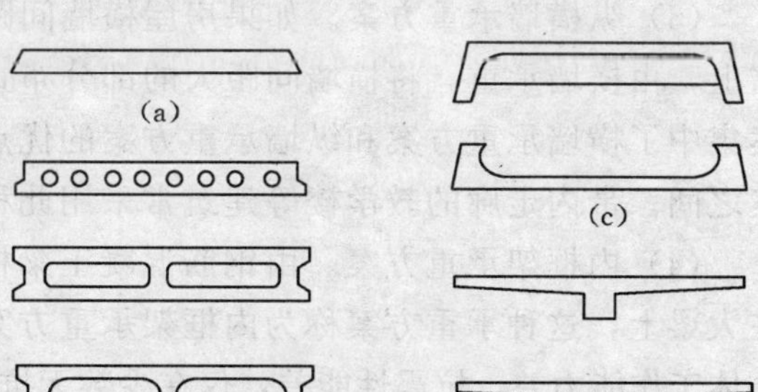

图 5.41　预制铺板的截面形式

3）槽形板。槽形板有正槽板（肋向下）及反槽板（肋向上）两种［图 5.41（c）］。正槽板可以较充分利用板面混凝土抗压，受力性能好，但不能直接形成平整的天棚；反槽板受力性能差，但可提供平整天棚。

槽形板由于开洞自由，承载力较大，故在工业建筑中采用较多。此外，也可用于对天花板要求不高的民用建筑楼（屋）面中。

4）T形板。T形板有单T板和双T板两种［图5.41（d)］。这类板受力性能良好，布置灵活，能跨越较大的空间，且开洞也较自由，但整体刚度不如其他类型的板。T形板常用跨度为6～12m，面板厚度一般为40～50mm，翼缘宽度为1500～2100mm，截面高度为300～500mm。视其跨度大小而定。

2. 楼盖梁

在装配式混凝土楼盖中，有时需设置楼盖梁。楼盖梁可为预制或现浇。梁的截面形式有矩形、T形、倒T形、十字形或花篮形等（图5.42)。矩形梁外形简单，施工方便，应用最为广泛。当梁高较大时，为保证房屋净空高度，可采用倒T形梁、十字形梁或花篮形梁。梁的截面尺寸和配筋，可根据计算和构造要求确定。

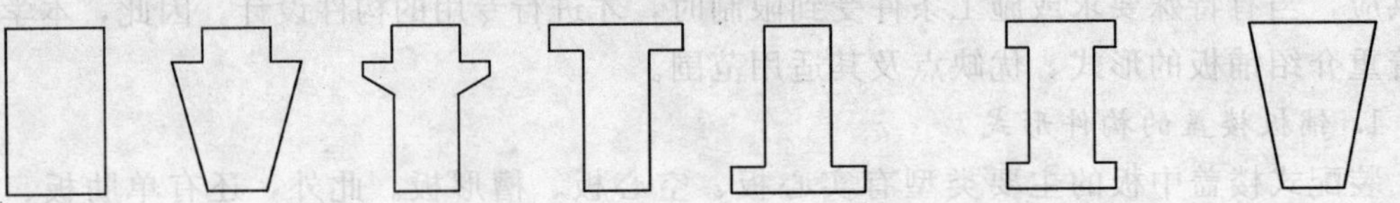

图5.42 预制梁的截面形式

铺板楼盖的结构布置，应根据建筑平面尺寸、墙体承重方案及施工条件等要求综合考虑。在混合结构房屋中，一般有以下几种布置方案。

(1) 横墙承重方案。如果房屋的横墙间距较小，可将楼板直接搁置在横墙上，由横墙承重。采用这种方案的房屋整体性好，抗震性能好，且纵墙上可以开设较大窗洞。住宅或教学楼等建筑常采用此种方案。

(2) 纵墙承重方案。如果房屋内部空间较大，横墙间距较大，一般采用纵墙承重。当房屋进深不大时，楼板直接搁置在纵墙上；当房屋进深较大时，可将梁搁置在纵墙上，再将楼板搁置在梁上。采用这种方案的房屋整体性较差，抗震性能不如横墙承重方案，在纵墙上开窗洞受到一定限制。教学楼、办公楼、食堂等建筑常采用这种方案。

(3) 纵横墙承重方案。如果房屋横墙间距大小兼有，可将横墙间距小的楼板搁置在横墙上，由横墙承重，将横墙间距大的部分布置成纵墙承重，称为纵横墙承重方案。这种方案集中了横墙承重方案和纵墙承重方案的优点，其整体性介于横墙承重方案和纵墙承重方案之间。带内走廊的教学楼等建筑常采用此种方案。

(4) 内框架承重方案。由钢筋混凝土梁柱构成内框架，周边为砖墙，楼板沿纵向搁置在大梁上，这种承重方案称为内框架承重方案。此方案因内框架与周边墙体刚度差异较大，整体工作能力差，抗震性能差，仅在少数无抗震设防要求的多层厂房、商店等建筑中采用。

3. 装配式混凝土楼盖的连接构造

楼盖除承受竖向荷载外，它还作为纵墙的支点，起着将水平荷载传递给横墙的作用。为确保铺板与铺板之间、铺板与墙之间以及铺板与梁之间的连接的整体性，可采取下列连接构造措施。

(1) 板与板的连接。板与板之间的连接常采用灌板缝的方法解决（图5.43)。当板缝

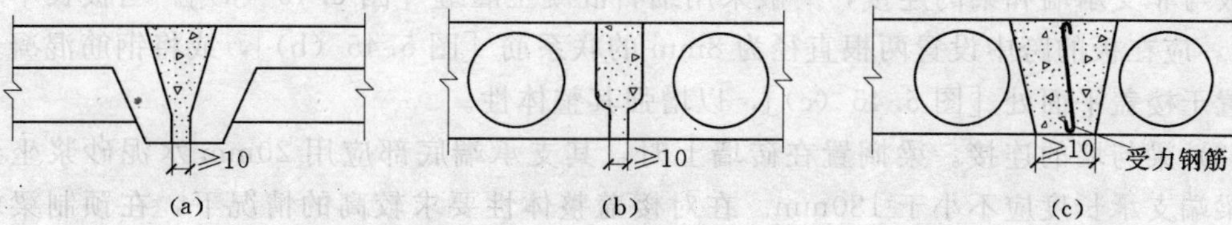

图 5.43　板与板的连接

宽大于 20mm 时，宜用不低于 C15 的细石混凝土浇筑；当缝宽小于或等于 20mm 时，宜用强度不低于 $15N/mm^2$ 的水泥砂浆浇筑。如果板缝宽大于或等于 50mm 时，则应按板缝上作用有楼面荷载的现浇板带计算配筋，并用比构件混凝土强度等级提高两级的细石混凝土浇筑。

(2) 板与墙和板与梁的连接。板与墙和板与梁的连接，分支承与非支承两种情况。

板与其支承墙和梁的连接，一般采用在支座上坐浆（厚度约为 10～20mm）。板在砖墙上支承宽应不小于 100mm，在钢筋混凝土梁上支承宽应不小于 60～80mm（图 5.44），方能保证可靠地连接。

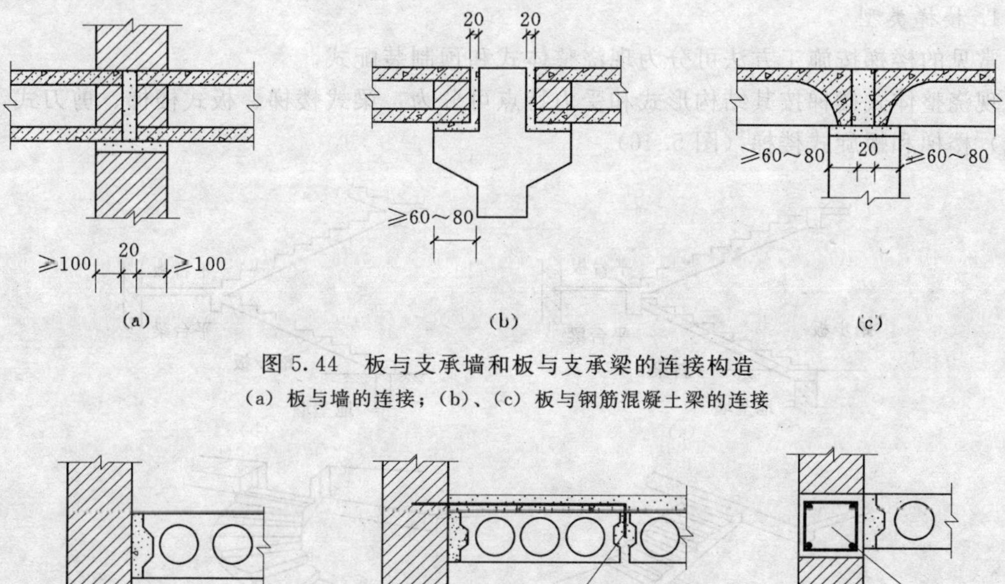

图 5.44　板与支承墙和板与支承梁的连接构造

(a) 板与墙的连接；(b)、(c) 板与钢筋混凝土梁的连接

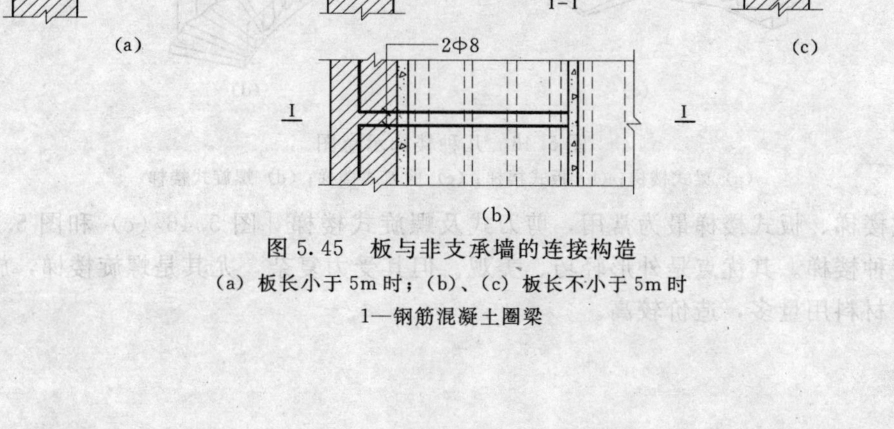

图 5.45　板与非支承墙的连接构造

(a) 板长小于 5m 时；(b)、(c) 板长不小于 5m 时

1—钢筋混凝土圈梁

板与非支承墙和梁的连接，一般采用细石混凝土灌缝［图5.45（a）］。当板长不小于5m时，应在板的跨中设置两根直径为8mm的联系筋［图5.45（b）］，或将钢筋混凝土圈梁设置于楼盖平面处［图5.45（c）］，以增强其整体性。

（3）梁与墙的连接。梁搁置在砖墙上时，其支承端底部应用20mm水泥砂浆坐浆找平，梁端支承长度应不小于180mm。在对楼盖整体性要求较高的情况下，在预制梁端应设置与墙体的拉结筋。

学习单元5.5 钢筋混凝土楼梯设计要点

任务描述：

识别楼梯的类型，分析现浇板式楼梯、梁式楼梯的组成和荷载传递路线，作板式楼梯中斜板、平台板、平台梁的计算简图。

任务知识点：

楼梯是建筑物中主要的垂直交通工具，同时也是典型的梁板结构。钢筋混凝土楼梯由于经济、耐用、防火性能好，因而被广泛采用。

1. 楼梯类型

常见的楼梯按施工方法可分为现浇整体式和预制装配式。

现浇整体式楼梯按其结构形式和受力特点可分为：梁式楼梯、板式楼梯、剪刀式（悬挑式）楼梯和螺旋式楼梯（图5.46）。

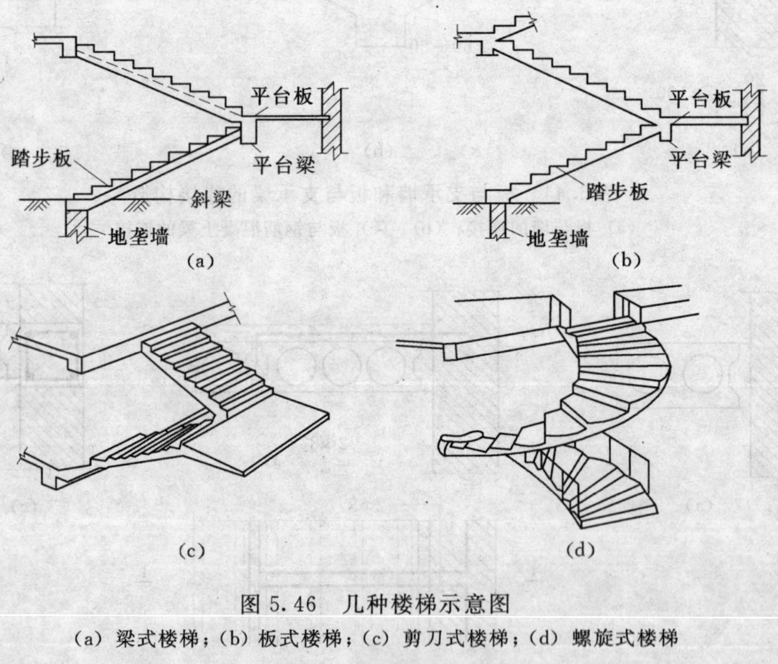

图5.46 几种楼梯示意图

（a）梁式楼梯；（b）板式楼梯；（c）剪刀式楼梯；（d）螺旋式楼梯

梁式楼梯、板式楼梯最为常用，剪刀式及螺旋式楼梯［图5.46（c）和图5.46（d）］均属于特种楼梯。其优点是外形轻巧、美观。但其受力复杂，尤其是螺旋楼梯，施工也比较困难，材料用量多，造价较高。

2. 现浇板式楼梯的计算与构造

一般当楼梯的跨度不大（水平投影长度小于3m）、使用荷载较小，或公共建筑中为符合卫生和美观的要求时，宜采用板式楼梯。

板式楼梯由踏步板（梯段斜板）、平台板和平台梁组成。踏步板两端分别支承在上、下平台梁上，平台板两端分别支承在平台梁或楼层梁上，而平台梁两端支承在楼梯间侧墙或柱上。板式楼梯荷载的传递途径是：斜板→平台梁→楼梯间墙（或柱）。

(1) 踏步板。踏步板自带三角形踏步，两端分别支承在上、下平台梁上。踏步板的截面计算高度取垂直于斜板轴线的最小高度，不考虑三角形踏步部分的作用。计算时可将斜板简化为两端支承在平台梁上的简支斜板，计算简图如图5.47所示。其计算跨度l'可以近似取两平台梁中线间的斜距离。荷载q包括斜板全部恒载与活荷载，此处q为水平单位长度的垂直荷载。梯段斜板最终又可简化为简支平板（计算跨度l为l'的水平投影长度），但应考虑平台梁对斜板有一定的约束作用。

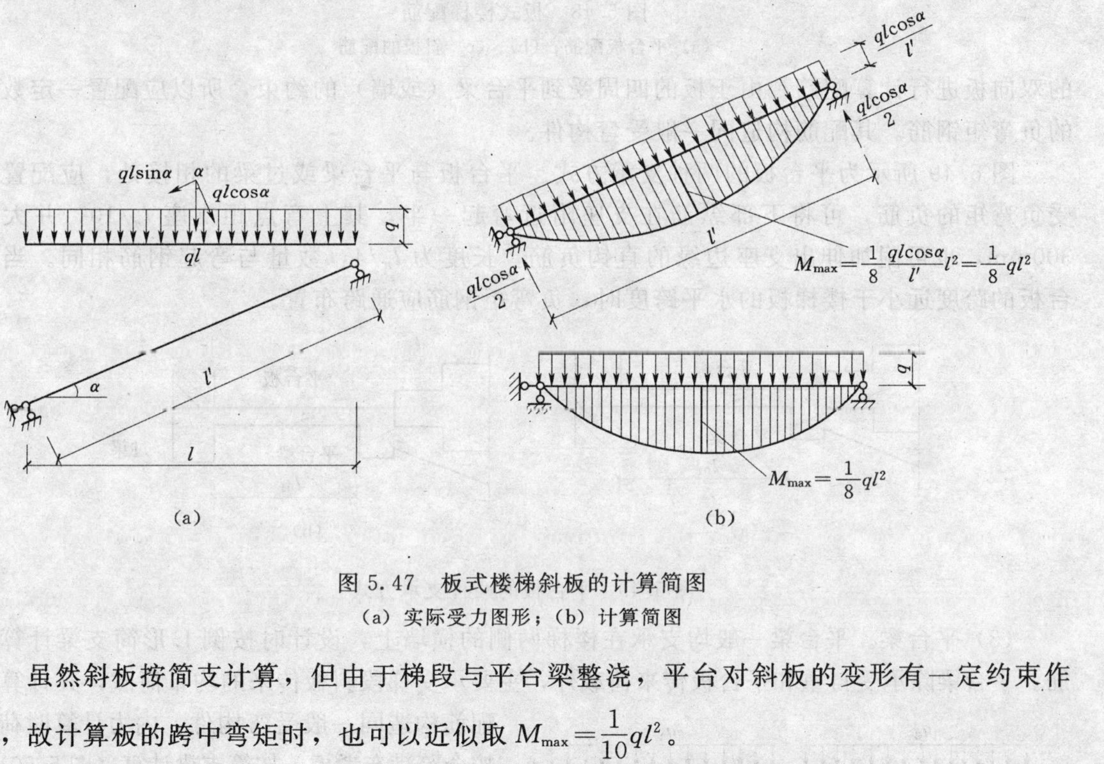

图5.47 板式楼梯斜板的计算简图

(a) 实际受力图形；(b) 计算简图

虽然斜板按简支计算，但由于梯段与平台梁整浇，平台对斜板的变形有一定约束作用，故计算板的跨中弯矩时，也可以近似取$M_{max}=\frac{1}{10}ql^2$。

斜板的厚度$h=(1/25\sim1/30)l$（l为踏步板水平投影长度），一般可取$h=100\sim120$mm。斜板的受力钢筋沿斜向布置，支座附近板的上部应设置负钢筋，斜板的配筋方式有弯起式和分离式两种，为施工方便，工程中多用分离式配筋。采用弯起式时，跨中钢筋应在距支座边缘$l_n/6$处弯起，自平台伸入的上部直钢筋均应伸至距支座边缘$l_n/4$处。

分布钢筋与受力钢筋垂直，布置在受力钢筋的内侧，要求每个踏步内至少放一根分布钢筋。图5.48为板式楼梯配筋构造示例。

(2) 平台板。平台板一般为单向板，按简支板计算。当为双向板时，则可按四边简支

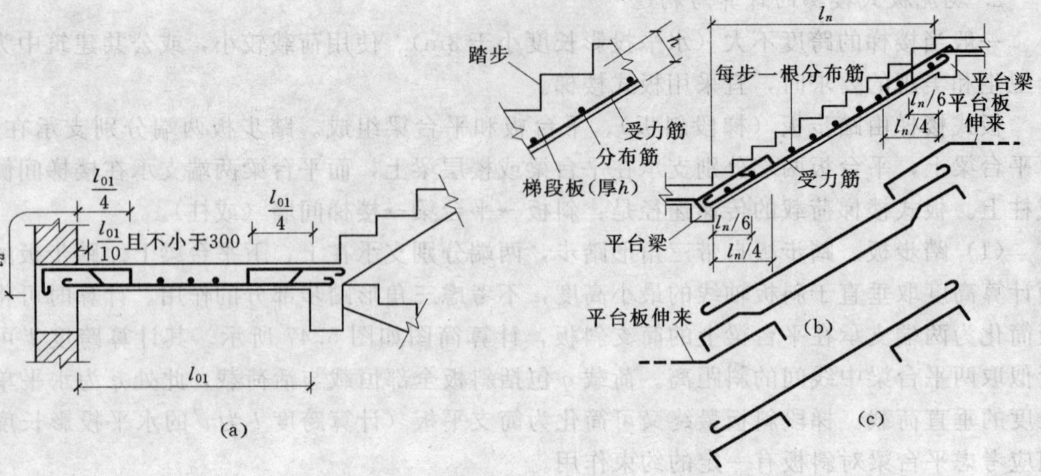

图 5.48 板式楼梯配筋

(a) 平台板配筋；(b)、(c) 斜板的配筋

的双向板进行计算配筋。由于板的四周受到平台梁（或墙）的约束，所以应配置一定数量的负弯矩钢筋。其配筋构造同一般受弯构件。

图 5.49 所示为平台板的两种支承方式。平台板与平台梁或过梁的相接处，应配置承受负弯矩的负筋，可将下部纵筋在支座附近弯起一半，其上弯点距支座 $l_n/10$，并大于 300mm，也可附加伸出支座边缘的直钩负筋，长度为 $l_n/4$，数量与弯起钢筋相同。当平台板的跨度远小于楼梯板的水平跨度时，负弯矩钢筋应通跨布置。

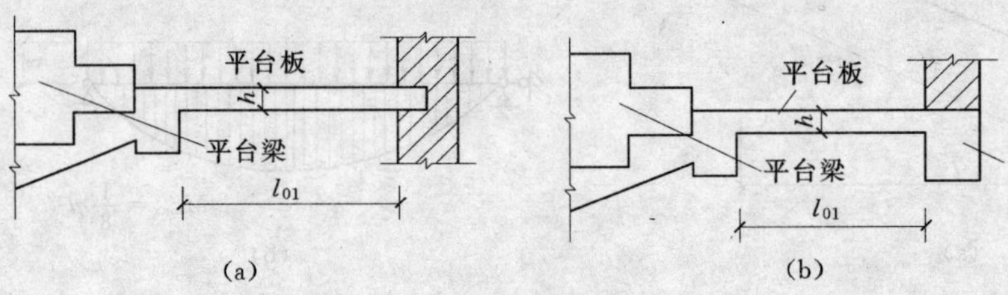

图 5.49 平台板的两种支承方式

（3）平台梁。平台梁一般均支承在楼梯两侧的横墙上，设计时按倒 L 形简支梁计算配筋。平台梁除承受自重和平台板传来荷载外，主要承受梯段斜板传来的均布荷载，其计算和配筋构造同一般受弯构件。内力计算时荷载按全跨满布考虑，按简支梁计算（图 5.50）。

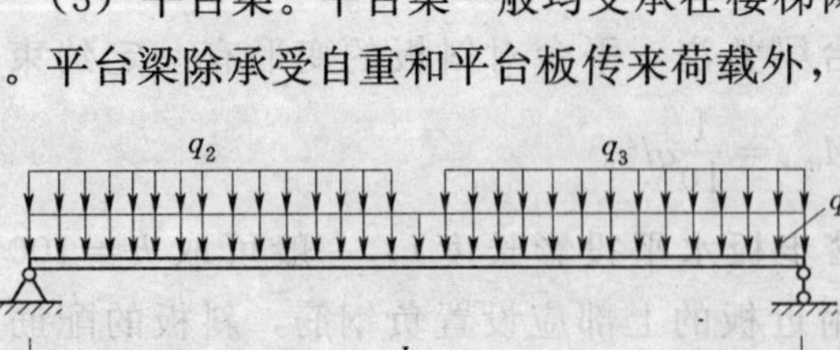

图 5.50 板式楼梯平台梁计算简图

3. 现浇梁式楼梯的计算与构造

当梯段跨度较大（水平投影长度大于 3m）、且使用荷载较大时，采用梁式楼梯较为经济。

梁式楼梯由踏步板、斜梁、平台板和平台梁组成，踏步板两端支承在斜梁上，斜梁两端分别支承在上、下平台梁（有时一端支承在层间楼面梁）上，平台板支承在平台梁或楼层梁上，而平台梁则支承在楼梯间两侧的墙上。梁式楼梯的荷载传递途径为：梯段荷载→

踏步板→斜梁→平台梁（或楼层梁）→楼梯间墙（或柱）。

梁式楼梯中各构件均可简化为简支受弯构件计算。与板式楼梯不同之处在于，梁式楼梯中的平台梁除承受平台板传来的均布荷载外，还承受斜梁传来的集中荷载。

(1) 踏步板。梁式楼梯的踏步板由三角形踏步和其下的斜板组成。踏步板为一单向板，每个踏步的受力情况相同，计算时可取一个踏步作为计算单元。当踏步板一端与斜边梁整体连接，另一端支承在墙上时，可按简支板计算跨中弯矩，即 $M=\frac{1}{8}(g+q)l_0^2$，式中，l_0 为计算跨度，$l_0=l_n+\frac{a}{2}$，l_n 为踏步板的净跨，a 为踏步板在墙内的支承长度。当踏步板两端均与斜边梁整体连接时，考虑到斜边梁对踏步板的部分嵌固作用，其跨中弯矩取为 $M=\frac{1}{10}(g+q)l_0^2$。计算踏步板正截面受弯承载力时，常可近似地按宽度为 b、高度为折算高度 h 的矩形截面计算（图5.51），截面折算高度为 $h=\frac{c}{2}+\frac{d}{\cos\alpha}$。

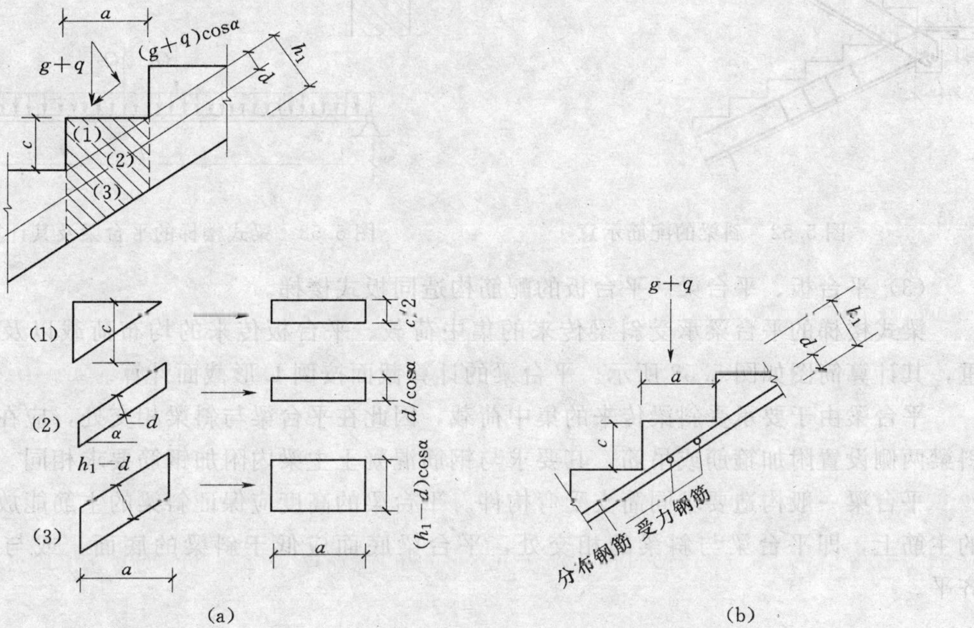

图5.51　现浇梁式楼梯的踏步板

现浇踏步板的斜板厚度一般取 $\delta=30\sim50$mm，配筋按计算确定。每一级踏步下应配置不少于2ф8的受力钢筋，布置在踏步下面斜板中，并将每两根中的一根伸入支座后弯起作支座负钢筋。此外，沿整个梯段斜向布置间距不大于250mm的分布钢筋，位于受力钢筋的内侧。

(2) 斜梁。梁式楼梯段斜梁两端支承在平台梁上，与前述板式楼梯斜板的内力分析相同。斜边梁的计算中不考虑平台梁的约束作用，按简支梁计算，即

$$M_{\max}=\frac{1}{8}(g+q)l_0^2 \tag{5.15}$$

$$V_{\max} = \frac{1}{2}(g+q)l_n\cos\alpha \tag{5.16}$$

斜梁端部纵筋必须放在平台梁纵筋上面，梁端上部应设置负弯矩钢筋，斜梁纵筋在平台梁中的锚固长度应满足受拉钢筋锚固长度的要求。其他构造同一般梁。斜梁的配筋如图5.52所示。

有时为了满足建筑功能要求，有些房屋的楼梯可能做成折线形。折线形梁（或板）的计算与普通斜梁（板）的计算相同。

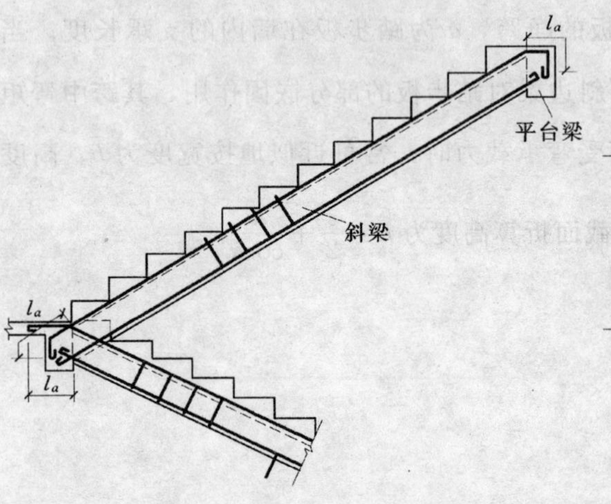

图5.52 斜梁的配筋示意

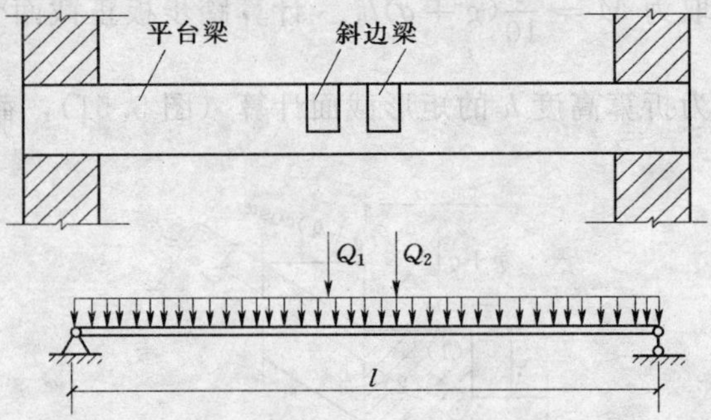

图5.53 梁式楼梯的平台梁及其计算简图

(3) 平台板、平台梁。平台板的配筋构造同板式楼梯。

梁式楼梯的平台梁承受斜梁传来的集中荷载、平台板传来的均布荷载以及平台梁自重，其计算简图如图5.53所示。平台梁的计算截面按倒L形截面计算。

平台梁由于要承受斜梁传来的集中荷载，因此在平台梁与斜梁相交处，应在平台梁中斜梁两侧设置附加箍筋或吊筋，其要求与钢筋混凝土主梁内附加钢筋要求相同。

平台梁一般构造要求同简支受弯构件。平台梁的高度应保证斜梁的主筋能放在平台梁的主筋上，即平台梁与斜梁的相交处，平台梁底面应低于斜梁的底面，或与斜梁底面齐平。

学习单元5.6 雨篷的设计计算要点

任务描述：

进行雨篷的受力分析，叙述雨篷设计计算要点。

任务知识点：

雨篷、外阳台、挑檐是建筑工程中常见的悬挑构件，它们的设计除与一般梁、板结构相似外，悬挑构件还存在倾覆翻倒的危险，因此应进行抗倾覆验算。现以雨篷为例，讲述其计算特点。

板式雨篷一般由雨篷板和雨篷梁两部分组成（图5.54）。雨篷梁既是雨篷板的支承，

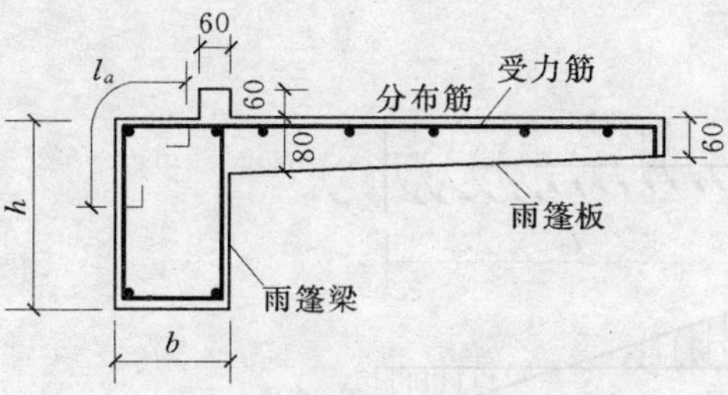

图 5.54　雨篷的组成及配筋

又兼有过梁的作用。

一般雨篷板的挑出长度为 0.6～1.2m 或更大，视建筑要求而定。现浇雨篷板多数做成变厚度的，一般取根部板厚为 1/10 挑出长度，但不小于 70mm，板端不小于 50mm。雨篷板周围往往设置凸沿以便能有组织地排泄雨水。雨篷梁的宽度一般取与墙厚相同，梁的高度应按承载能力要求确定。

雨篷是悬臂结构，其破坏有三种情况，即雨篷板根部断裂、雨篷梁弯剪扭破坏和整个雨篷倾覆。因此雨篷计算包括三方面内容：①雨篷板的正截面承载力计算；②雨篷梁在弯矩、剪力、扭矩共同作用下的承载力计算；③雨篷抗倾覆验算。

1. 雨篷板承载能力计算

雨篷板是固定在雨篷梁上的悬臂板，其承载力按受弯构件计算，取其挑出部分长度为计算跨度，取 1m 宽板带为计算单元。

作用在雨篷板上的荷载有恒载（包括自重、粉刷等）、雪荷载；雨篷板上的均布活荷载（按《荷载规范》取活荷载标准值为 0.7kN/m^2），以及施工和检修集中荷载。以上荷载中，雨篷均布活荷载与雪荷载不同时考虑，取两者中较大值进行设计。每一集中荷载值为 1.0kN，进行承载能力计算时，沿板宽每隔 1m 考虑一个集中荷载；进行雨篷抗倾覆验算时，沿板宽每隔 2.5～3.0m 考虑一个。

施工集中荷载和雨篷的均布活荷载不同时考虑。

2. 雨篷梁承载能力计算

雨篷梁所承受的荷载有自重、梁上砌体重、可能计入的楼盖传来的荷载，以及雨篷板传来的荷载。梁上砌体重量和楼盖传来的荷载应按过梁荷载的规定计算。由于悬臂雨篷板上作用的均布荷载及集中荷载的作用点不在梁的竖向对称平面上，它们除使梁产生弯曲外，还使梁产生扭矩。因此，雨篷梁属弯剪扭构件，需进行受弯、受剪、受扭计算。

现以雨篷板上作用均布荷载为例，来讲述雨篷梁的扭矩问题。

对于雨篷梁横截面的对称轴，板传给梁的内力沿板宽每 1m 的力矩 m_p［图 5.55 (a)］为：

$$m_p = pl\left(\frac{b+l}{2}\right) \tag{5.17}$$

力矩 m_p 使雨篷梁发生转动，但由于梁两端砌固于墙体内可阻止梁转动，使梁承受了扭矩。梁上扭矩的分布规律是，在跨度中点处为零，按直线规律向两端增大，直至梁支座处达最大值［图 5.55 (b)］。

根据平衡条件，在梁两砌固端所产生的大小相等、方向相反的抵抗扭矩值为：

$$T = m_p l_0/2 \tag{5.18}$$

此处 l_0 为雨篷梁的跨度，可近似取为 $l_0=1.05l_n$（l_n 为梁的净跨）。

雨篷梁应按弯、剪、扭构件确定所需纵向钢筋和箍筋的截面面积，并满足有关构造要求。

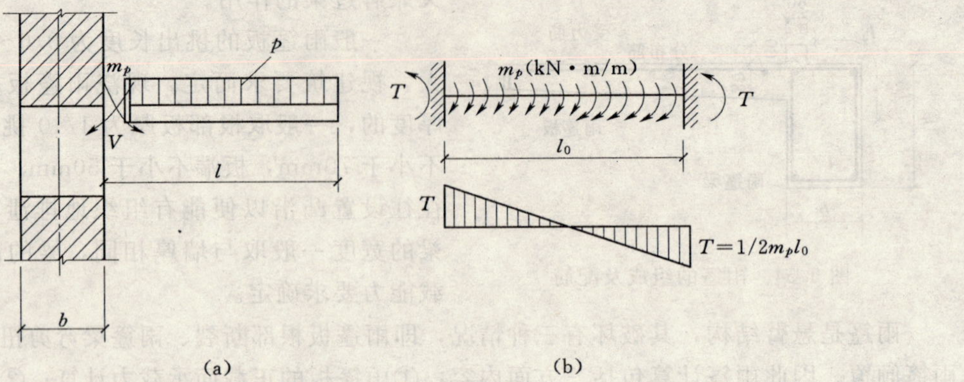

图 5.55 雨篷梁上的扭矩

(a) 雨篷板传来的V和m_p；(b) 雨篷梁上的扭矩分布

3. 雨篷抗倾覆验算

雨篷板上的荷载使整个雨篷绕雨篷梁底的倾覆点O转动而倾倒（图 5.56），但是梁的自重和梁上砌体重等却有阻止雨篷倾覆的稳定作用。《砌体结构设计规范》取雨篷的倾覆点位于墙的外边缘，进行抗倾覆验算要求满足：

$$M_{ov} \leqslant M_r \tag{5.19}$$

$$M_r = 0.8G_r(l_2 - x_0) \tag{5.20}$$

式中 M_{ov}——雨篷板的荷载设计值对O点的倾覆力矩；

M_r——雨篷的抗倾覆力矩设计值；

G_r——雨篷的抗倾覆荷载，为雨篷梁尾端上部45°扩散角范围内的砌体与楼面恒荷载标准值之和；

l_2——G_r作用点至墙外边缘的距离，mm；

x_0——计算倾覆点至墙外边缘的距离，mm。

当$l_1 \geqslant 2.2h_b$时，$x_0 = 0.3h_b$，且不大于$0.13l_1$；

当$l_1 < 2.2h_b$时，$x_0 = 0.13l_1$。

其中，l_1——雨篷梁埋入砌体中的长度，mm；

h_b——雨篷梁的截面高度，mm。

雨篷梁两端埋入砌体愈长，压在梁上的砌体重量增加，则抵抗倾覆的能力增强，所以

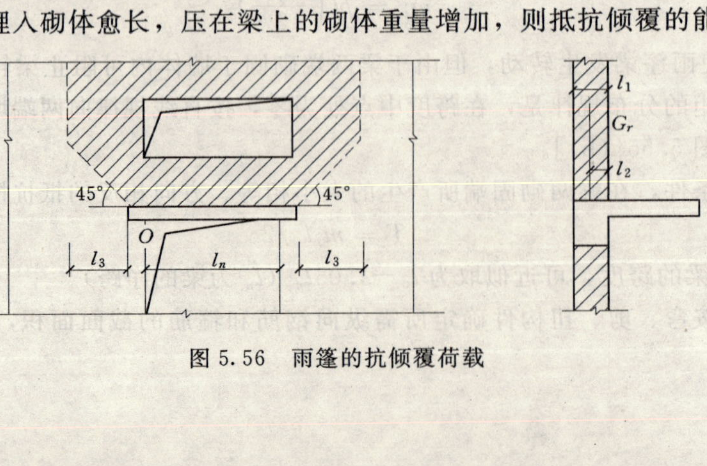

图 5.56 雨篷的抗倾覆荷载

当公式不满足时，可以将雨篷梁两端延长，或者采用其他拉结措施。一般当梁的净跨长$l_n<1.5m$时，梁一端埋入砌体的长度a宜取$a\geqslant300mm$，当$l_n\geqslant1.5m$时，宜取$a\geqslant500mm$。

小组协作思考题：

1. 钢筋混凝土楼盖结构有哪几种主要类型？分别说出它们各自的优缺点和适用范围。

2. 单向板和双向板的受力特点如何？写出钢筋混凝土单向板肋形结构的设计步骤。板、次梁和主梁的常用跨度各是多少？截面尺寸如何确定？

3. 现浇单向板肋形楼盖中的板、次梁和主梁，当其内力按弹性理论计算时，如何确定其计算简图？当按塑性理论计算时，其计算简图又如何确定？

4. 连续梁、板跨中、支座截面弯矩及支座截面剪力的最不利荷载布置原则是什么？

5. 什么叫内力包络图？为什么要画内力包络图？试述画多跨连续梁内力包络图的方法步骤。

6. 为什么在计算主梁的支座截面配筋时，应取支座边缘处的弯矩？

7. 钢筋混凝土结构中的塑性铰与结构力学中的理想铰有何异同？影响塑性铰转动能力的主要因素有哪些？

8. 现浇单向板肋形楼盖板、次梁和主梁的配筋计算和构造有哪些？

9. 为什么在主、次梁相交处，在主梁中需设置附加横向钢筋？附加横向钢筋的数量和布置范围应如何确定？

10. 按弹性理论计算方法，连续双向板是怎样利用单块板的计算系数表的？

11. 周边与梁整体连接的板，在什么情况下，可以对其算得的弯矩值予以折减？如何折减？

12. 双向板中的受力钢筋是如何配置的？与单向板的配筋有何不同？

13. 常用楼梯有哪几种类型？各有何优缺点？说明它们的适用范围。

14. 试述梁式及板式楼梯荷载的传递途径。

15. 试述梁式及板式楼梯各组成部分的计算要点和构造要求。

学习情境 6　预应力混凝土构件设计计算

学习目标：

- 能说出预应力构件的特点、应用及材料性能
- 能正确估算各种应力损失
- 会设计简单预应力构件——轴心受拉构件
- 会正确应用预应力构件构造规定

学习单元 6.1　预应力混凝土结构的理解与应用

任务描述：

认识预应力混凝土构件，领会预应力混凝土工作原理，分析先张法，后张法构件预应力传递路线，选择预应力混凝土的材料。

任务知识点：

普通钢筋混凝土结构在使用上具有许多长处，目前仍是工业与民用建筑结构的主要形式之一。但是，它也有很多的弱点，主要是抗裂性能差，混凝土的受拉极限应变只有（0.1～0.15）$\times10^{-3}$，而钢筋达到屈服强度时的应变却达到（1.0～2.5）$\times10^{-3}$，两者相差悬殊。所以构件在正常使用阶段大多是带裂缝工作的，虽然在一般情况下，只要裂缝宽度不超过 0.2～0.3mm，并不影响结构的使用和耐久性。但是，对于使用上需要严格限制裂缝宽度或不允许出现裂缝的构件，普通混凝土就无法满足要求。为了满足变形和裂缝控制的要求，则需要增加构件的截面尺寸和用钢量，这将导致构件的截面尺寸和自重过大，使普通混凝土结构用于大跨度或承受动力荷载成为不可能或很不经济。另一方面，在普通钢筋混凝土采用高强度钢筋是不合理的，提高混凝土的强度等级对增加其极限拉应变的作用是极其有限的。工程实践证明，采用预应力混凝土结构是解决上述问题的良好方法。

1. 预应力混凝土的基本工作原理

所谓预应力混凝土结构，就是在外荷载作用之前，预先对由外荷载引起的混凝土受拉区施加以压应力，用产生的预压应力来抵消外荷载引起的部分或全部拉应力。这样，在外荷载作用下，裂缝就能延缓出现或不致发生，即使发生了，裂缝宽度也不会过宽。

下面就以图 6.1 所示简支梁（受弯构件）为例，来说明预应力混凝土的基本原理。

在外荷载作用之前，预先在梁的受拉区施加一对大小相等、方向相反的偏心预压力 N，使梁的下部产生预压应力 σ_c，如图 6.1（a）所示；在外荷载作用下，梁下部产生拉应力 σ_{ct}，如图 6.1（b）所示；这样梁截面的最终应力分布将是二者的叠加，如图 6.1（c）所示。由于预加压力 N 的大小可控制，就可通过对预加压力 N 的控制来达到裂缝控制等级的要求，使梁下部应力是压应力（如 $\sigma_c-\sigma_{ct}>0$）或数值较小的拉应力（$\sigma_c-\sigma_{ct}<0$）。

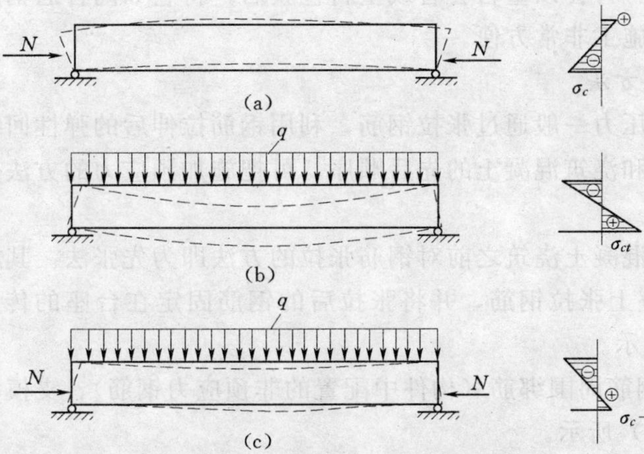

图6.1 预应力简支梁的基本受力原理

(a) 预加应力作用；(b) 使用荷载作用；(c) 预加应力和使用荷载共同作用

2. 预应力混凝土结构的优缺点

预应力混凝土与普通混凝土相比具有以下优点：

(1) 抗裂性和耐久性好。由于对构件施加预应力，延缓了裂缝的出现，减少了构件发生锈蚀的可能性，增加了结构的耐久性，扩大了构件的使用范围，并提高了构件抵抗不良环境的能力。

(2) 刚度大。因为混凝土不开裂，提高了构件的刚度，预加偏心应力产生的反拱可以减少构件的总挠度。

(3) 节约材料、减轻自重。预应力混凝土结构充分利用高强钢筋和高强混凝土，减少了钢筋用量和构件截面尺寸，减轻结构的自重，对大跨度结构具有明显的优越性。

预应力混凝土结构也存在一定的缺点：

(1) 施工工艺较复杂，对质量要求高，需技术熟练的专业队伍。

(2) 需要专业的设备，且对设备的精度要求高。

(3) 成本相对较高，尤其对构件需用数量少时。

3. 预应力混凝土结构分类

预应力钢筋混凝土构件依据截面应力状态分为：

(1) 全预应力混凝土。在全部荷载效应的短期组合下，截面不出现拉应力。

(2) 有效预应力混凝土。在全部荷载即荷载效应的短期组合下，截面拉应力不超过混凝土规定的抗拉强度；在荷载效应的长期组合下，不出现拉应力。

(3) 部分预应力混凝土。允许出现裂缝，但最大裂缝宽度不得超过允许的限值。

(4) 钢筋混凝土。预压应力为零时的混凝土。

施加预应力一般采用对钢筋的预张拉，利用钢筋的弹性回缩对构件施以压力，这种钢筋称为预应力钢筋。

根据预应力钢筋和混凝土之间有无黏结作用，又可分为有黏结预应力混凝土和无黏结预应力混凝土构件，无黏结预应力混凝土在施工时，将预应力钢筋外表面涂以沥青、油脂或其他润滑防锈材料，再套以塑料套管或塑料包膜后，将它如同普通钢筋一样放入模板即可浇筑混凝土，因此施工非常方便。

4. 预应力的施加方法

对混凝土施加预压力一般通过张拉钢筋，利用钢筋拉伸后的弹性回缩，使混凝土受到压力。根据张拉钢筋和浇筑混凝土的先后顺序，可把施加预应力的方法分为先张法和后张法两类。

(1) 先张法。在混凝土浇筑之前对钢筋张拉的方法即为先张法。其施工工序为：

1) 在专门的台座上张拉钢筋，并将张拉后的钢筋固定在台座的传力架上，如图 6.2 (a) 和图 6.2 (b) 所示。

2) 在张拉好的钢筋周围绑筋（构件中配置的非预应力钢筋）、支模、浇筑混凝土并对其养护，如图 6.2 (c) 所示。

3) 混凝土达到一定强度后（一般不低于设计的混凝土强度等级的 75%），切断并放松钢筋，预应力钢筋在回缩时对混凝土施加预压应力，如图 6.2 (d) 所示。

在先张法构件中，预应力是靠钢筋与混凝土之间的黏结力传递的。

(2) 后张法。后张法是指先浇筑混凝土构件，然后直接在构件上张拉预应力钢筋的方法。其施工工序为：

1) 先浇筑混凝土，并在构件中穿筋孔道和灌浆孔［图 6.3 (a)］。

2) 待混凝土达到规定的强度后，将预应力钢筋穿入孔道，直接在构件上对预应力筋进行张拉，同时混凝土受到预压［图 6.3 (b)］。

3) 待预应力钢筋张拉到设计规定的应力后，用锚具将钢筋锚固在构件上［图 6.3 (c)］。

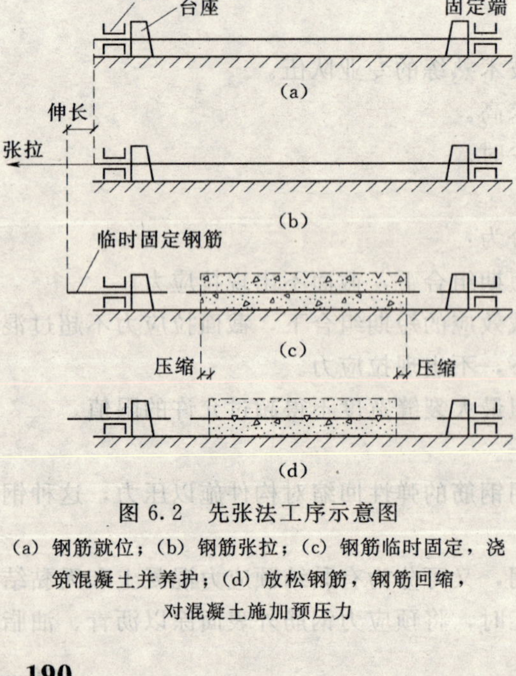

图 6.2 先张法工序示意图

(a) 钢筋就位；(b) 钢筋张拉；(c) 钢筋临时固定，浇筑混凝土并养护；(d) 放松钢筋，钢筋回缩，对混凝土施加预压力

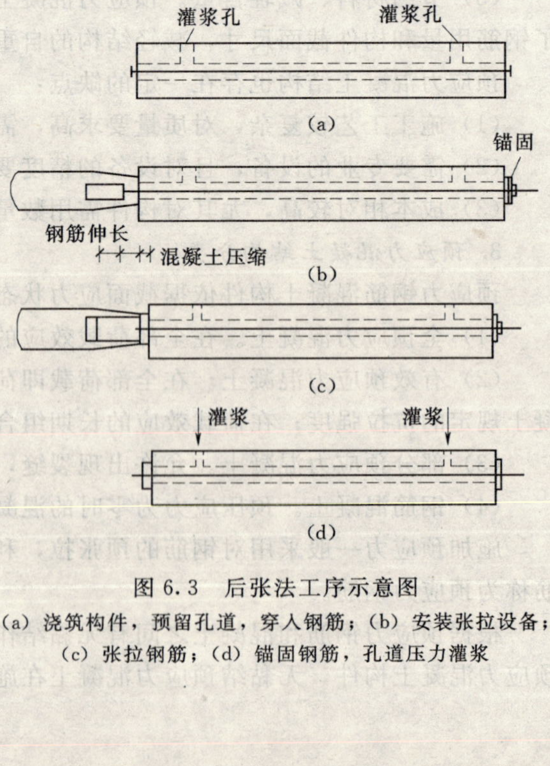

图 6.3 后张法工序示意图

(a) 浇筑构件，预留孔道，穿入钢筋；(b) 安装张拉设备；(c) 张拉钢筋；(d) 锚固钢筋，孔道压力灌浆

4）最后在预留孔道内压力灌注水泥浆，以防止钢筋锈蚀并使预应力钢筋与混凝土形成整体［图 6.3（d）］。

后张法是靠工作锚具来传递和保持预加应力的。

（3）先张法与后张法比较。

● 先张法的优缺点

主要优点：张拉工序简单；不需永久性锚具，用钢量少；可成批生产，生产效率高，特别是需用量较大的中小型构件。

主要缺点：需专门张拉台座，一次性投资较大；预应力钢筋多为直线布置，折线或曲线布筋较困难。

● 后张法的优缺点

主要优点：不需要专门台座，适宜于只能在现场制作的大型构件；钢筋可根据不同荷载性质布置成各种形状。

主要缺点：所用永久性锚具要附在构件内，耗钢量较大；张拉工序比先张法要复杂，施工周期长。

5. 夹具与锚具

锚具和夹具是锚固与张拉预应力钢筋时所选用的工具。通常把锚固在构件端部，与构件连成一体共同受力不取下的称为锚具；在张拉过程中用来张拉钢筋，以后可取下来重复使用的称为夹具。锚具和夹具之所以能够锚住或夹住钢筋，主要是依靠摩阻、握裹和承压锚固。

（1）对锚具的要求。锚具和夹具是保证预应力混凝土施工安全、结构可靠的技术关键性设备。因此，在设计、制造或选择锚具时，应满足下列要求：受力安全可靠；预应力损失要小；构造简单，制作方便，用钢量少；张拉和锚固方便迅速，设备简单。

（2）锚具的分类。锚具的形式繁多，按其构造形式及锚固原理，可分为三种基本类型：

1）锚块锚塞型。这类锚具由锚块和锚塞两部分组成（图 6.4）。

2）螺杆螺帽型。这类锚具由螺杆、螺帽和垫板三部分组成（图 6.5）。

3）镦头型锚具。这类锚具由张拉端和固定端两部分组成（图 6.6）。

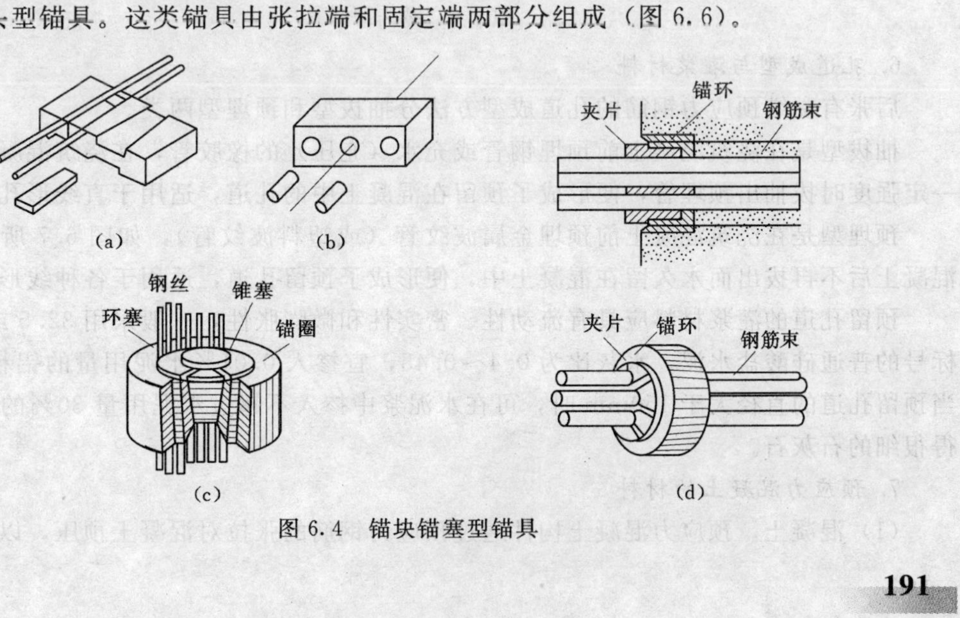

图 6.4　锚块锚塞型锚具

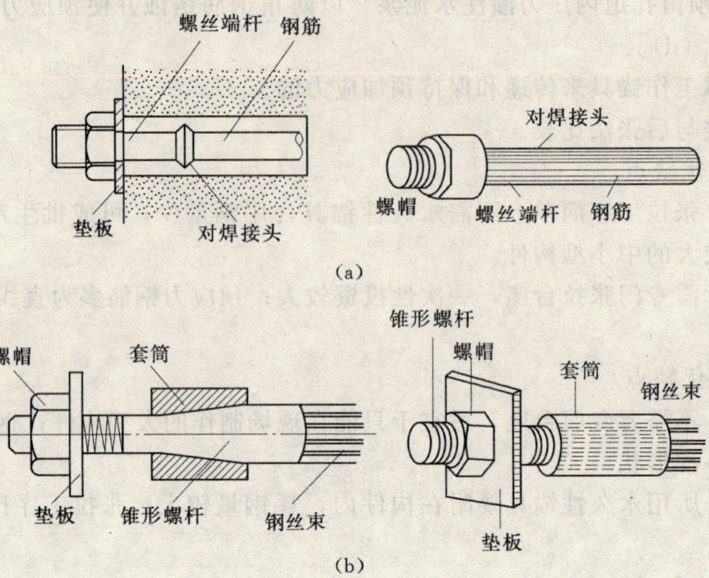

图 6.5　螺杆螺帽型锚具

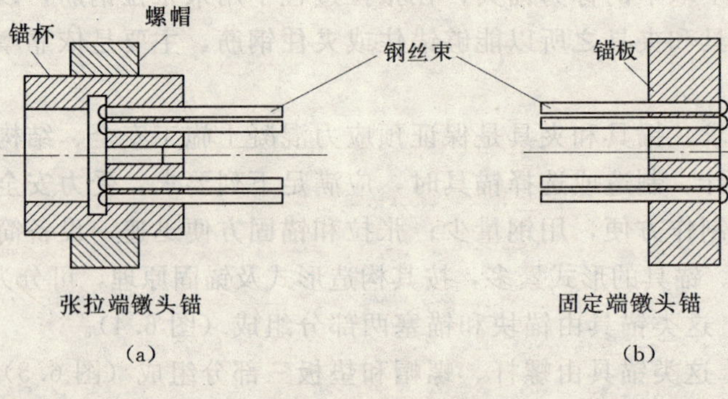

图 6.6　镦头型锚具

6. 孔道成型与灌浆材料

后张有黏结预应力钢筋的孔道成型方法分抽拔型和预埋型两类。

抽拔型是在浇筑混凝土前预埋钢管或充水（充压）的橡胶管，在浇筑混凝土后并达到一定强度时拔抽出预埋管，便形成了预留在混凝土中的孔道，适用于直线形孔道。

预埋型是在浇筑混凝土前预埋金属波纹管（或塑料波纹管），如图 6.7 所示，在浇筑混凝土后不再拔出而永久留在混凝土中，便形成了预留孔道，适用于各种线形孔道。

预留孔道的灌浆材料应具有流动性、密实性和微膨胀性，一般采用 32.5 或 32.5 以上标号的普通硅酸盐水泥，水灰比为 0.4～0.45，宜掺入 0.01％水泥用量的铝粉作膨胀剂。当预留孔道的直径大于 150mm 时，可在水泥浆中掺入不超过水泥用量 30％的细砂或研磨得很细的石灰石。

7. 预应力混凝土的材料

(1) 混凝土。预应力混凝土构件通过预应力钢筋的张拉对混凝土预压，以提高构件的

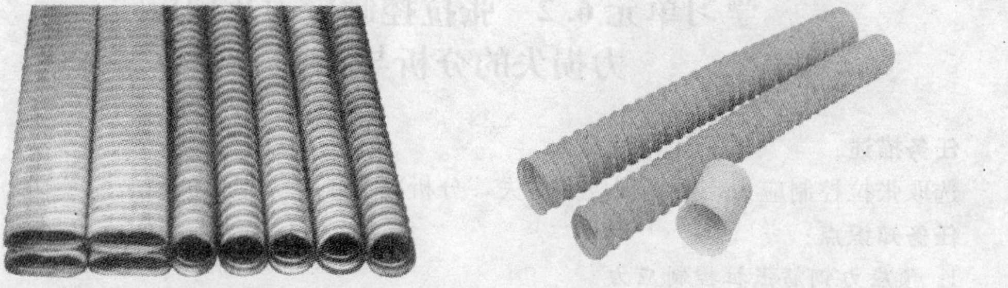

金属波纹管　　　　SBG 塑料波纹管及连接套管

图 6.7　孔道成型材料

抗裂能力，因此构件对混凝土的要求较高，具体要求有：

1）具有较高的强度。采用高强混凝土可以增大黏结强度（先张法）和端部混凝土的承压能力（后张法），同时可以适应高强预应力钢筋的需要，保证钢筋充分发挥作用，有效减少构件的截面尺寸和自重。

2）收缩、徐变小，以减少预应力损失。

3）快凝、早强，使之能尽早施加预应力，加快施工进度，提高设备利用率。

《混凝土规范》规定，预应力混凝土结构的混凝土强度等级不应低于 C30；当采用钢绞线、钢丝、热处理钢筋作预应力钢筋时，混凝土等级不宜低于 C40。

（2）预应力钢筋。预应力混凝土构件中预应力钢筋应满足下列要求：

1）具有较高的强度。预应力的大小取决于预应力钢筋张拉应力的大小，考虑到构件在制作和使用过程中会产生各种预应力损失，要达到预期的效果必须采用较高的张拉应力，这就要求预应力钢筋有较高的抗拉强度。

2）具有一定的塑性。为避免预应力混凝土构件发生脆性破坏，要求构件破坏前有较大的变形能力，预应力钢筋必须具有足够的塑性性能，尤其是处于低温或受到冲击荷载作用的构件。

3）具有良好的加工性能。要求预应力钢筋具有良好的可焊性，并且钢筋在镦粗后不影响原来的物理力学性能。

4）与混凝土有良好的黏结强度。先张法构件主要通过预应力钢筋和混凝土之间的黏结力来实现对混凝土的预压，要求预应力钢筋具有良好的外形。

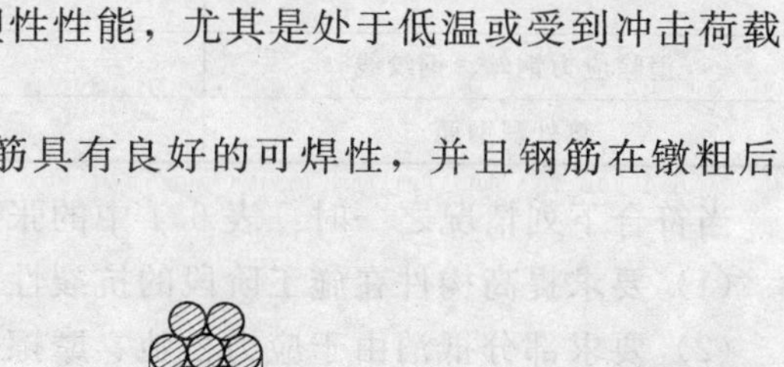

图 6.8　钢绞线

目前，我国常用的预应力钢筋有：预应力钢丝、钢绞线（图 6.8）、热处理钢筋、冷拔低碳钢丝、冷拉钢筋、冷轧带肋钢筋等。《混凝土规范》规定，预应力钢筋宜采用预应力钢绞线、钢丝，也可采用热处理钢筋。当采用其他钢筋时应符合专门规程或规定。

学习单元6.2 张拉控制应力及预应力损失的分析与计算

任务描述：

选取张拉控制应力，估算预应力损失，分析减小预应力损失的措施。

任务知识点：

1. 预应力钢筋张拉控制应力

张拉控制应力 σ_{con} 是指张拉钢筋时，张拉设备（如千斤顶油压表）所指示出的总张拉力除以预应力钢筋的截面面积所得的应力值。它是预应力钢筋在进行张拉时控制达到的最大应力值。

张拉控制应力 σ_{con} 取得越高，对混凝土建立的预压应力值越大，构件的抗裂性越好，刚度越大。因此，仅从此角度考虑，σ_{con} 取得高些是有利的。但是，如果 σ_{con} 定得过高将会出现以下问题：

（1）构件的延性降低。构件的开裂荷载和极限荷载很接近，使构件在破坏前无明显的预兆，构件的延性差。

（2）个别钢筋或钢丝被拉断。由于张拉的不准确和工艺上有时要求超张拉，且预应力钢筋的实际屈服强度并非根根相同等因素，张拉时有可能使钢筋应力达到甚至超过实际屈服强度，而使钢筋产生塑性变形或脆断。

为此，《混凝土规范》规定，预应力钢筋的张拉控制应力 σ_{con} 一般情况下不宜超过表6.1规定的张拉控制应力限值。

表6.1 张拉控制应力限值

钢筋种类	张拉方法	
	先张法	后张法
消除应力钢丝、钢绞线	$0.75f_{ptk}$	$0.75f_{ptk}$
热处理钢筋	$0.70f_{ptk}$	$0.65f_{ptk}$

当符合下列情况之一时，表6.1中的张拉控制应力限值可提高 $0.05f_{ptk}$：

（1）要求提高构件在施工阶段的抗裂性能而在使用阶段受压区内设置的预应力钢筋。

（2）要求部分抵消由于应力松弛、摩擦、钢筋分批张拉以及预应力钢筋与台座之间的温差等因素产生的预应力损失。

2. 预应力损失

由于张拉工艺和材料特性等原因，从张拉钢筋开始直到构件使用的整个过程中，预应力钢筋的张拉控制应力 σ_{con} 将慢慢降低，这种现象称为预应力损失。

预应力损失将降低预应力混凝土构件的预应力效果，加之其影响因素繁多，因此，在设计和施工预应力构件时，应正确计算预应力损失，并设法减少预应力损失。

预应力损失用 σ_l 表示，根据引起损失的原因可分为6类，下面分别说明各项损失值的计算和减少损失的措施。

(1) 张拉端锚具变形和钢筋内缩引起的预应力损失 σ_{l1}。对预应力钢筋进行张拉达到张拉控制应力后，用锚具把预应力钢筋锚固在台座或构件上。由于预应力钢筋回弹使锚具、垫板与构件之间的缝隙被压紧时，预应力钢筋在锚具中的内缩造成钢筋应力的降低，由此形成的预应力损失称为 σ_{l1}。《混凝土规范》规定，对预应力直线形，σ_{l1} 按式 (6.1) 计算：

$$\sigma_{l1}=\frac{a}{l}E_s \tag{6.1}$$

式中　a——张拉端锚具变形和钢筋内缩值，mm，按表6.2采用；

l——张拉端至锚固端之间的距离，mm；

E_s——预应力钢筋的弹性模量，N/mm²。

表6.2　锚具变形和钢筋内缩值 a

锚具类型		a (mm)
支承式锚具（钢丝束的镦头锚具等）	螺帽缝隙	1
	每块后加垫板的缝隙	1
锥塞式锚具（钢丝束的钢质锥形锚具等）		5
夹片式锚具	有预压时	5
	无预压时	6～8

注　1. 表中的锚具变形和钢筋内缩值也可根据实测数据确定。
2. 其他类型的锚具变形和钢筋内缩值应根据实测数据确定。

后张法预应力曲线钢筋（图6.9）或折线钢筋由于锚具变形和钢筋内缩引起的损失 σ_{l1} 按式 (6.2) 计算：

$$\sigma_{l1}=2\sigma_{con}l_f\ (\mu/r_c+k)\ (1-x/l_f) \tag{6.2}$$

反向摩擦影响长度 l_f (m) 按式 (6.3) 计算：

$$l_f=\sqrt{\frac{aE_s}{1000\sigma_{con}(\mu/r_c+k)}} \tag{6.3}$$

式中　r_c——圆弧形曲线预应力钢筋的曲率半径，m；

x——张拉端至计算截面的距离，m，且应符合 $x\leqslant l_f$ 的规定；

μ——预应力钢筋与孔道壁之间的摩擦系数，按表6.3采用；

k——考虑孔道每米长度局部偏差的摩擦系数，按表6.3采用；

其他符号意义同前。

为减小锚具变形引起的预应力损失，除认真按照施工程序操作外，还可以采用如下减小损失的方法：①选择变形小或预应力钢筋滑移小的锚具，减少垫板的块数；②对于先张法选择长的台座。

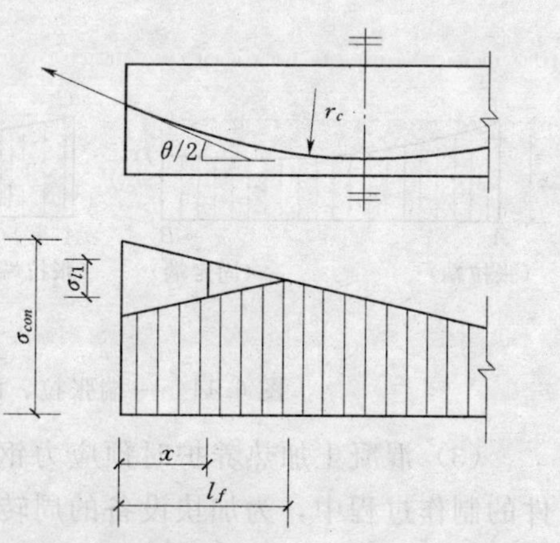

图6.9　圆弧形曲线预应力钢筋因锚具变形和钢筋内缩引起的预应力损失示意图

表 6.3 摩 擦 系 数

孔道成型方式	k	μ
预埋金属波纹管	0.0015	0.25
预埋钢管	0.001	0.30
橡胶管或钢管抽芯成型	0.0014	0.55

注 1. 表中系数也可根据实测数据确定。
2. 当采用钢丝束的钢质锥形锚具及类似形式的锚具时，尚应考虑锚杯口处的附加摩擦损失，其值可根据实测数据确定。

(2) 预应力钢筋与孔道壁之间的摩擦引起的预应力损失 σ_{l2}。用后张法张拉预应力钢筋时，由于钢筋与孔道壁之间产生摩擦力，致使预应力钢筋截面的应力随距张拉端的距离的增加而减小，这种应力损失称为摩擦损失 σ_{l2}。σ_{l2} 按式 (6.4) 计算：

$$\sigma_{l2}=\sigma_{con}\left(1-\frac{1}{e^{kx+\mu\theta}}\right) \tag{6.4}$$

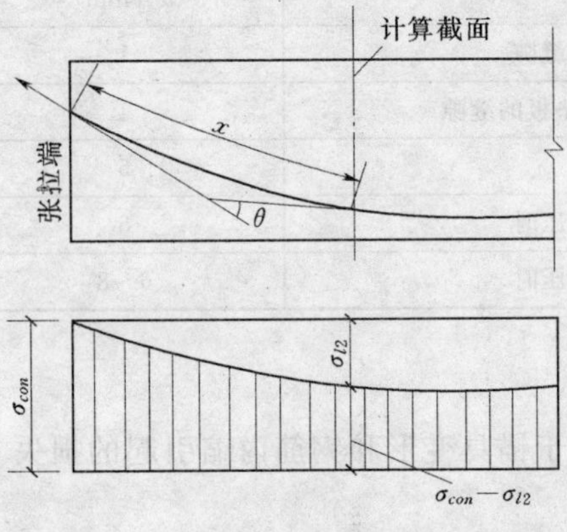

图 6.10 摩擦引起的预应力损失

当 $kx+\mu\theta\leqslant 0.2$ 时，σ_{l2} 可按近似式 (6.5) 计算：

$$\sigma_{l2}=(kx+\mu\theta)\sigma_{con} \tag{6.5}$$

式中 x——从张拉端至计算截面的孔道长度，m，可近似取该段孔道在纵轴上的投影长度；

θ——从张拉端至计算截面曲线孔道部分切线的夹角，rad，如图 6.10 所示；

其他符号意义同前。

减小摩擦损失的方法有：①采用两端张拉 (图 6.11)，可使预应力损失 σ_{l2} 减小一半左右；②采用"超张拉"工艺，超张拉程序为：$0\rightarrow1.05\sigma_{con}$（持续 2min）$\rightarrow\sigma_{con}$，采用超张拉可使摩擦损失减小，比一次张拉的应力分布更均匀。

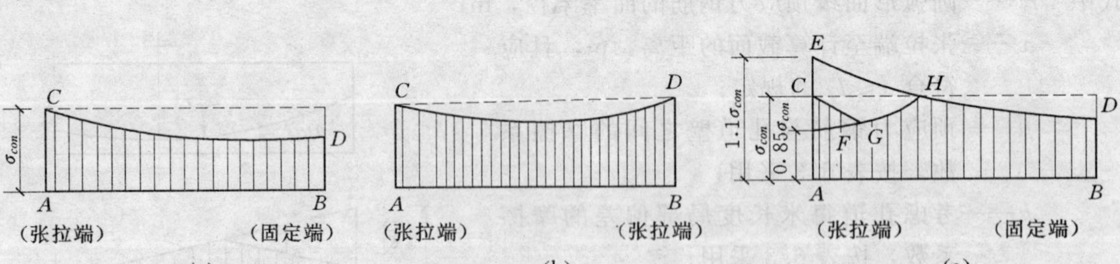

图 6.11 一端张拉、两端张拉及超张拉对减小摩擦损失的影响

(3) 混凝土加热养护时预应力钢筋与台座间温差引起的预应力损失 σ_{l3}。在先张法构件的制作过程中，为加快设备的周转，缩短生产周期，混凝土浇筑后常采用蒸汽养护的方法来加速混凝土的凝固。升温时，混凝土尚未硬结，由于钢筋温度高于台座的温度，钢筋将产生相对伸长，预应力钢筋中的应力将降低，造成预应力损失。当降温时，混凝土已结

硬，与钢筋之间已建立起黏结力，两者一起回缩，故钢筋应力的损失值将不能恢复。

设预应力筋与两端台座之间的温差为 Δt℃，钢筋的线膨胀系数 $\alpha=1\times10^{-5}/$℃，钢筋的弹性模量 $E_s=2\times10^5\text{N/mm}^2$，则 σ_{l3} 的计算公式为：

$$\sigma_{l3}=\varepsilon_s E_s=2\Delta t \tag{6.6}$$

减小损失 σ_{l3} 的措施有：①采用两段升温养护的方法，先在常温下养护，当混凝土达到一定强度后再升温养护，此时钢筋和混凝土已结为整体共同伸缩，不再引起该项预应力损失；②在钢模上张拉钢筋，钢筋锚固在钢模上，升温时两者温度相同，可不考虑由于温差引起的损失。

(4) 预应力钢筋的应力松弛引起的预应力损失 σ_{l4}。预应力钢筋应力松弛是指钢筋在高应力作用下，在钢筋长度不变的条件下，钢筋应力随时间增长而降低的现象。钢筋应力松弛使预应力值降低，造成的预应力损失称为 σ_{l4}。试验表明，松弛损失与张拉控制应力值大小、钢筋种类、张拉方式等有关。σ_{l4} 分别按下列方法计算：

- 对预应力钢丝、钢绞线

普通松弛：

$$\sigma_{l4}=0.4\psi\left(\frac{\sigma_{con}}{f_{ptk}}-0.5\right)\sigma_{con} \tag{6.7}$$

式中　ψ——与钢筋张拉工艺有关的系数，一次张拉时，取 $\psi=1$；超张拉时，取 $\psi=0.9$。

低松弛：

当 $\sigma_{con}\leqslant0.7f_{ptk}$ 时

$$\sigma_{l4}=0.125\times\left(\frac{\sigma_{con}}{f_{ptk}}-0.5\right)\sigma_{con} \tag{6.8}$$

当 $0.7f_{ptk}<\sigma_{con}\leqslant0.8f_{ptk}$ 时

$$\sigma_{l4}=0.20\times\left(\frac{\sigma_{con}}{f_{ptk}}-0.575\right)\sigma_{con} \tag{6.9}$$

- 对热处理钢筋

一次张拉：

$$\sigma_{l4}=0.05\sigma_{con}$$

超张拉：

$$\sigma_{l4}=0.035\sigma_{con}$$

(5) 混凝土收缩、徐变引起的预应力损失 σ_{l5}。混凝土在空气中硬结时发生体积收缩，而在预压力作用下，混凝土将沿压力方向产生徐变。收缩和徐变都使构件长度缩短，预应力钢筋也随着回缩，因而造成预应力损失 σ_{l5}。

《混凝土规范》规定：混凝土收缩、徐变引起受拉区和受压区预应力钢筋的预应力损失 σ_{l5}（N/mm^2），可按下列公式计算。

- 先张法构件

$$\sigma_{l5}=\frac{45+280\dfrac{\sigma_{pc}}{f'_{cu}}}{1+15\rho} \tag{6.10}$$

$$\sigma'_{l5}=\frac{45+280\dfrac{\sigma'_{pc}}{f'_{cu}}}{1+15\rho'} \tag{6.11}$$

● 后张法构件

$$\sigma_{l5}=\frac{35+280\dfrac{\sigma_{pc}}{f'_{cu}}}{1+15\rho} \tag{6.12}$$

$$\sigma'_{l5}=\frac{35+280\dfrac{\sigma'_{pc}}{f'_{cu}}}{1+15\rho'} \tag{6.13}$$

式中　σ_{pc}、σ'_{pc}——受拉区、受压区预应力钢筋在各自合力点处混凝土法向压应力，其计算公式如下：

先张法：

$$\sigma_{pc}=\frac{N_{p0}}{A_0}\pm\frac{N_{p0}e_{p0}}{I_0}y_0 \tag{6.14}$$

后张法：

$$\sigma_{pc}=\frac{N_p}{A_n}\pm\left(\frac{N_pe_{pn}}{I_n}\pm\frac{M_2}{I_n}\right)y_0 \tag{6.15}$$

式中　f'_{cu}——施加预应力时的混凝土立方体抗压强度；

ρ、ρ'——受拉区、受压区预应力钢筋和非预应力钢筋的配筋率，其计算公式为：

先张法：

$$\rho=\frac{A_p+A_s}{A_0},\rho'=\frac{A'_p+A'_s}{A_0} \tag{6.16}$$

后张法：

$$\rho=\frac{A_p+A_s}{A_n},\rho'=\frac{A'_p+A'_s}{A_n} \tag{6.17}$$

式中　A_0——先张法用混凝土换算面积；

A_n——后张法用混凝土净截面面积。

其他有关参数含义和计算取值详见《混凝土规范》第6.1.5条及第6.1.6条。

对于对称配置预应力钢筋和非预应力钢筋的构件，配筋率 ρ、ρ' 应按钢筋总截面面积的一半计算。

混凝土收缩、徐变引起的预应力损失是各项损失中最大的一项，为减少该项损失，通常的措施有：采用高标号水泥，减少水泥用量，降低水灰比，采用干硬性混凝土；采用级配较好的骨料，加强振捣，提高混凝土的密实性；加强养护，以减少混凝土的收缩。

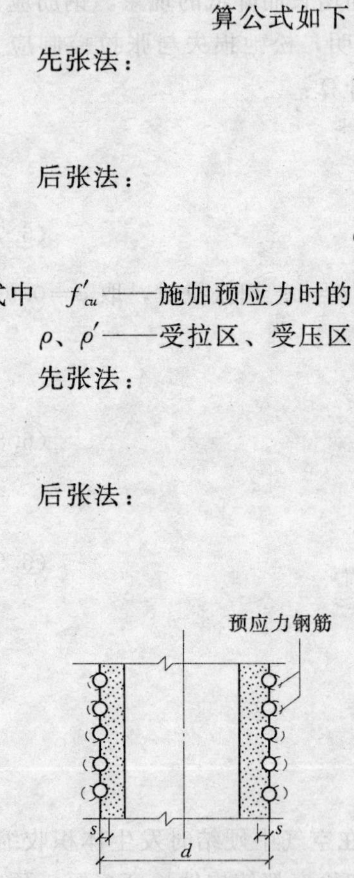

图6.12　螺旋式预应力钢筋对环形构件的局部挤压变形

(6) 用螺旋式预应力钢筋的环形截面由于混凝土的局部挤压引起的预应力损失 σ_{l6}。采用环形配筋的预应力混凝土构件（图6.12），由于预应力筋对混凝土的局部压陷，使构件直径减小，造成预应力筋应力损失。预应力损失 σ_{l6} 的大小与环形构件的直径 d 有关，《混凝土规范》规定，当直径 $d \leqslant 3$m 时，取 $\sigma_{l6}=30\text{N/mm}^2$；当直径 $d>3$m 时，可不考虑此项损失。

前述六项预应力损失有的只在先张法构件中产生，有的只在后张法构件中产生，有的两种构件都有。通常按对混凝土产生预压力的时间先后把预应力损失分成两批：即把发生在混凝土预压之前的预应力损失称为第一批损失，用 $\sigma_{l\text{I}}$ 表示；发生在混凝土预压之后的预应力损失称为第二批损失，用 $\sigma_{l\text{II}}$ 表示。《混凝土规范》规定，预应力构件在各阶段的预应力损失值应按表 6.4 的规定进行组合。

表 6.4　　各阶段预应力损失值的组合

预应力损失的组合	先张法构件	后张法构件
混凝土预压前（第一批）的损失	$\sigma_{l1}+\sigma_{l2}+\sigma_{l3}+\sigma_{l4}$	$\sigma_{l1}+\sigma_{l2}$
混凝土预压后（第二批）的损失	σ_{l5}	$\sigma_{l4}+\sigma_{l5}+\sigma_{l6}$

《混凝土规范》要求按上述规定计算得到的预应力总损失值小于下列数值时，按下列数值取用。先张法：100N/mm^2；后张法：80N/mm^2。

学习单元 6.3　预应力混凝土屋架下弦拉杆设计计算

任务描述：

24m 跨预应力混凝土屋架下弦拉杆，采用后张法施工（一端拉张），截面构造如图 6.13 所示。截面尺寸 280mm×180mm，预留孔道 2 ϕ 50，非预应力钢筋采用 4 根直径 12 的 HRB400 级钢筋，预应力钢筋采用 2 束 5 $\phi^s 1\times7$（$d=12.7\text{mm}^2$，$f_{ptk}=1860\text{N/mm}^2$）钢绞线，OVM13－5 锚具；混凝土强度等级为 C50。张拉控制应力 $\sigma_{con}=0.65f_{ptk}$，当混凝土达设计强度时方可张拉。该轴心拉杆承受永久荷载标准值产生的轴心拉力 $N_{GK}=520\text{kN}$，可变荷载标准值产生的轴向拉力 $N_{QK}=600\text{kN}$，可变荷载的准永久值系数为 0.5，结构重要性系数 $\gamma_0=1.1$，按一般要求不出现裂缝控制。

要求：①计算预应力损失；②使用阶段正截面抗裂验算；③复核正截面受拉承载力；④施工阶段锚具下混凝土局部受压验算。

任务分析：

该项目为预应力混凝土轴心受拉构件设计。实际工程中的预应力混凝土轴心受拉构件有：桁架的下弦杆和受拉腹杆，挡土墙的锚杆，拱的拉杆，预应力圆形水管，圆形水池池壁及钢筋混凝土网架的受拉杆。

当通过对一部分纵向钢筋施加预应力已能使构件符合裂缝控制要求时，承载力计算所需的其余纵向钢筋可采用非预应力钢筋。预应力混凝土轴心受拉构件从钢筋张拉开始到构件破坏，可分为施工阶段和使用阶段两个阶段。在各阶段的不同受力过程中，预应力钢筋、非预应力钢筋和混凝土分别处于不同的应力状态。因此，设计中应充分考虑施工阶段的应力影响，其设计步骤为：

(1) 准确估算各项预应力损失值及有效预压应力值。

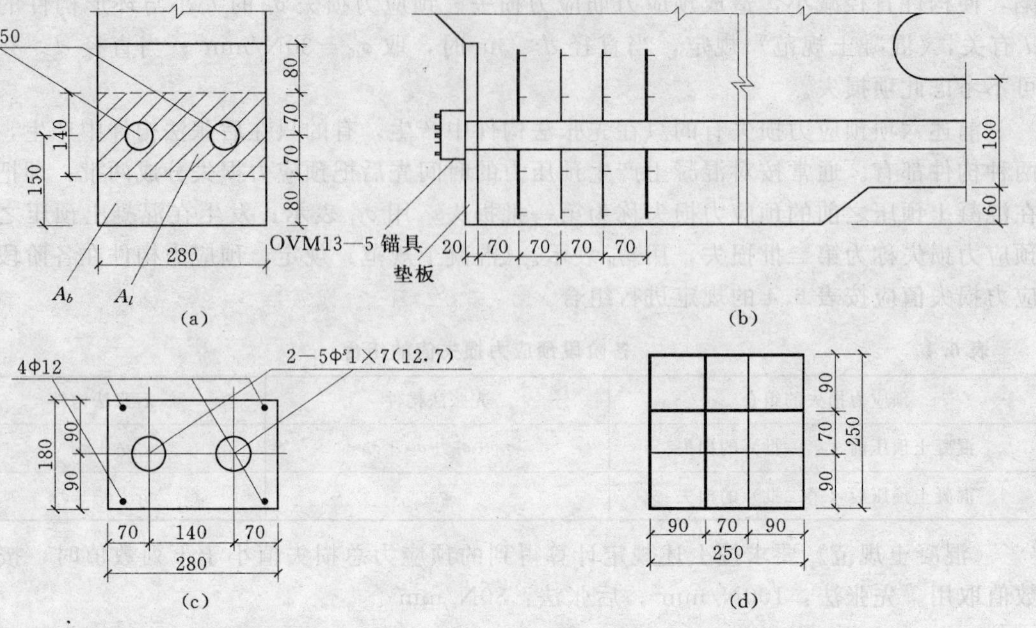

图 6.13　屋架下弦端部构件

(a) 受压面积图；(b) 下弦端节点；(c) 下弦截面配筋；(d) 钢筋网片

(2) 使用阶段抗裂验算。

(3) 正截面承载力验算。

(4) 锚具下混凝土局部受压验算。

任务知识点：

1. 先张法构件的应力分析

先张法构件各阶段钢筋和混凝土的应力变化过程见表6.5。

表6.5　先张法预应力混凝土轴心受拉构件各阶段的应力分析

受力阶段		简图	预应力钢筋 σ_p	混凝土 σ_{pc}	非预应力钢筋 σ_s
施工阶段	张拉钢筋	σ_{con}	σ_{con}	—	0
	浇筑混凝土并进行养护，第一批损失出现		$\sigma_{con}-\sigma_{l\,\mathrm{I}}$	0	0
	放松预应力钢筋，混凝土受到预压	$\sigma_{pc\,\mathrm{I}}$(压)	$\sigma_{con}-\sigma_{l\,\mathrm{I}}$ $-\alpha_E\sigma_{pc\,\mathrm{I}}$	$\sigma_{pc\,\mathrm{I}}=(\sigma_{con}-\sigma_{l\,\mathrm{I}})A_p/A_0$	$-\alpha_E\sigma_{pc\,\mathrm{I}}$
	完成第二批损失	$\sigma_{pc\,\mathrm{II}}$(压)	$\sigma_{con}-\sigma_l$ $-\alpha_E\sigma_{pc\,\mathrm{II}}$	$\sigma_{pc\,\mathrm{II}}=[(\sigma_{con}-\sigma_l)A_p-\sigma_{l5}/A_s]/A_0$	$-\sigma_{l5}-\alpha_E\sigma_p$

续表

受力阶段		简　图	预应力钢筋 σ_p	混凝土 σ_{pc}	非预应力钢筋 σ_s
使用阶段	加载至 $\sigma_{pc}=0$	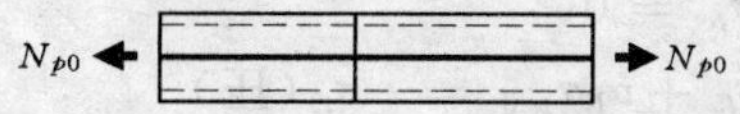	$\sigma_{con}-\sigma_l$	0	$-\sigma_{l5}$
	构件即将开裂	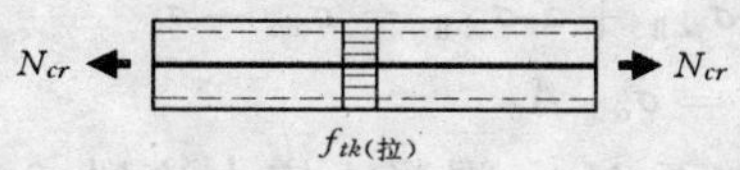	$\sigma_{con}-\sigma_{l\,\text{I}}+\alpha_E f_{tk}$	f_{tk}	$-\sigma_{l5}+\alpha_E f_{tk}$
	加载至破坏		f_{py}	0	f_y

（1）施工阶段。

1）混凝土预压前的应力状态。混凝土预压前，构件经历：①张拉预应力钢筋；②浇筑混凝土构件；③构件养护。该施工过程中产生第一批损失 $\sigma_{l\,\text{I}}$，此时

预应力钢筋的应力：　$\sigma_{pe}=\sigma_{con}-\sigma_{l\,\text{I}}$　(6.18)

非预应力钢筋的应力：　$\sigma_s=0$　(6.19)

混凝土的应力：　$\sigma_{pc}=0$　(6.20)

2）混凝土预压后的应力状态。混凝土结硬后，放松钢筋，依靠钢筋和混凝土之间的黏结作用，钢筋和混凝土共同回缩，混凝土、预应力筋、非预应力筋的应力分别为 σ_{pc1}、σ_{pe1}、σ_{s1}。混凝土和钢筋的变形为 σ_{pc1}/E_c，则

$$\sigma_{pe1}=\sigma_{con}-\sigma_{l\,\text{I}}-(\sigma_{pc1}/E_c)E_s=\sigma_{con}-\sigma_{l\,\text{I}}-\alpha_E\sigma_{pc1} \tag{6.21}$$

$$\sigma_{s1}=-(\sigma_{pc1}/E_c)E_s=-\alpha_E\sigma_{pc1}\text{（压）} \tag{6.22}$$

根据截面内力平衡有：

$$\sigma_{pc1}A_c+\sigma_{s1}A_s=(\sigma_{con}-\sigma_{l\,\text{I}}-\alpha_E\sigma_{pc1})A_p$$

整理得

$$\sigma_{pc1}=\frac{A_p(\sigma_{con}-\sigma_{l\,\text{I}})}{A_c+\alpha_E A_s+\alpha_E A_p}=\frac{N_{p\,\text{I}}}{A_0} \tag{6.23}$$

式中 A_p——预应力钢筋截面面积；

A_s——非预应力钢筋截面面积；

A_0——构件换算截面面积；

α_E——预应力钢筋与混凝土弹性模量之比；

$N_{p\,\text{I}}$——完成第一批损失后，预应力钢筋的总拉力。

后来，随着时间的延长，混凝土、徐变及预应力钢筋进一步松弛产生第二批损失 $\sigma_{l\,\text{II}}$，此时混凝土、预应力钢筋和非预应力钢筋的应力分别为 $\sigma_{pc\,\text{II}}$、$\sigma_{pe\,\text{II}}$、$\sigma_{s\,\text{II}}$，则

$$\sigma_{pe\,\text{II}}=\sigma_{con}-\sigma_{l\,\text{I}}-\sigma_{l\,\text{II}}-(\sigma_{pc\,\text{II}}/E_c)E_s=\sigma_{con}-\sigma_l-\alpha_E\sigma_{pc\,\text{II}} \tag{6.24}$$

$$\sigma_{s\,\text{II}}=-(\sigma_{pc\,\text{II}}/E_c)E_s-\sigma_{l5}=-\alpha_E\sigma_{pc\,\text{II}}-\sigma_{l5}\text{（压）} \tag{6.25}$$

根据截面内力平衡得

$$\sigma_{pc\,\text{II}}=\frac{A_p(\sigma_{con}-\sigma_l)-\sigma_{l5}A_s}{A_c+\alpha_E A_s+\alpha_E A_p}=\frac{N_{p\,\text{II}}}{A_0} \tag{6.26}$$

式中　σ_l——预应力总损失，$\sigma_l=\sigma_{l\,\text{I}}+\sigma_{l\,\text{II}}$。

（2）使用阶段。

1）加荷至混凝土应力为零（消压状态）。施加的外荷载 N_{p0} 刚好全部抵消已建立起来的混凝土预压应力 $\sigma_{pc\,\mathrm{II}}$，此时

$$\sigma_{pc}=0 \tag{6.27}$$

$$\sigma_s=-\alpha_E\sigma_{pc\,\mathrm{II}}-\sigma_{l5}+\alpha_E\sigma_{pc\,\mathrm{II}}=-\sigma_{l5}(\text{压}) \tag{6.28}$$

$$\sigma_{pe}=\sigma_{con}-\sigma_l-\alpha_E\sigma_{pc\,\mathrm{II}}+\alpha_E\sigma_{pc\,\mathrm{II}}=\sigma_{con}-\sigma_l \tag{6.29}$$

$$N_{p0}=\sigma_{pc\,\mathrm{II}}A_0 \tag{6.30}$$

2）加荷至混凝土即将开裂。荷载增加至 N_{cr}，混凝土应力达到 f_{tk}，构件即将开裂，此时

$$\sigma_{pc}=f_{tk} \tag{6.31}$$

$$\sigma_s=-\sigma_{l5}+\alpha_E f_{tk} \tag{6.32}$$

$$\sigma_{pe}=\sigma_{con}-\sigma_l+\alpha_E f_{tk} \tag{6.33}$$

$$N_{cr}=(\sigma_{pc\,\mathrm{II}}+f_{tk})A_0 \tag{6.34}$$

由式（6.34）看出，预应力混凝土构件的开裂荷载比普通混凝土结构的开裂荷载 $f_{tk}A_0$ 大，所以可提高构件的抗裂能力。

3）加荷至构件破坏。加荷至 N_u，构件破坏，裂缝表面的混凝土退出工作，截面上的拉力主要由钢筋承担，当预应力钢筋和非预应力钢筋分别达到其抗拉设计强度 f_{py} 和 f_y 时，构件破坏。此时的外荷载 N_u 为：

$$N_u=f_{yp}A_p+f_yA_s \tag{6.35}$$

2. 后张法构件的应力分析

（1）施工阶段。

1）完成第一批损失（混凝土预压前）的应力状态。后张法张拉预应力钢筋至 σ_{con} 过程中，发生预应力钢筋与孔道壁之间的摩擦引起的预应力损失 σ_{l2}。锚固时发生锚具引起的预应力损失 σ_{l1}，此时预应力钢筋出现第一批应力损失 $\sigma_{l\,\mathrm{I}}=\sigma_{l1}+\sigma_{l2}$。于是，完成第一批损失时，混凝土、预应力筋、非预应力筋的应力分别为 σ_{pc1}、σ_{pe1}、σ_{s1}，则

$$\sigma_{pe1}=\sigma_{con}-\sigma_{l\,\mathrm{I}} \tag{6.36}$$

$$\sigma_{s1}=-(\sigma_{pc1}/E_c)E_s=-\alpha_E\sigma_{pc1}(\text{压}) \tag{6.37}$$

根据截面内力平衡条件可求得

$$\sigma_{pc1}=\frac{A_p(\sigma_{con}-\sigma_{l\,\mathrm{I}})}{A_c+\alpha_EA_s}=\frac{N_{p\,\mathrm{I}}}{A_n} \tag{6.38}$$

2）混凝土预压后的应力状态。由于混凝土收缩、徐变和预应力钢筋的进一步松弛，引起了第二批预应力损失 $\sigma_{l\,\mathrm{II}}$，则此时预应力钢筋的有效预应力为：

$$\sigma_{pe\,\mathrm{II}}=\sigma_{con}-\sigma_{l\,\mathrm{I}}-\sigma_{l\,\mathrm{II}}=\sigma_{con}-\sigma_l \tag{6.39}$$

$$\sigma_{s\,\mathrm{II}}=-\alpha_E\sigma_{pc\,\mathrm{II}}-\sigma_{l5}(\text{压}) \tag{6.40}$$

根据截面内力平衡得 $$\sigma_{pc\,\mathrm{II}}=\frac{A_p(\sigma_{con}-\sigma_l)-\sigma_{l5}A_s}{A_c+\alpha_EA_s}=\frac{N_{p\,\mathrm{II}}}{A_n} \tag{6.41}$$

（2）使用阶段。

1）加荷至混凝土应力为零（消压状态），此时

$$\sigma_{pc}=0 \tag{6.42}$$

$$\sigma_s=-\alpha_E\sigma_{pc\,\mathrm{II}}-\sigma_{l5}+\alpha_E\sigma_{pc\,\mathrm{II}}=-\sigma_{l5}(\text{压}) \tag{6.43}$$

$$\sigma_{pe}=\sigma_{con}-\sigma_l+\alpha_E\sigma_{pc\,\mathrm{II}} \tag{6.44}$$

$$N_{p0}=\sigma_{pc\,\mathrm{II}}A_0 \tag{6.45}$$

2）加荷至混凝土即将开裂。荷载增加至 N_{cr}，混凝土应力达到 f_{tk}，构件即将开裂，此时

$$\sigma_{pc}=f_{tk} \tag{6.46}$$

$$\sigma_s=-\sigma_{l5}+\alpha_E f_{tk} \tag{6.47}$$

$$\sigma_{pe}=\sigma_{con}-\sigma_l+\alpha_E\sigma_{pc\,\mathrm{II}}+\alpha_E f_{tk} \tag{6.48}$$

$$N_{cr}=(\sigma_{pc\,\mathrm{II}}+f_{tk})A_0 \tag{6.49}$$

3）加荷至构件破坏。和先张法相同，裂缝表面的混凝土退出工作，截面上的拉力主要由钢筋承担，构件的承载力 N_u 为：

$$N_u=f_{yp}A_p+f_yA_s \tag{6.50}$$

由以上分析可知，预应力混凝土结构可以提高构件的抗裂性，但不能提高正截面承载力。

3. 预应力混凝土轴心受拉构件的设计

《混凝土规范》规定，预应力混凝土结构构件，除应根据使用条件进行承载力计算及变形、抗裂、裂缝宽度和应力验算外，还应按具体情况对制作、运输及安装等施工阶段进行验算。因此，预应力混凝土轴心受拉构件的设计可分为使用阶段的计算和施工阶段的验算两部分。

（1）使用阶段的计算。预应力混凝土轴心受拉构件使用阶段的计算可分为承载力计算、抗裂度验算和裂缝宽度验算。

1）承载力计算。《混凝土规范》规定，预应力可作为荷载效应考虑，对承载能力极限状态，当预应力效应对结构有利时，预应力分项系数取1.0；不利时取1.2。对正常使用极限状态，预应力分项系数应取1.0。

根据构件破坏阶段截面应力分布情况（图6.14），构件破坏时，拉力全部由预应力钢筋和非预应力钢筋承担。正截面受拉承载力按下式计算：

$$N\leqslant f_{yp}A_p+f_yA_s \tag{6.51}$$

式中　N——轴向拉力设计值；

其余符号意义同前。

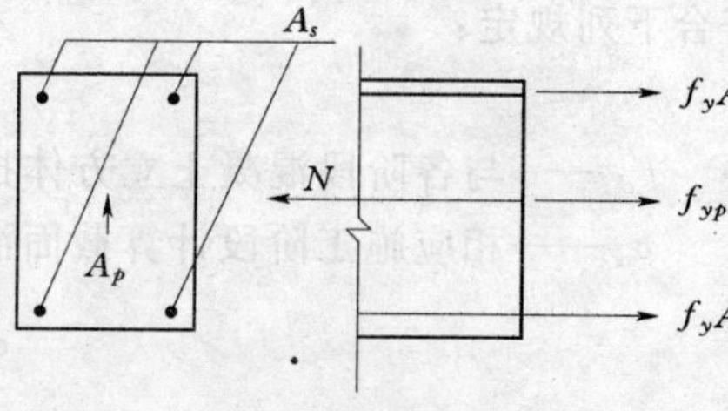

图6.14　预应力轴心受拉构件承载力计算简图

2）抗裂度验算。《混凝土规范》规定，按构件所处环境类别确定相应的裂缝控制等级及最大裂缝宽度限值（表6.6），并按下列规定进行受拉边缘应力或正截面裂缝宽度验算：

表6.6　　结构构件的裂缝控制等级及最大裂缝宽度限值

环境类别	钢筋混凝土结构		预应力钢筋混凝土结构	
	裂缝控制等级	$W_{\lim}$	裂缝控制等级	$W_{\lim}$
一	三	0.3 (0.4)	三	0.2
二	三	0.2	二	—
三	三	0.2	一	—

• 严格要求不出现裂缝的构件（裂缝控制等级为一级）

在荷载效应的标准组合下应符合：$\sigma_{ck}-\sigma_{pc}\leqslant 0$

• 一般要求不出现裂缝的构件（二级）

在荷载效应的标准组合下应符合：$\sigma_{ck}-\sigma_{pc}\leqslant f_{tk}$

在荷载效应的准永久组合下应符合：$\sigma_{cq}-\sigma_{pc}\leqslant 0$

• 允许出现裂缝的构件（三级）

按荷载效应的标准组合并考虑长期作用影响计算的最大裂缝宽度，应符合：

$$w_{\max}\leqslant W_{\lim} \tag{6.52}$$

式中　σ_{pc}——扣除全部预应力损失后在抗裂验算边缘混凝土的预压应力；

σ_{ck}、σ_{cq}——荷载效应的标准组合、准永久组合下抗裂验算边缘的混凝土法向应力，$\sigma_{ck}=N_k/A_0$，$\sigma_{cq}=N_q/A_0$，N_k、N_q 为按荷载效应的标准组合、准永久组合计算的轴向拉力值；

$W_{\lim}$——最大裂缝宽度限值；

$w_{\max}$——按荷载效应的标准组合并考虑长期作用影响计算的最大裂缝宽度，即

$$w_{\max}=2.7\psi\frac{\sigma_{sk}}{E_s}\left(1.9+0.08\frac{d_{eq}}{\rho_{te}}\right) \tag{6.53}$$

此处，裂缝截面处纵向钢筋的拉应力按下式计算：

$$\sigma_{sk}=\frac{N_k-N_{p0}}{A_p+A_s} \tag{6.54}$$

式中符号意义同前。

(2) 施工阶段的验算。预应力构件在制作施工阶段，在预应力钢筋张拉放松过程中有可能对混凝土造成破坏或局部损坏；由于自重和预应力作用下，在运输中往往使吊点处产生很大的拉应力而引起该截面开裂或不满足抗裂要求。因此，构件截面边缘的混凝土应力应符合下列规定：

$$\sigma_{cc}\leqslant 0.8f'_{ck} \tag{6.55}$$

式中　f'_{ck}——与各阶段混凝土立方体抗压强度 f'_{cu} 相应的抗压强度标准值；

σ_{cc}——相应施工阶段计算截面混凝土的压应力，按下式计算：

$$\sigma_{cc}=\sigma_{pc}+\frac{N_k}{A_0} \tag{6.56}$$

式中　N_k——构件自重及施工荷载标准组合在计算截面产生的轴向力值；

其余符号意义同前。

(3) 构件端部局部承压验算。由于预应力混凝土构件锚具、垫板下存在很大的局部压应力，这种压应力要经过一段距离才能扩散到整个截面上。为保证构件端部的局部承压能力，在预应力钢筋锚具下及张拉设备的支承处，应配置预埋的垫板及附加方格网片，或螺旋式间接钢筋且其核心面积 $A_{cor} \geqslant A_l$（图 6.15）。

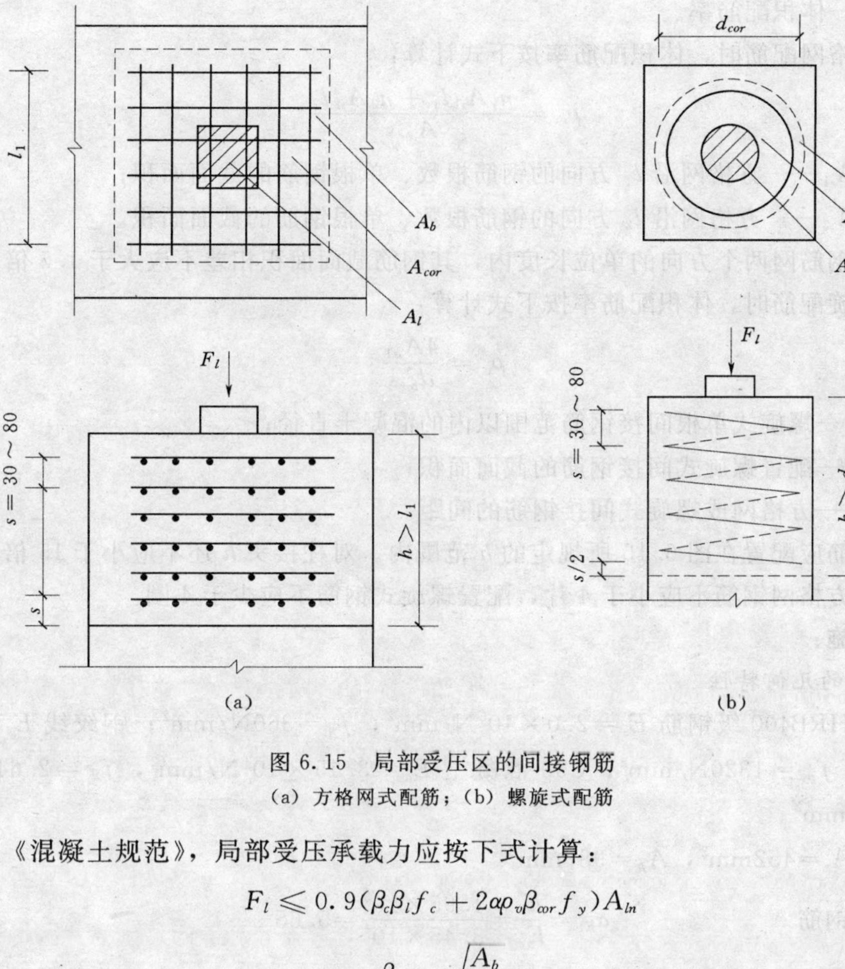

图 6.15　局部受压区的间接钢筋

(a) 方格网式配筋；(b) 螺旋式配筋

根据《混凝土规范》，局部受压承载力应按下式计算：

$$F_l \leqslant 0.9(\beta_c \beta_l f_c + 2\alpha\rho_v \beta_{cor} f_y)A_{ln} \tag{6.57}$$

其中

$$\beta_l = \sqrt{\frac{A_b}{A_l}} \tag{6.58}$$

式中　F_l——局部受压面上作用的局部荷载或局部压力设计值，在后张法预应力混凝土构件中的锚头局压区，$F_l = 1.2\sigma_{con}A_p$；在无黏结预应力混凝土构件中，还应与 $f_{ptk}A_p$ 值相比较，取其中的较大值；

β_c——混凝土强度影响系数，当混凝土强度等级不超过 C50 时，取 $\beta_c = 1.0$；当混凝土强度等级为 C80 时，取 $\beta_c = 0.8$，其间按线性内插法取用；

β_l——混凝土局部受压时的强度提高系数；

A_b——局部受压时的计算底面积；

f_c——混凝土轴心抗压强度设计值，在后张法预应力混凝土构件的张拉阶段验算中，取相应阶段的混凝土立方体抗压强度 f'_{cu} 值，按线性内插法取用；

β_{cor}——配置间接钢筋的局部受压承载力提高系数，用式（6.58）计算，但 A_b 以 A_{cor} 代替；

A_{ln}——混凝土局部受压净面积，对后张法构件，应在混凝土局部受压面积中扣除孔道、凹槽部分的面积；

ρ_v——体积配筋率。

当为方格网配筋时，体积配筋率按下式计算：

$$\rho_v = \frac{n_1 A_{s1} l_1 + n_2 A_{s2} l_2}{A_{cor} s} \tag{6.59}$$

式中 n_1、A_{s1}——方格网沿 l_1 方向的钢筋根数、单根钢筋的截面面积；

n_2、A_{s2}——方格网沿 l_2 方向的钢筋根数、单根钢筋的截面面积。

要求在钢筋网两个方向的单位长度内，其钢筋截面面积相差不应大于1.5倍。

当为螺旋配筋时，体积配筋率按下式计算：

$$\rho_v = \frac{4A_{ss1}}{d_{cor} s} \tag{6.60}$$

式中 d_{cor}——螺旋式单根间接钢筋范围以内的混凝土直径；

A_{ss1}——配置螺旋式间接钢筋的截面面积；

s——方格网或螺旋式间接钢筋的间距。

间接钢筋应配置在图6.15所规定的 h 范围内。对柱接头 h 还不应小于15倍纵向钢筋直径。配置方格网钢筋不应小于4片，配置螺旋式钢筋不应少于4圈。

任务实施：

1. 截面的几何特性

查表，HRB400级钢筋 $E_s=2.0\times10^5\text{N/mm}^2$，$f_y=360\text{N/mm}^2$；钢绞线 $E_s=1.95\times10^5\text{N/mm}^2$，$f_{py}=1320\text{N/mm}^2$；C50混凝土 $E_c=3.45\times10^4\text{N/mm}^2$，$f_{tk}=2.64\text{N/mm}^2$，$f_c=23.1\text{N/mm}^2$。

查表，$A_s=452\text{mm}^2$，$A_p=987\text{mm}^2$。

预应力钢筋 $\alpha_{E1}=\dfrac{E_s}{E_c}=\dfrac{1.95\times10^5}{3.45\times10^4}=5.65$

非预应力钢筋 $\alpha_{E2}=\dfrac{E_s}{E_c}=\dfrac{2.0\times10^5}{3.45\times10^4}=5.80$

混凝土净截面面积

$$A_n = A_c + \alpha_{E2} A_s = 280\times180 - 2\times\frac{\pi}{4}\times50^2 + 5.8\times452 = 49096.6(\text{mm}^2)$$

混凝土换算截面面积

$$A_0 = A_n + \alpha_{E1} A_p = 49096.6 + 5.65\times987 = 54673.15(\text{mm}^2)$$

2. 张拉控制应力

$$\sigma_{con} = 0.65 f_{ptk} = 0.65\times1860 = 1209(\text{N/mm}^2)$$

3. 预应力损失

(1) 锚具变形和钢筋内缩损失 σ_{l1}。查表得OVM13－5锚具，$a=5\text{mm}$。

$$\sigma_{l1}=\frac{a}{l}E_s=\frac{5}{24000}\times 1.95\times 10^5=40.63(\mathrm{N/mm^2})$$

(2) 摩擦损失 σ_{l2}。按锚固端计算该项损失，$l=24\mathrm{m}$，直线配筋 $\theta=0°$，查表得 $k=0.0014$。

$$kx=0.0014\times 24=0.0336<0.2$$

按近似公式计算

$$\sigma_{l2}=(kx+\mu\theta)\sigma_{con}=0.0336\times 1209=40.62(\mathrm{N/mm^2})$$

第一批预应力损失

$$\sigma_{l\,\mathrm{I}}=\sigma_{l1}+\sigma_{l2}=40.63+40.62=81.25(\mathrm{N/mm^2})$$

(3) 预应力钢筋的应力松弛损失 σ_{l4}。低松弛预应力钢筋

$$\sigma_{l4}=0.125\left(\frac{\sigma_{con}}{f_{ptk}}-0.5\right)\sigma_{con}=0.125\times(0.65-0.5)\times 1209=22.67(\mathrm{N/mm^2})$$

(4) 混凝土的收缩和徐变损失 σ_{l5}。

$$\sigma_{pc\,\mathrm{I}}=\frac{(\sigma_{con}-\sigma_{l\,\mathrm{I}})A_p}{A_n}=\frac{(1209-81.25)\times 987}{49096.6}=22.7(\mathrm{N/mm^2})$$

$$\frac{\sigma_{pc\,\mathrm{I}}}{f'_{cu}}=\frac{22.7}{50}=0.45<0.5$$

$$\rho=\frac{A_p+A_s}{A_n}=\frac{987+452}{49096.6}=0.029$$

$$\sigma_{l5}=\frac{35+280\times\frac{\sigma_{pc\,\mathrm{I}}}{f'_{cu}}}{1+15\rho}=\frac{35+280\times 0.45}{1+15\times 0.029}=112.20(\mathrm{N/mm^2})$$

第二批预应力损失

$$\sigma_{l\,\mathrm{II}}=\sigma_{l4}+\sigma_{l5}=22.67+112.20=134.87(\mathrm{N/mm^2})$$

总预应力损失

$$\sigma_l=\sigma_{l\,\mathrm{I}}\sigma_{l\,\mathrm{II}}=81.25+134.87=216.12(\mathrm{N/mm^2})>80\mathrm{N/mm^2}$$

4. 使用阶段抗裂验算

混凝土有效预压应力

$$\sigma_{pc\,\mathrm{II}}=\frac{(\sigma_{con}-\sigma_l)A_p-\sigma_{l5}A_s}{A_n}=\frac{(1209-216.12)\times 987-112.20\times 452}{49096.6}=18.93(\mathrm{N/mm^2})$$

荷载标准组合下拉力

$$N_k=N_{GK}+N_{QK}=520+600=1120(\mathrm{kN})$$

$$\frac{N_k}{A_0}-\sigma_{pc\,\mathrm{II}}=\frac{1120\times 10^3}{54673.15}-18.93=1.56(\mathrm{N/mm^2})<f_{tk}=2.64\mathrm{N/mm^2}$$

荷载准永久值组合下拉力

$$N_{cq}=N_{GK}+0.5N_{QK}=520+0.5\times 600=820(\mathrm{kN})$$

$$\frac{N_q}{A_0}-\sigma_{pc\,\mathrm{II}}=\frac{820\times10^3}{54673.15}-18.93=-3.93(\mathrm{N/mm^2})<0$$

抗裂满足要求。

5. 正截面承载力验算

$$N=\gamma_0(1.2N_{GK}+1.4N_{QK})=1.0\times(1.2\times520+1.4\times600)=1464(\mathrm{kN})$$

$$N_u=f_{py}A_p+f_yA_s=1320\times987+360\times452=1465560(\mathrm{N})=1465.56\mathrm{kN}>N$$

正截面承载力满足要求。

6. 锚具下混凝土局部受压验算

(1) 端部受压区截面尺寸验算。OVM13－5锚具直径为100mm，垫板厚20mm，局部受压面积从锚具边缘起在垫板中按45°角扩散的面积计算，在计算局部受压面积时，可近似地按图6.13 (a) 中两条虚线所围的矩形面积代替两个圆面积计算：

$$A_l=280\times(100+2\times20)=39200(\mathrm{mm^2})$$

局部受压计算底面积

$$A_b=280\times(140+2\times80)=84000(\mathrm{mm^2})$$

$$\beta_l=\sqrt{\frac{A_b}{A_l}}=\sqrt{\frac{84000}{39200}}=1.46$$

混凝土局部受压净面积

$$A_{ln}=39200-2\times\frac{\pi}{4}\times50^2=35273(\mathrm{mm^2})$$

构件端部作用的局部压力设计值

$$F_l=1.2\sigma_{con}A_p=1.2\times1209\times987=1431.94\times10^3(\mathrm{N})=1431.94\mathrm{kN}$$

$$1.35\beta_c\beta_lf_cA_{ln}=1.35\times1\times1.46\times23.1\times35273=1606\times10^3(\mathrm{N})=1606\mathrm{kN}>F_l$$

截面尺寸满足要求。

(2) 局部受压承载力计算。间接钢筋采用4片φ8焊接网片，如图6.13 (c) 和图6.13 (d) 所示。

$$A_{cor}=250\times250=62500(\mathrm{mm^2})>A_l=39200\mathrm{mm^2}$$

$$<A_b=84000\mathrm{mm^2}$$

$$\beta_{cor}=\sqrt{\frac{A_{cor}}{A_l}}=\sqrt{\frac{62500}{39200}}=1.26$$

间接钢筋的体积配筋率

$$\rho_v=\frac{n_1A_{s1}l_1+n_2A_{s2}l_2}{A_{cor}s}=\frac{4\times50.3\times250+4\times50.3\times250}{62500\times70}=0.023>0.5\%$$

$$(0.9\beta_c\beta_lf_c+2\alpha\rho_v\beta_{cor}f_y)A_{ln}$$

$$=(0.9\times1.0\times1.46\times23.1+2\times1.0\times0.023\times1.26\times210)\times35273$$

$$=1500\times10^3\mathrm{N}=1500\mathrm{kN}>F_l=1431.93\mathrm{kN}$$

局部承压满足要求。

学习单元6.4　预应力混凝土构件构造认识

任务描述：

认识预应力钢筋的锚固方式，数量、净距构造要求及端部锚固区的加强措施。

任务知识点：

预应力混凝土构件除需满足受力要求及有关钢筋混凝土构件的构造要求以外，还必须满足由张拉工艺、锚固方式、配筋种类、数量、布置形式、放置位置等方面提出的构造要求。

1．先张法构件

先张法预应力钢丝按单根方式配筋困难时，可采用相同直径钢丝并筋方式。并筋的等效直径，对双并筋应取为单根直径的1.4倍，对三并筋应取为单根直径的1.7倍。

并筋的保护层厚度、锚固长度、预应力传递长度及正常使用极限状态验算均应按等效直径考虑。

先张法预应力钢筋之间的净距应根据浇筑混凝土、施加预应力及钢筋锚固等要求确定。预应力钢筋之间的净距离不应小于其公称直径或等效直径的1.5倍，且应符合下列规定：对于热处理钢筋及钢丝，不应小于15mm；对三股钢绞线，不应小于20mm；对七股钢绞线，不应小于25mm。

对先张法预应力混凝土构件，为防止放松钢筋时外围混凝土产生劈裂裂缝，对预应力筋端部周围的混凝土应采取下列加强措施：

(1) 对单根预应力钢筋，在构件端部设置长度不小于150mm且不少于4圈的螺旋筋。

(2) 对分散布置的多根预应力钢筋，在构件端部 $10d$（d 为预应力钢筋的公称直径）范围内，应设置3～5片与预应力筋垂直的钢筋网。

(3) 对采用预应力钢丝配筋的薄板，在端部100mm范围内应适当加密横向钢筋。

2．后张法构件

后张法预应力钢筋所用锚具的形式和质量应符合国家现行有关标准的规定。其钢筋配筋方式有直线形、曲线形和折线形（图6.16）。

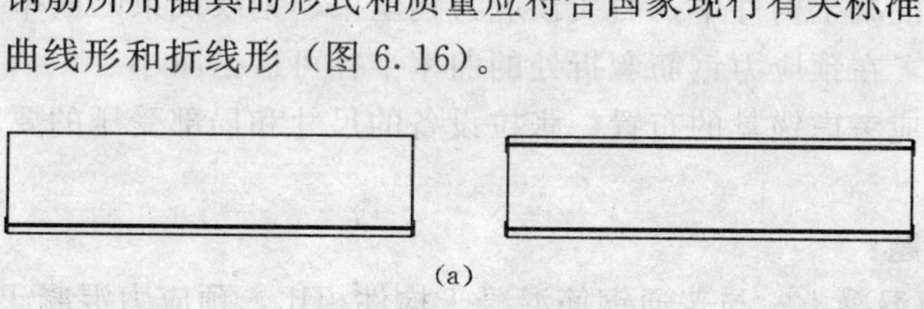

图6.16　预应力构件的不同配筋方式

(a) 直线形；(b) 曲线形；(c) 折线形

后张法预应力钢丝束、钢绞线束的预留孔道应符合下列规定：

(1) 对预制构件，孔道之间的水平净距离不宜小于 50mm；孔道至构件边缘的净距离不宜小于 30mm，且不宜小于孔道直径的一半。

(2) 在框架梁中，预留孔道在竖直方向的净距离不应小于孔道外径，水平方向的净距离不应小于 1.5 倍孔道直径；从孔壁算起的混凝土保护层厚度，梁底不宜小于 50mm，梁侧不宜小于 40mm。

(3) 预留孔道的内径应比预应力钢丝束或钢绞线束外径及需穿过孔道的连接器外径大 10～15mm。

(4) 在构件两端及跨中应设置灌浆孔或排气孔，其孔距不宜大于 12mm。

(5) 凡制作时需要预先起拱的构件，预留孔道宜随构件同时起拱。

对后张法预应力混凝土构件的端部锚固区，应按下列规定配置间接钢筋：

(1) 应进行局部受压承载力计算，并配置间接钢筋，其体积配筋率不应小于 0.5%。

(2) 在局部受压区间接钢筋配置区以外，在构件端部长度 l 不小于 $3e$（e 为截面重心线上部或下部预应力钢筋的合力点至临近边缘的距离）但不大于 $1.2h$（h 为构件端部截面高度）、高度为 $2e$ 的附加配筋区范围内，应均匀配置附加箍筋或网片，其体积配筋率不应小于 0.5%（图 6.17）。

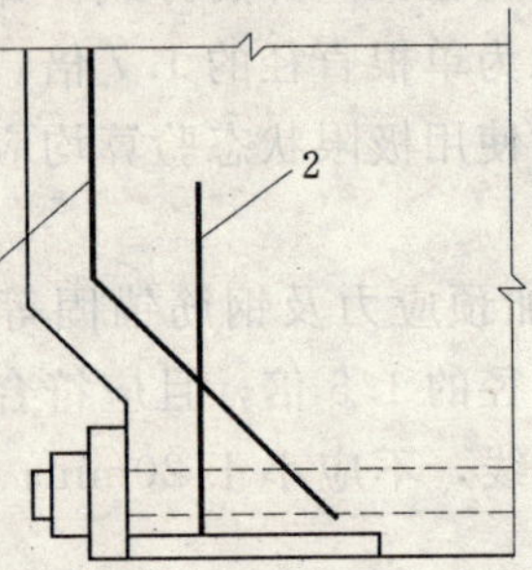

图 6.17　端部的间接配筋

1—折线构造钢筋；2—竖向构造钢筋

在后张法预应力混凝土构件的端部宜按下列规定布置钢筋：

(1) 宜将一部分预应力钢筋靠近支座处弯起，弯起的预应力钢筋宜沿构件端部均匀布置。

(2) 当构件端部预应力钢筋需集中布置在截面下部或集中布置在下部和上部时，应在构件端部 $0.2h$（h 为构件端部截面高度）范围内设置附加竖向焊接钢筋网、封闭式箍筋或其他形式的构造钢筋。

后张法预应力混凝土构件中，曲线预应力钢丝束、钢绞线束的曲率半径不宜小于 4m；对折线配筋的构件，在预应力钢筋弯折处的曲率半径可适当减小。

构件端部尺寸应考虑锚具的布置、张拉设备的尺寸和局部受压的要求，必要时应适当加大。

小组协作思考题：

1. 何为预应力混凝土？与普通钢筋混凝土构件相比，预应力混凝土结构有何优缺点？

2. 为何钢筋混凝土构件采用高强度钢筋不合理，而预应力混凝土构件必须采用高强度材料？

3. 预应力混凝土分为哪几类？各有何特点？

4. 施加预应力的方法有哪几种？先张法和后张法的区别何在？试简述它们的优缺点及应用范围。

5. 什么是张拉控制应力？其取值原则是什么？

6. 预应力损失有哪几种？各种损失产生的原因是什么？计算方法及减小措施如何？

先张法、后张法各有哪几种损失？哪些属于第一批，哪些属于第二批？

7. 施加预应力对轴心受拉构件的承载力有何影响？为什么？

8. 什么是预应力混凝土的换算面积和净截面面积？

9. 简述先张法预应力混凝土轴心受拉构件各阶段中混凝土及钢筋的应力状态。

10. 简述后张法预应力混凝土轴心受拉构件各阶段中混凝土及钢筋的应力状态。

学习情境 7　单层工业厂房设计简介

学习目标：

- 能说出单层厂房的结构组成及传力体系
- 初步具有单层厂房的结构平面布置能力
- 明确排架结构的配筋计算思路
- 领会单层厂房柱及柱下独立基础的设计构造

学习单元 7.1　单层厂房的结构形式和组成分析

任务描述：

认识单层厂房承重结构的形式，分析单层厂房结构的组成和传力途径。

任务知识点：

在工业建筑中，单层厂房是最普遍采用的一种结构形式，主要用于冶金、机械、化工、纺织等工业厂房。

单层厂房按承重结构的材料不同可分为混合结构、钢筋混凝土结构和钢结构三种类型。

1. 单层厂房按承重结构的形式

单层厂房按承重结构的形式分为排架和钢架两种。

排架结构是由屋架（或屋面梁）、柱、基础等构件组成，柱与屋架铰接，与基础刚接。根据厂房生产工艺和使用要求的不同，排架结构可以做成等高、不等高的（图 7.1）和锯齿形等多种形式。排架结构能承担较大的荷载，在冶金和机械工业厂房中应用广泛，其跨度可达 30m，高度 20～30m，吊车吨位可达 150t 或 150t 以上。

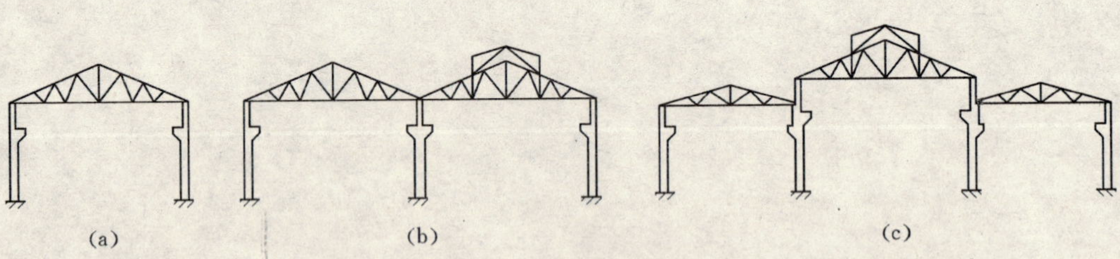

图 7.1　排架结构类型

（a）单跨；（b）两跨等高；（c）多跨不等高

目前，常用的刚架结构是装配式门式刚架。门式刚架的特点是柱和横梁刚接为同一构件，柱与基础通常为铰接。门式刚架按其横梁形式的不同，分为人字形门式刚架和弧形门式刚架；按顶节点的连接方式不同，又分为三铰门式刚架和两铰门式刚架（图 7.2）。门式刚架常用于屋盖较轻的厂房或吊车吨位不超过 10t，跨度不超过 10m 的轻型厂房或仓库等。

本学习单元介绍单层厂房最基本的结构形式——装配式钢筋混凝土排架结构。

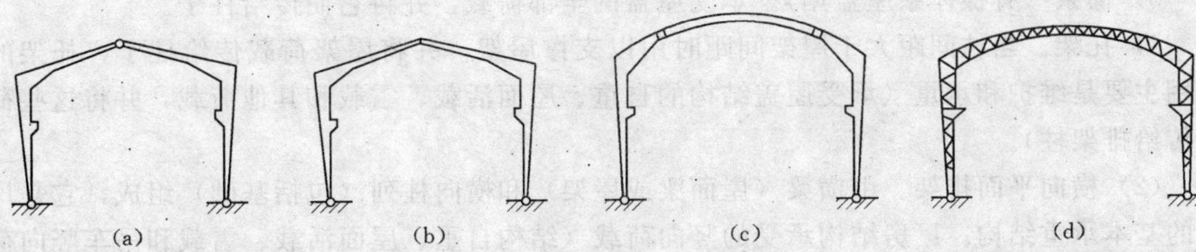

图 7.2　刚架结构形式

(a) 三铰刚架；(b) 两铰刚架；(c) 弧形刚架；(d) 弧形或工字形空腹刚架

2. 单层厂房的结构组成

下面以常用的装配式钢筋混凝土排架为例（图 7.3），来说明单层厂房结构组成。

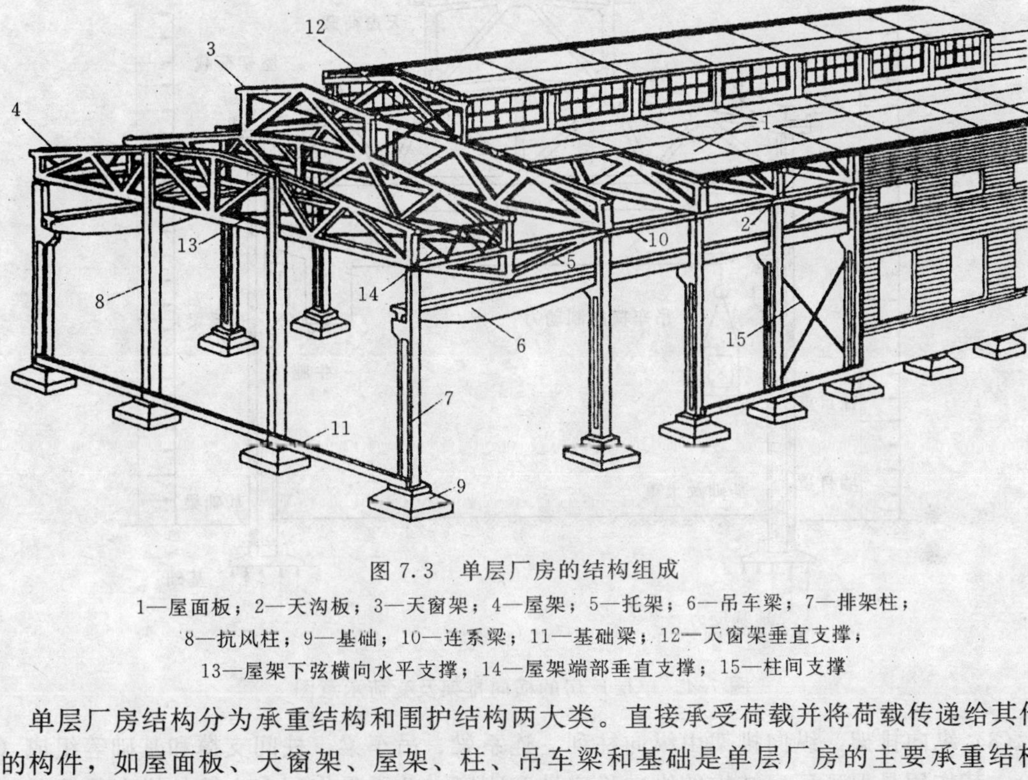

图 7.3　单层厂房的结构组成

1—屋面板；2—天沟板；3—天窗架；4—屋架；5—托架；6—吊车梁；7—排架柱；
8—抗风柱；9—基础；10—连系梁；11—基础梁；12—天窗架垂直支撑；
13—屋架下弦横向水平支撑；14—屋架端部垂直支撑；15—柱间支撑

单层厂房结构分为承重结构和围护结构两大类。直接承受荷载并将荷载传递给其他构件的构件，如屋面板、天窗架、屋架、柱、吊车梁和基础是单层厂房的主要承重结构构件；外纵墙、山墙、连系梁、抗风柱（抗风梁或抗风桁架）和基础梁都是围护结构构件，这些构件所承受的荷载，主要是墙体和构件自重以及作用在墙面上的风荷载。

如图 7.3 所示，单层厂房排架结构通常由下列结构和构件组成：

(1) 屋盖结构。分无檩和有檩两种体系，前者由大型屋面板、屋面梁或屋架（包括屋盖支撑）组成；后者由小型屋面板、檩条、屋架（包括屋盖支撑）组成。屋盖结构包括下列构件：

1) 屋面板。它具有围护和承重双重作用，承受屋面上的永久荷载及可变荷载，并将它们传给屋架。

2) 天窗架。承受天窗上的荷载，并将它们传给屋架，同时具有采光和通风等作用。

3）檩条（有檩体系屋盖用）。承受屋盖的全部荷载，并将它们传给柱子。

4）托架。当柱间距大于屋架间距时用以支撑屋架，并将屋架荷载传给柱子，托架的作用主要是维护和承重（承受屋盖结构的自重、屋面活载、雪载和其他荷载，并将这些荷载传给排架柱）。

(2) 横向平面排架。由横梁（屋面梁或屋架）和横向柱列（包括基础）组成，它是厂房的基本承重结构。厂房结构承受的竖向荷载（结构自重、屋面活载、雪载和吊车竖向荷载等）及横向水平荷载（风载和吊车横向制动力、地震作用）主要通过它将荷载传至基础和地基，如图 7.4 所示。

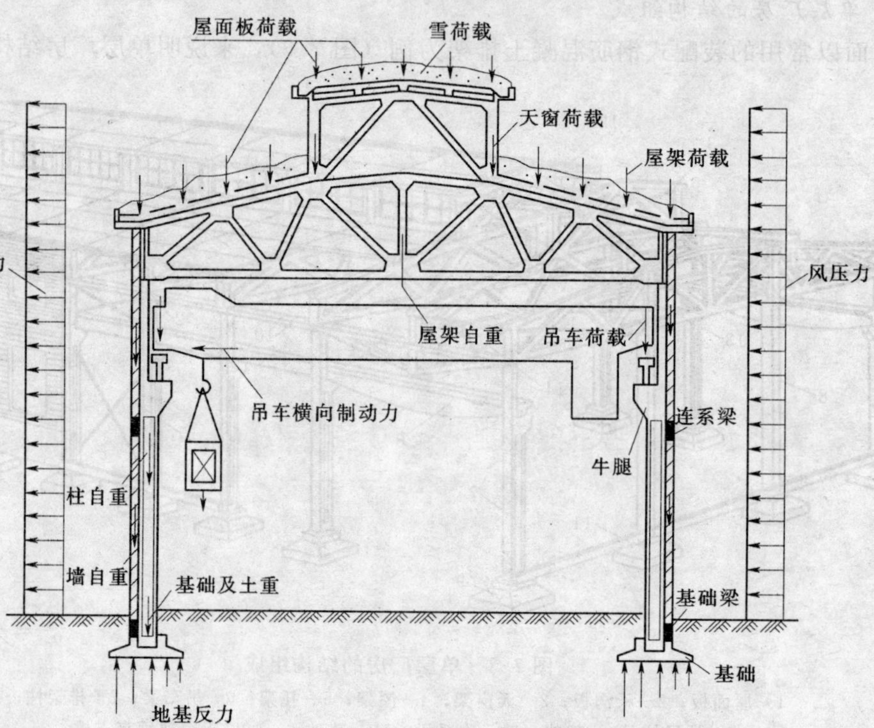

图 7.4　单层厂房的横向排架及受荷示意图

(3) 纵向排架。纵向排架由纵向柱列、连系梁、吊车梁、柱间支撑和基础等组成（图 7.5）。其作用是保证厂房结构的纵向稳定性和刚度，并承受作用在山墙的纵向风荷载、吊车纵向水平荷载和地震纵向作用以及温度变化产生的应力等。

(4) 吊车梁。吊车梁一般为装配式，简支在柱的牛腿上，主要承受吊车的竖向和横向荷载或纵向水平荷载，并将它们分别传至横向或纵向排架或刚架。

(5) 支撑系统。支撑包括屋盖支撑和柱间支撑，支撑的作用是加强厂房结构的空间刚度，并保证结构构件在安装和使用阶段的稳定，同时传递水平荷载。

(6) 托架。有时由于工艺上的要求，需要改变柱距而布置托架。有时为了满足屋盖部分采用标准构件，在柱距大的开间布置托架，以此来承担屋架传来的荷载。

(7) 连系梁及抗风柱。厂房周围围护墙的重力，是通过连系梁传至排架柱，同时连系

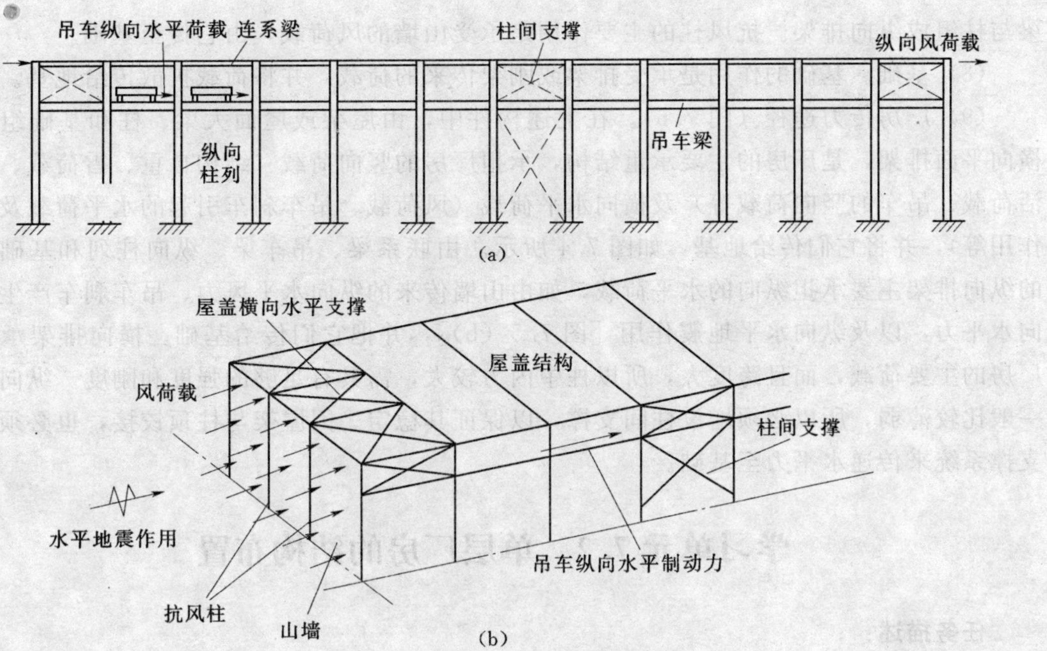

图 7.5 纵向排架及其所承受的荷载

(a) 纵向排架；(b) 纵向排架所承受的荷载

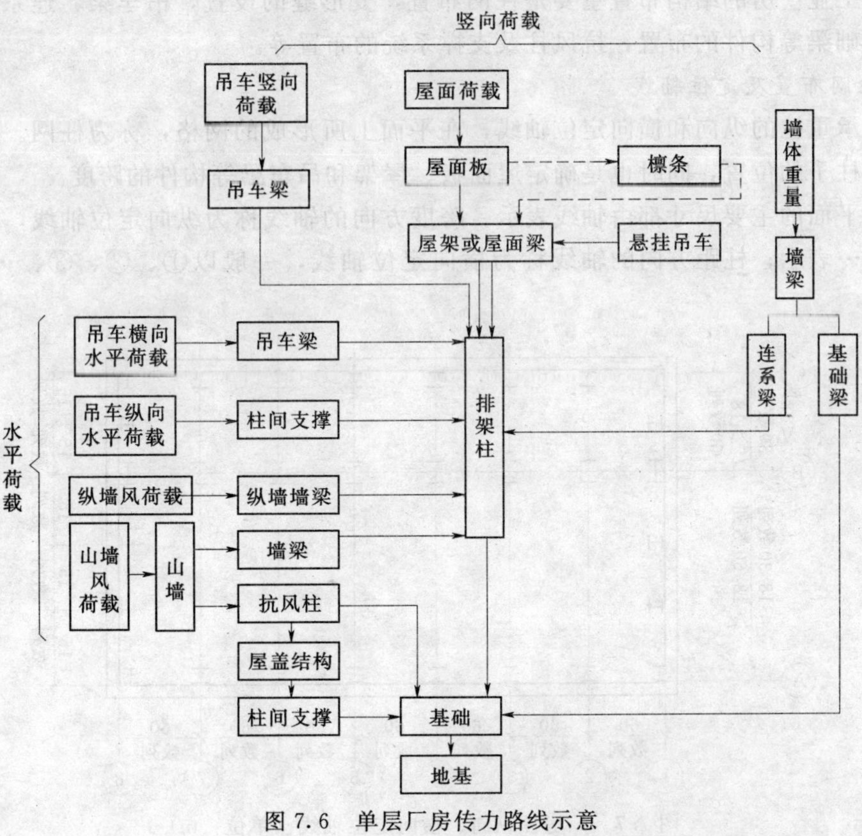

图 7.6 单层厂房传力路线示意

梁与柱组成纵向排架。抗风柱的主要作用是承受山墙的风荷载，由它传至基础。

（8）基础。基础的作用是承受排架或刚架传来的荷载，并将荷载扩散传给地基。

（9）厂房传力途径（图7.6）。在上述构件中，由屋架或屋面大梁、柱和基础组成的横向平面排架，是厂房的主要承重结构，承担厂房的竖向荷载（结构自重、雪荷载、屋面活荷载、吊车的竖向荷载等）及横向水平荷载（风荷载、吊车刹车引起的水平荷载及地震作用等），并将它们传给地基，如图7.4所示。由联系梁、吊车梁、纵向柱列和基础组成的纵向排架主要承担纵向的水平荷载，如由山墙传来的纵向水平风力、吊车刹车产生的纵向水平力，以及纵向水平地震作用［图7.5（b）］，并把它们传给基础。横向排架承担着厂房的主要荷载，而且跨度大，所以柱中内力较大，需具有足够的强度和刚度。纵向排架一般比较薄弱，所以必须增设柱间支撑，以保证其稳定。因屋架与柱顶铰接，也必须依靠支撑系统来传递水平力至基础。

学习单元7.2　单层厂房的结构布置

任务描述：

进行单层工业厂房的结构布置，指出支撑的作用和布置原则。

任务知识点：

单层工业厂房的结构布置主要是柱网布置，变形缝的设置，吊车梁、连系梁、圈梁、过梁和基础梁等构件的布置，抗风柱及支撑系统的布置等。

1．柱网布置及定位轴线

厂房承重柱的纵向和横向定位轴线，在平面上所形成的网格，称为柱网。确定柱网，即是确定柱子的位置，同时也是确定屋面板、屋架和吊车梁等构件的跨度。

结构平面的主要尺寸都由轴线表示。跨度方向的轴线称为纵向定位轴线，一般以Ⓐ、Ⓑ、Ⓒ、…表示；柱距方向的轴线称为横向定位轴线，一般以①、②、③、…表示，见图7.7。

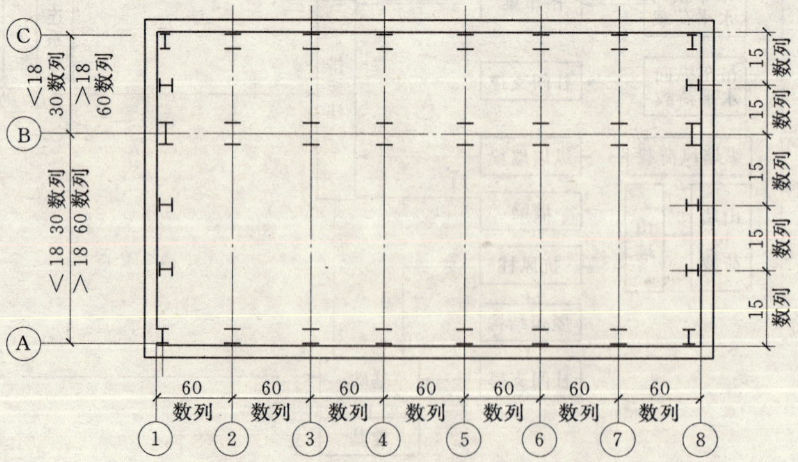

图7.7　厂房柱纵向、横向定位轴线（单位：m）

厂房跨度在 18m 及以下时，常采用 3m 的倍数；当厂房跨度在 18m 以上时，应采用 6m 的倍数。当工艺布置和技术经济有明显的优越性时，也可采用 21m、27m、33m 的跨度。

确定了定位轴线亦即确定了柱网尺寸。这既是确定柱的位置，同时也是确定屋面板、屋架和吊车梁等构件的跨度并涉及厂房结构构件的布置。柱网布置合理与否，直接影响厂房结构的经济合理性和先进性，对生产使用也有密切关系。

柱网布置的原则一般应为：符合生产和使用要求；建筑平面和结构方案经济合理；在厂房结构形式和施工方法上具有先进性和合理性；符合 GBJ2—1986《建筑模数协调统一标准》和 GBJ6—1986《厂房建筑模数协调标准》的有关规定。

在厂房端部横向定位轴线与山墙边缘重合，将山墙内侧第一排柱中心内移 500mm；伸缩缝两边的中心线向两边移动 500mm（图 7.8）。

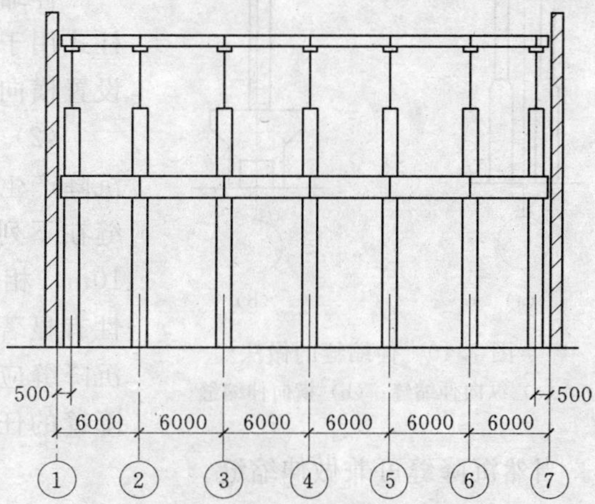

图 7.8　山墙与第一排柱中心线的关系

2. 变形缝

变形缝包括伸缩缝、沉降缝和防震缝三种。

(1) 伸缩缝的布置。如果厂房长度和宽度过大，当气温变化时，在结构内部产生的温度应力可能使墙面、屋面等拉裂，影响使用，如图 7.9（a）所示。为了减小厂房结构中的温度应力，可设置伸缩缝，将厂房分成几个区段。伸缩缝将基础顶面以上的结构构件完全分开，如图 7.9（b）所示，并留出一定宽度的缝隙，在温度变化时，上部结构在水平方向可以自由伸缩，从而减小温度应力。

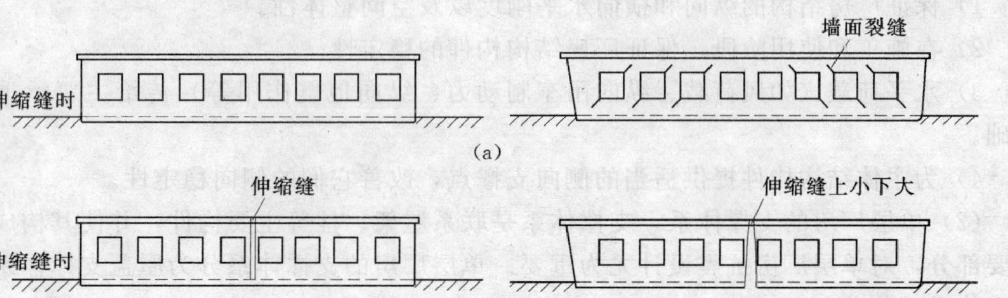

图 7.9　温度变化产生裂缝示意图

伸缩缝至厂房的尽端或伸缩缝之间的区段称为温度区段。温度区段的长度取决于厂房结构类型和温度变化的情况，《混凝土规范》中规定：装配式钢筋混凝土排架结构，伸缩缝的最大间距为 100m（露天为 70m）。此外，对于下列情况，伸缩缝的最大间距还应适当减小。

1）柱高（从基础顶面算起）低于 8m 的排架结构。

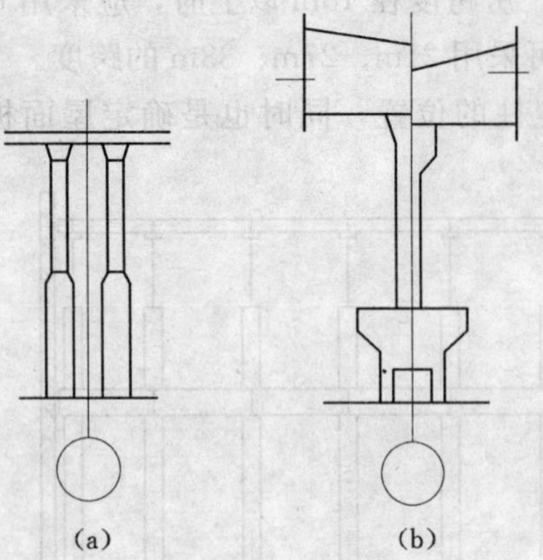

图 7.10　伸缩缝的做法

(a) 纵向伸缩缝；(b) 横向伸缩缝

2）屋面无保温或隔热措施的排架结构。

3）位于气候干燥地区、夏季炎热且暴雨频繁地区的结构或经常处于高温作用下的结构。

伸缩缝的做法有双柱式和滚轴式（图 7.10）。双柱式用于厂房纵向伸缩缝，而滚轴式用于沿跨度方向设置横向伸缩缝。

(2) 沉降缝的布置。沉降缝的作用是避免不均匀沉降产生的影响，一般在单层厂房中不需设置。沉降缝在下列情况才设置：如厂房相邻两部分高差大于10m，相邻两跨间吊车起重量相差悬殊，地基土压缩性有显著差异或厂房各部分结构类型有明显差别处。沉降缝应将建筑物从屋顶到基础全部分开，保证在沉降缝的任一侧发生不同的沉降时，都不损坏整个建筑物。当然沉降缝可兼做伸缩缝。

(3) 防震缝的设置。防震缝是减轻厂房震害的措施之一。当厂房平面、立面布置复杂，结构高度或刚度相差很大，或在厂房侧边贴建有生活间、变电所等辅助用房时，应设置防震缝将相邻部分分开。地震区的厂房，其伸缩缝和沉降缝的间距、宽度均应符合防震缝的要求。防震缝的宽度按房屋高度和设防烈度不同，取不少于 50～90mm（平行排架方向及厂房与坡屋顶间设缝时）和 100～150mm（在厂房的纵横跨交接处设缝时）。

3. 支撑作用和布置原则

(1) 支撑作用。在装配式钢筋混凝土单层厂房结构中，支撑是联系主要结构构件，构成空间整体结构体系的重要组成部分。实践证明，如果支撑布置不当，不仅会影响厂房的正常使用，甚至可能引起工程事故，应予以足够的重视。

支撑的作用主要有：

1）保证厂房结构的纵向和横向水平刚度以及空间整体性。

2）在施工和使用阶段，保证厂房结构构件的稳定性。

3）水平荷载（如风荷载、纵向吊车制动力、纵向地震作用等）传给主要承重结构和基础。

4）为主体结构构件提供适当的侧向支撑点，改善它们的侧向稳定性。

(2) 单层厂房的支撑体系。支撑体系是联系屋架、柱等主要构件，并使其构成整体的重要部分，对单层厂房抗震设计尤为重要。单层厂房的支撑体系分为屋盖支撑体系和柱间支撑体系两部分。

- 支撑
  - 屋盖支撑
    - 屋架上、下弦横向水平支撑
    - 纵向水平支撑
    - 垂直支撑
    - 纵向水平系杆
    - 天窗架支撑
  - 柱间支撑

(3) 屋架上、下弦横向水平支撑。其作用为：构成刚性框、增强屋面的整体刚度，保证屋架（屋面梁）的侧向稳定，同时将山墙抗风柱所承受的纵向水平力传到两侧柱列上。

凡屋面为有檩体系，或屋面虽为无檩体系，但屋面板与屋架连接板的焊接质量不能保证，且山墙抗风柱的风载传至屋架上弦时均应设置上弦水平横向支撑。当天窗通过伸缩缝时，应在伸缩缝处天窗缺口下设置上弦水平横向支撑。屋架上、下弦水平支撑形式见图 7.11。当屋架下弦设有悬挂吊车或抗风柱风载传至屋架下弦时应设置下弦水平横向支撑（图 7.12）。

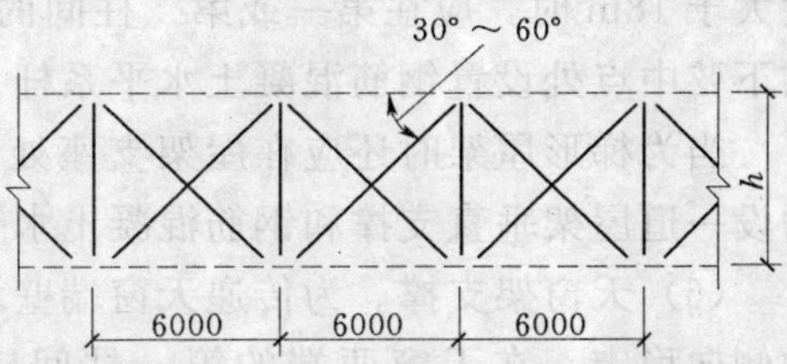

图 7.11　屋盖上、下弦水平支撑形式

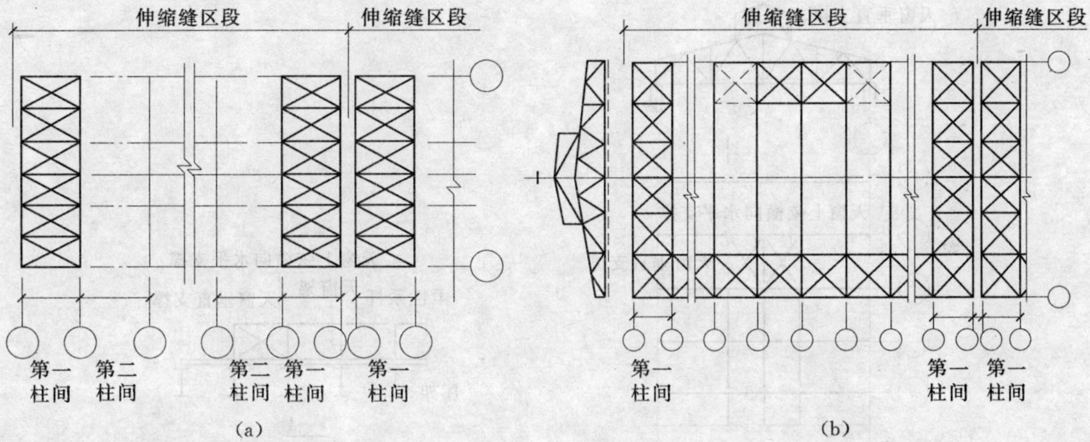

图 7.12　屋盖横向水平支撑

(a) 屋盖上弦横向水平支撑；(b) 屋盖下弦水平支撑（纵向、横向）

（4）屋架下弦纵向水平支撑。下弦纵向水平支撑是为了提高厂房的刚度，保证横向水平力纵向分布，增强排架的空间工作而设置的。如果厂房设有横向支撑时，则纵向支撑应尽可能同横向支撑形成封闭的支撑体系。当设有托架时，必须设置纵向水平支撑。如果只在部分柱间设有托架，则必须在设有托架的柱间和两端相邻的一个柱间设置纵向水平支撑，以承受屋架传来的风力。

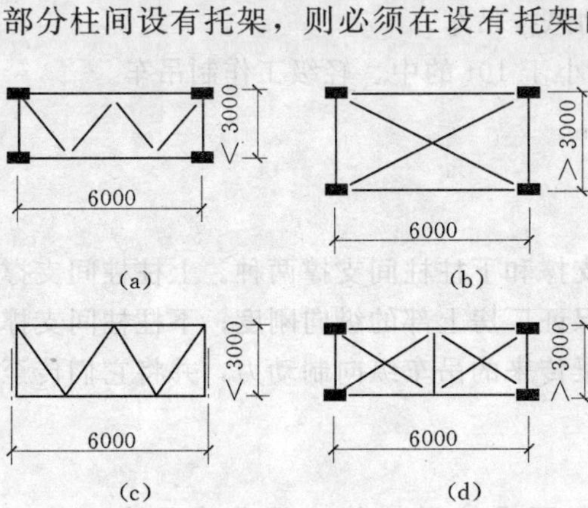

图 7.13　屋盖垂直支撑形式

(a)、(b)、(c) 为钢支撑；(d) 为钢筋混凝土支撑

（5）屋架间的垂直支撑及水平系杆。屋架垂直支撑是指布置在屋架（屋面梁）间或天窗架屋架间的支撑。垂直支撑的形式如图 7.13 所示。垂直支撑和下弦水平系杆是用以保证屋架的整体稳定，防止在吊车工作时或有其他振动时屋架下弦的侧向颤动。上弦水平系杆的作用则是保证屋架上弦或屋面梁受压翼缘的侧向稳定。

当屋架跨度不大于 18m，且无天窗时，一般可不设垂直支撑和水平系杆。当屋架跨度大于18m时，应在第一或第二柱间的屋架跨中设置一道垂直支撑，并在各榀屋架跨中的下弦中点处设置钢筋混凝土水平系杆。

当为梯形屋架时还应在屋架支座处设置垂直支撑。当屋架跨度大于30m时，则须再增设一道屋架垂直支撑和钢筋混凝土水平系杆。

(6) 天窗架支撑。为传递天窗端壁承受的风力（或纵向地震作用），保证天窗架上弦的侧向稳定，在天窗两端的第一柱间应设置天窗架上弦横向水平支撑和垂直支撑（图7.14）。天窗架上弦支撑应尽可能与屋架上弦支撑布置在同一柱间，以增强两端屋架的整体作用。

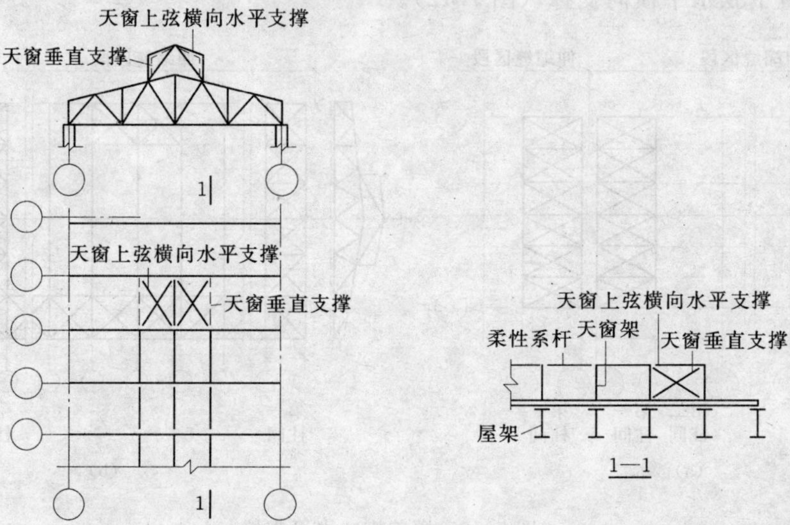

图7.14 天窗架支撑

(7) 柱间支撑。柱间支撑形式如图7.15所示。柱间支撑的主要作用是增强厂房的纵向刚度和稳定性。

一般单层厂房，凡下列情况之一者，应设置柱间支撑：

1) 设有悬臂式吊车，或起重量不小于3t的悬挂吊车。

2) 设有重级工作制吊车，或设有起重量不小于10t的中、轻级工作制吊车。

3) 厂房跨度不小于18m或柱高不小于8m。

4) 纵向柱的总数每排不大于7根。

5) 露天吊车栈桥的柱列。

对于有吊车的厂房，柱间支撑分上柱柱间支撑和下柱柱间支撑两种。上柱柱间支撑位于吊车梁以上，用以承受由山墙传递的风力，保证厂房上部的纵向刚度；下柱柱间支撑位于吊车梁下部，承受上部支撑传来的力和吊车梁传来的吊车纵向制动力，并将它们传至基础（图7.16）。

4. 抗风柱的作用与构造

单层厂房的山墙，受风面积较大，一般需要设抗风柱将山墙分成几个区格（图7.17)。抗风柱承受山墙上的风荷载，将一部分直接传至基础，另一部分通过屋盖结构传

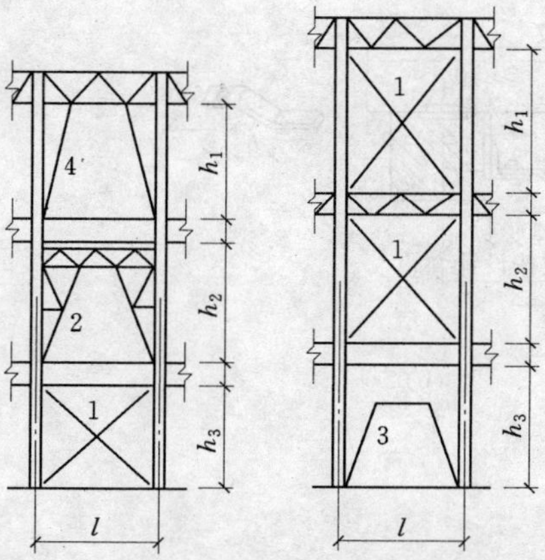

图 7.15 柱间支撑形式

1—十字交叉形支撑；2—空腹门形支撑；
3—八字形支撑；4—人字形支撑

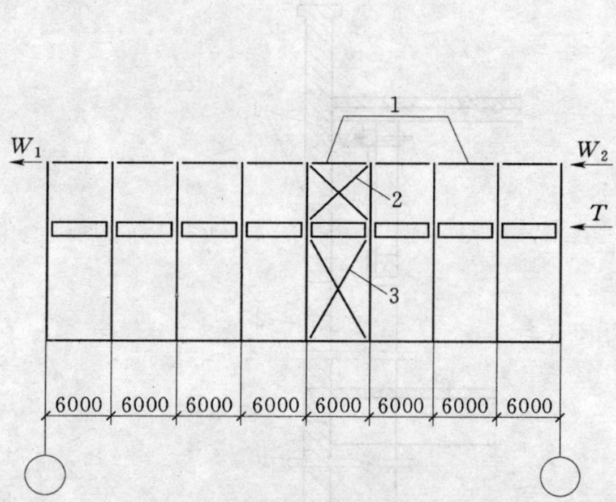

图 7.16 柱间支撑

1—柱顶系杆；2—上部柱间支撑；
3—下部柱间支撑

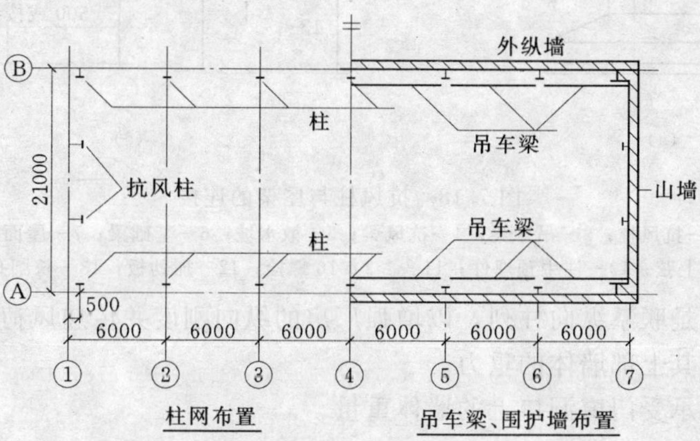

图 7.17 抗风柱布置

至纵向柱列，然后传至基础。

当厂房的跨度在 9～12m，柱顶高度小于 8m 时，可在山墙上设置砖壁柱作为抗风柱。抗风柱的外侧贴砌山墙。在很高的厂房中，为不使抗风柱的截面尺寸过大，可以加设水平抗风梁或桁架作为抗风柱的中间支座。

抗风柱一般与基础固接，与屋架上弦铰接，根据具体情况也可与屋架的上、下弦同时铰接。抗风柱与屋架连接必须满足两个要求：一是在水平方向必须与屋架有可靠的连接以保证有效地传递风荷载，二是在竖向允许两者之间有相对位移的可能性，以防止因抗风柱与排架柱之间产生不均匀沉降而对厂房结构产生不利影响。所以，抗风柱和屋架一般采用竖向可以移动、水平向又有较大刚度的弹簧板连接；如果柱的沉降差较大时，则宜采用螺栓连接，如图 7.18 所示。

5. 圈梁、连系梁、过梁和基础梁

圈梁的作用是将墙体与排架柱、抗风柱等连接在一起，以增加厂房的整体刚度。

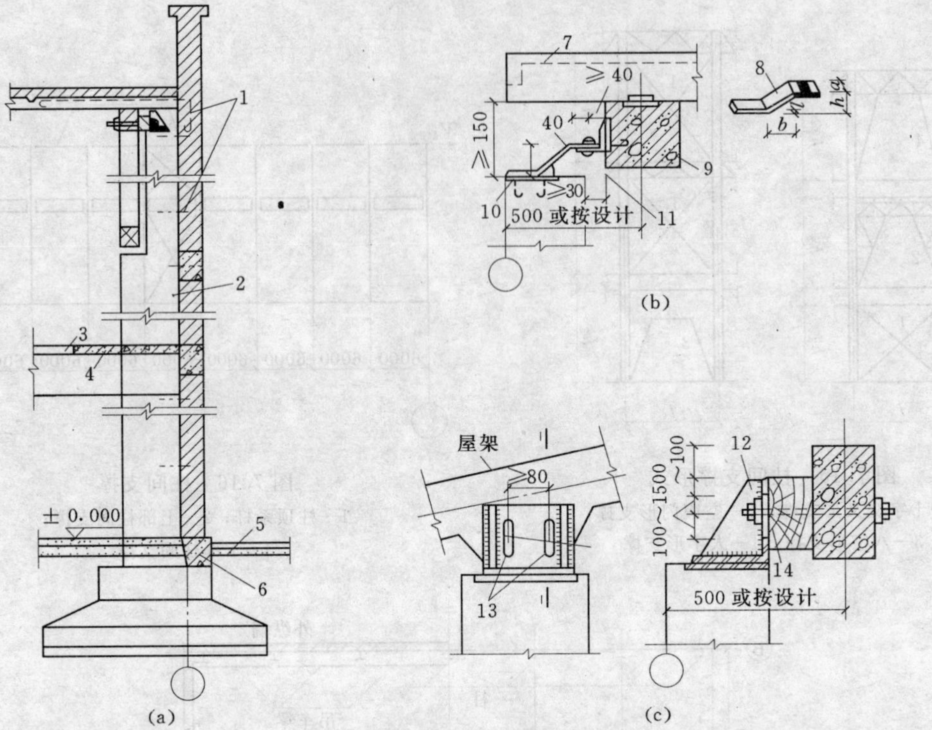

图 7.18　抗风柱与屋架的连接

1—锚拉钢筋；2—抗风柱；3—吊车梁；4—抗风梁；5—散水坡；6—基础梁；7—屋面板或檩条；8—弹簧板；9—屋架上弦；10—柱中预埋件；11—≥2 ϕ 16 螺栓；12—加劲板；13—长圆孔；14—硬木块

连系梁的作用是联系纵向柱列，以增强厂房的纵向刚度并传递风荷载到纵向排架。另外，连系梁还承受其上部墙体的重力。

过梁的作用是承受门窗洞口上的墙体重量。

基础梁的作用是承受围护墙体的重量，基础梁的位置如图 7.19 所示。

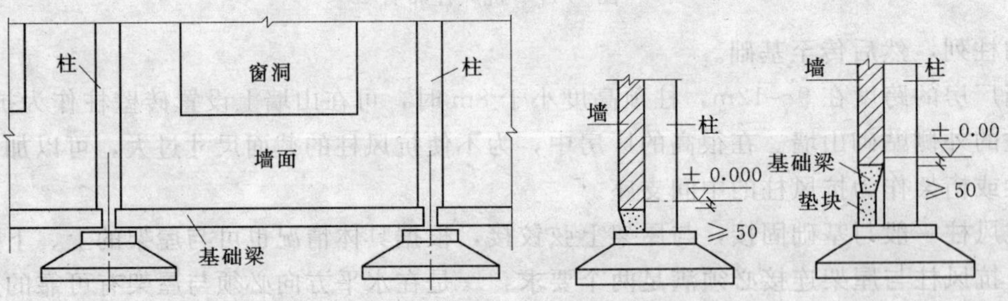

图 7.19　基础梁的位置

学习单元 7.3　排　架　计　算

任务描述：

作单层厂房结构中排架的计算简图，并进行内力计算分析。

任务知识点：

通过排架计算，可以求出排架柱在各种荷载作用下起控制作用截面的最不利内力，从而为排架柱截面设计和配筋计算提供依据，并为柱子基础设计提供依据。

1. 排架计算简图

(1) 计算单元。作用在厂房排架上的各种荷载，如结构自重、雪荷载、风荷载等（吊车荷载除外），沿厂房纵向都是均匀分布的；横向排架的间距一般都是相等的。在不考虑排架间的空间作用的情况下，每一中间的横向排架所承担的荷载及受力情况是完全相同的。计算时，可通过任意两相邻排架的中线，截取一部分厂房（图 7.20 中阴影部分）作为计算单元。

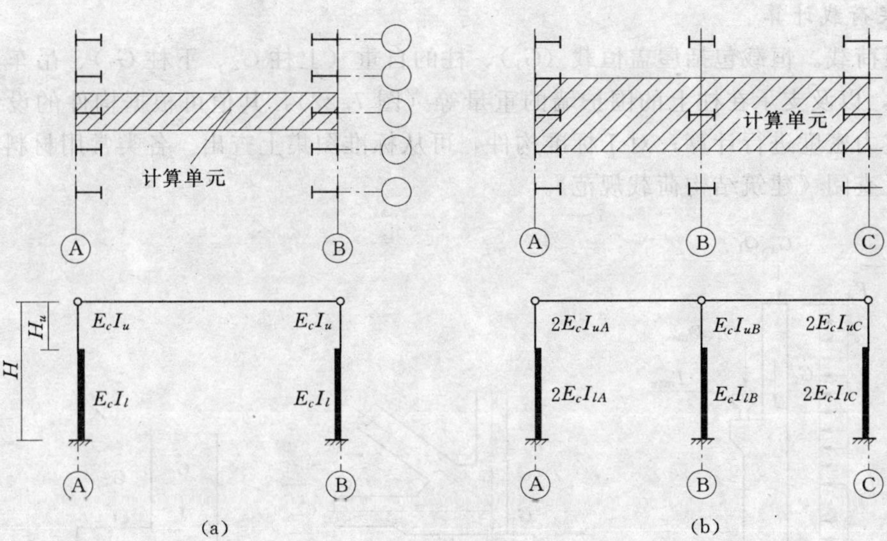

图 7.20　排架的计算单元和计算简图

(2) 基本假定。为了简化计算，根据构造与实践经验，作如下假定：

1) 柱下端固接于基础顶面，横梁铰接在柱上。

2) 横梁为没有轴向变形的刚性杆件。

根据上述假定，可得到横向排架的计算简图，如图 7.21 所示。

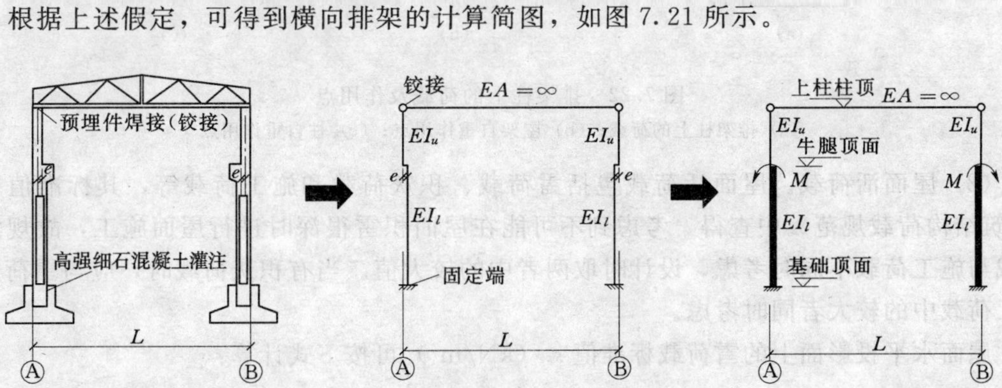

图 7.21　横向排架的计算简图

(3) 柱的尺寸。排架计算属超静定问题，其内力与杆件尺寸有关，故在计算简图中需初步确定柱的尺寸。

计算简图中，柱的计算轴线应取上、下部柱截面的形心线。

柱总高 H=柱顶标高+基础底面标高的绝对值−初步拟定的基础高度；

上柱高 H_u=柱顶标高−轨顶标高+轨道构造高度+吊车梁支承处的梁高；

柱截面尺寸要能满足承载力与刚度的要求，主要取决于厂房的跨度、高度及吊车起重量等参数，可参考同类厂房初步选定。

为了保证吊车的正常运行，确定柱截面尺寸时，还应考虑到应使吊车的外边缘与上柱侧面之间留有一定的空隙，详见有关吊车设计资料。

2. 排架荷载计算

(1) 恒荷载。恒载包括屋盖恒载 (G_1)、柱的自重 (上柱 G_2、下柱 G_3)、吊车梁及轨道重 (G_4)，以及支承在柱上的围护墙的重量等 (图 7.22)，其值可根据构件的设计尺寸和材料的重力密度进行计算；对于标准构件，可从标准图集上查出。各类常用材料的自重的标准值可查阅《建筑结构荷载规范》。

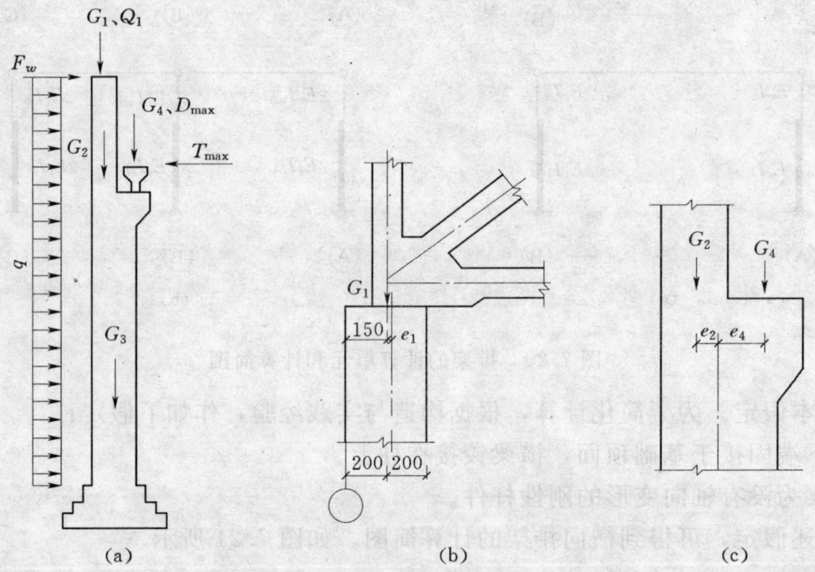

图 7.22　排架柱上的荷载及作用点

(a) 排架柱上的荷载；(b) 屋架自重作用点；(c) 柱自重作用点

(2) 屋面活荷载。屋面活荷载包括雪荷载、积灰荷载和施工荷载等，其标准值可从《建筑结构荷载规范》中查得。考虑到不可能在屋面积雪很深时进行屋面施工，故规定雪荷载与施工荷载不同时考虑，设计时取两者中的较大值。当有积灰荷载时，应与雪荷载或施工荷载中的较大者同时考虑。

屋面水平投影面上的雪荷载标准值 s_k (kN/m^2) 可按下式计算：

$$s_k = \mu_r s_0 \tag{7.1}$$

式中　s_k——雪荷载标准值 (kN/m^2)；

s_0——基本雪压，kN/m²，系以当地一般空旷平坦地面上统计所得的 50 年一遇的最大积雪的自重确定。可从《建筑结构荷载规范》中查出全国各地的基本雪压值。对山区，应乘以系数 1.2；

μ_r——屋面积雪分布系数，可根据各类屋面的形状从《建筑结构荷载规范》中查出。

(3) 吊车荷载。吊车荷载是由吊车两端行驶的四个轮子以集中力形式作用于两边的吊车梁上，再经吊车梁传给排架柱的牛腿上，如图 7.23 所示，吊车荷载可分为竖向荷载和水平荷载两种形式。

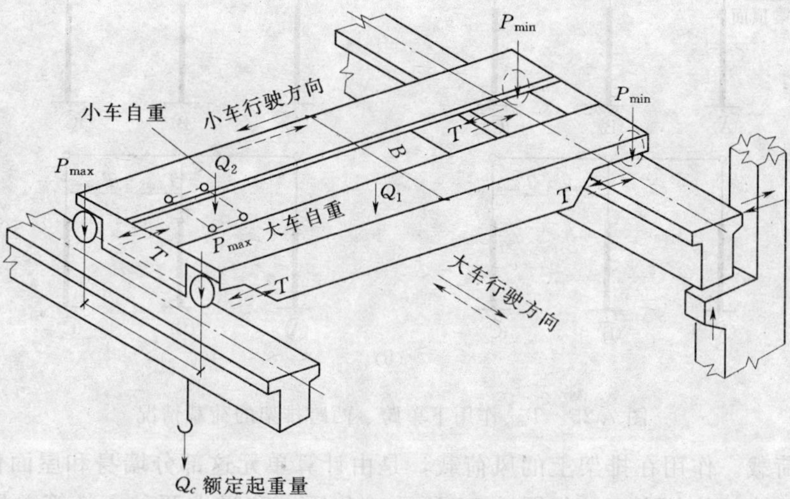

图 7.23 吊车荷载示意图

1) 吊车竖向荷载 D_{max}、D_{min}。吊车竖向荷载是指吊车（大车和小车）重量与所吊重量经吊车梁传给柱的竖向压力。

如图 7.24 所示，当吊车起吊重量达到最大值，而小车行驶到大车桥一端的极限位置时，则吊车轮作用在该边吊车轨道上的压力达到最大值，称为“最大轮压”；此时，作用在另一边轨道上的轮压则为“最小轮压”。由吊车每个轮子的最不利位置，可计算出吊车梁传给柱子的吊车最大竖向荷载 D_{max} 与吊车最小竖向荷载 D_{min}。

2) 吊车水平荷载。吊车水平荷载分为横向水平荷载和纵向水平荷载两种。吊车的横向水平荷载主要是指小车水平刹车或启动时产生的惯性力，其方向与轨道垂直，可由正、反两个方向，如图 7.25 所示，作用在吊车梁的顶面与柱联结处。

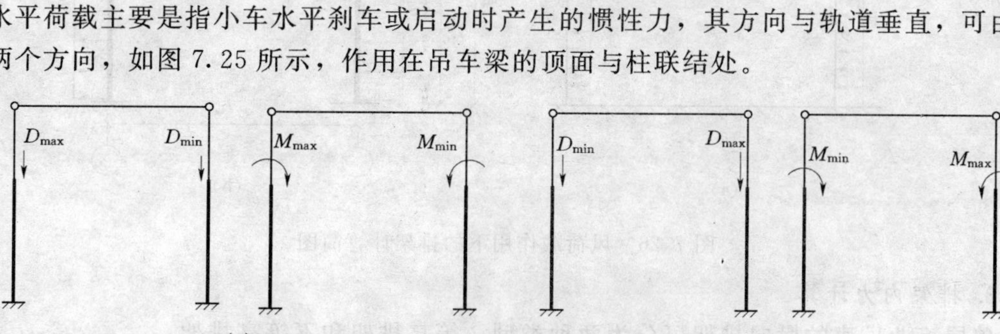

图 7.24 D_{max}、D_{min} 作用下单跨排架的两种荷载情况

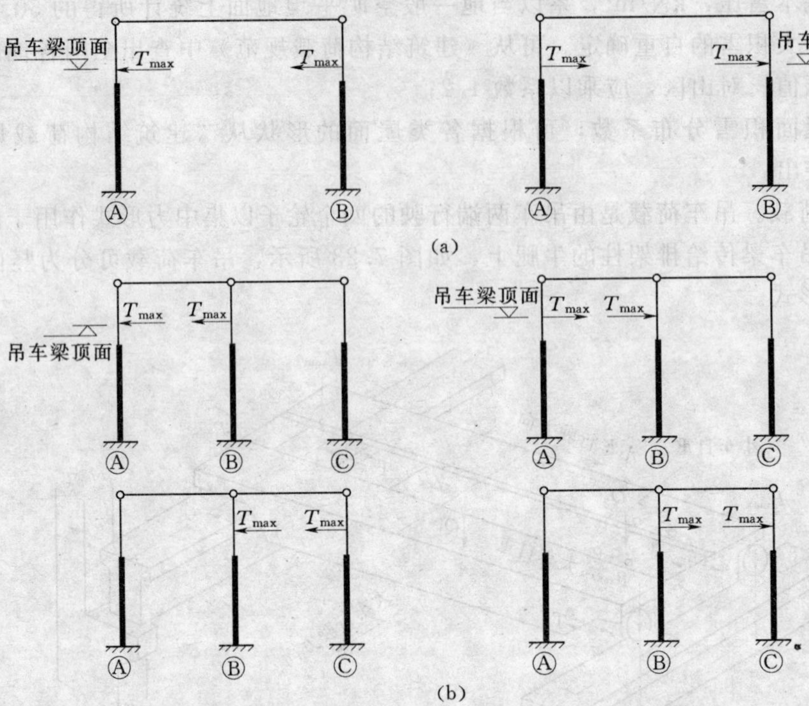

图 7.25 T_{max}作用下单跨、两跨排架的荷载情况

(4) 风荷载。作用在排架上的风荷载，是由计算单元这部分墙身和屋面传来的，其作用方向垂直于建筑物的表面，如图 7.26 所示，分压力和吸力两种。计算单层工业厂房风荷载时，柱顶心下的风荷载可按均布荷载计算，屋面与天窗架所受的风荷载一般折算成作用在柱顶上的某种集中水平风荷载 F。

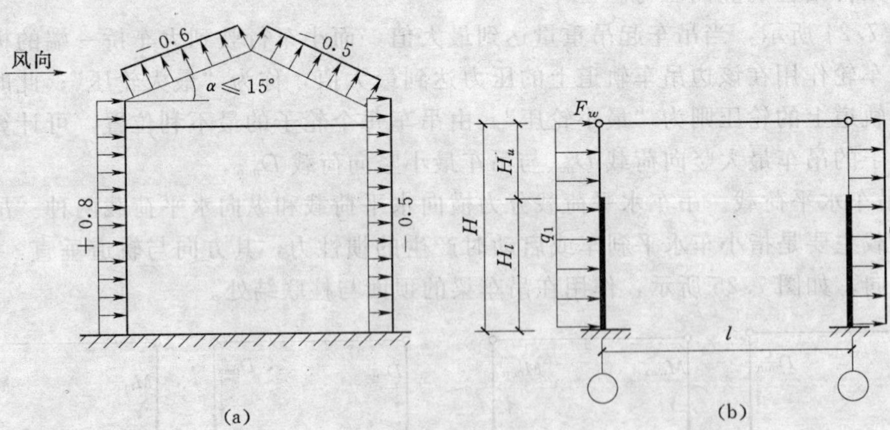

图 7.26 风荷载作用下的排架计算简图

3. 排架内力计算

单层工业厂房的横向排架可分为两种类型：等高排架和不等高排架。

如果排架各柱顶标高相同，或者柱顶标高不同，但由倾斜横梁贯通联结，当排架发生水平位移时，其柱顶的位移相同，在排架计算中，这类排架称为等高排架，其内力计算方法用剪力分配法；若柱顶位移不相等，则称为不等高排架，内力计算常用力法。对于等高排架，可采用下面介绍的简便方法计算；对于不等高排架，可参阅有关资料按力法进行计算。

等高排架内力计算步骤为：

（1）求单根柱顶位移 Δu。

（2）柱的抗剪刚度。

（3）计算柱顶作用水平力 F 的剪力分配。作内力图，并计算柱底剪力。

（4）等高排架在任意荷载作用下内力计算。①首先在直接受荷柱顶端附加一横向不动铰支座，以阻止其水平侧移，求出支座反力 R；②然后撤销附加不动铰支座，即将 R 反向作用于排架柱顶，以恢复实际情况。将上述两个步骤中的内力叠加，即为排架的实际内力。

（5）求单根柱在任意荷载下的 R。

4. 排架内力组合

通过排架的内力分析，可分别求出排架柱在恒荷载及各种活荷载作用下所产生的内力（M、N、V），但几种活载同时作用又同时达到其设计值的可能性不大，柱及柱基础仅在恒荷载及某几种活荷载（不一定是全部的活荷载）的作用下才产生最危险的内力，应根据最危险的内力来进行柱截面的配筋计算及柱基础设计，此乃排架内力组合所需解决的问题。

（1）控制截面。为便于施工，阶形柱的各段均采用相同的截面配筋，并根据各段柱产生最危险内力的截面（称为“控制截面”）进行计算。

上柱：最大弯矩及轴力通常产生于上柱的底截面Ⅰ—Ⅰ（图7.27），此即上柱的控制截面。

下柱：在吊车竖向荷载作用下，牛腿顶面处Ⅱ—Ⅱ截面的弯矩最大，在风荷载或吊车横向水平力作用下，柱底截面Ⅲ—Ⅲ的弯矩最大，故常取这两截面为下柱的控制截面。对于一般中、小型厂房，吊车荷载不大，故往往是柱底截面Ⅲ—Ⅲ控制下柱的配筋；对吊车吨位大的重型厂房，则有可能是Ⅱ—Ⅱ截面。下柱底截面Ⅲ—Ⅲ的内力值也是设计柱基的依据，故必须对其进行内力组合。

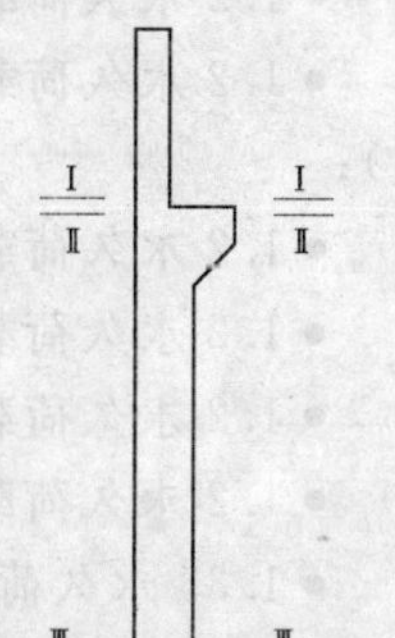

图7.27 排架柱的控制截面

（2）荷载组合。《建筑结构荷载规范》中规定：对于一般排架、框架结构基本组合，可采用简化规则，并应按下列组合值中取最不利值确定：

1）由可变荷载效应控制的组合：

$$S=\gamma_G S_{Gk}+\gamma_{Q1}S_{Q1k} \tag{7.2}$$

$$S=\gamma_G S_{Gk}+0.9\sum_{i=1}^{n}\gamma_{Qi}S_{Qik} \tag{7.3}$$

2）由永久荷载效应控制的组合，按下式计算：

$$S=\gamma_G S_{Gk}+\sum_{i=1}^{n}\gamma_{Qi}\psi_{ci}S_{Qik} \tag{7.4}$$

式中　γ_G——永久荷载的分项系数；

γ_{Qi}——第 i 个可变荷载的分项系数，其中 γ_{Q1} 为可变荷载 Q_1 的分项系数；

S_{Gk}——按永久荷载标准值 G_k 计算的荷载效应值；

S_{Qik}——按可变荷载标准值 Q_{ik} 计算的荷载效应值，其中 S_{Q1k} 为诸可变荷载效应中起控制作用者；

ψ_{ci}——可变荷载 Q_i 的组合值系数；

n——参与组合的可变荷载数。

注意：基本组合中的设计值仅适用于荷载与荷载效应为线性的情况。

当对 S_{Q1k} 无法明显判断时，依次以各可变荷载效应为 S_{Q1k}，选其中最不利的荷载效应组合。

当考虑以竖向的永久荷载效应控制的组合时，参与组合的可变荷载仅限于竖向荷载。

常用的几种荷载效应组合分别为：

- 恒载＋0.9（屋面活载＋吊车荷载＋风载）；
- 恒载＋0.9（吊车荷载＋风载）；
- 恒载＋0.9（屋面活载＋风载）；
- 1.2 永久荷载效应＋1.4 屋面荷载效应；
- 1.2 永久荷载效应＋1.4 吊车荷载效应；
- 1.2 永久荷载效应＋1.4 风荷载效应；
- 1.2 永久荷载效应＋0.9×（1.4 吊车荷载效应＋1.4 风荷载效应＋1.4 屋面荷载效应）；
- 1.2 永久荷载效应＋0.9×（1.4 吊车荷载效应＋1.4 风荷载效应）；
- 1.2 永久荷载效应＋0.9×（1.4 风荷载效应＋1.4 屋面荷载效应）；
- 1.2 永久荷载效应＋0.9×（1.4 风荷载效应＋1.4 屋面荷载效应）；
- 1.2 永久荷载效应＋0.9×（1.4 吊车荷载效应＋1.4 屋面荷载效应）；
- 1.35 永久荷载效应＋0.7（1.4 吊车竖向荷载效应＋1.4 屋面活荷载效应）。

（3）内力组合。单层排架柱是偏心受压构件，其截面内力有 $\pm M$、N、$\pm V$，因有异号弯矩，且为便于施工，柱截面常用对称配筋，即 $A_s=A'_s$。

对称配筋构件，当 N 一定时，无论大、小偏压，M 越大，则钢筋用量也越大。当 M 一定时，对小偏压构件，N 越大，则钢筋用量也越大；对大偏压构件，N 越大，则钢筋用量反而减小。因此，在未能确定柱截面是大偏压还是小偏压之前，一般应进行下列 5 种内力组合：

1）$+M_{max}$ 与相应的 N；

2）$-M_{max}$ 与相应的 N；

3）M_{max} 与相应的 $\pm M$（取绝对值较大者）；

4）N_{min} 与相应的 $+M_{max}$（取绝对值较大者）；

5）V_{max} 及相应的 M 和 N。

学习单元 7.4　单层厂房柱设计简介

任务描述：

认识单层厂房柱的形式，进行牛腿受力分析，识读柱配筋图。

任务知识点：

1. 柱的形式

单层厂房常用柱的形式如图 7.28 所示，分为下列几种：

矩形截面柱：如图 7.28（a）所示，其外形简单，施工方便，但自重大，经济指标差，主要用于截面高度 $h \leqslant 700$mm 的偏压柱。

Ⅰ形截面柱：如图 7.28（b）所示，能合理地利用材料，在单层厂房中应用较多，已有全国通用图集可供设计者选用。但当截面高度 $h > 1600$mm 后，自重较大，吊装较困难，故使用范围受到一定限制。

双肢柱：如图 7.28（c）、（d）所示，可分为平腹杆与斜腹杆两种。前者构造简单，制造方便，在一般情况下受力合理，且腹部整齐的矩形孔洞便于布置工艺管道，故应用较为广泛。当承受较大水平荷载时，宜采用具有桁架受力特点的斜腹杆双肢柱。双肢柱与Ⅰ形柱相比，自重较轻，但整体刚度较差，构造复杂，用钢量稍多。

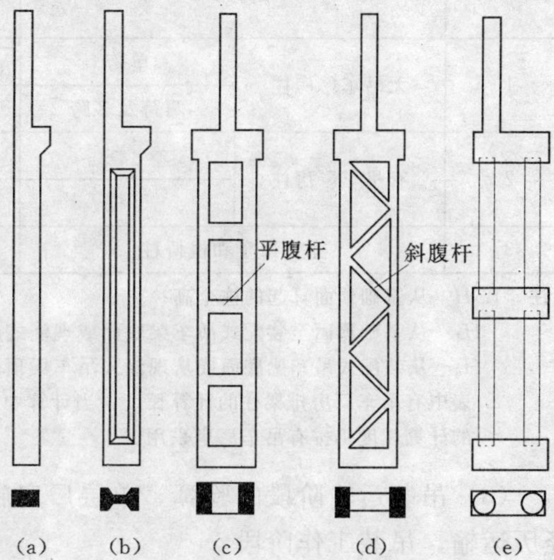

图 7.28　柱的类型

（a）矩形截面柱；（b）Ⅰ形截面柱；（c）、（d）双肢柱；（e）管柱

管柱：如图 7.28（e）所示，可分为圆管和方管混凝土柱，以及钢管混凝土柱三种。

单层厂房柱的形式虽然很多，但在同一工程中，柱型及规格宜统一，以便为施工创造有利条件。一般情况下，当柱截面高度 $h \leqslant 500$mm 时采用矩形截面柱；当 $500\text{mm} < h \leqslant 800$mm 时采用Ⅰ形截面柱或矩形截面柱；当 $800\text{mm} < h \leqslant 1200$mm 时采用Ⅰ形截面柱；当 $1300\text{mm} \leqslant h \leqslant 1500$mm 时采用Ⅰ形柱或双肢柱；当 $h > 1600$mm 时采用双肢柱。

2. 矩形、工字形柱的设计介绍

柱的设计一般包括确定柱截面尺寸、截面配筋设计、构造、绘制施工图等。当有吊车时还需要进行牛腿设计。

（1）截面尺寸。使用阶段柱截面尺寸除应保证具有足够的承载力外，还应有一定的刚度以免造成厂房横向和纵向变形过大，发生吊车轮和轨道的过早磨损，影响吊车正常运行或导致墙和屋盖产生裂缝，影响厂房的使用。

Ⅰ形柱的翼缘高度不宜小于 120mm，腹板厚度不应小于 100mm，当处于高温或侵蚀性环境中，翼缘和腹板的尺寸均应适当增大。Ⅰ形柱的腹板可以开孔洞，当孔洞的横向尺寸小于柱截面高度的一半，竖向尺寸小于相邻两孔洞中距的一半时，柱的刚度可按实腹工形柱计算，承载力计算时应扣除孔洞的削弱部分。当开孔尺寸超过上述范围时，则应按双肢柱计算。

(2) 截面配筋设计。根据排架计算求得的控制截面的最不利内力组合 M、N 和 V，按偏心受压构件进行截面配筋计算。由于柱截面在排架方向有正反方向相近的弯矩，并避免施工中主筋放错，一般采用对称配筋。具有刚性屋盖的单层厂房柱和露天栈桥柱的计算长度 l_0 可按表 7.1 取用。

表 7.1　采用刚性屋盖的单层工业厂房和露天吊车栈桥柱的计算长度 l_0

项　次	柱的类型		排架方向	垂直排架方向	
				有柱间支撑	无柱间支撑
1	无吊车厂房柱	单跨	$1.5H$	$1.0H$	$1.2H$
		两跨及多跨	$1.25H$	$1.0H$	$1.2H$
2	有吊车厂房柱	上柱	$2.0H_u$	$1.25H_u$	$1.5H_u$
		下柱	$1.0H_l$	$0.8H_l$	$1.0H_l$
3	露天吊车和栈桥柱		$2.0H_l$	$1.0H_l$	

注　1. H—从基础顶面算起的柱全高；

H_l—从基础顶面至装配式吊车梁底面或现浇式吊车梁顶面的柱下部高度；

H_u—从装配式吊车梁底面或从现浇式吊车梁顶面算起的柱上部高度。

2. 表中有吊车厂房排架柱的计算长度，当计算中不考虑吊车荷载时，可按无吊车厂房的计算长度采用；但上柱的计算长度仍按有吊车厂房采用。

(3) 吊装运输阶段的验算。单层厂房施工时，往往采用预制柱，现场吊装装配，故柱经历运输、吊装工作阶段。

柱在吊装运输时的受力状态与其使用阶段不同，故应进行施工阶段的承载力及裂缝宽度验算。

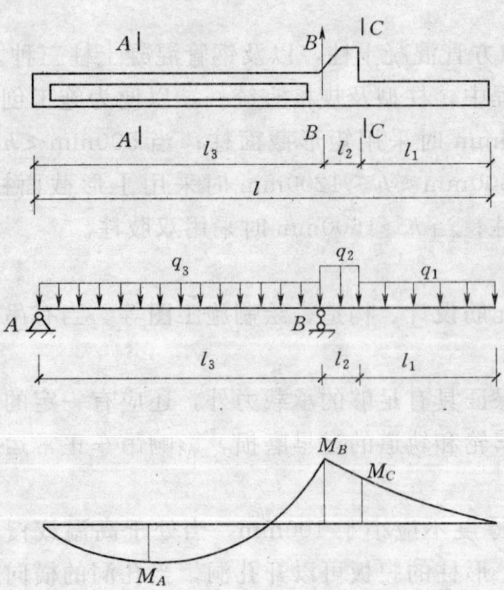

图 7.29　柱的吊装验算

吊装时柱的混凝土强度一般按设计强度的70%考虑，当吊装验算要求高于设计强度的70%方可吊装时，应在设计图上予以说明。如图 7.29 所示，吊点一般设在变阶处，故应按图中的 $A—A$、$B—B$、$C—C$ 三个截面进行吊装时的承载力和裂缝宽度的验算。验算时，柱自重采用设计值，并乘以动力系数 1.5。

承载力验算时，考虑到施工荷载下的受力状态为临时性质，安全等级可降一级使用。裂缝宽度验算时，可采用受拉钢筋应力为：

$$\sigma_s = \frac{M_s}{0.87h_0A_s}$$

求出 σ_s 后，可按混凝土结构设计原理确定裂缝宽度是否满足要求。当变阶处柱截面验算钢筋不满足要求时，可在该局部区段附加配筋。运输阶段的验算，可根据支点位置，按上述方法进行。

3. 矩形和Ⅰ形截面柱的构造

(1) 材料和截面尺寸。对于矩形截面柱，常采用C20混凝土；对于Ⅰ形截面柱，常采用C25或C30混凝土。受力钢筋宜采用HRB335级钢筋，构造钢筋可采用HPB235级钢筋。

(2) 配筋构造。设计柱子时，除了根据荷载作用下的轴力和弯矩来确定纵向受力钢筋的数量和位置，还需要进一步确定箍筋、附加钢筋等设置问题。这主要是考虑计算中被忽略的一些次要因素，如剪力和扭转的影响，混凝土的温度应力，截面突变处的应力集中现象等。

矩形和Ⅰ形截面排架柱的配筋构造要求如图7.30所示。

1) 纵向受力钢筋直径 d 不宜小于12mm，通常在12～32mm范围内选用。纵向受力筋要求放置在弯矩作用方向的两边。

2) 伸入根部的牛腿纵向受力筋的下弯位置，不应与上、下柱的纵向受力筋相重合。

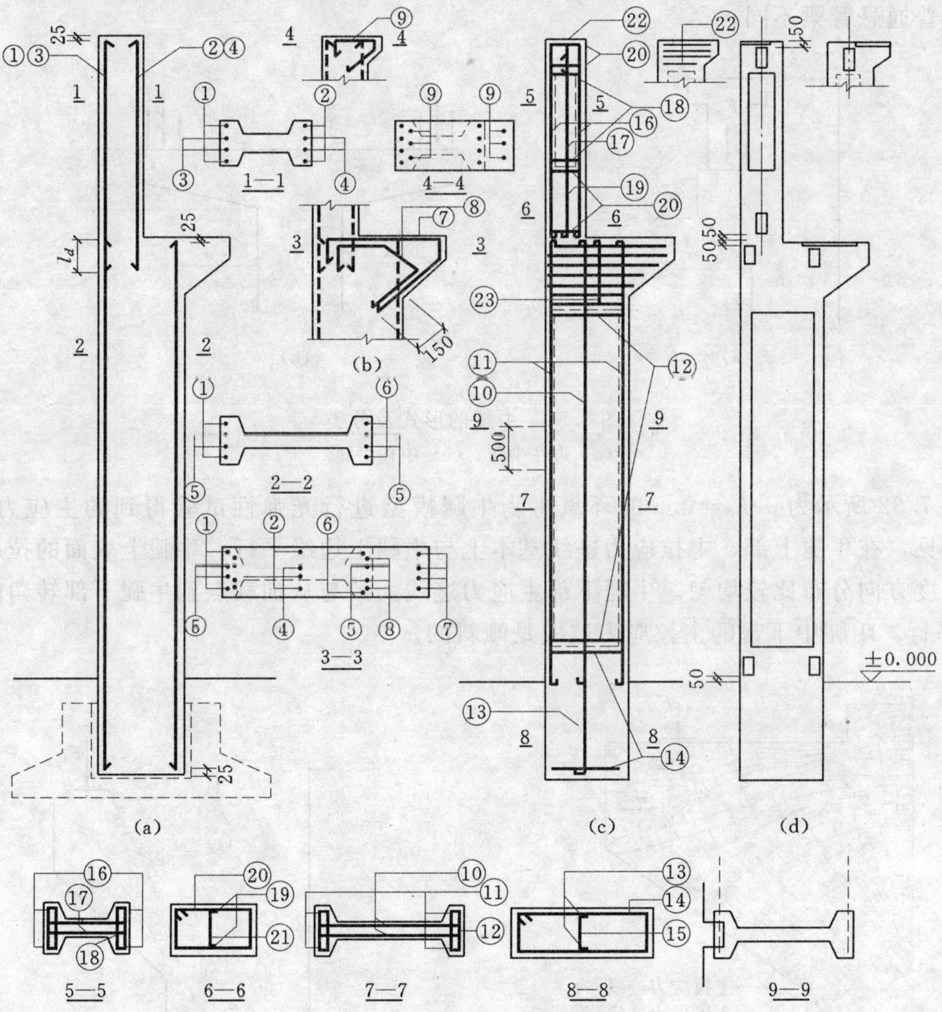

图7.30　柱受力筋构造

(a) 纵向受力筋布置；(b) 牛腿受力筋布置；(c) 箍筋附加筋布置；(d) 埋设件布置

3）柱内箍筋应为封闭式。箍筋间距不应大于 400mm，且不应大于构件截面的短边尺寸；箍筋直径不应小于 $d/4$，且不应小于 6mm，d 为纵向钢筋的最大直径。

4）当柱的截面高度 $h \geqslant 600$mm 时，在侧面应设置φ 10～φ 16 的纵向构造钢筋，并相应地设置附加箍筋，纵向构造筋间距不大于 500mm。

5）柱与外纵墙用预留拉筋连接。预留拉筋均采用φ 6，沿柱高每 500mm 设置一根。

4. 牛腿

（1）牛腿的受力特点。在单层厂房中，通常采用柱侧伸出的牛腿来支撑屋架、吊车梁等物件。由于这些构件大多是负载较大或承受动荷载作用，所以牛腿虽小，却是一个很重要的构件。

根据牛腿荷载的作用点到牛腿下部与柱边缘交接点的水平距离 a 的大小，一般把牛腿分成两类（图 7.31）：当 $a \leqslant h_0$ 时为短牛腿；当 $a > h_0$ 时为长牛腿。长牛腿的受力情况与悬臂梁相似。支承吊车梁等构件的牛腿均为短牛腿，它实质是一变截面悬臂深梁，其受力性能与普通悬臂梁不同。

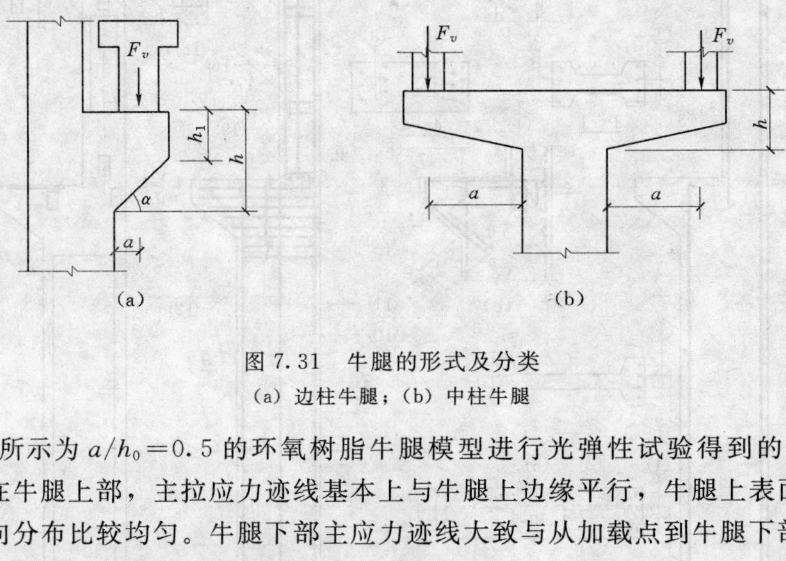

图 7.31　牛腿的形式及分类

（a）边柱牛腿；（b）中柱牛腿

图 7.32 所示为 $a/h_0 = 0.5$ 的环氧树脂牛腿模型进行光弹性试验得到的主应力迹线。由图可见，在牛腿上部，主拉应力迹线基本上与牛腿上边缘平行，牛腿上表面的拉应力沿牛腿长度方向分布比较均匀。牛腿下部主应力迹线大致与从加载点到牛腿下部转角的连线 ab 相平行。牛腿中下部的主拉应力迹线是倾斜的。

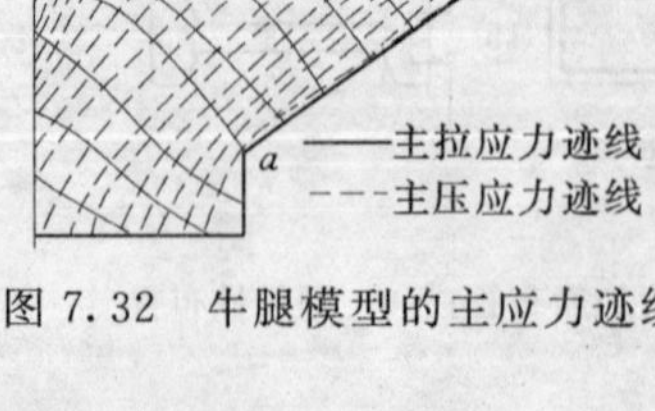

图 7.32　牛腿模型的主应力迹线

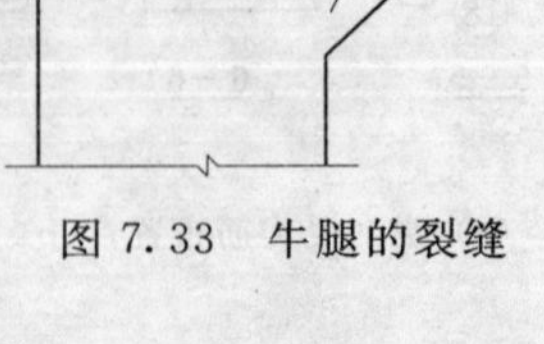

图 7.33　牛腿的裂缝

对钢筋混凝土牛腿试验表明，一般在极限荷载的20%～40%时出现垂直裂缝，但它开展很小，对牛腿的受力影响不大。当荷载加至极限荷载的40%～60%时在加载板内侧附近出现斜裂缝①（图7.33）。在荷载加至极限荷载的80%时突然出现裂缝②，当产生许多相互贯通的斜裂缝，或突然出现一条与斜裂缝②大致平行的斜裂缝③时，这预示牛腿即将破坏。在牛腿使用过程中，所谓允不允许出现裂缝均指裂缝①而言。

根据试验观察，随a/h_0值的不同，牛腿大致有以下三种主要的破坏形态：

1）剪切破坏。当$a/h_0 \leqslant 0.1$，或a/h_0值虽较大而自由边高度h_1较小时，可能发生沿加载板内侧接近垂直截面的剪切破坏［图7.34（a）］，这时牛腿内纵向钢筋应力较小。

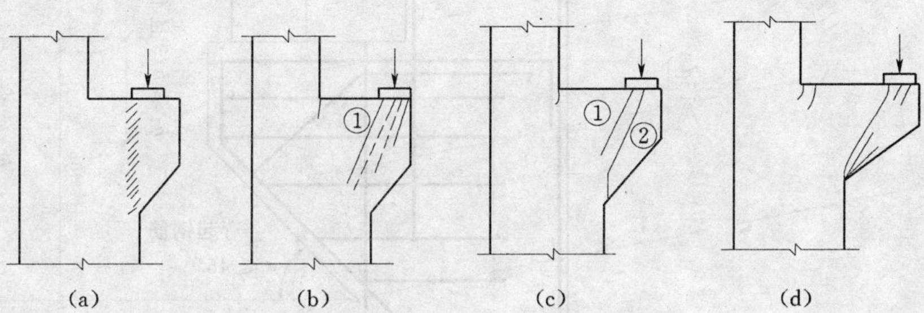

图7.34　牛腿的破坏形态

（a）剪切破坏；（b）、（c）斜压破坏；（d）弯压破坏

2）斜压破坏。斜压破坏大多发生在$0.1 < a/h_0 \leqslant 0.75$的范围内。其特征是：首先出现斜裂缝①。加载至极限荷载的70%～80%时，在这条裂缝外侧整个压杆范围内出现大量短小斜裂缝，当这些斜裂缝逐渐贯通时，受压区内混凝土剥落崩出，牛腿破坏［图7.34（b）］。也有少数牛腿在裂缝①发展到相对稳定后，当加载到某级荷载时，突然从加载板内侧出现一条斜裂缝②，然后就很快沿此斜裂缝破坏［图7.34（c）］。

3）弯压破坏。当$a/h_0 > 0.75$和纵筋配筋率较低时，一般发生弯压破坏。其特征是：当出现斜裂缝①后，随着荷载的增加，裂缝不断向受压区延伸，纵筋应力不断增加并达到屈服强度，这时斜裂缝①外侧部分绕牛腿下部与柱交接点转动，致使受压区混凝土压碎而引起破坏［图7.34（d）］。此外，还有由于加载板过小而导致加载板下混凝土局部压碎破坏和由于纵筋锚固不良而被拔出等破坏形态。

根据上述破坏形态，牛腿可简化成图7.35所示的一个以纵向钢筋为拉杆，混凝土斜撑为压杆的三角形桁架，这即为牛腿的计算简图。

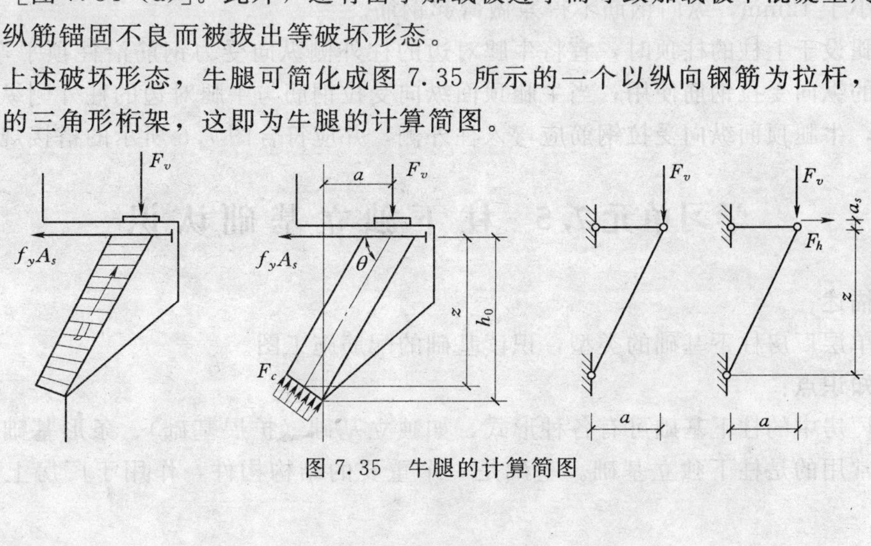

图7.35　牛腿的计算简图

(2) 牛腿的构造要求。牛腿的外边缘高度 h_1 不应小于 $h/3$，且不应小于 200mm。沿牛腿顶部配置的纵向受力钢筋，宜采用 HRB335 或 HRB400 级钢筋。纵向受拉钢筋配筋率不小于 0.2% 及 $0.45f_t/f_y$，也不应大于 0.6%，其数量不小于 4 根，直径不小于 12mm，其余如图 7.36 所示。

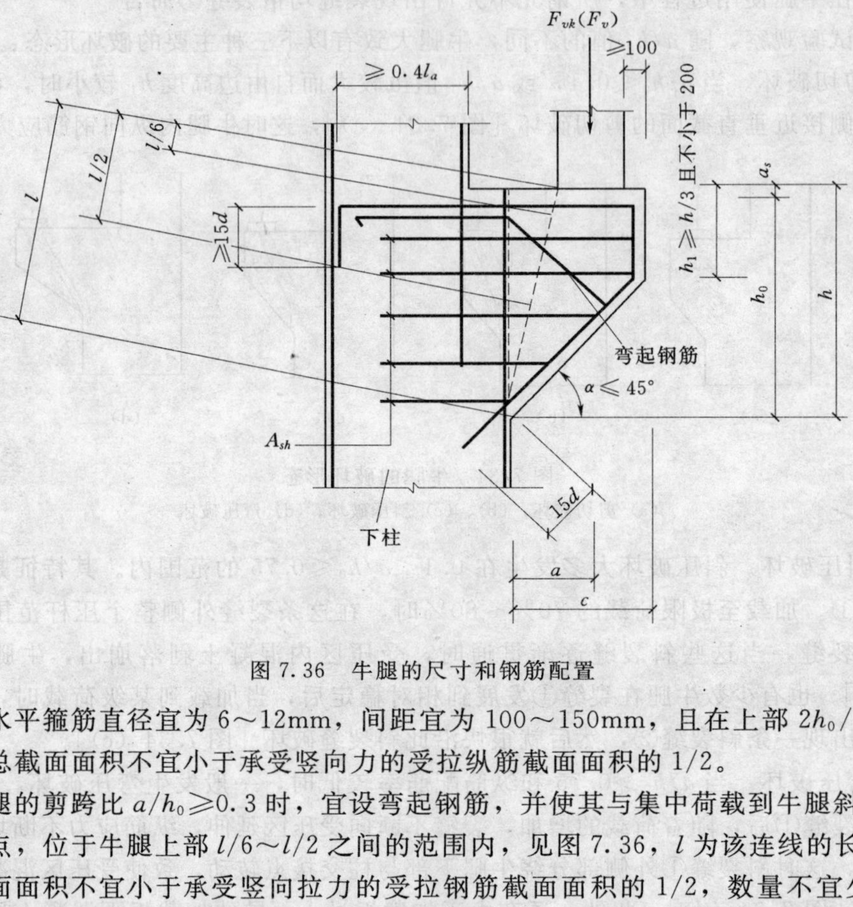

图 7.36　牛腿的尺寸和钢筋配置

牛腿水平箍筋直径宜为 6～12mm，间距宜为 100～150mm，且在上部 $2h_0/3$ 范围内，水平箍筋总截面面积不宜小于承受竖向力的受拉纵筋截面面积的 1/2。

当牛腿的剪跨比 $a/h_0 \geqslant 0.3$ 时，宜设弯起钢筋，并使其与集中荷载到牛腿斜边下端点连线的交点，位于牛腿上部 $l/6$～$l/2$ 之间的范围内，见图 7.36，l 为该连线的长度。弯起钢筋的截面面积不宜小于承受竖向拉力的受拉钢筋截面面积的 1/2，数量不宜少于 2 根，直径不宜小于 12mm，纵向钢筋不得兼做弯起钢筋。

当牛腿设于上柱的柱顶时，宜将牛腿对边的柱外侧纵向受力钢筋沿柱顶平弯入牛腿，作为牛腿的纵向受拉钢筋使用；当牛腿顶面纵向受拉钢筋与牛腿对边的柱外侧纵向钢筋分开配置时，牛腿顶面纵向受拉钢筋应弯入柱外侧，并应符合图 7.6 所示的搭接规定。

学习单元 7.5　柱下独立基础认识

任务描述：

认识单层厂房柱下基础的类型，识读基础的配筋施工图。

任务知识点：

单层厂房中的柱下基础可有各种形式，如独立基础（扩展基础）、条形基础及桩基础等，但最常用的是柱下独立基础。基础是一个重要的结构构件，作用于厂房上的全部荷载，最后都要通过它传递到地基土中。在基础设计中，不仅要保证基础有足够的承载力，而且要保证地基的变形，使基础的沉降不能过大，以免引起上部结构的开裂甚至破坏。

1. 柱下基础的类型

柱下基础的类型有：独立基础、条形基础、十字交叉基础、筏板、基础、桩基础。

钢筋混凝土柱下独立基础（也称扩展基础），有很多形式，一般常用的有锥形、阶梯形、杯形、柱式、长颈杯形和双柱杯形基础等，如图 7.37 所示。

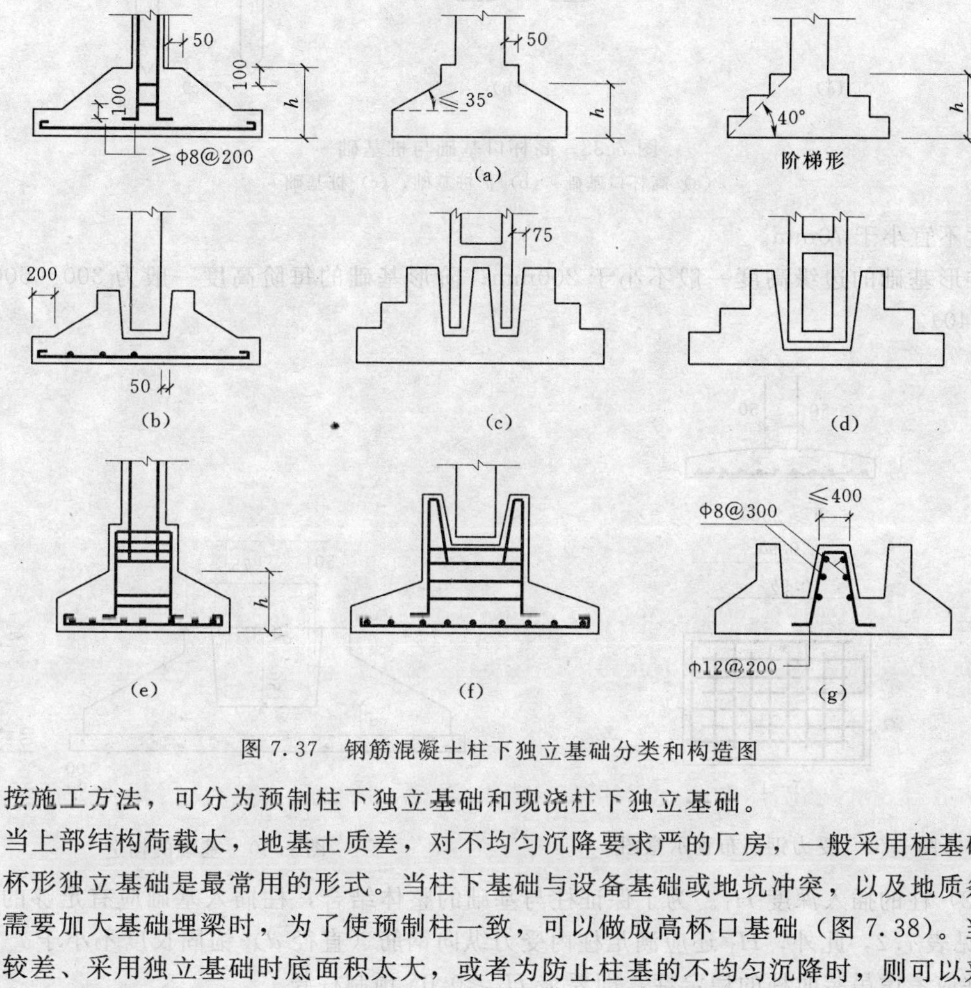

图 7.37 钢筋混凝土柱下独立基础分类和构造图

按施工方法，可分为预制柱下独立基础和现浇柱下独立基础。

当上部结构荷载大，地基土质差，对不均匀沉降要求严的厂房，一般采用桩基础。

杯形独立基础是最常用的形式。当柱下基础与设备基础或地坑冲突，以及地质条件等原因需要加大基础埋梁时，为了使预制柱一致，可以做成高杯口基础（图 7.38）。当地基条件较差、采用独立基础时底面积太大，或者为防止柱基的不均匀沉降时，则可以采用条形基础。当地基垫力层很深，上部结构荷载很大，且对地基的变形要求严格时，可采用桩基础。

2. 基础的构造要求

(1) 一般规定。基础的混凝土强度等级不宜低于 C20。受力钢筋的直径不宜小于 10mm，间距不宜大于 c，也不宜小于 100mm。当基础边长大于或等于 2.5m 时，沿此向钢筋的长度可减小 10%，但应交错放置，如图 7.39 所示。

基底常设 100mm 厚、强度等级为 C10 的素混凝土垫层（垫层厚度不宜小于 70mm），则底板受力钢筋的保护层厚度不小于 40mm；若地基土质干燥，也可不设垫层，但保护层

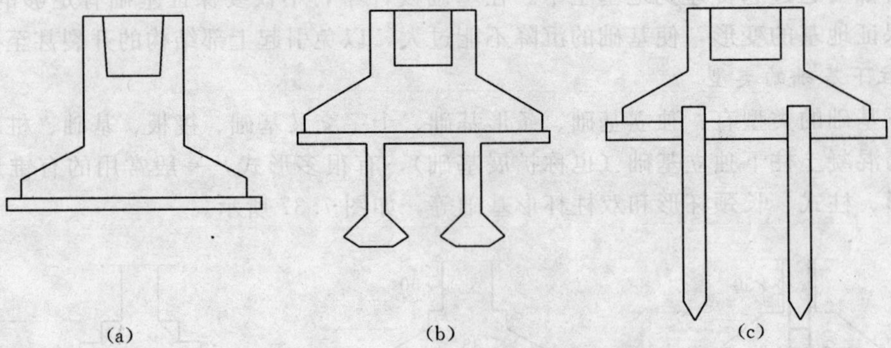

图 7.38　高杯口基础与桩基础

(a) 高杯口基础；(b) 扩桩基础；(c) 桩基础

的厚度不宜小于 70mm。

锥形基础的边缘高度一般不小于 200mm；阶形基础的每阶高度一般为 300～500mm（图 7.40）。

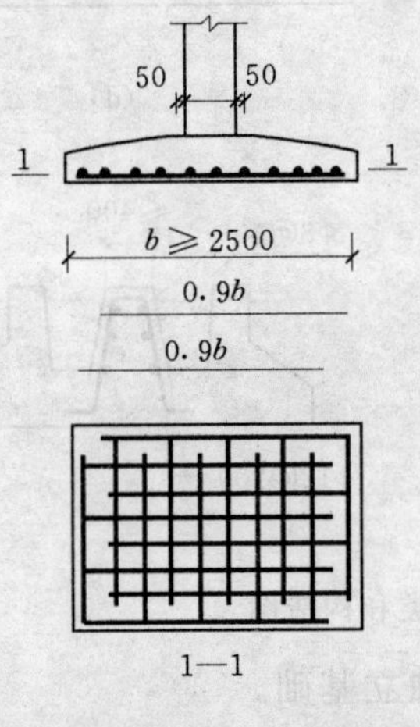

图 7.39　受力钢筋布置示意图

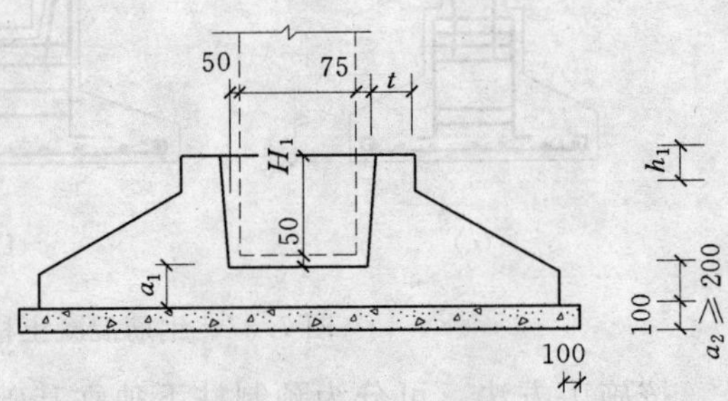

图 7.40　基础的构造

（2）柱的插入深度 H_1。为了保证柱与基础的整体结合，柱插入基础应有足够的深度 H_1，见表 7.2，此外，H_1 还应满足柱内受力纵向钢筋（直径 d）锚固长度不小于 l_a 的要求，并应考虑吊装时柱的稳定性，即要求 $H_1 \geqslant 0.05$ 预制柱长。

表 7.2　　柱 的 插 入 深 度

矩形或工字形截面				双肢柱
$h<500$	$500\leqslant h<800$	$800\leqslant h<1000$	$h>1000$	
$H_1=(1.0\sim1.2)h$	$H_1=h$	$H_1=0.9h$ $H_1\geqslant 800$	$H_1=0.8h$ $H_1\geqslant 1000$	$H_1=(1/3\sim2/3)h$ $H_1=(1.5\sim1.8)b$

注　1. h 为柱截面长边尺寸；b 为短边。

2. 柱轴心受压或小偏心受压时，H_1 可适当减小；偏心距大于 $2h$ 时，H_1 应适当加大。

（3）基础杯底厚度和杯壁厚度。为了防止安装预制柱时，杯底可能发生冲切破坏，基础的杯底应有足够的厚度 a_1，其值见表 7.3。同时，杯口内应铺垫 50mm 厚的水泥砂浆。基础的杯壁应有足够的抗弯强度，其厚度 t 可按表 7.3 选用。

表 7.3　基础杯底厚度和杯壁厚度　　单位：mm

柱截面长边尺寸 h	板底厚度 a_1	杯壁厚度 t
$h<500$	$\geqslant150$	150～200
$500\leqslant h<800$	$\geqslant200$	$\geqslant200$
$800\leqslant h<1000$	$\geqslant200$	$\geqslant300$
$1000\leqslant h<1500$	$\geqslant250$	$\geqslant350$
$1500\leqslant h<2000$	$\geqslant300$	$\geqslant400$

注　1. 双肢柱的 a_1 值可适当加大。
2. 当有基础梁时，基础梁下的杯壁厚度应满足其支承宽度的要求。
3. 柱插入杯口部分的表面应凿毛。柱与杯口之间的空隙，应用细石混凝土（比基础混凝土标号高一级）密实充填，其强度达到基础设计标号的 70%以上时，方能进行上部吊装。

（4）杯壁配筋。当柱为轴心受压或小偏心受压，且 $t\geqslant0.65h_1$（h_1 为杯壁高度）时，或为大偏心受压且 $t\geqslant0.75h_1$ 时，杯壁内一般不配筋。当柱为轴心或小偏心受压，且 $0.5\leqslant t/h_1<0.65$ 时，杯壁内可按表 7.4、图 7.41 的要求配置钢筋；其他情况下，应按计算配筋。

表 7.4　杯壁的配筋数量

柱截面长边尺寸 h（mm）	$h<1500$	$1000\leqslant h<1500$	$1500\leqslant h<2000$
钢筋网直径（mm）	8～10	10～12	12～16

（5）双杯口基础及高杯口基础。在厂房伸缩缝处，需设置双杯口基础。当两杯口间的宽度 $a_3<400$mm 时，宜在中间杯壁内配筋（图 7.42）。

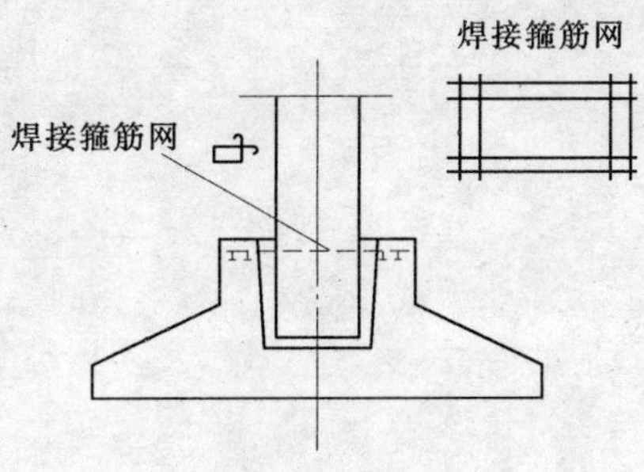

图 7.41　杯口基础及高杯壁口基础

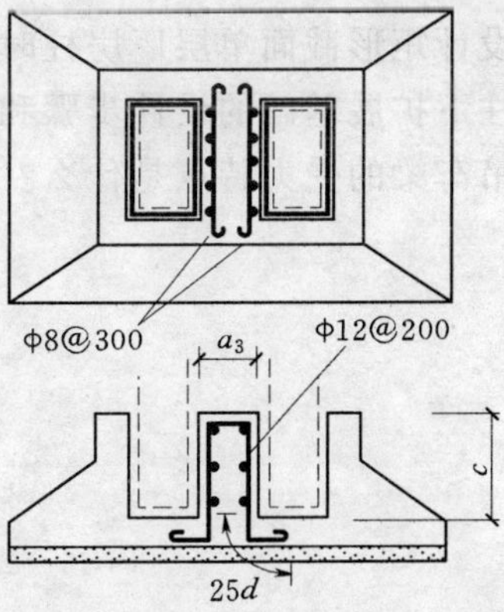

图 7.42　双杯口基础的杯壁配筋

因地质条件，或因有设备基础，在单层厂房中有时需将个别或部分柱基的埋置深度加大。为使厂房预制柱的长度相同，常在这些柱下设置高杯口基础，其杯口尺寸和配筋可参考图 7.43，其下的短柱可按偏心受压构件设计。

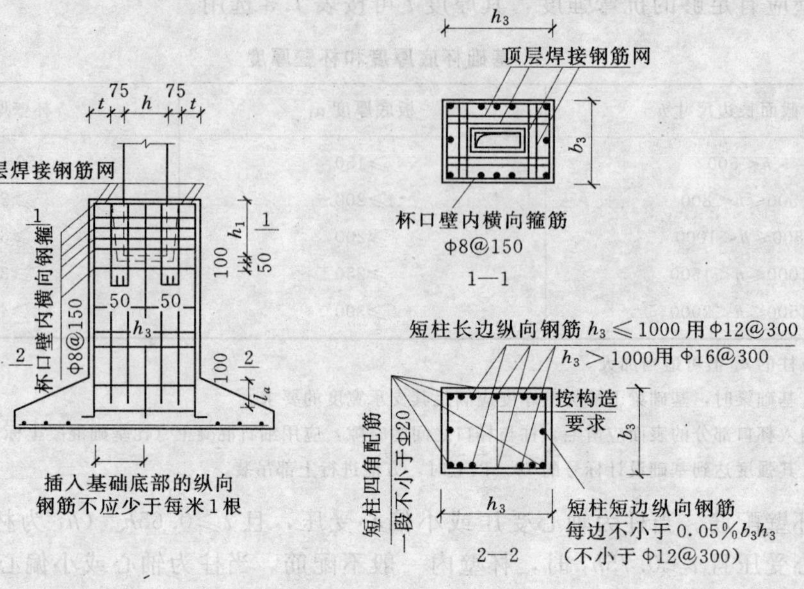

图 7.43　高杯口基础的配筋

小组协作思考题：

1. 单层厂房排架结构中，哪些构件是主要承重构件，单层厂房中的支撑分几类，支撑的主要作用是什么？

2. 排架内力分析的目的是什么，排架内力分析的步骤是怎样的？

3. D_{max}、D_{min} 和 T_{max} 是怎样求得的？

4. 什么是不同种类内力的组合，什么是同一种内力的组合，内力组合时应注意哪些事项，对内力组合值是怎样评判的？

5. 什么是厂房的整体空间作用？

6. 设计矩形截面单层厂房柱时，应着重考虑哪些问题？

7. 柱下扩展基础的设计步骤和要点是什么？

8. 吊车梁的受力特点是什么？

学习情境 8　钢筋混凝土多层及高层结构房屋设计简介

学习目标：

- 能进行高层建筑结构方案和结构体系的选择
- 能作出框架结构的计算简图，选择合适的结构分析方法
- 会分析剪力墙结构的受力，领会剪力墙结构的构造规定
- 能选择构件截面及设计构件间的连接构造

学习单元 8.1　钢筋混凝土多层及高层房屋结构体系认识

任务描述：

分析框架结构、剪力墙结构、框架—剪力墙结构、筒体结构等高层建筑结构的结构组成。

任务知识点：

现代高层建筑是随着社会生产的发展和人们生活的需要而发展起来的，是商业化、工业化和城市化的结果。1883 年，美国芝加哥建成世界上第一幢现代高层建筑——高 11 层的家庭保险大楼（铸铁框架）。近些年来我国高层建筑的发展也很快。20 世纪 80 年代我国最高的建筑是深圳国际贸易中心（高 160m、50 层）。进入 20 世纪 90 年代，1997 年上海建成了我国大陆目前最高的超高层建筑——金茂大厦，同年深圳建成了我国大陆目前第二高楼——地王大厦（高 384m、81 层，建筑面积 14.7 万 m^2）。矗立在上海浦东陆家嘴的金茂大厦，地上 88 层，地下 3 层，高达 420.5m，建筑面积 29 万 m^2，总用钢量 24.5 万 t，其高度大陆第一，亚洲第三，世界第四。高层建筑的发展之所以如此迅猛，是因为它有节省土地、节约市政工程费用，减少拆迁费用，有利于建筑工业化的发展和城市的美化等优点，同时科学技术的进步，轻质高强材料的涌现，以及机械化、电气化、计算机在建筑中的广泛应用，为高层建筑的发展提供了物质和技术条件。但房屋过高和过分集中会带来一系列问题，不仅使房屋的结构、供水、供电、空调、防火等费用大幅度提高，还给人们的工作、生活带来诸多不便和压力。

目前，多层房屋多采用混合结构和钢筋混凝土结构，高层房屋常采用钢筋混凝土结构、钢结构、钢—混凝土混合结构。本学习情境主要介绍钢筋混凝土多层与高层房屋。

1. 多层及高层建筑的范围

（1）关于多层与高层建筑的界限，各国有不同的标准。1972 年召开的国际高层建筑会议制订了如下的划分标准：

1）多层建筑：不大于 8 层。

2）高层建筑：第一类，9～16层，高度不大于50m。

第二类，17～25层，高度不大于75m。

第三类，25～40层，高度不大于100m。

3）超高层建筑：大于40层，高度大于100m。

我国不同标准也有不同的定义。我国GB50045—95《高层民用建筑设计防火规范》（2001年修订版）规定：10层及10层以上的居住建筑（包括首层设置商业服务网点的住宅）或建筑高度超过24m的公共建筑为高层建筑。

GB50352—2005《民用建筑设计通则》规定：10层及10层以上的住宅建筑以及高度超过24m的公共建筑和综合性建筑为高层建筑，而高度超过100m时，不论是住宅建筑还是公共建筑，一律称为超高层建筑。

（2）多层及高层建筑的大致范围。如下所示：

多层建筑：小于10层且高度不超过28m的建筑。

高层建筑：不小于10层或高度超过28m的建筑。

习惯上，对其中10～18层的建筑又称为小高层建筑；18～40层的建筑称为高层建筑；大于40层的建筑称为超高层建筑。

表8.1　钢筋混凝土多层及高层建筑常用的结构体系

结构体系	
框架结构	
框架—剪力墙结构	
剪力墙结构	全部落地剪力墙结构
	部分框支剪力墙结构
筒体结构	框架—核心筒结构
	筒中筒结构
板柱—剪力墙	

2. *多层及高层建筑常用的结构体系*

结构构件受力与传力的结构组成方式称为结构体系。目前，钢筋混凝土多层及高层房屋常用的结构体系有框架体系、框架—剪力墙体系、剪力墙体系和筒体体系等（表8.1）。

《民用建筑设计通则》把常规高度的高层建筑物称为A级高度的高层建筑，把高度超过A级高度限值的高层建筑称为B级高度的高层建筑。其中A级高度钢筋混凝土高层建筑的最大适用高度见表8.2。

表8.2　A级高度钢筋混凝土高层建筑的最大适用高度　　单位：m

结构体系		非抗震设计	抗震设防烈度			
			6度	7度	8度	9度
框架		70	60	55	45	25
框架—剪力墙		140	130	120	100	50
剪力墙	全部落地	150	140	120	100	60
	部分框支	130	120	100	80	不应采用
筒体	框架—核心筒	160	150	130	100	70
	筒中筒	200	180	150	120	80
板柱—剪力墙		70	40	35	30	不应采用

注　1. 房屋高度指室外地面至主要屋面高度，不包括局部突出屋面的电梯机房、水箱、构架等高度。
2. 表中框架不含异形柱框架结构。
3. 部分框支剪力墙结构指地面以上有部分框支剪力墙的剪力墙结构。
4. 平面和竖向均不规则的结构或Ⅳ类场地上的结构，最大适用高度应适当降低。
5. 甲类建筑，6度、7度、8度时宜按本地区抗震设防烈度提高1度后符合本表的要求，9度时应专门研究。
6. 9度抗震设防、房屋高度超过本表数值时，结构设计应有可靠依据，并采取有效措施。

3. 高层建筑的设计特点

高层建筑在结构分析方面与多层建筑结构基本是一致的，与之相比，也有其特殊性，主要体现在以下几个方面：

（1）构件轴向变形（墙、柱轴力大）与剪切变形（截面高度大）对结构内力和位移影响不可忽略。

（2）侧向风荷载或地震作用所产生的结构内力与位移往往成为控制因素。

（3）侧向位移是结构设计控制因素。

1）顶点总位移 Δ：过大会导致电梯正常运行困难，竖向荷载下易产生 $P-\Delta$ 效应，钢材用量增加，结构失稳，倾覆危险性增加。

2）层间相对侧移量（层间位移）δ：过大会导致建筑装修及隔墙开裂，甚至引起承重构件裂缝与破坏。因此必须限制 Δ/H 与 δ/h 两个参数。

现代高层建筑所采用的材料，主要是钢材和混凝土两种。香港的中环广场大厦（图 8.1），是目前最高的钢筋混凝土结构；其次，朝鲜平壤市的柳京饭店，101 层，高度 319.8m。

将型钢布置在构件内部，外部由钢筋混凝土做成，或者是在钢管内部填充混凝土，做成钢-混凝土组合结构。该种形式钢材和混凝土两种结构材料优势互补，结构具有很好的抗震性能，建造高度可与钢结构相当。经济合理、技术性能优良的钢-混凝土组合结构，是目前的发展趋势。

马来西亚吉隆坡国家石油大厦（图 8.2），亦即双子星大楼，楼高 451.9m，88 层，就是这种组合结构形式。

图 8.1　香港中环广场大厦

图 8.2　吉隆坡国家石油大厦

4. 框架结构体系

由梁和柱刚性连接组成的承受竖向和水平作用的结构称为框架结构（图 8.3）。其主要特点是承重结构和围护、分隔构件完全分开，墙只起围护、分隔作用。框架结构建筑平面布置灵活，空间划分方便，易于满足生产工艺和使用要求，构件便于标准化，具有较高的承载力和较好的整体性，因此，广泛应用于多层工业厂房及多、高层办公楼、医院、旅馆、教学楼、住宅等。

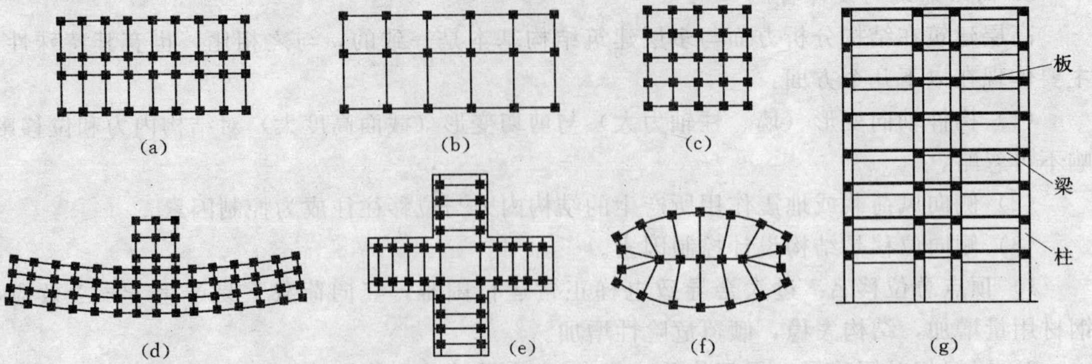

图 8.3 框架结构平面典型布置及剖面示意图

框架结构在水平荷载下表现出抗侧移刚度小、水平位移大的特点，属于柔性结构，故随着房屋层数的增加，水平荷载逐渐增大，就将因侧移过大而不能满足要求；或形成肥梁胖柱而不经济。框架的合理建造高度一般为 30m 左右（6～15 层），非地震区也可建到 15～20 层。

柱截面为 L 形、T 形、Z 形或十字形的框架结构称为异形柱框架（图 8.4），目前一般用于非抗震设计或按 6、7 度抗震设计的 12 层以下的建筑中。

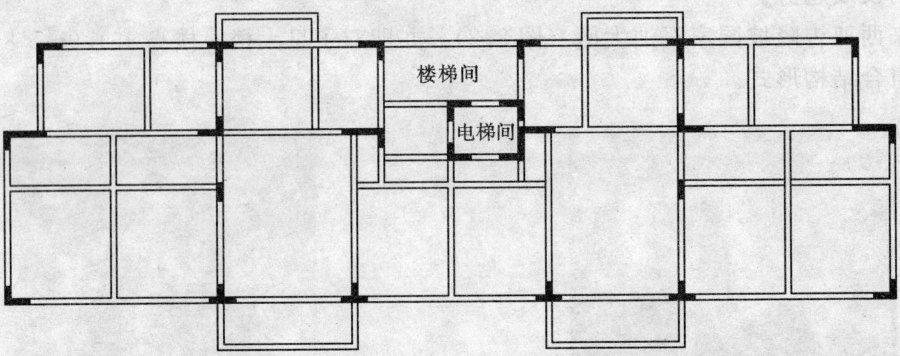

图 8.4 异形柱框架结构平面示例

5. 剪力墙结构体系

利用建筑物的墙体作为竖向承重和抵抗侧力的结构，称为剪力墙结构体系（图 8.5）。所谓剪力墙，实质上是固结于基础的钢筋混凝土墙片，具有很高的抗侧移能力。因其既承担竖向荷载，又承担水平荷载——剪力，故名剪力墙。剪力墙的间距受到楼板构件跨度的限制，一般为 3～8m。因而剪力墙结构适用于要求小房间的住宅、旅馆等建筑，此时可省去大量砌筑填充墙的工序及材料。

一般情况下，剪力墙结构楼盖内不设梁，楼板直接支承在墙上，墙体既是承重构件，又起围护、分隔作用。剪力墙结构的房屋横墙多，侧向刚度大，整体性好，并可使用大模板、滑升模板等先进施工方法，利于缩短工期，节省人力。但剪力墙结构的房间划分受到很大限制，因而一般用于住宅、旅馆等开间要求较小的建筑，其使用高

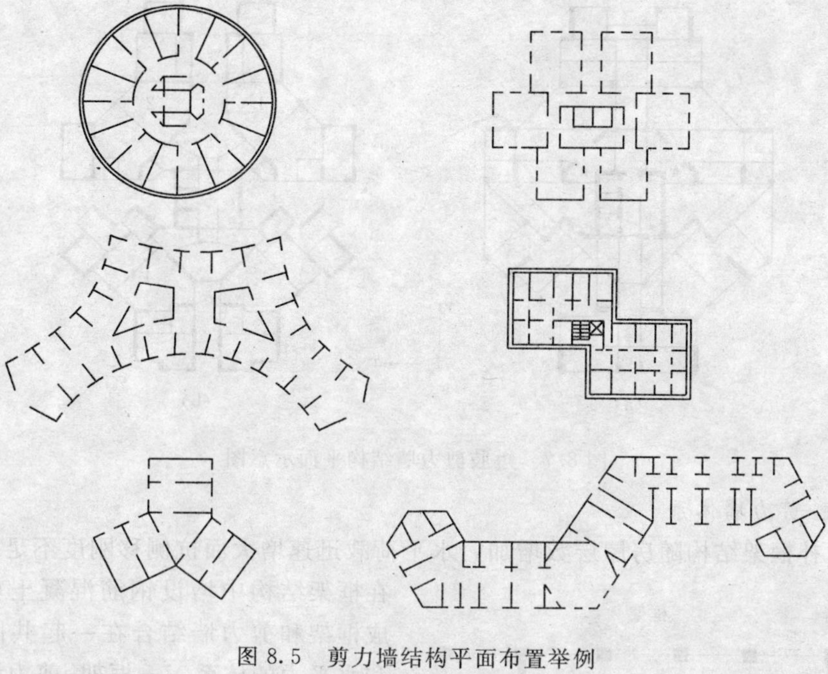

图 8.5 剪力墙结构平面布置举例

度为 15～50 层。

当高层剪力墙结构的底部要求有较大空间时，可将底部一层或几层部分剪力墙设计为框支剪力墙，形成部分框支剪力墙体系［图 8.6 (a)］。底层柱的刚度小，形成上下刚度突变，在地震作用下底层柱会产生很大内力及塑性变形，如图 8.6 (b) 所示，致使结构破坏。部分框支剪力墙结构属竖向不规则结构，上、下层不同结构的内力和变形通过转换层传递，抗震性能较差，烈度为 9 度的地区不应采用。因此，在地震区不允许单独采用这种框支剪力墙结构。

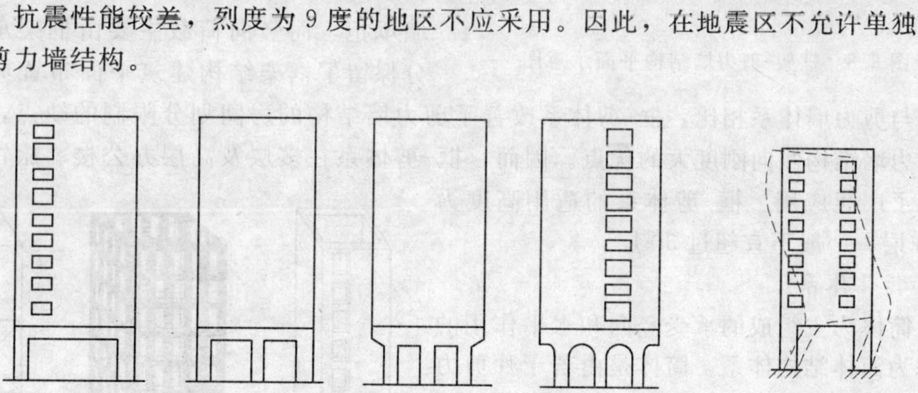

图 8.6 框支剪力墙结构

在小高层建筑中，一般是在电梯、楼梯部位布置剪力墙形成筒体，其他部位则根据需要，在纵横墙交接处设置截面高度为 2m 左右的 T 形、十字形、L 形截面短肢剪力墙，墙肢之间在楼面处用梁连接，并用轻质材料填充，形成使用功能及受力均较合理的短肢剪力墙结构体系（图 8.7）。

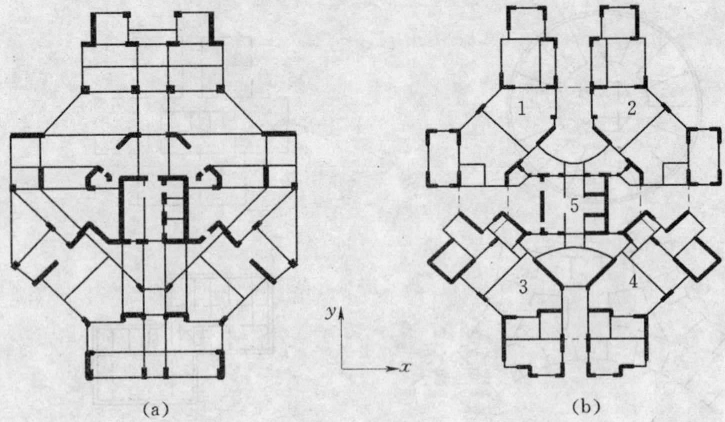

图 8.7 短肢剪力墙结构平面示意图

6. 框架-剪力墙体系

为了弥补框架结构随房屋层数增加，水平荷载迅速增大而抗侧移刚度不足的缺点，可在框架结构中增设钢筋混凝土剪力墙，形成框架和剪力墙结合在一起共同承受竖向和水平力的体系——框架-剪力墙体系（图 8.8），简称框-剪体系。剪力墙可以是单片墙体，也可以是电梯井、楼梯井、管道井组成的封闭式井筒框-剪体系。

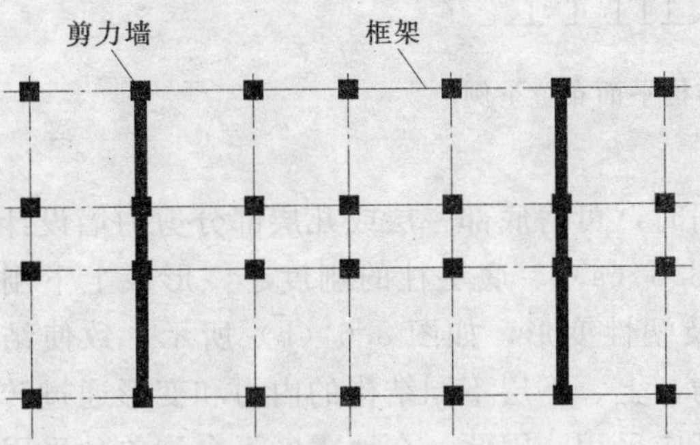

图 8.8 框架-剪力墙结构平面示意图

与框架结构体系相比，框-剪体系侧向刚度比框架结构大，大部分水平力由剪力墙承担，而竖向荷载主要由框架承担，部分保留了框架结构建筑平面布置灵活的优点；而与剪力墙体系相比，框-剪体系改善了剪力墙结构的房间划分限制的缺点，部分保留了剪力墙结构侧向刚度大的优点。因而，框-剪体系在多层及高层办公楼、旅馆等建筑中得到了广泛应用。框-剪体系的适用高度为 15～25 层，一般不宜超过 30 层。

7. 筒体体系

由筒体为主组成的承受竖向和水平作用的结构称为筒体结构体系。筒体是由若干片剪力墙围合而成的封闭井筒式结构，其受力情况相当于一个固定于基础上的筒形悬臂构件。

根据开孔的多少，筒体有实腹筒、框筒和桁架筒之分（图 8.9）。实腹筒一般由电梯井、楼梯间、管道井等形成，开孔少，因其常位于房屋中部，故又称为核心筒。框筒由布置在房屋四周的密排立柱和截面高度很大的横梁组

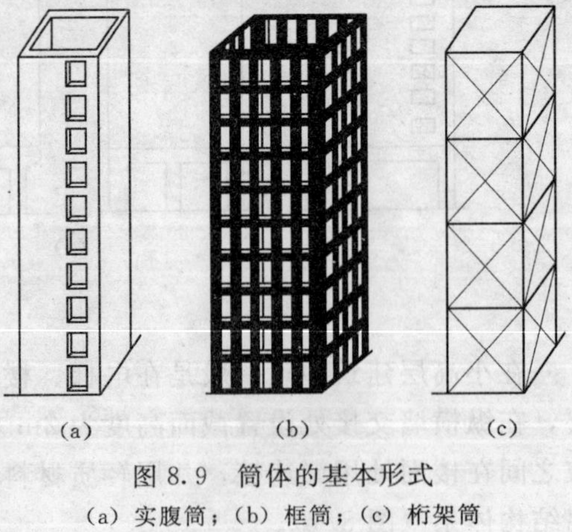

图 8.9 筒体的基本形式

（a）实腹筒；（b）框筒；（c）桁架筒

成，立柱柱距一般为 1.22～3.0m，横梁（称为窗裙梁）梁高一般为 0.6～1.22m。将筒体的四壁做成桁架，就形成桁架筒。筒体体系就是由核心筒、框筒等基本单元组成的。

根据房屋高度及其所受水平力的不同，筒体体系可以布置成核心筒结构、框筒结构、筒中筒结构、框架－核心筒结构、成束筒结构和多重筒结构等形式（图 8.10）。筒中筒结构通常用框筒作为外筒，实腹筒作为内筒。

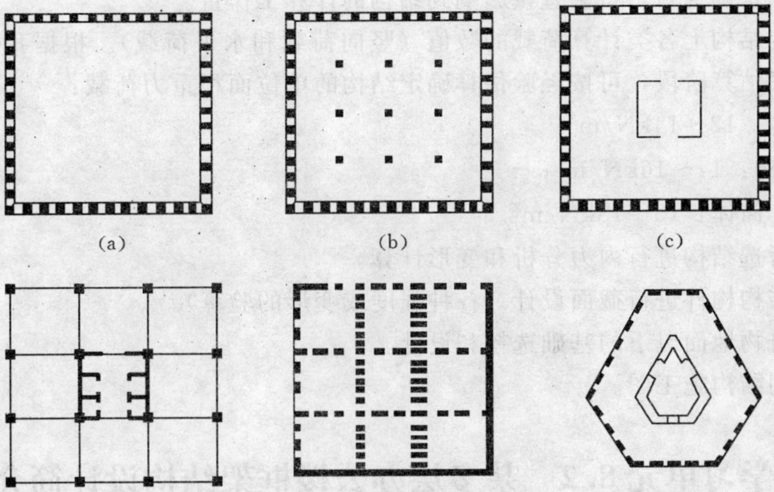

(a)　(b)　(c)

(d)　(e)　(f)

图 8.10　筒体体系的类型

(a)、(b) 框筒结构；(c) 筒中筒结构；(d) 框架-核心筒结构；(e) 成束筒结构；(f) 多重筒结构

筒体体系主要用于高度很大的高层建筑中，图 8.11 为几种筒体结构透视图。

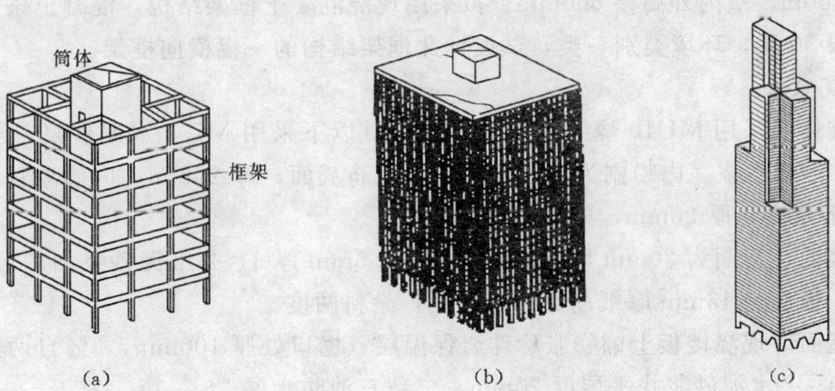

(a)　(b)　(c)

图 8.11　几种筒体结构透视图

(a) 框架核心筒结构；(b) 筒中筒结构；(c) 成束筒结构

除上述四种常用结构体系外，尚有悬挂结构、巨型框架结构、巨型桁架结构、悬挑结构等新的竖向承重结构体系，但目前应用较少。

8. 高层建筑设计步骤

(1) 选择合理的结构形式（框架结构、剪力墙结构、框架-剪力墙结构、框架-筒体结构），主要是根据建筑功能的要求（比如大空间的平面布置，可选择框架、框筒结构）、抗震性能（地震区，宜选用周期较长的结构形式以减少地震作用，而在强风区，过长的自振周期会对结构的抗风产生不利影响）以及经济性。

（2）确定所选结构上各类构件的截面尺寸和数量（如框架梁、柱截面尺寸，框-剪结构中剪力墙的片数，筒体的壁厚等）。在选定高层建筑结构形式之后，初选构件截面尺寸和构件数量的正确与否，将会直接影响到结构的计算工作量。

（3）确定结构上各类计算荷载的数值（竖向荷载和水平荷载）。根据我国高层建筑的现状，在方案估算阶段，可按经验估算确定结构的单位面积重力荷载：

框架结构：12～14kN/m^2；

框-剪结构：14～16kN/m^2；

剪力墙、筒体：15～18kN/m^2。

（4）对所选结构进行内力分析和变形计算。

（5）对结构构件进行截面设计（各种强度或变形的验算）。

（6）建筑物地面以下的基础选择和设计。

（7）绘制结构施工图。

学习单元 8.2　某多层办公楼框架结构设计简介

任务描述：

某四层办公楼，其标准层建筑平面见图 8.12，房屋总长度 35.45m，总宽度 14.9m，建筑总面积 2112.8m^2。层高均为 3.2m，总高度 12.8m。室内设计标高±0.000 相当于绝对标高 4.400m，室内外高差 600mm。拟采用现浇混凝土框架结构，混凝土条形基础。设计使用年限 50 年，环境类别一类，试设计此框架结构的一榀横向框架。

1. 建筑做法

（1）墙体。采用 MU10 烧结多孔砖，±0.00 以下采用 M7.5 水泥砂浆、±0.00 以上采用 M5.0 混合砂浆。内粉刷为混合砂浆底，纸筋灰面，厚 20mm，内墙涂料。外粉刷为 1∶3 水泥砂浆底，厚 20mm，外墙涂料。

（2）楼面。板面为 20mm 厚水泥砂浆找平，5mm 厚 1∶2 水泥砂浆加“107”胶水着色粉面层；板底为 15mm 厚纸筋面石灰抹底，涂料两度。

（3）屋面。现浇楼板上铺膨胀珍珠岩保温层（檐口处厚 100mm，2%自两侧檐口向中间找坡），1∶2 水泥砂浆找平层厚 20mm，二毡三油防水层。

（4）门窗做法。木门，钢窗。

2. 设计荷载

（1）基本风压 w_0=0.55kN/m^2，地面粗糙度属 B 类；基本雪压 s_0=0.40kN/m^2，Ⅰ类地区。

（2）均布活载。不上人屋面活荷载标准值 0.5kN/m^2，办公楼楼面活荷载标准值 2.0kN/m^2，走廊、楼梯活荷载标准值 2.5kN/m^2。

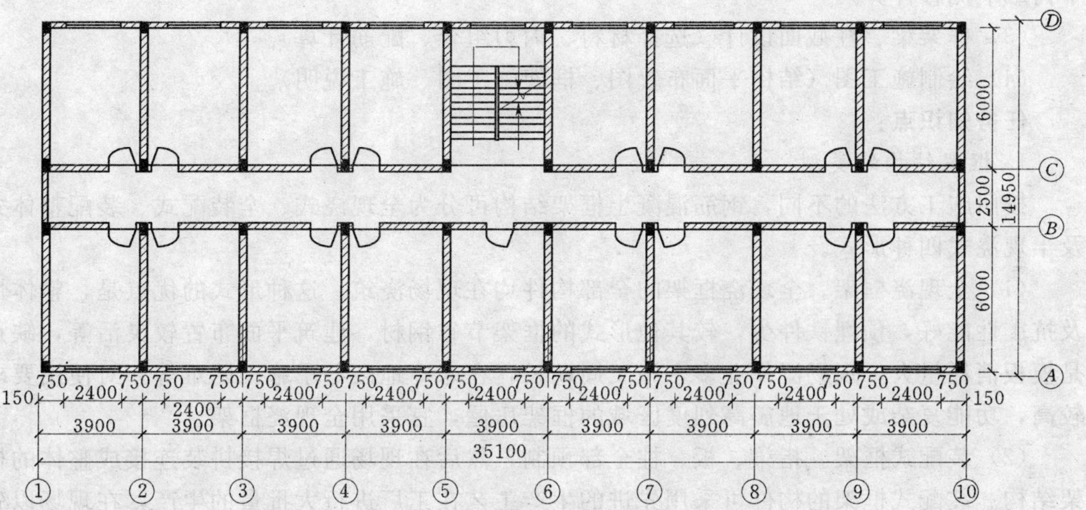

标准层建筑平面

(a)

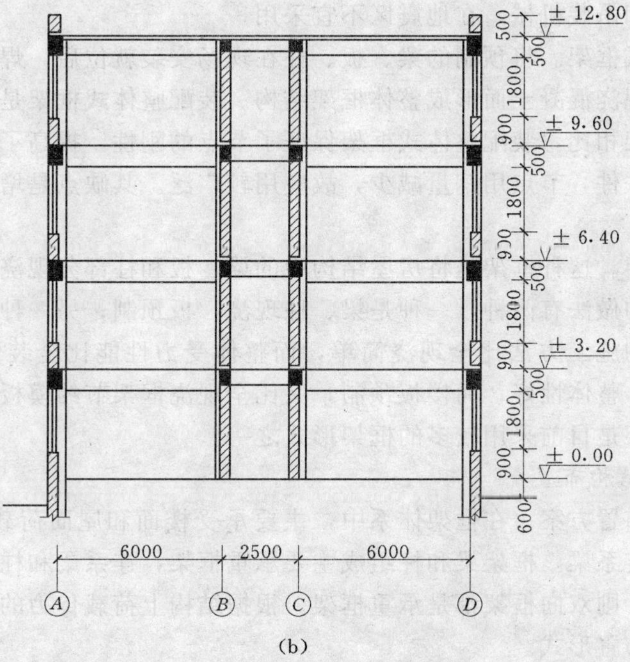

(b)

图 8.12　某多层办公楼建筑平面图、剖面图

(a) 某多层办公楼建筑平面图；(b) 某多层办公楼建筑剖面图

任务分析：

该任务要求设计某多层混凝土框架结构的一榀横向框架，其设计思路为：

(1) 确定结构平面布置（楼盖布置、估算构件截面尺寸）。

(2) 横向框架结构分析（荷载计算、竖向荷载下内力计算、水平荷载下内力计算、水平荷载下侧移计算）。

(3) 框架梁、柱截面设计（选择材料、内力组合、配筋计算）。

(4) 绘制施工图（结构平面布置图、框架施工图、施工说明）。

任务知识点：

1. 框架结构的类型

按照施工方法的不同，钢筋混凝土框架结构可分为全现浇式、全装配式、装配整体式及半现浇式四种形式。

(1) 全现浇框架。全现浇框架的全部构件均在现场浇筑。这种形式的优点是，整体性及抗震性能好，预埋铁件少，较其他形式的框架节省钢材，建筑平面布置较灵活等，缺点是模板消耗量大，现场湿作业多，施工周期长，在寒冷地区冬季施工困难等。对使用要求较高，功能复杂或处于地震高烈度区域的框架房屋，宜采用全现浇框架。

(2) 装配式框架。指梁、板、柱全部预制，然后在现场通过焊接拼装连接成整体的框架结构。装配式框架的构件可采用先进的生产工艺在工厂进行大批量的生产，在现场以先进的组织管理方式进行机械化装配，因而构件质量容易保证，并可节约大量模板，改善施工条件，加快施工进度，但其结构整体性差，节点预埋件多，总用钢量较全现浇框架多，施工需要大型运输和吊装机械，在地震区不宜采用。

(3) 装配整体式框架。将预制的梁、板、柱在现场安装就位后，焊接或绑扎节点区钢筋，在构件连接处现浇混凝土而形成整体框架结构。装配整体式框架是常用的框架形式之一。与全装配式框架相比，装配整体式框架保证了节点的刚性，提高了框架的整体性，省去了大部分的预埋铁件，节点用钢量减少，故应用较广泛。其缺点是增加了现场浇筑混凝土量。

(4) 半现浇框架。这种框架是将房屋结构中的梁、板和柱部分现浇，部分预制装配而形成的结构。常见的做法有两种，一种是梁、柱现浇，板预制；另一种是柱现浇，梁、板预制。半现浇框架的施工方法比全现浇简单，而整体受力性能比全装配优越。梁、柱现浇，节点构造简单，整体性好；而楼板预制，又比全现浇框架节约模板，省去了现场支模的麻烦。半现浇框架是目前采用较多的框架形式之一。

2. 框架结构的结构布置

(1) 承重框架布置方案。在框架体系中，主要承受楼面和屋面荷载的梁称为框架梁，另一方向的梁称为连系梁。框架梁和柱组成主要承重框架，连系梁和柱组成非主要承重框架。若采用双向板，则双向框架都是承重框架。根据结构上荷载传力的途径不同，主要承重框架有三种结构布置形式。

1) 横向布置方案。框架梁沿房屋横向布置，连系梁和楼（屋）面板沿纵向布置［图8.13 (a)］。由于房屋纵向刚度较富裕，而横向刚度较弱。这种布置方案有利于增加房屋的横向刚度，提高抵抗横向水平力的能力，因此在实际中应用较多。

2) 纵向布置方案。框架梁沿房屋纵向布置，楼板和连系梁沿横向布置［图 8.13 (b)］。这种布置方案房间布置灵活，采光和通风好，有利于提高楼层净高，需要采用集中通风系统的厂房常采用这种方案。

3) 纵横向布置方案。沿房屋的纵向和横向都布置承重框架［图 8.13 (c)］。采用这种布置方案，可使两个方向都获得较大的刚度，因此柱网尺寸为正方形或接近正方形、地震区的多层框架房屋，以及由于工艺要求需双向承重的厂房常采用这种布置方案。

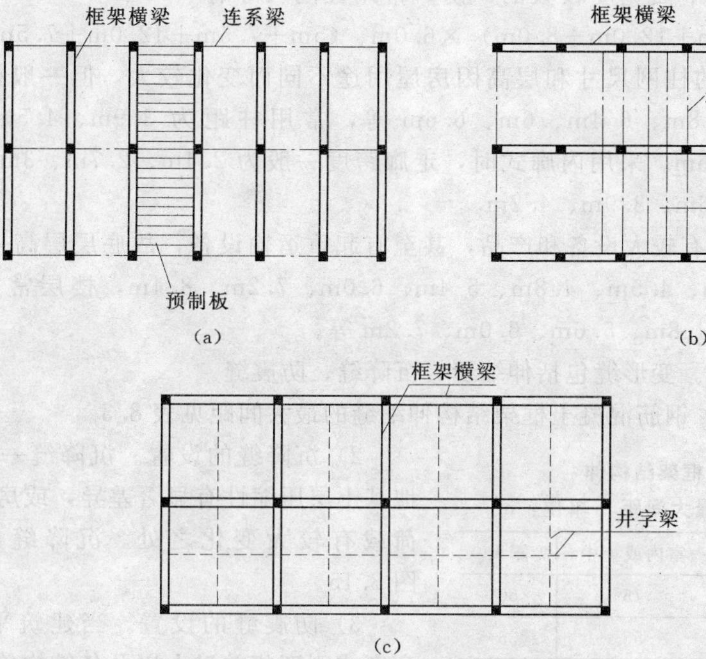

图 8.13　框架承重方式

(a) 横向承重框架；(b) 纵向承重框架；(c) 纵横向承重框架

(2) 柱网布置和层高。框架结构房屋的柱网布置和层高，应根据生产工艺、使用要求、建筑材料、施工条件等因素综合考虑，并力求简单，有利于装配化、定型化和工业化。

工业建筑典型的柱网布置形式有内廊式、等跨式、对称不等跨式等（图 8.14）。

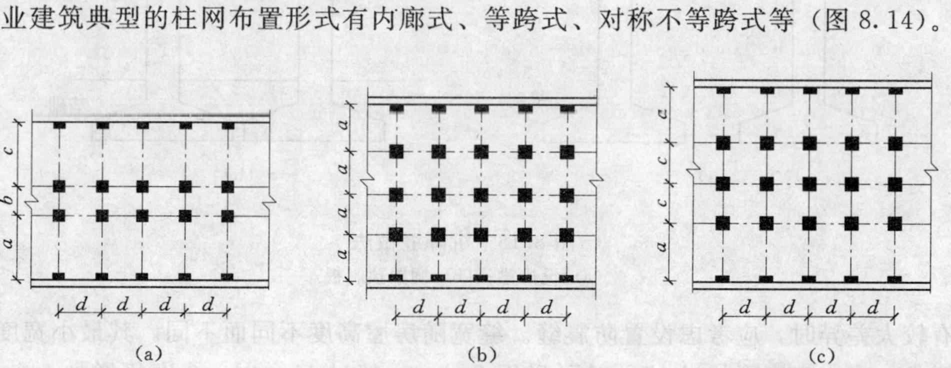

图 8.14　框架结构柱网布置

(a) 内廊式；(b) 等跨式；(c) 对称不等跨式

工业建筑底层往往有较大的设备和产品，甚至有起重运输设备，故底层层高一般较大。底层常用层高为 4.2～8.4m，楼层常用层高为 3.9～7.2m。采用内廊式布置时，常用跨度（房间进深）为6m、6.6m、6.9m，走廊宽度常用2.4m、2.7m、3m，开间方向柱距为3.6～8m。等跨式柱网的跨度常用6m、7.5m、9m、12m，柱距一般为6m。对称不等跨柱网一般用于建筑平面宽度较大的厂房，常用柱网尺寸有（5.8m＋6.2m＋6.2m＋5.8m）×6.0m、（8.0m＋12.0m＋8.0m）×6.0m、（5m＋7.5m＋12.0m＋7.5m＋7.5m）×6.0m等。民用建筑的柱网尺寸和层高因房屋用途不同而变化较大，但一般按300mm进级。常用跨度是4.8m、6.4m、6m、6.6m等，常用柱距为3.9m、4.5m、4.8m、5.1m、5.4m、5.7m、6m。采用内廊式时，走廊跨度一般为2.4m、2.7m、3m。常用层高为3.0m、3.3m、3.6m、3.9m、4.2m。

工业建筑底层往往有较大设备和产品，甚至有起重运输设备，故底层层高一般较大。底层常用层高为4.2m、4.5m、4.8m、5.4m、6.0m、7.2m、8.4m，楼层常用层高为3.9m、4.2m、4.5m、4.8m、5.6m、6.0m、7.2m等。

(3) 变形缝的设置。变形缝包括伸缩缝、沉降缝、防震缝。

1）伸缩缝的设置。钢筋混凝土框架结构伸缩缝的最大间距见表8.3。

表8.3　钢筋混凝土框架结构伸缩缝的最大间距　单位：m

结构类别	室内或土中	露天
装配式框架	75	50
装配整体式、现浇式框架	55	35

2）沉降缝的设置。沉降缝一般设置在地基土层压缩性有显著差异，或房屋高度或荷载有较大变化之处。沉降缝的做法见图8.15。

3）防震缝的设置。当建筑平面过长、高度或刚度相差过大以及各结构单元的地基条件有较大差异时，应考虑设置防震缝。缝宽随房屋高度不同而不同。其最小宽度应符合下列要求：①当高度不超过15m时可采用70mm；超过15m时，6度每增加5m，7度每增加4m，8度每增加3m，9度每增加2m，宜加宽20mm；②防震缝两侧结构类型不同时，宜按需要较宽防震缝的结构类型和较低房屋高度确定缝宽。

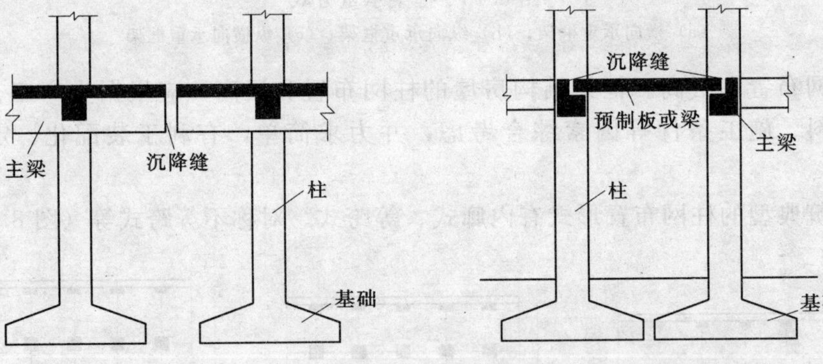

图8.15　沉降缝做法

(a) 设挑梁；(b) 搁置预制板

设置变形缝对构造、施工、造价及结构整体性和空间刚度都不利，基础防水也不易处理。因此，实际工程中常通过采用合理的结构方案、可靠的构造措施和施工措施（如设置后浇带）减少或避免设缝。在需要同时设置一种以上变形缝时，应合并设置。

3. 框架结构的受力特点

(1) 框架结构的组成（图 8.16）。由梁、柱、节点及基础组成，节点构造十分重要。

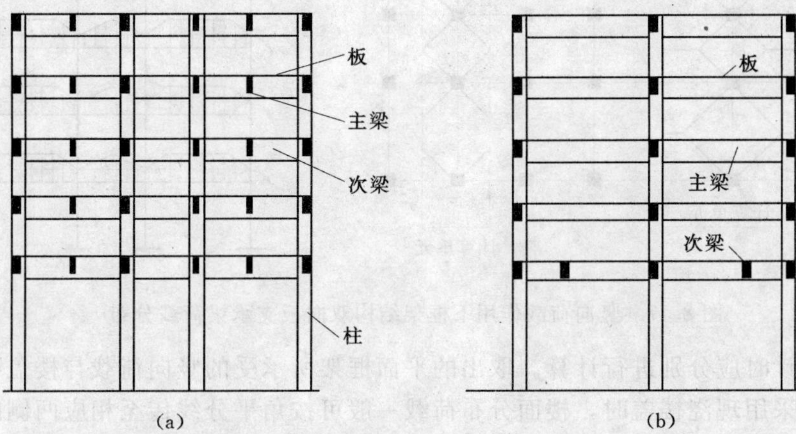

图 8.16 框架结构剖面示意图

(a) 多层多跨框架的组成；(b) 缺梁的框架

(2) 荷载传递。作用于框架结构上的荷载有竖向荷载和水平荷载两种。

竖向荷载包括结构自重及楼（屋）面活荷载，一般为分布荷载，有时也有集中荷载。

水平荷载主要为风荷载和水平地震作用。

框架结构是一个空间结构体系，沿房屋的长向和短向可分别视为纵向框架和横向框架。纵、横向框架分别承受纵向和横向水平荷载，而竖向荷载传递路线则根据楼（屋）布置方式而不同：当采用装配式或装配整体式楼盖时，板上荷载通过预制板的两端传递给它的支承结构。如果采用现浇楼盖时，楼面上的恒载和活荷载根据每个区格板两个方向的边长之比，沿单向或双向传递。区格板长边边长与短边边长之比大于 2 时沿单向传递，小于或等于 2 时沿双向传递。

水平荷载分别由纵、横向框架承担。

当板上荷载沿双向传递时，可以按双向板楼盖中的荷载分析原则，从每个区格板的四个角点作 45°线将板划成四块，每个分块上的恒载和活荷载向与之相邻的支承结构上传递。

竖向荷载作用下框架结构双向板支承梁荷载分布如图 8.17 所示。对长边梁，板传来的荷载为梯形分布；对短边梁，为三角形分布。设计中一般先将梯形荷载和三角形荷载化成等效均布荷载（图 8.17），再按结构力学方法计算内力。

(3) 框架结构的计算简图。

1）计算单元确定。框架结构一般是由横向和纵向框架组成的空间结构，为方便常忽略结构纵向和横向之间的空间联系，通常可近似地按两个方向的平面框架分别计算，计算简图如图 8.18 所示，不考虑空间工作影响。

结构设计时一般取中间有代表性的一榀横向框架进行分析即可。作用于框架上的荷载

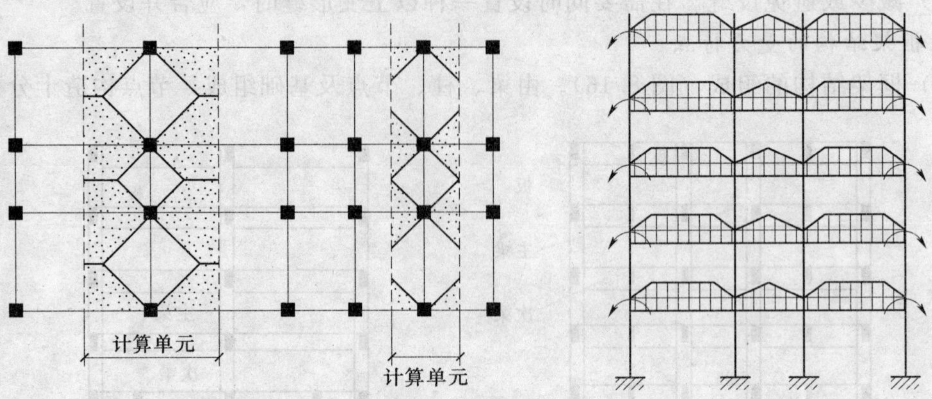

图 8.17　竖向荷载作用下框架结构双向板支承梁荷载分布

各不相同，设计时应分别进行计算。取出的平面框架所承受的竖向荷载与楼盖结构的布置方案有关，当采用现浇楼盖时，楼面分布荷载一般可按角平分线传至相应两侧的梁上，水平荷载则简化成节点集中力，如图 8.18 所示。

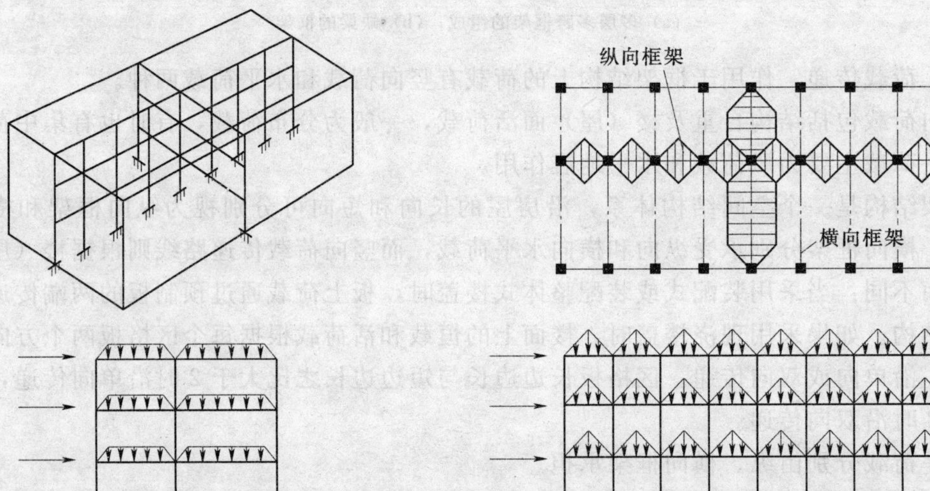

图 8.18　框架结构计算简图

除装配式框架外，一般可将框架结构的梁、柱节点视为刚接节点，柱固接于基础顶面。所以框架结构多为高次超静定结构。

2）节点的简化。在计算简图中，框架的杆件一般用其截面形心轴线表示；杆件之间的连接用节点表示。框架节点一般总是三向受力的，但当按平面框架进行结构分析时，则节点也相应地简化。框架节点可简化为刚接节点、铰接节点和半铰节点，要根据施工方案和构造措施确定。对于现浇整体式框架，各节点视为刚接点。框架支座可分为固定支座和铰支座。当为现浇钢筋混凝土柱时，一般设计成固定支座。

3）荷载计算。框架上的荷载有竖向荷载和水平荷载。竖向荷载包括自重荷载（恒载）及活荷载，水平荷载主要指地震荷载及风荷载。

恒载：即结构自重及装修材料的自重等，可按构件及装修的尺寸和材料的重量直接计算。常用材料和构件的自重可查《荷载规范》。

活载：按《荷载规范》4.1条计算，当设计楼面梁、墙、柱及基础时，楼面活载应注意乘折减系数。

风荷载：按《荷载规范》7.1.1条计算。

施工检修荷载：按《荷载规范》4.5.1、4.5.2条执行。

地震荷载：如高度不超过40m，可按底部剪力法计算。

温度荷载：对于长度方向可用伸缩缝等予以解决，对于高度方向，当大于30层或100m时，需计算温差引起的内力和变形，在此不予讨论。

4）跨度和层高。在结构计算简图中，杆件用其轴线来表示。框架梁的跨度即取柱子轴线之间的距离；当上下层柱截面尺寸变化时，一般以最小截面的形心线来确定。框架的层高，即框架柱的长度可取相应的建筑层高，即取本层楼面至上层楼面的高度，但底层的层高则应取基础顶面到二层楼板顶面之间的距离。当设有整体刚度很大的地下室，且地下室的层间刚度不小于相邻上层层间刚度的3倍时，可取至地下室的顶板处。

当各跨跨度相差不超过10%时，可当作具有平均跨度的等跨框架。斜形或折线形横梁倾斜度不超过1/8时，仍可视为水平横梁计算。

5）抗弯刚度。在计算框架梁截面惯性矩I时应考虑楼板的影响，梁的近支座部分由于受负弯矩作用，楼板受拉，故其影响较小；在梁的跨中由于受正弯矩作用，楼板受压，故其影响较大。在设计计算中，一般仍假定梁的惯性矩沿梁长不变。对现浇楼盖的梁和装配式楼盖的梁，其截面惯性矩取值见表8.4，其中I_0为框架梁截面矩形部分的惯性矩。

表8.4　梁截面惯性矩取值

楼　盖	中框架梁	边框架梁
现浇楼盖	$2.0I_0$	$1.5I_0$
装配整体式楼盖	$1.5I_0$	$1.2I_0$

4. 框架结构内力与侧移的近似计算方法

（1）竖向荷载作用下的内力计算。多层多跨框架的内力和位移计算有精确计算方法和近似计算方法。精确计算方法多采用空间结构用电子计算机完成，近似计算方法主要采用平面结构以适于手算。多层多跨框架在竖向荷载作用下的内力计算设计主要采用两种近似计算方法：分层法和弯矩二次分配法。本学习单元重点介绍分层法。

1）分层法。根据用位移法或力法等解多层多跨刚架在竖向荷载作用下的计算结果可知，它的侧移是极小的，而且每层梁上的荷载对其他各层梁的影响也很小。

为了简化计算可假定：①忽略框架在竖向荷载作用下的侧移和由它引起的侧移力矩；②忽略本层荷载对其他各层内力的影响。即：竖向荷载只在本层的梁内以及与本层梁相连的框架柱内产生弯矩和剪力，而对其他楼层框架梁和隔层框架柱不产生弯矩和剪力。

按照叠加原理，又根据上述假定，多层多跨框架在多层竖向荷载同时作用下的内力，可以看成是各层竖向荷载单独作用下的内力的叠加，如图8.19所示。

按上述假定，计算时可将各层梁及其上、下柱所组成的框架作为一个独立的计算单元

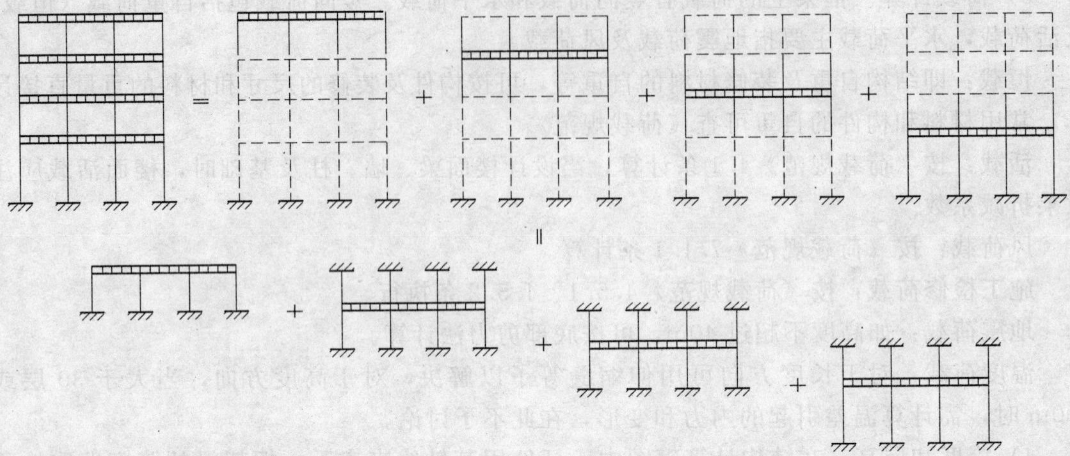

图 8.19　分层法计算简图

（单层框架）分层计算。分层计算所得的梁弯矩即为其最后的弯矩。因为每一柱子属于上、下两层，所以每一柱子的弯矩需由上、下两层计算所得的弯矩值叠加得到。

分层计算时，假定上、下柱的远端是固定的，但实际上除底层以外每一层柱子均有转角产生，是弹性支承。

为了改善由于在计算简图中假定上、下柱的远端为固定端所带来的误差，除底层柱外，令其他各层立柱的线刚度均乘以一个折减系数 0.9，并取其弯矩传递系数为 1/3。

分层法具体计算步骤如下：

将框架分层，有多少层就有多少个计算简图。

除底层柱外，其他所有层柱的线刚度均乘以 0.9。

分层后的简单框架可用弯矩分配法计算。一般说来，每一节点经过两到三次分配就够了。

在采用弯矩分配法的计算过程中，柱传递系数取 1/3，但对底层仍取 1/2。

梁的弯矩为最后弯矩，柱的弯矩上、下两层取代数和。

若节点处不平衡弯矩较大，可再分配一次，但不再传递。

2）弯矩二次分配法。此法即为无侧移框架的弯矩分配法，但为简化计算，将各节点的不平衡弯矩同时作分配和传递，并以两次分配为限。所得结果与精确法比较，相差甚小，能满足工程要求。对六层以下无侧移的框架，弯矩二次分配法较为方便。具体计算步骤如下：

首先计算框架各杆件的线刚度及分配系数。

计算框架各层梁端在竖向荷载作用下的固定端弯矩。

计算框架各节点处的不平衡弯矩，并将每一节点处的不平衡弯矩同时进行分配并向远端传递，传递系数仍为 1/2。

进行两次分配后结束（仅传递一次，但分配两次）。

3）竖向荷载作用下的内力特点（图 8.20）。如下所示：

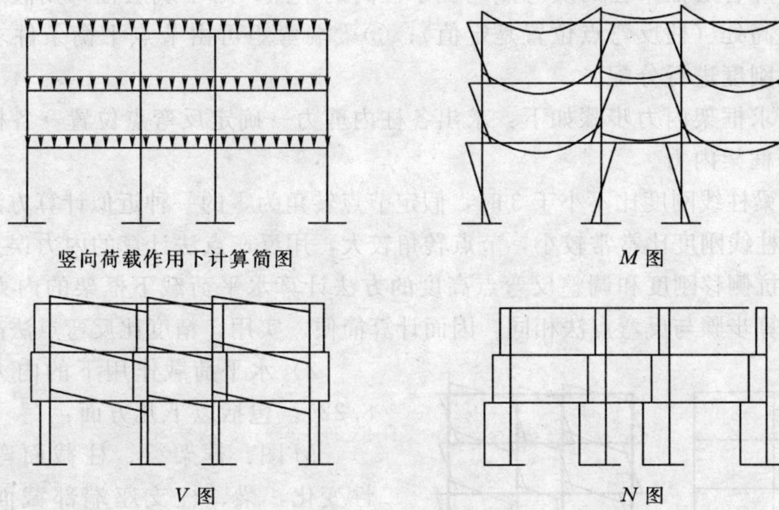

图 8.20 竖向荷载作用下框架的内力示意图

弯矩图（M 图）$\begin{cases}\text{框架梁——呈抛物线形分布，跨中截面}+M_{\max}\text{，支座截面}-M_{\max}\text{；}\\ \text{框架柱——呈线性分布，柱上、下端弯矩最大。}\end{cases}$

剪力图（V 图）$\begin{cases}\text{框架梁——呈线性变化，梁端支座截面}\ V_{\max}\text{；}\\ \text{框架柱——沿层柱高均匀分布。}\end{cases}$

轴力图（N 图）：框架柱截面还产生轴向压力，“—”表示柱受压。

(2) 水平荷载作用下的近似计算——反弯点法。框架所受水平荷载主要是风荷载和地震作用。多层多跨框架在水平荷载作用下， 般都可简化成作用在节点上的水平集中力，中间没有荷载，因而，弯矩图为斜直线，必有一点弯矩为零，该点就叫“反弯点”，如能确定各柱反弯点的位置及其剪力值，则柱内任意一个截面在水平荷载作用下的内力值就可计算出来。其弯矩和变形如图 8.21 所示。

1) 反弯点法基本假定：①求各柱剪力时，假定各柱上、下端都不发生角位移，即认为梁的线刚度与柱的线刚度之比为无限大（柱按两端嵌固考虑，因此各柱的抗剪刚度只与柱本身有关）；②确定柱反弯点位置时，假定除底层以外的各层柱的上、下端节点转角均

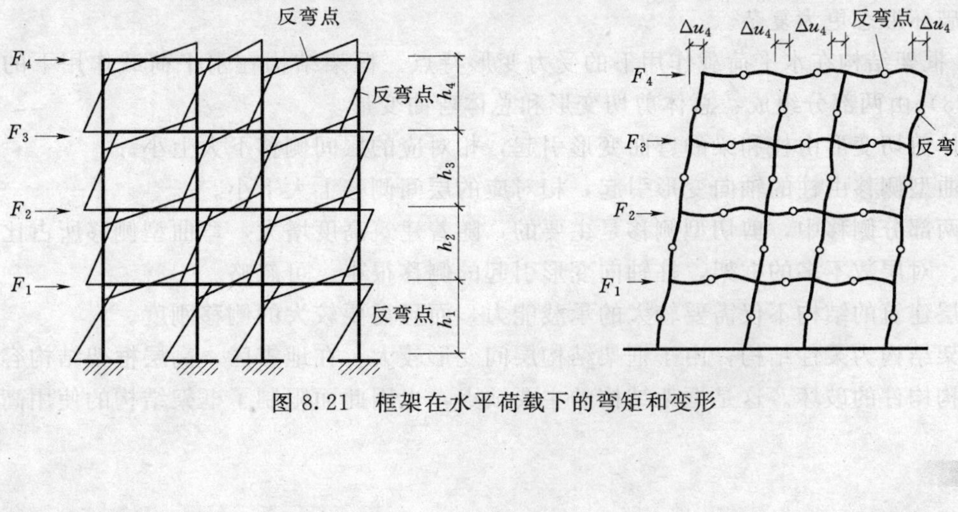

图 8.21 框架在水平荷载下的弯矩和变形

相同，则除底层外各层框架柱的反弯点均位于柱高的中点；对于底层柱，则假定其反弯点距底支座 2/3 柱高处（柱反弯点位置是定值）；③梁端弯矩可由节点平衡条件求出，按节点左、右梁的线刚度进行分配。

用反弯点法求框架内力步骤如下：求出各柱内剪力→确定反弯点位置→各柱端弯矩→梁端弯矩→整个框架内力。

反弯点法是梁柱线刚度比不小于 3 时，假定节点转角为零的一种近似计算方法。当柱子断面较大时，梁柱线刚度比常常较小，节点转角较大，用反弯点法计算的内力误差较大，此时可用修正柱的抗侧移刚度和调整反弯点高度的方法计算水平荷载下框架的内力，即 D 值法。该方法的计算步骤与反弯点法相同，因而计算简便、实用，精度比反弯点法高。

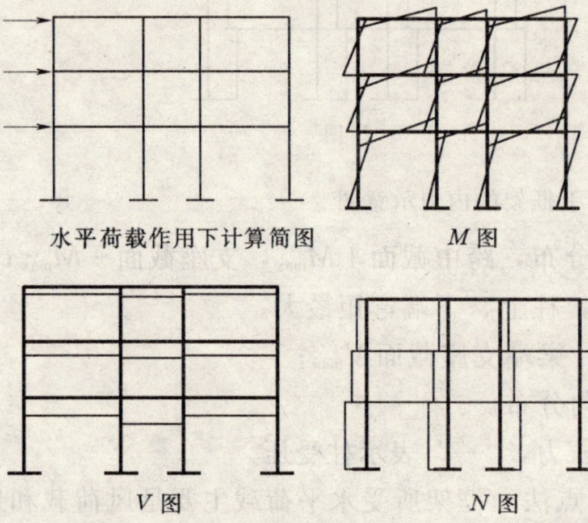

图 8.22　水平荷载作用下框架的内力示意图

2）水平荷载作用下的内力特点（图 8.22）。包括以下几方面：

M 图：框架梁、柱截面弯矩均呈线性变化，梁、柱支座端部截面分别产生 $\pm M_{max}$。

V 图：在框架梁各跨、框架柱层高内均呈均匀分布。

N 图：部分框架柱内受拉，部分框架柱内受压。

水平集中力还可能反方向作用。当水平集中力的方向改变时，相应的弯矩、剪力以及轴力的方向也随之变化。

3）影响框架结构内力的主要因素。在多层框架结构中，影响结构内力的主要是竖向荷载。而结构变形则主要考虑梁在竖向荷载作用下的挠度，一般不必考虑结构侧移对建筑物使用功能和结构可靠性的影响。

随着房屋高度增大，增加最快的是结构位移，弯矩次之。

在高层框架结构中，竖向荷载的作用与多层建筑相似，柱内轴力随层数增加而增加，而水平荷载引起的内力和位移将成为控制因素。

多层建筑中的框架柱以承受轴力为主，而高层框架中的柱受到压、弯、剪的复合作用，其破坏形态更为复杂。

4）框架结构在水平荷载作用下的受力变形特点。框架结构在水平荷载作用下的变形（图 8.23）由两部分组成：总体剪切变形和总体弯曲变形。

总体剪切变形由柱和梁的弯曲变形引起，相对应的层间侧移下大上小。

弯曲型侧移由柱的轴向变形引起，相对应的层间侧移上大下小。

在两部分侧移中，剪切型侧移是主要的，随着建筑高度增大，弯曲型侧移所占比例逐渐增大。对层数不多的框架，柱轴向变形引起的侧移很小，可忽略。

高层建筑的结构不仅需要较大的承载能力，而且需要较大的侧移刚度。

框架结构为柔性结构，由于框架结构层间变形较大，在地震区，高层框架结构容易引起非结构构件的破坏。这是框架结构的主要缺点，也因此而限制了框架结构的使用高度。

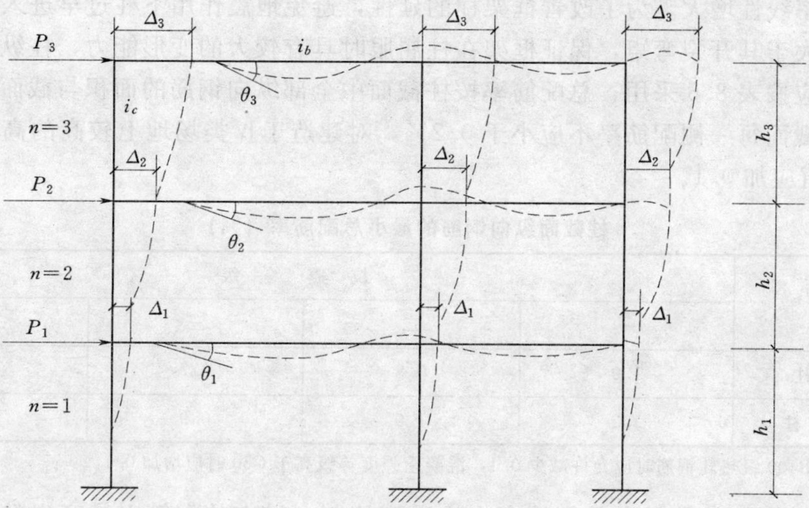

图 8.23　水平荷载作用下框架变形

5. 框架结构的一般构造

(1) 框架梁截面形状及尺寸。框架梁的截面形状（图 8.24）：现浇框架多做成矩形；装配整体式框架多做成花篮形；装配式框架可做成矩形、T 形或花篮形；连系梁的截面可做成 T 形、L 形、倒 L 形、倒 T 形、Z 形等。

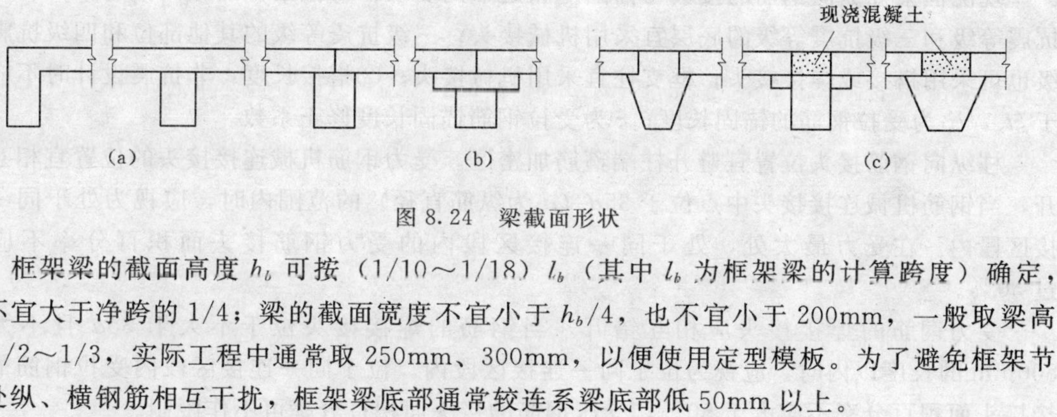

图 8.24　梁截面形状

框架梁的截面高度 h_b 可按（1/10～1/18）l_b（其中 l_b 为框架梁的计算跨度）确定，但不宜大于净跨的 1/4；梁的截面宽度不宜小于 $h_b/4$，也不宜小于 200mm，一般取梁高的 1/2～1/3，实际工程中通常取 250mm、300mm，以便使用定型模板。为了避免框架节点处纵、横钢筋相互干扰，框架梁底部通常较连系梁底部低 50mm 以上。

(2) 框架柱的构造要求。包括以下几方面：

1) 截面尺寸。柱的截面形状一般做成方形或矩形，截面尺寸规定如下：①矩形截面柱的边长，非抗震设计时不宜小于 250mm，抗震设计时不宜小于 300mm；圆柱截面直径不宜小于 350mm；②不宜采用短柱，柱剪跨比宜大于 2；③柱截面高宽比不宜大于 3。

2) 纵向钢筋的配置。包括以下几方面：

抗震设计时，宜采用对称配筋，截面尺寸大于 400mm 的柱，其纵向钢筋间距不宜大于 200mm；非抗震设计时，柱纵向钢筋间距不应大于 350mm；柱纵向钢筋净距均不应小于 50mm。

根据国内外柱的试验资料，发现柱屈服位移角大小主要由受拉钢筋配筋率支配，并且大致随配筋率线性增大。为了改善框架柱的延性，避免地震作用下柱过早进入屈服，使柱的屈服弯矩大于其开裂弯矩，保证框架在柱屈服时具有较大的变形能力，柱纵向钢筋的最小总配筋率应按表8.5采用，总配筋率按柱截面中全部纵向钢筋的面积与截面面积之比计算同时，柱截面每一侧配筋率不应小于0.2%，对建造于Ⅳ类场地上较高的高层建筑，表8.5中的数值应加0.1。

表8.5　柱截面纵向钢筋的最小总配筋率（%）

类　别	抗　震　等　级			
	一	二	三	四
中柱和边柱	1.0	0.8	0.7	0.6
角柱、框支柱	1.2	1.0	0.9	0.8

注　采用HRB400级热轧钢筋时应允许减少0.1，混凝土强度等级高于C60时应增加0.1。

框架柱纵向钢筋的最大总配筋率也应受到控制。过大的配筋率易产生粘结开裂破坏并降低柱的延性。框架柱中全部纵向受力钢筋配筋率不应大于5%；按一级抗震等级设计，且柱的剪跨比不大于2时，柱一侧纵向受拉钢筋配筋率不宜大于1.2%，且应沿柱全长采用复合箍筋。当柱一侧纵向受拉钢筋配筋率大于1.2%时，其沿柱全长箍筋最小配箍特征值应增加0.015。截面尺寸大于400mm的柱，纵向钢筋的间距不宜大于200mm。

现浇框架柱纵向钢筋的接头与锚固应满足下列要求：①框架柱的纵向钢筋：一、二级抗震等级和三级抗震等级的底层宜采用机械接头；三级抗震等级的其他部位和四级抗震等级也可采用搭接或焊接接头；框支柱宜采用机械接头；②搭接长度：非抗震设计时不应小于ξl_a，l_a为受拉钢筋的锚固长度；ξ为受拉钢筋锚固长度修正系数。

柱纵向钢筋接头位置宜避开柱端箍筋加密区。受力钢筋机械连接接头的位置宜相互错开，当钢筋机械连接接头中点位于$35d$（d为纵筋直径）的范围内时，应视为处于同一连接区段内。在受力最大处，处于同一连接区段内的受力钢筋接头面积百分率不应超过50%。

受力钢筋的焊接接头应相互错开。当钢筋的焊接接头位于不大于$35d$且不大于500mm的长度以内时，应视为位于同一连接区段内。位于同一连接区段内受拉钢筋的焊接接头面积百分率不应大于50%；受压钢筋的接头面积百分率可不作限制。

框架顶层柱的纵向钢筋应锚固在柱顶或梁、板内。顶层中间节点柱钢筋及顶层端节点内侧柱钢筋可用直线方式锚入节点，其锚固长度不应小于l_{aE}，但柱钢筋必须伸至柱顶；当锚固长度不足时，柱钢筋应伸至柱顶并向节点内水平弯折。当楼盖为现浇且板的混凝土强度等级不低于C20，板厚不小于80mm时亦可向外弯折。柱钢筋锚固段弯折前的垂直投影长度不应小于$0.45l_{aE}$，向内弯折和向外弯折时水平投影长度均不应小于$12d$，且伸出柱边的长度不应小于250mm。

3）箍筋的构造要求。框架柱内箍筋常用形式如图8.25所示。

根据震害调查，框架柱的破坏主要集中在柱端1.0～1.5倍柱截面高度范围内。试验表明，当箍筋间距小于6～8倍柱纵筋直径时，在受压混凝土压溃之前，一般不

图 8.25　柱的箍筋形式

会出现钢筋压曲现象。柱端可能出现塑性铰的区域应加密配箍，以加强对该处混凝土的约束。框架柱箍筋加密区的长度取值为：①柱端取截面高度（圆柱直径）、柱净高的 1/6 和 500mm 三者的最大值（见图 8.26）；②底层柱、柱根不小于柱净高的 1/3；③当有刚性地面时，除柱端外尚应取刚性地面上、下各 500mm；④剪跨比不大于 2 的柱、框支柱、一级和二级抗震等级框架的角柱以及需要提高变形能力的柱，取全高。

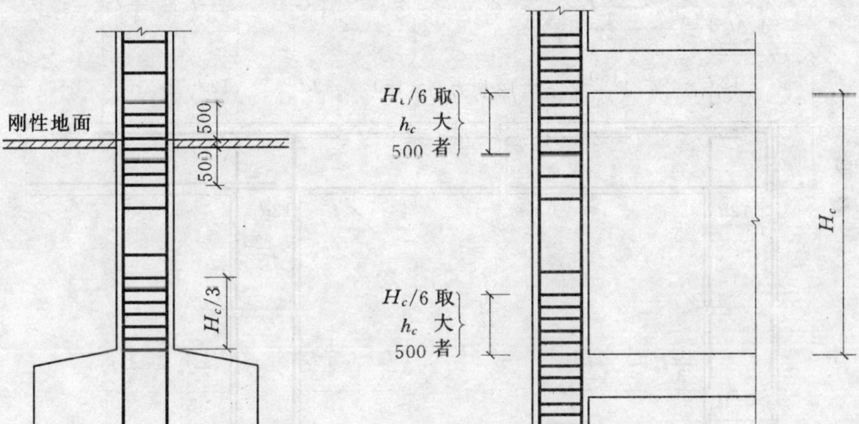

图 8.26　剪跨比大于 2 的柱的箍筋加密区

抗震设计时，加密区的箍筋间距和直径，应符合下列要求：①一般情况下，箍筋的最大间距和最小直径，应按表 8.6 采用；②二级框架柱的箍筋直径不小于 $\phi10$ 时，最大间距可采用 150mm；三级框架柱的截面尺寸不大于 400mm 时，箍筋最小直径可采用 $\phi6$；四级框架柱剪跨比不大于 2 时，箍筋直径不宜小于 $\phi8$；框支柱和剪跨比不大于 2 的柱，箍筋间距不应大于 100mm。

表 8.6　　柱端箍筋加密区的箍筋最大间距和最小直径

抗震等级	箍筋最大间距（mm）	箍筋最小直径（mm）
一级	$6d$ 和 100 的较小值	10
二级	$8d$ 和 100 的较小值	8
三级	$8d$ 和 150（柱根 100）的较小值	8
四级	$8d$ 和 150（柱根 100）的较小值	6（柱根 8）

注　1. d 为柱纵向钢筋直径（mm）。
2. 柱根指框架柱底部嵌固部位。

6. 框架梁柱节点的构造要求

构造要求是保证框架梁柱节点的受力性能的重要环节。

（1）节点核心区的配箍要求。非抗震设计时，水平箍筋配置应符合柱的有关规定，但箍筋间距不宜大于 250mm。对四边有梁与之相连的节点，可仅沿节点周边设置矩形箍筋。

抗震设计时，箍筋的最大间距和最小直径宜与柱端加密区的要求相符。一、二、三级框架节点核心区配箍特征值分别不宜小于 0.12、0.10 和 0.08，且箍筋体积配箍率分别不宜小于 0.6%、0.5%和 0.4%。柱剪跨比不大于 2 的框架节点核心区的配箍特征值不宜小于核心区上、下柱端配箍特征值中的较大值。

（2）节点区钢筋的锚固与搭接。非抗震设计时，节点区钢筋的锚固与搭接见图 8.27。

顶层中节点柱纵向钢筋和边节点柱内侧纵向钢筋应伸至柱顶；当从梁底边计算的直线

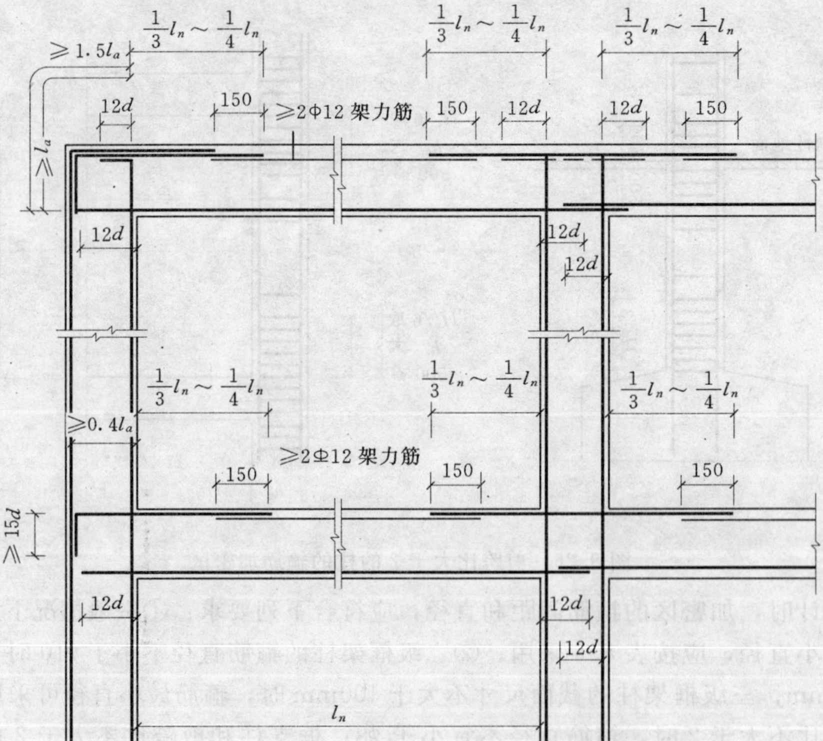

图 8.27　非抗震设计时框架梁、柱纵向钢筋在节点区的锚固要求

锚固长度不小于 l_a 时，可不必水平弯折，否则应向柱内或梁、板内水平弯折，当充分利用柱纵向钢筋的抗拉强度时，其锚固段弯折前的竖直投影长度不应小于 $0.5l_a$，弯折后的水平投影长度不宜小于 12 倍的柱纵向钢筋直径。

顶层端节点处，在梁宽范围以内的柱外侧纵向钢筋可与梁上部纵向钢筋搭接，搭接长度不应小于 $1.5l_a$，在梁宽范围以外的柱外侧纵向钢筋可伸入现浇板内，其伸入长度与伸入梁内的相同。当柱外侧纵向钢筋的配筋率大于 1.2%时，伸入梁内的柱纵向钢筋宜分两批截断，截断点之间的距离不宜小于 20 倍的柱纵向钢筋直径。

梁上部纵向钢筋伸入端节点的锚固长度，直线锚固时不应小于 l_a，且伸过柱中心线的长度不宜小于 5 倍的梁纵向钢筋直径；当柱截面尺寸不足时，梁上部纵向钢筋应伸至节点对边并向下弯折，锚固段弯折前的水平投影长度不应小于 $0.4l_a$，弯折后的竖直投影长度应取 15 倍的梁纵向钢筋直径。

当计算中不利用梁下部纵向钢筋的强度时，其伸入节点内的锚固长度应取不小于 12 倍的梁纵向钢筋直径。当计算中充分利用梁下部钢筋的抗拉强度时，梁下部纵向钢筋可采用直线方式或向上 90°弯折方式锚固于节点内，直线锚固时的锚固长度不应小于 l_a；弯折锚固时，锚固段的水平投影长度不应小于 $0.4l_a$，竖直投影长度应取 15 倍的梁纵向钢筋直径。

抗震设计时，节点区钢筋的锚固与搭接如图 8.28 所示。

受到地震作用以及因此引起的拉、压应力反复作用的影响，锚固作用退化，框架梁和框架柱的纵向受力钢筋在节点区域的锚固与搭接，比非抗震设计时要求更严。具体做法

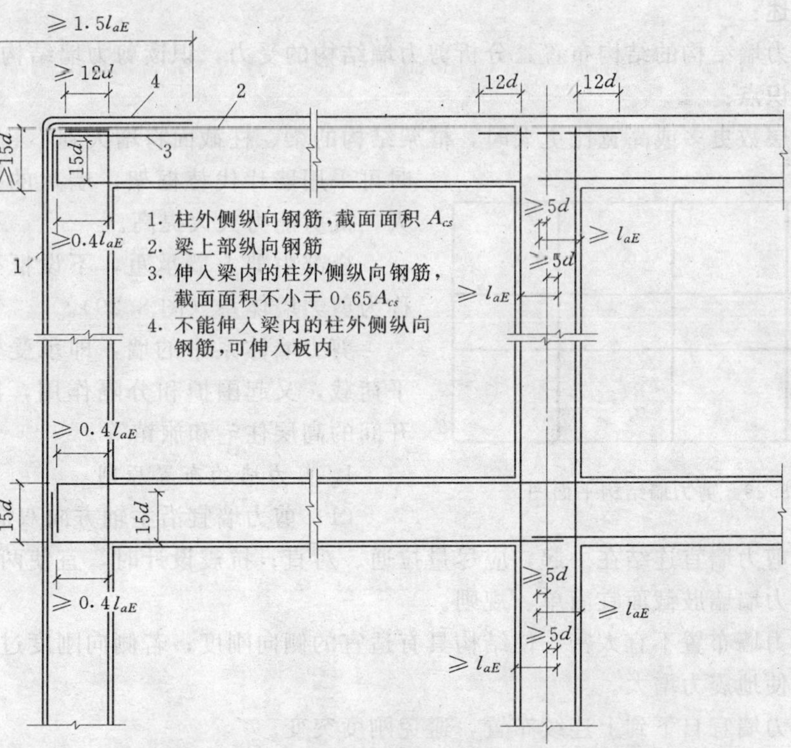

图 8.28　抗震设计时框架梁、柱纵向钢筋在节点区的锚固要求

如下：

顶层中节点柱纵向钢筋和边节点柱内侧纵向钢筋应伸至柱顶；当从梁底边计算的直线锚固长度不小于 l_{aE} 时，可不必水平弯折，否则应向柱内或梁内、板内水平弯折，锚固段弯折前的竖直投影长度不应小于 $0.5l_{aE}$，弯折后的水平投影长度不宜小于12倍的柱纵向钢筋直径。

顶层端节点处，柱外侧纵向钢筋可与梁上部纵向钢筋搭接，搭接长度不应小于 $1.5l_{aE}$，且伸入梁内的柱外侧纵向钢筋截面面积不宜小于柱外侧全部纵向钢筋截面面积的65%；在梁宽范围以外的柱外侧纵向钢筋可伸入现浇板内，其伸入长度与伸入梁内的相同。当柱外侧纵向钢筋的配筋率大于1.2%时，伸入梁内的柱纵向钢筋宜分两批截断，截断点之间的距离不宜小于20倍的柱纵向钢筋直径。

梁上部纵向钢筋伸入端节点的锚固长度，直线锚固时不应小于 l_{aE}，且伸过柱中心线的长度不应小于5倍的梁纵向钢筋直径；当柱截面尺寸不足时，梁上部纵向钢筋应伸至节点对边并向下弯折，锚固段弯折前的水平投影长度不应小于 $0.4l_{aE}$，弯折后的竖直投影长度应取15倍的梁纵向钢筋直径。

梁下部纵向钢筋的锚固与梁上部纵向钢筋相同，但采用90°弯折方式锚固时，竖直段应向上弯入节点内。

学习单元8.3　剪力墙结构设计简介

任务描述：

进行剪力墙结构的结构布置，分析剪力墙结构的受力，识读剪力墙结构配筋图。

任务知识点：

当房屋层数更多或高宽比更大时，框架结构的梁、柱截面将增大到不经济的程度，这时可采用墙片代替框架，墙片的抗侧力刚度很大，抗剪能力大大提高。

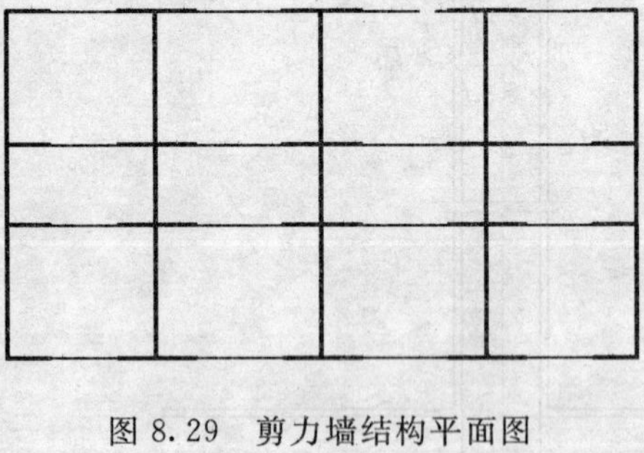

图8.29　剪力墙结构平面图

全部由剪力墙承重，不设框架的结构体系称为剪力墙体系（图8.29）。

剪力墙体系中的墙，即承受竖向荷载和水平荷载，又起围护和分隔作用，比较适用于小开间的高层住宅和旅馆等。

1. 剪力墙的布置原则

（1）剪力墙宜沿主轴方向双向或多向布置，不同方向的剪力墙宜连结在一起，应尽量拉通、对直；抗震设计时，宜使两个方向侧向刚度接近；剪力墙墙肢截面宜简单、规则。

（2）剪力墙布置不宜太密，使结构具有适宜的侧向刚度；若侧向刚度过大，不仅加大自重，还会使地震力增大。

（3）剪力墙宜自下到上连续布置，避免刚度突变。

（4）剪力墙长度较大时，可通过开设洞口将长墙分成若干均匀的独立墙段。墙段的长度不宜大于 8m。

(5) 剪力墙的门窗洞口宜上下对齐，成列布置，宜避免使用错洞墙和叠合错洞墙。

(6) 当剪力墙与平面外方向的梁连结时，可采用加强剪力墙平面外的抗弯刚度和承载力（可在墙内设置扶壁柱、暗柱或与梁相连的型钢等）的措施。

(7) 短肢剪力墙是指墙肢截面长度与厚度之比为 5～8 的剪力墙，高层结构不应采用全部为短肢剪力墙的剪力墙结构。短肢剪力墙结构的最大适用高度应适当降低。

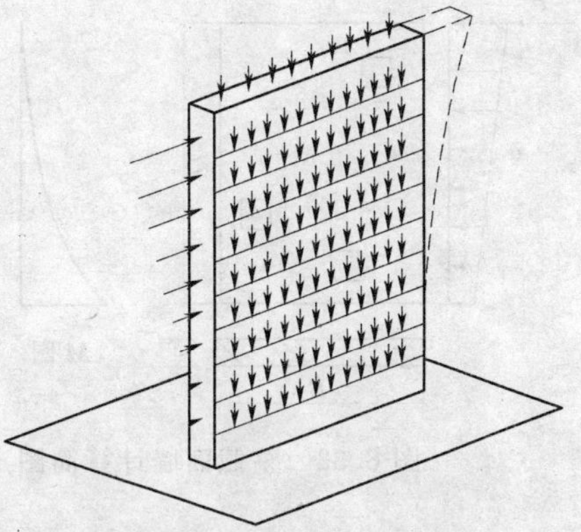

图 8.30　剪力墙的受力状态

与框架结构一样，剪力墙结构承受的作用包括竖向荷载、水平荷载和地震作用（图 8.30）。剪力墙在竖向荷载作用下的内力分析，与一般混合结构墙体类似，下面主要分析剪力墙在水平荷载作用下的受力特点。

2. 剪力墙的分类及受力特点

开洞剪力墙由墙肢和连梁两种构件组成，不开洞的剪力墙仅有墙肢。按墙面洞口的有无、大小、形状和位置等，剪力墙可分为四类：整截面剪力墙不开洞或开洞面积不大于16%的墙，如图 8.31（a）所示、整体小开口剪力墙开洞面积大于 16%，但洞口对剪力墙的受力影响仍较小的墙，如图 8.31（b）所示、联肢墙开口较大、洞口成列布置的可以简化为若干个单肢剪力墙，或墙肢与一系列连梁连结的剪力墙，如图 8.31（c）所示、壁式框架洞口尺寸大，连梁线刚度大于或接近墙肢线刚度的墙，如图 8.31（d）所示。

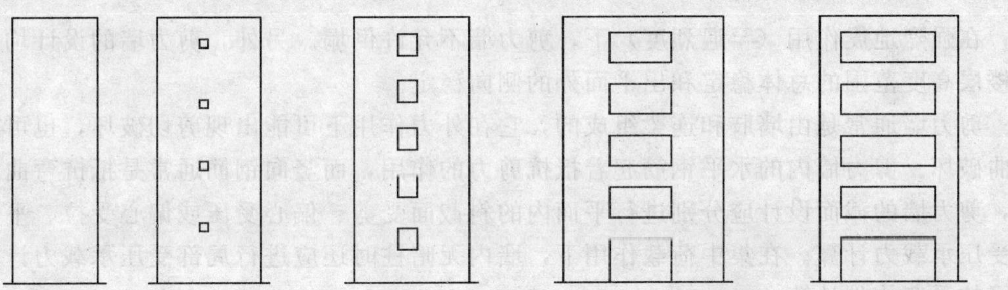

图 8.31　剪力墙的分类

(a) 整截面墙；(b) 整体小开口墙；(c) 联肢墙；(d) 壁式框架

在水平荷载作用下，整截面剪力墙如同一片整体的悬臂墙，在墙肢的整个高度上，弯矩图既不突变，也无反弯点，剪力墙的变形以弯曲型为主（图 8.32），其任意截面的弯矩和剪力可按照材料力学方法进行计算；整体小开口剪力墙的弯矩图在连梁处发生突变，但在整个墙肢高度上没有或仅仅在个别楼层中出现反弯点，剪力墙的变形仍以弯曲型为主；双肢及多肢剪力墙与整体小开口剪力墙相似（图 8.33）；壁式框架柱的弯矩图在楼层处有突变，且在大多数楼层出现反弯点，剪力墙的变形以剪切型为主。

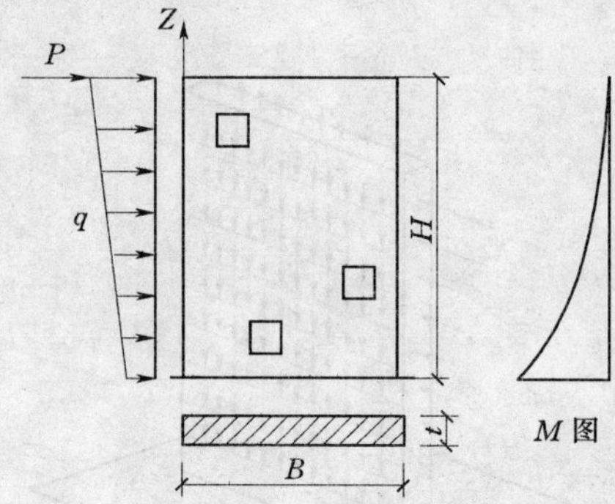

图 8.32　整截面墙计算简图

3. 截面设计的基本要求

剪力墙是一种承受压、弯、剪共同作用的抗侧能力强的构件，它的截面设计的基本要求是：在正常使用荷载及风荷载、小地震作用下，结构应处于弹性工作阶段，裂缝宽度不能过大，这时需满足强度、变形和抗裂性等要求；在中等强度地震作用下（设防烈度），允许进入弹塑性状态，必须保证在非弹性变形的反复作用下，有足够的承载力、良好的延性和一定的变形能力；在强烈地震作用（罕遇烈度）下，剪力墙不允许倒塌。另外，剪力墙的设计均应保证在楼层高度范围的总体稳定和出平面外的侧向稳定。

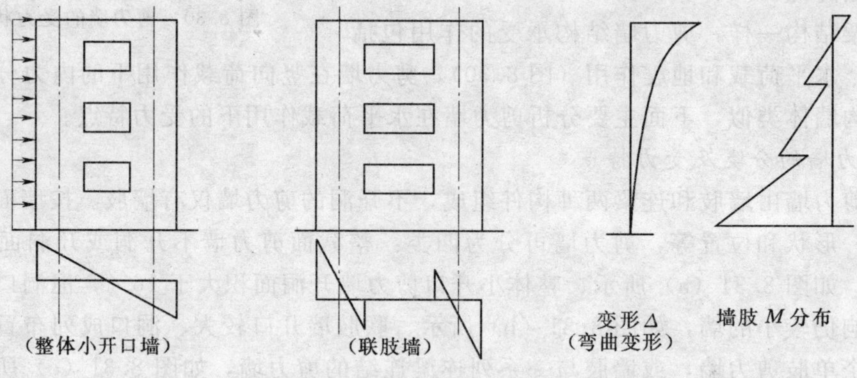

图 8.33　整体小开口剪力墙及联肢剪力墙内力分析

剪力墙通常是由墙肢和连梁组成的，它在外力作用下可能出现剪切破坏，也可能出现弯曲破坏。剪力墙内的水平钢筋起着抵抗剪力的作用，而竖向钢筋通常是抵抗弯曲的。因此，剪力墙的截面设计应分别进行平面内的斜截面受剪、偏心受压或偏心受拉、平面外轴心受压承载力计算。在集中荷载作用下，墙内无暗柱时还应进行局部受压承载力计算，连梁可按受弯构件计算。

4. 剪力墙结构的构造

(1) 墙厚及混凝土强度等级。剪力墙的厚度不应太小，以保证墙体出平面的刚度和稳定性，以及浇筑混凝土的质量。钢筋混凝土剪力墙的截面厚度不应小于楼层净高的 1/25，也不应小于 140mm。采用装配式楼板时，楼板搁置不能切断或过多削弱剪力墙沿高度的连续性，剪力墙至少应有 60%面积与上层相连。

为了保证剪力墙的承载能力、变形能力和耐久性，剪力墙混凝土的强度等级不宜太低。剪力墙结构的混凝土强度等级不应低于 C20，筒体结构的核心筒和内筒的混凝土强度等级不低于 C25，以短肢剪力墙（截面长宽比为 5～8）为主的结构，其混凝土强度等级不应低于 C25。

（2）墙肢配筋要求。包括以下几方面：

1）端部钢筋。剪力墙两端和洞口两侧应按规定设置边缘构件。边缘构件分为约束边缘构件和构造边缘构件。

约束边缘构件设置在一、二级抗震设计的剪力墙底部加强部位及其上一层的墙肢端部。约束边缘构件设计的主要措施是加大边缘构件的长度及其体积配箍率。箍筋的配筋范围如图8.34所示。一、二级抗震设计时箍筋直径均不应小于8mm，箍筋间距分别不应大于100mm和150mm。

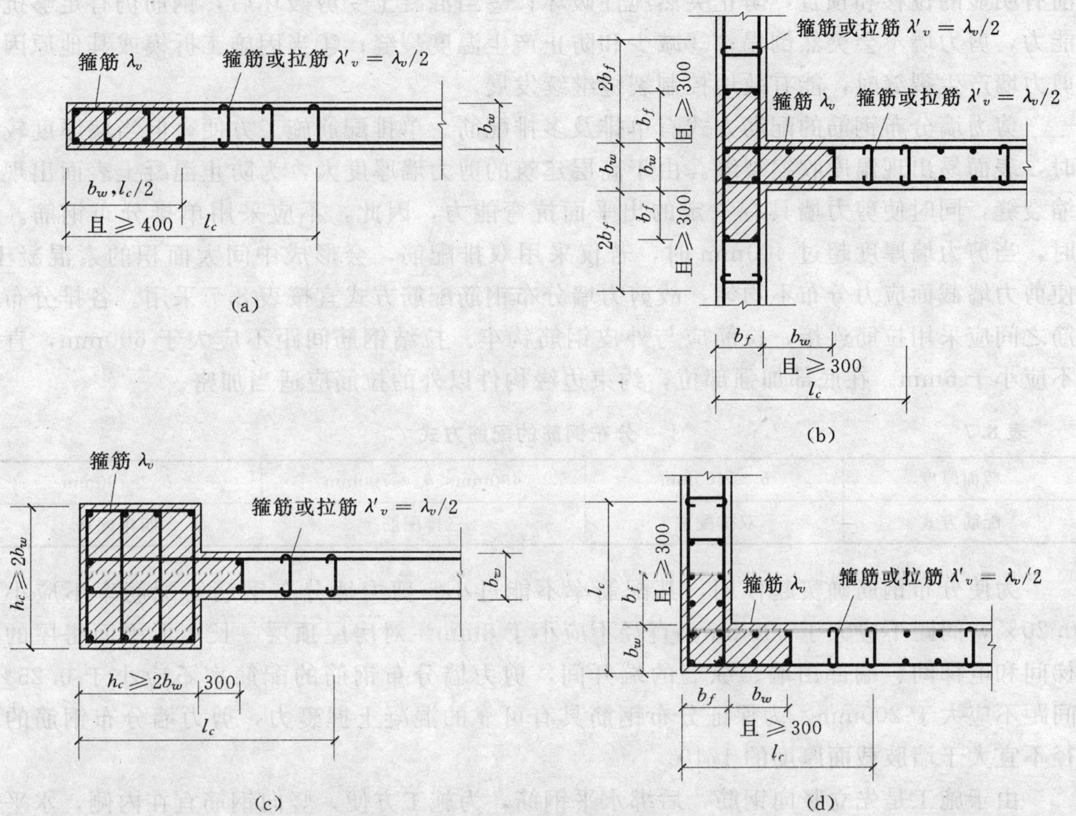

图8.34　剪力墙的约束边缘构件

（a）暗柱；（b）有翼墙；（c）有端柱；（d）转角墙

约束边缘构件中的纵向钢筋的配筋范围不应小于图8.34中的阴影面积，纵向钢筋最小截面面积，一、二级抗震设计时分别不应小于图8.34中阴影面积的1.2%和1.0%，并分别不应小于6ϕ16和6ϕ14。注意，特一级抗震设计剪力墙纵向钢筋最小配筋率取为1.4%，配箍特征值增大20%。

对于十字形剪力墙，可按两片墙分别在端部设置边缘约束构件，交叉部位只要按构造要求配置暗柱。

约束边缘构件中的纵向钢筋宜采用HRB335或HRB400钢筋。

构造边缘构件设置在一、二级抗震设计剪力墙的其他部位以及三、四级抗震设计和非抗震设计的剪力墙墙肢端部。

非抗震设计剪力墙端部应按构造配置不少于4根12mm的纵向钢筋，沿纵向钢筋应配置不少于直径6mm、间距为250mm的拉筋。纵向钢筋宜采用HRB335或HRB400。

2）墙身分布钢筋。剪力墙除两端的竖向抗弯钢筋外，在墙体内还配有水平和竖向分布钢筋。剪力墙内的水平和竖向分布钢筋分别起到了抗剪和抗弯的作用，它的配筋量应根据受力状况由计算确定。

剪力墙墙身水平分布钢筋和竖向分布钢筋的作用是：①使剪力墙有一定的延性，破坏前有明显的位移和预告，防止突然脆性破坏；②当混凝土受剪破坏后，钢筋仍有足够抗剪能力，剪力墙不会突然倒塌；③减少和防止产生温度裂缝；④当因施工拆模或其他原因使剪力墙产生裂缝时，能有效地控制裂缝继续发展。

剪力墙分布钢筋的配筋方式有单排及多排配筋。单排配筋施工方便，但当墙厚度较大时，表面易出现温度收缩裂缝。由于高层建筑的剪力墙厚度大，为防止混凝土表面出现收缩裂缝，同时使剪力墙具有一定的出平面抗弯能力，因此，不应采用单排分布钢筋。同时，当剪力墙厚度超过400mm时，若仅采用双排配筋，会形成中间大面积的素混凝土，使剪力墙截面应力分布不均匀，故剪力墙分布钢筋配筋方式宜按表8.7采用。各排分布钢筋之间应采用拉筋连接，拉筋应与外皮钢筋钩牢。拉结钢筋间距不应大于600mm，直径不应小于6mm。在底部加强部位，约束边缘构件以外的拉筋应适当加密。

表8.7　　分布钢筋的配筋方式

截面厚度	$b_w \leqslant 400$mm	$400\text{mm} < b_w \leqslant 700$mm	$b_w > 700$mm
配筋方式	双排配筋	三排配筋	四排配筋

为使分布钢筋确实起作用，其配筋率不能过小。剪力墙分布钢筋的配筋率不应小于0.20%，间距不应大于300mm，直径不应小于8mm。对房屋顶层、长矩形平面房屋的楼梯间和电梯间、端部山墙、纵墙的端开间，剪力墙分布钢筋的配筋率不应小于0.25%，间距不应大于200mm。为保证分布钢筋具有可靠的混凝土握裹力，剪力墙分布钢筋的直径不宜大于墙肢截面厚度的1/10。

由于施工是先立竖向钢筋，后绑水平钢筋，为施工方便，竖向钢筋宜在内侧，水平钢筋宜在外侧，并且多采用水平与竖向分布钢筋同直径、同间距。

3）分布钢筋的连接和锚固。剪力墙水平分布钢筋应伸至墙端。当剪力墙端部无翼墙时，分布钢筋应伸至墙端并向内弯折15d后截断［图8.35（a）］，其中d为水平分布钢筋直径；当墙厚度较小时，也可采用在墙端附近搭接的做法［图8.35（b）］；当剪力墙端部有翼墙或转角墙时，内墙两侧的水平分布钢筋和外墙内侧的水平分布钢筋应伸至翼墙或转角墙外边，并分别向两侧水平弯折不小于15d后截断［图8.35（c）］。

一、二级抗震等级剪力墙的加强部位，接头位置应错开，每次连接的钢筋数量不宜超过总数量的50%，错开的净距不宜小于500mm；其他情况剪力墙的钢筋可在同一部位连接。非抗震设计时，分布钢筋的搭接长度不应小于1.2l_a；抗震设计时，不应小于1.2l_{aE}。暗柱及端柱内纵向钢筋连接和锚固要求与框架柱相同。

非抗震设计的剪力墙竖向分布钢筋可在同一截面搭接，搭接长度不应小于1.2l_a，且

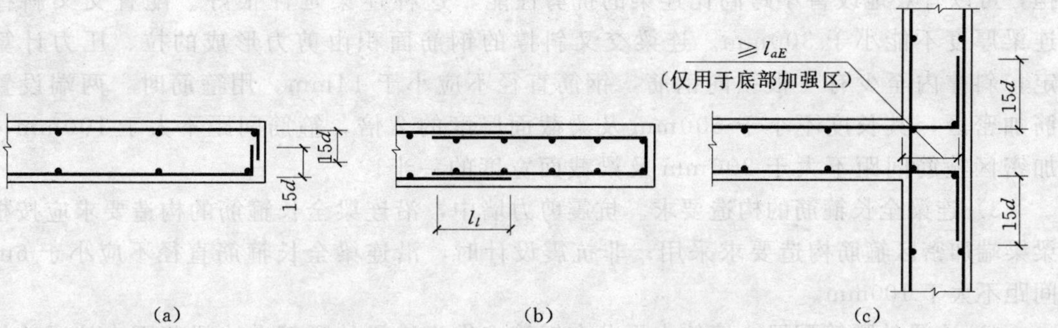

图 8.35　剪力墙端部水平分布钢筋的锚固

(a) 无翼墙时的锚固；(b) 无翼墙时的搭接；(c) 有翼墙时的锚固

不应小于 300mm。当分布钢筋直径大于 28mm 时，不宜采用搭接接头。

(3) 连梁的配筋构造。连梁是一个受到反弯矩作用的梁，并且通常跨高比较小，因而容易出现剪切斜裂缝，为防止斜裂缝出现后的脆性破坏，《混凝土高规》规定了连梁在构造上的一些特殊要求。

1) 纵向受力钢筋伸入墙内的锚固长度。连梁顶面、底面纵向受力钢筋伸入墙内的锚固长度，抗震设计时不应小于 l_{aE}；非抗震设计时不应小于 l_a，且伸入墙内长度不应小于 600mm。在顶层连梁纵向钢筋伸入墙体的长度范围内，应配置间距不大于 150mm 的构造箍筋，构造箍筋直径与该连梁的箍筋直径相同（图 8.36）。

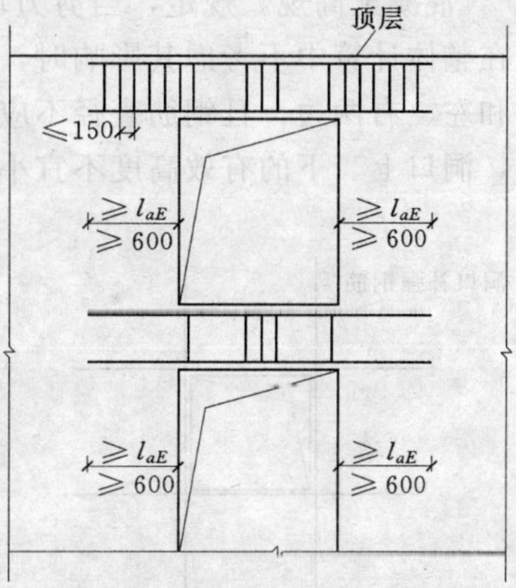

图 8.36　连梁配筋构造

2) 斜向交叉构造钢筋。一、二级抗震等级剪力墙，当跨高比不大于 2，且墙厚不小于 200mm 的连梁，除普通箍筋外宜另设斜向交叉构造钢筋；跨高比不大于 1 的连梁，应采用交叉斜撑配筋。

图 8.37 所示为交叉斜撑构造，为防止斜筋压屈，必须用矩形箍筋或螺旋箍筋与斜向交叉钢筋绑在一起，成为交叉斜撑。试验研究表明，连梁内配置交叉斜撑，连梁的剪力由交叉斜撑承

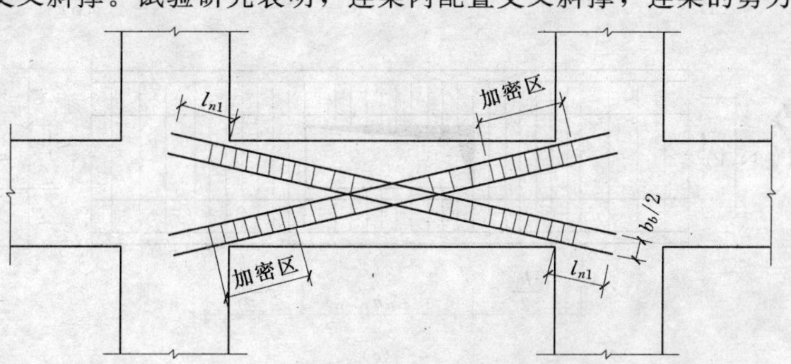

图 8.37　连梁斜向交叉配筋构造

担，可以有效地改善小跨高比连梁的抗剪性能，这种连梁延性很好。配置交叉斜撑的连梁厚度不能小于300mm。连梁交叉斜撑的钢筋面积由剪力形成的拉、压力计算确定；斜撑内至少有4根纵向钢筋，钢筋直径不应小于14mm。用箍筋时，两端设置箍筋加密区，其长度不小于600mm及梁截面厚度的2倍，箍筋间距不大于100mm；非加密区箍筋间距不大于200mm及梁截面宽度的一半。

3）连梁全长箍筋的构造要求。抗震剪力墙中，沿连梁全长箍筋的构造要求应按框架梁梁端加密区箍筋构造要求采用；非抗震设计时，沿连梁全长箍筋直径不应小于6mm，间距不大于100mm。

4）连梁的腰筋配置。墙体水平分布钢筋应作为连梁的腰筋在连梁范围内拉通连续配置。当连梁截面高度大于700mm时，其两侧面沿梁高范围设置的纵向构造钢筋（腰筋）的直径不应小于10mm，间距不应大于200mm；对跨高比不大于2.5的连梁，梁两侧的纵向构造钢筋（腰筋）的面积配筋率不低于0.3%。

（4）剪力墙墙面和连梁开洞时的构造要求。当剪力墙墙面开洞较小时，除了将切断的分布钢筋集中在洞口边缘补足外，还要有所加强，以抵抗洞口应力集中。连梁是剪力墙中的薄弱部位，应重视连梁中开洞后的加强措施。

《混凝土高规》规定，当剪力墙墙面开有非连续小洞口（其各边长度小于800mm），且在整体计算中不考虑其影响时，应将洞口处被截断的分布钢筋分别集中配置在洞口上、下和左、右两边，且钢筋直径不应小于12mm［图8.38（a）］。穿过连梁的管道宜预埋套管，洞口上、下的有效高度不宜小于梁高的1/3，且不宜小于200mm，洞口处宜配置补强

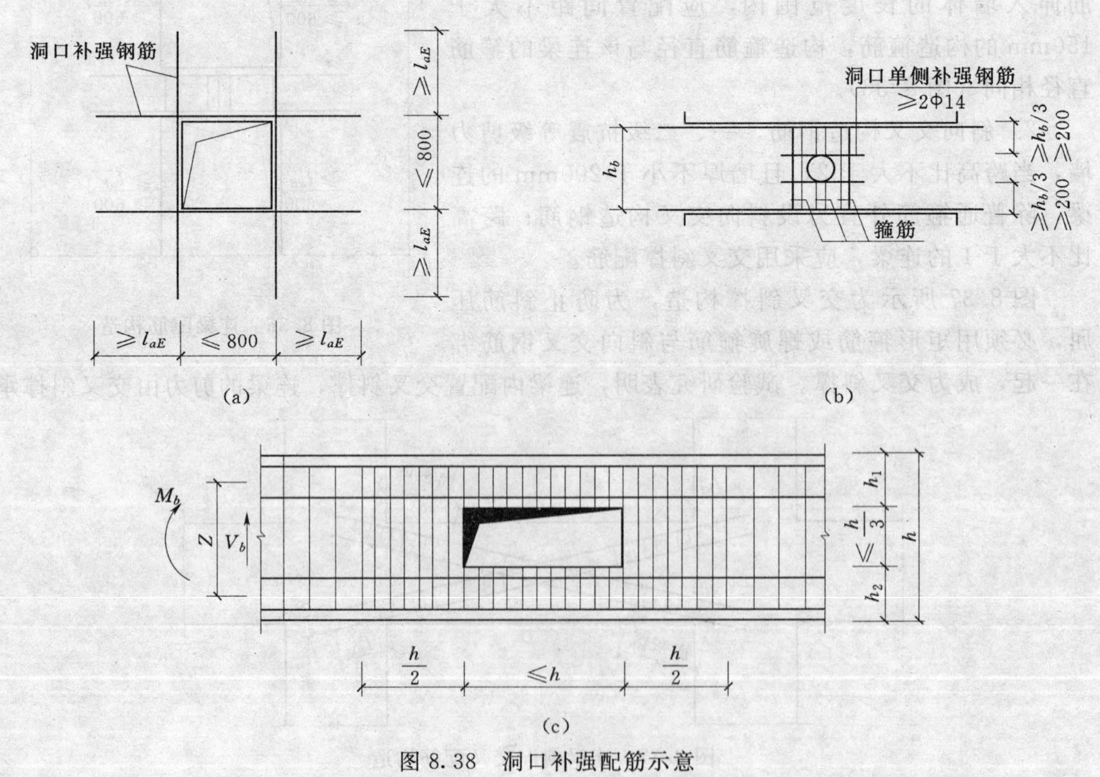

图8.38 洞口补强配筋示意

钢筋［图 8.38（b）］。

学习单元 8.4　框架—剪力墙结构受力分析

任务描述：

分析框架—剪力墙结构的受力特点，识读框架—剪力墙结构配筋图。

任务知识点：

当高层建筑层数较多而且高度较高时，如果仍采用框架结构，则框架在水平力作用下，截面内力增加很快，梁柱截面增加很大，并且还产生很大的水平侧移。为解决上述矛盾，通常做法是在框架体系中，增设一些刚度较大的钢筋混凝土剪力墙，使之代替框架承担水平荷载，于是就形成了框架—剪力墙结构体系。

框架—剪力墙结构中，框架主要用以承受竖向荷载，剪力墙主要用以承受水平荷载，两者分工明确，受力合理，互补长短，能更有效地抵抗水平外荷载的作用，是一种比较理想的高层建筑体系。

框架—剪力墙结构既能为建筑使用提供较大的平面空间，又具有较大的抗侧力刚度，所以框架—剪力墙结构是高层建筑中最常见的结构体系之一。框架—剪力墙结构可应用于多种使用功能的高层房屋，如办公楼、宾馆、公寓、图书馆、教学楼、医院等。

1. 框架—剪力墙结构的受力特点

如前所述，框架—剪力墙结构是由框架和剪力墙两类抗侧力单元组成，这两类抗侧力单元的变形和受力特点不同。剪力墙的变形以弯曲型为主，框架的变形以剪切型为主。在框—剪结构中，框架和剪力墙由楼盖连接起来而共同变形。

在水平荷载作用下，单独剪力墙的变形曲线如图 8.39（a）中虚线所示，以弯曲变形为主；单独框架的变形曲线如图 8.39（b）中虚线所示，以剪切变形为主。但是，在框架—剪力墙结构中，框架与剪力墙是相互连接在一起的一个整体结构，故其变形曲线介于弯曲型与剪切型之间。因此，侧向力在框架和剪力墙之间的分配，不但与框架和剪力墙之间的刚度比有关，而且还随着高度而变化。图 8.39（c）、图 8.39（d）中绘出了三种侧移曲线及其相互关系。由图 8.39 可见，框架和剪力墙对整个结构侧移曲线的影响，沿结构高度方向是变化的。在结构下部，剪力墙的位移比框架小，墙将框架向左拉，框架将墙向右

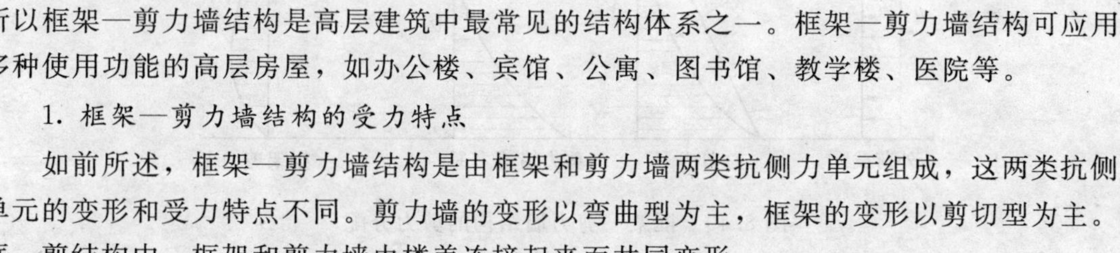

图 8.39　框架与剪力墙的协同工作

拉，故而框架—剪力墙结构的位移比框架的单独位移小，比剪力墙的单独位移大；在结构上部，剪力墙的位移比框架大，框架将墙向左推，墙将框架向右推，因而框架—剪力墙的位移比框架的单独位移大，比剪力墙的单独位移小。框架与剪力墙之间的这种协同工作是非常有利的，它使框架—剪力墙结构的侧移大大减小，且使框架与剪力墙中的内力分布更趋合理。

框架—剪力墙结构协同工作时，由于剪力墙的刚度比框架大得多，因此剪力墙负担大部分水平力；另外，框架和剪力墙分担水平力的比例，房屋上部、下部是变化的（图8.40）。在房屋下部，由于剪力墙变形增大，框架变形减小，使得下部剪力墙担负更多剪力，而框架下部担负的剪力较少。在上部，情况恰好相反，剪力墙担负外载减小，而框架担负剪力增大。这样，就使框架上部和下部所受剪力均匀化。从协同变形曲线可以看出，框架结构的层间变形在下部小于纯框架，上部小于纯剪力墙，因此各层的层间变形也将趋于均匀化。

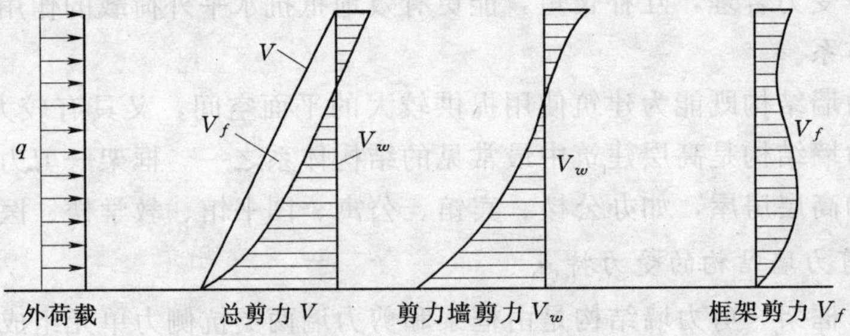

图8.40　框架—剪力墙结构的剪力分配

2. 框架—剪力墙结构的构造

框架—剪力墙结构中，剪力墙是主要的抗侧力构件，承担着绝大部分剪力，因此构造上应加强。

每层有梁、周边带柱的剪力墙也称为带边框剪力墙，它比矩形截面的剪力墙具有更高的承载能力和更好的抗震性能，其构造要求也与普通剪力墙稍有不同。

周边有梁、柱的剪力墙，厚度不应小于160mm，且不小于墙净高的1/20，其混凝土强度等级与边柱相同。剪力墙中线与墙端边柱中线宜重合，防止偏心。梁的截面宽度不小于2倍剪力墙厚度，梁的截面高度不小于3倍剪力墙厚度；柱的截面宽度不小于2.5倍剪力墙厚度，柱的截面高度不小于柱的宽度。若剪力墙周边仅有柱而无梁时则应设置暗梁。

剪力墙内的边框梁相当于墙体的加强肋，可不必进行专门的截面设计。有边柱但边梁做成暗梁时，暗梁的配筋可按构造配置且应符合一般框架梁的最小配筋要求；边柱的配筋应符合一般框架柱配筋的规定。

剪力墙应沿水平向和竖向分别布置分布钢筋，分布钢筋沿墙厚方向均应双排配置，即形成两片竖向的钢筋网。剪力墙水平和竖向分布钢筋的配筋率、最大间距和最小直径应符合剪力墙分布钢筋配置的要求；分布钢筋直径不应小于8mm，间距不应大于300mm，同时，在非抗震设计时，剪力墙水平和竖向分布钢筋配筋率均不应小于0.2%；抗震设计时，水平和竖向分布钢筋配筋率均不应小于0.25%。

墙板的水平钢筋应全部锚入边柱内，锚固长度不应小于 l_{aE}（抗震设计）或 l_a（非抗震设计）。

剪力墙端柱筋按剪力墙端部暗柱、底部加强区的要求配置。

学习单元8.5 高层建筑基础认识

任务描述：

认识箱形基础、筏式基础等多高层建筑基础的形式及特点。

任务知识点：

基础承托房屋全部重量及外部作用力，并将它们传到地基；另一方面它也直接受到地震波作用，并将地震作用传到上部结构。可以说，它是抗地震的第一道防线。基础底面积大小及基础形式、埋深取决于上部结构形式、重量、作用力以及地基土的性质。

多层建筑结构基础的埋深没有特殊要求，可以按照地基承载力、土壤沉陷性质及冻结深度等确定。单柱基础仅适用于层数不多、地基土较好的框架结构。当抗震要求较高或土质不均匀，或埋置深度较大时，可在单柱基础间设置拉梁［图8.41（a）、图8.41（c）］。一般情况下，多层建筑可采用交叉式条形基础，或一个方向为条形基础，另一方向用拉梁的做法。交叉式条形基础的整体性比单柱基础好，可增加上部框架的整体性，也可直接支承由墙体传来的荷载［图8.41（b）］。当埋深不大、条形基础高度相对较小时，形成条形的弹性地基梁；当条形基础高度较大、上部荷载可直接扩散到全部基础底面上时，形成刚性基础［图8.41（d）、图8.41（e）］。刚性基础可少用钢筋，计算和设计都较简单，但埋

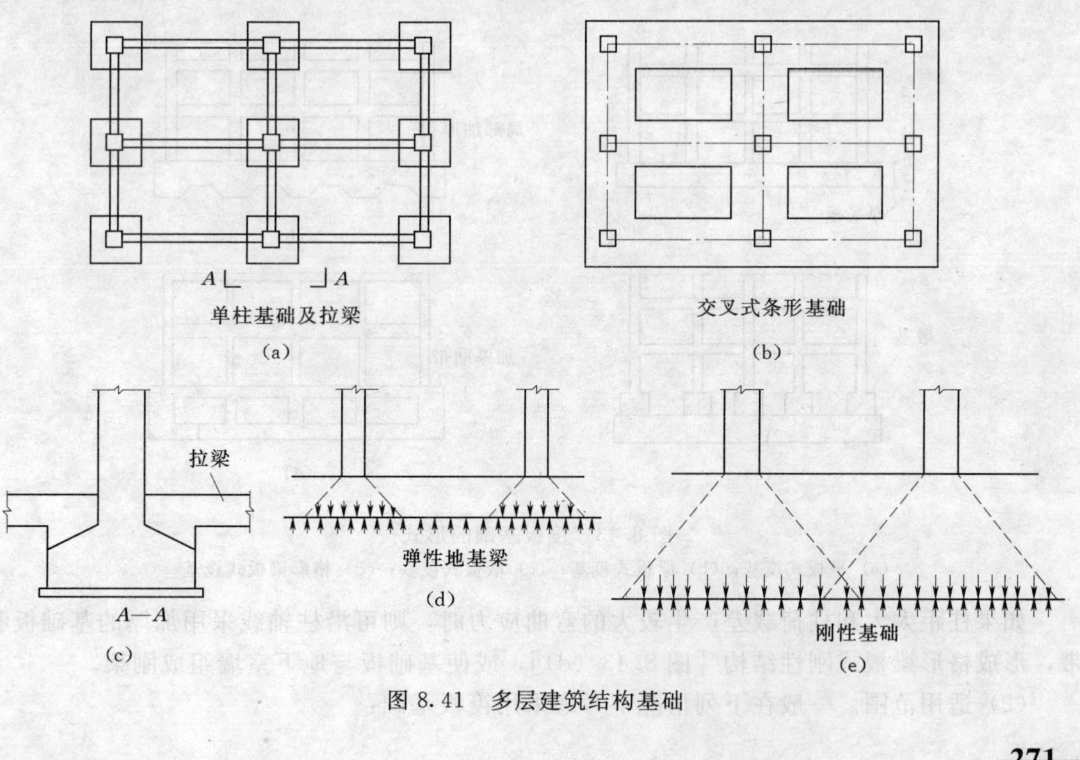

图8.41 多层建筑结构基础

深较大。因此，采用弹性地基梁还是用刚性基础，要根据基础埋置深度、土方工程及材料用量进行综合比较。但应注意，在抗震结构中，无配筋或少配筋的刚性基础不宜采用。

高层建筑结构的基础要有较好的整体性，特别是当上部结构重量分布不均匀或土质不均匀时。箱形基础及筏式基础是高层建筑结构常用的基础形式。

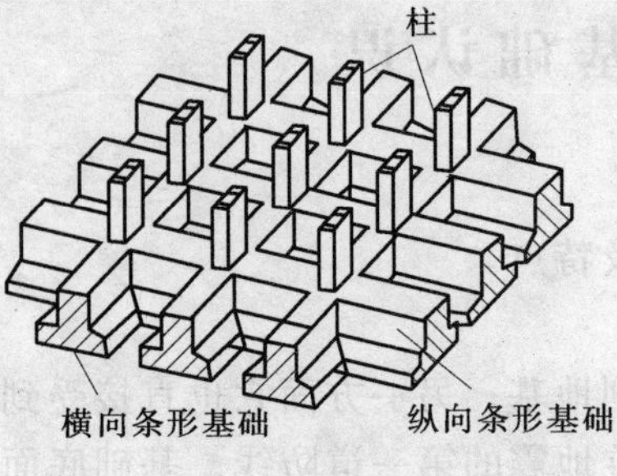

图 8.42　十字交叉条形基础

1. 十字交叉条形基础

(1) 基础形式。在柱网下纵、横两向设置钢筋混凝土条形基础，形成如图 8.42 所示的十字交叉条形基础。

(2) 适用范围。通常在下列情况下宜采用十字交叉条形基础：

1) 上部结构传来的荷载不是太大、柱网较为均匀、柱距较小且各柱荷载差异较小时。

2) 地基土质均匀、地基士承载力很高且压缩性较小时。

3) 建筑物无地下室要求时。

2. 筏板基础

(1) 基础形式。若上部结构传来的荷载很大，上述十字交叉条形基础不能提供足够的底面积时，可将条形基础的底面扩大为整板基础，简称筏板基础。

通常的筏板基础是一块等厚的钢筋混凝土平板，称为平板式筏基［图 8.43 (a)］；当柱荷载较大时，可以加大柱下面的基础板厚度，形成梁板式筏基，使其能承受相应的剪力和负弯矩［图 8.43 (b)］；也可以设计成墩板式筏基［图 8.43 (c)］。

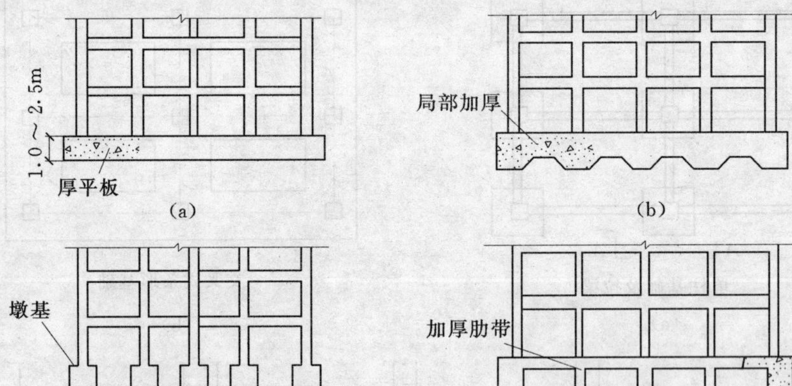

图 8.43　筏板基础的形式

(a) 平板式筏基；(b) 梁板式筏基；(c) 墩板式筏基；(d) 格形梁板式筏基

如果柱距太大和柱荷载差产生较大的弯曲应力时，则可沿柱轴线采用加厚的基础板肋带，形成格形梁板式刚性结构［图 8.43 (d)］，或使基础板与地下室墙组成刚架。

(2) 适用范围。一般在下列情况下考虑采用筏板基础：

1）在软土地基上，当采用十字交叉条形基础不能满足建筑物的允许变形或地基承载力要求时。

2）当建筑物的柱距较小，而柱荷载很大，必须将基础连成一整体后才能满足地基承载力要求时。

3）在风荷载或地震作用下，欲使基础有足够的刚度和稳定性时。

3．箱形基础

（1）基础形式。当上部结构荷载较大，底层墙柱间距过大，地基承载力相对较低，采用筏板基础不能满足要求时，可采用箱形基础。箱形基础是由钢筋混凝土底板、顶板和纵横交错的隔墙组成的一个空间的整体结构（图8.44）。这种基础本身具有很大的刚度和整体性，能够抵抗并协调由于软弱地基在大荷载作用下产生的不均匀变形，并能加大基底面积，使上部荷载均匀地传递到地基土层中去，减少高层建筑的不均匀沉降，同时可以被利用作为地下室。

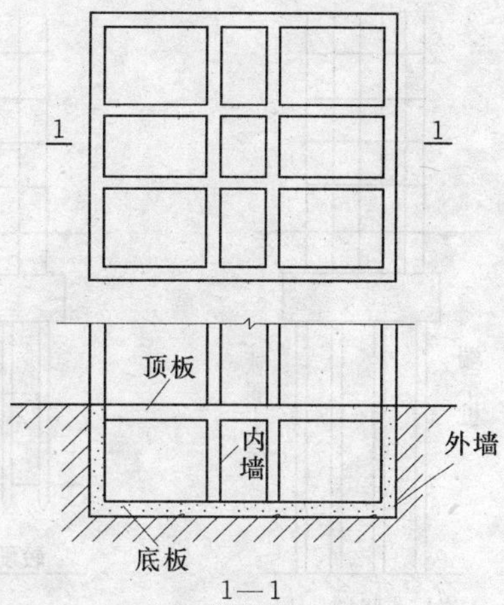

图8.44　箱形基础

（2）基础特性。包括以下几方面：

1）箱形基础本身刚度很大，计算中可将上部结构视为嵌固于基础。

2）箱形基础加深了高层建筑的基础深度，增强了基础和周围土体的协同工作，因而可增加建筑物的整体稳定性。

3）箱形基础的埋深一般较大，既有利于提高地基承载力，又由于基础体积所占空间部分挖去的土方重量能够部分或全部抵消基础重量，减小基底压应力，因而是一种理想的补偿基础。

4）箱形基础较好的整体性使其具有较好的抗震性能。

4．桩基础

桩基础是高层建筑常用的基础形式，具有承载能力大，能抵御复杂荷载以及能良好地适应各种地质条件的优点，尤其对于软弱地基上的高层建筑，桩基础是最理想的基础形式之一。

（1）桩基础作用特点。包括以下几方面：

1）桩支承于坚硬的或较硬的持力层，具有很高的竖向承载力，可以承担高层建筑的全部竖向荷载。

2）桩基具有很大的竖向单桩刚度（端承桩）或群桩刚度（摩擦桩），在自重或相邻荷载作用下，不会产生过大的沉降和不均匀沉降，容易保证地基变形和建筑物的倾斜不超过允许范围。

3）由于桩基具有很大的侧向刚度和整体抗倾覆能力，因而能够抵御风和地震作用产生的水平荷载和力矩，保证高层建筑的抗倾覆稳定性。

4）桩身穿过可液化土层支承于稳定的坚实土层或嵌固于基岩，当地震造成浅部土层液化与震陷时，桩基可凭借深部稳定土层仍具有足够的抗压与抗拔承载力，从而确保高层建筑的稳定，且不产生过大的沉陷与倾斜。

(2) 桩的基本形式。常用的桩的形式按桩的传力及作用性质可分为端承型桩、摩擦型桩；按桩的制作方法可分为预制桩和灌注桩。

1) 端承型桩。上部结构荷载通过桩传递到坚硬土层或岩层中，这种桩主要靠桩端反力提供支承力。

端承型桩又分为端承桩和摩擦端承桩。端承桩指在极限承载力状态下桩顶荷载由桩端阻力承受的桩［图8.45 (a)］，桩身表面与土的摩阻力一般可忽略不计。摩擦端承桩指在极限承载力状态下桩顶荷载主要由桩端阻力承受，桩侧摩阻力所占份额不大，但设计时应该计入。

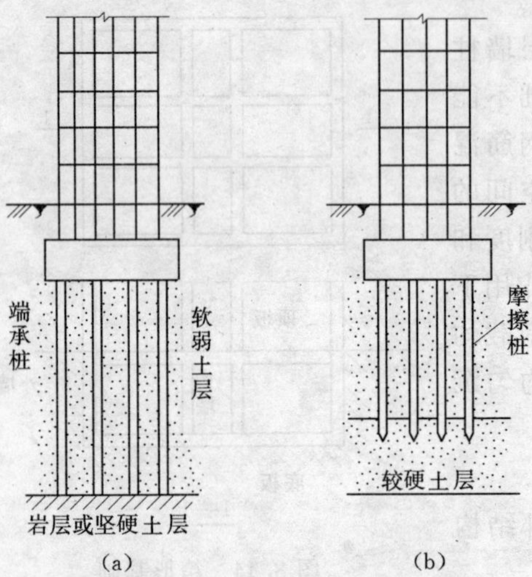

图8.45　桩的支承形式
(a) 端承桩；(b) 摩擦桩

2) 摩擦型桩。高层建筑通过桩将上部结构荷载传递到桩周土体中，这种桩主要靠桩与土的摩擦力来提供支承力。摩擦型桩又分为摩擦桩和端承摩擦桩。摩擦桩指在极限承载力状态下桩顶荷载由桩侧摩阻力承受的桩［图8.45 (b)］，桩端支承力可以略去不计；端承摩擦桩指在极限承载力状态下桩顶荷载主要由桩侧摩阻力承受的桩，桩端阻力较小，但设计时应该计入。

3) 预制桩。预制桩按其采用的材料，可分为钢筋混凝土预制桩和预制钢管桩两大类。

钢筋混凝土预制桩有实心桩、管桩等，为了节省钢材和提高桩身的抗裂性，也可采用预应力钢筋混凝土桩。预制钢管桩具有强度高、挤土量小、截接方便、贯入性能好等优点。钢管桩可不加桩靴，直接开口打入，入土后有大量土体涌入钢管桩内，当涌入桩内的土达到一定高度后，因挤密把桩口封实，产生闭塞效应。钢管桩的缺点是用钢量大，有可能增加建筑物的造价。

4) 灌注桩。灌注桩是在现场直接在所设计的桩位处成孔，然后在孔内放置钢筋笼、浇灌混凝土而形成的混凝土桩。目前，国内外采用的灌注桩按施工方法不同可分为几十种。与钢筋混凝土预制桩相比，灌注桩具有适应性强等优点，但在施工时必须严格保证桩身成型和混凝土浇灌质量。

上述几种基础形式是高层建筑基础设计中所采用的几种典型的基础形式。事实上，随着高层建筑的发展和施工技术的进步，高层建筑基础形式也得到了很大的发展，形式更加丰富，更加灵活多样。目前在设计中已不仅仅只是采用上述某种单一的基础形式，而是采用多种基础的混合形式，如桩-柱基础、桩-梁基础、桩-墙基础、桩-筏基础、桩-箱基础等，这些基础的恰当采用均取得了较好的技术效果。

小组协作思考题：

1. 多高层钢筋混凝土房屋常用结构体系有哪些？

2. 钢筋混凝土框架结构按施工方法的不同有哪些形式？各有何优缺点？

3. 框架结构的结构组成有哪些？结构布置方式有哪些？
4. 如何做框架结构的计算简图？框架结构上的荷载有哪些？怎样计算？
5. 框架结构设计时应怎样对荷载效应进行组合？
6. 框架梁、柱纵向钢筋在节点内的锚固有何要求？
7. 剪力墙是如何分类的？剪力墙结构的受力特点是什么？
8. 如何理解框架与剪力墙的协同工作？

学习情境 9　砌体结构房屋设计

学习目标：

- 会确定砌体结构房屋的静力计算方案
- 会验算墙、柱高厚比
- 会计算砌体受压构件承载力
- 能说出过梁、圈梁、墙梁、悬挑构件及墙体的构造措施

学习单元 9.1　砌体结构的受力分析——静力计算方案确定

任务描述：

进行混合结构房屋的结构布置，确定混合结构房屋静力计算方案。

任务知识点：

房屋中墙、柱等竖向承重构件用块体和砂浆砌筑而成，屋盖、楼盖等水平承重构件用钢筋混凝土、轻钢或其他材料建造的房屋称为砌体结构，也可称为混合结构。由板、梁、屋架等构件组成的楼（屋）盖是混合结构的水平承重结构；墙、柱和基础组成混合结构的竖向承重结构。

1. 结构布置

混合结构房屋的结构布置方案有纵墙承重方案、横墙承重方案、纵横墙承重方案、内框架承重方案（图 9.1）。

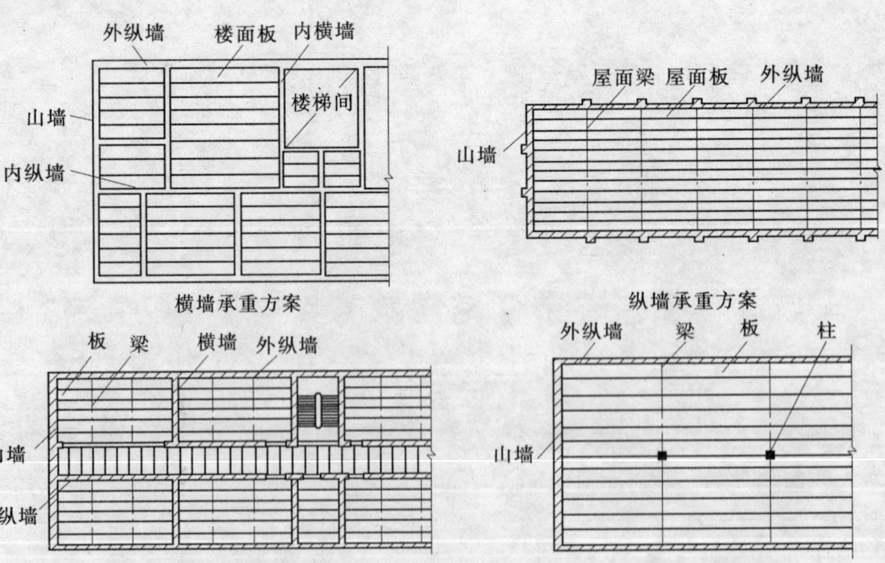

图 9.1　混合结构房屋的结构布置方案

（1）横墙承重方案。当房屋开间不大（一般为3～4.5m），横墙间距较小，将楼（或屋面）板直接搁置在横墙上的结构布置称为横墙承重方案。房间的楼板支承在横墙上，纵墙仅承受本身自重。

横墙承重方案的荷载主要传递路线为：楼（屋）面板→横墙→基础→地基。

这类结构纵墙门窗开洞受限较少、横向刚度大、抗震性能好，适用于多层宿舍等居住建筑以及由小开间组成的办公楼。

（2）纵墙承重方案。对于要求有较大空间的房屋（如厂房、仓库）或隔墙位置可能变化的房屋，通常无内横墙或横墙间距很大，因而由纵墙直接承受楼面、屋面荷载的结构布置方案即为纵墙承重方案。其屋盖为预制屋面大梁或屋架和屋面板。这类房屋的屋面荷载（竖向）传递路线为：板→梁（或屋架）→纵墙→基础→地基。

这类结构纵墙门窗开洞受限、整体性差，适用于单层厂房、仓库、食堂。

（3）纵横墙承重方案。当建筑物的功能要求房间的大小变化较多时，为了结构布置的合理性，通常采用纵横墙布置方案。纵横墙承重方案既可保证有灵活布置的房间，又具有较大的空间刚度和整体性，所以适用于教学楼、办公楼、多层住宅等建筑。此类房屋的荷载传递路线为：

$$\text{楼(屋)面板} \rightarrow \left\{\begin{matrix}\text{梁} \rightarrow \text{纵墙} \\ \text{横墙}\end{matrix}\right\} \rightarrow \text{基础} \rightarrow \text{地基}$$

（4）内框架承重方案。对于工业厂房的车间、仓库和商店等需要较大空间的建筑，可采用外墙与内柱同时承重的内框架承重方案，该结构布置为楼板铺设在梁上，梁两端支承在外纵墙上，中间支承在柱上。

这类结构平面布置灵活、抗震性能差。内框架承重方案中应充分注意两种不同结构材料所引起的不利影响。

此类房屋的竖向荷载的传递路线为：

$$\text{楼(屋)面板} \rightarrow \text{梁} \rightarrow \left\{\begin{matrix}\text{外纵墙} \rightarrow \text{外纵墙基础} \\ \text{柱} \rightarrow \text{柱基础}\end{matrix}\right\} \rightarrow \text{地基}$$

2. 房屋的静力计算方案

砌体房屋的结构计算包括两部分内容：内力计算和截面承载力计算。进行墙、柱内力计算要确定计算简图，因此首先要确定房屋的静力计算方案，即根据房屋的空间工作性能确定结构的静力计算简图。

（1）房屋的空间工作性能。在砌体结构房屋中，屋盖、楼盖、墙、柱、基础等构件一方面承受着作用在房屋上的各种竖向荷载，另一方面还承受着墙面和屋面传来的水平荷载。由于各种构件之间是相互联系的，不仅是直接承受荷载的构件起着抵抗荷载的作用，而且与其相连接的其他构件也不同程度地参与工作，因此整个结构体系处于空间工作状态。

图9.2是一单层房屋，外纵墙承重，装配式钢筋混凝土屋盖，两端无山墙，在水平风荷载作用下，房屋各个计算单元将会产生相同的水平位移，可简化为一平面排架。水平荷载传递路线为：风荷载→纵墙→纵墙基础→地基。

图9.3为两端加设了山墙的单层房屋，由于山墙的约束，使得在均布水平荷载作用

下，整个房屋墙顶的水平位移不再相同，距离山墙越近的墙顶受到山墙的约束越大，水平位移越小。水平荷载传递路线为：风荷载→纵墙→纵墙基础（或屋盖结构→山墙→山墙基础）→地基。

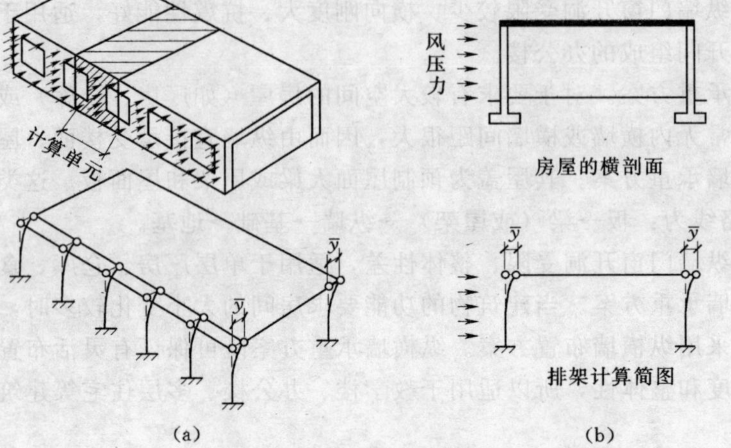

图 9.2　两端无山墙单层房屋受力状态及计算简图

通过试验分析发现，房屋空间工作性能的主要影响因素为楼盖（屋盖）的水平刚度和横墙间距的大小。

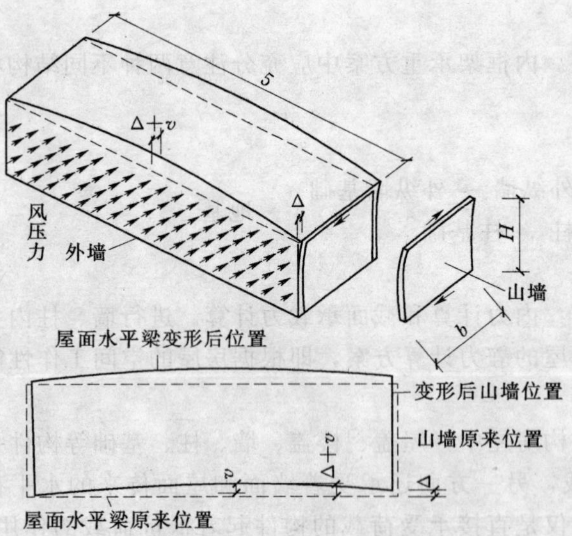

图 9.3　两端有山墙单层房屋的受力状态

（2）房屋静力计算方案。根据房屋的空间工作性能，将房屋的静力计算方案分为刚性方案、弹性方案、刚弹性方案。

1）刚性方案。当房屋的横墙间距较小、楼盖（屋盖）的水平刚度较大时，房屋的空间刚度较大，在荷载作用下，房屋的水平位移很小，可视墙、柱顶端的水平位移等于零。在确定墙、柱的计算简图时，可将楼盖或屋盖视为墙、柱的水平不动铰支座，墙、柱内力按不动铰支承的竖向构件计算［图 9.4（a）］，按这种方法进行静力计算的方案为刚性方案，按刚性方案进行静力计算的房屋为刚性方案房屋。一般多层砌体房屋的静力计算方案都是属于这种方案。

2）弹性方案。当房屋横墙间距较大，楼盖（屋盖）水平刚度较小时，房屋的空间刚度较小，在荷载作用下房屋的水平位移较大，在确定计算简图时，不能忽略水平位移的影响，不能考虑空间工作性能，按这种方法进行静力计算的方案为弹性方案，按弹性方案进行静力计算的房屋为弹性方案房屋。一般的单层厂房、仓库、礼堂的静力计算方案多属此种方案［图 9.4（b）］。静力计算时，可按屋架或大梁与墙（柱）铰接的、不考虑空间工作性能的平面排架或框架计算。

3）刚弹性方案。房屋空间刚度介于刚性方案房屋和弹性方案房屋之间。在荷载作用下，房屋的水平位移也介于两者之间。在确定计算简图时，按在墙、柱有弹性支座（考虑空间工作性能）的平面排架或框架计算［图 9.4（c）］。按这种方法进行静力计算的方案为刚弹性方案，按刚弹性方案进行静力计算的房屋为刚弹性方案房屋。

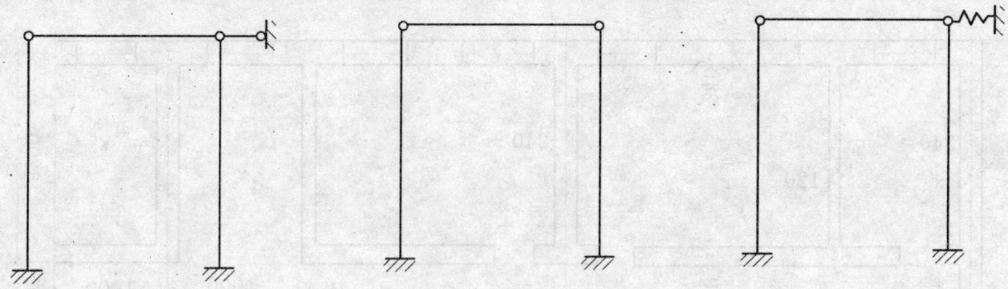

(a)　(b)　(c)

图 9.4　单层混合结构房屋的静力计算方案

（a）刚性方案；（b）弹性方案；（c）刚弹性方案

根据楼（屋）盖类型和横墙间距的大小，计算时可根据表 9.1 确定房屋的静力计算方案。

表 9.1　　房屋的静力计算方案

	屋盖或楼盖类别	刚性方案	刚弹性方案	弹性方案
1	整体式、装配整体式和装配式无檩体系钢筋混凝土屋盖或钢筋混凝土楼盖	$s<32$	$32\leqslant s\leqslant 72$	$s>72$
2	装配式有檩体系钢筋混凝土屋盖、轻钢屋盖和有密铺望板的木屋盖或木楼盖	$s<20$	$20\leqslant s\leqslant 48$	$s>48$
3	瓦材屋面的木屋盖和轻钢屋盖	$s<16$	$16\leqslant s\leqslant 36$	$s>36$

注　1. 表中 s 为房屋横墙间距，其长度单位为 m。
2. 当多层房屋的楼盖、屋盖类别不同或横墙间距不同时，可按本表的规定分别确定各层（底层或顶部各层）房屋的静力计算方案。
3. 对无山墙或伸缩缝处无横墙的房屋，应按弹性方案考虑。

（3）刚性和刚弹性方案房屋的横墙。由上面分析可知，房屋墙、柱的静力计算方案是根据房屋空间刚度的大小确定的。作为刚性和刚弹性方案的房屋的横墙必须有足够的刚度。《砌体规范》规定，刚性和刚弹性方案房屋的横墙，应符合下列要求：

1）横墙开有洞口时，洞口的水平截面面积不应超过横墙截面面积的 50%。

2）横墙的厚度不宜小于 180mm。

3）单层房屋的横墙长度不宜小于其高度，多层房屋的横墙长度不宜小于横墙总高度的 1/2。

当横墙不能同时符合上述要求时，应对横墙的刚度进行验算。若其最大水平位移值 $u_{max}\leqslant H/4000$（H 为横墙总高度）时，仍可视为刚性或刚弹性方案房屋的横墙。凡符合此刚度要求的一段横墙或其他结构构件（如框架等），也可视为刚性或刚弹性方案房屋的横墙。

学习单元 9.2 某办公楼墙、柱高厚比的验算

任务描述：

某办公楼平面布置如图 9.5 所示，采用装配式钢筋混凝土楼盖，MU10 砖墙承重。纵墙及横墙厚度均为 240mm，混合砂浆强度等级 M5，底层墙高 4.5m（从基础顶面算起），隔墙厚 120mm，验算底层各墙体高厚比（墙体静力计算方案为刚性方案）。

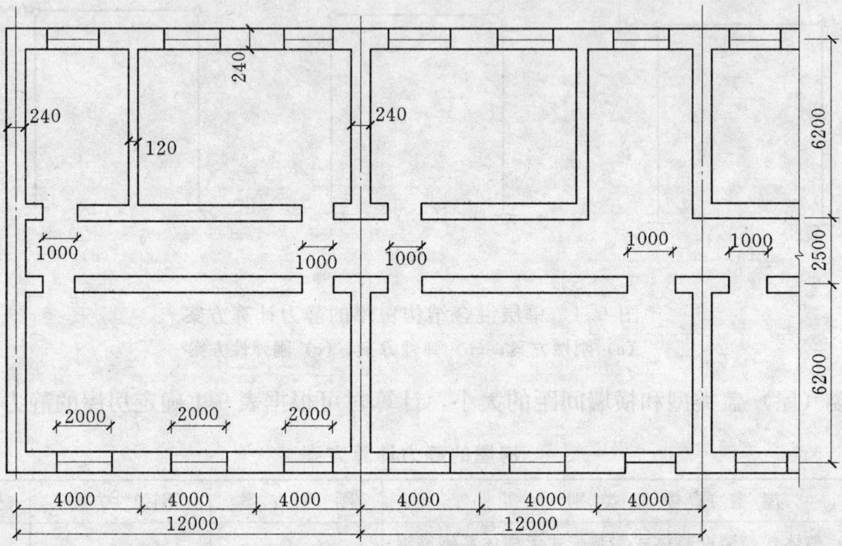

图 9.5 某办公楼平面布置图

任务分析：

砌体结构房屋中，作为受压构件的墙、柱除了满足承载力要求之外，还必须满足高厚比的要求。墙、柱的高厚比验算是保证砌体房屋施工阶段和使用阶段稳定性与刚度的一项重要构造措施。

高厚比验算包括允许高厚比的限值和墙、柱实际高厚比的确定两方面内容。

任务知识点：

1. 允许高厚比限值

所谓高厚比 β 是指墙、柱计算高度 H_0 与墙厚 h（或与矩形柱的计算高度相对应的柱边长）的比值，即 $\beta=H_0/h$。墙柱的高厚比过大，虽然强度满足要求，但是可能在施工阶段因过度的偏差倾斜以及施工和使用过程中的偶然撞击、振动等因素而导致丧失稳定；同时，过大的高厚比，还可能使墙体发生过大的变形而影响使用。

表 9.2 墙、柱的允许高厚比 [β] 值

砂浆强度等级	墙	柱
M2.5	22	15
M5.0	24	16
≥M7.5	26	17

砌体墙、柱的允许高厚比 [β] 是指墙、柱高厚比的允许限值（表 9.2），它与承载力无关，而是根据实践经验和现阶段的材料质量以

及施工技术水平综合研究而确定的。墙、柱砌筑砂浆的强度等级愈高，[β] 值就愈大。墙上开设洞口，对墙、柱的稳定不利，[β] 值须相应降低。需要指出的是，[β] 值与墙、柱材料的质量和施工技术水平等因素有关，随着材料技术和施工技术的不断进步，在材料强度日益增高、砌体质量不断提高的情况下，[β] 的值也将会有所增大。

下列情况下墙、柱的允许高厚比应进行调整：

(1) 毛石墙、柱的高厚比应按表中数字降低 20%。

(2) 组合砖砌体构件的允许高厚比，可按表中数值提高 20%，但不得大于 28。

(3) 验算施工阶段砂浆尚未硬化的新砌砌体高厚比时，允许高厚比对墙取 14，对柱取 11。

2. 高厚比验算

(1) 一般墙、柱的高厚比验算。墙、柱高厚比应按下式验算：

$$\beta = H_0/h \leqslant \mu_1\mu_2[\beta] \tag{9.1}$$

式中 [β] ——墙、柱的允许高厚比，按表 9.2 采用；

H_0——墙、柱的计算高度，应按表 9.3 采用；

h——墙厚或矩形柱与 H_0 相对应的边长；

μ_1——自承重墙允许高厚比的修正系数，按下列规定采用：$h=240\text{mm}$，$\mu_1=1.2$；$h=90\text{mm}$，$\mu_1=1.5$；$240\text{mm}>h>90\text{mm}$，$\mu_1$ 可按插入法取值；

μ_2——有门窗洞口墙允许高厚比的修正系数，按下式计算：

$$\mu_2 = 1 - 0.4\frac{b_s}{s} \tag{9.2}$$

其中 b_s——在宽度 s 范围内的门窗洞口总宽度（图 9.6）；

s——相邻窗间墙、壁柱或构造柱之间的距离。

上端为自由端的允许高厚比，除按上述规定提高外，尚可提高 30%；对厚度小于 90mm 的墙，当双面用不低于 M10 的水泥砂浆抹面，包括抹面层的墙厚不小于 90mm 时，可按墙厚等于 90mm 验算高厚比。

当按式 (9.2) 计算得到的 μ_2 的值小于 0.7 时，应采用 0.7，当洞口高度等于或小于墙高的 1/5 时，可取 $\mu_2=1.0$。

上述计算高度是指对墙、柱进行承载力计算或验算高厚比时所采用的高度，用 H_0 表示，它是由实际高度 H 并根据房屋类别和构件两端支承条件按表 9.3 确定。

表中的构件高度 H 应按下列规定采用：

1) 在房屋的底层，为楼板顶面到构件下端支点的距离。下端支点的位置，可取在基础的顶面。当基础埋置较深且有刚性地坪时，可取室内外地面以下 500mm 处。

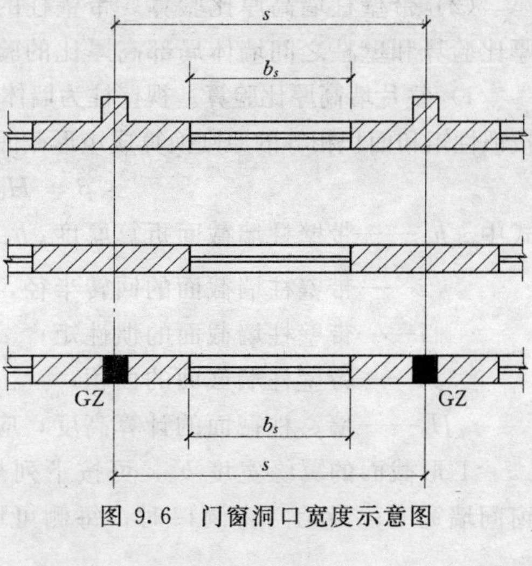

图 9.6 门窗洞口宽度示意图

表 9.3 受压构件计算高度 H_0

房屋类别			柱		带壁柱墙或周边拉结的墙		
			排架方向	垂直排架方向	$s>2H$	$2H\geqslant s>H$	$s\leqslant H$
有吊车的单层房屋	变截面柱上段	弹性方案	$2.5H_u$	$1.25H_u$	$2.5H_u$		
		刚性、刚弹性方案	$2.0H_u$	$1.25H_u$	$2.0H_u$		
	变截面柱下段		$1.0H_1$	$0.8H_1$	$1.0H_1$		
无吊车的单层和多层房屋	单跨	弹性方案	$1.5H$	$1.0H$	$1.5H$		
		刚弹性方案	$1.2H$	$1.0H$	$1.2H$		
	多跨	弹性方案	$1.25H$	$1.0H$	$1.25H$		
		刚弹性方案	$1.10H$	$1.0H$	$1.1H$		
	刚性方案		$1.0H$	$1.0H$	$1.0H$	$0.4s+0.2H$	$0.6s$

注 1. 表中 H_u 为变截面柱的上段高度；H_l 为变截面柱的下段高度。

2. 对于上端为自由端的构件，$H_0=2H$。

3. 独立砖柱，当无柱间支撑时，柱在垂直排架方向的 H_0 应按表中数值乘以 1.25 后采用。

4. s 为房屋横墙间距。

5. 自承重墙的计算高度应根据周边支承或拉结条件确定。

2）在房屋的其他层次，为楼板或其他水平支点间的距离。

3）对于无壁柱的山墙，可取层高加山墙尖高的 1/2；对于带壁柱的山墙，可取壁柱处的山墙高度。

对有吊车的房屋，当荷载组合不考虑吊车的作用时，变截面柱上段的计算高度可按表 9.3 规定采用，变截面柱下段的计算高度可按下列规定采用：

1）当 $H_u/H\leqslant 1/3$ 时，取无吊车房屋的 H_0。

2）当 $1/3<H_u/H\leqslant 1/2$ 时，取无吊车房屋的 H_0 乘以修正系数 μ。$\mu=1.3-0.3I_u/I_1$，I_u 为变截面柱上段的惯性矩，I_1 为变截面柱下段的惯性矩。

3）当 $H_u/H\geqslant 1/2$ 时，取无吊车房屋的 H_0，但在确定 β 值时，应采取柱的上截面。

（2）带壁柱墙高厚比验算。带壁柱的高厚比的验算包括两部分内容：即带壁柱墙的高厚比验算和壁柱之间墙体局部高厚比的验算。

1）整片墙高厚比验算。视壁柱为墙体的一部分，整片墙截面为T形截面，将T形截面墙按惯性矩和面积相等的原则换算成矩形截面，折算厚度 $h_T=3.5i$，其高厚比验算公式为：

$$\beta=H_0/h_T\leqslant\mu_1\mu_2[\beta] \tag{9.3}$$

式中 h_T——带壁柱墙截面折算厚度，$h_T=3.5i$；

i——带壁柱墙截面的回转半径，$i=\sqrt{I/A}$；

I——带壁柱墙截面的惯性矩；

A——带壁柱墙截面的面积；

H_0——墙、柱截面的计算高度，应按表 9.3 采用。

T形截面的翼缘宽度 b_f，可按下列规定采用：①多层房屋，当有门窗洞口时，可取窗间墙宽度；当无门窗洞口时，每侧可取壁柱高度的 1/3；②单层房屋，可取壁柱宽加

2/3壁柱高度，但不得大于窗间墙宽度和相邻壁柱之间的距离。

2）壁柱之间墙体局部高厚比验算。验算壁柱之间墙体的局部高厚比时，壁柱视为墙体的侧向不动支点，计算 H_0 时，s 取壁柱之间的距离，且不管房屋静力计算方案采用何种方案，在确定计算高度 H_0 时，都按刚性方案考虑。

（3）带构造柱墙高厚比验算。带构造柱墙的高厚比的验算包括两部分内容：整片墙体高厚比的验算和构造柱之间墙体局部高厚比的验算。

1）整片墙体高厚比的验算。考虑设置构造柱对墙体刚度的有利作用，墙体允许高厚比 $[\beta]$ 可以乘以提高系数 μ_c：

$$\beta = H_0/h \leqslant \mu_1\mu_2\mu_c[\beta] \tag{9.4}$$

式中 μ_c——带构造柱墙允许高厚比 $[\beta]$ 的提高系数，可按下式计算：

$$\mu_c = 1 + r\frac{b_c}{l} \tag{9.5}$$

式中 r——系数，对细料石、半细料石砌体，$r=0$；对混凝土砌块、粗料石及毛石砌体，$r=1.0$；其他砌体，$r=1.5$；

b_c——构造柱沿墙长方向的宽度；

l——构造柱间距。

当 $b_c/l>0.25$ 时，取 $b_c/l=0.25$；当 $b_c/l<0.05$ 时，取 $b_c/l=0$。

需注意的是，构造柱对墙体允许高厚比的提高只适用于构造柱与墙体形成整体后的使用阶段，并且构造柱与墙体有可靠的连接。

2）构造柱间墙体高厚比的验算。构造柱间墙体的高厚比仍按式（9.1）验算，验算时仍视构造柱为柱间墙的不动铰支点，计算 H_0 时，取构造柱间距，并按刚性方案考虑。

任务实施：

1. 外纵墙高厚比验算

横墙间距 $s=12\text{m}>2H=2\times4.5=9\text{m}$，根据表 9.3 查得

$$H_0 = 1.0H = 4.5\text{m}$$

根据表 9.2 查得

$$[\beta] = 24$$

$$\mu_1 = 1.0,\quad \mu_2 = 1-0.4b_s/s = 1-0.4\times2/4 = 0.8 > 0.7$$

$$\beta = H_0/h = 4.5/0.24 = 18.75 < \mu_1\mu_2[\beta] = 1\times0.8\times24 = 19.2$$

满足要求。

2. 内纵墙高厚比验算

内纵墙 $s=12\text{m}$，在 s 范围内门窗洞口 $b_s=2\times1=2\text{m}$。

$$\mu_2 = 1-0.4b_s/s = 1-0.4\times2/12 = 0.933 > 0.7$$

$$\beta = H_0/h = 4.5/0.24 = 18.75 < \mu_1\mu_2[\beta] = 1\times0.933\times24 = 22.4$$

满足要求。

3. 承重横墙高厚比验算

因 $s=6.2\text{m}$，$H=4.5\text{m}<s<2H=9\text{m}$，则由表 9.3 得

$$H_0 = 0.4s+0.2H = 0.4\times6.2+0.2\times4.5 = 3.38(\text{m})$$

$$\beta = H_0/h = 3.38/0.24 = 14.08 < \mu_1\mu_2[\beta] = 1 \times 1 \times 24 = 24$$

满足要求。

4. 隔墙高厚比验算

因隔墙上端在砌筑时，一般用斜放立砖顶住楼板，故可按顶端为不动铰支座考虑。设隔墙与纵墙交错拉结，则

$$s = 6.2\text{m},\quad H = 4.5\text{m} < s < 2H = 9\text{m}$$

由表9.3得

$$H_0 = 0.4s + 0.2H = 0.4 \times 6.2 + 0.2 \times 4.5 = 3.38(\text{m})$$

由于隔墙是非承重墙，墙厚 h=120m，则 μ_1 值进行内插，得

$$\mu_1 = 1.2 + \frac{1.5 - 1.2}{240 - 90} \times (120 - 90) = 1.44$$

$$\beta = H_0/h = 3.38/0.12 = 27.33 < \mu_1\mu_2[\beta] = 1.44 \times 1 \times 24 = 34.56$$

满足要求。

学习单元9.3　某厂房带壁柱墙受压构件承载力计算

任务描述：

某单层单跨厂房，其带壁柱的窗间墙，截面尺寸如图9.7所示。墙的计算高度 H_0=6m，烧结多孔砖和混合砂浆强度等级分别为MU15和M2.5，承受弯矩设计值 M=40kN·m，轴向力设计值 N=400kN，偏向翼缘一侧。试验算窗间墙的承载力。

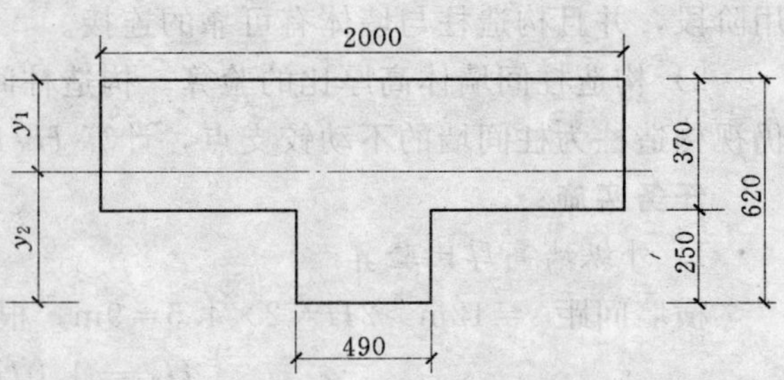

图9.7　窗间墙截面尺寸

任务分析：

该任务为一偏心受压构件的承载力计算，完成该任务需首先了解砌体受压构件的破坏特征，承载力计算公式，组合截面惯性矩的计算，墙、柱高厚比的概念等知识。

任务知识点：

1. *无筋砌体受压构件的破坏特征*

以砖砌体为例研究其破坏特征，通过试验发现，砖砌体受压构件从加载受力起到破坏大致经历如图9.8所示的三个阶段。

从加载开始到个别砖块上出现初始裂缝为止是第Ⅰ阶段［图9.8（a)］，出现初始裂缝时的荷载约为破坏荷载的0.5～0.7倍，其特点是：荷载不增加，裂缝也不会继续扩展，裂缝仅仅是单砖裂缝。若继续加载，砌体进入第Ⅱ阶段［图9.8（b)］，其特点是：荷载增加，原有裂缝不断开展，单砖裂缝贯通形成穿过几皮砖的竖向裂缝，同时有新的裂缝出现，若不继续加载，裂缝也会缓慢发展。当荷载达到破坏荷载的0.8～0.9倍时，砌体进入第Ⅲ阶段［图9.8（c)］，此时荷载增加不多，裂缝也会迅速发展，砌体被通长裂缝分割为若干个半砖小立柱，由于小立柱受力极不均匀，最终砖砌体会因小立柱的失稳而破坏。

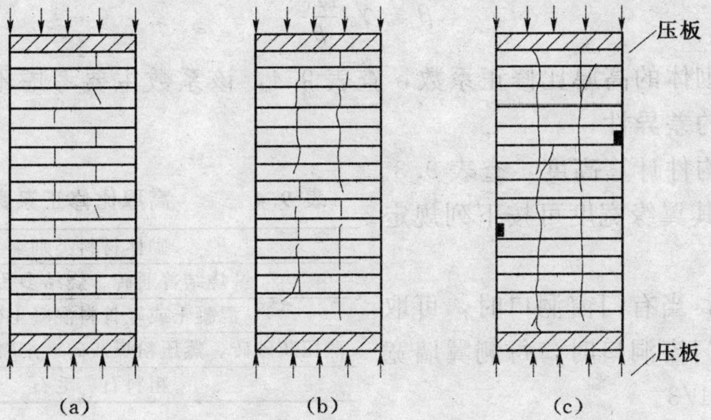

图 9.8　无筋砌体受压构件破坏过程

(a) 单砖开裂；(b) 砌体内形成一段段裂缝；(c) 竖向贯通裂缝形成

2. 无筋砌体受压构件承载力计算

砌体构件的整体性较差，因此砌体构件在受压时，纵向弯曲对砌体构件承载力的影响较其他整体构件显著；同时又因为荷载作用位置的偏差、砌体材料的不均匀性以及施工误差，使轴心受压构件产生附加弯矩和侧向挠曲变形。《砌体规范》规定，把轴向力偏心距和构件的高厚比对受压构件承载力的影响采用同一系数 φ 来考虑。

《砌体规范》规定，对无筋砌体轴心受压构件、偏心受压承载力均按下式计算：

$$N \leqslant \varphi f A \tag{9.6}$$

式中　N——轴向力设计值；

φ——高厚比 β 和轴向力偏心距 e 对受压构件承载力的影响系数，可查表 9.6；

f——砌体抗压强度设计值；

A——截面面积，对各类砌体均按毛截面计算。

高厚比 β 和轴向力偏心距 e 对受压构件承载力的影响系数也可按下式计算：

$$\varphi = \frac{1}{1+12\left[\frac{e}{h}+\sqrt{\frac{1}{12}\left(\frac{1}{\varphi_0}-1\right)}\right]^2} \tag{9.7}$$

$$\varphi_0 = \frac{1}{1+\alpha\beta^2} \tag{9.8}$$

式中　e——轴向力的偏心距，按内力设计值计算；

h——矩形截面轴向力偏心方向的边长，当轴心受压时为截面较小边长，若为 T 形截面，则 $h=h_T$，h_T 为 T 形截面的折算厚度，可近似按 $3.5i$ 计算，i 为截面回转半径；

φ_0——轴心受压构件的稳定系数，当 $\beta \leqslant 3$ 时，$\varphi_0=1$；

α——与砂浆强度等级有关的系数，当砂浆强度等级大于或等于 M5 时，α 等于 0.0015；当砂浆强度等级等于 M2.5 时，α 等于 0.002；当砂浆强度等级等于 0 时，α 等于 0.009。

计算影响系数 φ 时，构件高厚比 β 按下式确定：

$$\beta=\gamma_{\beta}\frac{H_0}{h} \tag{9.9}$$

式中 γ_{β}——不同砌体的高厚比修正系数，查表9.4，该系数主要考虑不同砌体种类受压性能的差异性；

H_0——受压构件计算高度，查表9.3。

对带壁柱墙，其翼缘宽度可按下列规定采用：

(1) 多层房屋，当有门窗洞口时，可取窗间墙宽度；当无门窗洞口时，每侧翼墙宽度可取壁柱高度的1/3。

表 9.4 高厚比修正系数 γ_{β}

砌体材料类别	γ_{β}
烧结普通砖、烧结多孔砖	1.0
混凝土或轻骨料混凝土砌块	1.1
蒸压灰砂砖、蒸压粉煤灰砖、细料石、半细料石	1.2
粗料石、毛石	1.5

(2) 单层房屋，可取壁柱宽加2/3墙高，但不大于窗间墙宽度和相邻壁柱之间距离。

(3) 当计算带壁柱墙的条形基础时，可取相邻壁柱之间距离。

受压构件计算中应该注意的问题有：

(1) 轴向力偏心距的限值。受压构件的偏心距过大时，可能使构件产生水平裂缝，构件的承载力明显降低，结构既不安全也不经济合理。因此《砌体规范》规定：轴向力偏心距不应超过 $0.6y$（y 为截面重心到轴向力所在偏心方向截面边缘的距离）。若设计中超过以上限值，则应采取适当措施予以减小。

(2) 对于矩形截面构件，当轴向力偏心方向的截面边长大于另一方向的截面边长时，除了按偏心受压计算外，还应对较小边长，按轴心受压计算。

(3) 砌体强度设计值的调整。砌体强度设计值的调整系数是基于两方面的原因提出的，一是因为砂浆或构件截面面积过小或各种偶然因素引起的砌体强度的降低；二是从安全储备考虑。在砌体结构构件设计计算时，满足表9.5中条件就应当对砌体强度设计值进行调整，即将砌体强度设计值改为 $\gamma_a f$。

表 9.5 砌体强度设计值调整系数 γ_a

调整内容		γ_a
有吊车房屋砌体		0.9
$l>9$m 梁下烧结普通砖砌体，$l>7.2$m 梁下烧结多孔砖、蒸压灰砂砖、混凝土和轻骨料混凝土砌块砌体		
无筋砌体构件，$A<0.3\text{m}^2$		$A+0.7$
配筋砌体构件，$A<0.2\text{m}^2$（A 为砌体部分面积）		$A+0.8$
当采用水泥砂浆砌筑时	各类砌体抗压	0.9
	各类砌体抗拉、抗弯、抗剪	0.8
施工质量控制等级	C级	0.89
	A级	1.05
施工阶段的房屋构件		1.1

注 1. 对于配筋砌体构件，仅对砌体的强度设计值 f 乘以强度调整系数 γ_a。

2. 对于灌孔混凝土砌块砌体的抗压强度设计值 f，当采用混凝土砌块砂浆（Mb）时，不应进行强度调整；其他情况下，仅对未灌孔砌体的抗压强度设计值 f 乘以强度调整系数 γ_a。

3. 配筋砌体的施工质量控制等级不允许采用C级。

4. 当砌体强度需要进行多项调整时，可采用各 γ_a 值连乘。

表 9.6　　影响系数 φ

砂浆强度等级M5

β	$\frac{e}{h}$或$\frac{e}{h_T}$						
	0	0.025	0.05	0.075	0.1	0.125	0.15
3	1	0.99	0.97	0.94	0.89	0.84	0.79
4	0.98	0.95	0.90	0.85	0.80	0.74	0.69
6	0.95	0.91	0.86	0.81	0.75	0.69	0.64
8	0.91	0.86	0.81	0.76	0.70	0.64	0.59
10	0.87	0.82	0.76	0.71	0.65	0.60	0.55
12	0.82	0.77	0.71	0.66	0.60	0.55	0.51
14	0.77	0.72	0.66	0.61	0.56	0.51	0.47
16	0.72	0.67	0.61	0.56	0.52	0.47	0.44
18	0.67	0.62	0.57	0.52	0.48	0.44	0.40
20	0.62	0.57	0.53	0.48	0.44	0.40	0.37
22	0.58	0.53	0.49	0.45	0.41	0.38	0.35
24	0.54	0.49	0.45	0.41	0.38	0.35	0.32
26	0.50	0.46	0.42	0.38	0.35	0.33	0.30
28	0.46	0.42	0.39	0.36	0.33	0.30	0.28
30	0.42	0.39	0.36	0.33	0.31	0.28	0.26

β	$\frac{e}{h}$或$\frac{e}{h_T}$					
	0.175	0.2	0.225	0.25	0.275	0.3
3	0.73	0.68	0.62	0.57	0.52	0.48
4	0.64	0.58	0.53	0.49	0.45	0.41
6	0.59	0.54	0.49	0.45	0.42	0.38
8	0.54	0.50	0.46	0.42	0.39	0.36
10	0.50	0.46	0.42	0.39	0.36	0.33
12	0.47	0.43	0.39	0.36	0.33	0.31
14	0.43	0.40	0.36	0.34	0.31	0.29
16	0.40	0.37	0.34	0.31	0.29	0.27
18	0.37	0.34	0.31	0.29	0.27	0.25
20	0.34	0.32	0.29	0.27	0.25	0.23
22	0.32	0.30	0.27	0.25	0.24	0.22
24	0.30	0.28	0.26	0.24	0.22	0.21
26	0.28	0.26	0.24	0.22	0.21	0.19
28	0.26	0.24	0.22	0.21	0.19	0.18
30	0.24	0.22	0.21	0.20	0.18	0.17

续表

砂浆强度等级M2.5

β	$\frac{e}{h}$或$\frac{e}{h_T}$						
	0	0.025	0.05	0.075	0.1	0.125	0.15
3	1	0.99	0.97	0.94	0.89	0.84	0.79
4	0.97	0.94	0.89	0.84	0.78	0.73	0.67
6	0.93	0.89	0.84	0.78	0.73	0.67	0.62
8	0.89	0.84	0.78	0.72	0.67	0.62	0.57
10	0.83	0.78	0.72	0.67	0.61	0.56	0.52
12	0.78	0.72	0.67	0.61	0.56	0.52	0.47
14	0.72	0.66	0.61	0.56	0.51	0.47	0.43
16	0.66	0.61	0.56	0.51	0.47	0.43	0.40
18	0.61	0.56	0.51	0.47	0.43	0.40	0.36
20	0.56	0.51	0.47	0.43	0.39	0.36	0.33
22	0.51	0.47	0.43	0.39	0.36	0.33	0.31
24	0.46	0.43	0.39	0.36	0.33	0.31	0.28
26	0.42	0.39	0.36	0.33	0.31	0.28	0.26
28	0.39	0.36	0.33	0.30	0.28	0.26	0.24
30	0.36	0.33	0.30	0.28	0.26	0.24	0.22

β	$\frac{e}{h}$或$\frac{e}{h_T}$					
	0.175	0.2	0.225	0.25	0.275	0.3
3	0.73	0.68	0.62	0.57	0.52	0.48
4	0.62	0.57	0.52	0.48	0.44	0.40
6	0.57	0.52	0.48	0.44	0.40	0.37
8	0.52	0.48	0.44	0.40	0.37	0.34
10	0.47	0.43	0.40	0.37	0.34	0.31
12	0.43	0.40	0.37	0.34	0.31	0.29
14	0.40	0.36	0.34	0.31	0.29	0.27
16	0.36	0.34	0.31	0.29	0.26	0.25
18	0.33	0.31	0.29	0.26	0.24	0.23
20	0.31	0.28	0.26	0.24	0.23	0.21
22	0.28	0.26	0.24	0.23	0.21	0.20
24	0.26	0.24	0.23	0.21	0.20	0.18
26	0.24	0.22	0.21	0.20	0.18	0.17
28	0.22	0.21	0.20	0.18	0.17	0.16
30	0.21	0.20	0.18	0.17	0.16	0.15

续表

β	砂浆强度 0						
	$\frac{e}{h}$或$\frac{e}{h_T}$						
	0	0.025	0.05	0.075	0.1	0.125	0.15
3	1	0.99	0.97	0.94	0.89	0.84	0.79
4	0.87	0.82	0.77	0.71	0.66	0.60	0.55
6	0.76	0.70	0.65	0.59	0.54	0.50	0.46
8	0.63	0.58	0.54	0.49	0.45	0.41	0.38
10	0.53	0.48	0.44	0.41	0.37	0.34	0.32
12	0.44	0.40	0.37	0.34	0.31	0.29	0.27
14	0.36	0.33	0.31	0.28	0.26	0.24	0.23
16	0.30	0.28	0.26	0.24	0.22	0.21	0.19
18	0.26	0.24	0.22	0.21	0.19	0.18	0.17
20	0.22	0.20	0.19	0.18	0.17	0.16	0.15
22	0.19	0.18	0.16	0.15	0.14	0.14	0.13
24	0.16	0.15	0.14	0.13	0.13	0.12	0.11
26	0.14	0.13	0.13	0.12	0.11	0.11	0.10
28	0.12	0.12	0.11	0.11	0.10	0.10	0.09
30	0.11	0.10	0.10	0.09	0.09	0.09	0.08

β	$\frac{e}{h}$或$\frac{e}{h_T}$					
	0.175	0.2	0.225	0.25	0.275	0.3
3	0.73	0.68	0.62	0.57	0.52	0.48
4	0.51	0.46	0.43	0.39	0.36	0.33
6	0.42	0.39	0.36	0.33	0.30	0.28
8	0.35	0.32	0.30	0.28	0.25	0.24
10	0.29	0.27	0.25	0.23	0.22	0.20
12	0.25	0.23	0.21	0.20	0.19	0.17
14	0.21	0.20	0.18	0.17	0.16	0.15
16	0.18	0.17	0.16	0.15	0.14	0.13
18	0.16	0.15	0.14	0.13	0.12	0.12
20	0.14	0.13	0.12	0.12	0.11	0.10
22	0.12	0.12	0.11	0.10	0.10	0.09
24	0.11	0.10	0.10	0.09	0.09	0.08
26	0.10	0.09	0.09	0.08	0.08	0.07
28	0.09	0.08	0.08	0.08	0.07	0.07
30	0.08	0.07	0.07	0.07	0.07	0.06

【例 9.1】 截面尺寸为370mm×490mm的砖柱，采用强度等级为MU10的烧结多孔砖和强度等级为M5的混合砂浆，柱计算高度 $H_0=3.2\text{m}$，柱顶承受轴向力标准值 $N_k=160\text{kN}$（其中永久荷载30kN，已包括砖自重），试验算该柱的承载力。

解： 轴向力设计值 $N=1.4\times30+1.2\times130=198$（kN）

高厚比 $\beta=\gamma_\beta H_0/h=1\times3.2/0.37=8.65$

影响系数 φ，由 $\beta=8.65$，$e=0$，查表9.6，得 $\varphi=0.9$

柱截面面积 $A=0.37\times0.49=0.18\ (\text{m}^2)<0.3\text{m}^2$

砌体强度设计值调整系数 γ_a，由表9.5查得 $\gamma_a=0.18+0.7=0.88$

砌体强度设计值，由砖和砂浆的强度等级查得 $f=1.5\text{N/mm}^2$

柱承载力 $\varphi\gamma_a fA=0.9\times0.88\times1.5\times0.18\times10^6=213840(\text{N})=213.84\text{kN}>198\text{kN}$，该柱安全。

任务实施：

1. 确定T形截面几何特征

截面面积 $A=A_1+A_2=b_fh_f+(h-h_f)b=2000\times370+(620-370)\times490=862500(\text{mm}^2)$

截面重心位置

$$y_1=\frac{A_1\dfrac{h_f}{2}+A_2\left(h_f+\dfrac{h-h_f}{2}\right)}{A}$$

$$=\frac{2000\times370\times\dfrac{370}{2}+490\times(620-370)\left(370+\dfrac{620-370}{2}\right)}{862500}$$

$$=229(\text{mm})$$

截面惯性矩

$$I=\frac{b_fy_1^3}{3}+\frac{(b_f-b)(h_f-y_1^3)}{3}+\frac{by_2^3}{3}$$

$$=\frac{2000\times229^3}{3}+\frac{(2000-490)\times(370-229)^3}{3}+\frac{490\times391^3}{3}$$

$$=191.8\times10^8(\text{mm}^4)$$

回转半径 $i=\sqrt{\dfrac{I}{A}}=\sqrt{\dfrac{191.8\times10^8}{862500}}=149.1(\text{mm})$

折算厚度 $h_T=3.5i=3.5\times149.1=521.9(\text{mm})$

2. 偏心荷载作用下的承载力计算

偏心距 $e=M/N=40/400=0.1(\text{m})=100\text{mm}$

荷载偏心作用于翼缘侧，故 $0.6y_1=0.6\times229=137.4(\text{mm})>e=100\text{mm}$

相对偏心距 $\dfrac{e}{h_T}=\dfrac{100}{521.9}=0.192$

高厚比 $\beta=\gamma_\beta\dfrac{H_0}{h_T}=1.0\times\dfrac{6000}{521.9}=11.5$

影响系数 φ，由 $\beta=11.5$，$e/h_T=0.192$，查表9.6，得 $\varphi=0.418$

砌体强度设计值 f 由砖和砂浆的强度等级查《砌体结构设计规范》得 $f=1.6\text{N/mm}^2$

窗间墙的承载力 $\varphi fA=0.418\times1.6\times862500=576840(\text{N})=576.84\text{kN}>400\text{kN}$

故构件安全。

创新与提高：

1. *无筋砌体局部受压承载力计算*

局部受压是工程中常见的情况，其特点是压力仅仅作用在砌体的局部受压面上，如独立柱基的基础顶面、屋架端部的砌体支承处、梁端支承处的砌体均属于局部受压的情况。局部受压分局部均匀受压和局部非均匀受压。若砌体局部受压面积上压应力呈均匀分布，则称为局部均匀受压，如图 9.9 所示。

(1) 局部均匀受压承载力计算。砌体局部受压时有两个特点：一方面局部受压砌体上承受着较大的压力，单位面积的压应力较高；另一方面局部受压砌体的抗压强度高于砌体抗压强度。这是因为局部受压区砌体的横向变形受到周围未直接承受压力部分砌体的约束，使该处的砌体处于三向或双向受压应力状态，其局部抗压强度比一般情况下的抗压强度有所提高，即“套箍强化作用”，当砌体抗压强度为 f，则砌体局部抗压强度为 γf (γ 为砌体局部抗压强度提高系数)。

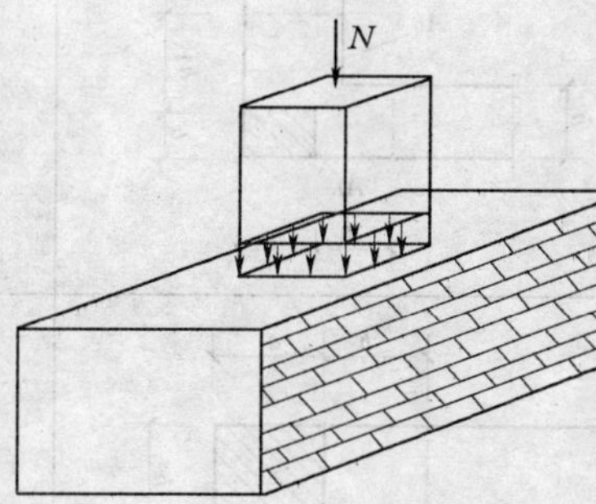

图 9.9　局部均匀受压

砌体局部抗压强度提高的程度主要取决于砌体原有抗压强度和周围砌体对局部受压的约束情况，见表 9.7。砌体局部均匀受压时承载力按下式计算：

$$N_l\leqslant\gamma fA_l \tag{9.10}$$

式中　N_l——局部受压面积上的轴向力设计值；

γ——砌体局部抗压强度提高系数；

f——砌体局部抗压强度设计值，可不考虑强度调整系数 γ_a 的影响；

A_l——局部受压面积。

砌体局部抗压强度提高系数，按下式计算：

$$\gamma=1+0.35\sqrt{\frac{A_0}{A_l}} \tag{9.11}$$

式中　A_0——影响砌体局部抗压强度的计算面积，按表 9.7 规定采用。

表 9.7　　　　**A_0　与　γ_{max}**

示　意　图	A_0	γ_{max}	
		普通砖砌体	空心砖砌体
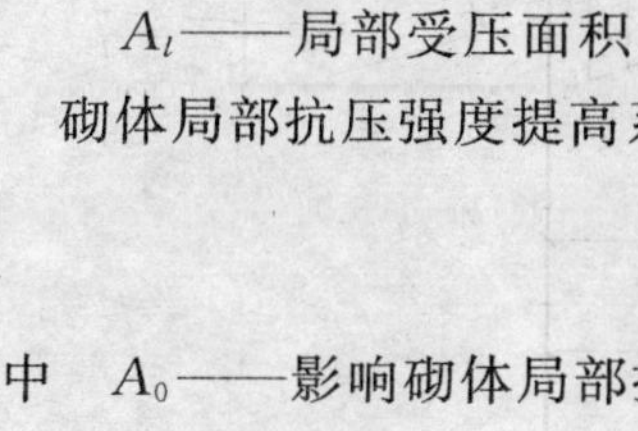	$(a+c+h)h$	$\leqslant2.5$	$\leqslant1.5$

续表

示意图	A_0	γ_{max}	
		普通砖砌体	空心砖砌体
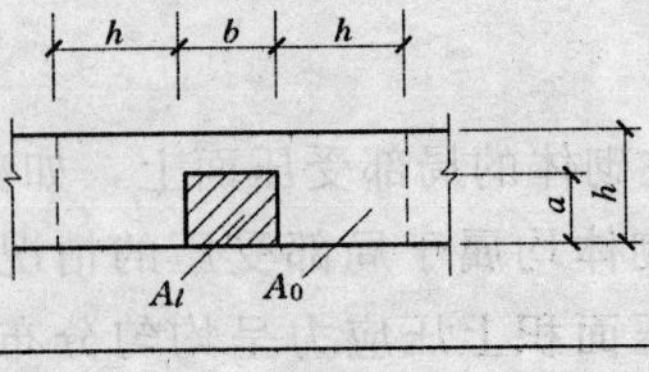	$(b+2h)h$	$\leqslant 2.0$	$\leqslant 1.5$
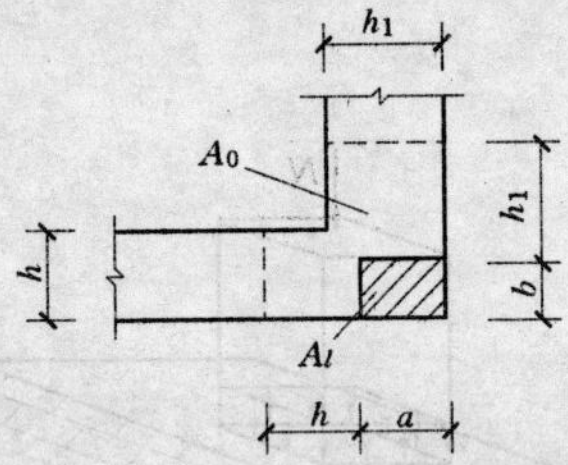	$(a+h)h+(b+h_1-h)h_1$	$\leqslant 1.5$	$\leqslant 1.5$
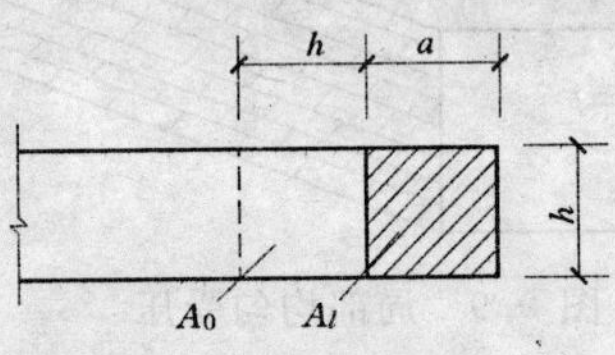	$(a+h)h$	$\leqslant 1.25$	$\leqslant 1.25$

(2) 梁端局部受压。在混合结构房屋中，钢筋混凝土梁搁置在砌体墙上时，梁端传给砌体的压力仅分布在局部区域，使砌体处于非均匀局部受压状态。作用在梁端的砌体所承受的压力，除了梁端支承压力 N_l 外，还有上部荷载产生的轴向力 N_0，如图 9.10 所示。

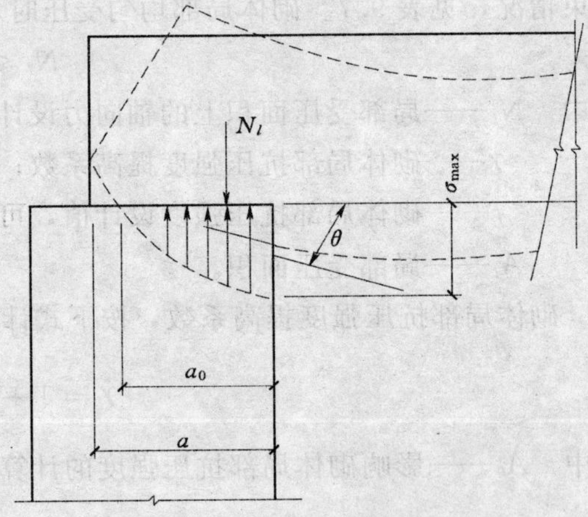

图 9.10 梁端局部受压

梁端支承处砌体的局部受压承载力按下式计算：

$$\psi N_0 + N_l \leqslant \eta\gamma f A_l \qquad (9.12)$$

式中 ψ——上部荷载折减系数，按 $\psi=1.5-0.5\dfrac{A_0}{A_l}$ 计算，当 $A_0/A_l\geqslant 3$ 时，取 $\psi=0$；

N_0——局部受压面积内上部轴向力设计值，$N_0=\sigma_0 A_l$，σ_0 为上部平均压应力设计值；

N_l——梁端荷载设计值产生的支承压力；

η——梁端底面压应力图形完整系数，一般可取 0.7，对于过梁和墙梁可取 1.0；

γ——砌体局部抗压强度提高系数；

A_l——局部受压面积，$A_l=a_0 b$；

b——梁的截面宽度；

a_0——梁端有效支承长度，$a_0=10\sqrt{\dfrac{h_c}{f}}$，当 a_0 大于梁端实际支承长度 a 时，取 a_0 等于 a；

h_c——梁的截面高度；

f——砌体抗压强度设计值。

当梁端局部受压承载力不足时，可在梁端下设置刚性垫块（图 9.11）。设置刚性垫块不但增大了局部承压面积，而且还可以使梁端压应力比较均匀地传递到垫块下的砌体截面上，从而改善了砌体受力状态。

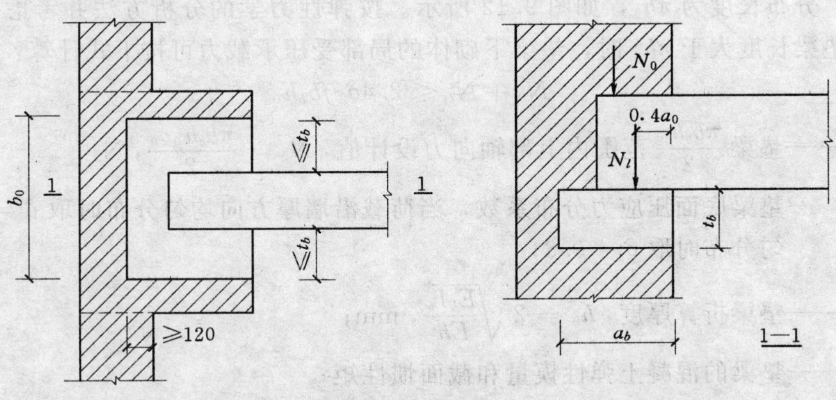

图 9.11　梁端下设预制垫块时的局部受压

刚性垫块分为预制刚性垫块和现浇刚性垫块，在实际工程中，往往采用预制刚性垫块。为了计算简化起见，《砌体规范》规定，两者可采用相同的计算方法。

梁端设有刚性垫块的砌体局部受压承载力应按下式计算：

$$N_0+N_l\leqslant\varphi\gamma_1 fA_b \tag{9.13}$$

式中　N_0——垫块面积 A_b 内上部轴向力设计值，$N_0=\sigma_0 A_b$；

A_b——垫块面积，$A_b=a_b b_b$；

a_b——垫块伸入墙内的长度；

b_b——垫块的宽度；

φ——垫块上 N_0 及 N_l 的合力的影响系数，按表 9.6 确定，采用 $\beta\leqslant 3$ 时的数值；

γ_1——砌体局部抗压强度提高系数，按式（9.11）计算，但以面积 A_b 代替 A_l。

刚性垫块的构造应符合下列规定：

1）刚性垫块的高度不宜小于 180mm，自梁边算起的垫块挑出长度不宜大于垫块高度 t_b。

2）在带壁柱墙的壁柱内设置刚性垫块时，其计算面积应取壁柱范围内的面积，而不应计入翼缘部分，同时壁柱上垫块深入翼墙内的长度不应小于 120mm。

3）当现浇垫块与梁端整体浇筑时，垫块可在梁高范围内设置。

梁端设有刚性垫块时，梁端有效支承长度 a_0 应按下式确定：

$$a_0=\delta_1\sqrt{\frac{h_c}{f}} \tag{9.14}$$

式中　δ_1——刚性垫块的影响系数，可按表 9.8 采用。

表 9.8　　系数 δ_1 取值表

σ_0/f	0	0.2	0.4	0.6	0.8
δ_1	5.4	5.7	6.0	6.9	7.8

注　中间的数值可采用插入法求得。

垫块上 N_l 的作用点的位置可取 $0.4a_0$。

当梁端支承处的砖墙上设置连续的钢筋混凝土垫梁（如圈梁）时，在梁端集中荷载作用下，垫梁将集中荷载分布在墙体一定宽度范围内，为了计算方便，假定竖向压应力成三角形分布，分布长度为 πh_0，如图 9.12 所示。按弹性力学的分析方法并考虑砌体的受力性能，当垫梁长度大于 πh_0 时，垫梁下砌体的局部受压承载力可按下式计算：

$$N_0 + N_l \leqslant 2.4\delta_2 f b_b h_0 \tag{9.15}$$

式中　N_0——垫梁 $\dfrac{\pi b_b h_0}{2}$ 范围内上部轴向力设计值，$N_0 = \dfrac{\pi b_b h_0 \sigma_0}{2}$，N；

δ_2——垫梁底面压应力分布系数，当荷载沿墙厚方向均匀分布时取 $\delta_2 = 1.0$，不均匀分布时取 $\delta_2 = 0.8$；

h_0——垫梁折算厚度，$h_0 = 2\sqrt[3]{\dfrac{E_b I_b}{Eh}}$，mm；

E_b、I_b——垫梁的混凝土弹性模量和截面惯性矩；

E——砌体的弹性模量；

h——墙厚，mm。

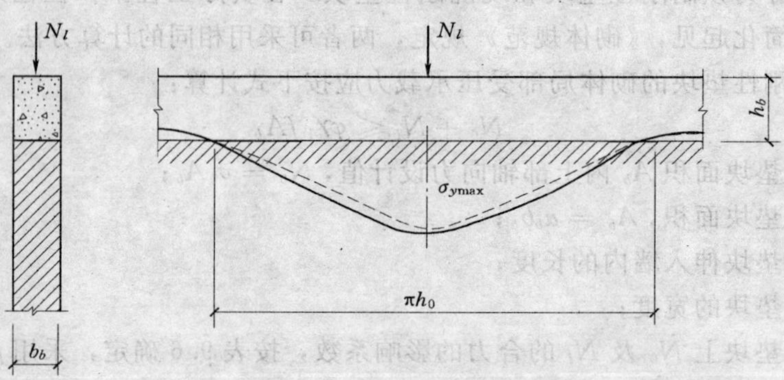

图 9.12　垫梁局部受压

垫梁上梁端有效支承长度 a_0 可按式（9.14）计算。

【例 9.2】　一钢筋混凝土柱截面尺寸为 250mm×250mm，支承在厚为 370mm 的砖墙上，作用位置如图 9.13 所示，砖墙用 MU10 烧结普通砖和 M5 水泥砂浆砌筑，柱传到墙上的荷载设计值为 120kN。试验算柱下砌体的局部受压承载力。

解： 局部受压面积 $A_l = 250 \times 250 = 62500(\text{mm}^2)$

局部受压影响面积 $A_0 = (b + 2h)h = (250 + 2 \times 370) \times 370 = 366300(\text{mm}^2)$

砌体局部抗压强度提高系数 $\gamma = 1 + 0.35\sqrt{\dfrac{A_0}{A_l} - 1} = 1 + 0.35\sqrt{\dfrac{366300}{62500} - 1} = 1.77 < 2$

查表得 MU10 烧结普通砖和 M5 水泥砂浆砌筑的砌体的抗压强度设计值为 $f=1.5\text{MPa}$，采用水泥砂浆应乘以调整系数 $\gamma_a=0.9$。

砌体局部受压承载力为 $\gamma f A = 1.77\times0.9\times1.5\times62500\times10^{-3}=149.3(\text{kN})>120\text{kN}$。

故砌体局部受压承载力满足要求。

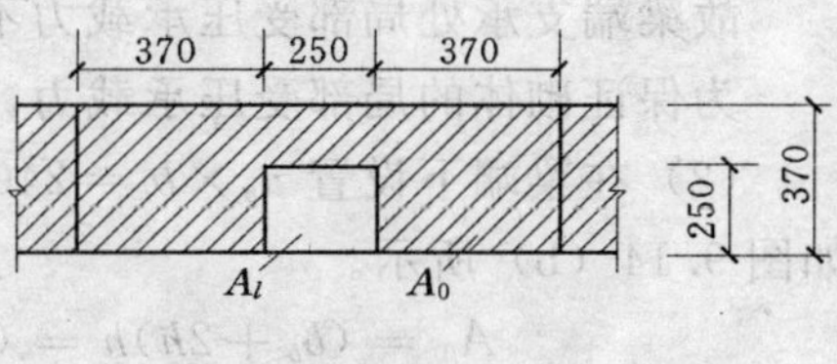

图 9.13　钢筋混凝土柱

【例 9.3】　如图 9.14（a）所示，窗间墙截面为 1600mm×370mm，采用蒸压灰砂砖 MU10 和混合砂浆 M5 砌筑，承受截面为 $b\times h=200\text{mm}\times500\text{mm}$ 的钢筋混凝土梁（梁跨为 4800mm），梁端的支承压力设计值 $N_l=110\text{kN}$，支承长度 $a=240\text{mm}$，上层传来的轴向力标准值为 190kN，设计值为 250kN，试计算梁端砖砌体的局部受压承载力。

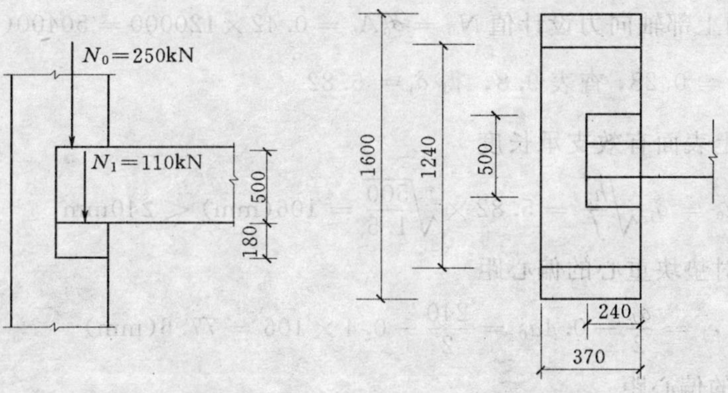

图 9.14　窗间墙

解：(1) 当梁直接放在砌体上时。

由砖和砂浆的强度等级查表，得砌体强度设计值 $f=1.5\text{MPa}$。

由表 9.7，得

$$A_0=(b+2h)h=(200+2\times370)\times370=347800(\text{mm}^2)$$

梁端有效支承长度

$$a_0=10\sqrt{\frac{h_c}{f}}=10\sqrt{\frac{500}{1.5}}=182.6(\text{mm})$$

局部受压面积

$$A_l=a_0b=182.6\times200=36520(\text{mm}^2)$$

$A_0/A_l=347800/36520=9.52>3$，可不考虑上部荷载的作用，取 $\psi=0$。

砌体局部抗压强度提高系数

$$\gamma=1+0.35\sqrt{\frac{A_0}{A_l}-1}=1+0.35\sqrt{\frac{347800}{36520}-1}=2.02>2.0，取\ \gamma=2.0。$$

梁端砖砌体局部受压承载力

$$N_u=\eta\gamma fA_l=0.7\times2.0\times1.5\times36520=76692(\text{N})$$
$$=76.692\text{kN}<\psi N_0+N_l=110\text{kN}$$

故梁端支承处局部受压承载力不满足，构件不安全。

为保证砌体的局部受压承载力，可采取在梁端下设置刚性垫块或设置垫梁。

(2) 在梁端下设置 $a_b \times b_b = 240\text{mm} \times 500\text{mm}$、厚度 $t_b = 180\text{mm}$ 的预制混凝土垫块，如图 9.14 (b) 所示。

$$A_0 = (b_b + 2h)h = (500 + 2 \times 370) \times 370 = 458800(\text{mm}^2)$$

垫块面积　　　　$A_b = a_b b_b = 240 \times 500 = 120000(\text{mm}^2)$

垫块外砌体面积的有利影响系数

$$\gamma_1 = 0.8\gamma = 0.8\left(1 + 0.35\sqrt{\frac{A_0}{A_b} - 1}\right) = 0.8\left(1 + 0.35\sqrt{\frac{458800}{120000} - 1}\right) = 1.27 > 1.0$$

上部荷载在窗间墙截面上产生的平均压应力 $\sigma_0 = \dfrac{250 \times 10^3}{1600 \times 370} = 0.42(\text{N/mm}^2)$

垫块面积 A_b 内上部轴向力设计值 $N_0 = \sigma_0 A_b = 0.42 \times 120000 = 50400(\text{N}) = 50.4\text{kN}$

由 $\dfrac{\sigma_0}{f} = \dfrac{0.422}{1.5} = 0.28$，查表 9.8，得 $\delta_1 = 5.82$

梁端刚性垫块上表面有效支承长度

$$a_0 = \delta_1 \sqrt{\frac{h_c}{f}} = 5.82 \times \sqrt{\frac{500}{1.5}} = 106(\text{mm}) < 240\text{mm}$$

梁端支承压力对垫块重心的偏心距

$$e_1 = \frac{a_b}{2} - 0.4a_0 = \frac{240}{2} - 0.4 \times 106 = 77.6(\text{mm})$$

N_0 与 N_l 合力的偏心距

$$e = \frac{N_l e_1}{N_0 + N_l} = \frac{110 \times 77.6}{50.4 + 110} = 53.2(\text{mm})$$

$$e/h = 53.2/240 = 0.222$$

按构件高厚比 $\beta \leqslant 3$，查表 9.6 得 $\varphi = 0.627$，由式 (9.13) 得

$$\varphi\gamma_1 f A_b = 0.627 \times 1.27 \times 1.5 \times 120000 = 143332(\text{N})$$
$$= 143.332\text{kN} < N_0 + N_l = 160.4\text{kN}$$

故承载力不满足要求，说明垫块尺寸不够，应加大截面尺寸。

将垫块截面尺寸加大为 $a_b \times b_b = 240\text{mm} \times 600\text{mm}$，则垫块面积 $A_b = a_b \times b_b = 240 \times 600 = 144000(\text{mm}^2)$，$N_0 = \sigma_0 A_b = 0.42 \times 144000 = 60.5(\text{kN})$，可计算：

$$\varphi\gamma_1 f A_b = 177.72\text{kN} > N_0 + N_l = 170.5\text{kN}$$

局部受压砌体安全（计算过程从略）。

(3) 在梁端下设置 $a_b \times b_b \times t_b = 240\text{mm} \times 600\text{mm} \times 180\text{mm}$ 的混凝土垫块与梁端整体现浇，其局部受压计算方法和计算结果与上述相同。

(4) 在梁端下设置连续的钢筋混凝土垫梁，其尺寸为 240mm×240mm，设混凝土为 C20，混凝土弹性模量 $E_b = 25.5\text{kN/mm}^2$。砌体的弹性模量 $E = 1000f = 1.5\text{kN/mm}^2$，则

垫梁折算厚度

$$h_0 = 2\sqrt[3]{\frac{E_b I_b}{Eh}} = 2\sqrt[3]{\frac{E_b \times \frac{1}{12}b_b h_b^3}{Eh}} = 2\sqrt[3]{\frac{25.5 \times \frac{1}{12} \times 240 \times 240^3}{1.5 \times 370}} = 467(\text{mm})$$

而垫梁是连续沿墙设置的，其长度大于 $\pi h_0 = 1465\text{mm}$。

$$N_0 = \frac{\pi b_b h_0 \sigma_0}{2} = \frac{\pi b_b h_0}{2} \cdot \frac{250}{1.6 \times 0.37} = \frac{3.14 \times 0.24 \times 0.467 \times 250}{2 \times 1.6 \times 0.37} = 74(\text{kN})$$

$$N_0 + N_l = 74 + 110 = 184(\text{kN})$$

荷载沿墙厚方向不均匀分布，取 $\delta_2 = 0.8$，得

$$2.4\delta_2 f b_b h_0 = 2.4 \times 0.8 \times 1.5 \times 240 \times 467 = 322790(\text{N}) = 322.79\text{kN} > 184\text{kN}$$

故设置垫梁时，局部受压砌体安全。

学习单元 9.4 砌体轴心受拉、受弯和受剪构件设计简介

任务描述：

认识砌体受拉、受弯和受剪构件，进行砌体受拉、受弯和受剪构件承载力计算。

任务知识点：

1. 轴心受拉构件

因砌体的抗拉强度较低，故实际工程中很少用砌体构件作为受拉构件。对容积较小的圆形水池或筒仓，在液体或松散材料的侧压力下，壁内只产生环向拉力时，可采用砌体结构，如图 9.15（a）所示。砌体轴心受拉构件承载力按下式计算：

$$N_t \leqslant A f_t \tag{9.16}$$

式中 N_t——轴心拉力设计值；

f_t——砌体轴心抗拉强度设计值。

2. 受弯构件

实际工程中常见的砌体受弯构件有砖砌平拱过梁及挡土墙。在弯矩作用下可能产生三种弯曲受拉破坏形态：沿齿缝截面破坏、沿砖和竖向灰缝截面破坏和沿通缝截面弯曲受拉破坏，如图 9.15（b）、（c）所示。受弯构件除了承受弯矩外，在支座处还存在着较大的剪力，因此气体受弯构件应当进行受弯承载力和受剪承载力验算。

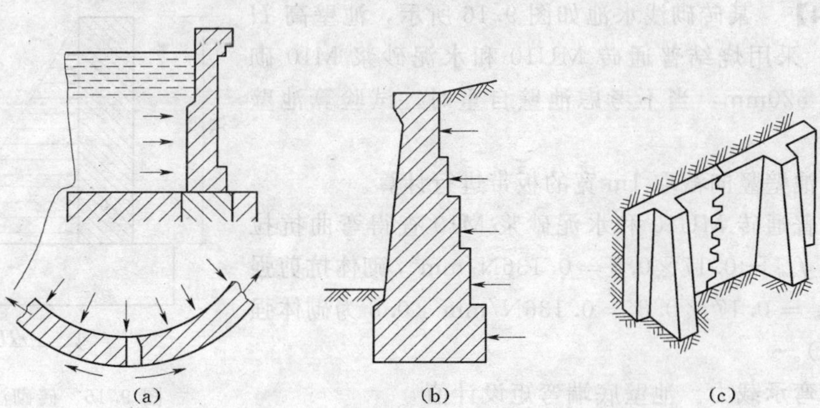

图 9.15 轴心受拉和受弯构件

（1）受弯构件的承载力，应按下式计算：

$$M \leqslant W f_{tm} \tag{9.17}$$

式中　M——弯矩设计值；

f_{tm}——砌体弯曲抗拉强度设计值；

W——截面抵抗矩。

(2) 受弯构件的受剪承载力，应按下式计算：

$$V \leqslant f_v bz \tag{9.18}$$

式中　V——剪力设计值；

f_v——砌体抗剪强度设计值；

b——截面宽度；

z——内力臂，$z = I/S$，当截面为矩形时取 $z = 2h/3$；

I——截面惯性矩；

S——截面面积矩；

h——截面高度。

3. 受剪构件

沿通缝或沿阶梯形截面破坏时受剪构件的承载力应按下式验算：

$$V \leqslant (f_v + \alpha\mu\sigma_0 A) \tag{9.19}$$

当 γ_G=1.2 时　　$\mu = 0.26 - 0.082\dfrac{\sigma_0}{f}$

当 γ_G=1.35 时　　$\mu = 0.23 - 0.065\dfrac{\sigma_0}{f}$

式中　V——截面剪力设计值；

σ_0——恒荷载标准值产生的水平截面的平均压应力；

A——构件水平截面面积，当有孔洞时，取砌体净截面面积；

α——修正系数，当 γ_G=1.2 时，砖砌体取 0.6，混凝土砌块砌体取 0.64；当 γ_G=1.35 时，砖砌体取 0.64，混凝土砌块砌体取 0.66；

μ——剪压复合受力影响系数。

【例 9.4】　某砖砌浅水池如图 9.16 所示，池壁高 H=1400mm，采用烧结普通砖 MU10 和水泥砂浆 M10 砌筑，池壁厚 620mm，当不考虑池壁自重时，试验算池壁承载力。

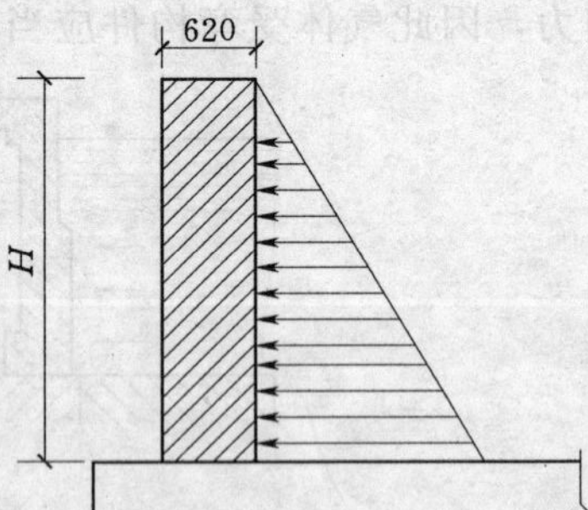

图 9.16　砖砌浅水池

解：沿池壁竖向截取 1m 宽的板带进行计算。

由烧结普通砖 MU10 和水泥砂浆 M10 查得弯曲抗拉强度设计值 $f_{tm} = 0.17 \times 0.8 = 0.136\text{N/mm}^2$，砌体抗剪强度设计值 $f_v = 0.17 \times 0.8 = 0.136\text{N/mm}^2$（0.8 为砌体强度调整系数）。

(1) 受弯承载力。池壁底端弯矩设计值

$$M = \frac{1}{6}rH^3 = \frac{1}{6} \times 10 \times 1.2 \times 1.4^3 = 5.5(\text{kN} \cdot \text{m})$$

$$W = \frac{1}{6}bh^2 = \frac{1}{6} \times 1000 \times 620^2 = 64066667(\text{mm}^3)$$

$$f_{tm}W = 0.136 \times 64066667 \times 10^{-6} = 8.7(\text{kN}\cdot\text{m}) > 5.5\text{kN}\cdot\text{m}$$

该池壁受弯承载力满足要求。

（2）受剪承载力。池壁底端剪力设计值

$$V = \frac{1}{2}rH^2 = \frac{1}{2} \times 10 \times 1.2 \times 1.4^2(\text{kN}) = 11.8\text{kN}$$

$$z = \frac{2}{3}h = \frac{2}{3} \times 620 = 413(\text{mm})$$

$$f_v bz = 0.136 \times 1000 \times 413 \times 10^{-3} = 56.2(\text{kN}) > 11.8\text{kN}$$

该池壁受剪承载力满足要求。

学习单元 9.5 刚性方案房屋计算简介

任务描述：

作单层、多层刚性方案房屋计算简图。

任务知识点：

1. 单层刚性方案房屋计算

（1）单层房屋承重纵墙的计算。包括以下几方面：

1）静力计算假定。刚性方案的单层房屋，由于其屋盖刚度较大，横墙间距较密，其水平变位可不计，内力计算时有以下基本假定：①纵墙、柱下端与基础固结，上端与大梁（屋架）铰接；②屋盖刚度等于无限大，可视为墙、柱的水平方向不动铰支座。

2）计算单元。计算单层房屋承重纵墙时，一般选择有代表性的一段或荷载较大以及截面较弱的部位作为计算单元。有门窗洞口的外纵墙，取一个开间为计算单元，无门窗洞口的纵墙，取 1m 长的墙体为计算单元。其受荷宽度为该墙左、右各 1/2 的开间宽度。

3）计算简图。单层房屋承重纵墙的计算简图如图 9.17 所示，由于墙、柱无侧移，两侧的墙、柱可独立进行计算。

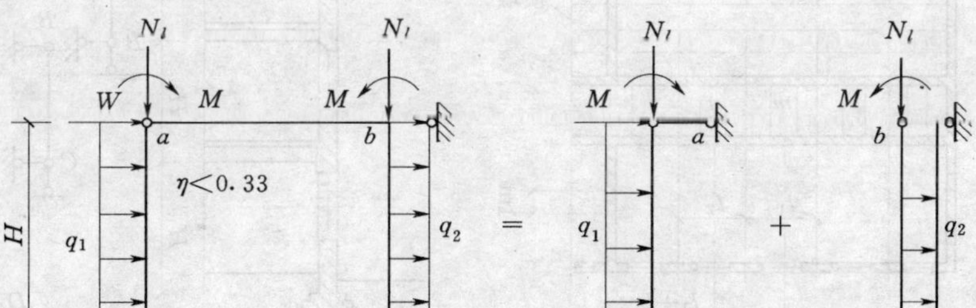

图 9.17 单层刚性方案纵墙的计算简图

4）纵墙、柱的荷载及内力。包括：

屋面荷载：屋面荷载包括屋盖构件自重、屋面活荷载或雪荷载，这些荷载以集中力（N_l）的形式通过屋架或大梁作用于墙、柱顶部。对屋架，其作用点一般距墙体中心线 150mm；对屋面梁，N_l 距墙体边缘的距离为 $0.4a_0$，a_0 为梁端的有效支承长度。因此，作用于墙顶部的屋面荷载通常由轴向力（N_l）和弯矩（M）组成。

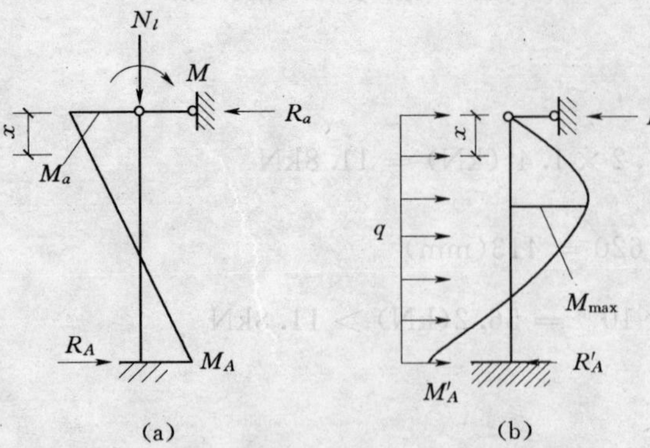

图 9.18　屋盖及风荷载作用下墙内力图

风荷载：包括作用于屋面上和墙面上的风荷载，屋面上（包括女儿墙上）的风荷载可简化为作用于墙、柱顶部的集中荷载 W，作用于墙面上的风荷载为均布荷载 q_1，屋盖及风荷载作用下墙内力图见图 9.18。

墙体荷载：墙体荷载包括砌体自重、内外墙粉刷和门窗等自重，作用于墙体轴线上。等截面柱（墙）不产生弯矩，若为变截面，则上柱（墙）自重对下柱产生弯矩。

（2）单层房屋承重横墙的计算。单层刚性方案房屋采用横墙承重时，可将屋盖视为横墙的不动铰支座，其计算与承重纵墙相似。

2. *多层刚性方案房屋计算*

（1）多层房屋承重纵墙的计算。包括以下几方面：

1）计算单元。在进行多层房屋纵墙的内力及承载力计算时，通常选择有代表性的一段或荷载较大以及截面较弱的部位作为计算单元。计算单元的受荷宽度为 $\frac{l_1+l_2}{2}$，如图 9.19 所示。一般情况下，对有门窗洞口的墙体，计算截面宽度取窗间墙宽度；对无门窗洞口的墙体，计算截面宽度取 $\frac{l_1+l_2}{2}$。对无门窗洞口且受均布荷载的墙体，取 1m 宽的墙体计算。

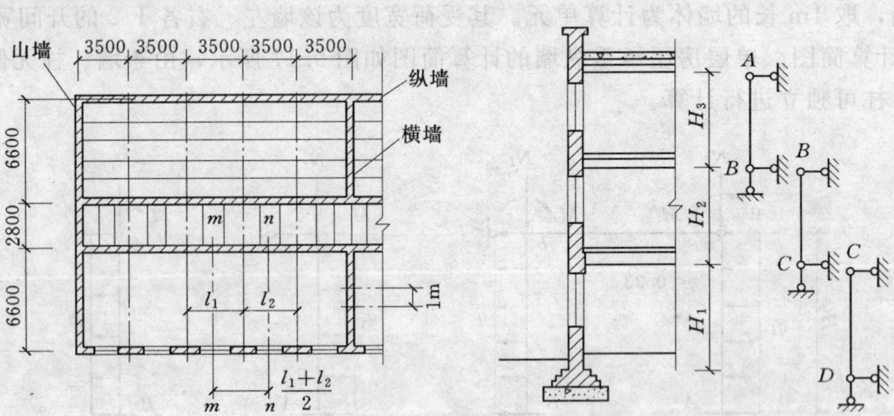

图 9.19　多层刚性方案计算单元及竖向荷载下计算简图

2）计算简图。包括竖向荷载作用下墙体的计算简图和水平荷载作用下墙体的计算简图。

• 竖向荷载作用下墙体的计算简图

对多层民用建筑，在竖向荷载作用下，多层房屋的墙体相当于一竖向连续梁，由于楼盖嵌砌在墙体内，使墙体在楼盖处被削弱，使此处墙体所能传递的弯矩减小，可假定墙体在各楼盖处均为不连续的铰支承（图 9.19）。在刚性方案房屋中，墙体与基础连接的截面竖向力较大，弯矩值较小，按偏心受压与轴心受压计算结果相差很小，为简化计算，也假定墙铰支于基础顶面。因此在竖向荷载作用下，多层砌体房屋的墙体可假定为以楼盖和基础为铰支的多跨简支梁。计算每层内力时，分层按简支梁分析墙体内力，其计算高度等于每层层高，底层计算高度要算至基础顶面。

- 水平荷载作用下墙体的计算简图

作用于墙体上的水平荷载是指风荷载，在水平风载作用下，纵墙可按连续梁分析其内力，其计算简图如图 9.20 所示。

由风荷载引起的纵墙的弯矩可近似按下式计算：

$$M=\frac{1}{12}wH_i^2$$

式中　w——计算单元内，沿每米墙高的风荷载设计值；

H_i——第 i 层墙高。

在迎风面，风荷载表现为压力，在背风面，风荷载表现为吸力。

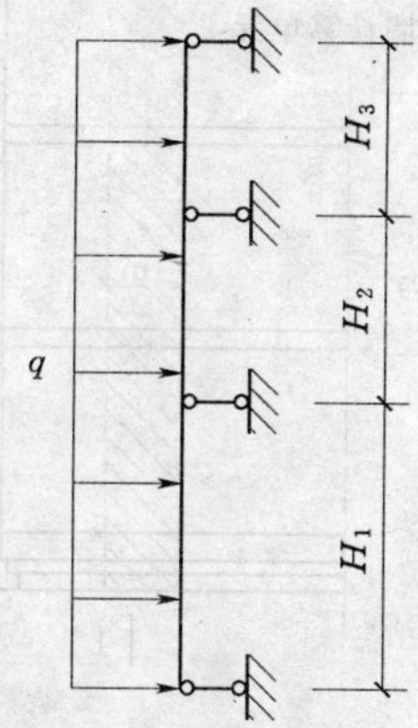

图 9.20　风荷载作用下纵墙计算简图

在一定条件下，风荷载在墙截面中产生的弯矩很小，对截面承载力影响不显著，因此风荷载引起的弯矩可以忽略不计。《砌体规范》规定：刚性方案多层房屋的外墙符合下列要求时，静力计算可不考虑风荷载的影响：①洞口水平截面面积不超过全截面面积的 2/3；②层高和总高度不超过表 9.9 的规定；③屋面自重不小于 0.8kN/m²。

表 9.9　刚性方案多层房屋外墙不考虑风荷载影响时的最大高度

基本风压值（kN/m²）	层高（m）	总高（m）
0.4	4.0	28
0.5	4.0	24
0.6	4.0	18
0.7	3.5	18

对于多层砌块房屋 190mm 厚的外墙，当层高不大于 2.8m，总高不人于 19.6m，基本风压不大于 0.7kN/m² 时，可不考虑风荷载的影响。

（2）多层刚性方案房屋承重横墙的计算。横墙承重的房屋，横墙间距一般较小，所以通常属于刚性方案房屋。房屋的楼盖和屋盖均可视为横墙的不动铰支座，其计算简图如图 9.21 所示。

1）计算单元与计算简图。一般沿墙长取 1m 宽为计算单元，每层横墙视为两端为不动铰接的竖向构件，构件高度为每层层高，顶层若为坡屋顶，则构件高度取顶层层高加上山尖高度 h 的平均值，底层算至基础顶面或室外地面以下 500mm 处。

2）内力分析要点。作用在横墙上的本层楼盖荷载或屋盖荷载的作用点均作用于距墙边 $0.4a_0$ 处。

如果横墙两侧开间相差不大，则视横墙为轴心受压构件；如果相差悬殊或只是一侧承受楼盖传来的荷载，则横墙为偏心受压构件。

承重横墙的控制截面一般取该层墙体截面Ⅱ-Ⅱ，如图 9.22 所示，此处的轴向力最大。

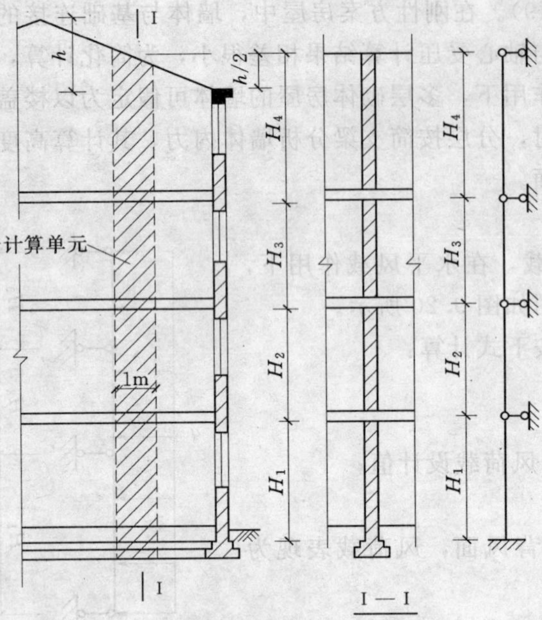

图 9.21 横墙计算简图

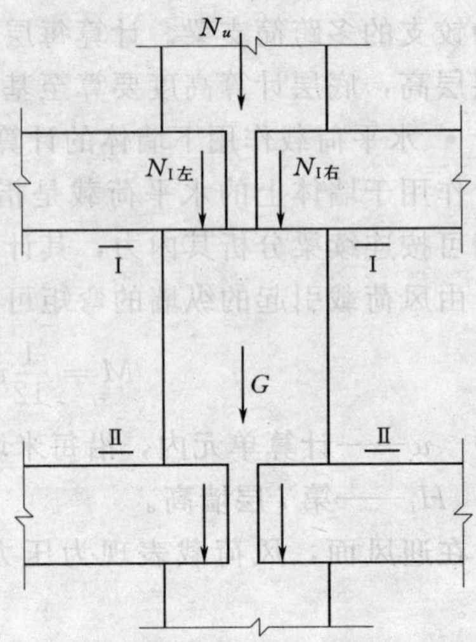

图 9.22 横墙上作用的荷载

学习单元 9.6 过梁、圈梁、墙梁、悬挑构件及墙体的构造

任务描述：

认识砌体结构中的过梁、圈梁、墙梁、挑梁等构件，并对这些构件进行受力分析。

任务知识点：

1. 过梁

(1) 过梁的种类与构造。过梁是砌体结构中门窗洞口上承受上部墙体自重和上层楼盖传来的荷载的梁，常用的过梁有四种类型（图 9.23）：

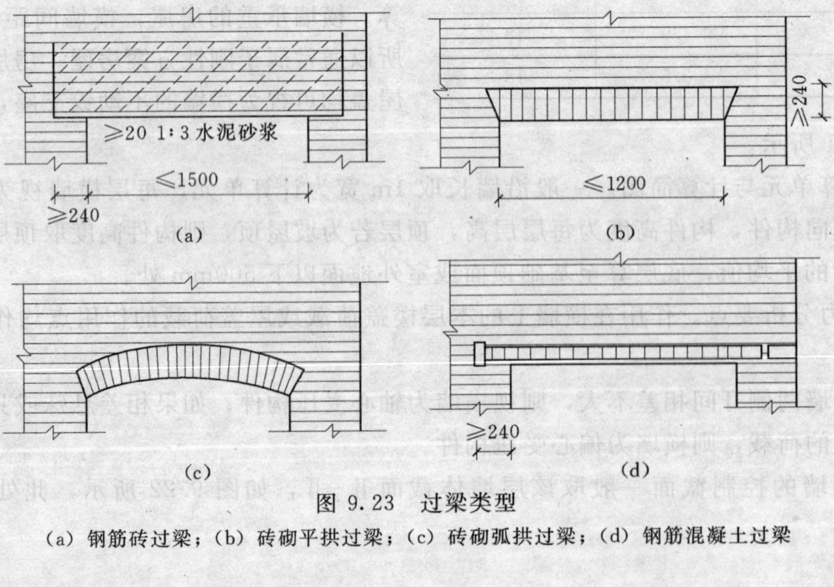

图 9.23 过梁类型

(a) 钢筋砖过梁；(b) 砖砌平拱过梁；(c) 砖砌弧拱过梁；(d) 钢筋混凝土过梁

1）钢筋砖过梁［图 9.23（a）］。过梁底面砂浆层处的钢筋，其直径不应小于 5mm，间距不宜大于 120mm，钢筋伸入支座砌体内的长度不宜小于 240mm，砂浆层厚度不宜小于 30mm；过梁截面高度内砂浆强度等级不应低于 M5；砖的强度等级不应低于 MU10；跨度不应超过 1.5m。

2）砖砌平拱过梁［图 9.23（b）］。高度不应小于 240mm，跨度不应超过 1.2m。砂浆强度等级不应低于 M5。此类过梁适用于无振动、地基土质好、无抗震设防要求的一般建筑。

3）砖砌弧拱过梁［图 9.23（c）］。竖放砌筑砖的高度不应小于 120mm，当矢高 $f=(1/8\sim1/12)l$，砖砌弧拱的最大跨度为 2.5～3m；当矢高 $f=(1/5\sim1/6)l$ 时，砖砌弧拱的最大跨度为 3～4m。

4）钢筋混凝土过梁［图 9.23（d）］。其端部支承长度不宜小于 240mm，当墙厚不小于 370mm 时，钢筋混凝土过梁宜做成 L 形。

工程中常采用钢筋混凝土过梁。

(2) 过梁的受力特点。作用在过梁上的荷载有砌体自重和过梁计算高度内的梁板荷载。

1）墙体荷载：对于砖砌墙体，当过梁上的墙体高度 $h_w < l_n/3$ 时，应按全部墙体的自重作为均布荷载考虑。当过梁上的墙体高度 $h_w \geqslant l_n/3$ 时，应按高度 $l_n/3$ 的墙体自重作为均布荷载考虑。对于混凝土砌块砌体，当过梁上的墙体高度 $h_w < l_n/2$ 时，应按全部墙体的自重作为均布荷载考虑。当过梁上的墙体高度 $h_w \geqslant l_n/2$ 时，应按高度 $l_n/2$ 的墙体自重作为均布荷载考虑。

2）梁板荷载：当梁、板下的墙体高度 $h_w < l_n$ 时，应计算梁、板传来的荷载；如果 $h_w \geqslant l_n$，则可不计梁、板的作用。

砖砌过梁承受荷载后，上部受拉、下部受压，像受弯构件一样地受力。随着荷载的增大，当跨中竖向截面的拉应力或支座斜截面的主拉应力超过砌体的抗拉强度时，将先后在跨中出现竖向裂缝，在靠近支座处出现阶梯形斜裂缝。对于钢筋砖过梁，过梁下部的拉力将由钢筋承担；对砖砌平拱过梁，过梁下部拉力将由两端砌体提供的推力来平衡；对于钢筋混凝土过梁，与钢筋砖过梁类似。试验表明，当过梁上的墙体达到一定高度后，过梁上的墙体形成内拱将产生卸载作用，使一部分荷载直接传递给支座。

(3) 过梁的计算。过梁受荷载以后，其可能发生的破坏有：①过梁跨中截面受弯承载力不足的破坏；②过梁支座附近发生斜截面受剪承载力不足而破坏；③过梁支座处发生局压破坏（钢筋混凝土过梁）。

钢筋混凝土过梁可采用上述荷载取值，按钢筋混凝土受弯构件计算。但在验算梁端支承处砌体局部受压时，可不考虑上部荷载的影响，即取 $\psi=0$；此外，由于过梁与其上部砌体共同工作，构成刚度极大的组合深梁，变形极小，可取应力图形完整系数 $\eta=1$，有效支承长度 $a_0=a$。

2. 圈梁

砌体房屋结构中，在墙体内水平方向设置封闭的钢筋混凝土梁称为圈梁。

(1) 圈梁的作用。包括以下几方面：

1）增强房屋的整体性和空间刚度。

2）防止由于地基不均匀沉降或较大振动荷载等对房屋引起的不利影响。

3）设置在基础顶面部位和檐口部位的圈梁对抵抗不均匀沉降作用最为有效。

4）当房屋中部沉降较两端为大时，位于基础顶面部位的圈梁作用较大；当房屋两端沉降较中部为大时，檐口部位的圈梁作用较大。

5）圈梁与构造柱配合，有助于提高砌体结构的抗震性能。

（2）圈梁的构造要求（图9.24）包括以下几方面：

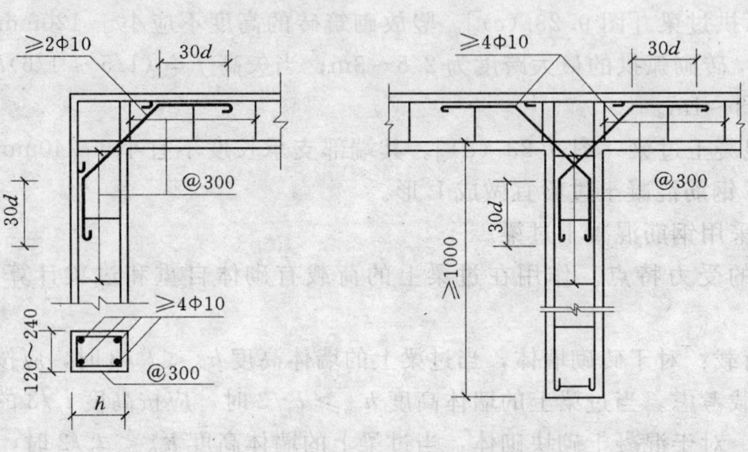

图9.24　纵横墙交接处圈梁连接构造

1）圈梁宜连续地设在同一水平面上，并形成封闭状。

2）纵横墙交接处的圈梁应有可靠的连接。刚弹性和弹性方案房屋，圈梁应与屋架、大梁等构件可靠连接。

3）圈梁的宽度宜与墙厚相同，当墙厚 $h \geqslant 240$mm 时，宽度不宜小于 $2h/3$。圈梁高度不应小于120mm。纵向钢筋不宜少于4φ10，绑扎接头的搭接长度按受拉钢筋考虑，箍筋间距不应大于300mm。

4）圈梁兼作过梁时，过梁部分的钢筋应按计算用量另行增配。

（3）圈梁的设置（图9.25）分为两种情况：

• 车间、仓库、食堂等空旷的单层房屋应按下列规定设圈梁：

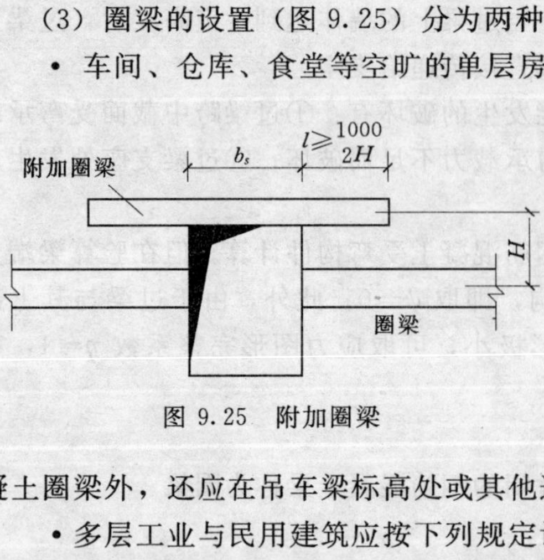

图9.25　附加圈梁

1）砖砌体房屋，檐口标高为5～8m时，应在檐口设置圈梁一道，檐口标高大于8m时，宜适当增设。

2）砌块及料石砌体房屋，檐口标高为4～5m时，应在檐口标高处设置圈梁一道，檐口标高大于5m时，宜适当增设。

3）对有吊车或较大振动设备的单层工业房屋，除在檐口或窗顶标高处设置现浇钢筋混凝土圈梁外，还应在吊车梁标高处或其他适当位置增设。

• 多层工业与民用建筑应按下列规定设置圈梁：

1）住宅、宿舍、办公楼等多层砌体民用房屋，层数为 3～4 层时，应在檐口标高处设置圈梁一道，当层数超过 4 层时，应在所有纵横墙上隔层设置。

2）多层砌体工业房屋，宜每层设置现浇钢筋混凝土圈梁。

3）设置墙梁的多层砌体房屋应在托梁、墙梁顶面和檐口标高处设置现浇钢筋混凝土圈梁，其他楼盖处宜在所有纵横墙上每层设置。

4）采用现浇钢筋混凝土楼（屋）盖的多层砌体结构房屋，当层数超过 5 层时，除在檐口标高处设置一道圈梁外，可隔层设置圈梁，并与楼（屋）面板一起现浇。未设置圈梁的楼面板嵌入墙内的长度不应小于 120mm，应沿墙配置不小于 2 ϕ 10 的通长钢筋。

3. 墙梁

由钢筋混凝土托梁及其以上计算高度范围内的墙体共同工作，一起承受荷载的组合结构称为墙梁（图 9.26）。墙梁按支承情况分为简支墙梁、连续墙梁、框支墙梁；按承受荷载情况可分为承重墙梁和自承重墙梁。除了承受托梁和托梁以上的墙体自重外，还承受由屋盖或楼盖传来的荷载的墙梁为承重墙梁，如底层为大空间、上层为小空间时所设置的墙梁；只承受托梁以及托梁以上墙体自重的墙梁为自承重墙梁，如基础梁、连系梁。

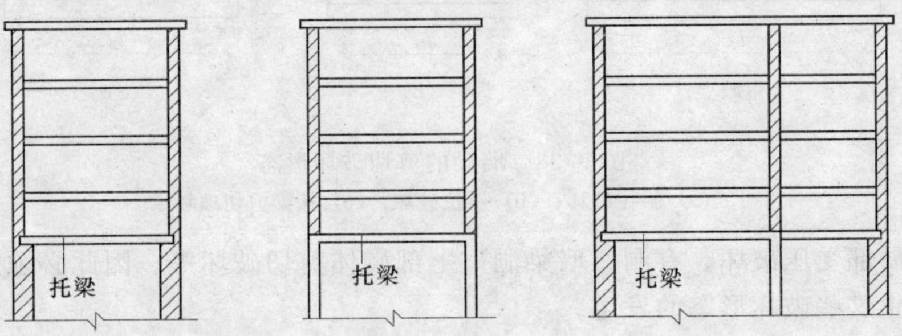

图 9.26 墙梁

（a）简支墙梁；（b）框支墙梁；（c）连续墙梁

墙梁中承托砌体墙和楼盖（屋盖）的混凝土简支梁、连续梁和框架梁，称为托梁。墙梁中考虑组合作用的计算高度范围内的砌体墙，称为墙体。墙梁的计算高度范围内墙体顶面处的现浇混凝土圈梁，称为顶梁。墙梁支座处与墙体垂直相连的纵向落地墙，称为翼墙。

（1）受力特点。当托梁及其上砌体达到一定强度后，墙和梁共同工作形成墙梁组合结构。试验表明，墙梁上部荷载主要是通过墙体的拱作用传向两边支座，托梁承受拉力，两者形成一个带拉杆拱的受力结构（图 9.27）。这种受力状况从墙梁开始一直到破坏；当墙体上有洞口时，其内力传递如图 9.27（b）所示。

墙梁是一个偏心受拉构件，影响其承载力的因素有很多，根据因素的不同，墙梁可能发生的破坏形态分为正截面受弯破坏、墙体或托梁受剪破坏和支座上方墙体局部受压破坏三种（图 9.28）。托梁纵向受力钢筋配置不足时，发生正截面受弯破坏；当托梁的箍筋配置不足时，可能发生托梁斜截面剪切破坏；当托梁的配筋较强、并且两端砌体局部受压承载力得到保证时，一般发生墙体剪切破坏。墙梁除上述主要破坏形态外，还可能发生托梁

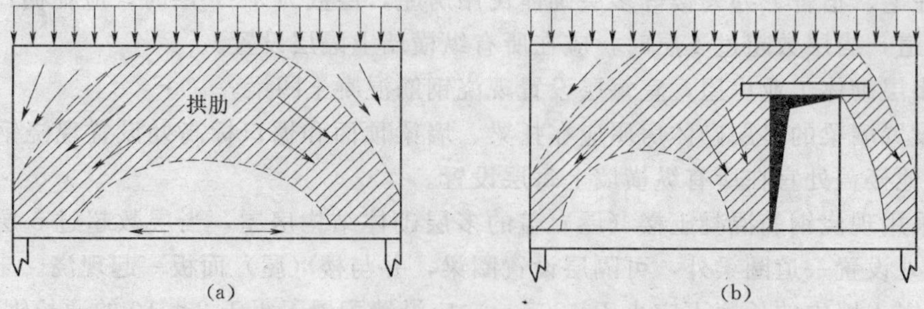

图 9.27　墙梁受力特点

(a) 无洞口墙梁的内力传递；(b) 有洞口墙梁的内力传递

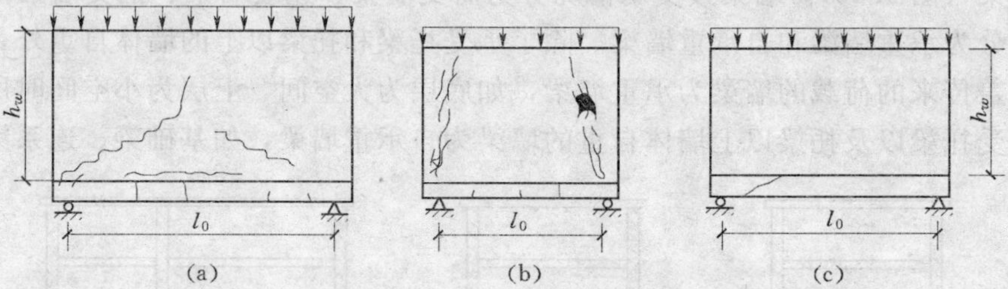

图 9.28　墙梁的剪切破坏形态

(a) 斜拉破坏；(b) 斜拉破坏；(c) 托梁剪切破坏

端部混凝土局部受压破坏、有洞口墙梁洞口上部砌体剪切破坏等。因此必须采取一定的构造措施，防止这些破坏形态的发生。

(2) 墙梁的计算内容。包括使用阶段和施工阶段承载力计算两部分。

使用阶段承重墙梁上的荷载主要有托梁自重及本层楼盖的恒荷载和活荷载，托梁以上各层墙体自重、墙梁顶面以上各层楼（屋）盖的恒荷载和活荷载；集中荷载可沿作用的跨度近似化为均布荷载。

使用阶段自承重墙梁上的荷载主要有托梁自重及托梁以上墙体自重。

施工阶段托梁上的荷载主要有：托梁自重及本层楼盖的恒荷载；本层楼盖的施工荷载。

考虑托梁与墙体的组合作用，墙梁应分别进行使用阶段正截面受弯承载力、斜截面受剪承载力和托梁支座上部砌体局部受压承载力计算，以及施工阶段托梁承载力验算。自承重墙梁可不验算墙体受剪承载力和砌体局部受压承载力。

(3) 构造要求。墙梁除应符合《砌体规范》和现行国家标准《混凝土规范》有关构造外，尚应符合下列构造要求：

• 材料

1) 托梁的混凝土强度等级不应低于 C30。

2) 纵向钢筋宜采用 HRB335、HRB400、RRB400 级钢筋。

3) 承重墙梁的块材强度等级不应低于 MU10，计算高度范围内墙体的砂浆强度等级不应低于 M10。

• 墙体

1）框支墙梁的上部砌体房屋，以及设有承重的简支墙梁或连续墙梁的房屋，应满足刚性方案房屋的要求。

2）计算高度范围内的墙体厚度，对砖砌体不应小于 240mm，对混凝土小型砌块不应小于 190mm。

3）墙梁洞口上方应设置混凝土过梁，其支承长度不应小于 240mm，洞口范围内不应施加集中荷载。

4）承重墙梁的支座处应设置落地翼墙，翼墙厚度，对砖砌体不应小于 240mm，对混凝土砌块砌体不应小于 190mm，翼墙宽度不应小于墙梁墙体厚度的 3 倍，并与墙梁墙体同时砌筑。当不能设置翼墙时，应设置落地且上、下贯通的构造柱。

5）当墙梁墙体在靠近支座 1/3 跨度范围内开洞时，支座处应设置上、下贯通的构造柱，并与每层圈梁连接。

6）墙梁计算高度范围内的墙体，每天砌筑高度不应超过 1.5m，否则，应加设临时支撑。

• 托梁

1）有墙梁的房屋的托梁两边各一个开间及相邻开间处应采用现浇混凝土楼盖，楼板厚度不宜小于 120mm，当楼板厚度大于 150mm 时，宜采用双层双向钢筋网，楼板上应少开洞，洞口尺寸大于 800mm 时应设置洞边梁。

2）托梁每跨底部的纵向受力钢筋应通长设置，不得在跨中段弯起或截断。钢筋接长应采用机械连接或焊接。

3）墙梁的托梁跨中截面纵向受力钢筋总配筋率不应小于 0.6%。

4）托梁距边支座边 $l_0/4$ 范围以内，上部纵向钢筋截面面积不应小于跨中下部纵向钢筋截面面积的 1/3。连续墙梁或多跨框支墙梁的托梁中支座上部附加纵向钢筋从支座算起每边延伸不得少于 $l_0/4$。

5）承重墙梁的托梁在砌体墙、柱上的支承长度不应小于 350mm。纵向受力钢筋伸入支座应符合受拉钢筋的锚固要求。

6）当托梁高度 $h_b \geqslant 500$mm 时，应沿梁高设置通长水平腰筋，直径不得小于 12mm，间距不应大于 200mm。

7）墙梁偏开洞口的宽度及两侧各一个梁高 h_b 范围内直至靠近洞口支座边的托梁箍筋直径不宜小于 8mm，间距不应大于 100mm（图 9.29）。

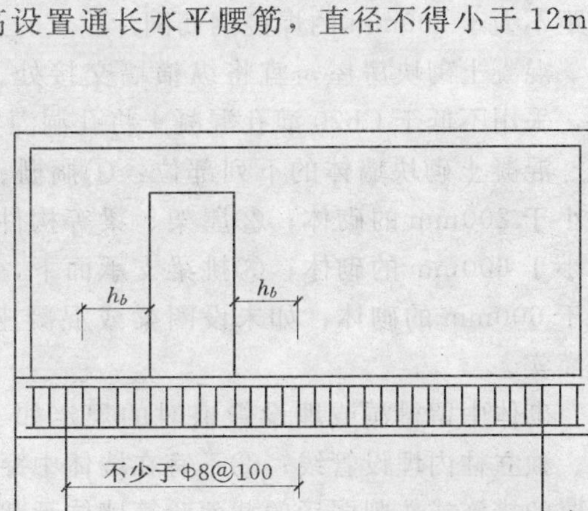

图 9.29　偏开洞时托梁箍筋加密区

4. 砌体房屋构造要求

砌体结构设计包括计算设计和构造设计两部分。构造设计是指选择合理的材料和构件形式，墙板之间有效连接，各类构件和结构在不同受力条件下采取的特殊要求等措施。因此，在砌体设计中应十分重视有关构造要求。

(1) 一般构造要求。对于砌体结构，为了保证房屋有足够的耐久性和良好的整体工作性能，墙柱除进行承载力和高厚比验算外，还应满足下列构造措施。

为了避免墙柱截面过小导致稳定性能变差，以及局部缺陷对构件的影响增大，规范规定了各种构件的最小尺寸：承重的独立砖柱截面尺寸不应小于 240mm×370mm；毛石墙的厚度不宜小于 350mm；毛料石柱截面较小边长不宜小于 400mm；当有振动荷载时，墙、柱不宜采用毛石砌体。

为了增强砌体房屋的整体性和避免局部受压损坏，规范规定：跨度大于 6m 的屋架和跨度大于下列数值的梁，①对砖砌体为 4.8m；②对砌块和料石砌体为 4.2m；③对毛石砌体为 3.9m；应在支承处砌体设置混凝土或钢筋混凝土垫块。当墙中设有圈梁时，垫块与圈梁宜浇成整体。

当梁的跨度大于或等于下列数值时：①对 240mm 厚的砖墙为 6m，对 180mm 厚的砖墙为 4.8m；②对砌块、料石墙为 4.8m；其支承处宜加设壁柱或采取其他加强措施。

预制钢筋混凝土板的支撑长度，在墙上不宜小于 100mm；在钢筋混凝土圈梁上不宜小于 80mm；当利用板端伸出钢筋拉结和混凝土灌注时，其支承长度可为 40mm，但板端缝宽不小于 80mm，灌缝混凝土强度等级不宜低于 C20。

预制钢筋混凝土梁在墙上的支承长度不宜小于 180～240mm，支承在墙、柱上的吊车梁、屋架以及跨度大于或等于下列数值的预制梁的端部，①对砖砌体为 9m；②对砌块和料石砌体为 7.2m；应采用锚固件与墙、柱上的垫块锚固。

填充墙、隔墙应采取措施与周边构件可靠连接。一般是在钢筋混凝土结构中预埋拉接筋，在砌筑墙体时，将拉接筋砌入水平灰缝内。

山墙处的壁柱宜砌至山墙顶部，屋面构件应与山墙可靠拉结。

砌块砌体应分皮错缝搭砌，上下皮搭砌长度不得小于 90mm。当搭砌长度不满足上述要求时，应在水平灰缝内设置不少于 2 ϕ 4 的焊接钢筋网片（横向钢筋间距不宜大于 200mm)，网片每段均应超过该垂直缝，其长度不得小于 300mm。

砌块墙与后砌隔墙交接处，应沿墙高每 400mm 在水平灰缝内设置不少于 2 ϕ 4、横筋间距不大于 200mm 的焊接钢筋网片。

混凝土砌块房屋，宜将纵横墙交接处、距墙中心线每边不小于 300mm 范围内的孔洞，采用不低于 Cb20 灌孔混凝土将孔洞灌实，灌实高度应为墙身全高。

混凝土砌块墙体的下列部位：①搁栅、檩条和钢筋混凝土楼板的支承面下，高度不应小于 200mm 的砌体；②屋架、梁等构件的支承面下，高度不应小于 600mm，长度不应小于 600mm 的砌体；③挑梁支承面下，距墙中心线每边不应小于 300mm，高度不应小于 600mm 的砌体；如未设圈梁或混凝土垫块，应采用不低于 Cb20 灌孔混凝土将孔洞灌实。

砌体中留槽洞或埋设管道时的规定如下：①不应在截面长边小于 500mm 的承重墙体、独立柱内埋设管线；②不宜在墙体中穿行暗线或预留、开凿沟槽，无法避免时应采取必要的措施或按削弱后的截面验算墙体承载力，对受力较小或未灌孔砌块砌体，允许在墙体的竖向孔洞中设置管线。

(2) 墙体开裂的原因。产生墙体裂缝的原因主要有三个：外荷载，温度变化，地基不均匀沉降。墙体承受外荷载后，按照规范要求，通过正确的承载力计算，选择合理的材料并满足施工要求，受力裂缝是可以避免的。

1) 因温度变化和砌体干缩变形引起的墙体裂缝。温度裂缝形态有水平裂缝、八字裂缝两种。水平裂缝多发生在女儿墙根部、屋面板底部、圈梁底部附近以及比较空旷高大房间的顶层外墙门窗洞口上下水平位置处；八字裂缝多发生在房屋顶层墙体的两端，且多数出现在门窗洞口上下，呈八字形。

干缩裂缝形态有垂直贯通裂缝、局部垂直裂缝两种。

2) 因地基发生过大的不均匀沉降而产生的裂缝。常见的因地基不均匀沉降引起的裂缝形态有：正八字形裂缝、倒八字形裂缝、高层沉降引起的斜向裂缝、底层窗台下墙体的斜向裂缝。

(3) 防止墙体开裂的措施。包括以下几方面：

为了防止或减轻房屋在正常使用条件下，由温度和砌体干缩引起的墙体竖向裂缝，应在墙体中设置伸缩缝。伸缩缝应设置在因温度和收缩变形可能引起应力集中、砌体产生裂缝可能性最大的地方。伸缩缝的间距可按表 9.10 采用。

表 9.10　砌体房屋伸缩缝的最大间距

屋盖或楼盖类别		间距 (m)
整体式或装配整体式钢筋混凝土楼盖	有保温层或隔热层的屋盖、楼盖	50
	无保温层或隔热层的屋盖	40
装配式无檩体系钢筋混凝土楼盖	有保温层或隔热层的屋盖、楼盖	60
	无保温层或隔热层的屋盖	50
装配式有檩体系钢筋混凝土楼盖	有保温层或隔热层的屋盖	75
	无保温层或隔热层的屋盖	60
瓦材屋盖、木屋盖或楼盖、轻钢屋盖		100

注　1. 对烧结普通砖、多孔砖、配筋砌块砌体房屋取表中数值；对石砌体、蒸压灰砂砖、蒸压粉煤灰砖和混凝土砌块房屋取表中数值乘以 0.8 的系数。当有实践经验并采取可靠措施时，可不遵守本表规定。
2. 在钢筋混凝土屋面上挂瓦的屋盖应按钢筋混凝土屋盖采用。
3. 按本表设置的墙体伸缩缝，一般不能同时防止由于钢筋混凝土屋盖的温度变形和砌体干缩变形引起的墙体局部裂缝。
4. 层高大于 5m 的烧结普通砖、多孔砖、配筋砌块砌体结构单层房屋，其伸缩缝间距可按表中数值乘以 1.3。
5. 温差较大且变化频繁地区和严寒地区不采暖的房屋及构筑物墙体的伸缩缝的最大间距，应按表中数值予以适当减小。
6. 墙体的伸缩缝应与结构的其他变形缝相重合，在进行立面处理时，必须保证缝隙的伸缩作用。

为了防止和减轻房屋顶层墙体的开裂，可根据情况采取下列措施：

1) 屋面设置保温、隔热层。

2) 屋面保温（隔热）层或屋面刚性面层及砂浆找平层应设置分格缝，分格缝间距不宜大于 6m，并与女儿墙隔开，其缝宽不小于 30mm。

3) 用装配式有檩体系钢筋混凝土屋盖和瓦材屋盖。

4）在钢筋混凝土屋面板与墙体圈梁的接触面处设置水平滑动层，滑动层可采用两层油毡夹滑石粉或橡胶片等；对于长纵墙，可只在其两端的2～3隔开间设置；对于横墙，可只在其两端$l/4$范围内设置（l为横墙长度）。

5）顶层屋面板下设置现浇钢筋混凝土圈梁，并沿内外墙拉通，房屋两端圈梁下的墙体宜适当设置水平钢筋。

6）顶层挑梁末端下墙体灰缝内设置3道焊接钢筋网片（纵向钢筋不宜少于2φ4，横筋间距不宜大于200mm）或2φ6钢筋，钢筋网片或钢筋应自挑梁末端伸入两边墙体不小于1m。

7）顶层墙体有门窗洞口时，在过梁上的水平灰缝内设置2～3道焊接钢筋网片或2φ6钢筋，并应伸入过梁两边墙体不小于600mm。

8）顶层及女儿墙砂浆强度等级不低于M5。

9）女儿墙应设置构造柱，构造柱间距不宜大于4m，构造柱应伸至女儿墙顶并与现浇钢筋混凝土压顶整浇在一起。

10）房屋顶层端部墙体内应适当增设构造柱。

底层墙体的裂缝主要是地基不均匀沉降或地基反力不均匀引起的，因此要防止或减轻房屋底层墙体裂缝，可根据情况采取下列措施：

1）增加基础圈梁的刚度。

2）在底层的窗台下墙体灰缝内设置3道焊接钢筋网片或2φ6钢筋，并应伸入两边窗间墙不小于600mm。

3）采用钢筋混凝土窗台板，窗台板嵌入窗间墙内不小于600mm。

墙体转角处和纵横墙交接处宜沿竖向每隔400～500mm设置拉结钢筋，其数量为每120mm墙厚不少于1φ6或焊接钢筋网片，埋入长度从墙的转角或交接处算起，每边不少于600mm。

对于灰砂砖、粉煤灰砖、混凝土砌块或其他非烧结砖，宜在各层门、窗过梁上方的水平灰缝内及窗台下第一、第二道水平灰缝内设置焊接钢筋网片或2φ6钢筋，焊接钢筋网片或钢筋应伸入两边窗间墙内不小于600mm。

为防止或减轻混凝土砌块房屋顶层两端和底层第一、二开间门窗洞口处开裂，可采取下列措施：

1）在门窗洞口两侧不少于一个孔洞中设置1φ12的钢筋，钢筋应在楼层圈梁或基础锚固，并采取不低于C20的灌孔混凝土灌实。

2）在门窗洞口两边的墙体的水平灰缝内，设置长度不小于900mm，竖向间距为400mm的2φ4焊接钢筋网片。

3）在顶层和底层设置通长钢筋混凝土窗台梁，窗台梁的高度宜为块高的模数，纵筋不少于4φ10，箍筋为φ6@200，C20混凝土。

当房屋刚度较大时，可在窗台下或窗台角处墙体内设置竖向控制缝。在墙体的高度或厚度突然变化处也宜设置竖向控制缝，或采取可靠的防裂措施。竖向控制缝的构造和嵌缝材料应能满足墙体平面外传力和防护的要求。

灰砂砖、粉煤灰砖砌体宜采用黏结性好的砂浆砌筑，混凝土砌块砌体因采用砌块专用砂浆砌筑。

对防裂要求较高的墙体，可根据实际情况采取专门措施。

防止墙体因为地基不均匀沉降而开裂的措施有：

1）设置沉降缝，在地基土性质相差较大，房屋高度、荷载、结构刚度变化较大处，房屋结构形式变化处，高低层的施工时间不同处设置沉降缝，将房屋分割为若干刚度较好的独立单元。

2）加强房屋整体刚度。

3）对处于软土地区或土质变化较复杂地区，利用天然地基建造房屋时，房屋体型力求简单，采用对地基不均匀沉降不敏感的结构形式和基础形式。

4）合理安排施工顺序，先施工层数多、荷载大的单元，后施工层数少、荷载小的单元。

小组协作思考题：

1. 简述砌体受压过程及其破坏特征。简述影响砌体抗压强度的主要因素。砌体抗压强度计算公式考虑了哪些主要参数？

2. 为什么砂浆强度等级高的砌体抗压强度比砂浆的强度低？而对砂浆强度等级低的砌体，当块体强度高时，抗压强度又比砂浆强度高？

3. 混合结构房屋的结构布置方案有哪几种？其特点是什么？

4. 根据什么来区分房屋的静力计算方案？有哪几类静力计算方案？设计时怎样判别？

5. 为什么要验算墙、柱高厚比？高厚比验算考虑了哪些因素？不满足时怎样处理？

6. 轴心受压和偏心受压构件承载力计算公式有何差别？偏心受压时，为什么要按轴心受压验算另一方向的承载力？

7. 稳定系数 φ_0 的影响因素是什么？确定 φ_0 时的依据与钢筋混凝土轴心受力构件是否相同？试比较两者表达式的异同点。

8. 无筋砌体受压构件对偏心距 e_0 有何限制？当超过限值时，如何处理？

9. 梁端局部受压分哪几种情况？试比较其异同点。

10. 什么是砌体局部抗压强度提高系数 γ？为什么砌体局部受压时抗压强度有明显提高？

11. 验算梁端支承处局部受压承载力时，为什么对上部轴向力设计值乘以上部荷载的折减系数 ψ？ψ 又与什么因素有关？当梁端支承处局部受压承载力不满足时，可采取哪些措施？

12. 刚性方案的混合结构房屋墙柱承载力是怎样验算的？

13. 常用过梁的种类有哪些？怎样计算过梁上的荷载？承载力验算包含哪些内容？

14. 简述挑梁的受力特点和破坏形态，对挑梁应计算或验算哪些内容？挑梁最大弯矩点和计算倾覆点是否在墙的边缘？为什么？计算挑梁抗倾覆力矩时为什么可以将挑梁尾端上部45°扩散角范围内的砌体与楼面恒载标准值考虑进去？

15. 何谓墙梁？简述墙梁的受力特点和破坏形态。如何计算墙梁上的荷载？墙梁承载力验算包含哪些内容？

16. 引起砌体结构墙体开裂的主要因素有哪些？如何采取相应的预防措施？

综合项目题：

1. 某刚性方案的办公楼平面布置如图 9.30 所示；采用钢筋混凝土空心楼板，外墙厚 370mm，内纵墙及横墙厚 240mm，底层墙高 4.8m（从楼板至基础顶面）；隔墙厚 120mm，高 3.6m；墙体为 MU10 烧结普通砖，M5 混合砂浆砌筑，纵墙上窗宽 1800mm，门宽 1000mm。试验算各墙高厚比。

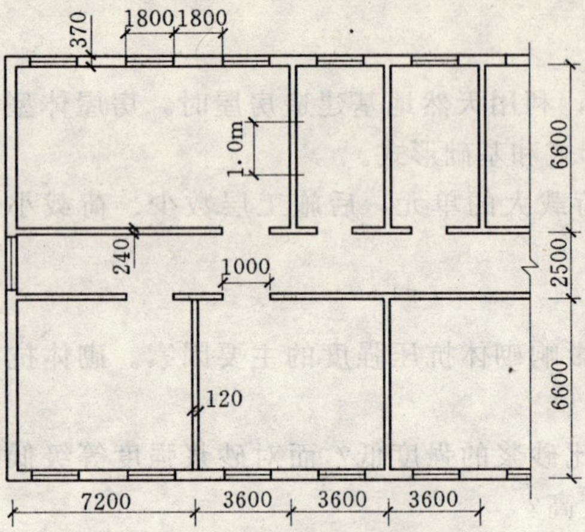

图 9.30 办公楼平面布置

2. 某单层单跨无吊车工业厂房带壁柱窗间墙，截面尺寸如图 9.31 所示，柱高为 5.4m，计算高度为 $H_0=1.2\times5.4=6.48$m，用 MU10 烧结普通砖及 M2.5 混合砂浆砌筑。若该控制截面（柱底截面）承受的设计轴向压力为 $N=320$kN，设计弯矩为 $M=41$kN·m，验算该墙体的承载力。

3. 某房屋外纵墙的窗间墙截面尺寸为 1200mm × 370mm，如图 9.32 所示，采用 MU20 烧结普通砖，M5 水泥砂浆砌筑。墙上支承的钢筋混凝土大梁截面为 200mm×550mm，支承长度 $a=240$mm。梁端荷载产生的支承反力设计值为 $N_l=85$kN，上部荷载产生的轴向压力设计值为 265kN。试验算梁端砌体的局部受压承载力。

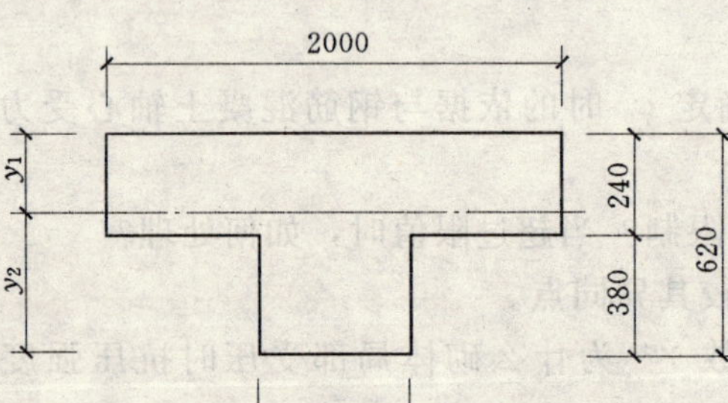

图 9.31 带壁柱窗间墙的截面尺寸

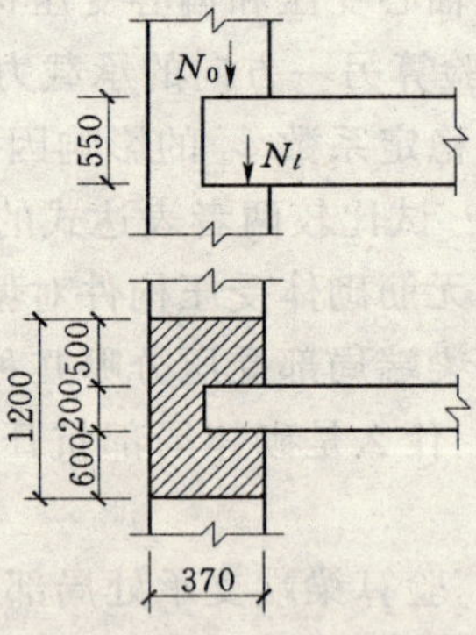

图 9.32 某房屋外纵墙的窗间墙的截面尺寸

附 表

附表 1　　钢筋的计算截面面积及理论重量表

公称直径 (mm)	不同根数钢筋的计算截面面积 (mm^2)									单根钢筋理论重量 (kg/m)
	1	2	3	4	5	6	7	8	9	
6	28.3	57	85	113	142	170	198	226	255	0.222
6.5	33.2	66	100	133	166	199	232	256	299	0.260
8	50.3	101	151	201	252	302	352	402	453	0.395
8.2	52.8	106	158	211	264	317	370	423	475	0.432
10	78.5	157	236	314	393	471	550	628	707	0.617
12	113.1	226	339	452	565	678	791	904	1017	0.888
14	153.9	308	461	615	769	923	1077	1231	1385	1.21
16	201.1	402	603	804	1005	1206	1407	1608	1809	1.58
18	154.5	509	763	1017	1272	1526	1780	2036	2290	2.00
20	314.2	628	941	1256	1570	1884	2200	2513	2827	2.47
22	380.1	760	1140	1520	1900	2281	2661	3041	3421	2.98
25	490.9	982	1473	1964	2454	2945	3436	3927	4418	3.85
28	615.8	1232	1847	2463	3079	3695	4310	4926	5542	4.83
32	804.2	1609	2413	3217	4021	4826	5630	6434	7238	6.31
36	1017.9	2036	3054	4072	5089	6107	7125	8143	9161	7.99
40	1256.6	2513	3770	5027	6283	7540	8796	10053	11310	9.87

注　表中直径 $d=8.2$mm 的计算截面面积及理论重量仅适用于有纵肋的热处理钢筋。

附表 2　　钢绞线公称直径、截面面积及理论重量表

种　类	公称直径 (mm)	公称截面面积 (mm^2)	理论重量 (kg/m)
1×3	8.6	37.4	0.298
	10.8	59.3	0.465
	12.9	85.4	0.671
1×7 标准型	9.5	54.8	0.432
	11.1	74.2	0.580
	12.7	98.7	0.774
	15.2	139	1.101

附表 3　　钢丝公称直径、截面面积及理论重量表

公称直径 (mm)	公称截面面积 (mm^2)	理论重量 (kg/m)	公称直径 (mm)	公称截面面积 (mm^2)	理论重量 (kg/m)
4.0	12.57	0.099	7.0	38.48	0.302
5.0	19.63	0.154	8.0	50.26	0.394
6.0	28.27	0.222	9.0	63.62	0.499

附表 4　　钢筋混凝土板每米宽的钢筋截面面积表　　单位：mm^2

钢筋间距	钢筋直径											
	3	4	5	6	6/8	8	8/10	10	10/12	12	12/14	14
70	101.0	180.0	280.0	404.0	561.0	719.0	920.0	1121.0	1369.0	1616.0	1907.0	2199.0
75	94.2	168.0	262.0	377.0	524.0	671.0	859.0	1047.0	1277.0	1508.0	1780.0	2052.0
80	88.4	157.0	245.0	354.0	491.0	629.0	805.0	981.0	1198.0	1414.0	1669.0	1924.0
85	83.2	148.0	231.0	333.0	462.0	592.0	758.0	924.0	1127.0	1331.0	1571.0	1811.0
90	78.5	140.0	218.0	314.0	437.0	559.0	716.0	872.0	1064.0	1257.0	1483.0	1710.0
95	74.5	132.0	207.0	298.0	414.0	529.0	678.0	826.0	1008.0	1190.0	1405.0	1620.0
100	70.6	126.0	196.0	283.0	393.0	503.0	644.0	785.0	958.0	1131.0	1335.0	1539.0
110	64.2	114.0	178.0	257.0	357.0	457.0	585.0	714.0	871.0	1028.0	1214.0	1399.0
120	58.9	105.0	163.0	236.0	327.0	419.0	537.0	654.0	798.0	942.0	1113.0	1283.0
125	56.5	101.0	157.0	226.0	314.0	402.0	515.0	628.0	766.0	905.0	1068.0	1231.0
130	54.4	96.6	151.0	218.0	302.0	387.0	495.0	604.0	737.0	870.0	1027.0	1184.0
140	50.5	89.8	140.0	202.0	281.0	359.0	460.0	561.0	684.0	808.0	954.0	1099.0
150	47.1	83.8	131.0	189.0	262.0	335.0	429.0	523.0	639.0	754.0	890.0	1026.0
160	44.1	78.5	123.0	177.0	246.0	314.0	403.0	491.0	599.0	707.0	834.0	962.0
170	41.5	73.9	115.0	166.0	231.0	296.0	379.0	462.0	564.0	665.0	785.0	905.0
180	39.2	69.8	109.0	157.0	218.0	279.0	358.0	436.0	532.0	628.0	742.0	855.0
190	37.2	66.1	100.0	149.0	207.0	265.0	339.0	413.0	504.0	595.0	703.0	810.0
200	35.3	62.8	98.2	141.0	196.0	251.0	322.0	393.0	479.0	565.0	668.0	770.0
220	32.1	57.1	89.2	129.0	179.0	229.0	293.0	357.0	436.0	514.0	607.0	700.0
240	29.4	52.4	81.8	118.0	164.0	210.0	268.0	327.0	399.0	471.0	556.0	641.0
250	28.3	50.3	78.5	113.0	157.0	201.0	258.0	314.0	383.0	452.0	534.0	616.0
260	27.2	48.3	75.5	109.0	151.0	193.0	248.0	302.0	369.0	435.0	513.0	592.0
280	25.2	44.9	70.1	101.0	140.0	180.0	230.0	280.0	342.0	404.0	477.0	550.0
300	23.6	41.9	65.5	94.2	131.0	168.0	215.0	262.0	319.0	377.0	445.0	513.0
320	22.1	39.3	61.4	88.4	123.0	157.0	201.0	245.0	299.0	353.0	417.0	481.0

附表 5　　等截面等跨连续梁在常用荷载作用下按弹性分析的内力系数表

1. 在均布及三角形荷载作用下

$$M=\text{表中系数}\times ql_0^2$$
$$V=\text{表中系数}\times ql_0$$

2. 在集中荷载作用下

$$M=\text{表中系数}\times Fl_0$$
$$V=\text{表中系数}\times F$$

3. 内力正负号规定

M—使截面上部受压、下部受拉为正；

V—对邻近截面所产生的力矩沿顺时针方向者为正。

（1）两跨梁

荷载图	跨内最大弯矩		支座弯矩	剪力		
	M_1	M_2	M_B	V_A	V_{Bl} V_{Br}	V_C
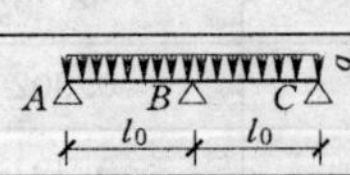	0.070	0.0703	−0.125	0.375	−0.625 0.625	−0.375
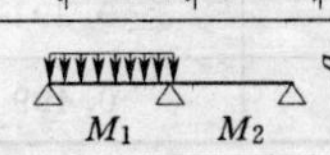	0.096	—	−0.063	0.437	−0.563 0.063	0.063

续表

(1) 两跨梁

荷载图	跨内最大弯矩		支座弯矩	剪力		
	M_1	M_2	M_B	V_A	V_{Bl} V_{Br}	V_C
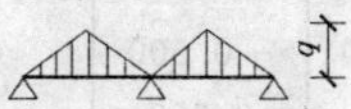	0.048	0.048	−0.078	0.172	−0.328 0.328	−0.172
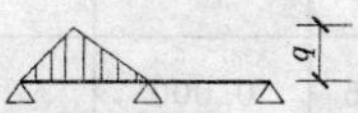	0.064	—	−0.039	0.211	−0.289 0.039	0.039
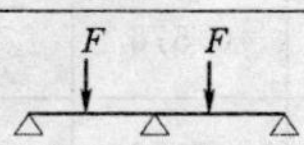	0.156	0.156	−0.188	0.312	−0.688 0.688	−0.312
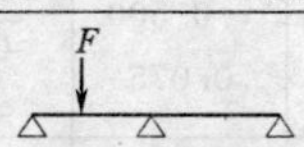	0.203	—	−0.094	0.406	−0.594 0.094	0.094
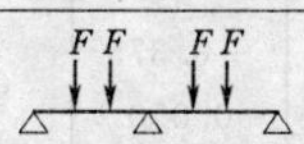	0.222	0.222	−0.333	0.667	−1.333 1.333	−0.667
	0.278	—	−0.167	0.833	−1.167 0.167	0.167

(2) 三跨梁

荷载图	跨内最大弯矩		支座弯矩		剪力			
	M_1	M_2	M_B	M_C	V_A	V_{Bl} V_{Br}	V_{Cl} V_{Cr}	V_D
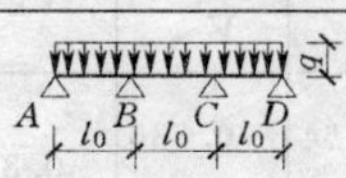	0.080	0.025	−0.100	−0.100	0.400	−0.600 0.500	−0.500 0.600	−0.400
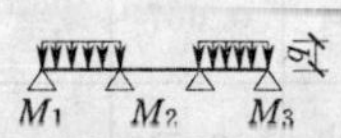	0.101	—	−0.050	−0.050	0.450	−0.550 0.000	0.000 0.550	−0.450
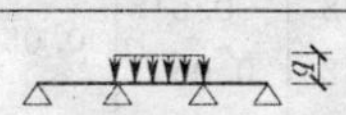	—	0.075	−0.050	−0.050	0.050	−0.050 0.500	−0.500 0.050	0.050
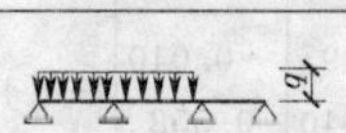	0.073	0.054	−0.117	−0.033	0.383	−0.617 0.583	−0.417 0.033	0.033
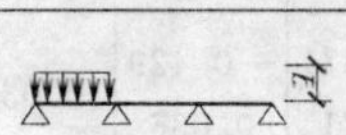	0.094	—	−0.067	0.017	0.433	−0.567 0.083	0.083 −0.017	−0.017
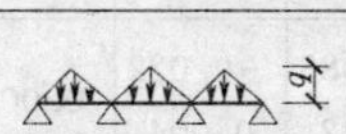	0.054	0.021	−0.063	−0.063	0.183	−0.313 0.250	−0.250 0.313	−0.188
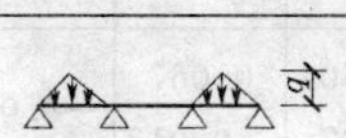	0.068	—	−0.031	−0.031	0.219	−0.281 0.000	0.000 0.281	−0.219
	—	0.052	−0.031	−0.031	0.031	−0.031 0.250	−0.250 0.031	0.031
	0.050	0.038	−0.073	−0.021	0.177	−0.323 0.302	−0.198 0.021	0.021
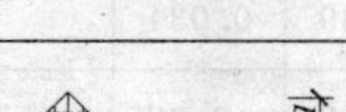	0.063	—	−0.042	0.010	0.208	−0.292 0.052	0.052 −0.010	−0.010

续表

(2) 三跨梁

荷载图	跨内最大弯矩		支座弯矩		剪力			
	M_1	M_2	M_B	M_C	V_A	V_{Bl} V_{Br}	V_{Cl} V_{Cr}	V_D
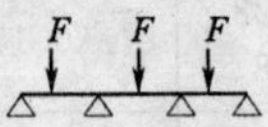	0.175	0.100	−0.150	−0.150	0.350	−0.650 0.500	−0.500 0.650	−0.350
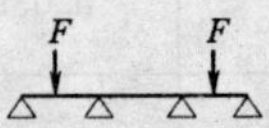	0.213	—	−0.075	−0.075	0.425	−0.575 0.000	0.000 0.575	−0.425
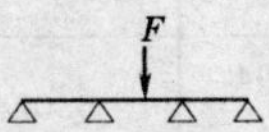	—	0.175	−0.075	−0.075	−0.075	−0.075 0.500	−0.500 0.075	0.075
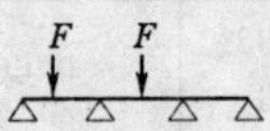	0.162	0.137	−0.175	−0.050	0.325	−0.675 0.625	−0.375 0.050	0.050
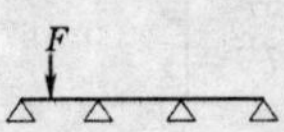	0.200	—	−0.100	0.025	0.400	−0.600 0.125	0.125 −0.025	−0.025

(3) 四跨梁

荷载图	跨内最大弯矩				支座弯矩			剪力				
	M_1	M_2	M_3	M_4	M_B	M_C	M_D	V_A	V_{Bl} V_{Br}	V_{Cl} V_{Cr}	V_{Dl} V_{Dr}	V_E
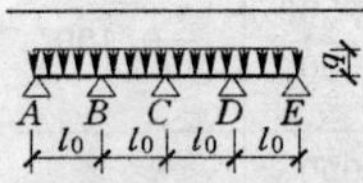	0.077	0.036	0.036	0.077	−0.107	−0.071	−0.107	0.393	−0.607 0.536	−0.464 0.464	−0.536 0.607	−0.393
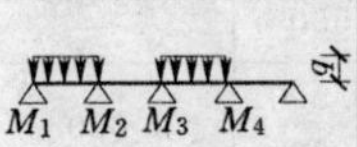	0.100	—	0.081	—	−0.054	−0.036	−0.054	0.446	−0.554 0.018	0.018 0.482	−0.518 0.054	0.054
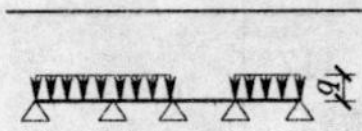	0.072	0.061	—	0.098	−0.121	−0.018	−0.058	0.380	−0.620 0.603	−0.397 −0.040	−0.040 0.558	−0.442
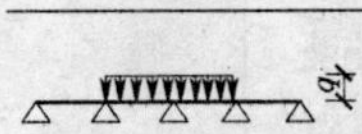	—	0.056	0.056	—	−0.036	−0.107	−0.036	−0.036	−0.036 0.429	−0.571 0.571	−0.429 0.036	0.036
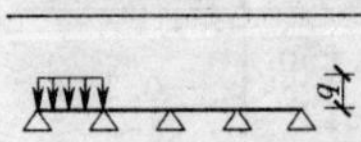	0.094	—	—	—	−0.067	0.018	−0.004	0.433	−0.567 0.085	−0.085 0.022	−0.022 0.004	0.004
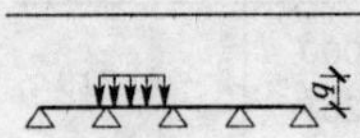	—	0.071	—	—	−0.049	−0.054	0.013	−0.049	−0.049 0.496	−0.504 0.067	0.067 −0.013	−0.013
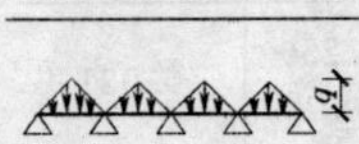	0.052	0.028	0.028	0.052	−0.067	−0.045	−0.067	0.183	−0.317 0.272	−0.228 0.228	−0.272 0.317	−0.183
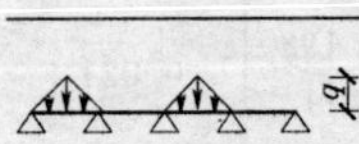	0.067	0.055	—	—	−0.034	−0.022	−0.034	0.217	−0.284 0.011	0.011 0.239	−0.261 0.034	0.034
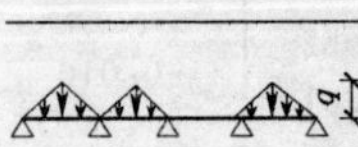	0.049	0.042	—	0.066	−0.075	−0.011	−0.036	0.175	−0.325 0.314	−0.186 0.025	−0.025 0.286	−0.214

续表

(3) 四跨梁

荷载图	跨内最大弯矩				支座弯矩			剪力				
	M_1	M_2	M_3	M_4	M_B	M_C	M_D	V_A	V_{Bl} V_{Br}	V_{Cl} V_{Cr}	V_{Dl} V_{Dr}	V_E
	—	0.040	0.040	—	−0.022	−0.067	−0.022	−0.022	−0.022 0.205	−0.295 0.295	−0.205 0.022	0.022
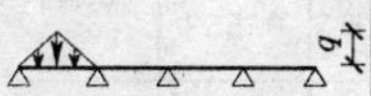	0.063	—	—	—	−0.042	0.011	−0.003	0.208	−0.292 0.053	0.053 −0.014	−0.014 0.003	0.003
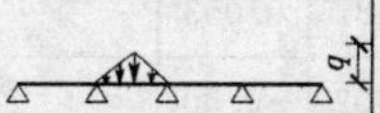	—	0.051	—	—	−0.031	−0.034	0.008	−0.031	−0.031 0.247	−0.253 0.042	0.042 −0.008	−0.008
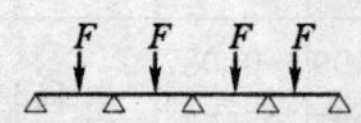	0.169	0.116	0.116	0.169	−0.161	−0.107	−0.161	0.339	−0.661 0.554	−0.446 0.446	−0.554 0.661	−0.339
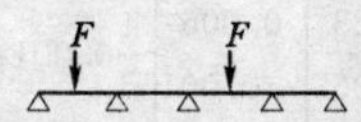	0.210	—	0.183	—	−0.080	−0.054	−0.080	0.420	−0.580 0.027	0.027 0.473	−0.527 0.080	0.080
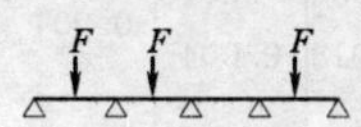	0.159	0.146	—	0.206	−0.181	−0.027	−0.087	0.319	−0.681 0.654	−0.346 −0.060	−0.060 0.587	−0.413
	—	0.142	0.142	—	−0.054	−0.161	−0.054	0.054	−0.054 0.393	−0.607 0.607	−0.393 0.054	0.054
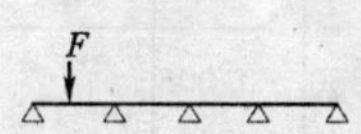	0.200	—	—	—	−0.100	0.027	−0.007	0.400	−0.600 0.127	0.127 −0.033	−0.033 0.007	0.007
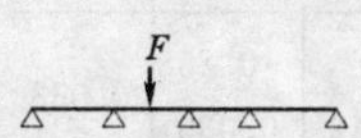	—	0.173	—	—	−0.074	−0.080	0.020	−0.074	−0.074 0.493	−0.507 0.100	0.100 −0.020	−0.020
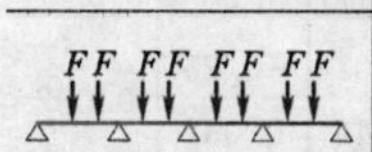	0.238	0.111	0.111	0.238	−0.286	−0.191	−0.286	0.714	1.286 1.095	−0.905 0.905	−1.095 1.286	−0.714
	0.286	—	0.222	—	−0.143	−0.095	−0.143	0.857	−0.143 0.048	0.048 0.952	−1.048 0.143	0.143
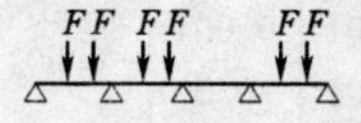	0.226	0.194	—	0.282	−0.321	−0.048	−0.155	0.679	−1.321 1.274	−0.726 −0.107	−0.107 1.155	−0.845
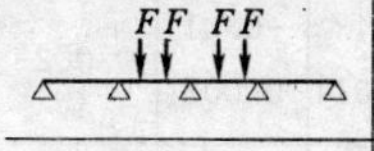	—	0.175	0.175	—	−0.095	−0.286	−0.095	−0.095	−0.095 0.810	−1.190 1.190	−0.810 0.095	0.095
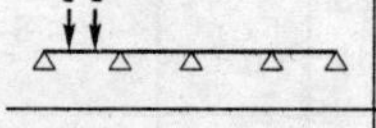	0.274	—	—	—	−0.178	0.048	−0.012	0.822	−1.178 0.226	0.226 −0.060	−0.060 0.012	0.012
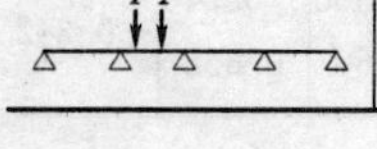	—	0.198	—	—	−0.131	−0.143	0.036	−0.131	−0.131 0.988	−1.012 0.178	0.178 −0.036	−0.036

续表

(4) 五跨梁

荷载图	跨内最大弯矩			支座弯矩				剪力					
	M_1	M_2	M_3	M_B	M_C	M_D	M_E	V_A	V_{Bl} V_{Br}	V_{Cl} V_{Cr}	V_{Dl} V_{Dr}	V_{El} V_{Er}	V_F
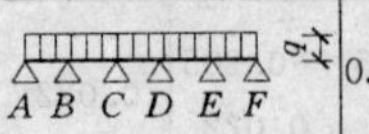	0.078	0.033	0.046	−0.105	−0.079	−0.079	−0.105	0.394	−0.606 0.526	−0.474 0.500	−0.500 0.474	−0.526 0.606	−0.394
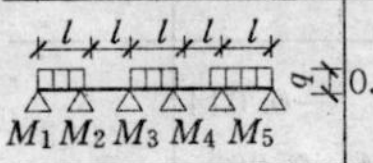	0.100	—	0.085	−0.053	−0.040	−0.040	−0.053	0.447	−0.553 0.013	0.013 0.500	−0.500 −0.013	−0.013 0.553	−0.447
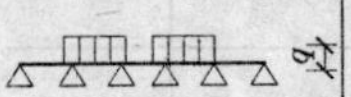	—	0.079	—	−0.053	−0.040	−0.040	−0.053	−0.053	−0.053 0.513	−0.487 0	0 0.487	−0.513 0.053	0.053
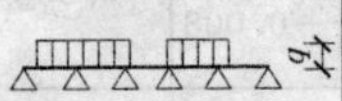	0.073	②0.059 0.078	—	−0.119	−0.022	−0.044	−0.051	0.380	−0.620 0.598	−0.402 −0.023	−0.023 0.493	−0.507 0.052	0.052
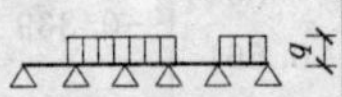	①— 0.098	0.055	0.064	−0.035	−0.111	−0.020	−0.057	0.035	0.035 0.424	0.576 0.591	−0.409 −0.037	−0.037 0.557	−0.443
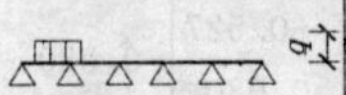	0.094	—	—	0.067	0.018	−0.005	0.001	0.433	0.567 0.085	0.085 0.023	0.023 0.006	0.006 −0.001	−0.001
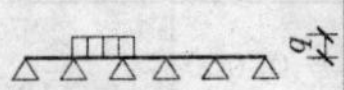	—	0.074	—	−0.049	−0.054	0.014	−0.004	0.019	−0.049 0.495	−0.505 0.068	0.068 −0.018	−0.018 0.004	0.004
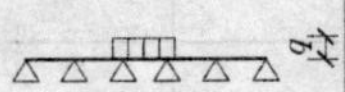	—	—	0.072	0.013	0.053	0.053	0.013	0.013	0.013 −0.066	−0.066 0.500	−0.500 0.066	0.066 −0.013	0.013
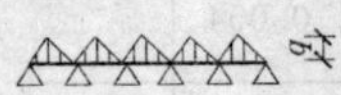	0.053	0.026	0.034	−0.066	−0.049	0.049	−0.066	0.184	−0.316 0.266	−0.234 0.250	−0.250 0.234	−0.266 0.316	0.184
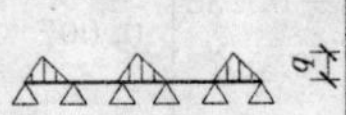	0.067	—	0.059	−0.033	−0.025	−0.025	0.033	0.217	0.283 0.008	0.008 0.250	−0.250 −0.008	−0.008 0.283	0.217
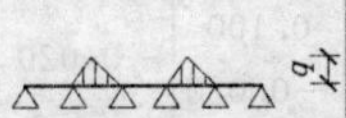	—	0.055	—	−0.033	−0.025	−0.025	−0.033	0.033	−0.033 0.258	−0.242 0	0 0.242	−0.258 0.033	0.033
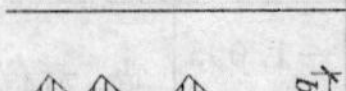	0.049	②0.041 0.053	—	−0.075	−0.014	−0.028	−0.032	0.175	0.325 0.311	−0.189 −0.014	−0.014 0.246	−0.255 0.032	0.032
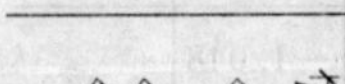	①— 0.066	0.039	0.044	−0.022	−0.070	−0.013	−0.036	−0.022	−0.022 0.202	−0.298 0.307	−0.193 −0.023	−0.023 0.286	−0.214
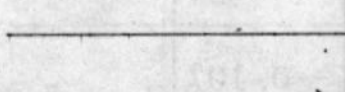	0.063	—	—	−0.042	0.011	−0.003	0.001	0.208	−0.292 0.053	0.053 −0.014	−0.014 0.004	0.004 −0.001	−0.001
	—	0.051	—	−0.031	−0.034	0.009	−0.002	−0.031	−0.031 0.247	−0.253 0.043	0.043 −0.011	−0.011 0.002	0.002
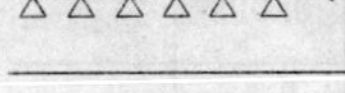	—	—	0.050	0.008	−0.033	−0.033	0.008	0.008	0.008 −0.041	−0.041 0.250	−0.250 0.041	0.041 −0.008	−0.008
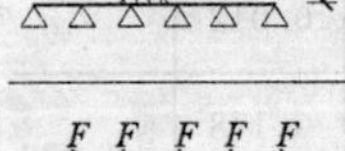	0.171	0.112	0.132	−0.158	−0.118	−0.118	−0.158	0.342	−0.658 0.540	−0.460 0.500	−0.500 0.460	−0.540 0.658	−0.342

续表

(4) 五跨梁

荷载图	跨内最大弯矩			支座弯矩				剪力					
	M_1	M_2	M_3	M_B	M_C	M_D	M_E	V_A	V_{Bl} V_{Br}	V_{Cl} V_{Cr}	V_{Dl} V_{Dr}	V_{El} V_{Er}	V_F
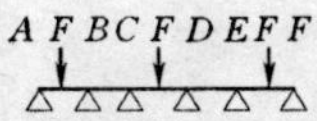	0.211	—	0.191	−0.079	−0.059	−0.059	−0.079	0.421	−0.579 0.020	0.020 0.500	−0.500 −0.020	−0.020 0.579	−0.421
	—	0.181	—	−0.079	−0.059	−0.059	−0.079	−0.079	−0.079 0.520	0.480 0	0 0.480	−0.520 0.079	0.079
	0.160	②0.144/0.178	—	−0.179	−0.032	−0.066	−0.077	0.321	−0.679 0.647	−0.353 −0.034	−0.034 0.489	−0.511 0.077	0.077
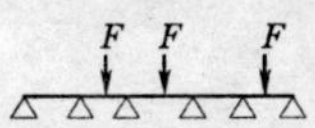	①—/0.207	0.140	0.151	−0.052	−0.167	−0.031	−0.086	−0.052	−0.052 0.385	−0.615 0.637	−0.363 −0.056	−0.056 0.586	−0.414
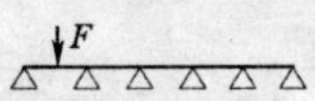	0.200	—	—	−0.100	0.027	−0.007	0.002	0.400	−0.600 0.127	0.127 −0.031	−0.034 0.009	0.009 −0.002	−0.002
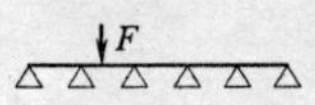	—	0.173	—	−0.073	−0.081	0.022	−0.005	−0.073	−0.073 0.493	−0.507 0.102	0.102 −0.027	−0.027 0.005	0.005
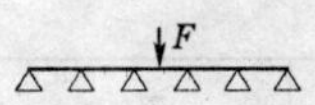	—	—	0.171	0.020	−0.079	−0.079	0.020	0.020	0.020 −0.099	−0.099 0.500	−0.500 0.099	0.099 −0.020	−0.020
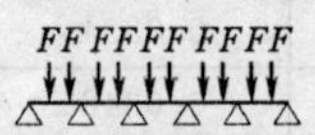	0.240	0.100	0.122	−0.281	−0.211	−0.211	−0.281	0.719	−1.281 1.070	−0.930 1.000	−1.000 0.930	1.070 1.281	−0.719
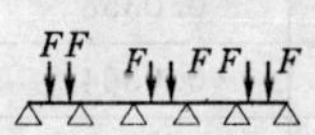	0.287	—	0.228	−0.140	−0.105	−0.105	−0.140	0.860	−1.140 0.035	0.035 1.000	1.000 −0.035	−0.035 1.140	−0.860
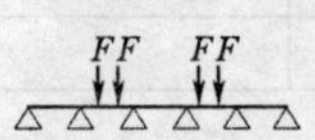	—	0.216	—	−0.140	−0.105	−0.105	−0.140	−0.140	−0.140 1.035	−0.965 0.000	0.000 0.965	−1.035 0.140	0.140
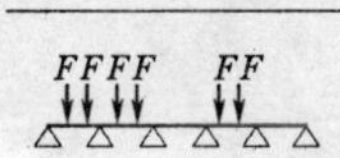	0.227	②0.189/0.209	—	−0.319	−0.057	−0.118	−0.137	0.681	−1.319 1.262	−0.738 −0.061	−0.061 0.981	−1.019 0.137	0.137
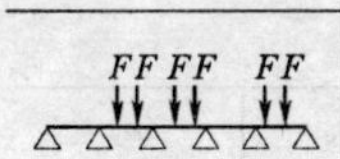	①—/0.282	0.172	0.198	−0.093	−0.297	−0.054	−0.153	−0.093	−0.093 0.796	−1.204 1.243	−0.757 −0.099	−0.099 1.153	−0.847
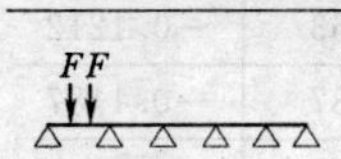	0.274	—	—	−0.179	0.048	−0.013	0.003	0.821	−1.179 0.227	0.227 −0.061	−0.061 0.016	0.016 −0.003	−0.003
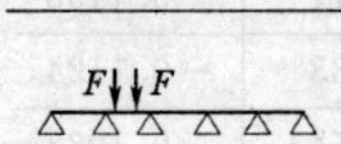	—	0.198	—	−0.131	−0.144	0.038	−0.010	−0.131	−0.131 0.987	−1.013 0.182	0.182 −0.048	−0.048 0.010	0.010
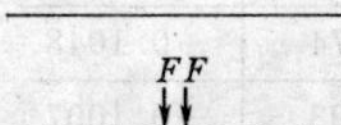	—	—	0.193	0.035	−0.140	−0.140	0.035	0.035	0.035 −0.175	−0.175 1.000	−1.000 0.175	0.175 −0.035	−0.035

① 分子及分母分别为 M_1 及 M_5 的弯矩系数。

② 分子及分母分别为 M_2 及 M_4 的弯矩系数。

附表 6　双向板按弹性分析的计算系数表

截面抗弯刚度 B_C 为

$$B_C = \frac{E_c h^3}{12(1-\nu^2)}$$

式中　E_c—混凝土弹性模量；

h—板厚；

ν—泊桑比，混凝土可取 $\nu=0.2$。

符号说明：

a_f、$a_{f\max}$—板中心点的挠度和最大挠度；

m_x、$m_{x\max}$—平行于 l_x 方向板中心点单位板宽内的弯矩和板跨内最大弯矩；

m_y、$m_{y\max}$—平行于 l_y 方向板中心点单位板宽内的弯矩和板跨内最大弯矩；

m'_x—固定边中点沿 l_y 方向单位板宽内的弯矩；

m'_y—固定边中点沿 l_x 方向单位板宽内的弯矩；

………—代表简支边；

ꟺꟺꟺ—代表固定边。

正负号规定：

弯矩—使板的受荷面受压者为正；

挠度—变位方向与荷载方向相同者为正。

(1)

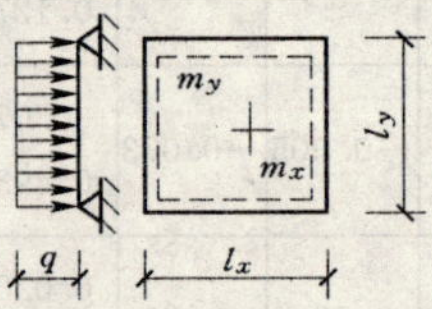

挠度=表中系数×$\frac{ql^4}{B_C}$

$\nu=0$，弯矩=表中系数×ql^2

式中 l 取用 l_x 和 l_y 中的较小者

l_x/l_y	a_f	m_x	m_y	l_x/l_y	a_f	m_x	m_y
0.50	0.01013	0.0965	0.0174	0.80	0.00603	0.0561	0.0334
0.55	0.00940	0.0892	0.0210	0.85	0.00547	0.0506	0.0348
0.60	0.00867	0.0820	0.0242	0.90	0.00496	0.0456	0.0358
0.65	0.00796	0.0750	0.0271	0.95	0.00449	0.0410	0.0364
0.70	0.00727	0.0683	0.0296	1.00	0.00406	0.0368	0.0368
0.75	0.00663	0.0620	0.0317				

(2)

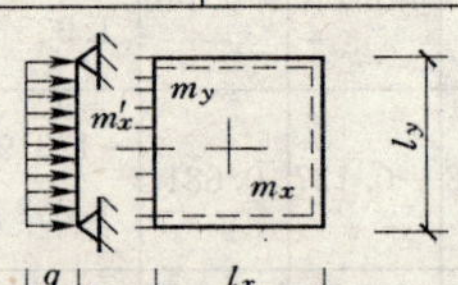

挠度=表中系数×$\frac{ql^4}{B_C}$

$\nu=0$，弯矩=表中系数×ql^2

式中 l 取用 l_x 和 l_y 中的较小者

l_x/l_y	l_y/l_x	a_f	$a_{f\max}$	m_x	$m_{x\max}$	m_y	$m_{y\max}$	m'_x
0.50		0.00488	0.00504	0.0583	0.0646	0.0060	0.0063	−0.1212
0.55		0.00471	0.00492	0.0563	0.0618	0.0081	0.0087	−0.1187
0.60		0.00453	0.00472	0.0539	0.0589	0.0104	0.0111	−0.1158
0.65		0.00432	0.00448	0.0513	0.0559	0.0126	0.0133	−0.1124
0.70		0.00410	0.00422	0.0485	0.0529	0.0148	0.0154	−0.1087
0.75		0.00383	0.00399	0.0457	0.0496	0.0168	0.0174	−0.1048
0.80		0.00365	0.00376	0.0428	0.0463	0.0187	0.0193	−0.1007
0.85		0.00343	0.00352	0.0400	0.0431	0.0204	0.0211	−0.0965
0.90		0.00321	0.00329	0.0372	0.0400	0.0219	0.0226	−0.0922

续表

l_x/l_y	l_y/l_x	a_f	$a_{f\max}$	m_x	$m_{x\max}$	m_y	$m_{y\max}$	m'_x
0.95		0.00299	0.00306	0.0345	0.0369	0.0232	0.0239	−0.0880
1.00	1.00	0.00279	0.00285	0.0319	0.0340	0.0243	0.0249	−0.0839
	0.95	0.00316	0.00324	0.0324	0.0345	0.0280	0.0287	−0.0882
	0.90	0.00360	0.00368	0.0328	0.0347	0.0322	0.0330	−0.0926
	0.85	0.00409	0.00417	0.0329	0.0345	0.0370	0.0373	−0.0970
	0.80	0.00464	0.00473	0.0326	0.0343	0.0424	0.0433	−0.1014
	0.75	0.00526	0.00536	0.0319	0.0335	0.0485	0.0494	−0.1056
	0.70	0.00595	0.00605	0.0308	0.0323	0.0553	0.0562	−0.1096
	0.65	0.00670	0.00680	0.0291	0.0306	0.0627	0.0637	−0.1133
	0.60	0.00752	0.00762	0.0268	0.0289	0.0707	0.0717	−0.1166
	0.55	0.00838	0.00848	0.0239	0.0271	0.0792	0.0801	−0.1193
	0.50	0.00927	0.00935	0.0205	0.0249	0.0880	0.0888	−0.1215

(3)

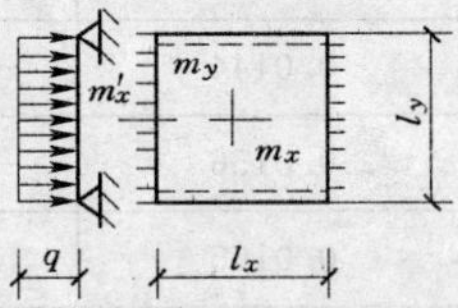

挠度＝表中系数×$\frac{ql^4}{B_C}$

$\nu=0$，弯矩＝表中系数×ql^2

式中 l 取用 l_x 和 l_y 中的较小者

l_x/l_y	l_y/l_x	a_f	m_x	m_y	m'_x
0.50		0.00261	0.0416	0.0017	−0.0843
0.55		0.00259	0.0410	0.0028	−0.0840
0.60		0.00255	0.0402	0.0042	−0.0834
0.65		0.00250	0.0392	0.0057	−0.0826
0.70		0.00243	0.0379	0.0072	−0.0814
0.75		0.00236	0.0366	0.0088	−0.0799
0.80		0.00228	0.0351	0.0103	−0.0782
0.85		0.00220	0.0335	0.0118	−0.0763
0.90		0.00211	0.0319	0.0133	−0.0743
0.95		0.00201	0.0302	0.0146	−0.0721
1.00	1.00	0.00192	0.0285	0.0158	−0.0698
	0.95	0.00223	0.0296	0.0189	−0.0746
	0.90	0.00260	0.0306	0.0224	−0.0797
	0.80	0.00303	0.0314	0.0266	−0.0850
	0.85	0.00354	0.0319	0.0316	−0.0904
	0.75	0.00413	0.0321	0.0374	−0.0959
	0.70	0.00482	0.0318	0.0441	−0.1013
	0.65	0.00560	0.0308	0.0518	−0.1066
	0.60	0.00647	0.0292	0.0604	−0.1114
	0.55	0.00743	0.0267	0.0698	−0.1156
	0.50	0.00844	0.0234	0.0798	−0.1191

续表

(4)

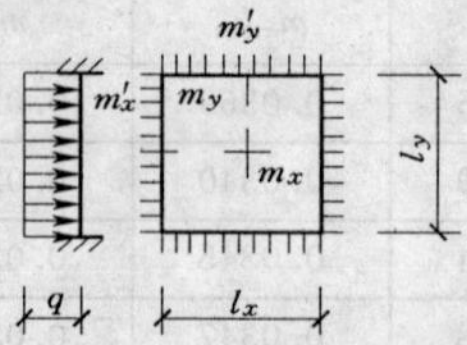

挠度＝表中系数×$\frac{ql^4}{B_C}$

$\nu=0$，弯矩＝表中系数×ql^2

式中 l 取用 l_x 和 l_y 中的较小者

l_x/l_y	a_f	m_x	m_y	m_x'	m_y'
0.50	0.00253	0.0400	0.0038	−0.0829	−0.0570
0.55	0.00246	0.0385	0.0056	−0.0814	−0.0571
0.60	0.00236	0.0367	0.0076	−0.0793	−0.0571
0.65	0.00224	0.0345	0.0095	−0.0766	−0.0571
0.70	0.00211	0.0321	0.0113	−0.0735	−0.0569
0.75	0.00197	0.0296	0.0130	−0.0701	−0.0565
0.80	0.00182	0.0271	0.0144	−0.0664	−0.0559
0.85	0.00168	0.0246	0.0156	−0.0626	−0.0551
0.90	0.00153	0.0221	0.0165	−0.0588	−0.0541
0.95	0.00140	0.0198	0.0172	−0.0550	−0.0528
1.00	0.00127	0.0176	0.0176	−0.0513	−0.0513

(5)

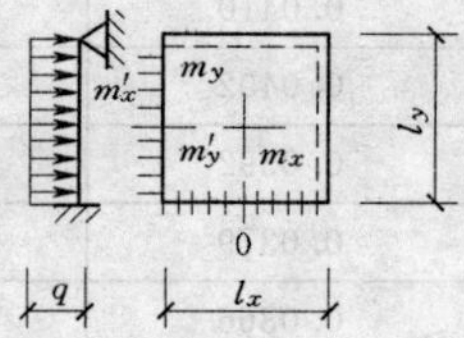

挠度＝表中系数×$\frac{ql^4}{B_C}$

$\nu=0$，弯矩＝表中系数×ql^2

式中 l 取用 l_x 和 l_y 中的较小者

l_x/l_y	a_f	$a_{f\max}$	m_x	$m_{x\max}$	m_y	$m_{y\max}$	m_x'	m_y'
0.50	0.00468	0.00471	0.0559	0.0562	0.0079	0.0135	−0.1179	−0.0786
0.55	0.00445	0.00454	0.0529	0.0530	0.0104	0.0153	−0.1140	−0.0785
0.60	0.00419	0.00429	0.0496	0.0498	0.0129	0.0169	−0.1095	−0.0782
0.65	0.00391	0.00399	0.0461	0.0465	0.0151	0.0183	−0.1045	−0.0777
0.70	0.00363	0.00368	0.0426	0.0432	0.0172	0.0195	−0.0992	−0.0770
0.75	0.00335	0.00340	0.0390	0.0396	0.0189	0.0206	−0.0938	−0.0760
0.80	0.00308	0.00313	0.0356	0.0361	0.0204	0.0218	−0.0883	−0.0748
0.85	0.00281	0.00286	0.0322	0.0328	0.0215	0.0229	−0.0829	−0.0733
0.90	0.00256	0.00261	0.0291	0.0297	0.0224	0.0238	−0.0776	−0.0716
0.95	0.00232	0.00237	0.0261	0.0267	0.0230	0.0244	−0.0726	−0.0698
1.00	0.00210	0.00215	0.0234	0.0240	0.0234	0.0249	−0.0677	−0.0677

续表

(6)

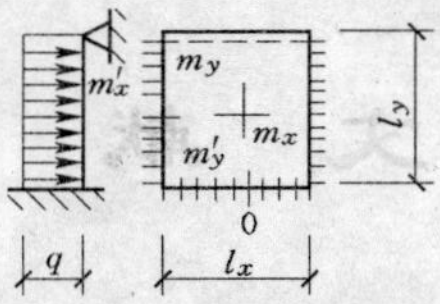

挠度＝表中系数×$\frac{ql^4}{B_C}$

$\nu=0$，弯矩＝表中系数×ql^2

式中 l 取用 l_x 和 l_y 中的较小者

l_x/l_y	l_y/l_x	a_f	$a_{f\max}$	m_x	$m_{x\max}$	m_y	$m_{y\max}$	m_x'	m_y'
0.50		0.00257	0.00258	0.0408	0.0409	0.0028	0.0089	−0.0836	−0.0569
0.55		0.00252	0.00255	0.0398	0.0399	0.0042	0.0093	−0.0827	−0.0570
0.60		0.00245	0.00249	0.0384	0.0386	0.0059	0.0105	−0.0814	−0.0571
0.65		0.00237	0.00240	0.0368	0.0371	0.0076	0.0116	−0.0796	−0.0572
0.70		0.00227	0.00229	0.0350	0.0354	0.0093	0.0127	−0.0774	−0.0572
0.75		0.00216	0.00219	0.0331	0.0335	0.0109	0.0137	−0.0750	−0.0572
0.80		0.00205	0.00208	0.0310	0.0314	0.0124	0.0147	−0.0722	−0.0570
0.85		0.00193	0.00196	0.0289	0.0293	0.0138	0.0155	−0.0693	−0.0567
0.90		0.00181	0.00184	0.0268	0.0273	0.0159	0.0163	−0.0663	−0.0563
0.95		0.00169	0.00172	0.0247	0.0252	0.0160	0.0172	−0.0631	−0.0558
1.00	1.00	0.00157	0.00160	0.0227	0.0231	0.0168	0.0180	−0.0600	−0.0550
	0.95	0.00178	0.00182	0.0229	0.0234	0.0194	0.0207	−0.0629	−0.0559
	0.90	0.00201	0.00206	0.0228	0.0234	0.0223	0.0238	−0.0656	−0.0653
	0.85	0.00227	0.00233	0.0225	0.0231	0.0255	0.0273	−0.0683	−0.0711
	0.80	0.00256	0.00262	0.0219	0.0224	0.0290	0.0311	−0.0707	−0.0772
	0.75	0.00286	0.00294	0.0208	0.0214	0.0329	0.0354	−0.0729	−0.0837
	0.70	0.00319	0.00327	0.0194	0.0200	0.0370	0.0400	−0.0748	−0.0903
	0.65	0.00352	0.00365	0.0175	0.0182	0.0412	0.0446	−0.0762	−0.0970
	0.60	0.00386	0.00403	0.0153	0.0160	0.0454	0.0493	−0.0773	−0.1033
	0.55	0.00419	0.00437	0.0127	0.0133	0.0496	0.0541	−0.0780	−0.1093
	0.50	0.00449	0.00463	0.0099	0.0103	0.0534	0.0588	−0.0784	−0.1146

参 考 文 献

[1] 中华人民共和国国家标准．混凝土结构设计规范（GB50010—2002）．北京：中国建筑工业出版社，2002.

[2] 中华人民共和国国家标准．砌体结构设计规范（GB50003—2001）．北京：中国建筑工业出版社，2001.

[3] 中华人民共和国国家标准．建筑结构荷载规范（GB50009—2001）．北京：中国建筑工业出版社，2001.

[4] 中华人民共和国国家标准．建筑抗震设计规范（GB50011—2001）．北京：中国建筑工业出版社，2001.

[5] 国家行业标准．高层建筑混凝土结构技术规程（JGJ3—2002）．北京：中国建筑工业出版社，2002.

[6] 国振喜．简明钢筋混凝土结构构造手册．北京：中国建筑工业出版社，2002.

[7] 滕智明，朱金铨编著．混凝土结构及砌体结构．北京：中国建筑工业出版社，1995.

[8] 天津大学，同济大学，东南大学主编．混凝土结构．北京：中国建筑工业出版社，1998.

[9] 周起敬．混凝土结构构造手册．第二版．北京：中国建筑工业出版社，1999.

[10] 陈肇元，朱金铨，吴佩刚．高强混凝土及其应用．北京：清华大学出版社，1992.

[11] 沈蒲生，罗国强．混凝土结构．第二版．武汉：武汉工业大学出版社，1996.

[12] 袁必果．钢筋混凝土结构及砖石结构．武汉：武汉大学出版社，1990.

[13] 庄崖屏，江见鲸，荆树英，叶知满，编著．钢筋混凝土基本构件设计．北京：地震出版社，1990.

[14] 侯治国．混凝土结构．武汉：武汉工业大学出版社，2002.

[15] 东惠民，邵厚坤，李雷平．部分预应力混凝土．成都：西南交通大学出版社，1992.

[16] 罗福午，方鄂华，叶知满．混凝土结构及砌体结构．北京：中国建筑工业出版社，1995.